W0258995

Alfred Menschik

Biometrie

Das Konstruktionsprinzip des Kniegelenks, des Hüftgelenks, der Beinlänge und der Körpergröße

Mit 376 Abbildungen

Springer-Verlag Berlin Heidelberg New York
London Paris Tokyo

Dr. Alfred Menschik
Lorenz Böhler Krankenhaus
Donaueschingenstraße 13, A-1200 Wien

CIP-Kurztitelaufnahme der Deutschen Bibliothek
Menschik, Alfred:
Biometrie: d. Konstruktionsprinzip d. Kniegelenks, d. Hüftgelenke, d. Beinlänge u. d. Körpergröße / Alfred Menschik. –
Berlin; Heidelberg; New York; London; Paris; New York: Springer, 1987

ISBN-13:978-3-642-72619-4 e-ISBN-13: 978-3-642-72618-7
DOI: 10.1007/978-3-642-72618-7

Softcover reprint of the hardcover 1st edition 1987

2124/3020-543210

Danksagung

Mein Dank gilt der Geduld meiner Familie und besonders meiner Frau, die auch die umfangreichen Schreibarbeiten erledigte. Dank gebührt auch Herrn Dipl.-Ing. Dr. Buchner, der neben seiner Institutstätigkeit und Lehre noch Zeit fand, in nächtelangen Diskussionen Irrwege auszuräumen und die Basis für neue Gedankengänge zu schaffen. Der neue Begriff „allgemeine Biometrie" geht auf seinen Vorschlag zurück. Dankbar bin ich meinem Freund Dir. Dr. Pridal für die sorgliche Betreuung des Textes, wie meinen 3 Söhnen: Dr. Alfred für die Lösung mathematischer Probleme und die Erstellung von Computerprogrammen, die zur Beweisführung notwendig waren, aber nicht in dem Buch erscheinen, Dr. Franz und Gerald für ihr Interesse an der Materie und ihrer teilweisen Anfertigung von über 900 Skizzen und Zeichnungen, von denen nur die wichtigsten in diesem Buch Aufnahme fanden.

Zu Dank verpflichtet bin ich ebenfalls Herrn Prof. Dipl.-Ing. Dr. Rammerstorfer für die Bestimmung der Reaktionskräfte bei der Pro- und Supination des Unterschenkels. Das Ergebnis wurde in der Mitteilung Nr. 4 (1976) aus dem Institut für Allgemeine Mechanik der Universität Wien festgehalten.

Mein Dank gilt zudem Herrn Prof. Dr. H. Poigenfürst, dem Leiter des Lorenz-Böhler-Krankenhauses, für sein Interesse an der neuen Betrachtungsweise der Bewegungslehre in der Biologie und dafür, daß er mir den nötigen Freiraum schuf, um mich intensiv mit dieser Materie beschäftigen zu können.

A. Menschik

Geleitwort

Das vorliegende Werk ist das faszinierende Resultat der Entwicklung einer Doppelbegabung. A. Menschik hat unter Lorenz Böhler begonnen, die Unfallchirurgie praktisch zu erlernen und hat ihre Wandlungen bis zum heutigen Tage miterlebt. Schon sehr früh hat er viele scheinbar unumstößliche Grundsätze der Extremitätenchirurgie in Frage gestellt. Zunächst hat sich dies jedoch nur in der technischen Modifizierung und Ergänzung von Implantaten geäußert. Aber bereits 1974 hat Menschik mit seinen ersten Arbeiten über die Kinematik des Kniegelenkes Erstaunen und vielfach auch Lächeln unter den Kollegen ausgelöst. Obwohl den traditionsgemäß mathematisch desinteressierten Ärzten manches unverständlich erschien, haben sich die Ergebnisse seiner Arbeit parallel mit der ansteigenden Tendenz zur operativen Versorgung von Kniebandverletzungen als richtig erwiesen. Es waren die praktischen Erfahrungen an operativen Erfolgen und Mißerfolgen die „zwangsläufig“ zur Anerkennung seiner Prinzipien geführt haben. Die Abkehr von der rein morphologischen Beschreibung der Bestandteile und der Funktion des menschlichen Bewegungssystems hat weitgehende neue Erkenntnisse gebracht. Nun ist der Schritt über die Kinematik des Kniegelenkes hinaus getan, und es bestehen keine Hindernisse mehr, die Gesetzlichkeiten der biologischen Bewegungssysteme allgemein biometrisch-kinematisch aufzufassen. Damit ergibt sich die Chance, den menschlichen Organismus als Ganzheit zu erkennen und seine Form aus der Bewegung abzuleiten.

In zahlreichen Gesprächen hat sich in den letzten Jahren die Gelegenheit ergeben, diese Gedanken auch einer praktischen Prüfung zu unterziehen. Sie haben immer zu überraschenden Erkenntnissen geführt. So schwer es für manchen Mediziner ist, sich mit mathematischen Problemen auseinanderzusetzen, so sehr bin ich überzeugt davon, daß die Biometrie einen Wandel in unserer Ansicht über die Biologie herbeiführen wird, der unzählige Anwendungsmöglichkeiten mit sich bringt.

J. Poigenfürst

Inhaltsverzeichnis

Einführung 1

Teil I
Empirisch-geometrische Untersuchungen des Kniegelenks. Historischer Überblick, Problemstellung, Bandstrukturen, Beuge- und Streckbewegung sowie Transversalbewegung

1 Historischer Überblick und Problemstellung 7

2 Klassische und relativistische Denkweise in der Physik 13

3 Grundsätzliches zur Analyse unbekannter Bewegungssysteme 20
3.1 Die nicht zielführende Analyse eines unbekannten Bewegungssystems 20
3.2 Die zielführende Analyse eines „unbekannten" technischen Bewegungssystems 24
3.2.1 Untersuchung aus der Bewegung heraus 28
3.2.2 Untersuchung von Bewegungssystemen in Ruhelage . . 29
3.3 Die zielführende Analyse eines unbekannten, vom menschlichen Geist nicht erfundenen biologischen Bewegungssystems (Kniegelenk) 29

4 Kinematik der Beuge- und Streckbewegung des Kniegelenks 32
4.1 Kinematik der Kreuzbänder 32
4.2 Achsen des Kniegelenks und Krümmungsmittelpunkte der Oberschenkelkondylen (Koppelhüllkurven und Hüllflächen) . . . 36
4.3 Kondylenformen 37
4.4 Dach der Fossa intercondylaris 38
4.5 Retroposition des Condylus femoris und des Tibiaplateaus . . . 39
4.6 Abroll- und Gleitbewegung von Ober- und Unterschenkelkondylen 40

5 Die orthogonale Kraftübertragung an den Berührungsstellen der Gelenkflächen 45

6 Die Geschwindigkeitsverteilung bei der Bewegung des Unterschenkels . . 47

7 Das Kniegelenk – ein stufenloses Getriebe 52

8 Die Schlußrotation und die sekundäre Verformung der Oberschenkelkondylen 53
8.1 Schlußrotation 56
8.2 Condylus lateralis femoris 59
8.3 Condylus medialis femoris 61

9 Die kinematische Beziehung der Kreuzbänder (Steuersystem) zu den Kollateralbändern – Scheitel- und Angelkubik 64
9.1 Lig. collaterale mediale 64
9.2 Das Lig. collaterale laterale 70
9.3 Der Ball-Punkt 80
9.4 Definition der Scheitel- und Angelkubik 81
9.5 Zur Konstruktion der Scheitel- und Angelkubik 83
9.6 Symmetrische Winkelschleife 85

10 Das Kniegelenk – ein Vierstabgetriebe 90

11 Die Synoviapumpe des Kniegelenks 93
11.1 Die Gelenkkapsel 93

12 Pro- und Supination des Unterschenkels und die Gegenbewegung des Oberschenkels 96
12.1 Das „nichtdurchschlagende Gelenkviereck" 98
12.2 Die Drehachsen für die Transversalbewegung (Polkurven des nichtdurchschlagenden Gelenkvierecks") 103
12.3 Der „Nachlauf" des Kniegelenks 107
12.4 Die Asymptoten des „nichtdurchschlagenden Gelenkvierecks" . . 107

Teil II

Inversion $r \cdot \bar{r} = \pm c^2$, die grundsätzliche Beziehung des ruhenden zum bewegten System. Elementargeometrie mit Anwendungsbeispielen aus der Physik

13 Die inverse Transformation, das Ordnungsprinzip, der Algorithmus der Vertebraten 115
13.1 Reproduzierbare ebene Bewegung und Inversion 118
13.1.1 Ableitung der Euler-Savary-Gleichung 119
13.2 Die Inversion – das Plücker-Rechenverfahren (1834) 122
13.3 Antiparallele 122
13.4 Der Inversionskreis „i" 122
13.5 Polarität 123
13.6 Potenz 124
13.7 Inversion einer Geraden 124
13.8 Winkeltreue der Inversion 124
13.9 Winkel- und Längenverhältnisse am Einheitskreis 125
13.10 Abteilung der 2. Elementargleichung 126
13.11 Das Abstandslängenverhältnis inverser Punktepaare P und $\bar{P}$ . . 127
13.12 Das Längenverhältnis $r:\bar{r}$ 127
13.13 Die duale Bedeutung von „λ" 128
13.14 Inversion eines Punktes mit dem Zirkel 130
13.15 Symmetrische Teilung einer Strecke AB mit dem Zirkel 131
13.16 Inversion einer Geraden mit dem Zirkel 131
13.17 Inversion eines Kreises mit dem Zirkel 131
13.18 Die Verhältniszahl λ vom Punkt „S" aus betrachtet 132
13.18.1 Konstruktion der Leitlinien der Parabel mit dem Zirkel . 135
13.19 Das Längenverhältnis λ und die Ellipse 137

14 Fokalkegelschnitt 141
14.1 Die Beziehung der Parameter der Ellipse und Hyperbel eines Fokalkegelschnitts 143

14.2 Die inversen Beziehungen der Parameter eines Fokalkegelschnitts 143
14.3 Scheitelkreise 144
14.4 Die Beziehung der Halbparameter p_h und p_e 145
14.5 Inversion der Kegelschnitte 149

15 Inversion und Influenz 153

16 Inversion und Ohm-Widerstand 154

17 Der „goldene Schnitt“ – ein Spezialfall der Inversion 155

Teil III
Konstruktion des Steuersystems des Kniegelenks (windschiefes Gelenkviereck) – kinetostatische Untersuchung

18 Das Steuersystem der Beuge- und Streckbewegung 159

19 Die konstruktive Entwicklung des Steuersystems im Aufriß (überschlagenes Gelenkviereck) 162
19.1 Das Längenverhältnis λ des vorderen und hinteren Kreuzbandes und seine damit bestimmten Winkel α, β, γ 162
19.2 Der Abstand f des Tibiaplateaus vom Dach der Fossa intercondylaris 164
19.3 Das Tibiaplateau p ist das inverse Abbild der Scheitelkubik des inversen Steuersystems 166
19.4 Die Wälznormale n_0 und Wälztangente η_0 168
19.5 Konstruktion des Parameters h 169
19.6 Entwicklung des kleinen Steuersystems ABA*B* 169
19.7 Die Radien der zerfallenen Scheitel- und Angelkubik 169
19.8 Die Radien der Scheitelkubik r_s und der Angelkubik r_A durch λ und h_k ausgedrückt 171
19.9 Der Winkel ε durch λ ausgedrückt 171
19.10 Der Wendekreis w und sein Durchmesser α 172
19.11 Tibiaplateau und Dach der Fossa intercondylaris 173
19.12 Der Proportionalitätsfaktor ϰ 173
19.13 Der Proportionalitätsfaktor ϰ durch λ ausgedrückt 175
19.14 Der Durchmesser $2r_A$ der zerfallenen Angelkubik A_k des kleinen Steuersystems und der Wendekreisdurchmesser α_0 des großen Steuersystems 176
19.15 Das Verhältnis der Konstanten s_v und s_{hk} und die entsprechenden Winkel φ_1 und φ_2 176
19.16 Die Retroversion des Tibiaplateaus 178

20 Das Steuersystem der Transversalbewegung. Ableitung des Grundrisses – „nichtdurchschlagendes Gelenkviereck“ – aus dem Aufriß – „überschlagenes Gelenkviereck“ 183
21.1 Konstruktion der Wälztangente nach Bobillier 183
20.2 Die Beziehung von r_v und r_{h_k} bzw. r_{vd_0} und r_{hkd_0} im Aufriß . . . 185
20.3 Entwicklung des nichtdurchschlagenden Gelenkvierecks (Grundriß des Steuersystems) 187
20.4 Darstellung der räumlich versetzten Kreuzbandursprünge und Ansätze (Abstandslängen a′ und b′) 187
20.5 Die Beziehung von d_0 und d'_0 187

20.6 Lage der Wälztangenten $t(A_s)$ (der Winkel o) 188
20.7 Die Länge des vorderen und hinteren Kreuzbandes im Grundriß 188
20.8 Die Beziehung der Koppel p_0 im Aufriß zum Steg d'_0 im Grundriß 189
20.9 Die Beziehung zwischen λ und ν 189
20.10 Die Projektion der Asymptotenflächen t(As) des Grundrisses im Auf- und Seitenriß 190
20.10.1 Der Winkel ϑ im Aufriß 191
20.11 Der Winkel τ im Seitenriß 191
20.12 Die Krümmungsverwandtschaft $X \rightarrow X^*$ des „nichtdurchschlagenden Gelenkvierecks" 192
20.13 Das räumliche Steuersystem 193
20.13.1 Die wahre Länge des vorderen Kreuzbandes v^* und des hinteren Kreuzbandes h_k^* 193
20.13.2 Darstellung der Kreuzungswinkel Φ zwischen dem vorderen Kreuzband v_0^* und dem hinteren Kreuzband $h_{k_0}^*$ durch die entsprechenden Richtungskosinusse 197

Teil IV
Die konstruktive Entwicklung der Beinlänge und Körpergröße aus dem Längenverhältnis λ der Kreuzbänder

21 Die Beinlänge und das Bewegungssystem Oberschenkel-Unterschenkel . . 201
21.1 Ober- und Unterschenkellänge 208
21.2 Der „Einbau" des Steuersystems des Kniegelenks (kleines System) in das Bewegungssystem OSCH-USCH (großes System) 209
21.3 Überstreckbarkeit des Bewegungssystems OSCH-USCH 212
21.4 Das hinfällige „Nußknackerprinzip" des Kniegelenks 213
21.5 Die Fußhöhe und die Bewegungssysteme des Beines 213
21.6 Körpergröße 214

Teil V
Entwicklung des proximalen Femurendes aus den Parametern des Kniegelenks

22 Entwicklung des Hüftgelenks aus dem Steuersystem des Kniegelenks . . 221
22.1 Das geometrische Grundkonzept des Hüftkopfes und der Hüftpfanne 222
22.2 Die individuelle Form des Hüftkopfes und der Hüftpfanne . . . 226
22.3 Die Pascal-Schnecke als meridiane Schnittfigur der Kugelkonchoide und der Rotationskugelkonchoide 232
22.4 Kugelkonchoide 233
22.5 Rotationskugelkonchoid 235
22.6 Die Beziehung von Hüftkopf und Hüftpfanne 236
22.7 Der Drehpunkt des Hüftgelenks bei Schwingbewegungen 238
22.8 Berechnung der Scheitelkreisradien der Hüftpfanne und des Hüftkopfes 241
22.9 Inversion in der Gauß-Zahlenebene 243
22.10 Hyperbolische Inversion 247
22.11 Elliptische Inversion 249
22.12 Warum ist der Hüftkopf von Masse (Zellmasse) erfüllt? 251
22.13 Warum bildet die Hüftpfanne einen Hohlraum, an dem sich die Zellmassen außen anlagern? 252

22.14 Fovea capitis femoris 254
22.15 Antetorsion des proximalen Femurendes 258
22.16 Die konstruktive Lösung der Anlenkung des Hüftkopfes an den Schenkelhals und seine Beziehung zur Oberschenkelschaftachse . 259
22.17 Die analytische Lösung der Anlenkung des Hüftkopfes an den Schenkelhals und seine Beziehung zum Oberschenkelschaft (Die Beziehung von CCD-Winkel und AT-Winkel) 264
22.17.1 Zentralprojektion 264
22.17.2 Die konstruktive Entwicklung des AT-Winkels und die Länge des Schenkelhalses im Grundriß aus den Parametern a_h (Kehlkreis) und ϑ_1 (Öffnungswinkel des Richtkegels) 266
22.17.3 Entwicklung des CCD-Winkels und die Schenkelhalslänge im Aufriß 270
22.17.4 Konstruktive Entwicklung des CCD- und AT-Winkels und die Schenkelhalslänge aus dem Längenverhältnis der Kreuzbänder λ und dem Hüftkopfparameter a_h 273
22.17.5 Der AT-Winkel und die Ursache der verschiedenen Meßwerte 277
22.18 Schwankungsbreite der Winkelwerte der reellen CCD-Winkel . . 283
22.18.1 Mittelwert des CCD-Winkels 283
22.18.2 Obere Grenze der mittleren Schwankungsbreite des CCD-Winkels 284
22.18.3 Untere Grenze der mittleren Schwankungsbreite des CCD-Winkels 285
22.18.4 Oberer Extremwert des CCD-Winkels 286
22.18.5 Unterer Extremwert des CCD-Winkels 287

Schlußwort und Zusammenfassung 288

Literaturverzeichnis 292

Glossar 297

Sachverzeichnis 301

Einführung

Stellt man sich die Frage nach dem allgemein umfassenden Kriterium der Fauna – zunächst der Vertebraten – ist, so wird man feststellen, daß es das Phänomen der Bewegung ist. Alle Organfunktionen, ob Nervensystem, Atmung, Kreislauf, Muskelfunktion, Seh- und Hörorgan, sind auf das Phänomen der Bewegung ausgelegt, wie Vitalfunktionen, Nahrungserwerb, Nahrungsverzehr, Flucht und Aggression an dieses gebunden sind.

Das Laufen und Gehen hat schon in den ältesten Zeiten den menschlichen Geist fasziniert. In der Biologie und Medizin konnte sich ein eigener Wissenschaftszweig, die Biomechanik, entwickeln, deren Forschungsfeld das Phänomen der Bewegung ist. Die Biomechanik sieht ihre Aufgabe darin, die Bewegung einzelner Körperabschnitte oder des ganzen Körpers, das *Wie*, kinematographisch aufzuzeichnen und die Bahnkurven bestimmter Markierungspunkte mathematisch zu behandeln, ohne zunächst nach der Ursache, dem *Was*, der Bewegung zu fragen (Amtmann, zit. nach Benninghoff u. Goerttler 1975).

Die vorgelegte Arbeit stellt aber gerade das *Was*, die Ursache der Bewegung, in den Mittelpunkt der Betrachtung, denn das *Was* der Bewegung, das „Konstruktionsprinzip", ist die Ursache für das Phänomen der Bewegung, des *Wie*, und nicht umgekehrt.

Jeder immer wieder reproduzierbare Bewegungsvorgang muß an ganz bestimmte Gesetzlichkeiten gebunden sein, gleichgültig ob es sich um ein technisches oder um ein biologisches Bewegungssystem handelt. Die vorgelegte Arbeit stellt sich die Aufgabe, am Modell des Kniegelenks grundsätzliche kinematische und „konstruktive" Beziehungen zwischen dem ruhenden und bewegten System darzustellen.

Die besondere Schwierigkeit dieser Arbeit lag nicht etwa in der Mathematik, der Kinematik oder der Geometrie, sondern in der Denkweise unserer heutigen biologisch-medizinischen Vorstellungswelt und deren Begriffsbildung in bezug auf die Bewegung und ihre Ursachen.

Versucht man zum Beispiel den zentralen Begriff der Bewegungslehre, die Gelenkflächen, am Beispiel des Kniegelenks zu definieren, so erkennt man, daß dies unmöglich ist, denn in jeder Definition wird der Begriff *Gelenk* in irgendeiner Form aufscheinen.

Aus den verschiedenen Erscheinungsbildern der tibialen und femuralen Gelenkflächen wird eine Inkongruenz, eine Nichtübereinstimmung, abgeleitet. Untersucht man dagegen die Beuge- und Streckbewegung des Kniegelenks, dann findet man, daß die Gelenkflächen in jeder Stellung einen gemeinsamen Berührungspunkt, einen *identen* Punkt besitzen. Die Beuge- und Streckbewegung ist demnach eine *idente* Punktfolge. Wenn 2 Gelenkflächen aus reproduzierbaren *identen* Punktfolgen bestehen, dann sind sie in höchster Ubereinstimmung miteinander und können nicht als inkongruent, als nicht übereinstimmend, bezeichnet werden, wie dies in der heutigen Literatur immer noch geschieht.

Die Gelenkflächen der Tibia- und Femurkondylen besitzen demnach eine Identität – idente Punktfolge – die als 2 verschiedene Phänomene auftreten, wobei die verschiedenen Erscheinungsbilder miteinander im höchsten Maß übereinstimmen, sie bestehen ja aus identen Punktfolgen.

Hält man den Oberschenkel fest und bewegt den Unterschenkel, dann tritt die idente Punktfolge auf, gleichzeitig merkt man aber, daß die Tibiagelenkfläche die Oberschenkelkondylenfläche einhüllt. Bei der Gegenbewegung – der Unterschenkel wird festgehalten und der Oberschenkel wird bewegt – hüllt die Oberschenkelgelenkfläche die Tibiagelenkfläche ein. Zwei Gelenkflächen, die sich bei der Bewegung gegenseitung einhüllen und aus identen Punktfolgen bestehen, sind *Hüllflächen*. Sie bedingen einander bei ihrer Entstehung. Mit der Entdeckung, daß die Gelenkflächen des Kniegelenks Hüllflächen sind, werden einige Trivialfunktionen des Kniegelenks geklärt, die bis heute noch als unerklärbar galten:

1. So ist zum Beispiel die vor rund 150 Jahren von den Brüdern Weber beschriebene Roll-Gleit-Bewegung des Kniegelenks eine Folge der „Hüllflächenbewegung". Hüllflächen vollführen bei der Bewegung eine Roll-Gleit-Bewegung, die mathematisch begründbar ist.
2. Die orthogonale Kraftübertragung an den Eingriffsstellen der Gelenkflächen, die Benninghoff

(1925a) in den 20er Jahren unseres Jahrhunderts forderte und zur Grundlage seiner Knorpelfunktionstheorie machte und damit begründete, „daß nahezu reibungslose Gelenkflächen nur orthogonale Drücke übernehmen können". Diese richtige, aber bislang unbewiesene Behauptung Benningshoffs ist nun durch die Hüllflächenkinematik bewiesen. Hüllflächen haben an ihren Eingriffspunkten eine gemeinsame Flächentangente. Die Normale im Eingriffspunkt auf die erzeugende Fläche und der eingehüllten Fläche fallen ineinander und gehen durch den augenblicklichen Drehpunkt des Systems. Leitet man Kräfte in dieses System ein, dann werden diese über die Bahnnormale im Eingriffspunkt von der eingehüllten auf die erzeugende Fläche orthogonal übertragen oder umgekehrt.

Mit dem Begriff der Hüllfläche ist die Kreuzbandfunktion geklärt. Die Kreuzbänder sind das Steuersystem der Hüllflächen, denn Hüllflächen bedürfen für ihre reproduzierbare Bewegung eines Steuersystems. Die Hüllflächen stehen mit dem Steuersystem aber nur in einer mittelbaren Beziehung. Wir haben deshalb am Kniegelenk 4 verschieden geformte Gelenkflächen, die dennoch ein einheitliches Bewegungssystem bilden.

Aber was weit wichtiger ist: Durch die Entdeckung, daß die Gelenkflächen Hüllflächen sind, ist klargestellt, daß die *biologischen Bewegungssysteme unabhängig von ihrer Stofflichkeit geometrisch-kinematische Gesetzlichkeiten verkörpern*, die es gilt, nach und nach zu entdecken.

Unser heutiges medizinisch-biologisches Weltbild empfindet die Geometrie noch als etwas, das sozusagen von „außen", vom menschlichen Geist, in die biologische Bewegungssysteme zur Approximation oder zur mehr oder weniger brauchbaren Erklärung der Bewegungsphänomene und ihrer Ursachen eingeführt wurde, aber mit der Wirklichkeit kaum etwas zu tun hat.

Wenn sich nunmehr in Medizin und Biologie allmählich die relativistische Denkweise unserer heutigen Physik durchsetzt, die durch Anwendung der Geometrie das physikalische Geschehen auf eine völlig neue Art in den Raum und die Zeit einordnet und uns immer deutlicher bewußt wird, daß wir selbst – und damit auch das Lebendige – aus dieser physikalischen Raum-Zeit-Welt hervorgegangen sind, dann wird sich die Erkenntnis durchsetzen, daß die biologischen Bewegungssysteme kräftefreie Beziehungen verkörpern, die wir als Bewegungsgeometrie bzw. Kinematik bezeichnen. *Die biologischen Bewegungssysteme sind demnach selbstverwirklichte, geometrisch-kinematische Gesetzlichkeiten*, die nach und nach entdeckt werden müssen. Erst nach Aufklärung des „Konstruktionsprinzips", der Analytik der Bewegungssysteme, können Optimierungsfragen gestellt werden.

Die zweite Schwierigkeit bei der konstruktiven Ermittlung des Steuersystems (windschiefes Gelenkviereck, welches die Kreuzbänder mit ihren Anlenkpunkten bilden), lag darin, daß die kinematischen Beziehungen zwischen dem ruhenden und bewegten System für alle Gelenkvierecke unabhängig von ihrer Dimensionierung und ihrer Stofflichkeit gelten.

Gibt man in einem technischen Gelenkviereck die Kreuzbandlängen vor, dann wäre jede Dimensionierung möglich, soweit dies die vorgegebenen Längen der Kreuzbänder zulassen.

Bei den biologischen Bewegungssystemen dagegen, zum Beispiel dem Kniegelenk ist bei Vorgabe der Kreuzbandlängen das Gesamtsystem eindeutig bestimmt, d.h. bei ganz bestimmten Kreuzbandlängen sind die Abstandslängen ihrer Anwachsungspunkte am Tibiaplateau und die räumlich versetzten Abstandslängen der Anwachsungspunkte der Kreuzbänder am Oberschenkel sowie die Höhe und die Breite der Fossa intercondylaris eindeutig bestimmt.

Wenn die Kreuzbandlängen – die Steuerarme – des Gelenkvierecks die Dimensionierung des „windschiefen Gelenkvierecks" eindeutig festlegen, dann muß ein *geometrisches Transformationssystem* existieren, welches erlaubt, aus den Kreuzbandlängen zum Beispiel die Höhe der Fossa intercondylaris eindeutig zu bestimmen. Die Frage ist nur, welches Transformationssystem diese geometrischen Abhängigkeiten aller Parameter untereinander erzwingt. Dieses *gesuchte Transformationssystem* ist die *Inversion*, die von dem deutschen Mathematiker und Physiker J. Plücker 1834 entdeckt und in die Mathematik eingeführt wurde. Die Inversion ist ein geometrisches Transformationssystem mit der Elementargleichung $r \cdot \bar{r} = \pm c^2$.

Die Inversion ist nun nicht etwas, das sozusagen vom menschlichen Geist in die biologischen Bewegungssysteme hineinprojiziert wird, sondern sie liegt in der kinematischen Beziehung zwischen dem ruhenden und bewegten System selbst (Krümmungsverwandtschaft). Die technischen Bewegungssysteme, die vom menschlichen Geist erfunden und sozusagen von „außen" durch die menschliche Hand und maschinelle Hilfsmittel verwirklicht werden, benötigen dieses vorhandene Transformationssystem nicht. Alle Parameter stehen untereinander nur in einer mittelbaren Beziehung.

Die biologischen Bewegungssysteme dagegen, die sich aus sich selbst heraus ohne Hilfsmittel von „außen" nach ihrem genetischen Bauplan verwirklichen, benötigen eine Gesetzlichkeit – ein Transformationssystem –, das alle Parameter (Form und Funktion) untereinander in eine unmittelbare Beziehung setzt.

Es besteht heute kein Zweifel, daß das genetische Material für die Form, Funktion und Reproduktion des Individuums voll verantwortlich ist. Es stellt sich aber gleichzeitig die Frage, wie diese genetische Information, die Bits, in das reale Erscheinungsbild tradiert werden.

Betrachtet man das genetische System als einen reinen Informationsspeicher, ähnlich einem Computer, der alle Bits ohne Beziehung untereinander speichert, dann müßte konsequenterweise für jede Zelle zur räumlichen Lokalisation für ihre Form und Funktion wie ihre Funktionen untereinander im genetischen Material eine eigene Bitinformation vorhanden sein. Dies führt auf eine gigantische Bitanzahl, die für die Funktionstüchtigkeit eines Colibakteriums von einem Genetiker auf 100 000 geschätzt wird. Der gleiche Genetiker schätzt die nötige Bitanzahl für den Menschen auf $100\,000^{100\,000}$. Ich nehme an, daß der Genetiker mit dieser utopischen Zahl ausdrücken wollte, daß das genetische System mit seiner inneren Funktion und seiner Tradierung in das reale Erscheinungsbild für immer ein Geheimnis bleiben wird.

Wenn die unbekannten biologischen Bewegungssysteme in ihren Gelenksystemen immer wieder reproduzierbare Bewegungen ausführen, dann müssen – unabhängig von ihrer Stofflichkeit und ihren Kräften – Gesetzlichkeiten existieren, die das Phänomen der reproduzierbaren Bewegung zulassen bzw. erzwingen. Das heißt, je größer unser Wissen über den konstruktiven Aufbau der Gelenksysteme, ihre Form und ihre gesetzlichen Beziehungen untereinander ist, desto größer wird der Einblick in den konstruktiven Aufbau des genetischen Materials, welches ja für die Form und Funktion des Individuums verantwortlich ist.

Unter Verwendung der Gesetzlichkeit des inversen Transformationssystems läßt sich aus den 2 Parametern λ und h_k – dem Längenverhältnis λ des vorderen und hinteren Kreuzbandes und der Länge des hinteren Kreuzbandes h_k – das Steuersystem des Kniegelenks in seiner Dimensionierung a priori eindeutig entwickeln, die Kollateralbänder bestimmen, der Knievalgus festlegen und die Ober- und Unterschenkellänge und die Körpergröße ermitteln. Aus dem Steuersystem des Kniegelenks läßt sich die Form des Hüftkopfs, der Hüftpfanne, die Beziehung von Hüftkopf und Hüftpfanne und die Lage und Form der Fovea capitis konstruktiv darstellen. Der Hinweis von Grote et al. (1980), daß die Schenkelhalsachse ventral an der Oberschenkelschaftachse vorbeiläuft, konnte konstruktiv begründet werden. Die Anlenkung des Hüftkopfes an den Schenkelhals, der Schenkelhalsschaftwinkel, der Antetorsionswinkel und die Abhängigkeit beider Winkel voneinander, wurde konstruktiv ermittelt.

Wenn das genetische Material für die Form und Funktion des in das reale Erscheinungsbild tradierten Individuums verantwortlich ist, dann wäre zur Verwirklichung des Abschnitts Kniegelenk, Beinlänge und Hüfte nur ein einziges Bit, nämlich die Verhältniszahl λ und zum Festlegen einer bestimmten Größe noch eine konkrete Längenangabe (zum Beispiel Länge des hinteren Kreuzbands) erforderlich. Damit verkleinert sich die notwendige Bitinformation des genetischen Materials erheblich.

Wenn die biologischen Erscheinungsbilder (Vertebraten) in erster Linie Bewegungssysteme sind – alle Organfunktionen sind auf die Bewegung ausgelegt – und alle Parameter der einzelnen Bewegungssysteme, Gelenke, mit den übrigen Gelenken untereinander in inverser Beziehung stehen, dann folgt konsequenterweise, daß das genetische System selbst durch inverse Transformation alle Bits untereinander in Beziehung setzt. Das *genetische Material* stellt demnach ein *Transformationssystem* dar, *bei welchem alle Bits* untereinander in inverser Beziehung stehen.

Dieses Verfahren zur kräftefreien konstruktiven Ermittlung biologischer Bewegungssysteme durch a priori Entwicklung der grundlegenden Geometrie stellt eine Erweiterung des Begriffs der Bewegungsgeometrie, der Kinematik, dar. Nach einem Vorschlag von Dipl.-Ing. Dr. Buchner, einem Mitarbeiter der Lehrkanzel für Maschinenelemente der technischen Universität Wien, sollte dieses konstruktive Verfahren *allgemeine Biometrie* genannt werden.

Die Biometrie stellt sozusagen den Schlüssel dar, um tiefer in das Wesen, in das *Was*, der unbekannten biologischen Bewegungssysteme einzudringen.

Die nahezu 100jährige Untersuchung des *Wie*, des Bewegungsverhaltens, des Kniegelenks durch Markierungspunkte am Unter- und Oberschenkel – die ersten waren Braune u. Fischer (1891), es folgten Groh (1955) und Nietert (1975), um nur einige Namen zu nennen – brachten keinen Erfolg, das Kniegelenk in seinen inneren Beziehungen, das *Was*, aufzuklären, auch die zahlreichen mathematischen Modelle und Approximationen waren nicht zielführend.

Die reine Beuge- und Streckbewegung des Kniegelenks in Mittelstellung von Pro- und Supination stellt einen einparametrigen Bewegungsvorgang dar, der nach bestimmten Gesetzlichkeiten abläuft und deshalb immer wieder reproduzierbar ist. Die reine Transversalbewegung in einer bestimmten Beugestellung des Kniegelenks, die gesetzlich abläuft und deshalb immer wieder reproduzierbar ist, stellt ebenfalls einen einparametrigen Bewegungsvorgang dar. Das Zusammenspiel von Beuge- und Streckbewegung und der Transversalbewegung weist das Kniegelenk als ein zweiparametriges Bewegungssystem aus. Das Kniegelenk gewinnt damit einen zusätzlichen Freiheitsgrad: die Kombination von Beuge- und Streckbewegung und Transversalbewegung den Erfordernissen der Gelenkkette „Bein", etwa dem Gelände anzupassen oder willkürlich durchzuführen.

Es stellt sich die berechtigte Frage, was uns die biometrische konstruktive Aufklärung der biologischen Bewegungssysteme bringt.

Zunächst die unmittelbare Auswirkung auf die Wiederherstellungschirurgie, wie dies Müller (1982) in seinem Buch *Das Knie* meisterhaft gezeigt hat. Treten nach einer ligamentären Wiederherstellung größere Bewegungsbehinderungen, Lockerungen oder sekundäre Arthrosen auf, so ist dies keine schicksalhafte Folge. Der Operateur muß sich fragen, welche Parameter er am Gelenk änderte oder neu einführte, die mit dem gesetzlichen kinematischen Bewegungsablauf nicht übereinstimmen oder im Widerspruch stehen.

Die Entwicklung des endoprothetischen Gelenkersatzes muß dahin laufen, die Gelenke in ihrem konstruktiven Aufbau zu erfassen und technologische Lösungen zu finden, die das Gelenk in seinem kinematischen Bewegungsverhalten ersetzt und nicht nur approximiert. Denn nur der echte Gelenkersatz läßt sich widerspruchsfrei in die Gelenkkette, zum Beispiel das Bein, eingliedern, ohne daß abnorme Biege- oder Drehmomente, die zur Lockerung, zum Bruch des Implantats oder zur abnormen Änderung des Knochens oder anderen Gewebestrukturen führen, auftreten.

Die Erkenntnis, daß die biologischen Bewegungssysteme faßbare biometrische Gesetzlichkeiten selbst verwirklichen, die nach und nach entdeckt werden müssen, erlaubt eine Fülle von neuen Fragen, die bisher nicht gestellt werden konnten. Neue Fragestellungen sind aber von besonderer Wichtigkeit, denn vor jeder neuen wissenschaftlichen Erkenntnis steht primär eine Frage.

Die stammesgeschichtliche Entwicklung der Lebewesen betrachten wir als eine schrittweise Anpassung und eine Zunahme an Information über das Milieu, in welchem das Lebewesen agiert, und sehen in der Evolution einen erkenntnisgewinnenden Prozeß, der von der Vernunft geleitet wird. Wir dürfen nicht vergessen, daß diese Entwicklung von Einzelwesen getragen wird, die in sich abgeschlossene Bewegungssysteme darstellen, die sich aus sich selbst heraus verwirklichen, wobei alle Parameter untereinander in gesetzlicher Beziehung stehen, deren Erscheinungsbilder wir als vernünftig erachten. Die Primitiven, etwa die primitiven säugetierähnlichen Reptilien, stellen in sich auch abgeschlossene Bewegungssysteme dar, deren Grundkonzept durch Einführung neuer Parameter aber „ausbaufähig" ist, und zwar so, daß sie neue abgeschlossene Systeme bilden, die in sich funktionsfähig sind und in neue Gegebenheiten der Umwelt integrierbar sind. Die schwimmfähigen Plesiosaurier, deren Extremitäten flossenähnlich sind, stellten hochspezifizierte konstruktive Lösungen dar, die auf allmähliche Milieuänderungen aufgrund ihrer hohen Spezifizierung konstruktiv nicht mehr reagieren konnten und dadurch zum Aussterben verurteilt waren.

Die konstruktive Aufklärung der biologischen Bewegungssysteme ist für die räumliche Kinematik eine Herausforderung, neue Gesetzlichkeiten zu entdecken, wobei die Gelenksysteme Modelle dafür sind.

Die Bedeutung der Biometrie für vergleichende Anatomie ist augenscheinlich. Gleiche oder ähnliche Erscheinungsbilder müssen nicht durch dieselbe Ursache hervorgerufen werden.

Die Biometrie ist der Schlüssel zur Aufklärung andere biologischer Bewegungssysteme, etwa bei Insekten oder Fischen.

Die Biometrie erlaubt neue Fragestellungen wie zum Beispiel: Welche Beziehung besteht zwischen Bewegung und Optik der Vertebraten, oder welche Beziehungen bestehen zwischen der Thoraxform, seiner Bewegung und seinen Volumen zum Gesamtbewegungssystem, oder nach welcher Gesetzlichkeit ist die Wirbelsäule segmentiert?

Die Rückwirkung der Biometrie auf technische Bewegungssysteme (Roboterbau) ist nicht zu übersehen.

Die Biometrie schafft die Voraussetzung, die grundsätzliche Frage nach der Entstehung und Entwicklung der immer wieder reproduzierbaren gesteuerten Bewegung in der Biologie an sich zu stellen.

Teil I

Empirisch-geometrische Untersuchung des Kniegelenks. Historischer Überblick, Problemstellung, Bandstrukturen, Beuge- und Streckbewegung sowie Transversalbewegung

1 Historischer Überblick und Problemstellung

Das Laufen und Gehen hat schon in frühesten Zeiten die Aufmerksamkeit berühmter Männer auf sich gezogen. Um ihre Namen und ihr Denken nicht in Vergessenheit geraten zu lassen, seien hier angeführt Aristoteles, Galen und Fabricius ab Aquapendente mit seiner Arbeit „De motu locali animalium; Bataviae 1618". Aufgrund der damals noch nicht erkannten Grundsätzlichkeit der Mechanik konnten die Autoren nur ihre persönlichen Ansichten und Meinungen zum Ausdruck bringen, die für die folgenden Arbeiten keine brauchbare Grundlage boten.

Gassendi (1592–1655) mit seinem Werk *De vi motrice et motionibus animalium* war der Erste, der eine Kraft, die Schwerkraft, beim Gehen einführte und die Bewegung des Gehens als eine aus Kreisbögen zusammengesetzte Bewegung beschrieb und damit das kräftelose „Dreieckdenken" des Aristoteles' beim Schritt überwand.

Borelli (1685) mit seiner Arbeit *De motu animalium* war vermutlich der erste, der den „Versuch" bei der Untersuchung der Gelenkbewegung einführte. Um zu erfahren, ob der Rumpf des gehenden Menschen einer zwingenden Schwankung nach der rechten und linken Seite unterworfen ist, errichtete Borelli 2 Stangen, senkrecht hintereinander in einer beträchtlichen Entfernung und versuchte, ob er in der Richtung der sie verbindenden Vertikalebene so gehen kann, daß die vordere Stange die hintere Stange stets ganz verdeckt. Er fand, daß dies nicht möglich sei, daß folglich das Gehen zwingend von Schwankungen bald nach der rechten und bald nach der linken Seite begleitet sei. Borelli teilte auch den Schritt in 2 Phasen, nämlich in den Teil „wo der Mensch auf einem Bein steht und den Teil, wo der Mensch auf zwei Beinen steht". Er versuchte auch, die dabei auftretenden Kräfte zu definieren. Als Angriff der Kräfte, die beim

Abb. 1

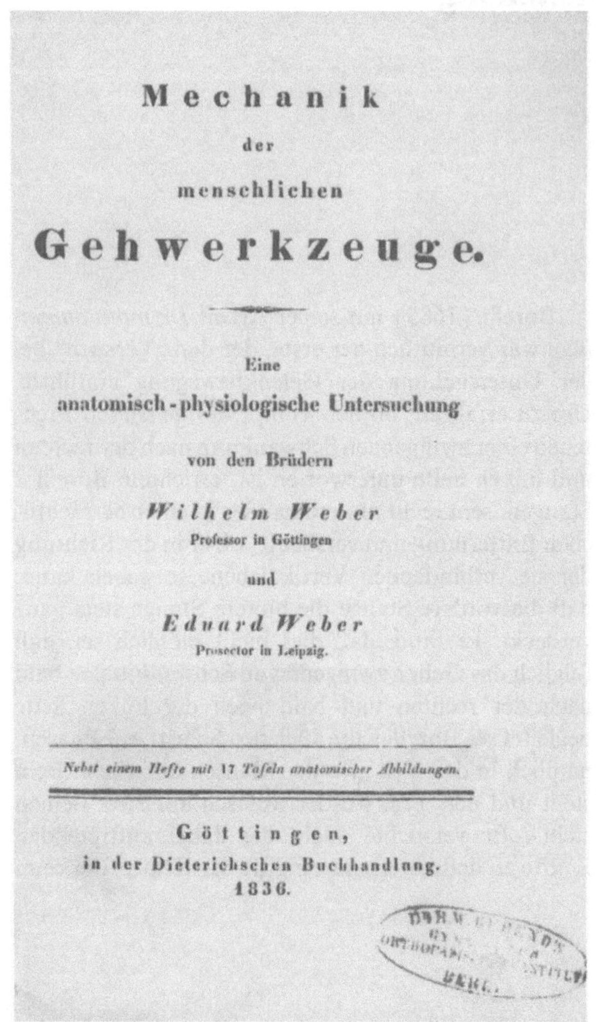

Mechanik
der
menschlichen
Gehwerkzeuge.

Eine
anatomisch-physiologische Untersuchung
von den Brüdern
Wilhelm Weber
Professor in Göttingen
und
Eduard Weber
Prosector in Leipzig.

Nebst einem Hefte mit 17 Tafeln anatomischer Abbildungen.

Göttingen,
in der Dieterichschen Buchhandlung.
1836.

Abb. 2

Gehen auftreten, nahm er den Schwerpunkt des ganzen Körpers an, den er in einem Leichenversuch festlegte. Er legte einen Leichnam auf die Mitte eines Bretts und legte dieses Brett auf die Kante eines Prismas. Er verschob es solange, bis es im Gleichgewicht war. Auf diese Weise fand er den Schwerpunkt des Leichnams zwischen Gesäß und Scham (inter nates atque pubis) liegend.

Haller u. Barthez in *Nouvelle mécanique des mouvements de l'homme et des animaux* (1798) und Magendi (1825) in *précis élémentaire de physiologie* lassen beim Gehen das Becken in der Horizontalebene um den Hüftkopf des jeweiligen Standbeins kreisbogenförmige Bewegungen ausführen. Diese Ansicht wird 10 Jahre später von den Brüdern Weber (Abb. 1) heftig kritisiert.

Gerdy (1829) in *Mémoire sur le mécanisme de la marche de l'homme* unterscheidet 5 Klassen der Bewegungen der unteren Extremität während des Gehens:

1. das Bein streckt sich und treibt den Schwerpunkt in die Höhe, vor- und seitwärts;
2. das Bein löst sich vom Boden;
3. das Bein bewegt sich nach vorne;
4. das Bein tritt wieder auf den Boden auf;
5. das Bein übernimmt in dem Augenblick, wo es sich daselbst niederläßt, den größten Teil der Körperlast.

Wesentlich neue Erkenntnisse konnten die letztgenannten Autoren nicht zeigen.

Mit Poissons Arbeit *Traité de mécanique* (1833) findet die Mathematik Eingang in die Untersuchung des menschlichen Ganges. Poisson versuchte die Größe der mit dem Gehen verbundenen Arbeit zu berechnen. Er untersuchte die Bahn und Geschwindigkeit des Schwerpunkts im menschlichen Körper.

Die Brüder Weber – in Göttingen war Wilhelm Weber Professor und in Leipzig Eduard Weber – waren die ersten, die neben einer ausführlichen Beobachtung des Ganges und des Laufens der Beschreibung des Kniegelenks und seiner Bewegung, als Phänomen, als seinem Erscheinungsbild, in ihrer Arbeit *Mechanik der menschlichen Gehwerkzeuge* (1836) einen breiten Raum gaben (Abb. 2). Der Begriff Kinematik, der von Ampère 1834 eingeführt wurde, war ihnen unbekannt.

Das Ergebnis ihrer Untersuchung faßten sie in folgenden Sätzen zusammen:

§. 69.

Der Oberschenkel rollt und schleift zugleich bei der Beugung und Streckung auf der Oberfläche der Tibia.

Die Stellung des Oberschenkelbeines auf der Tibia ist nicht der Art, wie bei einem frei rollenden Rade, sondern ist, wie bei einem gehemmten Rade, mit Schleifen verbunden. Die Hemmung des auf der Tibia rollenden Schenkelbeines geschieht durch die Bänder, welche beide Knochen mit einander verbinden. Wenn aber auch diese Bänder das Hin- und Herrollen der Condylen auf der Tibia theilweise hemmen und dadurch ein Schleifen der Condylen an der Tibia hervorbringen, so hindern sie dasselbe doch nicht ganz, wie folgende Versuche beweisen.

§. 79.

Resultate der Untersuchung über das Kniegelenk.

Die wichtigsten Resultate unserer Untersuchung über das Kniegelenk können wir in folgenden Sätzen kurz zusammenfassen:

1) Das Knie kann nicht zu den Charniergelenken gerechnet werden, denn es hat keine feststehende Drehungsaxe;

2) Vielmehr rollen die Condylen, wie ein Rad, auf der fast horizontalen Oberfläche der Tibia, bei der Streckung vorwärts, bei der Beugung rückwärts;

3) Auch können sich die Condylen des Oberschenkels auf jener fast horizontalen Oberfläche der Tibia um eine senkrechte Axe drehen, d. h. auf eine ähnliche Weise, wie die Vorderräder eines Wagens beim Umlenken: dadurch wird eine Pronation und Supination des Unterschenkels möglich, welche ungefähr 39° beträgt;

4) Es ist eine besondere Einrichtung am Kniegelenke vorhanden, wodurch das Bein, während der höheren Grade der Streckung in eine völlig steife Stütze verwandelt wird, die dann keiner Pronation und Supination fähig ist; — sie besteht darin, dass bei der Streckung die beiden Seitenbänder sehr gespannt werden, die bei der Beugung sehr schlaff sind und dann die Pronation und Supination nicht hindern, eine Einrichtung, die deswegen sehr zweckmässig ist, weil man nur bei gebogenen Knieen einen nützlichen Gebrauch von der Drehung des Unterschenkels um seine Längenaxe machen kann, unser Gang aber sehr unsicher gemacht würde, wenn das Bein auch während es als Stütze dient (während der Streckung) so drehbar wäre;

5) Die besondere Einrichtung am Kniegelenke, wodurch die Gelenkbänder ihre Spannung so sehr ändern, beruht vorzüglich auf der spiralförmigen Krümmung der Condylen, deren Mittelpunct (woran die Band·nden angewachsen sind) beim Vorwärtsrollen aufwärts, beim Rückwärtsrollen abwärts steigt;

6) Der äussere Condylus des Schenkelbeins ist beweglicher, als der innere und geht bei der Pronation und Supination ein Stück um den letzteren herum. Der innere Condylus dreht sich hierbei um sich selbst;

7) Es ist eine besondere Einrichtung der Gelenkbänder, welche den inneren Condylus um sich selbst zu drehen nöthigt, und dem äusseren Condylus ein Stück um jenen herumzugehen gestattet; das innere Seitenband erschlafft bei der Beugung des Knies lange nicht in dem Grade, als das äussere Seitenband, und das hintere Kreuzband wird sogar bei der Beugung des Knies gespannt, während das vordere erschlafft: es sind also in der gebogenen Lage beide Bänder des inneren Condylus (das innere Seitenband und hintere Kreuzband) gespannt, und sie halten diesen Condylus fest, während die Bänder des äusseren Condylus (das äussere Seitenband und vordere Kreuzband) schlaff sind und ihm gestatten, um jenen herumzugehen, so weit, bis dadurch eines von ihnen gespannt wird;

8) Die Pronation und Supination des Unterschenkels giebt den Erklärungsgrund von der unsymmetrischen Form der Condylen, von der ungleichen Breite der Seitenbänder, von der verschiedenen Beweglichkeit der halbmondförmigen Knorpel (deren äusserer am äusseren Seitenbande nicht angewachsen, sondern vielmehr durch einen Fortsatz des Synovialsacks vor Reibung an ihm geschützt ist) und von ihrer verschiedenen Gestalt;

9) Die halbmondförmigen Knorpel dienen dem offenen Kniegelenke als Schutzwehr gegen das Eindringen benachbarter Häute und Bänder und heben alle Mängel einer lockeren Verbindung;

10) Der Synovialsack des Kniegelenks bildet eine sehr grosse Anzahl Falten und Fortsätze, welche theils zwischen benachbarte Theile eindringen und ihre Reibung verhindern, theils aber zur Vergrösserung der die Synovia absondernden Oberfläche dienen, und durch Injection des Gelenksacks mit erstarrender Flüssigkeit sichtbar werden.

Eine kinematische Erklärung für diese am Kniegelenk gefundenen Phänomene konnten die Brüder Weber nicht geben.

Langer (1858) gibt die Darstellung, daß die Polbahnen (der geometrische Ort aller Momentanzentren oder Drehachsen) aus einer Normalen auf das Tibiaplateau bestünden, die auf der Evolute der Femurkondylen abschrottet. Diese Ansicht vertritt auch Strasser (1917) in seinem *Lehrbuch der Muskel und Gelenkmechanik* (Abb. 3).

Der Amerikaner Gunston begeht in seiner Arbeit *Polycentric Knee Arthroplasty* (1917) denselben Denkfehler (Abb. 4).

Versuchten Langer, Strasser, Gunston u.a. von der Oberschenkelkondylenform aus erfolglos auf die Achsenlage des Kniegelenks zu schließen, so glaubten Braune u. Fischer (1891), Zuppinger (1904), Groh (1961), Knese (1950) u.a. durch direkte Aufschreibung der Gelenkbewegung, d.h. der Bewegungsbahnen von bestimmten Punkten des Unter- und Oberschenkels, die Drehachsen des Kniegelenks zu bestimmen. Auch dieser Versuch schlug fehl. Die prinzipiellen Denkfehler, aus der Kondylenform und den Bewegungsbahnen allein auf die Achsenlage bzw. Achsenwanderung des Kniegelenks zu schließen, werden in einem späteren Kapitel aufgezeigt.

Schwarz (zit. nach Rauber-Kopsch 1955) und vor ihm Zuppinger (1904) u. a. stellten fest, die Gelenkkörper seien bekannt, aber nicht für den Bewegungsmodus verantwortlich zu machen. Diese isolierte Betrachtung der sich gegeneinander bewegenden Gelenkflächen ist kinematisch unhaltbar.

Die Gebrüder Weber (1836), Langer (1858), Bugnion (1892), Pernkopf (1941), Lang u. Wachsmuth (1972), um nur einige Autoren zu nennen, betrachten die Oberschenkelkondylen als Spiralen

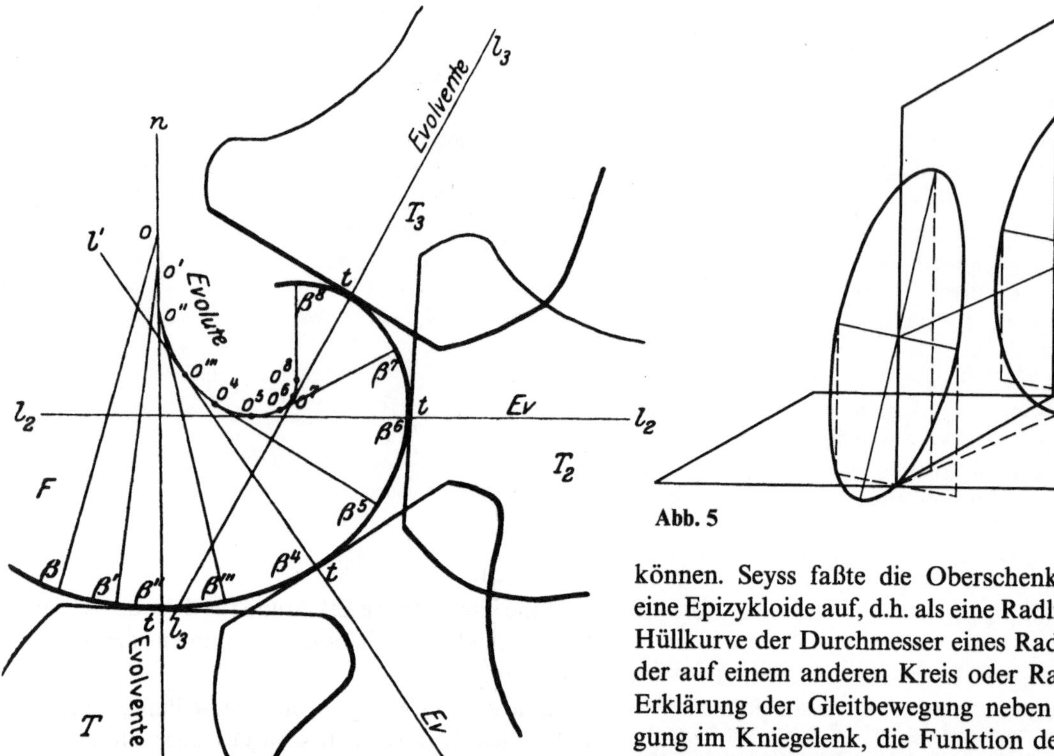

Abb. 3

Abb. 5

oder spiralig gekrümmte Gelenkflächen. Schubje (1947), Knese (1950) u.a. fassen die Oberschenkelkondylen als Ellipsen oder Ellipsenabschnitte auf (Abb. 5), ohne damit die Funktion der Kreuzbänder bei dieser Krümmungsart der Kondylen erklären zu können. Seyss faßte die Oberschenkelkondylen als eine Epizykloide auf, d.h. als eine Radlinie, das ist eine Hüllkurve der Durchmesser eines Rads oder Kreises, der auf einem anderen Kreis oder Rad abrollt. Eine Erklärung der Gleitbewegung neben der Rollbewegung im Kniegelenk, die Funktion der Seitenbänder und der Kreuzbänder ist nach diesem kinematischen Prinzip unmöglich. Wenn die Ligg. cruciata in verschiedenen Arbeiten als „innere Seitenbänder" bezeichnet werden, so ist dies zumindest in funktioneller Hinsicht unrichtig, denn Kreuz- und Seitenbänder unterliegen 2 verschiedenen kinematischen Gesetzen, die wohl voneinander abhängig sind.

Warum schließt das Dach der Fossa intercondylaris mit der Oberschenkelschaftachse einen Winkel von

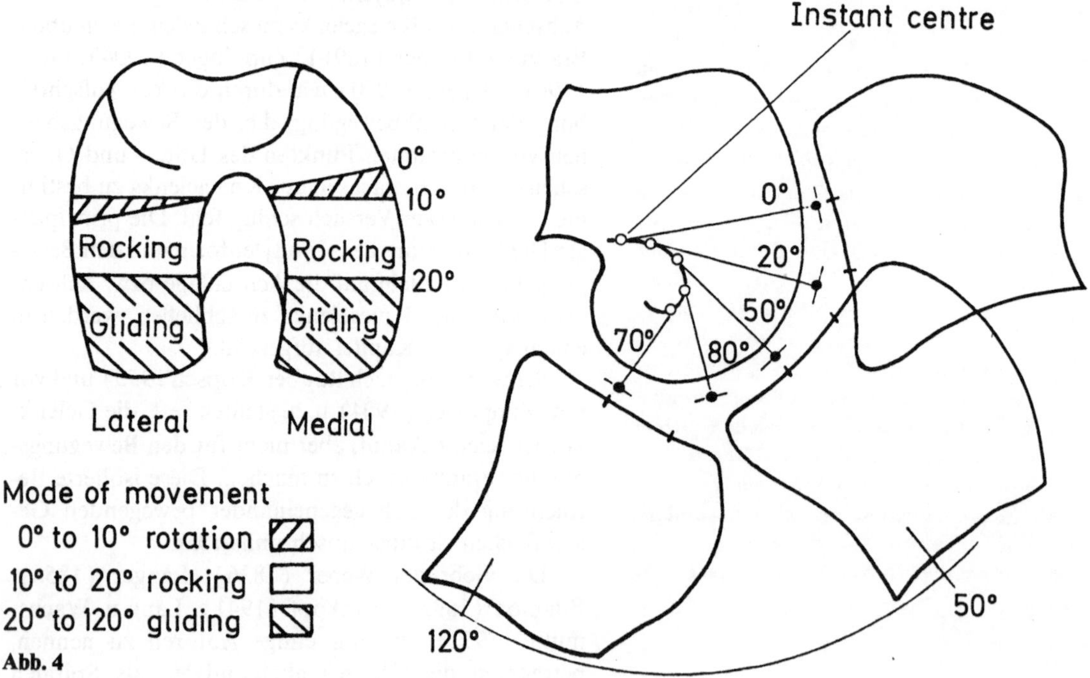

Abb. 4

ca. 40° ein? Wie entsteht die eigenartige Rückverlagerung, Retropositio, der Femur- und Tibiakondylen gegenüber ihren Schaftachsen? Wieso kommt es zur Schlußrotation, die bereits von Meyer (1853) beschrieben wurde? Warum lockert sich das Kniegelenk in leichter Beugestellung? Wieso entsteht die eigenartige Kombination von Abroll- und Gleitbewegung im Kniegelenk? „Die Rollbewegung ist die Folge der Inkongruenz der beiden Gelenkkörper (Tibia und Femur) und die relativ weite Entfernung der Muskelansätze", wird in Lang-Wachsmuth 1972 geschrieben. In Wirklichkeit, wie noch gezeigt wird, ist diese scheinbare Inkongruenz der beiden Gelenkflächen eine optimale Anpassung aneinander nach einem geometrisch kinematischen Gesetz. Die Aussage, daß die Kreuzbänder nur Abrollbewegungen von 0° bis 20° zulassen und über 20° nur Gleitbewegungen erlauben, weil die Bewegung um eine quere Achse im Kniegelenk erfolgt, ist geometrisch unhaltbar. Betrachtet man die Ungleichheit der Gelenkflächen der Tibia und die verschiedenen Formen der Oberschenkelkondylen und bedenkt, daß trotz 4 verschiedener Gelenkflächen nur ein bewegliches Element (bei festgehaltenem Oberschenkel ist der Unterschenkel beweglich oder umgekehrt) vorhanden ist, und kennt die mühvollen Erklärungs- und Deutungsversuche in über 250 Arbeiten, die allesamt einer scharfen Kritik nicht standhalten, so könnte man zu dem Schluß kommen, wie in zahlreichen Arbeiten anklingt, daß das Kniegelenk eine biologische Notlösung darstellt und nur durch den ausgleichenden Knorpelüberzug, die Menisci, die Kreuzbänder, äußere Bandsysteme und Muskulatur funktionstüchtig wird. Kennt man aber das geometrische Grundprinzip, das dem Kniegelenk und seiner Bewegung zugrunde liegt, dann staunt man, nach welch einmaligen mathematischen und geometrischen Gesetzen das Kniegelenk „konstruiert" ist und seine Bewegungen nach zwingenden kinematischen Gesetzen ablaufen. Obwohl jedem Individuum durch bestimmte Parameter eine für ihn charakteristische Gelenkform und Beweglichkeit gegeben ist, ergibt doch eine Änderung dieser Parameter eine unübersehbare Kombinationsmöglichkeit von Gelenkformen und Bewegungen bei allen Lebewesen, die über ein Gelenksystem mit Kreuzbändern verfügen.

Die Kinematik oder Bewegungslehre ist jene technisch-mathematische Wissenschaft, die sich mit den Gesetzmäßigkeiten bei Lageänderungen von körperlichen Objekten befaßt. Als solche bieten sie die Grundlage für die Analyse und Synthese aller Mechanismen und lassen sich daher als eine wichtige Hilfsdisziplin des konstruierenden Maschineningenieurs darstellen (Wunderlich 1970). Wunderlich sagt zwar: „Analyse und Synthese aller Mechanismen..." meint jedoch Mechanismen der verschiedensten Maschinen, aber nicht von reproduzierbaren Bewegungsvorgängen in der Biologie. Am Beispiel des Kniegelenks wird nun gezeigt, daß sich die „Natur" dieser kinematischen Gesetzmäßigkeit in einmaliger Weise bedient und in seinen Bewegungsabläufen verwirklicht. Bedenkt man, daß ein kinematisches Gesetz, das vor ca. 100 Jahren durch den Mathematiker Burmester (1888) entdeckt und formuliert wurde, die Funktion, Form, Länge und Lage der Ligg. collateralia des Kniegelenks definiert und daß dieses Gesetz seit Millionen von Jahren am Kniegelenk verwirklicht ist, dann ist man berechtigt anzunehmen, daß ein genaues Studium der biologischen Mechanismen, gleichgültig welcher Art, fördernd auf die darstellende Geometrie und Kinematik einwirkt und in der Lage ist, neue Gesichtspunkte zu eröffnen. Das Studium der Kinematik des Kniegelenks läßt u.a. auch die Theorie der „umwegigen Entwicklung", wie sie u.a. von Nauck (1931) beschrieben wurde, in bezug auf die Kausalanalyse von ontogenetischen und phylogenetischen Entwicklungsprozessen in einer neuen Perspektive erscheinen.

Alle anderen hier nicht aufgezählten Autoren brachten keine wesentlichen neuen Gesichtspunkte in bezug auf Form und Funktion des Kniegelenks, mit Ausnahme der Arbeit von Huson (1974), der wie vor ihm Zuppinger (1904) und Strasser (1917) die Kreuzbänder als Bewegungssystem untersuchte.

Zuppinger und Strasser haben die Polkurven, den geometrischen Ort aller Achsenlagen des Kreuzbandbewegungssystems, angegeben, aber die essentielle Bedeutung für das Bewegungssystem Kniegelenk nicht erkannt.

Huson (1974) ging einen Schritt weiter. Er versuchte die Polkurven des Kreuzbandsystems mit dem Bewegungsablauf der Gelenkflächen in Beziehung zu setzen. Er konnte aber keine Erklärung für die „Inkongruenz" der Gelenkflächen und die bei der Bewegung auftretenden Roll-Gleit-Bewegungen bieten.

Er faßte das Ergebnis seiner Arbeit wie folgt zusammen:

Durch Anwendung des Prinzips der geschlossenen kinematischen Kette auf das Kniegelenk kann eine Anzahl wesentlicher Züge des Bewegungsvorgangs auf ungezwungene Weise in Beziehung zueinander gebracht werden:

1. Die Verschiebung des Kontaktpunkts der Gelenkflächen wird durch die Verschiebung des momentanen Geschwindigkeitspols vorgeschrieben.
2. Die Richtung der Verschiebung hängt von der kreuzweisen Anordnung der Ligg. cruciata ab.
3. Die Größe der Verschiebung ist auch von der Krümmung der tibialen Führungsfläche abhängig.

4. Die femuralen Krümmungsprofile der Gelenkflächen können aus dem tibialen Krümmungsprofil zusammen mit der Anordnung der Bänder abgeleitet werden.
5. Die Führung der Kreiselung bei gebeugtem Knie wird möglicherweise gefordert durch eine konvexe, d.h. eine in dorsaler Richtung absteigende laterale Gelenkpfanne und durch eine sattelförmige laterale Oberfläche der Eminentia intercondylaris.

Die Autoren Culmann (1867), Wolf (1872), Roux (1885), Pauwles (1965) werden zitiert, obwohl ihre Arbeiten nicht unmittelbar zum Problemkreis der Gelenkkinematik gehören. Die Autoren haben erkannt, daß die Knochenbälkchen v.a. der Extremitäten in Richtung der bei der Beanspruchung auftretenden Spannungstrajektoren angeordnet sind. Roux und besonders Pauwles haben den Beweis dafür erbracht.

Mit dem Ausdruck Spannungstrajektoren, der dem Begriff Knochenbälkchenzüge, der an und für sich nichts aussagt, angepaßt ist, wurde die physikalische Gesetzlichkeit in die Strukturanalyse des Knochenbaus eingeführt. Die Einführung des neuen Begriffs Spannungstrajektoren bewirkte ein Umdenken in der Knochenchirurgie, der Knochenbruch- und Pseudarthrosebehandlung. Sie erbrachte den Beweis, daß der Knochen als lebende Materie auf physikalische Phänomene, Zug- und Druckkräfte, reagiert.

Wenn die Zellen und das genetische Material auf Zug- und Druckkräfte reagieren und sich dadurch neue Strukturen, die dem physikalischen Kräftefluß (Trajektoren) entsprechen, ausbilden, dann muß das Zellsystem mit seinem genetischen Material in die physikalische Gesetzlichkeit unserer Raum-Zeit-Welt integriert sein.

Die weitverbreitete Ansicht, daß das Lebendige, je nach Entwicklung des Zentralnervensystems und des peripheren Nervensystems physikalische Gesetzlichkeit exzipiert (Lorenz 1973; Riedl 1980) und damit selbst außerhalb der physikalischen Gesetzlichkeit unserer Raum-Zeit-Welt steht, wird den Leser zumindest nachdenklich stimmen. Der Aussagekraft folgender Erkenntnis „Die Reaktion eines Gelenks auf atypischen Bedingungen steht unter dem maßgeblichen Einfluß mechanischer Faktoren im Rahmen der genetischen Reaktionsnorm“ braucht nichts hinzugefügt zu werden, der Leser wird sich selbst eine Meinung darüber zu bilden vermögen.

2 Klassische und relativistische Denkweise in der Physik

Bis ins Mittelalter war man nach der Lehre des Aristoteles der Meinung, daß ein Körper zur Bewegung einer ständig auf ihn einwirkenden Kraft bedarf. Erst I. Newton (1643 – 1727) schuf durch eine Abstraktion von Masse, Raum und Zeit die sich daraus ergebenden Axiome der Mechanik: Trägheitsprinzip, Aktionsprinzip (Bewegungsgleichung), Reaktionsprinzip. Mit den mächtigen Werkzeugen der Geometrie entstand die „Newton-Mechanik" (1686), wodurch ein rascher Fortschritt der analytischen Mechanik, die Voraussetzung für unser modernes Weltbild, ermöglicht wurde. Aufgrund der Newton-Lehre begannen Euler (1765) und Kant (1786) die Bewegung unabhängig von ihren Ursachen in abstrakter Weise auf geometrischer Grundlage zu untersuchen. Dieses Spezialgebiet der geometrischen Bewegunglehre wird seit Ampère (1834) mit dem Begriff Kinematik bezeichnet. Auf diesen theoretischen Grundlagen wurde eine unübersehbare Fülle von künstlichen Bewegungen (Maschinen) geschaffen, ohne die unser heutiges Leben undenkbar wäre.

Die zahlreichen Versuche seit der Veröffentlichung der Brüder Weber (1836), den Bewegungsablauf der Extremitätengelenke – zum Beispiel des Kniegelenks – durch die klassische Geometrie aufzuklären, können in dem resignierenden Satz von Knese (1950) zusammengefaßt werden: „Die Gelenkkörper, gemeint ist das Kniegelenk, können damit auf keinen Fall unter ein geometrisches Prinzip gestellt werden". Damit war die Behauptung aufgestellt, daß bei Lebewesen – ich denke hier an die Wirbeltiere, die ihrer physikalischen Umwelt bestens angepaßt sind, sich optimal in ihrer Umwelt bewegen und als Einzelindividuum der klassischen Physik unterliegen – gerade ein maßgebliches Bindeglied, die Gelenke des Individuums, bei der Bewältigung des physikalischen Raums diesen physikalischen Gesetzmäßigkeiten nicht unterliegt. Aufgrund unserer bisherigen Kenntnisse, daß biologische Systeme sowohl in ihrem atomaren Aufbau als auch in der Reaktion auf den physikalischen Raum hinsichtlich Elektrizität, Licht, Schall, Strömungslehre usw. den bekannten physikalischen Gesetzmäßigkeiten unterliegt, ist es geradezu undenkbar, daß die Gelenke nicht in die Gesetzmäßigkeit der Physik, nicht in die bekannten Gesetze der Bewegungslehre integriert sein sollen.

Die bisherhigen Aufgaben der kinematischen Geometrie bestanden v.a. darin, aufgrund der gefundenen geometrischen und mathematischen Gesetzmäßigkeiten neue Bewegungsabläufe für den Maschinenbau zu finden, zum Beispiel für Steuerungen, Regeleinrichtungen, Schaltwerke, Automaten usw. Für die Synthese einer Bewegung fordert der Mathematiker Burmester (1888):

> Die Verwirklichung einer gedachten geometrischen Bewegung erfordert, daß die bestimmenden geometrischen Bedingungen durch bestimmende physikalische Bedingungen ersetzt werden und daß die geometrischen Beziehungen in der Anwendung (Experiment) ihre volle Richtigkeit bewahren.

Bei den Wirbeltiergelenken haben wir fertige „physikalische Prinzipien", sozusagen fertige „Experimente", die durch die Umkehr des Satzes von Burmester zu analysieren sind. Es müssen die bestimmenden physikalischen Bedingungen der Bewegung durch bestimmende geometrische Bedingungen ersetzt und auf eine gedachte geometrische Bewegung zurückgeführt werden. Auf den bekannten geometrischen Beziehungen dieses gedachten Bewegungsprinzips müssen alle anderen Fragen und Untersuchungen aufgebaut und dabei deren geometrisch-kinematische Richtigkeit bewiesen werden. Den Abschluß dieser Untersuchung bildet die Synthese dieses gedachten Bewegungsprinzips im Experiment.

Seit der Mensch die ersten Maschinen schuf, bediente er sich des gleichen technischen Prinzips, um starre Maschinenteile gelenkig miteinander zu verbinden: Die starren Maschinenteile werden um reelle materialisierte Achsen bewegt oder die Achsen in den ruhenden Teil beweglich gelagert. Die Natur, oder wie immer man das Erscheinungsbild des Kosmos benennt, bedient sich eines anderen technischen Prinzips, um starre Elemente (Knochen) gelenkig miteinander zu verbinden: Die starren Elemente bewegen sich auch um reelle Achsen, die aber nicht materialisiert sind. Dieser einmalige technische „Kniff" hat noch eine Besonderheit: Dieses technische Prinzip ist in sich selbst entwicklungsfähig, wenn man gewisse äußere Parameter, die nicht diesem System angehören, ändert.

In unserer hochtechnisierten Welt, deren Entwicklung noch nicht abzusehen ist, zu der die theoretischen Grundlagen erst im 18. und 19. Jahrhundert geschaffen wurden, stellt das Erscheinungsbild des Lebendigen eine faszinierende Antipolarität dar. Die Maschinentechnik, die vom menschlichen Geist geschaffenen Bewegungssysteme, ist schlechthin eine Umsetzung, eine Transformation von Bewegung, wobei Computersystem, Mikroprozessoren und andere Technologien nur Mittel oder Vermittler dazu sind. Die Gesamtheit und jedes kleinste Detail unterliegt den Gesetzen der Natur, dem vielfältigen Erscheinungsbild des Kosmos, das wir als meßbare Gesetzmäßigkeit „Physik" nennen. Der Begriff Physik umfaßt die klassische mechanistische Physik, zu der Newton (1686) die Grundlagen schuf, die Makrophysik und die Kleinteilchenphysik, die sich mit den Problemen des Mikrokosmos beschäftigt und in ihrer Grundsätzlichkeit auf M. Planck (1900) zurückgeht. Dabei handelt es sich nicht nur um eine reine Umfangsvermehrung unseres Wissens über die Natur, sondern um das Betreten eines wissenschaftlichen Neulandes, dessen Erforschung eine ganz neue Art des Denkens benötigt. Diese Art des Denkens ist im wesentlichen ein mathematisches Denken mit einer mathematischen Symbolik, die sich der konkreten Anschaulichkeit entzieht. Für die Gesetze des Elektromagnetismus, die sog. Maxwell-Gleichungen, gibt es keine mechanische Auslegung. Sie muß als eine Gesetzlichkeit eigener Art hingenommen werden. Auf Faraday (1791–1867) geht die überragende Entdeckung der elektromagnetischen Induktion (1844–1855) zurück, die wie kaum eine andere unsere Zivilisation beeinflußte. Diese neue Denkart schuf die relativistische Mechanik, die heute schon zur klassischen Physik gerechnet wird, die die unbegrenzte Geschwindigkeit nach der klassischen Mechanik auf die Lichtgeschwindigkeit als absolut erreichbare Geschwindigkeit begrenzt, und die Erkenntnis der Äquivalenz von Masse und Energie mit der berühmten Einstein-Gleichung $E = m \cdot c^2$ (Energie ist gleich Masse mal dem Quadrat der Lichtgeschwindigkeit). Die Masse, die bisher für etwas Totes gehalten wurde, stellt nach dieser Gleichung gewissermaßen eingefrorene Energie dar. Es entspricht nicht nur jeder Masse eine bestimmte Energie, sondern es kommt auch umgekehrt jeder Energie eine bestimmte Masse zu.

Es ist kein Zufall, daß die Relativitätstheorie durch Anwendung der Geometrie das physikalische Geschehen auf eine völlig neue Art in den Raum und die Zeit einordnet. Die allgemeine Relativitätstheorie geht darauf hinaus, Naturgesetze in Lehrsätzen der Geometrie auszudrücken. Wenn ein Naturgesetz auf Geometrie zurückgeführt werden kann, so gewinnt dieses Gesetz an Sicherheit, die von der Erfahrung unabhängig ist, d.h. die geometrischen Beziehungen sind dann unabhängig von den angewandten Rechensystemen vorhanden.

Die Grundauffassung der klassischen Physik, das Kontinuitätsprinzip, wurde beibehalten, aber ein neuer Denkstil entwickelt, nämlich die Natur nicht in feste Begriffe zu zwängen, sondern der Natur die Begriffe, in der man sie „nachdenken" will, anzupassen. Dieser Grundsatz war der klassischen Physik vollkommen fremd. Mit diesem Grundsatz wurde die neue Denkweise an den Begriffen der Geometrie erprobt mit dem Erfolg, daß man einen tiefen Einblick in das Wesen der Naturforschung gewann.

Die Geometrie ist damit zu einem wesentlichen Grundpfeiler unseres heutigen physikalischen Denkens geworden. Der Grundsatz der Relativitätstheorie besagt, daß die Krümmung des Raums, der Raum-Zeit-Welt, proportional der Massendichte ist, die ein bestimmter Raum-Zeit-Punkt X an der betrachteten Stelle einnimmt. Ist die Dichte Null, d.h., daß der Raum leer ist, dann gilt die euklidische Geometrie mit ihrem Koordinatensystem. Ein Lichtstrahl oder ein Körper, der nur seiner Trägheit unterliegt, verläuft dann auf einer geradlinigen Bahn.

Ist der Raum mit Materie besetzt, dann ist er gekrümmt. An die Stelle von Geraden treten geodätische Linien einer sphärischen Geometrie. Die Bahn eines Lichtstrahls oder Körpers, der nur seiner Trägheit unterliegt, ist dann gekrümmt.

Den wirklichen Umschwung im „physikalischen Denken" brachte die Quantenmechanik, die zeigt, daß die Urbausteine der Materie einer Gesetzmäßigkeit unterliegen, die durch die relativistische Mechanik nicht erklärbar ist. In dieser Mikrowelt gilt das Kontinuitätsprinzip der klassischen Physik nicht (Energie ist stets kontinuierlich veränderlich). In der Mikrowelt ist die Energie gebundener Partikel nur diskontinuierlich veränderlich.

In der relativistischen Mechanik sind alle Größen gleichzeitig völlig scharf bestimmbar. In der Mikrowelt gilt die Heisenberg-Unschärferelation. In der Makrophysik bewegen sich Teilchen stets auf wohldefinierten Bahnen. Der Ort eines Teilchens ist stets genau definiert. In der Quantenmechanik werden Teilchen wie Wellen gebeugt. Über den Aufenthalt eines Teilchens zum Zeitpunkt t können nur Wahrscheinlichkeitsaussagen gemacht werden.

Es wäre sehr interessant, die physikalische Denkweise und Gesetzlichkeiten dieser Mikrowelt weiter zu verfolgen. Unsere Aufmerksamkeit gilt aber der Makrowelt, den unbekannten biologischen Bewegungssystemen, die wir selber sind.

Die Physiker und Biologen sind sich grundsätzlich darüber einig, daß die physikalischen Gesetzmäßigkeiten und Zusammenhänge nicht nur für den unbelebten Teil der Welt Gültigkeit besitzen, sondern daß auch der lebende Organismus, als Teil der Welt um uns, ihnen unterworfen ist. Das Erscheinungsbild des Lebendigen besteht wie die unbelebte Natur aus Atomen und Molekülen mit einer mehr oder weniger komplizierten Wechselbeziehung physikalisch-chemischer Phänomene. Die Entdeckung der Energiequellen, wie Kohle, Erdöl, Elektrizität und Atomenergie, ermöglichte dem menschlichen Geist, Bewegungssysteme zu schaffen, die fliegen, die sich auf dem Lande wie auch auf dem Wasser bewegen. Es wurden Maschinen (Standbewegungssysteme) komplizierter Art geschaffen, man denke nur an die Industrieroboter zum Beispiel der Autoindustrie. Diese Bewegungssysteme der offensichtlich toten Materie, die unabhängig von menschlicher oder tierischer Kraft die komplizierten Bewegungen mit höchster Präzision ausführen, verwirklichen physikalische Gesetzlichkeit. Es stehen alle bewegten Teile mittelbar zueinander in einer geometrisch-mathematischen Beziehung.

Unter dem faszinierenden Eindruck dieser hochentwickelten Technologie, mit der jeder Mediziner oder Biologe im täglichen Umgang mittelbar oder unmittelbar konfrontiert wird, vergessen wir völlig, daß wir selbst Bewegungssysteme höchst komplizierter Art sind.

Die Techniker, die physikalisch-geometrische Gesetzlichkeiten verwirklichen, sehen sich selbst, ihr eigenes unbekanntes Bewegungssystem, als ein interessantes Phänomen, aber als kein technisches Problem. Sie sind aber gleichzeitig davon überzeugt, daß sie als unbekanntes Bewegungssystem den physikalischen Gesetzlichkeiten oder Teilgesetzlichkeiten, die sie berufsmäßig verwirklichen, unterliegen.

Die Biologen, Mediziner, Biomechaniker und Biophysiker sind ebenfalls davon überzeugt, daß sie selbst als „unbekannte Bewegungssysteme" physikalischer Gesetzlichkeit unterliegen. Jeder hat ja die Anatomie dieser Bewegungssysteme studiert, jeder kennt den Bewegungsvorgang der Gelenke, der durch Muskelzug, durch Sehnen und Bänder hervorgerufen wird. Für das Erscheinungsbild selbst, für die anatomische Form und Funktion wird das genetische Material der Zelle voll verantwortlich gemacht. Zwischen dieser autistischen Wunschvorstellung der Unmittelbarkeit von Genwirkung auf das Phänomen, die Wissen vortäuscht und damit den Wissenschafter beruhigt und ein Hinterfragen unmöglich macht, weil sowieso alles klar ist, und dem effektiven Erscheinungsbild des Lebendigen klafft eine gewaltige Lücke, nämlich die prinzipielle Frage: Wie wird dieser „kotierte Bauplan" des genetischen Materials in die physikalische Wirklichkeit übertragen? Physik heißt aber gesetzliche Beziehungen von Phänomenen, die in Größen, in Zahlenbeziehungen ausgedrückt werden. Diese gesetzlichen Zahlenbeziehungen sind aber Mathematik und Geometrie.

Techniker, Physiker und Biologen sind davon überzeugt, daß die biologischen unbekannten Bewegungssysteme Gebilde unserer Raum-Zeit-Welt sind. Diese unbekannten Bewegungssysteme führen in ihren gelenkigen Verbindungen immer wieder reproduzierbare Bewegungen aus, d.h., daß die gelenkigen Verbindungen und damit das Gesamtsystem ein geordnetes Bewegungssystem mit immer wieder reproduzierbaren Bewegungsabläufen darstellt.

Ein geordneter, immer wieder reproduzierbarer Bewegungsablauf ist nur möglich, wenn alle Gebilde des Bewegungssystems untereinander in gesetzlicher Beziehung stehen. Diese zunächst kräftefreien Beziehungen sind die Gesetze der Bewegungsgeometrie, der Kinematik, und sind damit auch Mathematik. Diese an und für sich selbstverständliche Erkenntnis fehlt in allen Arbeiten, die sich bisher mit der „Biomechanik" der unbekannten biologischen Bewegungssysteme beschäftigen. Die Frage nach dem Elementarkonstruktionsprinzip, nach dem kinematischen Grundprinzip der unbekannten Bewegungssysteme, zum Beispiel des Kniegelenks, wurde bisher nicht gestellt, geschweige denn beantwortet.

Bei einem Konstrukteur, einem Erfinder eines Bewegungssystems handelt es sich primär um eine Idee, sozusagen um eine „Kotierung", um einen Baufunktionsplan in seinem Gehirn, die er zeichnerisch zu Papier bringt und mit den kinematisch-geometrischen Gesetzlichkeiten der Physik in Einklang bringt. Danach wird ein Modell gebaut und geprüft, ob diese a priori entwickelte kinematisch-geometrische Gesetzlichkeit auch mit der Wirklichkeit, der Erfahrung, übereinstimmt. Nachdem die Dimensionierungsfrage des Bewegungssystems gelöst ist, wird durch manuelle Tätigkeit und unter Mithilfe von Maschinen, sozusagen von außen, der ursprüngliche Bauplan verwirklicht. Die vom Erfinder exzipierte physikalische Gesetzlichkeit, der Stofflichkeit der Teilsysteme und des Gesamtsystems, dem Steuersystem, dem Antriebsmittel der Bewegungssysteme bestehen nur mittelbare Beziehungen.

Bei den biologischen unbekannten Bewegungssystemen, die wir selber sind, wird der „kotierte Bau- und Funktionsplan" aus sich selbst heraus ohne Zutun von außen verwirklicht. Daher muß die geometrisch-kinematische Gesetzlichkeit der unbekannten Bewegungssysteme zwingend mit der Stofflichkeit der Teilsysteme und des Gesamtsystems, dem Steuersystem, Zentralnervensystem, peripheren Nervensystem, Hören, Sehen, Kreislauf und Atmung und alle anderen nicht aufgezählten biologischen Phänomene in unmittelbarer Beziehung stehen. Weil aber alle biologischen Phänomene letzten Endes auf physikalische Phänomene und Gesetzlichkeiten zurückgeführt werden können, sind die unbekannten, vom menschlichen Geist nicht erfundenen biologischen Bewegungssysteme „selbstverwirklichte physikalische Gesetzlichkeit".

Die vom menschlichen Geist erfundenen technologischen Bewegungssysteme sind dagegen „exzipierte physikalische Gesetzlichkeit" der Raum-Zeit-Welt.

Wenn die lebende und tote Materie physikalische Gesetzlichkeit verkörpern, beide in ihren Grundbausteinen aus Atomen und Molekülen bestehen, erhebt sich natürlich sofort die Frage nach dem essentiellen Unterschied zwischen der lebenden und der toten Materie. Für die unbelebte Materie gilt der 2. Hauptsatz der Thermodynamik, der besagt, daß sich jedes abgeschlossene System stets nur im Sinne einer Vergrößerung seiner Gesamtunordnung (Gesamtentropie) verändert. Das Besondere des Lebendigen besteht nun darin, daß aus wenig organisierter Materie, Materie geringerer Ordnung, höchstorganisierte Materie, Materie in extrem hoher Ordnung, entsteht. Dies steht in scheinbarem Gegensatz zum 2. Hauptsatz der Thermodynamik. Die Physik kennt derzeit die Bedingungen nicht, unter denen in einem abgeschlossenen System so hochgradig organisierte Teilsysteme entstehen und kennt auch die Struktur nicht, die die Fähigkeit der Selbstreproduktion besitzen. Es soll nicht verschwiegen werden, daß auf dem Gebiet der biologischen Thermodynamik interessante gesetzliche Beziehungen gefunden wurden, die uns u.a. einen Einblick in das Problem der „Betriebstemperatur" der Wirbeltiere gestatten (Trincher 1981).

Trotz aller stofflichen Verschiedenheit der vom menschlichen Geist erfundenen Bewegungssysteme und der biologischen unbekannten Bewegungssysteme und den verschiedenen Bedingungen, unter welchen diese beiden Systeme entstehen, existieren doch grundsätzliche Gemeinsamkeiten:

1. Sämtliche Lagen des bewegten Systems sind untereinander kongruent (zum Beispiel der Unterschenkel ändert bei der Bewegung seine Form nicht).
2. Zwei verschiedene Lagen des bewegten Systems können nicht gleichzeitig auftreten (zum Beispiel Streck- und Beugestellung des Unterschenkels).
3. Aus den Punkten 1 und 2 folgt: Die stetige Folge gleichsinnig kongruenter Punktsysteme des dreidimensionalen euklidischen Raums definieren eine geordnete reproduzierbare Bewegung.
4. Weil jeder Punkt auf einer wohl bestimmten Bahn läuft, spricht man von einem Zwanglauf.
5. Jeder Zwanglauf bedarf eines Steuersystems, zum Beispiel am Kniegelenk die Kreuzbänder, das alle Punkte des bewegten Systems eben auf eine bestimmte Bahn zwingt.
6. Bei jeder zwangläufigen Bewegung ist eine Gegenbewegung ausführbar oder zumindest denkbar, zum Beispiel der Oberschenkel wird festgehalten und der Unterschenkel bewegt oder umgekehrt, der Unterschenkel wird festgehalten und der Oberschenkel bewegt.
7. Zwei Lagen, die ein zwangläufig bewegtes System (zum Beispiel Unterschenkel) zum Zeitpunkt t_1 und t_2 gegenüber dem ruhenden System (Oberschenkel) einnimmt, hängen diese beiden Lagen vermöge einer Drehung um ein wohl bestimmtes Drehzentrum P_{12} zusammen.

Diese hier aufgezählten Gemeinsamkeiten der technischen und biologischen Bewegungssysteme sind bereits die Grundsätzlichkeiten der Bewegungsgeometrie, der Kinematik. Das heißt, daß alle der am Aufbau der unbekannten Bewegungssysteme beteiligten Elemente in einer geometrisch-mathematischen Beziehung zueinander stehen müssen. Wenn für die biologisch unbekannten Bewegungssysteme dieselben geometrisch-kinematischen Gesetzlichkeiten Gültigkeit besitzen wie die vom menschlichen Geist erfundenen Bewegungssysteme, dann heißt dies, daß diese geometrisch-kinematischen Gesetzlichkeiten bereits an der Wiege des Lebendigen vorhanden waren und ihre Wurzeln in der Stereospezifität der Materie liegen. Es spannt sich ein geistig noch nicht „gedachter" Bogen zu einem Grundpfeiler der relativistischen Mechanik, der Geometrie.

Die Geometrie ist demnach nicht eine Erfindung des menschlichen Geistes, sondern eine Entdeckung von gesetzmäßigen Größenbeziehungen des Kosmos, die wir Geometrie nennen, in gesetzlichen Zahlenbeziehungen „nachdenken" und a priori zu neuen Entdeckungen entwickeln können.

Zusammenfassend ist festzustellen: Die geometrisch-kinematisch kräftelose Gesetzlichkeit gilt für die belebte und unbelebte Materie. Die Kinematik der vom menschlichen Geist erfundenen Bewegungssysteme ist nur ein Teil der raumkinematischen Gesetzlichkeit der biologischen, uns noch unbekannten Bewegungssysteme.

Für die Synthese der vom menschlichen Geist erfundenen technologischen Bewegungssysteme gibt es ausgefeilte Vorschriften. Für die Analyse der vom menschlichen Geist nicht erfundenen Bewegungssysteme gibt es keine brauchbaren Vorschriften. Physiker, Mathematiker, Techniker, Geometer und Mechaniker sehen sich selbst als unbekannte Bewegungssysteme, die durch das Zauberwort der Biologie „Genetik, genetisches Material", das für Entwicklung von Form und Funktion voll verantwortlich ist, so tabuisiert sind, daß zielführende Analyseversuche bisher gar nicht angestellt wurden. Alle bisherigen Versuche in der klassischen Denkweise der Physik, den unbekannten Bewegungssystemen aus der Technik bekannte Bewegungssysteme aufzuzwingen, zu approximieren und dann mathematisch zu analysieren, sind bisher fehlgeschlagen. Die Mathematik kann dann nur eine Aussage über die approximierten Bewegungssysteme geben, aber keine über die zugrundeliegenden unbekannten Bewegungssysteme.

Frankel u. Burstein (1970) fordern, daß bei jeder biomechanischen Überlegung 4 Faktoren berücksichtigt werden müssen, die von der „Biomechanik" bis heute unwidersprochen anerkannt werden:

1. die mechanischen Eigenschaften der Gewebe;
2. die mechanischen Eigenschaften der Strukturen, die aus verschiedenen Geweben bestehen;
3. die Bewegung zwischen den Strukturen;
4. die Effekte der Belastung dieser Strukturen.

Es handelt sich hier offensichtlich um ein physikalisches Problem, und zwar um Mechanik, dem ältesten Zweig der Physik, der sich mit der Untersuchung der Bewegung von Körpern und der mit diesen Bewegungen verknüpften Kräfte beschäftigt. Prüft man Materie unter bestimmten immer wieder reproduzierbaren Bewegungsbedingungen und versucht die Reaktion von Stoffen auf die vorgegebenen Bewegungsbedingungen zu beschreiben, zu vermessen und zu erklären, dann ist die Voraussetzung jeglicher Mechanik die Kinematik, die kräftelose Bewegungsgeometrie.

Die wichtigste und grundsätzlichste Frage, die Voraussetzung, um überhaupt zu diesen 4 Punkten von Frankel u. Burstein Stellung nehmen zu können, wird jedoch gar nicht aufgeworfen. Wie können zum Beispiel die mechanischen Eigenschaften von Geweben und die Bewegungen zwischen den Strukturen untersucht werden, wenn man das Bewegungssystem selbst in seinem Konstruktionsprinzip nicht kennt? Das Hüftgelenk beispielsweise wird allgemein „in guter Annäherung" als ein Kugelgelenk, als ein Rotationskörper angesehen. Braune u. Fischer konnten schon 1891 zeigen, daß die Gelenkkörper des Hüftgelenks nur kleinflächigen Kontakt in jeder Beugestellung haben und zogen daraus den richtigen Schluß, daß das Hüftgelenk eben kein Kugelgelenk oder Rotationskörper ist. Dieser kleinflächige Kontakt zwischen 2 angepaßten Gelenkflächen ist geometrisch nur möglich, wenn es sich um Hüllflächen handelt. Hüllflächen bedürfen aber zu ihrer Entstehung und zu ihrem reproduzierbaren Bewegungsablauf eines Steuersystems. Daher lautet die grundsätzliche Frage, die Voraussetzung zu allen anderen Fragen in der Biomechanik zur Untersuchung beweglicher Verbindungen starrer Elemente: Welches elementare Konstruktionsprinzip, welches kinematische Grundprinzip ist unabhängig von den Kräften die Ursache für den reproduzierbaren Bewegungsablauf der gelenkigen Verbindung starrer Elemente?

Erst nach Klärung dieser Frage können alle anderen Fragen und Untersuchungen über mechanische Eigenschaften der Gewebe, ihre Funktion und Abhängigkeit voneinander und die Frage nach Krafteinwirkungen gestellt und danach mathematisch erfaßt werden. Kein Techniker oder Physiker würde ein starres Bewegungssystem untersuchen, ohne den Konstruktionsplan des Systems zu kennen.

Erst nach Kenntnis des Konstruktionsprinzips ist er in der Lage, Kräfte in das System einzuleiten, seine mechanische Beanspruchung und das Verhalten verschiedener Strukturen zu studieren und die mechanischen Eigenschaften der Strukturen bei der Bewegung zu untersuchen.

In allen Arbeiten, die sich bisher mit der Gelenkbewegung, dem Gehen und Laufen oder dem Insektenflug beschäftigten, haben die Autoren oft unter erheblichem Aufwand mathematische Modelle entwickelt und dabei eine grundsätzliche Frage gar nicht gestellt, geschweige denn beantwortet: Wie integriert sich das mathematische Modell in das Gesamtsystem der unbekannten biologischen Bewegungssysteme und wie kann das mathematische Modell aus sich selbst heraus verwirklicht werden. Diese Frage stellt sich dem „Biomechaniker" oder „Bioingenieur" deshalb gar nicht, weil er für die Form und Funktion das genetische Material der Zelle verantwortlich macht, das zum Beispiel am Kniegelenk für die Form der Gelenkflächen, für das Bandsystem, die Muskulatur und Sehnen sowie die Menisci verantwortlich ist. Weil sich diese Phänomene in das mathematische Modell aber nicht korrekt einfügen lassen, wird das Kniegelenk als ein schlampiges Getriebe der Natur apostrophiert, bei dem eben „nichts so richtig zusammenpaßt". Daß das Kniegelenk aber trotz aller „Schlampigkeit" so gut funktioniert, das ist die „Weisheit der Natur" o.ä. was an und für sich nichts aussagt, sondern autistische Wunschvorstellungen sind, die ein Hinterfragen unmöglich machen.

Die Grundlage aller Bewegungssysteme der Technik und der Biologie ist die analytische Geometrie und Kinematik (Bewegungsgeometrie), in der die geometrischen Figuren durch Zahlen (Koordinaten) festgelegt und die zwischen ihnen bestehenden Beziehungen

Abb. 6

durch Gleichungen ausgedrückt werden. Das numerische Rechenverfahren der Computersysteme ist eine wichtige Ergänzung der Analytik zu Dimensionierungs- und Optimierungsfragen. Die analytisch schöpferische Idee, das Konstruktionsprinzip, ist die Grundlage jeglichen Bewegungssystems. Die Voraussetzung um die immer wieder reproduzierbaren Bewegungen der biologischen unbekannten Bewegungssysteme zu verstehen und erklären zu können, ist die Kenntnis der Analytik des Konstruktionsprinzips der unbekannten biologischen Bewegungssysteme. Man kann zum Beispiel die Gelenkflächen des Kniegelenks numerisch durch ein Computersystem punktweise genau kotieren und planimetrisch räumlich reproduzieren. Die Roll-Gleit-Bewegung der Gelenkflächen und die orthogonale Kraftübertragung an den Eingriffspunkten, die Funktion der Kreuz- und Kollateralbänder ist trotz genauer Kenntnis der Krümmung der Gelenkflächen unerklärlich.

Amtmann (zit. nach Benninghoff u. Goerttler 1957) gibt in dem *Lehrbuch der Anatomie des Menschen* von Benninghoff u. Goerttler eine noch heute gültige Definition der Aufgaben der Kinematik in der Biologie, wie aus den einschlägigen Arbeiten ersichtlich ist:

> Die Analyse derartiger Bewegungen ist nur mit Hilfe exakter Messungen möglich, die an automatisch aufgezeichneten Bewegungsbahnen einzelner Markierungspunkte, die an oder in dem bewegten Element liegen, mit mathematischen Hilfsmitteln durchgeführt werden. Die Kinematik widmet ihre Forschung diesen kinematographisch aufgezeichneten Bewegungsbahnen einzelner Körperabschnitte oder des ganzen Körpers, *ohne zunächst nach der Ursache der Bewegung zu fragen.*

Diese dualistische Denkweise, nach dem Wie der Bewegung, nach der Mathematik zu fragen und die Ursache der Bewegung, das Was, der Naturwissenschaft zu überlassen, ist eine Denkweise des Mittelalters, *die sowohl von der klassischen als auch heutigen Physik längst überwunden ist.*

J. Kepler (1571–1630) ist aus heutiger Sicht mit der mathematischen Beschreibung der Planetenbewegung dem *Wie*, insofern gescheitert, als er die Ursache, das *Was*, der Planetenbewegung der „Natur" zuschrieb (1596). Erst Newton (1686) konnte die Ursache, das *Was*, der Planetenbewegung durch das Gravitationsgesetz mathematisch-physikalisch klären.

Diese dualistische Denkweise geht auf den arabischen Mathematiker und Philosophen Ibnu'l Haitam Alhazen (965–1038) zurück (Abb. 6), der in einer Schrift *Über das Licht* die mathematische Wissenschaft deutlich von der Naturwissenschaft abgrenzte:

> Die Behandlung des *Was* des Lichts gehört zu den Naturwissenschaften. Aber die Behandlung des *Wie* der Strahlung des Lichts bedarf der mathematischen Wissenschaften, wegen der Linien, auf denen sich das Licht ausbreitet. Ebenso verhält es sich mit den durchsichtigen Körpern, in die das Licht eindringt. Die Behandlung des *Was* ihrer Durchsichtigkeit gehört zu den Naturwissenschaften und die Behandlung des *Wie* der Ausbreitung des Lichts in ihnen zu den mathematischen Wissenschaften.

Alhazens philosophische Behandlung der Optik hat die mittelalterlich-europäische Denkweise richtungsweisend stark beeinflußt. Heute lehnt man diese Art der Unterscheidung zwischen den Aufgaben der Naturwissenschaft und der Mathematik gewiß ab. Nicht so bei der Behandlung des Phänomens der Bewegung in der Biologie. Hier steht die dualistische mittelalterliche Denkweise noch in voller Blüte. Man beschäftigt sich mathematisch mit dem *Wie* der Bewegung, „ohne zunächst nach den Ursachen der Bewegung zu fragen" (Amtmann, zit. nach Benninghoff u. Goerttler 1957).

Das Phänomen der Bewegung, das *Wie*, ist nicht die Ursache, das *Was*, des Bewegungssystems, sondern umgekehrt. Das Konstruktionsprinzip der Gelenke, das *Was* hat als Konsequenz das Erscheinungsbild der Bewegung, das *Wie*. Die Bewegung ist das essentielle Kriterium des Lebendigen (Fauna), dem sich alle anderen Organfunktionen, Kreislauf, Atmung, Stoffwechsel, Nerventätigkeit usw. unterordnen. Der heutige Stand unseres Wissens über das Lebendige deckt scheinbar alle offenen Fragen so weit ab, daß sich die Frage nach der Ursache der Bewegung nur am Rande stellt. Die Medizin hatte vor etwa 350 Jahren auch ein scheinbar so gefestigtes Wissen über das Lebendige, daß sie des Blutkreislaufs, der von W. Harvey (1578–1657) 1628 entdeckt wurde, nicht bedurfte (zit. nach Benninghoff u. Goerttler 1975). Erst rund 70 Jahre später fand der Gedanke des Blutkreislaufs, der für uns so selbstverständlich ist – ohne Blutkreislauf können wir uns weder Atmung, Stoffwechsel noch sonst eine Organfunktion vorstellen – an den Universitäten Eingang.

3 Grundsätzliches zur Analyse unbekannter Bewegungssysteme

Für die Synthese einer Bewegung beschreibt der Mathematiker Burmester (1888) folgendes:

> Die Verwirklichung gedachter geometrischer Bewegungen erfordert, daß die bestimmenden geometrischen Bedingungen durch physikalische Bedingungen ersetzt werden und daß die geometrischen Beziehungen der Bewegung in der Anwendung ihre volle Richtigkeit bewahren. Die Kinematik muß sich deshalb auch besonders mit der Formgestaltung der Bestandteile der Mechanismen beschäftigen, um jene geometrischen Bedingungen zu verwirklichen.

Bei den Wirbeltiergelenken liegen fertige „physikalische Prinzipien" vor, die durch die Umkehr des Satzes von Burmester zu analysieren sind. Es müssen die bestimmenden physikalischen Bedingungen der Bewegung durch die bestimmenden geometrischen Bedingungen ersetzt werden und auf eine gedachte geometrische Bewegung zurückgeführt werden. Auf den bekannten geometrischen Beziehungen dieses gedachten Bewegungsprinzips müssen alle anderen Fragen und Untersuchungen aufgebaut und dabei ihre geometrisch-kinematische Richtigkeit bewiesen werden. Die Formen der miteinander artikulierenden Elemente müssen im Berührungsbereich (Gelenke) die geometrischen Bedingungen der bestimmenden Elemente verwirklichen und bei der Bewegung kinematisch zum Ausdruck bringen. Der Abschluß dieser Untersuchung bildet die Synthese dieses gedachten Bewegungsprinzips im Experiment.

3.1 Die nicht zielführende Analyse eines unbekannten Bewegungssystems

Die Bedeutung der Umkehr des Satzes von Burmester und was im wesentlichen darunter zu verstehen ist, soll am Beispiel einer nicht zielführenden Analyse eines Bewegungssystems aus der Technik und der Biologie gezeigt werden. Beide Bewegungssysteme sind für die Untersucher unbekannte Bewegungssysteme. Auf die Frage: „Warum bewegt sich das Kniegelenk?", erhält man häufig von Biologen und Medizinern die Antwort, weil sich die Muskulatur kontrahiert, zum Beispiel am Oberschenkel die Streckmuskulatur: Die Verkürzung der Muskulatur wird über die Rektussehne, Kniescheibe, Lig. patellae auf den Unterschenkel übertragen, der dann eine Streckbewegung ausführt. Dies ist zweifellos richtig. Die Antwort auf die Frage: „Warum fährt Ihr Auto?", weil das Gaspedal niedergetreten wird oder weil Benzin im Tank ist, ist genauso richtig. Denn ohne Betätigung des Gaspedals oder ohne Kraftstoff kann man tatsächlich das Fahrzeug nicht in Bewegung setzen.

Damit ist natürlich nicht die Frage geklärt, was tatsächlich unter der Motorhaube oder im Kniegelenk passiert. Die Antworten auf die eingangs gestellten Fragen werden als nicht befriedigend empfunden, obwohl sie sicher in ihren Aussagen richtig sind. Der Untersucher des technischen Bewegungssystems erkennt bald, daß das Bewegungsverhalten des Gaspedals zwar mit dem Fahrverhalten seines Autos im Zusammenhang steht, aber nicht die Ursache der Bewegung seines Autos ist. Eine exakte Analyse des Gaspedals verschiebt er daher auf einen späteren Zeitpunkt. Ihn interessiert die konstruktive Ursache für die Bewegung seines Fahrzeugs.

Der Untersucher des unbekannten Bewegungssystems Kniegelenk ist von dem Bewegungsverhalten des Kniestreckersystems fasziniert. Er glaubt an die Definition und Arbeitsweise der Biomechanik, deren Aufgabe in dem exakten Studium des Bewegungsablaufs und der Aufzeichnung der Bewegungsbahnen der Gelenke zu sehen ist, aber dem Gelenk selbst, der Ursache des Bewegungsablaufs keine Beachtung schenkt. Ohne befürchten zu müssen, wichtige Erkenntnisse zu versäumen – die Biomechanik bedient sich seit ca. 40 – 50 Jahren erfolglos dieser Methode – wenden wir uns dem Untersucher des technischen Bewegungssystems zu.

Der Untersucher öffnet die Motorhaube und legt einen geeigneten Schnitt durch den Motorblock. Er findet folgende interessante Phänomene (Abb.7, aus Wunderlich 1970): ein annähernd gleichseitiges, dreieckiges Gebilde mit einem hohlen Zahnkranz in seinem Inneren, der mit einen kleinen Zahnrad, das im Gehäuse befestigt ist, kämmt. Dieses dreieckige Gebilde, der Läufer Σ_2, berührt mit seinen Kanten den Innenraum des Gehäuses Σ_1, das wesentlich breiter als

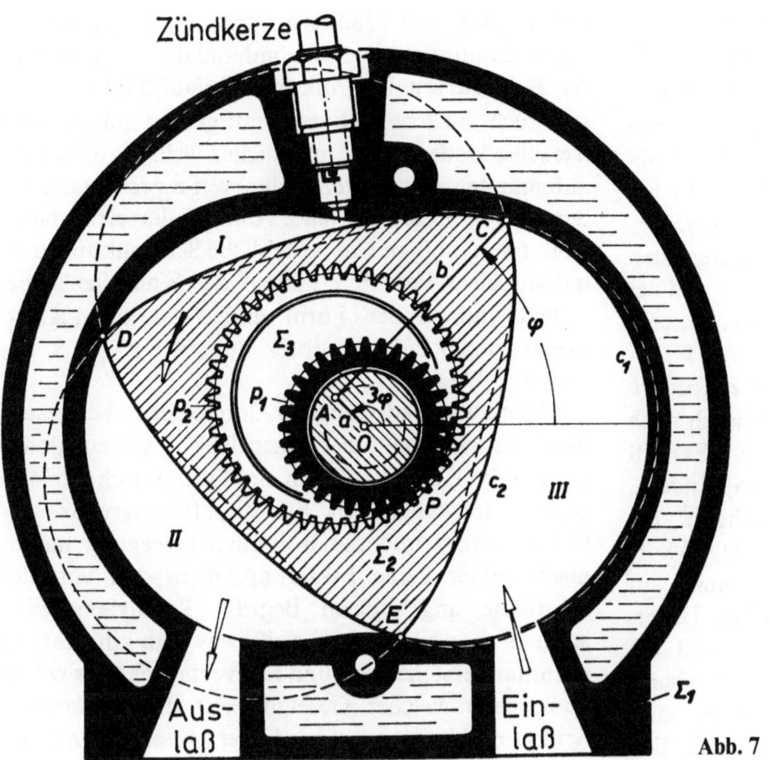

Abb. 7

hoch ist. Er hat den Eindruck eines Ovals, das an seinem flachen, weniger gekrümmten Teil gering eingedellt ist.

Der Untersucher setzt den Läufer langsam in Bewegung und beobachtet, daß die Kanten des Läufers trotz „Inkongruenz" von Gehäuse und Läuferprofil in ständiger Berührung mit dem Gehäuse sind. Er findet weiter, daß bei der Bewegung des Systems nur 2 bewegliche Teile vorhanden sind, nämlich der Läufer (CDE) und die Motorwelle (OA) und deren Exzenter, der im Läufer drehbar gelagert ist. Mit Erstaunen stellt er fest, daß bei einer einzigen Umdrehung des Läufers 3 Zündungen erfolgen und die Motorwelle 3 Umdrehungen ausführt. Der Untersucher kann nicht verstehen, daß der Exzenter Σ_3, der fest mit der Motorwelle verbunden ist und in der Mitte des Läufers drehbar gelagert ist und vom Läufer bei der Bewegung mitgenommen wird, 3 Umdrehungen ausführt, während sich der Läufer nur einmal dreht. Der Untersucher macht Experimente, mißt Reibung und Drücke, bestimmt die Bahn einzelner Punkte des Läufers und des Exzenters, wertet Hunderte von Meßdaten computermäßig aus und muß am Ende doch feststellen, daß es für ihn unerklärlich ist, wieso bei 1 Umdrehung des Läufers exakt 3 Umdrehungen der Motorwelle entstehen.

Würde der Untersucher entsprechend der Umkehr des Satzes von Burmester die physikalischen Bedingungen für diesen Zwanglauf festlegen und in bestimmende geometrisch-kinematische Bedingungen für dieses Bewegungssystem umsetzen und damit das Konstruktionsprinzip erfassen, dann wäre die Frage, warum bei 1 Umdrehung des Läufers 3 Umdrehungen der Motorwelle entstehen, durch einen einfachen Rechenvorgang zu beantworten.

Der Untersucher des Kniegelenks findet, daß 2 starr bewegliche Teile von ganz verschiedener, wie er meint, „inkongruenter" Form bei der Bewegung in ständig kleinflächiger Berührung stehen. Er sieht, daß am Beginn der Beugephase ein Gleiten zwischen den „inkongruenten" Gelenkkörpern stattfindet, das in eine Rollbewegung übergeht und gegen Ende der Beugephase wieder ein Gleiten stattfindet. Er erinnert sich an die Arbeiten von Benninghoff (1925b) über die Funktion und den Aufbau des Gelenkknorpels, daß in jeder Beugestellung der „inkongruenten" Gelenkflächen Kräfte an den Berührungsstellen immer orthogonal übertragen werden, „weil glatte Gelenkflächen ohne Reibung nur senkrechte Drücke aufnehmen können". Das findet der Untersucher durch den säulenförmigen Zellaufbau des Gelenkknorpels bestätigt. Aber es befriedigt ihn nicht, weil damit das Rollen und Gleiten des Systems nicht erklärbar ist. Um das Drehzentrum, die wandernde Kniegelenkachse, zu finden, errichtet er bei seitlicher Betrachtung des medialen Oberschenkelkondyls alle Normalen auf der „spiralig" gekrümmten Kurve des Oberschenkelkondyls. Die Einhüllende dieser Kurvennormalen ist die

Evolute, der geometrische Ort aller Krümmungskreise, die den Oberschenkelkondyl approxmieren.

Der Untersucher erklärt die Evolute des Oberschenkelkondyls zur „Polkurve", den geometrischen Ort aller Achsenlagen des bewegten Systems. Die Roll-Gleit-Bewegung kann er damit nicht erklären. Er hat die „Polkurven" aus der Bewegung des Unterschenkels um den Oberschenkel gefunden. Für die Gegenbewegung, der Unterschenkel wird festgehalten und der Oberschenkel bewegt, fehlt eine entsprechende, echt abrollbare Evolute des Tibiaplateaus, die aus Gründen der kinematischen Gleichberechtigung zu fordern wäre. Das stört den Untersucher augenblicklich noch nicht, denn er hat ja noch nicht experimentiert. Er mißt die Zugkräfte an den Kreuz- und Kollateralbändern, er berechnet nach der „Nußknackermethode" die Druckkräfte an den Berührungsstellen der Gelenkkörper bei einer Beugung von 90° und kommt auf Druckwerte von rund 1,5 t. Das erscheint dem Untersucher sehr hoch, stört ihn aber nicht, weil die Rechnung mathematisch richtig ist. Ein amerikanischer Freund macht den Untersucher aufmerksam, daß die Kniescheibe mit dem Streckapparat den Oberschenkel am Herausgleiten nach vorne hindert. Das merkt der Freund besonders beim Bergabgehen.

Der Untersucher kennt die Gesetze der Mechanik und weiß, daß es sich um ein Kraftmoment handelt, das am Oberschenkelkondyl angreifen soll und aus Gleichgewichtsgründen ein Gegenmoment erfordert, das in der Reibung der Bergschuhe auf der Unterlage anzunehmen wäre. Der Untersucher zeigt dem Freund, daß seine Ansicht unhaltbar ist. Setzt man das Gegenmoment Null schaltet man die Reibung aus, dann müßte jeder Eisläufer beim Beugen der Kniegelenke nach rückwärts umfallen.

Der Untersucher zweifelt an der Richtigkeit der Annahme, daß die Evolute der Oberschenkelkondylen, der geometrische Ort aller Achsenlagen, eine Polkurve des Kniegelenks ist. Inzwischen hat er erkannt, daß die Evolute v.a. ein geometrischer Begriff ist, der in der Kinematik zur Bestimmung von Krümmungskreisen von Punkt- und Hüllbahnen unter Zuhilfenahme eines begleitenden Zweibeins gebraucht wird, aber keine Aussage über die Polkurven, die Drehzentren des Bewegungssystems, macht. Der Untersucher muß bekennen, daß trotz aller mathematischen und konstruktiven Bemühungen die „Inkongruenz" der Gelenkflächen des Kniegelenks und die Roll-Gleit-Bewegung ein Rätsel geblieben ist. Der Untersucher macht röntgenkinematographische Aufnahmen von markierten Punktbahnen bei festgehaltenem Oberschenkel und bewegtem Unterschenkel und umgekehrt. Er führt diese Untersuchung an 40 gesunden Frauen und Männern durch. Er berechnet mit einem Computerprogramm anhand der aufgezeichneten Bahnkurven den Polkurvenverlauf. Das Ergebnis sind recht bizarre Polkurven mit großer individueller Verschiedenheit. Der Untersucher weiß, daß die echt aufeinander abrollenden Polkurven repräsentativ für den Bewegungsablauf sind. Anhand der errechneten Polkurven müßten ganz erhebliche Schwankungen im individuellen Bewegungsablauf des Kniegelenks bestehen und in der Form und Funktion (Kraftübertragung) zum Ausdruck kommen (Abb. 8, aus Nietert 1975).

Trotz aller individuellen Unterschiede bei gesunden Personen, zeigt das Kniegelenk in seinem Bewegungsablauf, in seiner Form und Funktion eher relativ geringe Schwankungen. Für die „Inkongruenz" der Gelenkkörper und die Roll-Gleit-Bewegung hat er noch immer keine Erklärung, denn den von der Anatomie angebotenen Begriff „Kondylengelenk" lehnt er ab, weil niemand weiß, was man kinematisch darunter verstehen soll und nur vortäuscht, als wüßte man, nach welcher Gesetzlichkeit das Kniegelenk bewegt und konstruiert wird. Der Untersucher bleibt ehrlich und bekennt: „Ich kenne die Bewegungsbedingungen nicht, die das Phänomen der Kniegelenkbewegung erklären."

Würde der Untersucher entsprechend der Umkehr des Satzes von Burmester die physikalischen Bedingungen für diesen Zwanglauf festlegen und in bestimmende geometrisch-kinematische Bedingungen umsetzen und damit das „Konstruktionsprinzip" des Kniegelenks erfassen, dann würde er ohne Rechenprogramm erkennen, daß die scheinbar inkongruenten Gelenkkörper des Kniegelenks kinematisch optimal aneinander angepaßt sind, daß die Roll-Gleit-Bewegung eine kinematische Konsequenz der „Inkongruenz" der Gelenkkörper ist und keine biologische, daß die orthogonale Kraftübertragung an den Berührungsstellen zwingend durch die Roll-Gleit-Bewegung entsteht und in keiner Beziehung zur Reibung an den Berührungsstellen der Gelenkkörper steht, wie Benninghoff meinte, daß der Polkurvenverlauf, die wandernde Achse, in jeder Stellung des Gelenks anzugeben ist und uns zu erkennen gibt, warum das Kniegelenk bei allen Wirbeltieren immer an der Hinterhand zu finden ist. Es sollen zunächst keine weiteren Erkenntnisse aufgezählt werden, die durch die Umkehr des Satzes von Burmester zu gewinnen sind, denn der Untersucher des Kniegelenks möchte ja zunächst herausfinden, unter welchen Bedingungen die 4 verschieden geformten Gelenkflächen des Kniegelenks so widerspruchslos Beuge- und Streckbewegungen ausführen, wieso die Roll-Gleit-Bewegung zwischen Ober- und Unterschenkelgelenkfläche entsteht und

Versuch Nr. 2
Versuch Nr. 6
Versuch Nr. 40
Versuch Nr. 41
Versuch Nr. 47
Versuch Nr. 50
Versuch Nr. 57
Versuch Nr. 58
Versuch Nr. 59
Versuch Nr. 66
Versuch Nr. 71
Versuch Nr. 73
Versuch Nr. 76
Versuch Nr. 78
Versuch Nr. 87
cm
1
2
3
4
5
6
6cm7
7cm8

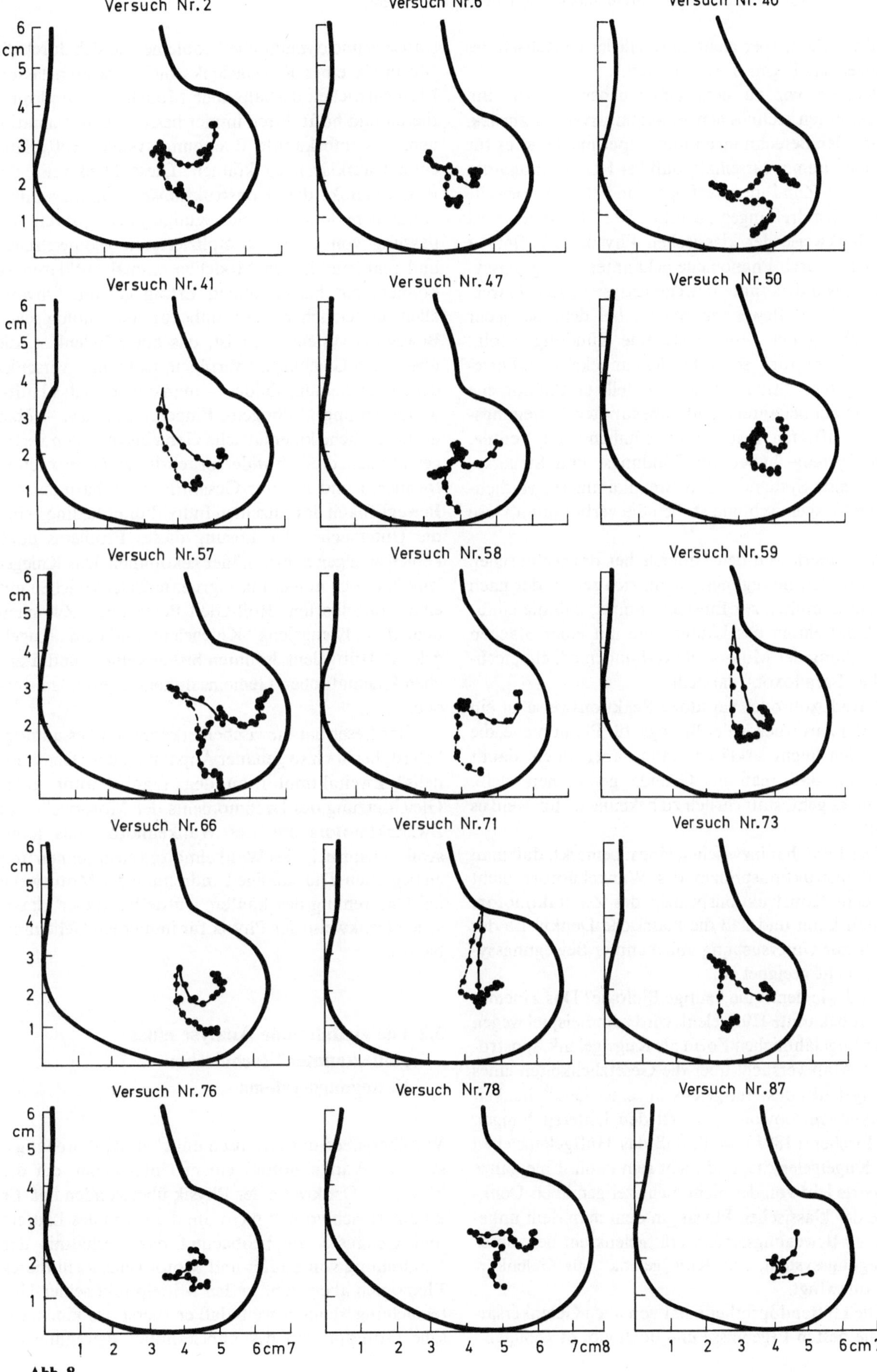

Abb. 8

wo die reellen, aber nicht materialisierten Achsen des Kniegelenks liegen bzw. „wandern".

Kehren wir zu dem Untersucher des für ihn unbekannten technischen Bewegungssystems zurück. Trotz aller Berechnungen und Experimente ist es für ihn noch immer rätselhaft, daß bei 1 Umdrehung des Läufers 3 Zündungen erfolgen und die Motorwelle exakt 3 Umdrehungen ausführt. Der Untersucher ist der Denkweise der klassischen Physik verhaftet, er versucht, durch Phänomene bekannter Bewegungssysteme das unbekannte Bewegungssystem zu erklären. Er kennt ein Bewegungssystem, bei dem bei jeder Umdrehung der Motorwelle eine Zündung erfolgt (Zweitaktmotor), so wie bei dem unbekannten Bewegungssystem. Mit Befriedigung stellt er Phänomene fest, die am bekannten und unbekannten Bewegungssystem auftreten. Beide Systeme haben keine Ventile, beide Systeme haben ein Zündungs- und Steuersystem, beide Systeme haben Brennkammern, verdichten ein Gasgemisch und stoßen die verbrannten Gase aus.

Wir überlassen den Untersucher des technischen unbekannten Bewegungssystems sich selbst, der nach langem Bemühen zur Einsicht kommt, daß die einfache Umdrehung des Läufers; die mit einer 3fachen Umdrehung der Motorwelle verbunden ist, ein „technisches Paradoxon" darstellt.

Paradoxon oder paradoxe Reaktionsweise ist ein beliebter Ausdruck in der Biologie für Phänomene, die man sich nicht erklären kann, aber doch damit andeutet, daß man im Grunde genommen weiß, worum es geht, statt ehrlich zu bekennen: „Ich weiß es nicht".

Der Leser hat inzwischen längst bemerkt, daß man das Konstruktionsprinzip des Wankelmotors nicht von dem Konstruktionsprinzip des Zweitaktmotors ableiten kann und daß die klassische Denkweise der Physik zur Untersuchung unbekannter Bewegungssysteme nicht geeignet ist.

Und wie denkt die heutige Biologie? Das kinematisch unbekannte Hüftgelenk wird zum Beispiel wegen seiner kugelähnlichen Form als Kugelgelenk apostrophiert. Man versucht über die Gesetzlichkeiten eines Kugelgelenks das Hüftgelenk in seiner Gesetzlichkeit zu erkennen, obwohl man seit den Untersuchungen von Fischer (1891) weiß, daß das Hüftgelenk eben kein Kugelgelenk ist und nicht sein kann. Eine ganze Industrie lebt von der nicht mehr zeitgemäßen Denkweise der klassischen Physik, in dem man dem unbekannten Bewegungssystem Hüftgelenk ein bekanntes Bewegungssystem, ein „Kugelgelenk", als Gelenkersatz aufzwingt.

Die Hüftendoprothetik hat von allen Gelenkersätzen die besten Ergebnisse und doch gibt es genügend statische und dynamische Probleme, die sich durch die Mechanik eines Kugelgelenks nicht erklären lassen. Man entwickelt deshalb neue Modelle von Endoprothesen und hofft durch immer bessere Approximationen, das unbekannte Bewegungssystem Hüftgelenk einmal aufklären zu können. Diese Denkweise der Biomechanik, das Konstruktionsprinzip der unbekannten biologischen Bewegungssysteme durch Anpassung von immer komplizierteren geometrischen und mathematischen Modellen einmal aufklären zu können, hat bisher keinen Erfolg gehabt. Obwohl allen Untersuchern der unbekannten biologischen Bewegungssysteme klar ist, das allen Gelenken, die über einen Gelenkspalt verfügen, trotz ihres verschiedenen Erscheinungsbildes – man denke an das Hüft-, Knie-, Sprung-, Ellbogen-, Fingergelenk usw. – über grundsätzliche kinematische Gemeinsamkeiten verfügen müssen, die sich widerspruchslos zu Gelenkketten formieren und in ihrer Gesamtheit die harmonische Beweglichkeit des einzelnen Individuums bedingt, sind die Untersucher der Lösung dieses Problems noch keinen einzigen Schritt näher gekommen. Das Kniegelenk hat noch immer inkongruente Gelenkflächen mit einer rätselhaften Roll-Gleit-Bewegung. Zwischen dem „Kondylengelenk" Kniegelenk und dem „Kugelgelenk" Hüftgelenk konnten bisher keine grundsätzlichen kinematischen Gemeinsamkeiten gefunden werden.

Der Leser hat inzwischen erkannt, daß es unmöglich ist, bei noch so genauer Anpassung des „Denkmodells" Zweitaktmotor an den Wankelmotor unter Gleichsetzung des Drehmoments der Motorwelle des Zweitaktmotors und des Wankelmotors das Konstruktionsprinzip des Wankelmotors zu erkennen und zu begreifen. Die 3malige Umdrehung der Motorwelle bei Umdrehung des Läufers würde bei dieser klassischen Denkweise der Physik für immer ein Geheimnis bleiben.

3.2 Die zielführende Analyse eines „unbekannten" technischen Bewegungssystems

Wir übergeben das technisch unbekannte Bewegungssystem (Wankelmotor) einem Untersucher, der die klassische Denkweise der Physik überwunden hat. Er kümmert sich vorerst nicht um die Form des Läufers und Gehäuses. Er beobachtet das Verhältnis der Umdrehung von Läufer und Motorwelle, stellt dieses Phänomen aber nicht in den Mittelpunkt seiner Untersuchung, denn er weiß daß er zuerst das kinematische Grundprinzip des unbekannten Bewegungssy-

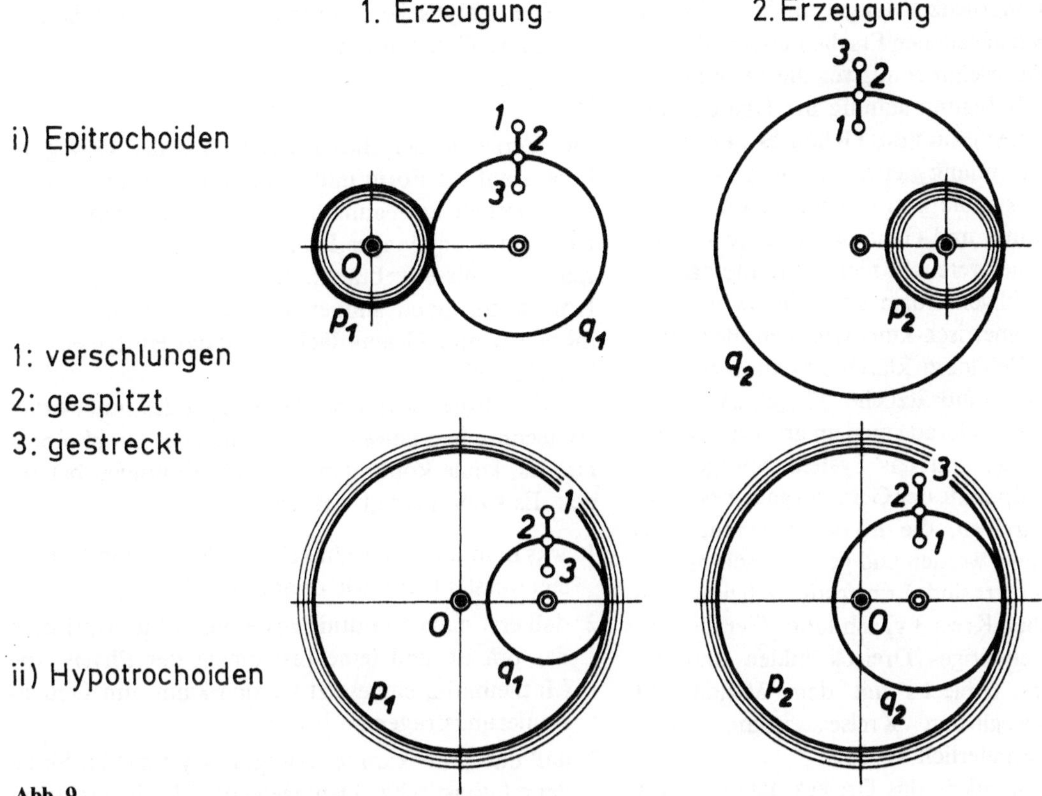

Abb. 9

stems kennen muß, um zu allen anderen Fragen in bezug auf das unbekannte technische Bewegungssystem Stellung nehmen zu können.

Gemäß der Umkehr des Satzes von Burmester sucht er nach den bestimmenden physikalischen Bedingungen, die den Zwanglauf des unbekannten Bewegungssystems hervorrufen. Er findet diese bestimmenden physikalischen Bedingungen in einem kleinen Zahnrad, das fest mit dem Motorgehäuse verbunden ist und das mit einem beweglichen Zahnkranz in der Mitte des Läufers kämmt (s. Abb. 7). Er ersetzt die bestimmenden physikalischen Bedingungen durch die bestimmenden geometrischen Bedingungen. Er findet, daß ein kleiner ruhender Kreis einen großen Kreis von innen berührt und daß dieser große Kreis echt auf dem kleinen Kreis abrollt (Abb. 9, aus Wunderlich 1970).

Der Untersucher weiß, daß aus kinematischen Gründen bei jedem Zwanglauf eine Gegenbewegung ausgeführt werden kann oder zumindest denkbar ist. Der Untersucher hält den großen Kreis fest und läßt den kleinen Kreis echt an der Innenseite des großen Kreises abrollen. Er merkt, daß die Anzahl der Umdrehungen des kleinen Kreises bei einem Umlauf an der Innenseite des großen Kreises von dem Längenverhältnis der Radien dieser beiden Kreise bestimmt wird. Das unerklärliche Phänomen, daß bei 1 Umdrehung des Läufers exakt 3 Umdrehungen der Motorwelle entstehen, ist damit keine grundsätzliche kinematische Frage mehr, sondern ein Dimensionierungs-, ein Rechenproblem.

Der Untersucher hat erkannt, daß es sich bei dem echten Abrollen eines beweglichen Kreises an der Innen- oder Außenseite eines feststehenden Kreises um ein in der geometrischen Bewegungslehre (Kinematik) bekanntes grundsätzliches Bewegungssystem handelt und als Planetensystem oder Planetenbewegung bezeichnet wird (s. Abb. 9).

Er ist nun in der Lage, dieses ihm unbekannte technische Bewegungssystem in seiner kinematischen Grundsätzlichkeit zu identifizieren und wählt im Sinne der modernen relativistischen Denkweise der Physik für das unbekannte technische Bewegungssystem einen neuen Begriff: Planetengetriebe.

Dieser neue Begriff „Planetengetriebe" ermöglicht dem Untersucher zu prüfen, ob die bekannten kinematischen Gesetzlichkeiten bei dem ihm unbekannten technischen Bewegungssystem tatsächlich verwirklicht sind. Er findet zum Beispiel, daß die Radiuslängen des Zahnkranzes und des kleinen feststehenden Zahnrades sowie die Winkelgeschwindigkeit mitgenommener Punkte den bekannten Gesetzlichkeiten der Planetenbewegung entsprechen.

Nach Klärung dieser Sachverhalte erhebt sich die Frage nach der Form des Gehäuses und des Läufers.

Den Begriff Inkongruenz, Mangel an Übereinstimmung, trotz des verschiedenen Erscheinungsbildes von Läufer und Gehäuse lehnt er ab, weil die 3 Kanten des Läufers bei der Bewegung ständig in „Übereinstimmung" mit dem Innenraum des Gehäuses stehen und an der Innenwand entlang gleiten. Der Begriff Inkongruenz würde den kinematisch-geometrischen Zusammenhang von Läufer und Gehäuse in Frage stellen.

Der Untersucher versucht nicht, unmittelbar aus der etwas eigenwilligen Form des Läufers und des Gehäuses die geometrisch-kinematischen Beziehungen dieser beiden Gebilde zu klären. Er reduziert dieses Problem auf die grundsätzliche Frage: „Was geschieht, wenn ich eine Gerade an dem großen beweglichen Kreis befestige und das System bewege?" Er findet, daß die Endpunkte der Geraden ganz bestimmte Kurven beschreiben, die in der Kinematik als Radlinien bezeichnet werden und geometrisch-mathematisch wohl definiert sind. Er befestigt daher an dem großen beweglichen Kreis 3 gleich lange Geraden, so daß sie ein gleichseitiges Dreieck bilden und der Schwerpunkt des Dreiecks mit dem Mittelpunkt des großen beweglichen Kreises zusammenfällt (Abb. 10a, aus Wunderlich 1970).

Er bewegt konstruktiv das Dreieck, das mit dem großen beweglichen Kreis fest verbunden ist und merkt, daß die Endpunkte des Dreiecks, C_0, C_1, C_2, eine gemeinsame Kurve durchlaufen, die mehr breit als hoch ist. Die primäre Erkenntnis, daß die Endpunkte einer Geraden, die von dem beweglichen großen Kreis mitgenommen wird, Radlinien beschreiben, erlaubt ihm die gemeinsame Kurve, die von den Endpunkten des Dreiecks, C_0, C_1, C_2, durchlaufen werden, als Einhüllende zu identifizieren. Der Untersucher findet, daß diese Kurve in der Kinematik wohldefiniert ist und als gestreckte Epitrochoide bezeichnet wird (s. Abb. 10a). Eine derartige Epitrochoide berandet mit den Seiten des mitgenommenen Dreiecks veränderliche Kammerräume, die auch bei dem unbekannten technischen Bewegungssystem vorhanden sind. Damit ist das grundsätzliche Konstruktions- und Bewegungsprinzip des unbekannten technischen Bewegungssystems geklärt. Alle weiteren Fragen, wie zum Beispiel spezielle Form des Läufers, Materialfrage, Auspuff- und Ansaugschlitze, Zündsystem, Dichtung, sind Dimensionierungsprobleme, die auf dem grundsätzlichen Konstruktionsprinzip aufbauen. Die spezielle Form des Läufers und des Gehäuses ist eine geometrische Frage, die aus der *Ruhelage des Bewegungssystems konstruktiv gelöst wird.* Zu diesem Zweck bringt man den Läufer im Gehäuse in eine Stellung, die für die geometrische Untersuchung besonders günstig ist (Abb. 10b, aus Wunderlich 1970).

Die analytische Lösung der Gehäuseform ist eine komplexe Gleichung der Form

$$Z = ae^{3i\varphi} + be^{i\varphi}.$$

Die Versuche der Biomechanik, aus der Bewegung heraus auf die Form und Funktion der unbekannten biologischen Bewegungssysteme zu schließen, haben trotz jahrzehntelanger Bemühungen keine brauchbaren Ergebnisse gebracht. So ist zum Beispiel das Kniegelenk noch immer ein Kondylengelenk mit inkongruenten Gelenkflächen und das Hüftgelenk ein Kugelgelenk.

Mit Absicht wurde bei der Analyse des „unbekannten technischen Bewegungssystems", des Drehkolbenmotors, keine konkreten Zahlenbeziehungen behandelt. Es sollte gezeigt werden

1. was man unter der Umkehr des Satzes von Burmester versteht und wie er anzuwenden ist;
2. daß erst nach Kenntnis des Konstruktionsprinzips das präzise und feine Instrument der Physik, die Mathematik, eingesetzt werden kann, um Dimensionierungsfragen zu lösen;
3. daß das „unbekannte Bewegungssystem" im Sinne der relativistischen Denkweise der Physik mit einem neuen Begriff belegt wird, der dem „unbekannten Bewegungssystem" angepaßt ist, der verhindert, daß gleiche oder ähnliche Phänomene von Bewegungssystemen eines anderen Konstruktionsprinzips, zum Beispiel der Zweitaktmotor, in nicht zielführender Weise in Beziehung gesetzt werden;
4. daß das kinematische Grundprinzip oder gar die konstruktive Lösung eines Bewegungssystems, des allgemein bekannten Wankelmotors, – die meisten wissen noch, daß es sich um einen Drehkolbenmotor handelt – vielen unbekannt ist. Für den Autofahrer ist dies auch unwesentlich.
   Für den Autofahrer ist ausschlaggebend, daß dieses System gut funktioniert. Jeder setzt bei denjenigen, die mit reparativen oder konstruktiven Aufgaben beim Wankelmotor beschäftigt sind voraus, daß ihnen das mathematische Grundprinzip oder dem Konstrukteur auch die konstruktive Lösung des Bewegungssystems bekannt ist.

Für uns selbst ist es unwesentlich, wie im Alltag unser Gelenksystem „konstruiert" ist. Tritt aber ein Gelenkschaden auf, der eine operative Versorgung erfordert, dann möchte sich jeder nur jenen Medizinern anvertrauen, die das Bewegungssystem, zum Beispiel das Kniegelenk, auch tatsächlich kennen. Aber wer von den Chirurgen, Orthopäden oder Unfallchirurgen kennt wirklich den bewegungsgesetzlichen konstruktiven Bau des Kniegelenks?

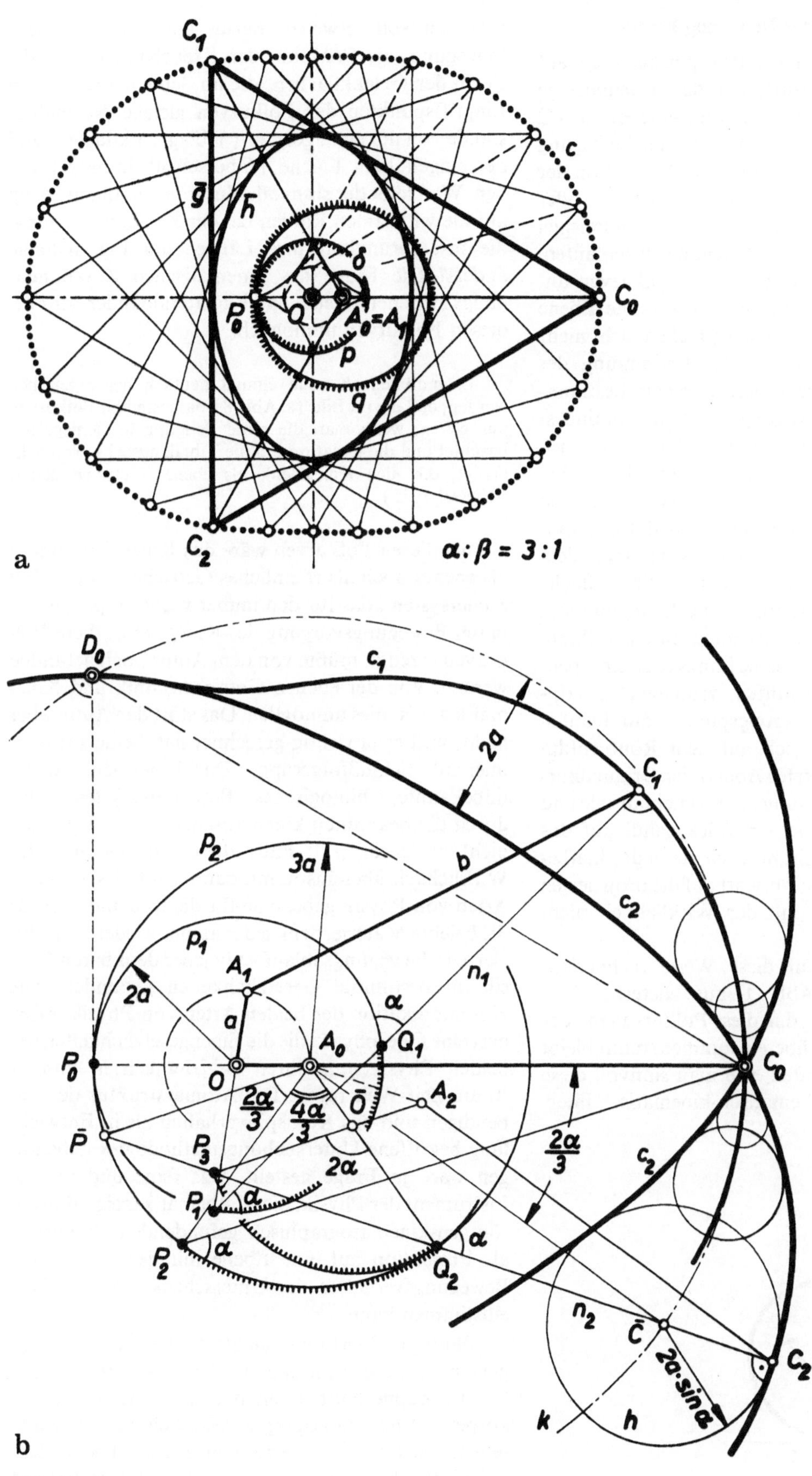

Abb. 10a, b

3.2.1 Untersuchung aus der Bewegung heraus

Wenn man ein unbekanntes Bewegungssystem auf sein „Konstruktionsprinzip", auf das kinematische Grundprinzip, hin untersuchen will, ergeben sich 2 Möglichkeiten: Die Untersuchung aus der Bewegung heraus wird durch Aufzeichnung oder Projektion der Koppelkurven, also der Kurven, die die einzelnen oder bestimmte Punkte des bewegten Systems, zum Beispiel des Unterschenkels, bei der Bewegung durchlaufen, durchgeführt. Die aufgezeichneten Raumkurven unterliegen dann durch die Projektion auf eine Ebene einer gewissen Verzerrung, sie entsprechen nicht mehr den Originalkurven. Eine exakte Bestimmung der Momentanpole oder Drehachsen in einem bestimmten Augenblick der Bewegung ist dann zumindest fraglich. Legt man die untere Extremität so auf einen Röntgentisch, daß die beiden Oberschenkelkondylen sich exakt übereinander projizieren, und bewegt den Unterschenkel auf dem Röntgentisch so, daß er parallel zum Röntgentisch läuft, dann zwingt man dem Unterschenkel, der normalerweise eine flache Schraubfläche durchläuft, eine ebene Bewegung auf. Um diese aufgezwungene Bewegung durchzuführen, muß der Unterschenkel um seine Längsachse kompensatorische Drehungen ausführen, wenn auch in geringem Ausmaß. Die Markierungspunkte durchlaufen dann Raumkurven, die sich auf dem Röntgenfilm projizieren und ein verzerrtes Abbild der Originalkurven ergeben. Eine Berechnung der Momentanpole und damit der Polkurven und ein Rückschluß auf das Steuersystem ist dann nicht möglich, denn das mathematische Ergebnis ist eine Antwort auf die projizierten Raumkurven und kann mit der Wirklichkeit nicht übereinstimmen.

Als Beispiel seien auf diese Weise rechnerisch ermittelte Polkurven (Abb. 11, aus Nietert 1975), gezeigt. Setzt man voraus, daß diese Polkurven mit der Wirklichkeit tatsächlich übereinstimmen, dann bleibt noch immer die Frage offen, wie man sinnvoll diese Schlingenbildungen mathematisch-kinematisch interpretieren soll, etwa in bezug auf die Roll-Gleit-Bewegung, die Funktion der Kreuzbänder oder die Form der Gelenkflächen, die an den entsprechenden Eingriffspunkten der Polkurven gleiche Normalabstände von der erzeugenden (Tibiagelenkfläche) und der eingehüllten Fläche (Oberschenkelkondyl) haben. Wo bleibt der sinnvolle Zusammenhang in bezug auf die wirksamen Radien bei der Kraftübertragung, die fast sprunghaft ihre Länge zum Lig. patellae ändert? Die Frage des kinematischen Zusammenhangs zwischen Kreuz- und Kollateralbänder wird bei diesen Polkurven unmöglich.

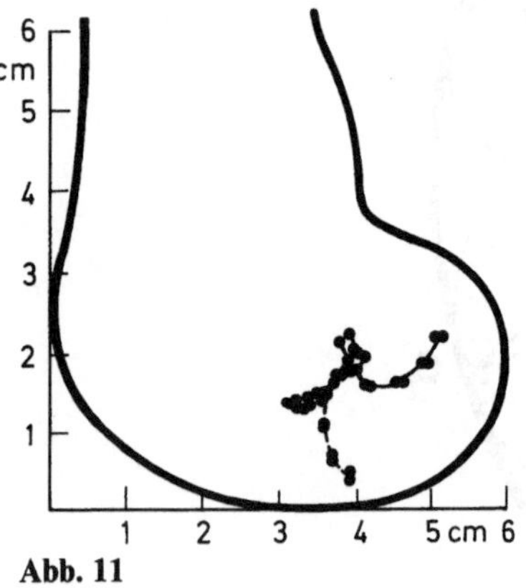

Abb. 11

Es muß jedoch noch einmal deutlich hervorgehoben werden, daß die im Bild (s. Abb. 8) dargestellten Polkurven nur gelten, wenn man die reine Beugung im Kniegelenk beachtet und die Rotation um die Tibialängsachse vernachlässigt, d.h. das Kniegelenk als ebenes Getriebe deutet (Nietert 1975).

Bei diesen Polkurven wäre das Kniegelenk weder als ebenes noch als räumliches Getriebe deutbar. Ein Steuersystem, das für den immer wieder reproduzierbaren Bewegungsvorgang des Kniegelenks diese Polkurven erzeugt, müßte von dem Autor noch gefunden werden. Von der ebenen Getriebetechnik und Kinematik aus ist dies unmöglich. Das stört den Autor aber nicht, weil er ja richtig gerechnet hat. Seine subsummierende Schlußfolgerung: „Das Kniegelenk ist ein unbekanntes biologisches Bewegungssystem, das durch die bekannten kinematischen Gesetzlichkeiten nicht erklärbar ist." Falls diese Aussage mit der Wirklichkeit übereinstimmt, dann heißt dies, daß es 2 Arten von Physik gebe, eine für die tote und eine für die belebte Materie, denn jeder immer wieder reproduzierbare Bewegungsablauf ist in jeder denkbaren Physik an bestimmte Gesetzlichkeiten gebunden. Die Kommunikation der beiden Arten von Physik erfordert eine Oberphysik, die die Eigengesetzlichkeiten der beiden Physiken in ihren Beziehungen in unserer Raum-Zeit-Welt regelt. Die Atomarstruktur des Lebendigen und das Kernspinverhalten als in Entwicklung begriffene Untersuchungsmethode des Lebendigen wäre in Frage gestellt. Das feine und präzise Instrument der Physik, die Mathematik, zeigt, daß die röntgen-kinematographisch gefundenden Polkurven als Projektion auf eine Ebene mit dem wirklichen Bewegungsverhalten des Unterschenkels nicht übereinstimmen kann.

Photographiert man nachts die Beleuchtungskörper einer Straße, die in einer flachen S-Kurve über eine Geländekuppe läuft, dann bilden die Beleuchtungskörper auf der Photographie eine Schlinge. Aus diesem Erscheinungsbild wird wohl niemand schließen, daß die Straße tatsächlich eine Schlinge bildet. Es wird auch niemand auf dem photographischen Abbild die Krümmungsmittelpunkte dieser Beleuchtungskurve berechnen und glauben, daß diese mit dem tatsächlichen Krümmungsverhältnis der Straße übereinstimmen.

Daher ist es nicht zielführend, wie in verschiedenen Lehrbüchern und Arbeiten gefordert und versucht wird, kinematographisch durch Markierungspunkte, Vermessung und Berechnung derselben, auf das Bewegungsprinzip selbst zu schließen. Es soll nicht verschwiegen werden, daß diese Methode bei (vom menschlichen Geist erdachten) ebenen starren Bewegungssystemen als Sonderfall von Bewegungsabläufen anwendbar ist.

3.2.2 Untersuchung von Bewegungssystemen in Ruhelage

Die Kinematik bietet als 2. Möglichkeit, Bewegungssysteme in Ruhelage zu untersuchen. Die embryonale Entwicklung weist uns sozusagen den Weg. Das Extremitätensystem wird in Ruhelage im Prinzip festgelegt, die Bewegung tritt erst als 2. Phänomen auf. Die Vorstellung, daß die Gelenkkörper sich durch Bewegung sozusagen passiv „einschleifen" ist unhaltbar, denn die Bewegung ist nicht Ursache eines Bewegungssystems, sondern eine Konsequenz. Das Zusammenspiel zum Beispiel von Kreuz- und Kollateralbändern läßt sich nur aus der Ruhelage heraus sinnvoll erklären und mathematisch ergründen, wie später gezeigt wird.

Untersucht man ein unbekanntes Bewegungssystem in Ruhelage, dann kann man jene Stellung des Systems auswählen, die für die Untersuchung besonders günstig ist.

3.3 Die zielführende Analyse eines unbekannten, vom menschlichen Geist nicht erfundenen biologischen Bewegungssystems (Kniegelenk)

Der Untersucher verwendet den Begriff „unbekanntes Bewegungssystem" für das Phänomen Kniegelenk

1. um klarzustellen, daß tatsächlich niemand weiß, wie dieses Bewegungssystem in seiner kinematischen Grundsätzlichkeit funktioniert;
2. weil der Begriff unbekanntes Bewegungssystem alle bisherigen Erklärungs- und Deutungsversuche in über 250 Arbeiten über das Kniegelenk ausschaltet und deshalb bei der Untersuchung nicht berücksichtigt werden muß. Der Begriff „unbekanntes Bewegungssystem" schafft sozusagen den wissenschaftlich neutralen Boden für eine, durch vorhandene Argumente unbeeinflußte Untersuchung dieses Bewegungssystems.

Der Untersucher beobachtet den komplexen räumlichen Bewegungsablauf des unbekannten Bewegungssystems, seine harmonische Eingliederung in eine Gelenkkette und sein geordnetes Zusammenwirken mit allen anderen unbekannten Teilsystemen zu einem faszinierenden Gesamtsystem, dem Einzelindividuum.

Der Untersucher kommt zur Überzeugung, daß alle am Aufbau der Teilsysteme und des Gesamtsystems beteiligten Parameter (zunächst Knochen und Bandsysteme), gleichgültig ob man das genetische Material für das Erscheinungsbild des Einzelsystems oder des Gesamtsystems verantwortlich macht oder einen schöpferischen Akt annimmt, untereinander in einer gesetzlichen Beziehung stehen müssen. Ein geordneter, immer wieder reproduzierbarer Bewegungsablauf ist ohne Gesetzlichkeit der am Aufbau des Systems beteiligten Parameter (Bestimmungsgrößen) unmöglich. Jeder immer wieder reproduzierbare Bewegungsablauf des Einzelsystems (Gelenk) ist in seiner kinematischen Grundsätzlichkeit ein Zwanglauf. Die amuskuläre Bewegung des Unterschenkels bei festgehaltenem Oberschenkel ist eine stetige Folge gleichsinnig kongruenter Punktsysteme des dreidimensionalen euklidischen Raums. Alle Punkte des bewegten Systems Unterschenkel wandern auf wohlbestimmten Bahnen. Die Gelenkkette des Beins erlaubt mehrparametrige Bewegungsvorgänge, die durch eine dreidimensionale Lagemannigfaltigkeit definiert sind.

Eine kinematische Aussage über die Gelenkkette „Bein" ist nur möglich, wenn die kinematischen Gesetzlichkeiten der Teilsysteme bekannt sind. Die Untersuchung gilt daher dem größten und in seiner Form und Funktion am wenigsten durchschaubaren Bewegungssystem dieser Gelenkkette, dem unbekannten biologischen Bewegungssystem „Kniegelenk".

Die immer wieder reproduzierbare Beuge- und Streckbewegung des Unterschenkels und die Drehbewegung um seine Längsachse setzt voraus, daß es konkrete bestimmende physikalische Bestimmungen gibt, die den reproduzierbaren Bewegungsablauf des Unterschenkels hervorrufen. Entfernt man alle Weichteile unter ständiger Prüfung des Bewegungsablaufs bis auf die Kreuz- und Kollateralbänder, so bleibt der Zwanglauf des unbekannten Bewegungssystems erhalten. Durchtrennt man die Kollateralbänder und beläßt die Kreuzbänder, tritt zwar eine Seitenlockerung auf, aber der Zwanglauf der Beuge- und Streckbewegung bleibt erhalten. Werden die Kreuzbänder durchtrennt und die Seitenbänder belassen, dann tritt das bekannte Schubladenphänomen auf, die Zwang-

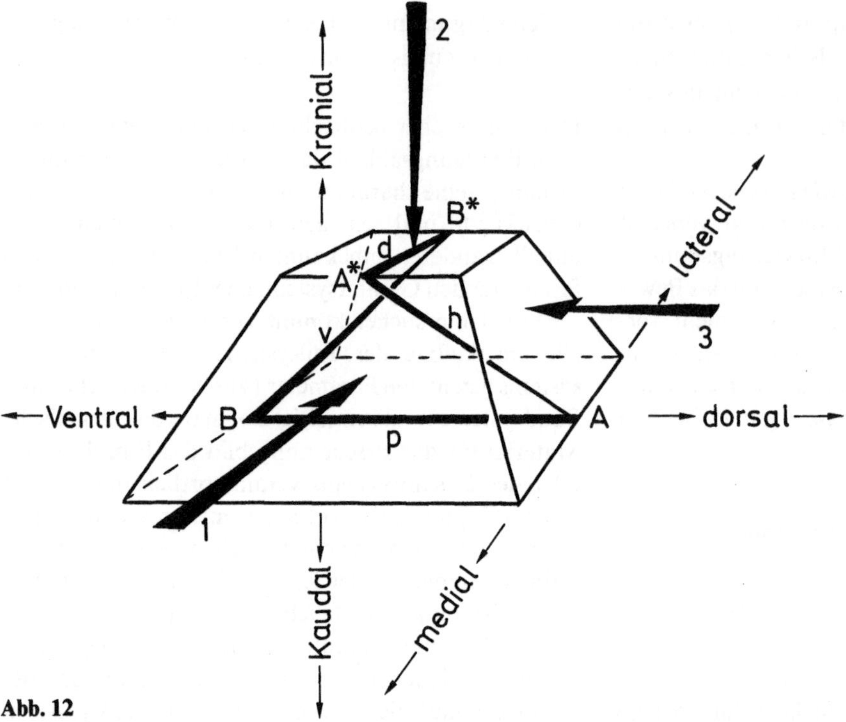

Abb. 12

läufigkeit der Beuge- und Streckfähigkeit geht verloren. *Die Kreuzbänder sind daher die physikalische Bedingung für den immer wieder reproduzierbaren Zwanglauf des unbekannten Bewegungssystems.* Hält man den Oberschenkel fest und bewegt den Unterschenkel, dann nehmen die Kreuzbänder das Tibiaplateau mit und hüllen bei der Bewegung die Oberschenkelkondylen ein. Der Umfang der Oberschenkelkondylen ist in der Bewegungsrichtung aber wesentlich länger als der Durchmesser des medialen und lateralen Tibiakondyls in Bewegungsrichtung. In jeder Beugestellung haben die beiden Gelenkflächen ganz bestimmte Berührungspunkte. Bei einer vollen Beugung aus der Streckendlage treten daher am Oberschenkelkondyl und am Tibiaplateau gleichviele Berührungspunkte auf, die in gesetzmäßiger Weise von ventral nach dorsal auf beiden Gelenkflächen wandern. Bei der Gegenbewegung (Streckbewegung) wandern die gemeinsamen Berührungspunkte von dorsal nach ventral, d.h. auf der Gelenkfläche der Oberschenkelkondylen befinden sich gleichviele Berührungspunkte wie auf der wesentlich kürzeren Gelenkfläche des Tibiaplateaus. Daher muß neben der Rollbewegung – Wanderung der Berührungspunkte von ventral nach dorsal oder umgekehrt – auch eine Gleitbewegung auftreten. Hält man den Unterschenkel fest und bewegt den durch die Kreuzbänder gesteuerten Oberschenkel, so hüllt die Oberschenkelgelenkfläche die Unterschenkelgelenkfläche ein.

Die physikalischen Bedingungen für den immer wieder reproduzierbaren Bewegungsablauf des unbekannten Bewegungssystems (Kniegelenk) sind die Kreuzbänder und 2 verschieden geformte Gelenkflächen am Ober- und Unterschenkel, die sich bei der Bewegung und Gegenbewegung gegenseitig, gesteuert durch die Kreuzbänder, einhüllen. Zwischen den verschieden geformten Gelenkflächen des Ober- und Unterschenkels tritt dabei zwingend eine Roll-Gleit-Bewegung auf. Ersetzt man diese physikalischen Bedingungen nach der Umkehr des Satzes von Burmester durch die geometrischen Bedingungen für diesen immer wieder reproduzierbaren Bewegungsablauf, so bilden die Ansatzpunkte der Kreuzbänder am Oberschenkel mit den Kreuzbändern und ihren Ansatzpunkten am Unterschenkel ein kinematisch bekanntes Bewegungssystem, ein Gelenkviereck (Abb. 12), ein räumliches Gelenkviereck.

Zwei Flächen, die eine gesteuerte Bewegung ausführen und sich gegenseitig einhüllen, sind daher bei ihrer Entstehung trotz ihres verschiedenen Erscheinungsbildes zwingend voneinander abhängig. Die bewegte Fläche hüllt die ruhende ein, bei der Gegenbewegung hüllt die ehemals ruhende Fläche die erzeugte Fläche, die ehemals bewegte Fläche ein. Bei der Bewegung und Gegenbewegung vertauschen beide Flächen ihre Rollen als erzeugende Flächen. Dieses Bewegungssystem ist in der Bewegungsgeometrie des Raums als Hüllflächenpaar ebenso bekannt wie in der ebenen Kinematik als Bewegungssystem der Hüllkurven bzw. der Gleitkurvenpaare.

Bei der Bewegung tritt zwischen den Hüllflächenpaaren bzw. Gleitkurvenpaaren zwingend eine Roll-

Gleit-Bewegung auf. Die rätselhafte Roll-Gleit-Bewegung bei „inkongruenten Gelenkflächen" ist daher kein biologisches Problem an sich, sondern eine mathematisch-geometrische Konsequenz, in seiner Dimensionierung dann ein mathematisches Problem.

Wir ersetzen daher im Sinne der modernen relativistischen Denkweise der Physik die an und für sich nichts aussagende Bezeichnung Gelenkfläche des unbekannten Bewegungssystems durch den bekannten Begriff Hüllfläche bzw. Hüllflächenpaar. Der in allen Anatomiebüchern und einschlägigen Arbeiten gebrauchte Begriff der Inkongruenz für das verschiedene Erscheinungsbild der Ober- und Unterschenkelgelenkfläche ist damit ausgeschaltet. Der Begriff Inkongruenz, Mangel an Übereinstimmung, ist trotz der verschiedenen Form der Ober- und Unterschenkelkondylen abzulehnen, weil die Ober- und Unterschenkelgelenkflächen bei der Bewegung in ständiger „Übereinstimmung" an den Berührungspunkten stehen und sich roll-gleitend gegenseitig einhüllen.

Der Begriff Inkongruenz ist abzulehnen, weil er den kinematischen bewegungsgesetzlichen Zusammenhang der Gelenkflächen in Frage stellt, ein Hinterfragen, eine Untersuchung von etwas „bekannt nicht übereinstimmenden" unmöglich macht.

Ersetzt man den Begriff Gelenkfläche durch den Begriff Hüllflächen, dann sind die physikalischen Bedingungen für den Zwanglauf des unbekannten Bewegungssystems Kniegelenk festgelegt. In den Begriff der Hüllfläche ist der Begriff des Steuersystems involviert. Das Steuersystem ist eine zwingende Voraussetzung für die Entstehung und die gegenseitige Bewegung der Hüllflächen.

Als Steuersystem für die physikalische Bedingung für den immer wieder reproduzierbaren Zwanglauf wurden die Kreuzbänder mit ihren Anlenkpunkten erkannt. Im Sinne der Umkehr des Satzes von Burmester werden die bestimmenden physikalischen Bedingungen durch die bestimmenden geometrischen Bedingungen ersetzt und in geeigneter Weise auf die Zeichenebene projiziert. Mit der Abbildung des räumlichen Steuersystems Kreuzbänder, das durch das geometrische Steuersystem ersetzt ist, bleiben alle noch unbekannten Parameter und gesetzlichen Beziehungen des Gesamtsystems (Kniegelenk) erhalten.

Wählt man eine Abbildungsweise des Steuersystems der Art, daß der Unterschenkel in Mittelstellung zwischen Pro- und Supination parallel zur Zeichenebene geführt wird und die Anlenkpunkte der Kreuzbänder auf Kreislinien laufen, dann ist ein erheblicher Teil des Gesamtbewegungsumfangs des Unterschenkels eine ebene Bewegung.

Die Oberschenkelkondylen projizieren sich dann nicht übereinander. Die gegeneinander etwas versetzten Projektionen der Oberschenkelkondylen bilden mit dem auf die Zeichenebene seitlich projizierten Tibiaplateau ein gemeinsames Hüllkurvenpaar. Die projizierte gemeinsame Hülkurve der Oberschenkelkondylen erscheint deshalb in der a.-p.-Richtung etwas länger als der mediale oder laterale Oberschenkelkondyl. Projiziert man dagegen die Oberschenkelkondylen übereinander, wie etwa bei einer seitlichen Röntgenaufnahme, dann laufen die Anlenkpunkte der Kreuzbänder am Tibiaplateau auf Ellipsen. Die kinematische Untersuchung wird dann wesentlich aufwendiger.

Die geometrisch-kinematischen Grundgesetzlichkeiten der Ebene gelten auch für den Raum, nur ist ihre Handhabung durch das Hinzukommen der 3. Dimension wesentlich komplizierter. Für Dimensionierungsfragen des unbekannten Bewegungssystems wird die Raumgeometrie und Raumkinematik relevant. Die Dimensionierungsfrage stellt sich aber vorerst nicht, denn die Voraussetzung für diese Fragestellung ist das Bekanntsein des Konstruktionsprinzips des geometrisch-kinematischen Grundprinzips und der davon abhängigen Parameter des unbekannten Bewegungssystems des Kniegelenks.

4 Kinematik der Beuge- und Streckbewegung des Kniegelenks

4.1 Kinematik der Kreuzbänder

In der seitlichen Röntgenaufnahme (Abb. 13) sind die Kreuzbänder durch ein Kontrastmittel dargestellt.

Das *vordere Kreuzband* hat an seinem Ursprung doralseitig am lateralen Oberschenkelkondyl einen Durchmesser von ca. 15 mm. Ein Teil des Bandsystems entspringt auch aus dem Dach der Fossa intercondylaris und setzt breitflächig als frontale Platte an der Area intercondylaris tibiae anterior an. Das vordere Kreuzband ist ca. 10 mm länger als das hintere.

Das *hintere Kreuzband* entspringt im vorderen Anteil des medialen Oberschenkelkondyls und greift bogenförmig auf den vorderen Dachanteil der Fossa intercondylaris über und bildet mit dem Ursprung des vorderen Kreuzbandes am lateralen Oberschenkelkondyl einen Winkel von ca. 40° bis 60°. Die *Ansatzstelle* ist quer oval und konkav und ca. 15 × 25 mm groß. Das hintere Kreuzband setzt als frontale Platte in der Area intercondylaris posterior tibiae an. Beide Kreuzbänder sind in ihrem Verlauf so verwunden, daß die lateralen Fasern des vorderen Kreuzbandes zu dorsalen werden. Am hinteren Kreuzband werden die medialen Fasern zu dorsalen. Beide Kreuzbänder sind ventral und lateral von Synovia bedeckt, von dorsal her nicht. Sie liegen deshalb extraartikulär.

In Abb. 14 ist der Ursprung der Kreuzbänder mit A und B, ihre Ansatzpunkte mit B_1 und A_1, die Verbindung der beiden Ansatzstellen mit „p", das vordere Kreuzband mit „v" und das hintere mit „h" bezeichnet. Für die weiteren Überlegungen soll der Oberschenkelkondyl als *ruhendes System* (Rastsystem) angenommen werden. Die Tibia soll das bewegte System, das Gangsystem, darstellen. Zum besseren Verstehen sind in Abb. 15 nur die wesentlichen Elemente für die Kniebeweglichkeit dargestellt. Das Rastsystem A und B, die Ansatzpunkte der Kreuzbänder, sind durch den Steg – Dach der Fossa intercondylaris femoris – miteinander verbunden. Die Ansatzpunkte der Kreuzbänder an der Tibia, das Gangsystem B_1 und A_1, sind

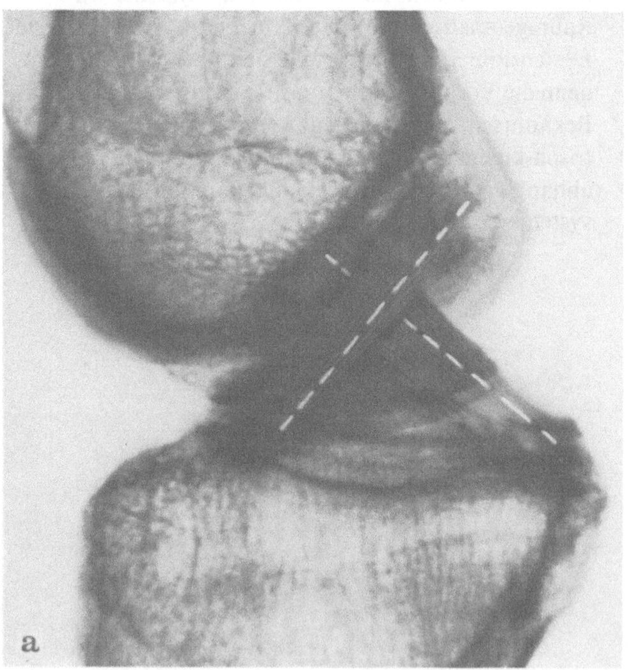

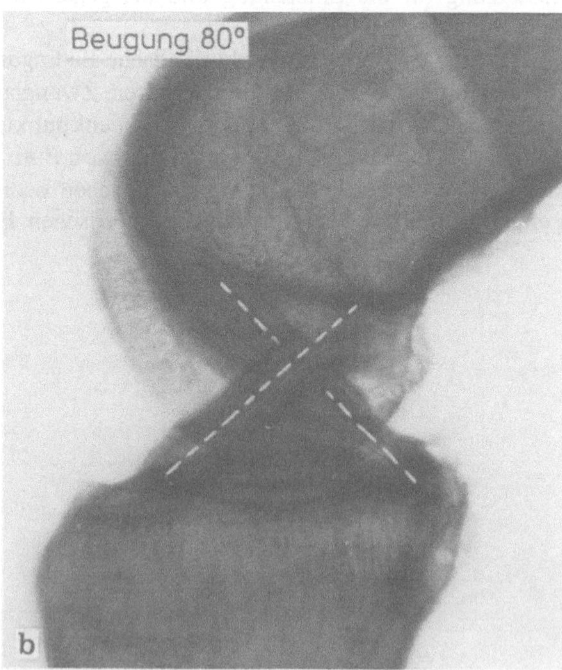

Abb. 13 a, b

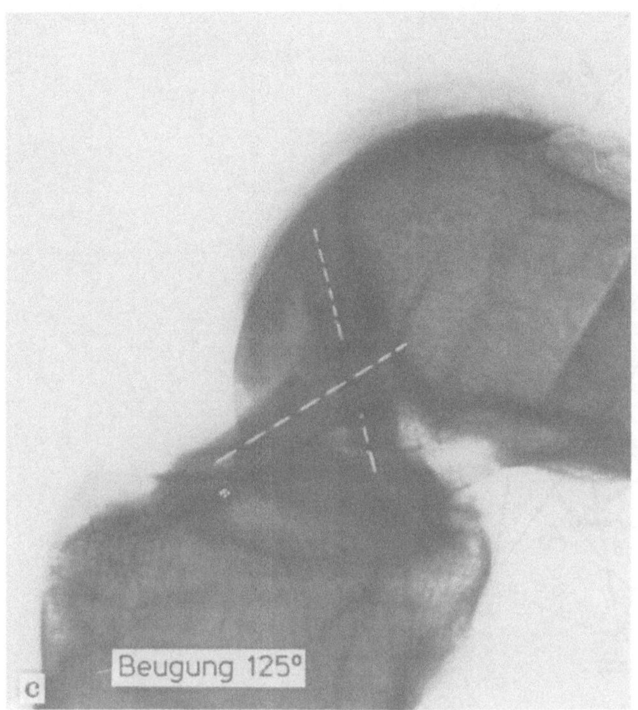

Abb. 13c

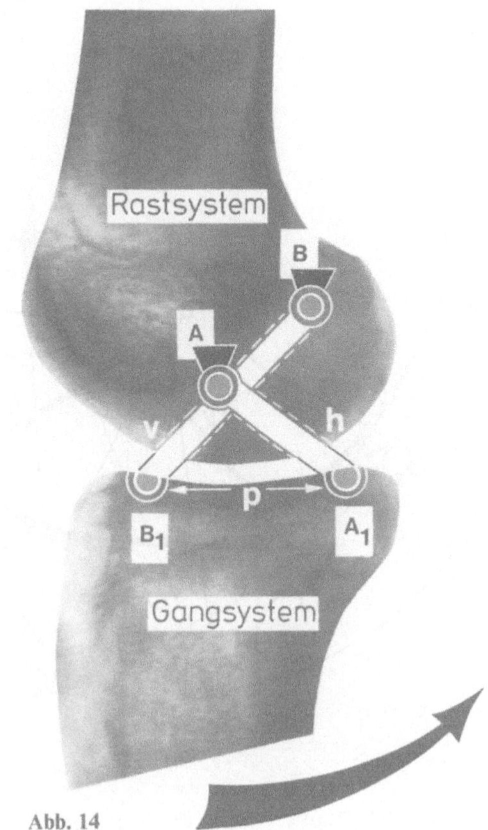

Abb. 14

durch die Koppel „p" (Tibiaplateau) verbunden. Daraus ergibt sich folgendes *Bewegungsprinzip*:

Beim Beugen und Strecken bewegt sich das Tibiaplateau in der Sagittalebene als Tangente um die Femurkondylen. Bei dieser Bewegung sind der Ursprung des vorderen und hinteren Kreuzbandes A und B *Drehpunkte*, um die sich die Kreuzbänder v und h bewegen. Die Ansatzpunkte der Kreuzbänder B_1 und A_1 beschreiben dabei 2 Kreislinien mit verschieden großen Radien, da das vordere Kreuzband v um ca. 1 cm länger ist als das hintere Kreuzband h. Diese beiden Kreislinien schneiden sich. Der Punkt B_1 bewegt sich auf der Kreislinie mit dem Drehpunkt B, der Punkt A_1 bewegt sich auf der Kreislinie mit dem Drehpunkt A. Die auf diesen Kreislinien wandernden Punkte A_1 und B_1 haben eine konstante Entfernung (p), die der Länge des Tibiaplateaus entspricht. Zeichnet man die verschiedenen Positionen der Koppel p ein, so entsteht eine Tangentenschar, die eine Kurve einhüllt, die Koppelhüllkurve, die dem Rastsystem angehört. Die Koppelhüllkurve (Abb. 16) entspricht der Gelenkform des Oberschenkelkondyls.

Die ebene Kinematik des menschlichen Kniegelenks ist demnach die Kinematik des Gelenkvierecks, und zwar eines speziellen Gelenkvierecks, bei dem (Abb. 17a) $p > v - h \pm d$ ist. Es handelt sich um eine *Doppelkurbel*. In Abb. 17b wird diese Bedingung nicht erfüllt. Hier ist $v > p - d \pm h$. Es handelt sich um eine Kurbelschwinge (Abb. 18a). Eine berechtigte Frage

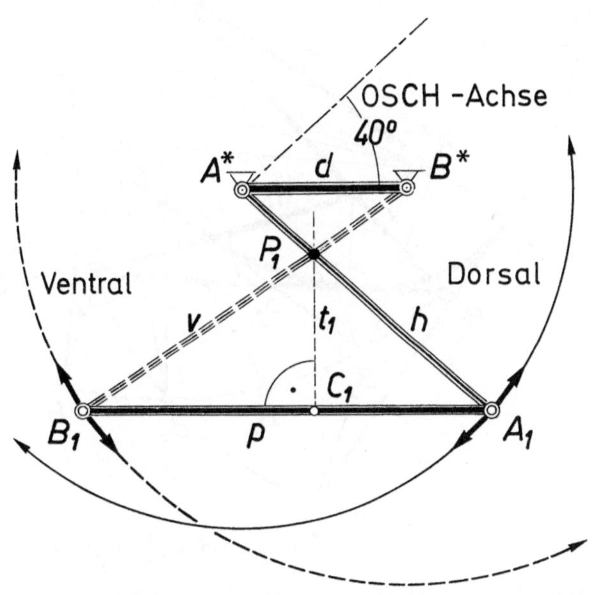

P_1 = Momentanzentrum (Achse) zum Zeitpunkt t_1

C_1 = Berührungspunkt der Koppel p mit der erzeugten Hüllkurve

$\overline{B_1A_1}$ = Koppel

t_1 = Polstrahl zum Zeitpunkt t_1

Abb. 15

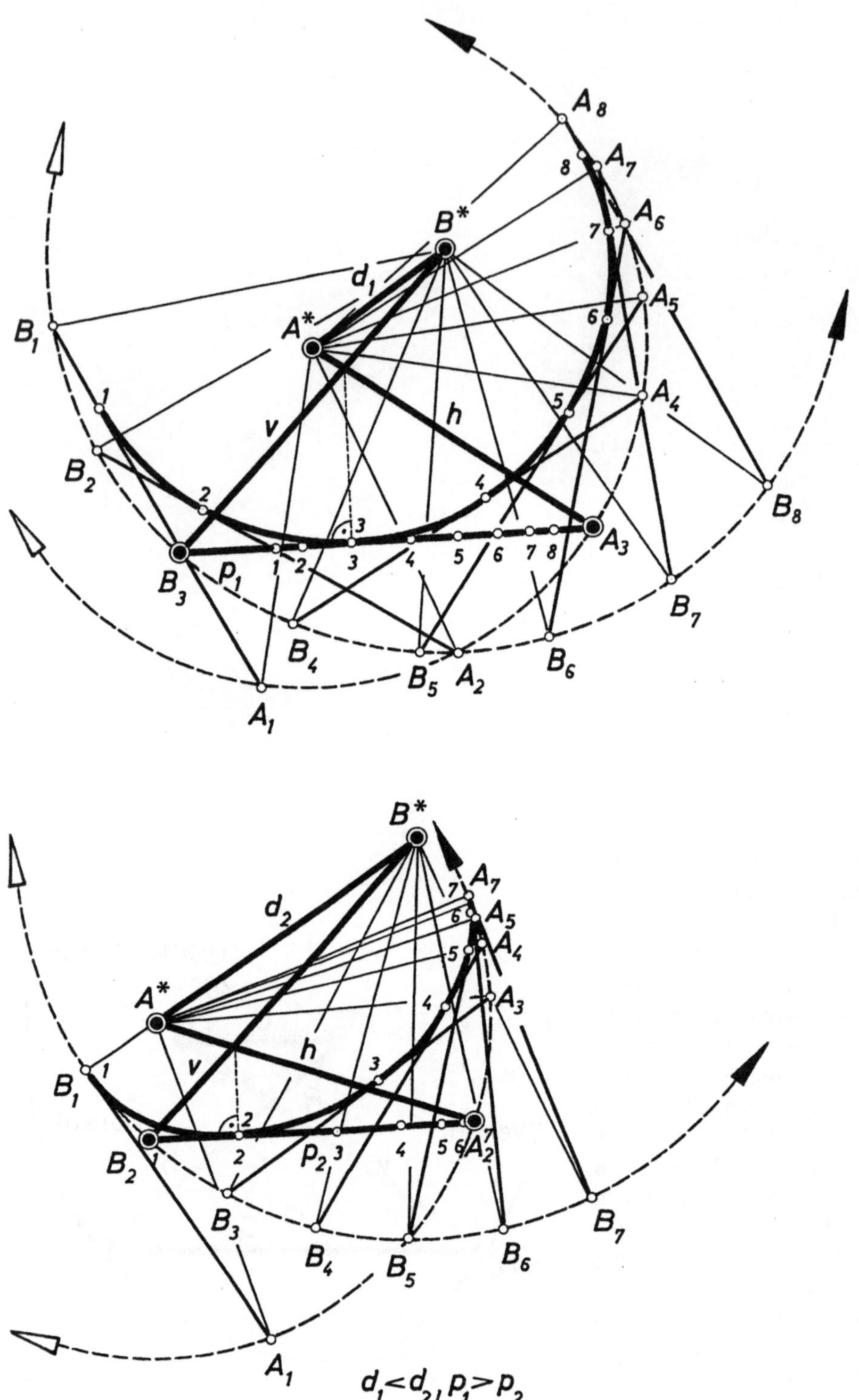

Abb. 16

ist, ob die Gesetze der ebenen Kinematik des Gelenkvierecks auf das Kniegelenk, das ein räumliches Gebilde darstellt, überhaupt anwendbar sind. Die Gesetze der ebenen Kinematik gelten auch für räumliche Systeme, wenn der Bewegungsvorgang (Zwanglauf) in einer Ebene stattfindet. Die Bewegung des Kniegelenks läuft in einer Ebene ab (bis auf die Schlußrotation, die später behandelt wird). Deshalb haben die Gesetze der ebenen Kinematik Gültigkeit, und man kann die Bewegung (den Zwanglauf) der beiden Systeme Oberschenkel und Unterschenkel auf einem Zeichenbrett darstellen und interpretieren.

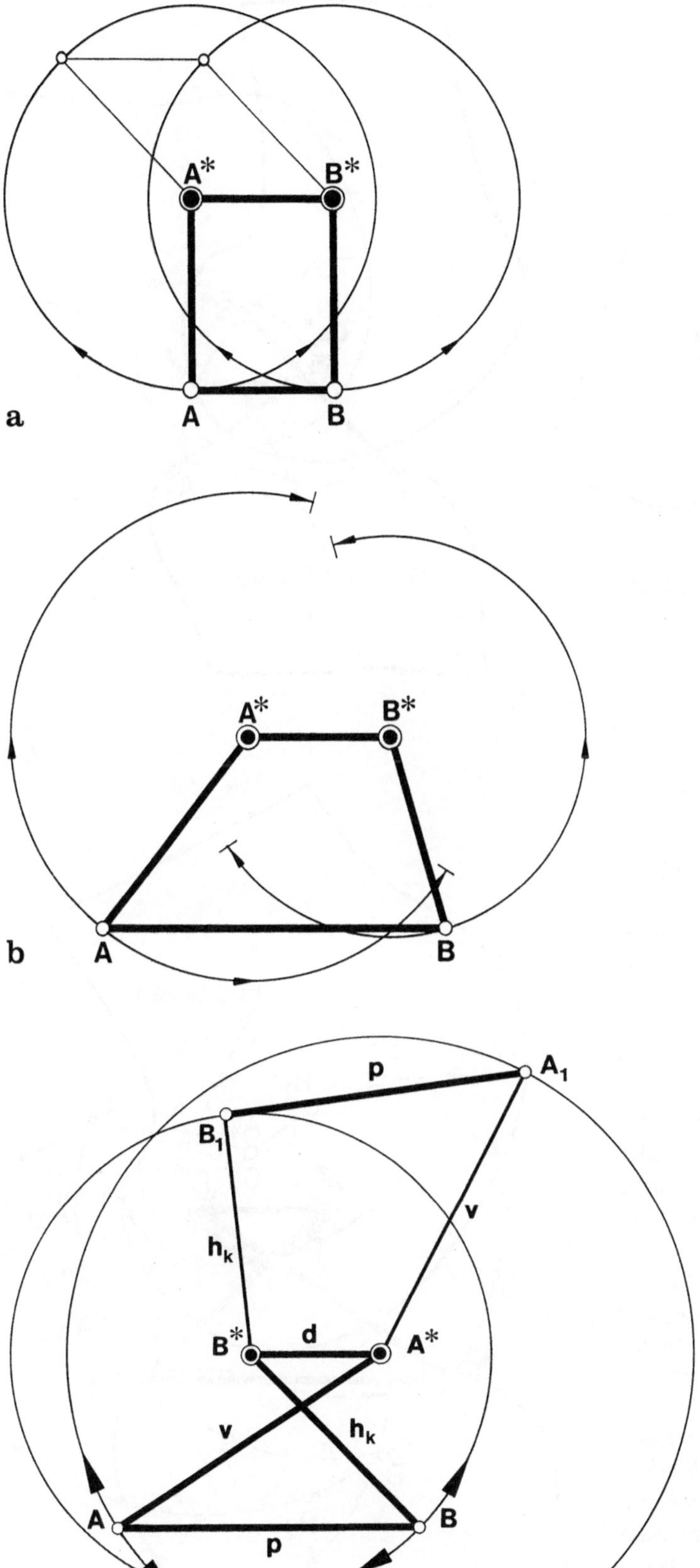

a

b

c

Abb. 17 a–c

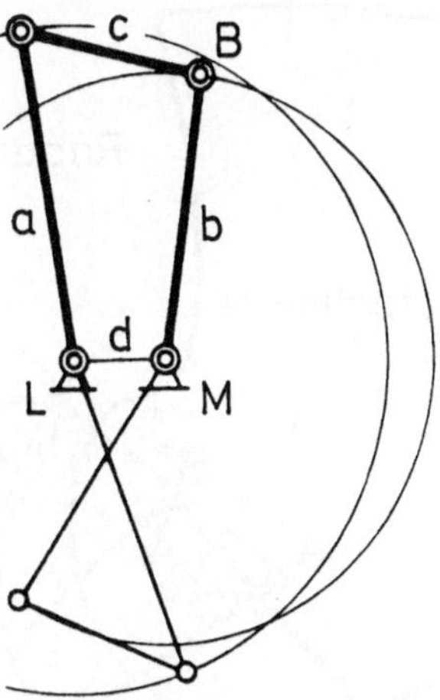

a) Doppelkurbel

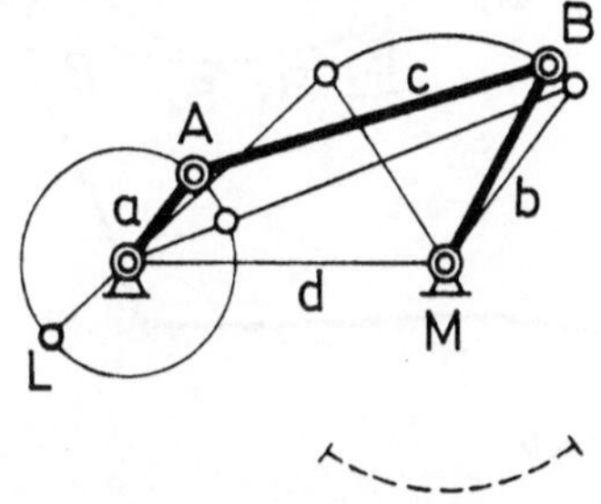

b) Kurbelschwinge

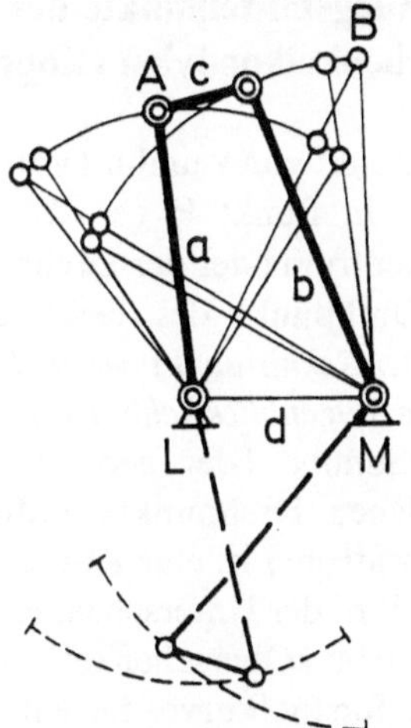

c) Doppelschwinge 1. Art

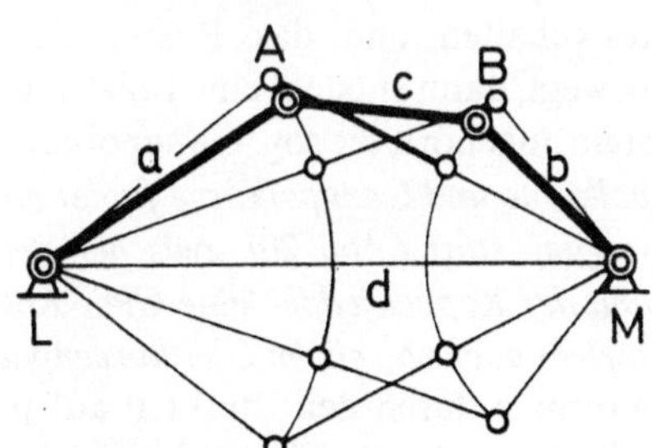

d) Doppelschwinge 2. Art

Abb. 18 a–d

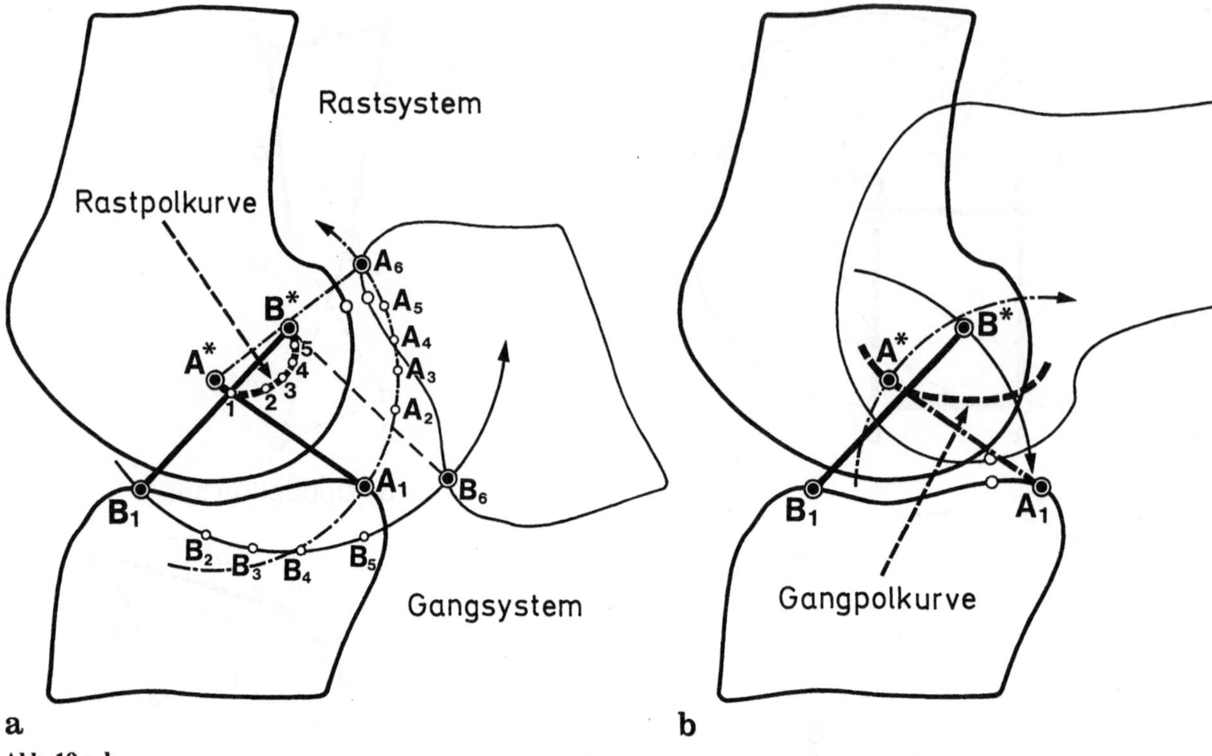

Abb. 19 a, b

4.2 Achsen des Kniegelenks und Krümmungsmittelpunkte der Oberschenkelkondylen (Koppelhüllkurve)

Der Schnittpunkt von v und h (vorderes und hinteres Kreuzband) in Punkt P (s. Abb. 15) ist das sog. Momentanzentrum oder der Drehpol, d.h. der augenblickliche Drehpunkt des bewegten Systems zum ruhenden. *Der Schnittpunkt der beiden Kreuzbänder ist demnach die augenblickliche Drehachse des Kniegelenks.* Die Summe (der geometrischen Orte) der augenblicklichen Drehpunkte (Momentanpol oder Momentanzentrum) ist eine Kurve, die sog. Polkurve (Abb. 19). Wird der Unterschenkel, das Gangsystem, zum Rastsystem (Oberschenkel) bewegt, dann entsteht die sog. Rastpolkurve, die dem ruhenden System (Rastsystem) angehört. Wird der Bewegungsvorgang umgekehrt, d.h. der Unterschenkel (das Gangsystem) festgehalten und das Rastsystem (Oberschenkel) bewegt, dann entsteht eine Polkurve, die dem Gangsystem angehört, die sog. Gangpolkurve. *Zwischen Rastpolkurve und Gangpolkurve findet eine reine Abrollbewegung statt (Abb. 20), zwischen der Koppelhüllkurve und der Koppel jedoch eine Gleit-Roll-Bewegung; man spricht auch von einem Gleitkurvenpaar.* Fällt man eine Normale durch den Punkt P auf p (s. Abb. 15), so erhält man den Berührungspunkt der Koppel p mit der Koppelhüllkurve (Abb. 16). Verlängert man diese Normale über den Punkt P hinaus, so hüllt diese

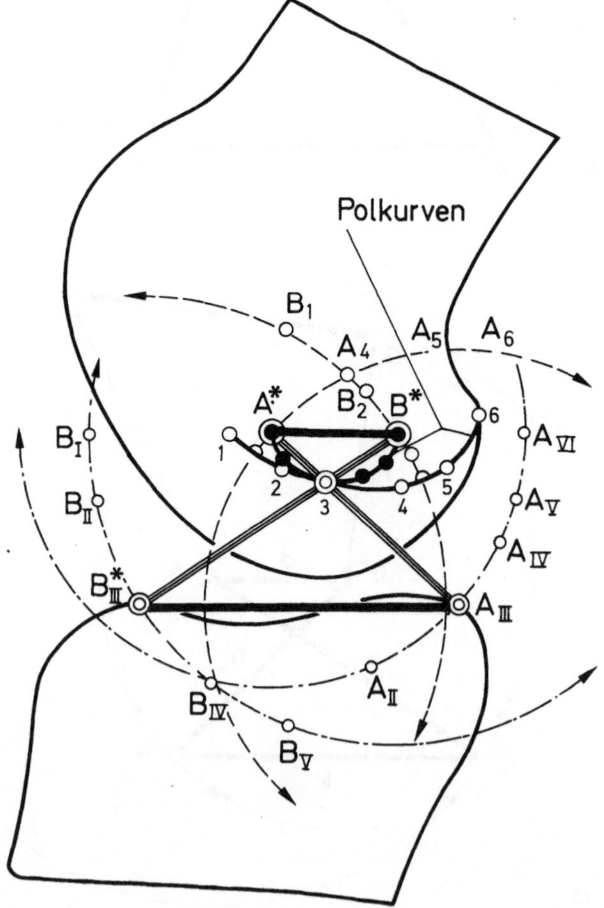

Abb. 20

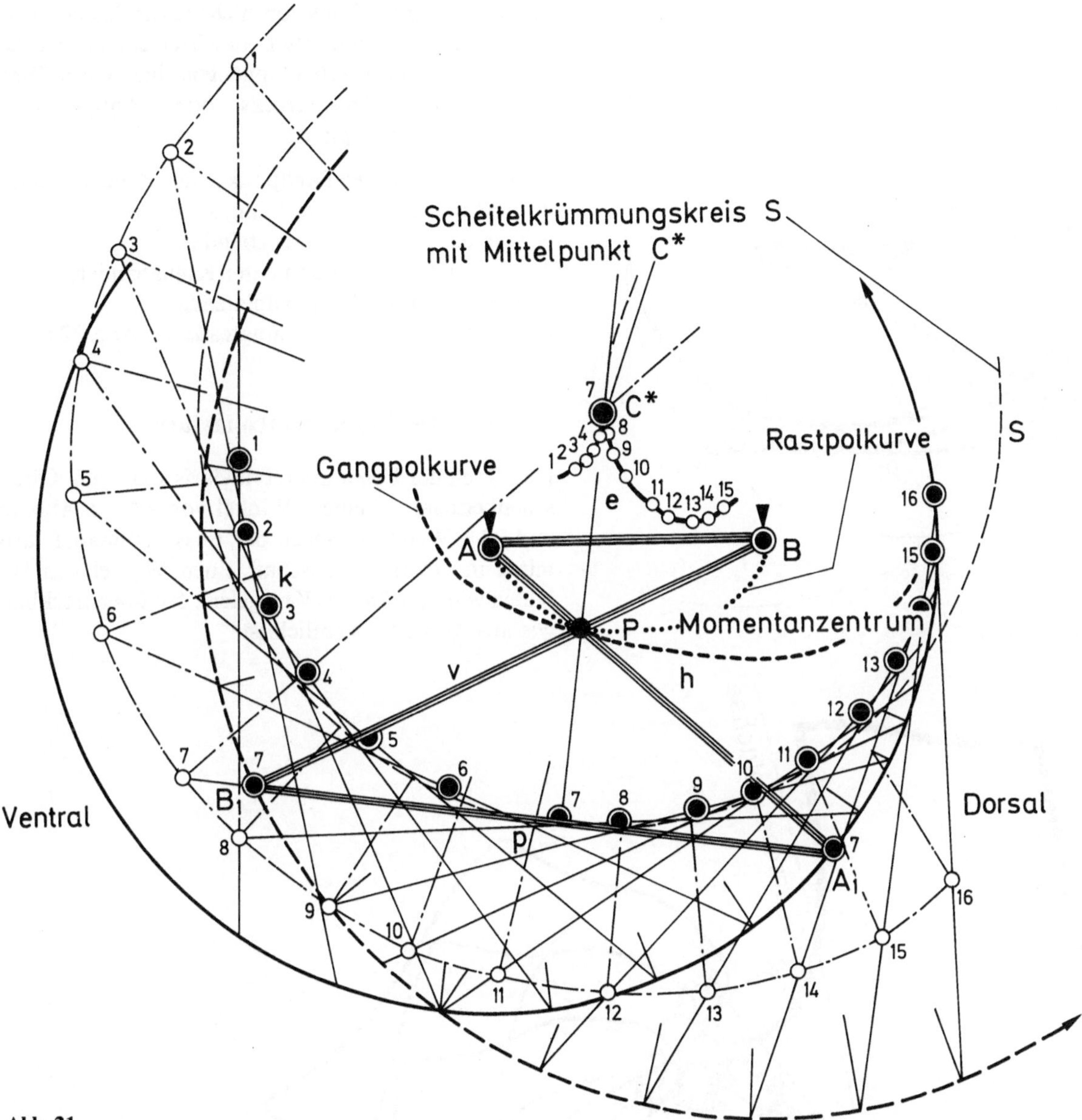

Abb. 21

Normalenschar der Koppelhüllkurve eine Kurve ein, auf der die Krümmungsmittelpunkte der Koppelhüllkurve liegen, der sog. Evolute (Abb. 21). *Die Krümmungsmittelpunkte der Koppelhüllkurve sind nicht identisch mit den Drehzentren des Gangsystems, der sog. Gangpolkurve. Die Polkurven sind der geometrische Ort aller Momentanzentren (Drehpole), zum Beispiel Drehachse des Kniegelenks, einer zwangsläufigen Bewegung eines starren ebenen Systems. Die Evolute ist der geometrische Ort aller Krümmungsmittelpunkte einer gegebenen Kurve.*

4.3 Kondylenform

Nach dem bisher Gesagten müßten der mediale und laterale Oberschenkelkondyl, da sie einem gemeinsamen Bewegungsprinzip, durch die Kreuzbänder bedingt, unterliegen, die gleiche Form haben. Das ist aber nicht der Fall. Bisher haben wir das Tibiaplateau als eine Gerade aufgefaßt. Die Abb. 22 und 23 zeigen aber, daß die Tangentenform (Form der Koppel) einen wesentlichen Einfluß auf die Gestalt der Hüllkurve ausübt (s. Kurve k und k_1 der Abb. 22). Diese zusätzliche Abhängigkeit der Kondylenform von der Gelenkfläche des Tibiaplateaus (s. Abb. 22) erklären die verschiedenen Formen des medialen und lateralen Oberschenkelkondyls. Die endgültige Form erhalten der laterale und mediale Kondyl durch die Schlußrotation, wie später noch gezeigt wird.

Der mediale und laterale Femurkondyl stellen in situ Raumkurven 6. Ordnung dar, erzeugt durch die Mechanik eines räumlichen Gelenkvierecks, die sich

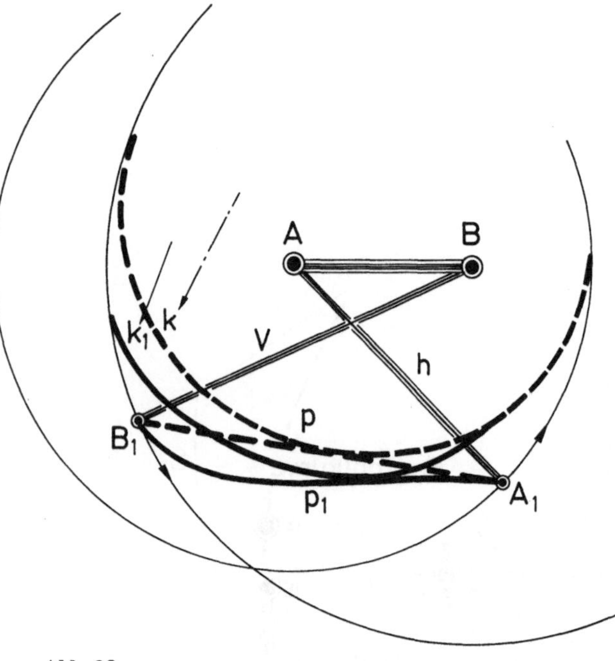

Abb. 22

mathematisch als Funktion nicht fassen lassen; wohl kann man sie geometrisch beschreiben. Sie ist die Hüllkurve einer Flächentangentenschar, eines überschlagenden Gelenkvierecks oder Antiparallelogramms, die abhängig ist:

1. vom Abstand der Drehpunkte der Kreuzbänder,
2. ihrer räumlichen Versetzung zueinander,
3. von der Länge der Kreuzbänder,
4. von der Längendifferenz der Kreuzbänder,
5. von der Länge des Tibiaplateaus,
6. von der Form des Tibiaplateaus (s. Abb. 22).

4.4 Dach der Fossa intercondylaris

Das Dach der Fossa intercondylaris steht zum Oberschenkelschaft in einem Winkel von 40° (s. Abb. 15 und 23). Wenn das Dach der Fossa intercondylaris mit dem Oberschenkelschaft einen Winkel von 90° bilden würde, wäre das Kniegelenk 50° überstreckbar, wie aus Abb. 24 ersichtlich ist.

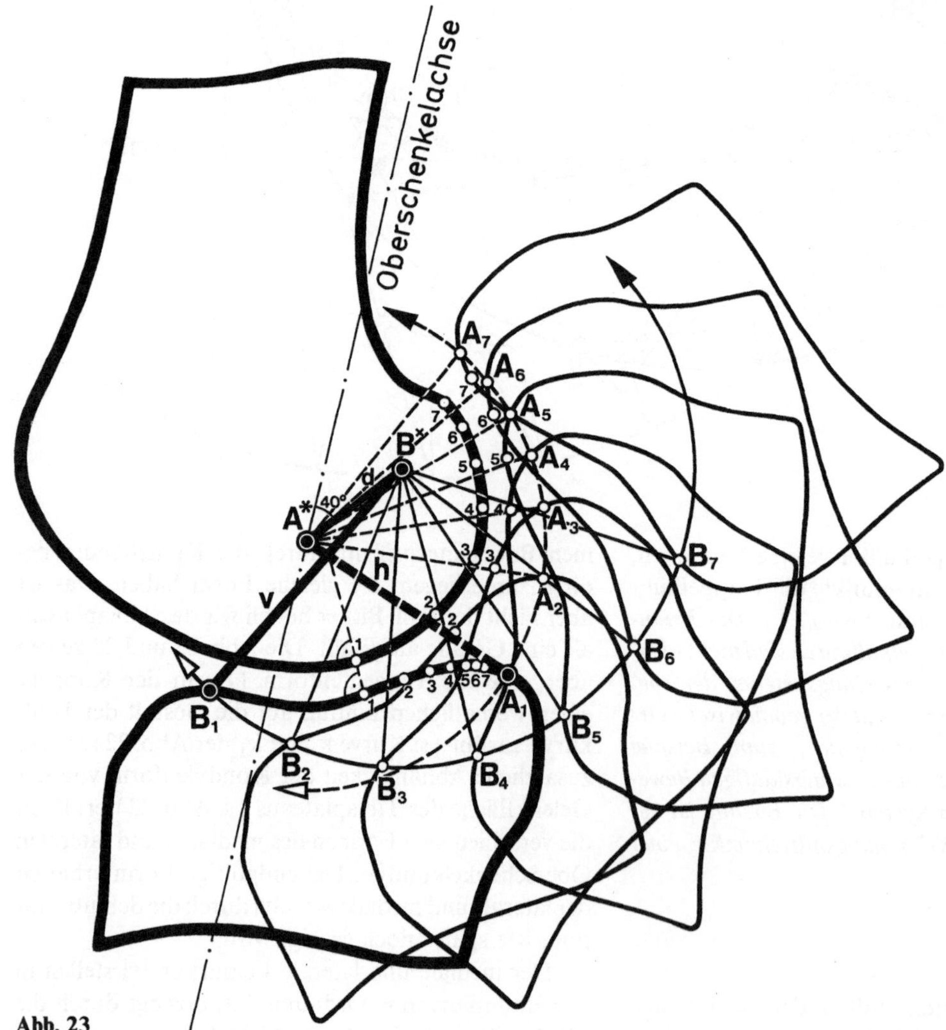

Abb. 23

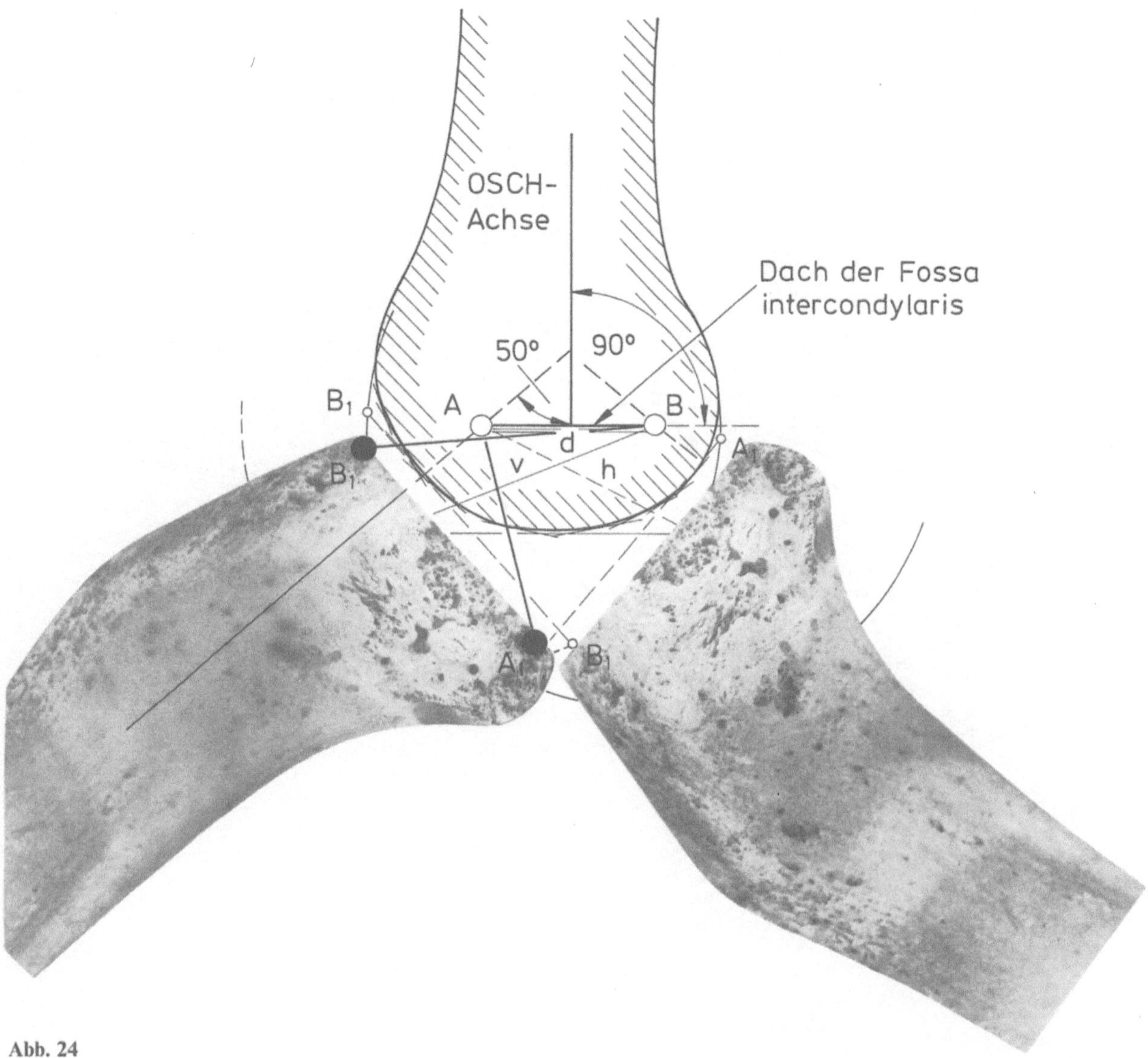

Abb. 24

Bildet das Dach der Fossa intercondylaris und die Oberschenkelschaftachse einen Winkel von 40°, dann steht in Streckstellung des Kniegelenks das vordere Kreuzband parallel zum Dach der Fossa intercondylaris und verhindert damit ein weiteres Überstrecken. Das hintere Kreuzband steht senkrecht auf dem Dach der Fossa intercondylaris (s. Abb. 13). Beide Kreuzbänder werden bei einem Überstreckversuch ohne Auftreten von Schwerkräften in ihrer Längsrichtung beansprucht. Beim Kniegelenk des Menschen muß nach der Mechanik des Gelenkvierecks bei ungleich langen Kreuzbändern das Dach der Fossa intercondylaris mit dem Oberschenkelschaft einen Winkel von 40° einschließen. Nur dann sind die Voraussetzungen für eine Streckstellung des Kniegelenks und für die *Festigkeit* des Standbeins gegeben.

4.5 Retroposition des Condylus femoris und des Tibiaplateaus

Sollen 2 Stäbe – Oberschenkel und Unterschenkel – gelenkig miteinander nach dem Bewegungsprinzip eines Gelenkvierecks verbunden werden, so daß keine Überstreckbarkeit (abgesehen von der geringen physiologischen Überstreckbarkeit) möglich ist, dann muß der Steg, die Verbindung von A und B (Abb. 25) mit dem Oberschenkelschaft einen Winkel von 40° bilden. Bewegt man nun die Koppel B_1 und A_1 (Tibiaplateau), so wird im Rastsystem (Oberschenkel) eine Koppelhüllbahn erzeugt, die deutlich nach dorsal ausladet (s. Abb. 23 und 25) *die Retropositio femoris.* Kehrt man den Vorgang um, so daß das Tibiaplateau das ruhende System ist und der

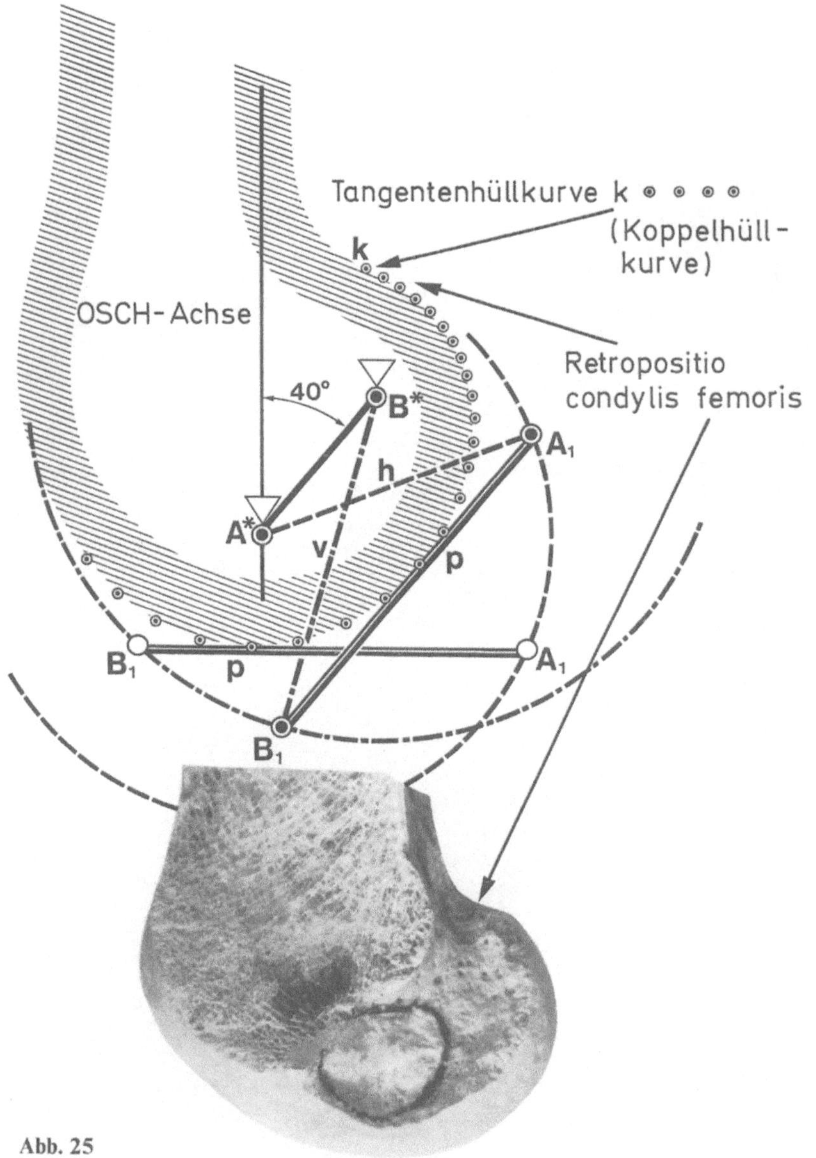

Abb. 25

Oberschenkel das bewegte, dann wandert der Oberschenkel beim Beugen nach dorsal (Abb. 26) und erzeugt die *Retropositio tibiae*. In Streckstellung ist der Drehpol dieses Systems im Ursprungsbereich des hinteren Kreuzbandes bei maximaler Beugung im Ursprungsbereich des vorderen Kreuzbandes am Oberschenkelkondyl. Die Mechanik des Gelenkvierecks ermöglicht es, daß die Kreubänder an ihrem Ursprung nur eine Drehbewegung von je 0°–90° ausführen und dabei der Koppel (Unterschenkel) eine Beugung von 0°–130° erlauben (Abb. 27). Das heißt, durch die Mechanik des überschlagenden Gelenkvierecks wird die Beweglichkeit der Kreuzbänder um ca. 44 % erweitert, oder bei einem Bewegungsumfang des Kniegelenks von 130° sind die Kreuzbänder nur mit 69 % beteiligt.

4.6 Abroll- und Gleitbewegung von Ober- und Unterschenkelkondylen

Betrachten wir nochmals Abb. 15. Die Punkte B_1 und A_1 bewegen sich auf ihren Kreislinien mit konstanter Entfernung p. Zeichnet man diese Verbindungslinie p in verschiedenen Positionen von B_1 und A_1, so ergibt sich eine Schar von Strecken p, die, wie schon bekannt, eine Kurve einhüllen, zu der sie Tangenten bilden (s. Abb. 16). Das heißt die Strecke p hat in jeder möglichen Position einen ganz charakteristischen Berührungspunkt mit der Hüllkurve, wo sie Tangente ist (Abb. 15, 16, 23). Daraus könnte man schließen, daß die Bewegung des Tibiaplateaus p um die Tangentenhüllkurve k (Femurkondyl, Abb. 16 und 20) eine reine Abrollbewegung ist. Diese Folgerung ist unrich-

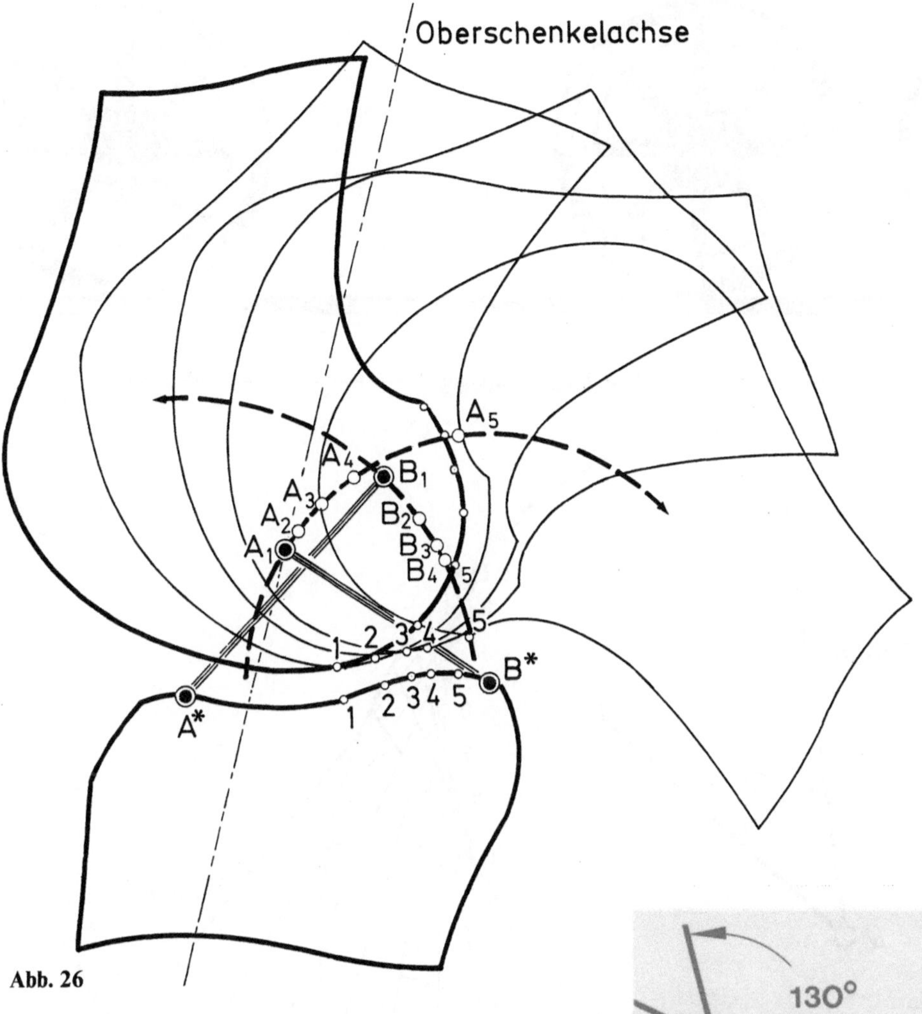

Abb. 26

tig, weil die Strecke p wesentlich kürzer ist als die Hüllkurve k. Bei einer reinen Abrollbewegung, etwa eines Rads auf einer Ebene, ist der Kreisumfang mit der Abrollstrecke zwangsläufig gleich lang. Jeder beliebige Punkt des Kreisumfangs kann Berührungspunkt mit der Strecke p werden, je nach Stellung des Rads (Abb. 28). Die Abb. 23 und 39 zeigen aber, daß die Berührungspunkte auf der Strecke p (Tibiaplateau) gegen den Punkt B_1 und gegen den Punkt A_1 an Dichte zunehmen. Eine Dichtezunahme der Berührungspunkte tritt auch an der Kurve k (Femurkondyl) in denselben Richtungen auf (Abb. 29). Zwangsläufig sind auf der Strecke p und der Hüllkurve k gleichviele Berührungspunkte, die miteinander korrespondieren. Die Kurve k ist aber länger als die Strecke p. *Daher muß neben der Abrollbewegung auch zwangsläufig eine Gleitbewegung auftreten*, und zwar ist am Beginn der Strecke p beim Punkt B_1 die Gleitbewegung ausgeprägter, geht dann mehr in eine Abrollbewegung, um gegen den Punkt A_1 wieder in eine vermehrte Gleitbewegung überzugehen. Die Abb. 29 zeigt, daß für die Abroll- und Gleitbewegung

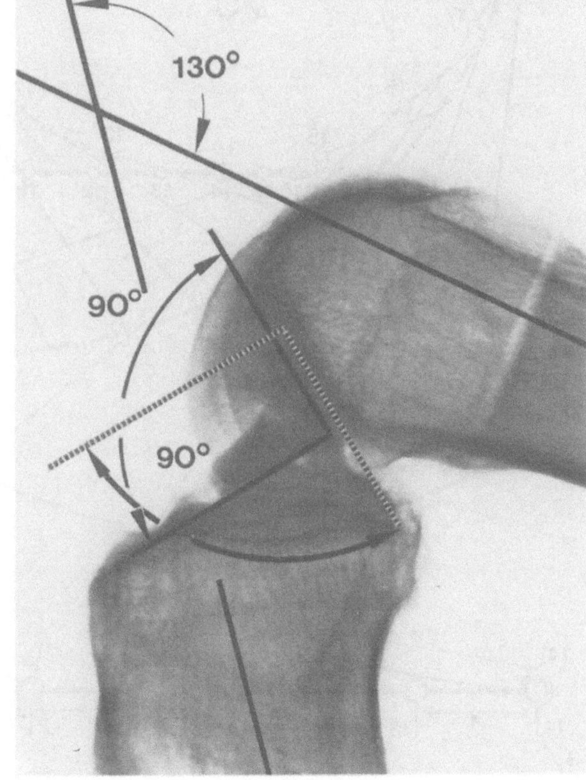

Abb. 27

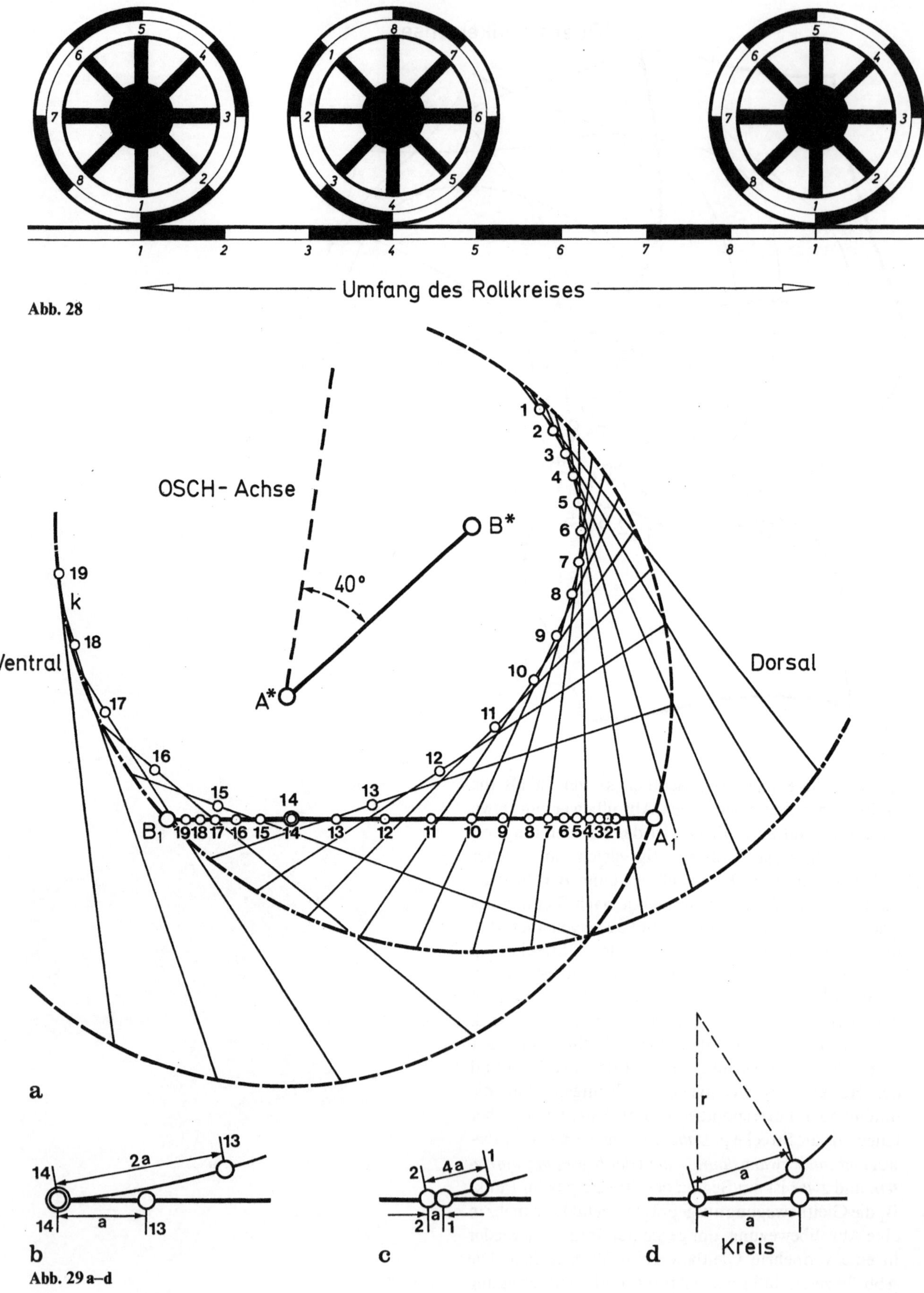

Abb. 28

Abb. 29 a–d

das Verhältnis der Entfernungen der einzelnen Berührungspunkte auf der Strecke p und der Kurve k maßgeblich sind.

Im Bereich des Punkts 13 und 14 (s. Abb. 29) ist das Verhältnis von Abroll- und Gleitbewegungen 1:2 (Abb. 29b) während in Punkt 1 und 2 (Abb. 29c) die Abroll- und Gleitbewegungen in einem Verhältnis von 1:4 stehen. Das heißt, bei starker Beugung im Kniegelenk kommt auf ca. 1 mm Abrollbewegung 4 mm Gleitbewegung des Tibiakondyls auf dem Oberschenkelkondyl, oder umgekehrt, auf 1 mm Abrollbewegung kommen 4 mm Gleitbewegung des Oberschenkels auf dem Schienbein. Diese von verschiedenen Autoren beschriebene Abroll- und Gleitbewegung ist durch die Mechanik des Kniegelenks nicht nur beweisbar, sondern in ihren feinen Abstufungen berechenbar und zeichnerisch reproduzierbar.

Jede realisierte Koppelhüllkurve (Oberschenkelkondyl) bildet mit der Koppel (Tibiaplateau) nach den Gesetzen der ebenen Kinematik ein sog. Gleitkurvenpaar.

Das Profil der Gleitkurvenpaare steht nur in mittelbarer Beziehung zum Steuersystem, d.h. bei einem einzigen Steuersystem (Kreuzbänder) sind verschieden geformte Gleitkurvenpaare oder, räumlich gesehen, verschieden geformte Hüllflächen möglich (s. Abb. 22 und 30). Die Frage, wieso 4 verschieden geformte Gelenkflächen am Kniegelenk auftreten können, ist primär im essentiellen eine kinematische Frage und erst sekundär eine genetisch-biologische Frage (Individuum). Diese nur mittelbare Beziehung von Gelenkflächenform und Steuersystem erlaubt

1. eine feine individuelle Abstimmung der Gelenkform auf das Steuersystem;
2. daß die Gelenkkörper auf äußere Parameter durch Änderung ihrer Form reagieren können ohne Änderung des Gesamtsystems.

Als Beispiel sei ein Versuch von Fick (1922) angeführt, der einem Hund die beiden Oberschenkel in Kniehöhe mit einer Drahtschlinge fixierte. Er hat damit einen neuen äußeren Parameter der Art eingeführt, daß das Hüftgelenk im wesentlichen wie ein „Scharniergelenk" gebraucht werden mußte. Nach längerer Zeit konnte er feststellen, daß der Hüftkopf eine walzenförmige Gestalt angenommen hatte und daß die Gelenkpfanne sich im Sinne der Hüftkopfänderung auch veränderte.

Für diese biologische Reaktion und Anpassungsfähigkeit der Natur, wie dieser Versuch gedeutet wurde, konnte Fick keine Erklärung angeben. Faßt man das Hüftgelenk, wie es heute noch vielfach geschieht, als einen Rotationskörper, als ein Kugelgelenk auf, so wäre dieser Formveränderung geometrisch-kinematisch nicht möglich. Ein Kugelgelenk, das nur in einer Ebene bewegt wird, bleibt ein Kugelgelenk.

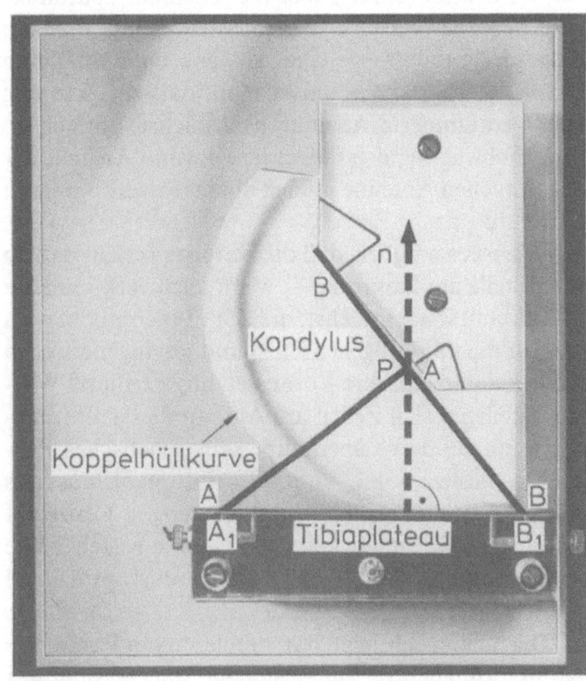

Abb. 30

Fick (1922) beschrieb noch einen weiteren interessanten Versuch am Hund. Er trägt am Schultergelenk die bestehenden Gelenkflächen ab und verlagert die Muskulatur spiegelbildlich. Fick erreichte damit eine Formumkehr der Gelenkgestalt derart, daß sich am Schulterblatt anstelle der Pfanne ein Gelenkkopf und anstelle des Oberarmkopfes eine Gelenkpfanne bildete.

Wie ist es möglich, daß sich bei diesen beiden Versuchen 2 neue Gelenke bilden, die in dem genetischen Kode überhaupt nicht vorhanden sind? Wieso können sich Zellen am Aufbau des neuen Gelenks beteiligen, obwohl ihr genetischer Kode weder phylogenetisch noch ontogenetisch eine Programmiermöglichkeit dafür bietet? In der phylogenetischen Reihe von den Echsen des Karbons bis zu den heutigen Wirbeltieren ist das „Bauprinzip des Schultergelenks" festgelegt: am Schulterblatt die Gelenkpfanne, am Oberarm der Gelenkkopf. Was ist die Ursache dieser plötzlichen Gelenkumkehr bzw. Gelenkveränderung durch Einwirkung äußerer Parameter?

Abgesehen vom genetischen Programm bleibt immer noch die Frage offen, warum sich nicht die Muskulatur und die Bandsysteme verlagern, um das ursprüngliche, für die Bewältigung der physikalischen Umwelt notwendige und in der Stammesgeschichte durch Millionenjahre bewährte Gelenk zu erhalten.

Um diese Fragestellung zu akzentuieren, sei noch ein Versuch angeführt, der nicht zum Problemkreis der Wirbeltiere gehört, aber die scheinbar „paradoxe Reaktion" der Natur klar herausstellt. Trägt man am Kopf der Fruchtfliege eine Antenne nahe an ihrem Ursprung ab, dann erwartet man, daß eine kleinere oder verkümmerte Antenne nachwächst, ähnlich einem nachwachsenden Eidechsenschwanz. Anstelle der abgetragenen Antenne wächst aber eine verkümmerte Extremität nach.

Wie ist es möglich, daß die Natur es zuläßt, daß an einer Stelle am Kopf eine – wenn auch verkümmerte – Extremität nachwächst, die hier nie gebraucht wird und für die im ontogenetischen und phylogenetischen Kode keine erklärbare Voraussetzung existiert? Warum beteiligen sich Zellen am Aufbau dieser Extremität, wenn sie dafür überhaupt kein genetisches Programm besitzen und vom Gesamtorganismus aus gesehen keine erklärbare Voraussetzung in Bezug auf Überleben, Notwendigkeit oder Genese besteht? Wie ist diese „paradoxe Reaktion der Natur" prinzipiell erklärbar?

Der 1. Versuch zeigt, daß durch äußere Parameter das ursprünglich dreidimensionale Steuersystem des Hüftgelenks auf ein zweidimensionales reduziert wurde, und zwar so, daß nur „Scharnierbewegungen" in einer Ebene möglich sind. Dieser neue Zwangslauf des Steuersystems erlaubt aus rein kinematischen Gründen dem Hüftgelenk, eine neue Gestalt anzunehmen, weil eben Hüllflächen nur in einer mittelbaren Beziehung zum Steuersystem stehen und Hüllflächen bei einem Steuersystem, das in einer Ebene läuft, immer eine walzenförmige Gestalt annehmen. Das ist kein biologisches Problem, sondern eine rein kinematisch-geometrische Tatsache.

Im 2. Versuch wurde das Steuersystem des Schultergelenks durch innere Parameter, durch Verlagerung der Muskelansätze so verändert, daß es dem Spiegelbild des ursprünglichen Steuersystems entspricht. Dann ist es nach dem vorher Gesagten nicht verwunderlich, daß die Gelenkkörper am Schulterblatt und am proximalen Oberarmende ihre Form vertauschen. Das ist aber wieder kein biologisches Problem, sondern eine a priori bestehende Voraussetzung von Hüllflächen und ihrem Steuersystem.

Im 3. Versuch wurde eine Antenne basisnah abgetragen. Wenn der verbliebene Rest der Stumpfmuskulatur dem grundsätzlich kinematischen Bewegungsprinzip einer Extremität entspricht, dann wird sich bei einer entsprechenden Potenz des Individuums eine Extremität anstelle der Antenne entwickeln.

Diese 3 Versuche, die u.a. als „paradoxe Reaktion" der Natur angesehen werden, die im „Bauplan der Natur" gar nicht vorgesehen sind, lassen sich nur durch die geometrische Bewegungslehre sinnvoll erklären – eine Erklärung, die gesetzmäßig a priori in der reproduzierbaren Bewegung selbst festgelegt ist. Die Summe dieser Gesetzmäßigkeiten ist die Kinematik, ein Teilgebiet der Geometrie.

Diese 3 Versuche zeigen, daß eine geometrische Gesetzmäßigkeit in dem biologisch unbekannten Bewegungssystem existiert, die a priori vorhanden ist und in diesen Versuchen an sich zur Darstellung kommt. Das heißt, daß die Geometrie als maßgebliches Denksystem der Physik nicht nur von vornherein entwickelt werden kann, sondern wie das Phänomen der Roll-Gleit-Bewegung zeigt, tatsächlich vor jedem menschlichen Denkprozeß in der Evolution des Lebendigen als Gesetzmäßigkeit bereits vorhanden war.

Diese 3 Versuche zeigen weiter, daß sich das Lebendige nur nach einer a priori festgelegten, in ihrem Grundgerüst geometrischen Gesetzmäßigkeit entwickelt. Der große Formenreichtum ist dann nur eine Frage der Proportion und der Selektion durch die physikalische Umwelt, denn der einheitliche „Bauplan" in seinen Grundsätzen ist den Naturforschern schon sehr früh aufgefallen, er ist die Voraussetzung für die allgemein anerkannte Entwicklungsidee des Lebendigen.

Setzt man an den Anfang des Lebendigen die Stereospezifität und die Autokatalyse (Calvin, Miller, Urey) und bedenkt, daß die geometrisch-kinematischen Gesetzmäßigkeiten a priori vorhanden sind, dann ist nicht der Zufall in einem Chaos von Molekülen die Wiege des Lebendigen, sondern eine Auswahl von gesetzlichen Möglichkeiten, die einen Aufbau und Entwicklung der biologischen Materie unter verschiedenen Parametern, aber nur im Rahmen der a priori festgelegten geometrischen Gesetzlichkeiten gestattet.

Die Chemie, die letzten Endes auch Physik und damit auch Mathematik ist, hat einen tiefen Einblick in den Aufbau und die Funktion der biologischen Materie gegeben. Die wissenschaftliche Faszination von Struktur-Funktions-Aufklärung ließ vollkommen das Phänomen der Bewegung des Individuums in seiner physikalischen Umwelt außer acht, obwohl die Bewegung gleichzeitig die Konsequenz und die Ursache des strukturellen und funktionellen Aufbaus des Einzelwesens, seiner Gruppe, seiner Art und seiner Entwicklung ontogenetisch und phylogenetisch ist.

5 Die orthogonale Kraftübertragung an den Berührungsstellen der Gelenkflächen

Mit dem Problem der Kraftübertragung an den Berührungsstellen der Gelenkflächen hat sich Benninghoff (1925a) vielleicht am ausführlichsten beschäftigt und daraus die heute noch gültige „Knorpelfunktionstheorie“ entwickelt. Von seinen lesenswerten Arbeiten sind mehr oder weniger nur 2–3 Zeichnungen geblieben, die in einschlägigen Arbeiten immer wieder abgebildet werden (Abb. 31).

Benninghoff ging von der richtigen, aber unbegründeten Voraussetzung aus, wie viele Autoren vor und nach ihm, daß die Kraftübertragung an den Berührungsstellen der Gelenkflächen orthogonal erfolgt. Benninghoff begründete diese Annahme damit, daß „glatte Gelenkflächen ohne Reibung nur senkrechte Drücke aufnehmen können“. Er leitete diese Begründung mit dem Argument ab, „daß die Gelenke mehr oder weniger große Inkongruenzen besitzen“. Benninghoff korrigierte die Annahmen von Roux (1897) von Scherbeanspruchung der gleitenden Reibung zwischen den Gelenkknorpeln. Wegen der Deformierbarkeit des Knorpels bei Belastung an den Berührungsstellen verlegte er die Scherung in den Knorpel und begründete damit u.a. den säulenförmigen Zellenaufbau und die Faserstruktur des Knorpels. Obwohl die Annahme einer orthogonalen Kraftübertragung an den Berührungsstellen der Gelenkflächen richtig ist, so ist die allgemeine Feststellung von Benninghoff, „daß glatte Flächen ohne Reibung nur senkrechte Drücke aufnehmen können“, keine befriedigende Erklärung für die senkrechte Kraftübertragung an den Gelenkflächen. Es stellt sich sofort die Frage, wer oder was schafft die Voraussetzung oder hält die Gelenkflächen in ihren Positionen, daß sie senkrechte Drücke aufnehmen können? In bestimmten Kreisen der Biomechaniker herrscht auch heute noch die Vorstellung, daß die Muskelfunktion für die orthogonale Kraftübertragung an den Gelenkflächen verantwortlich ist. Wäre dies der Fall, dann müßten die Gelenke nach Wegfall des Muskeltonus, zum Beispiel nach Eintritt des Todes luxieren oder zumindest subluxieren. Daß dies nicht der Fall ist, kann sich jeder an Leichenkniegelenken überzeugen, trotz „inkongruenter Gelenkflächen“ bleibt die Funktion erhalten. Bei passiver physiologischer Belastung treten auch ohne Muskeltonus an den Gelenkflächen keine Scherkräfte auf. Im physiologischen Bereich erzeugte Kräfte werden an den Berührungsstellen der Gelenkflächen auch ohne Muskeltonus orthogonal übertragen.

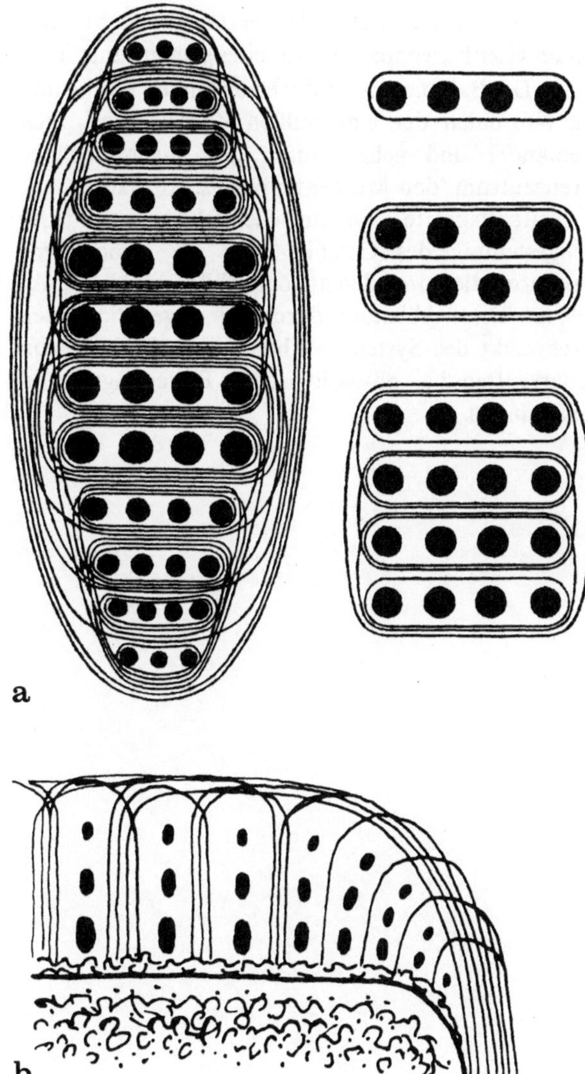

Abb. 31a, b

Handelt es sich dabei um ein biologisches Problem an sich oder um ein Phänomen, das sich aus den bisher gewonnenen kinematischen Erkenntnissen ergibt und zwangsläufig damit verbunden ist? Wir gehen nach Umkehr des Satzes von Burmester vor und sehen nach, ob sich aus den bisher gefundenen geometrischen Bedingungen die Voraussetzung zu einer orthogonalen Kraftübertragung an den Berührungsstellen der Gelenkflächen ableiten läßt. Wir ersetzen den Begriff Berührungspunkt der Gelenkflächen durch Eingriffspunkt. Damit ist klargestellt, daß in jeder Beugestellung des Gelenks nur ganz bestimmte Punkte an der Ober- und Unterschenkelgelenkfläche in gesetzliche Beziehung zueinander treten. An den Eingriffspunkten haben Hüllflächen eine gemeinsame Tangentenfläche, daher fallen die Bahnnormalen im Eingriffspunkt der erzeugenden Fläche mit der eingehüllten Fläche ineinander und gehen durch die augenblickliche Drehachse des räumlichen Systems. In der geeigneten geometrischen Projektion dieses Systems haben Gleitkurvenpaare auch eine gemeinsame Tangente. Die Bahnnormalen der erzeugenden Kurve und die Normalen der eingehüllten Kurve fallen auch ineinander und gehen durch das augenblickliche Drehzentrum, den Momentanpol (s. Abb. 16,23).

Auftrittskräfte am Unterschenkel werden in jeder Beugestellung des Gelenks über die gemeinsame Bahnnormale durch den augenblicklichen Drehpunkt geleitet. Diese Ableitung durch den augenblicklichen Drehpunkt des Systems verhindert die Bildung von Scherkräften bei physiologischen Bewegungen und Belastungen.

Zusammenfassung

1. Die orthogonale scherungsfreie Kraftübertragung an den Eingriffspunkten der Gelenke ist in seiner Grundsätzlichkeit ein kinematisches Phänomen und kein biologisches Problem an sich.
2. Die scherungsfreie Kräfteübertragung an den Eingriffstellen der Gelenkkörper, die Empfindlichkeit des Gelenkknorpels auf Scherkräfte ist bekannt, ist nur durch die Hüllflächengeometrie sinnvoll erklärbar. Denn nur bei Hüllflächen, abgesehen von Rotationsflächen, fallen die Flächennormalen im Eingriffspunkt, zum Beispiel die Flächennormalen des Tibiaplateaus und die Flächennormalen der Oberschenkelkondylen (medial und lateral), in jedem Augenblick der Bewegung, in jeder Beugestellung des Gelenks ineinander. Sie decken sich und gehen durch den Momentanpol P.
   Eine orthogonale Kraftübertragung an den Eingriffspunkten der Gelenke ist nur auf diese Weise möglich.
3. Der säulenförmige Zellenaufbau des Gelenkknorpels und seine charakteristische Faserstruktur sowie sein funktionelles Verhalten wurde von Benninghoff (1925a, b) meisterhaft untersucht.

Benninghoff hat die orthogonale Kraftübertragung an den Berührungsstellen der Gelenke vorausgesetzt und damit begründet, „daß glatte Gelenkflächen ohne Reibung nur senkrechte Drücke aufnehmen können“. Die Richtigkeit dieser Annahme Benninghoffs, das Fundament seiner Arbeit, läßt sich jetzt durch die Hüllflächenkinematik beweisen.

6 Die Geschwindigkeitsverteilung bei der Bewegung des Unterschenkels

Der Geh- und Laufakt des Menschen – das Phänomen der Fortbewegung der biologischen Bewegungssysteme – in seinem Bewegungsablauf der Einzelteile war wiederholt Gegenstand von aufwendigen Untersuchungen. Der Begriff der offenen und geschlossenen Gelenkkette war Gegenstand oft widersprüchlicher Auffassungen. Hackenbruch (1957) sagte:

> Der Begriff der motorischen Gelenkkette bezeichnet eine Kombination und Zusammenfassung hintereinander geschalteter Gliedabschnitte zu einer motorischen Einheit. Wenn das Endgelenk frei ist, ist die Kette offen; geschlossen ist sie, wenn das Endglied ganz oder teilweise festgelegt ist. Setzt man den Fuß beim Gehen mit der Ferse auf, dann arbeiten die supratalaren Abschnitte des Beines in geschlossener, der Fuß mit den Zehen in einer offenen Kette.

Die Definition der Gelenkkette in der Mechanik als eine Folge von Winkelhebel mit Drehpunkten, an denen eine Kraft ein Drehmoment ausübt, wird im Sinne der klassischen Denkweise der Physik auf die Gelenkkette der unbekannten Bewegungssysteme angewendet.

„Die Schwingbewegung sowohl des Pendel- wie des Standbeines sind ungefähre Beispiele von Drehbewegungen" (Weil 1966). Es ist sicher richtig, daß die Drehbewegung eines Winkelhebels mit einer starren materialisierten Achse dem Erscheinungsbild einer Drehbewegung, zum Beispiel des Unter- und Oberschenkels, entspricht. Es stört offensichtlich nicht, daß die reale, aber nicht materialisierte, gesetzmäßig „wandernde" Drehachse des Kniegelenks ständig ihre Position gegenüber dem Gesamtsystem der Gelenkkette ändert. Der eigenartige, für jede Tierart charakteristische Bewegungsablauf der Gelenkkette (Extremitäten) und seiner Einzelteile (Gelenke) läßt sich durch ein System von Winkelhebel aber nicht erklären. Bei einer offenen Gelenkkette von Winkelhebel ohne Einwirkung von äußeren Kräften auf das System bleibt, bei einer vorgegebenen Geschwindigkeit, die Winkelgeschwindigkeit der Teilsysteme konstant, sie ändert sich nur proportional zum Abstand vom Drehpunkt (Abb. 32).

Die Ferse des Spielbeins (offene Gelenkkette) eines Läufers nähert sich dem Gesäß mit zunehmender Geschwindigkeit bis in die Endlage, hebt dann mit wesentlich geringerer Geschwindigkeit von dieser Endlage ab und nähert sich unter Geschwindigkeitszunahme der Streckendlage von ca. 15° bis 20°, bis die Zehen den Boden berühren. Die Geschwindigkeit der Streckendlage ist geringer als die der Beugeendlage.

Dieses verschiedene eigenartige Geschwindigkeitsverhalten des Unterschenkels beim Beugen und Strecken ist durch das dem unbekannten Bewegungssystem aufgezwungene Denkmodell nicht erklärbar. Deshalb wird die Muskeltätigkeit dafür verantwortlich gemacht. Demnach müßte die Beinmuskulatur bei der Beugebewegung sich mit zunehmender Geschwindigkeit kontrahieren. Bei der Streckbewegung aus der Beugeendlage wäre die Zunahme der Kontraktionsgeschwindigkeit der Streckmuskulatur eine geringere. Sie erreicht die Endlage mit geringerer Kontraktionsgeschwindigkeit, als die Beugemuskulatur ihre Beugeendlage erreicht.

Muskeltätigkeit ist bekanntlich ohne Nerventätigkeit nicht möglich. Deshalb wird aus der Geschwindigkeitsverteilung beim Beugen und Strecken des Unterschenkels ein nervales und zentralnervliches Problem, das sich in der Suche nach Regelkreisen und Rückkopplungssystemen für diesen Bewegungsvorgang er-

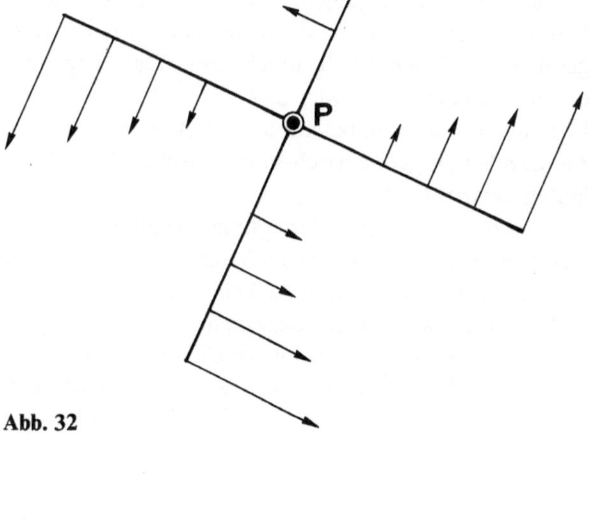

P

Abb. 32

schöpft und durch die Vielfalt der Möglichkeiten unerklärbar wird.

Es bleibt noch immer die Frage offen nach der Sinnhaftigkeit des eigenartigen Bewegungsverhaltens des Unterschenkels. „Der eigenartige Bewegungsablauf des Unterschenkels ergibt sich aus dem Bewegungsverhalten der Gesamtgelenkkette, die eine sinnvolle Fortbewegung, Laufen und Gehen, möglich macht“ (subsummiert aus Weil 1966).

Diese Antwort ist genauso richtig wie die Antwort auf die Frage nach dem eigenartigen Drehverhalten des Läufers und der Motorwelle beim Wankelmotor (3 Umdrehungen der Motorwelle werden durch 1 Umdrehung des Läufers erzeugt). Das eigenartige Drehverhalten von Läufer und Motorwelle ergibt sich aus der Bewegung des Gesamtsystems zur Fortbewegung des Fahrzeugs. Obwohl beide Antworten an und für sich richtige Feststellungen enthalten, bieten sie keine Erklärung für die Ursache dieser eigenartigen Bewegungsvorgänge. Unbekannte Bewegungsphänomene eines scheinbar bekannten Systems durch ihre Zweckgebundenheit zu erklären, ist nicht zielführend, wie die Untersuchungsergebnisse der letzten 150 Jahre der biologischen Bewegungssysteme zeigen. Zwischen dem „Bauplan“ des Kniegelenks und dem eigenartigen Bewegungsverhalten des Unterschenkels konnten bisher keine zwingenden unmittelbaren Beziehungen gefunden werden.

Im Sinne der relativistischen Denkweise der Physik wurde der nichts aussagende Begriff Gelenkfläche durch den Begriff Hüllfläche ersetzt. Dieser neue Begriff Hüllfläche, der der Natur angepaßt ist, ließ erkennen, daß die Gelenkflächen trotz verschiedener Erscheinungsbilder optimal aneinander angepaßt sind, daß die Roll-Gleit-Bewegung zwingend bei der Bewegung von Hüllflächen entsteht und daß die Kreuzbänder das Steuersystem der Hüllflächenbewegung sind. Im Sinne der Umkehr des Satzes von Burmester wurden die bestimmenden physikalischen Bedingungen dieses Zwanglaufs durch bestimmende geometrische Bedingungen ersetzt, unter geeigneten Voraussetzungen auf die Zeichenebene projiziert und geometrisch-kinematisch untersucht. Das Ergebnis dieser Untersuchung war, daß alle bisher gefragten Parameter des unbekannten Bewegungssystems (Kniegelenk) geometrisch-kinematische Gesetzlichkeiten verwirklichten.

Um das eigenartige Bewegungsverhalten des Unterschenkels, das am besten am Spielbein eines Läufers zu beobachten ist, zu untersuchen, muß zunächst die Frage geklärt werden: „Ist das eigenartige Bewegungsverhalten des Unterschenkels wirklich ein neuromuskuläres Problem oder handelt es sich etwa um ein Phänomen, das zwingend mit dem Konstruktionsprinzip des unbekannten Bewegungssystems verbunden ist?“

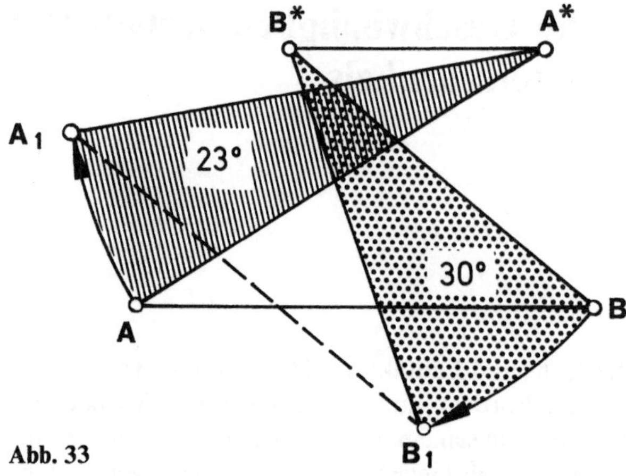

Abb. 33

Es erfolgt daher die Untersuchung des Bewegungsverhaltens des Steuersystems.

Bewegt man den Ansatzpunkt des vorderen Kreuzbandes A auf seiner kreisförmigen Bahn im Sinne einer Streckung des Kniegelenks um 23° nach rechts (A_1), dann nimmt das Tibiaplateau p den Ansatz des hinteren Kreuzbandes B in einer konstanten Entfernung mit (nach B_1). Mißt man den Winkel, den das hintere Kreuzband bei dieser Bewegung überstreicht (Abb. 33), so ist dieser Winkel (ca. 30°) wesentlich größer als der Winkel (23°), den das vordere Kreuzband durchlaufen hat. Das vordere und hintere Kreuzband sind durch das Tibiaplateau miteinander verbunden und durchlaufen daher ihre Winkel im gleichen Zeitraum t_1. Wenn das hintere Kreuzband in der Zeit t_1 einen größeren Winkel durchläuft als das vordere Kreuzband, dann heißt dies, daß beim Beugen und Strecken des Unterschenkels die Kreuzbänder diese Bewegungen mit verschiedenen Winkelgeschwindigkeiten ausführen, sie sind ja das Steuersystem für die Bewegung des Unterschenkels.

Als nächstes ist folgende Frage zu klären: „Wie wirkt sich dieses unterschiedliche Drehverhalten der Kreuzbänder auf das Gesamtsystem, das Kniegelenk, aus?“ In jeder Lage des bewegten Unterschenkels sind die Kreuzungspunkte der Kreuzbänder die augenblicklichen Drehpunkte des Unterschenkels. Der Unterschenkel führt in jeder Stellung eine infinitesimale Drehung um den Momentanpol (Achsenlage) aus. Der Momentanpol ist daher derjenige Punkt des bewegten Systems, der in dem betrachteten Augenblick die Momentangeschwindigkeit Null besitzt, während alle anderen Punkte des bewegten Systems ihre Bahn in dem betrachteten Augenblick mit einer bestimmten Momentangeschwindigkeit durchlaufen.

Die Technik verwendet zur graphischen Darstellung der Geschwindigkeitsvektoren **v** die durch Viertelschwenkung daraus entstehenden **gedrehten Geschwindigkeitsvektoren** $\mathbf{v}^x$. Ihre Bildstrecken fallen auf die Polstrahlen, und ihre Endpunkte liegen jeweils auf einer Parallelen zur Verbindungsgeraden der betreffenden Systempunkte A und B (Abb. 34).

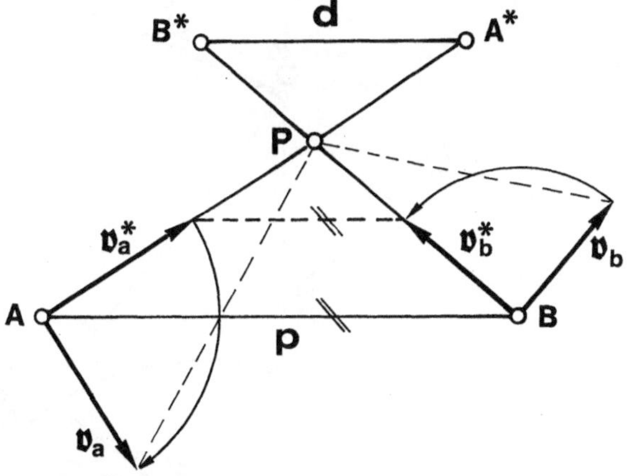

Abb. 34

Erteilt man dem Ansatz des hinteren Kreuzbandes B eine Momentangeschwindigkeit $\mathbf{v}_B$ und dreht diesen Vektor $\mathbf{v}_B$ mit einer Viertelschwenkung auf den Polstrahl h (hinteres Kreuzband), dann erhält man die Bildstrecke des gedrehten Geschwindigkeitsvektors $\mathbf{v}_B^x$. Legt man eine Parallele zu p (Tibiaplateau) durch den Endpunkt des gedrehten Geschwindigkeitsvektors $\mathbf{v}_B^x$, dann bestimmt der Schnittpunkt der Parallelen mit dem vorderen Kreuzband v den Endpunkt des gedrehten Geschwindigkeitsvektors des Ansatzpunktes des vorderen Kreuzbandes (s. Abb. 34). Dreht man die Bildstrecke des Vektors $\mathbf{v}_A^x$ durch eine Vierteldrehung in die Bewegungsrichtung, dann ist die Momentangeschwindigkeit $\mathbf{v}_A$ des Ansatzes des vorderen Kreuzbandes A festgelegt.

Der Geschwindigkeitsvektor $\mathbf{v}_A$ ist größer als $\mathbf{v}_B$. Die Ansatzpunkte der Kreuzbänder bewegen sich mit verschiedenen, wohl voneinander abhängigen Geschwindigkeiten (s. Abb. 34).

Gibt man dem Ansatzpunkt des hinteren Kreuzbandes B die konstante Geschwindigkeit $\mathbf{v}_B = \text{const}$ und ermittelt für verschiedene Beugestellungen die Geschwindigkeit des Ansatzes des vorderen Kreuzbandes A, dann wird der Geschwindigkeitsvektor $\mathbf{v}_A$ gegen die Beugeendlage länger; die Geschwindigkeit nimmt zu (Abb. 35).

Gibt man dem Ansatz des vorderen Kreuzbandes A beim Strecken aus der Beugeendlage die gleiche Geschwindigkeit wie dem Ansatz des hinteren Kreuzbandes B bei der Beugung $|\mathbf{v}_A| = |\mathbf{v}_B| = \text{const}$, dann hebt der hintere Kreuzbandansatz B mit einer wesentlich geringeren Geschwindigkeit ab, als der vordere Kreuzbandansatz A in seiner Beugeendlage angekommen ist. Unter steter Geschwindigkeitszunahme erreicht der hintere Kreuzbandansatz B seine Streckendlage (s. Abb. 35). Die Endgeschwindigkeit ist aber geringer als die Endgeschwindigkeit des vorderen Kreuzbandes in der Beugeendlage.

Wie wirkt sich das Geschwindigkeitsverhalten des vorderen und hinteren Kreuzbandes (Steuersystem) auf einen beliebigen, am Unterschenkel angenommenen Punkt C beim Beugen und Strecken hinsichtlich seiner Momentangeschwindigkeit aus? Beim Beugen erhält der Ansatzpunkt des hinteren Kreuzbandes B wieder die konstante Geschwindigkeit $\mathbf{v}_B$ (s. Abb. 35). Bestimmt man in verschiedenen Beugestellungen bis in die Beugeendlage die Momentangeschwindigkeit $\mathbf{v}_C$ des Punktes C, dann nimmt der Geschwindigkeitsvektor $\mathbf{v}_C$ an Länge zu. Die Beugung erfolgt unter steter Geschwindigkeitszunahme des Punktes C bei gleichbleibender Geschwindigkeit des hinteren Kreuzbandansatzes. Bei der Streckung aus der Beugeendlage bei gleicher Geschwindigkeit des vorderen Kreuzbandansatzes $|\mathbf{v}_A| = |\mathbf{v}_B| = \text{const}$ hebt der Punkt C mit wesentlich geringerer Geschwindigkeit ab, als er in der Endlage ankam. Unter steter Geschwindigkeitszunahme erreicht der Punkt C seine Endlage. Dieses Geschwindigkeitsverhalten des Punktes C gilt für alle Systempunkte, weil die Momentangeschwindigkeit eines Systempunktes proportional zu seiner Entfernung vom augenblicklichen Drehpunkt P des bewegten Systems ist. Das Bewegungsverhalten des Systempunktes C entspricht proportional dem eingangs geschilderten Bewegungsverhalten des Unterschenkels am Spielbein bei einem Schnelläufer.

Die Ferse des Spielbeins nähert sich mit zunehmender Geschwindigkeit der Beugeendlage wie der Punkt C, hebt mit wesentlich geringerer Geschwindigkeit aus der Beugeendlage ab und erreicht unter Geschwindigkeitszunahme wie der Punkt C seine Streckendlage von ca. 15° bis 20°. Die Endgeschwindigkeit der Streckung ist geringer als die Endgeschwindigkeit der Beugebewegung (Abb. 35 und 36).

Das eigenartige Geschwindigkeitsverhalten des Unterschenkels beim Beugen und Strecken ist demnach kein neuromuskuläres Problem, sondern ein Phänomen, das essentiell an das Steuersystem (Kreuzbänder) gebunden ist. Das eigenartige Geschwindigkeitsverhalten des Unterschenkels ist daher eine kinematische Konsequenz des Steuersystems (überschlagenes Gelenkviereck) und kein biologisches Problem an sich (s. Abb. 36).

Das eigenartige Geschwindigkeitsverhalten des Spielbeins tritt auf, wenn man bei der Beugebewegung dem hinteren Kreuzbandansatzbereich eine konstante Geschwindigkeit $\mathbf{v}_B$ zuordnet und beim Strecken die gleiche konstante Geschwindigkeit $\mathbf{v}_A$ ($|\mathbf{v}_B| = |\mathbf{v}_A| = \text{const}$) dem vorderen Kreuzbandansatz-

Streckung
Beugung
Ventral
dorsal
OSCH-Achse
40°
A*
B*
P
d
p
r
A1
A2
A3
B1
B2
B3
C1
C2
C3
vA1
vA2
vA3
vB1
vB2
vB3
vC1
vC2
vC3

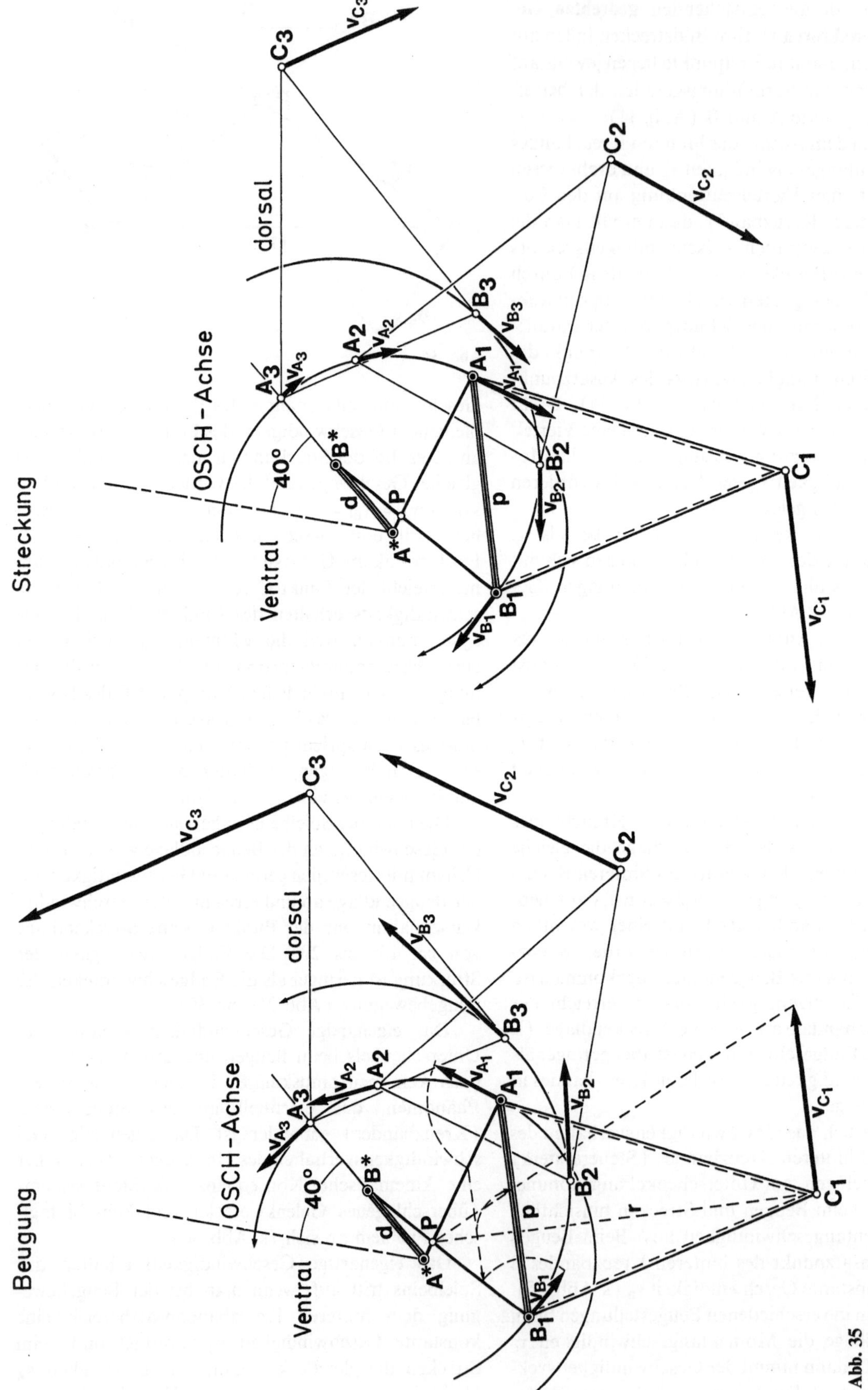

Abb. 35

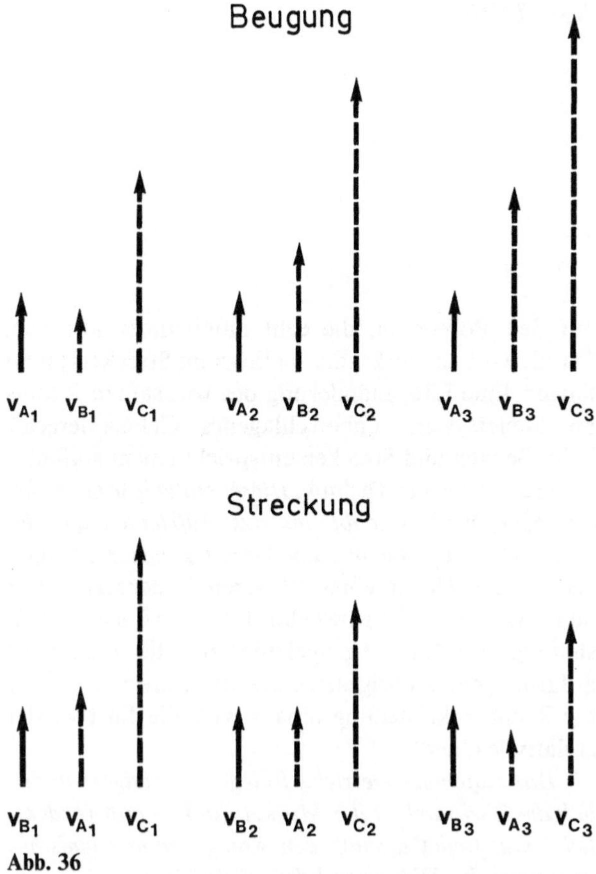

Abb. 36

bereich erteilt. Das heißt, *daß bei gleicher Kontraktionsgeschwindigkeit der Beuge- und Streckmuskulatur das eigenartige Geschwindigkeitsverhalten des Unterschenkels am Spielbein* auftritt, entgegen der bisherigen Auffassung, daß das eigenartige Geschwindigkeitsverhalten des Unterschenkels durch die Zunahme der Kontraktionsgeschwindigkeit der Beugemuskulatur und der Streckvorgang durch eine geringere Kontraktionsgeschwindigkeit der Streckmuskulatur hervorgerufen wird.

Es könnte der Einwand erhoben werden, daß bei der durchgeführten kinematischen Untersuchung die Bewegung des Oberschenkels außer acht gelassen wurde, der als proximales Element bei der Bewegung des Spielbeins auch Beuge- und Streckbewegungen ausführt und damit die Unterschenkelbewegung beeinflußt.

Der Einwand ist richtig, aber die Schlußfolgerung falsch. Für die Untersuchung des Bewegungverhaltens des Unterschenkels ist es gleichgültig, ob der Oberschenkel sich bewegt oder in Ruhe ist. Es kommt lediglich auf den Standpunkt des Beobachters an, den dieser bei der Untersuchung des Bewegungsvorgangs einnimmt.

Als ruhend wird der Oberschenkel empfunden, wenn sich der Beobachter mit dem Oberschenkel verbunden fühlt, sozusagen seinen Standpunkt am Oberschenkel einnimmt. Wechselt er seinen Standpunkt und begibt sich auf den bewegten Unterschenkel, dann empfindet er seinen Standpunkt, den Unterschenkel, in Ruhe, während sich der Oberschenkel mitsamt dem Körper bewegt. Dieser Wechsel des Standpunktes ist beim Studium mehrgliedriger Mechanismen immer wieder nötig und bereitet gewisse psychologische Schwierigkeiten. Für den Beamten am Bahnhof ist der ausfahrende Zug das bewegte System, während für den Reisenden im Eisenbahnabteil dieses die ruhende Welt bedeutet und der durch das Fenster betrachtete Bahnhof zurückgleitet wie eine Kulisse auf der Bühne.

7 Das Kniegelenk – ein stufenloses Getriebe

Die relativistische Denkweise der Physik hat einen tiefen Einblick in das „Konstruktionsprinzip" des unbekannten Bewegungssystems Kniegelenk gegeben. Die Einführung eines neuen Begriffs, Hüllflächen für die Gelenkflächen, die für alle Gelenkflächen gelten, die über einen Gelenkspalt verfügen, erklärt sinnvoll das bisher unbekannte Phänomen der Roll-Gleit-Bewegung, der orthogonalen Kraftübertragung an den Eingriffstellen der Gelenke, die eigenartige Geschwindigkeitsverteilung des Unterschenkels bei der Bewegung, die in abgewandelter Form für alle Extremitätengelenke gilt, die Retroposition der Ober- und Unterschenkelkondylen, die winkelmäßige Stellung des Daches der Fossa intercondylaris von ca. 40° zum Oberschenkelschaft und bestimmt kinematisch den vieldiskutierten Weg der „wandernden" Knieachse.

Bei der Beugung des Kniegelenks „wandert" die Drehachse des Kniegelenks von ventral nach dorsal auf den Polkurven, die echt aufeinander abrollen. Damit wird der wirksame Radius zum Streckersystem länger. Eine Längenänderung des wirksamen Radius im Steuersystem (überschlagenes Gelenkviereck) beim Beugen und Strecken entspricht einem stufenlosen Getriebe in der Technik. *Dieses stufenlose Getriebe, das Kniegelenk, erlaubt uns das Aufrichten aus der tiefen Hockstellung mit annähernd gleicher Muskelkraft.* Beim Heben eines schweren Gegenstands mit dem Arm nimmt die Muskelkraft bis zur Rechtwinkelstellung des Ellenbogengelenks zu, die Last wird aufgrund der Hebelgesetze „relativ schwerer". Über die Rechtwinkelstellung hinaus wird die Last wieder „relativ leichter".

Das stufenlose Getriebe Kniegelenk steigert natürlich die Wirksamkeit der Muskeltätigkeit außerordentlich, man findet deshalb den Kniegelenkmechanismus immer an der Hinterhand der Wirbeltiere.

8 Die Schlußrotation und die sekundäre Verformung der Oberschenkelkondylen

Im vorangegangenen Abschnitt wurde gezeigt, *daß das Grundprinzip der Bewegung des Kniegelenks die Kinematik des Gelenkvierecks, des „überschlagenen Gelenkvierecks" ist, wobei die Oberschenkelkondylen die realisierten Koppelhüllkurven des Tibiaplateaus, der Koppel, darstellen.* Die Form der Oberschenkelkondylen, Kurven 6. Ordnung, sind u.a. von 6 Parametern abhängig:

1. vom Abstand der Drehpunkte der Kreuzbänder;
2. ihre räumliche Versetzung zueinander;
3. von der Länge der Kreuzbänder;
4. von der Längendifferenz der Kreuzbänder;
5. von der Länge des Tibiaplateaus;
6. von der Form des Tibiaplateaus.

Betrachtet man Abb. 37, so erkennt man, daß der abgebildete Oberschenkelkondyl in seiner Form weitgehend dem Condylus medialis des Menschen entspricht, aber doch eine idealisierte Form hat. Die Röntgenpause (Abb. 38) des medialen Oberschenkelkondyls zeigt, daß der Oberschenkelkondyl in seinen ventralen Abschnitten stärker gekrümmt ist als in Abb. 37. Der laterale Oberschenkelkondyl ist im ventralen Abschnitt fast plan und zeigt in seinem Verlauf

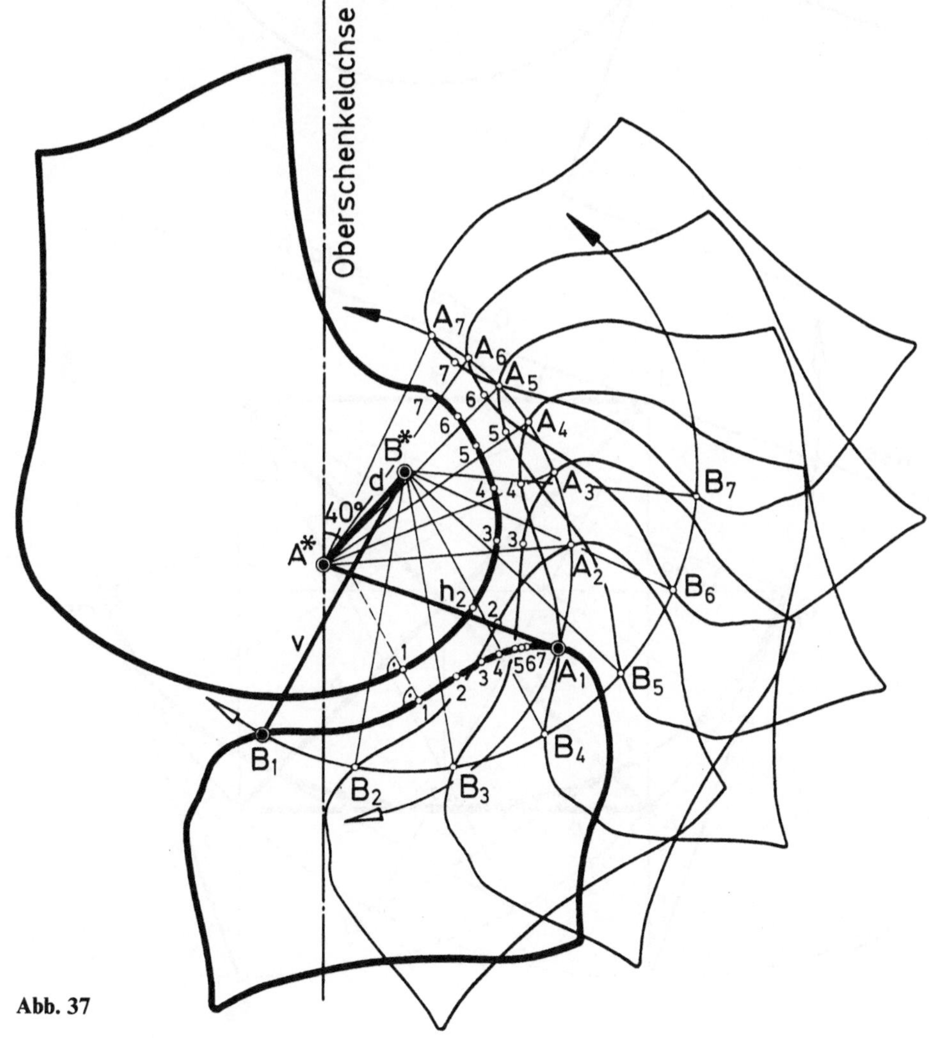

Abb. 37

einen deutlichen Knick. Zeichnet man wie in Abb. 37 die Koppelbewegung des Unterschenkels unter Änderung der 6 Parameter, so erhält man wohl verschiedene Kurven, aber zum Beispiel keinen Knick und keinen planen Abschnitt im Kurvenverlauf wie in der Röntgenpause des lateralen Oberschenkelkondyls. Das heißt, für die endgültige Formgebung der Oberschenkelkondylen müssen noch andere Kriterien maßgebend sein als die oben angeführten 6 Parameter. Bei

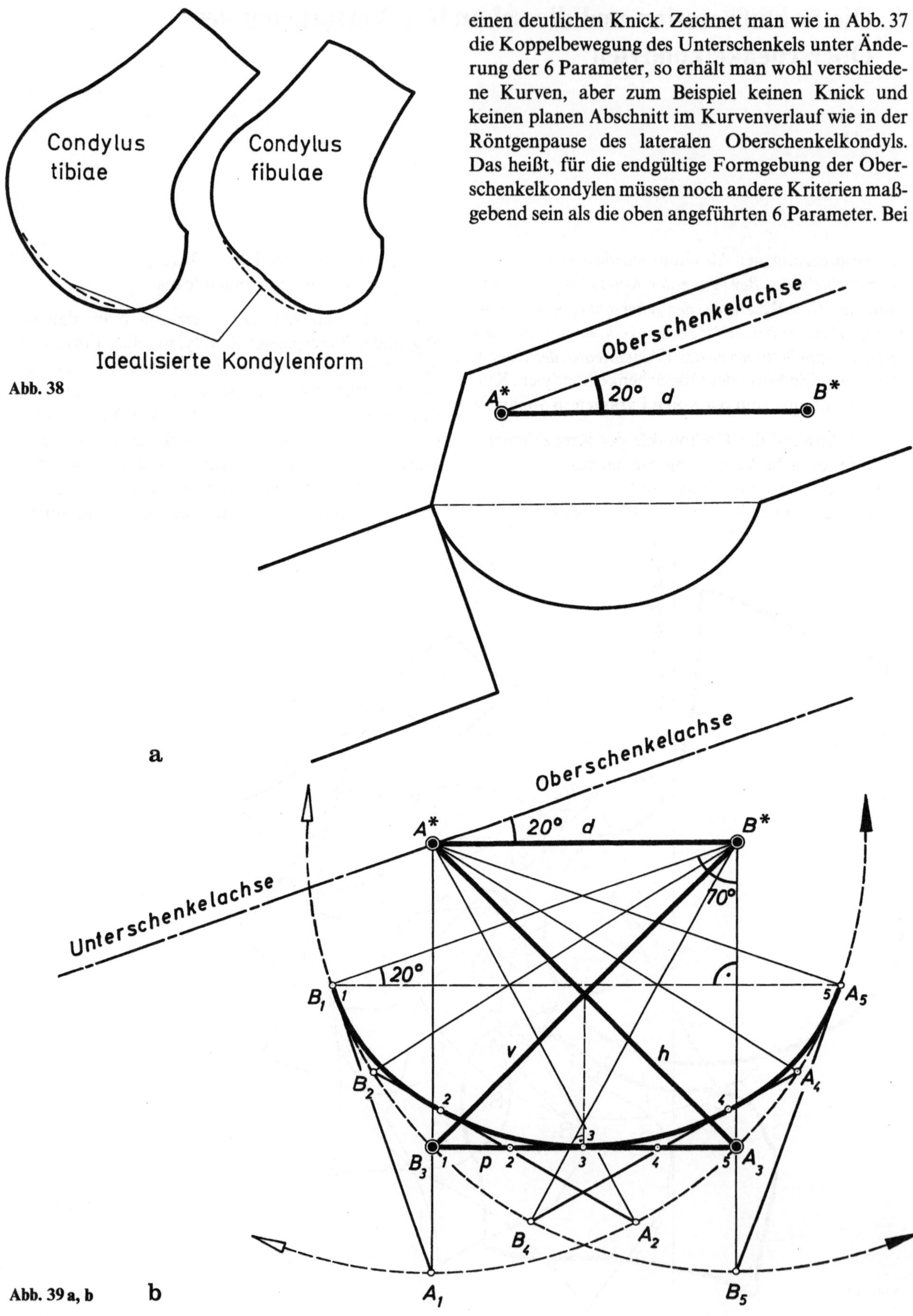

Abb. 38

a

Abb. 39 a, b b

a
c
OSCH-Achse
Dach der Fossa
interco
Kniegelenk des Pferdes
20°
B
A
A1
B1
h
v
p
Ventral
Dorsal
Knochenwulst
b
20°

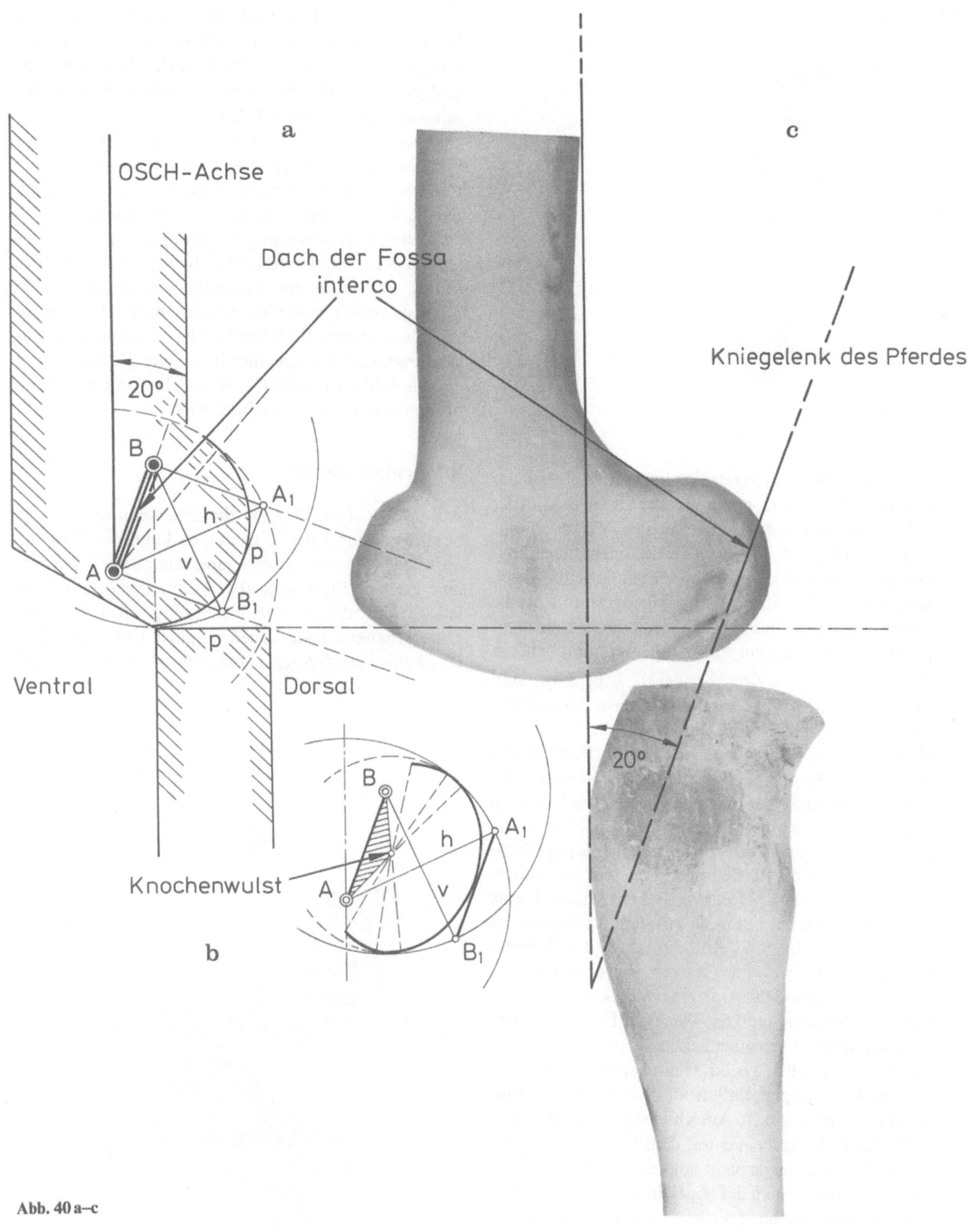

Abb. 40 a–c

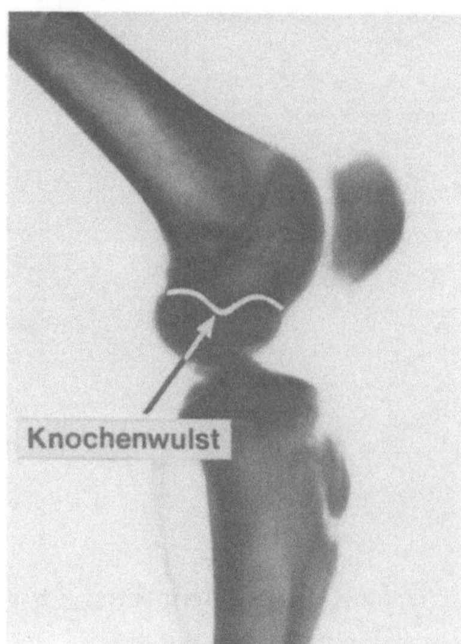

Abb. 41

der Untersuchung des Gelenkvierecks hinsichtlich der Brauchbarkeit der Koppelhüllkurve als Gelenkkörper (Oberschenkelkondyl) untersuchten wir auch das Antiparallelogramm (Abb. 39). Bei einem Gelenkparallelogramm sind je 2 gegenüberliegende Seiten gleich lang und parallel. Beim Antiparallelogramm sind die Gegenseiten zwar immer noch gleich lang, aber nicht parallel. Wählt man ein Antiparallelogramm, bei dem die Arme (Kreuzbänder) $p\sqrt{2}$ sind (p = Tibiaplateau), so erhält man eine Koppelhüllbahn (Abb. 39b), bei der die Punkte A_5 und B_1 der Koppel in der Extremlage gleichzeitig Berührungspunkte der Koppelhüllbahn sind. Die Koppelhüllbahn geht in eine Kreislinie über, bei der die Koppel p nicht mehr Tangente ist, sondern die Koppelhüllkurve schneidet. Dieser kreisförmige Teil der Koppelhüllbahn ist als Gelenkfläche ungeeignet, weil der Unterschenkel mit dem Tibiaplateau mit einer Kante (Punkt A_5 oder B_1) ständig mit dem Kreisbogen in Berührung bliebe. Die Abb. 39a zeigt das Schema dieses Gelenks mit einer starken Retroposition des Oberschenkelkondyls. Um eine Streckung des Gelenks zu erreichen, muß das Dach der Fossa intercondylaris mit dem Oberschenkelschaft einen Winkel von ca. 20° einschließen (beim Menschen ca. 40°).

Die Abb. 40 zeigt, daß dieser Gelenkmechanismus beim Pferd realisiert ist. Auch hier stimmt die Koppelhülle des Gelenkschemas mit dem Gelenkkörper des Oberschenkelkondyls nicht voll überein. Der ventrale und der dorsale Anteil des abgebildeten Oberschenkelkondyls sind stärker gekrümmt als im Schema. Die Kreuzbänder laufen bei Beugung und Streckung bei einer bestimmten Winkelstellung des Kniegelenks auf einem Knochenhöcker des Daches der Fossa intercondylaris auf und werden bei weiterer Bewegung relativ kürzer (s. Abb. 40). Dadurch entsteht die stärkere Krümmung der Oberschenkelkondylen im ventralen und dorsalen Abschnitt. Ein ähnlicher Mechanismus gibt zum Beispiel dem Oberschenkelkondyl des Hausschweins seine Form (Abb. 41).

Diese beiden Beispiele sollen zeigen, daß variable Bewegungsabläufe der Kreuzbänder ein zusätzlicher Parameter für die Oberschenkelkondylenformen sind. Die Kondylenform bestimmt u.a. die Geschwindigkeit- und Kraftverteilung im Kniegelenk, wie später gezeigt wird, und damit den Bewegungsablauf des Fußes, der ja als ein Koppelsystem der Koppel p (Tibiaplateau) aufgefaßt werden muß. Beim Menschen vollführen die Kreuzbänder ebenfalls eine Zusatzbewegung, die dem Standbein seine Festigkeit gibt und als Schlußrotation (im engl. Schrifttum als screw-home-movement) bezeichnet wird.

8.1 Schlußrotation

Auf Meyer (1853) geht die Feststellung der sog. Schlußrotation zurück. Demnach kann die Beugung ohne jegliche Nebenbewegung ausgeführt werden, eine extreme Streckung aber (die letzten 20°) wäre jedoch nur durch eine gleichzeitige Rotation des Unterschenkels nach außen möglich. Ober- und Unterschenkel werden gegeneinander so verschraubt, daß

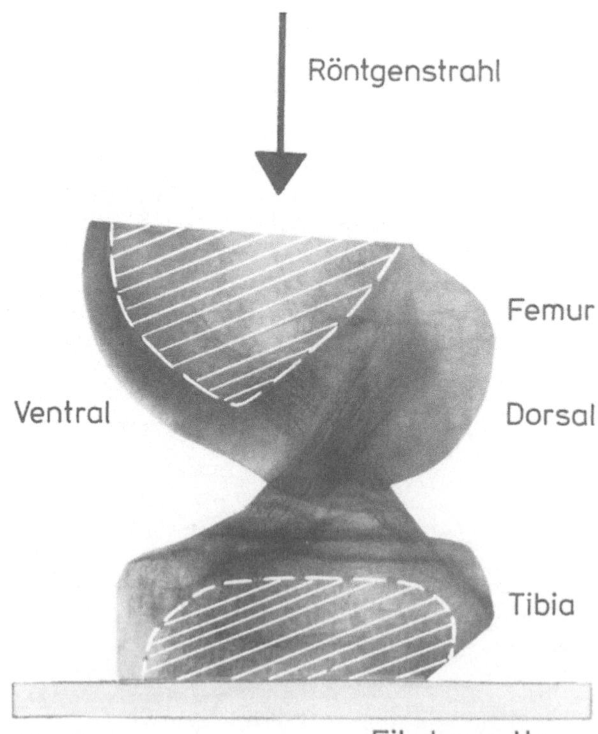

Abb. 42

sowohl ein festes Stehen als auch ein Anspannen des gesamten Bandapparats des Kniegelenks möglich ist. Alle bisherigen Arbeiten, die sich mit der Schlußrotation des Kniegelenks beschäftigten, konnten dafür keine zwingende Erklärung bieten. Faßt man das Kniegelenk als Ergebnis einer dreidimensionalen Gelenkviereckbewegung auf, bei dem das vordere Kreuzband länger als das hintere ist, so erscheint die Schlußrotation als eine notwendige Folge der Streckung in der Endphase.

Zur Röntgendarstellung der Schlußrotation haben wir ein Kniegelenk (Abb. 42) in Höhe der Kondylen vom Oberschenkelschaft abgeschnitten. Der Tibiakopf wurde etwa in der Mitte zwischen Tuberositas tibiae und der Gelenkfläche vom Unterschenkelschaft abgesetzt. Die Kreuzbänder wurden mit Kontrastmitteln infiltriert und zur besseren Vermeßbarkeit mit Injektionsnadeln markiert.

Die Spongiosa wurde zur besseren Röntgendurchlässigkeit weitgehendst aus dem Schienbeinkopf und dem Oberschenkelkondyl entfernt. In Richtung der Unterschenkelachse wurden nun von einer 30°-Beugestellung bis zur Streckstellung des Oberschenkelkondyls Röntgenaufnahmen gemacht.

In Abb. 43 sind 3 Positionen herausgegriffen. Die Schlußrotation beträgt in diesem Fall 15°. Zwischen der Drehung des Tibiaplateaus gegen den Oberschenkel bzw. der Oberschenkelkondylen gegen die Tibiagelenkfläche von 15° und der Krümmung des medialen Oberschenkelkondyls in der Transversalebene von 50° bis 60° (Abb. 44) scheint ein Widerspruch zu bestehen. Aus der Anatomie und Klinik weiß man aber, daß der Unterschenkel die ganze Krümmung des medialen Oberschenkelkondyls als Gelenkfläche beim Strecken und Beugen benützt. Wohin verschwinden nun die 45° der Drehung, die durch die Form des medialen Oberschenkelkondyls vorgegeben sind?

Die Kinematik des Gelenkvierecks (Abb. 45) erklärt dieses eigenartige Phänomen. In der Schlußphase zwischen dem Punkt 1 und 2 verhält sich die Roll- zur Gleitbewegung wie 1:4. Die 15° der Rollbewegung der Schlußrotation können wir in Abb. 43 darstellen. Die restlichen 45° der Drehung bzw. Krümmung des medialen Oberschenkelkondyls werden bei der Streckung in der letzten Phase durch die Gleitbewegung kompensiert. Die Oberschenkelkondylen sind materiell ausgebildete Hüllbahnen der Koppel (Tibiaplateau). In der ebenen Kinematik spricht man von einem Gleitkurvenpaar (Oberschenkelkondyl und Tibiagelenkfläche), das zu dem oben geschilderten Zwanglauf führt.

In Abb. 43 und in der a.-p.-Röntgenaufnahme (Abb. 46) sind die beiden Ursprünge der Kreuzbänder nicht nur so versetzt, daß das vordere Kreuzband dorsalseitig entspringt und das hintere Kreuzband vorne, sondern daß sie auch räumlich gegeneinander versetzt sind (vorderes Kreuzband am lateralen Kondyl, hinteres Kreuzband am medialen Kondyl). Die Ursprungsfläche der Kreuzbänder an den Oberschen-

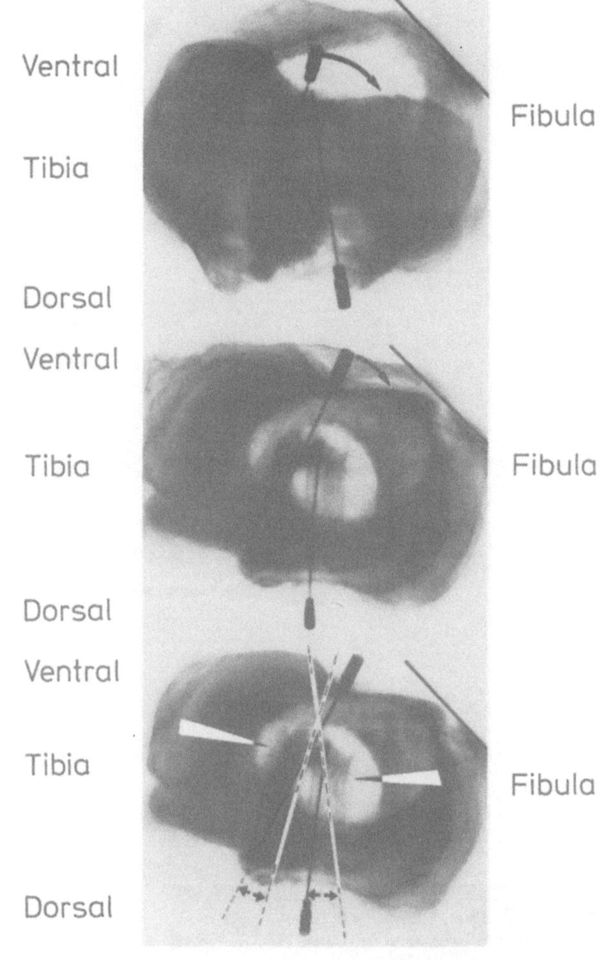

Abb. 43

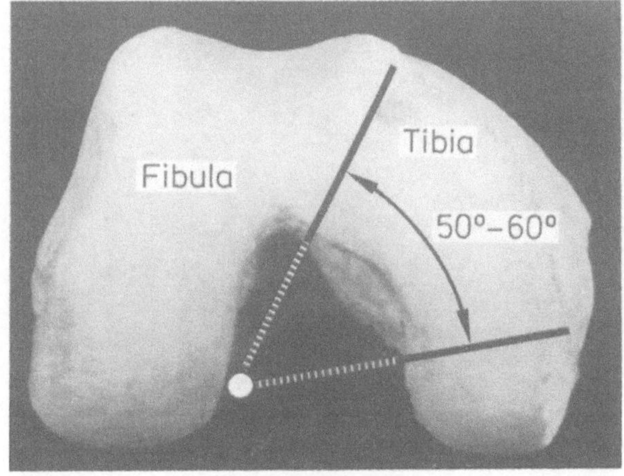

Abb. 44

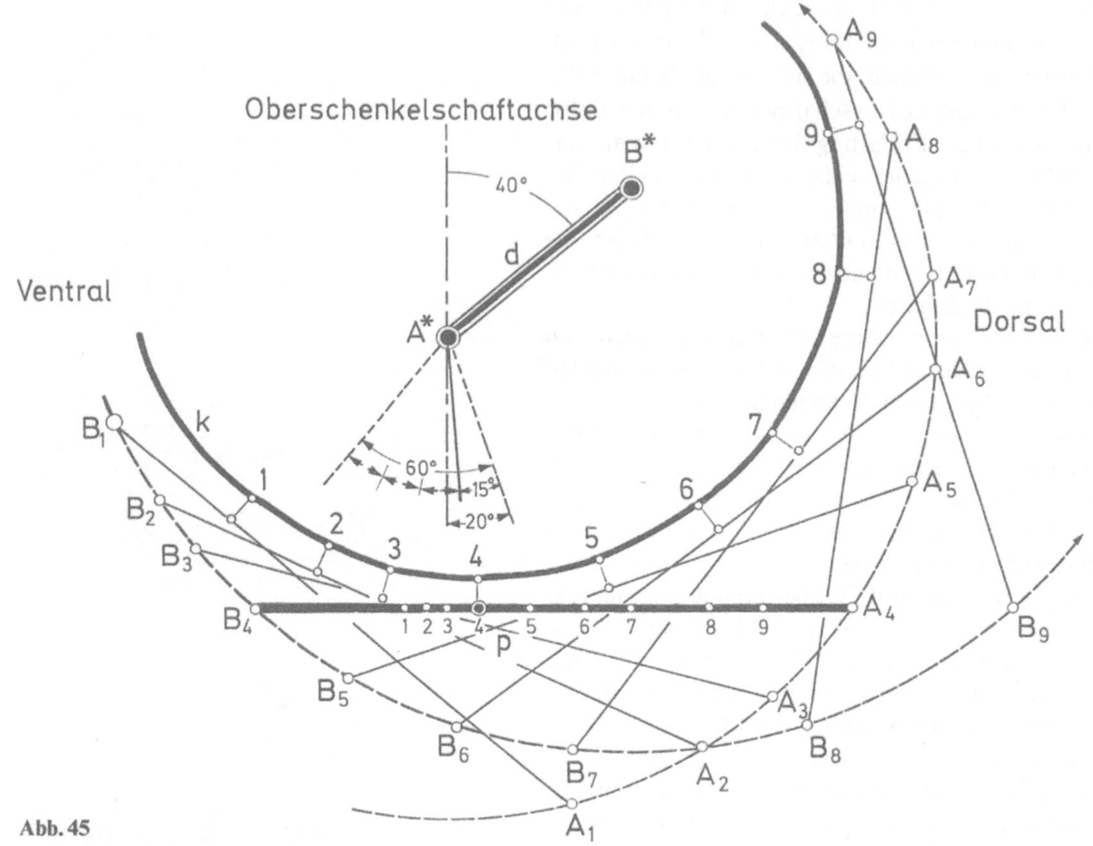

Abb. 45

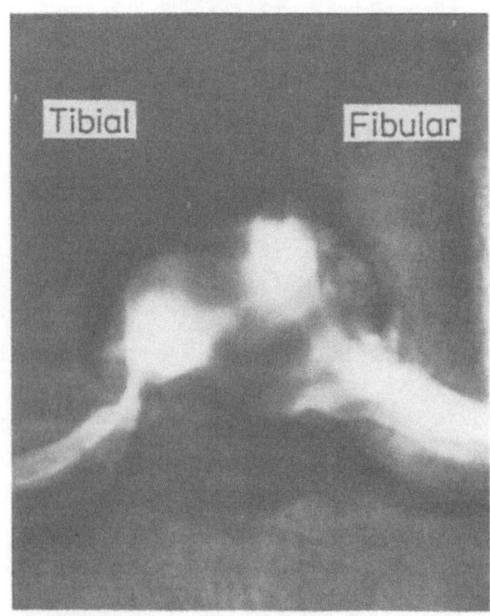

Abb. 46

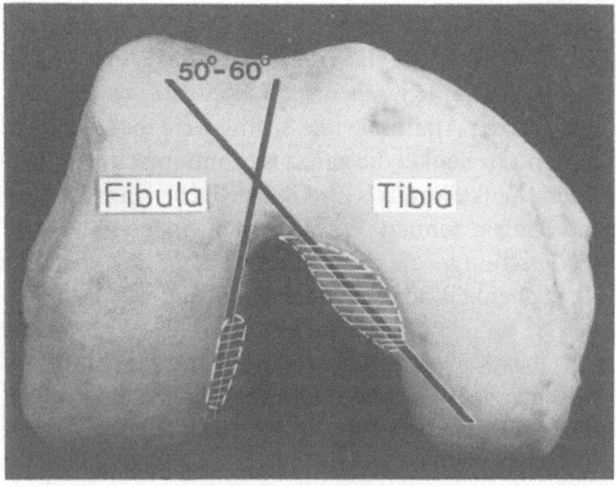

Abb. 47

kelkondylen stehen zueinander in einem Winkel von ca. 50° bis 60°. Die Ursprungsfläche des vorderen Kreuzbandes liegt in der Bewegungsebene des Kniegelenks, die Ursprungsfläche des hinteren Kreuzbandes bildet mit der Bewegungsebene jedoch einen Winkel von ca. 50° bis 60° (Abb. 47).

Am Tibiaplateau setzen die Kreuzbänder in der Mitte an, das hintere Kreuzband dorsalseitig, das vordere Kreuzband ventralseitig. Bei einer Beugestellung von 20° steht das hintere Kreuzband bereits im rechten Winkel zum Dach der Fossa intercondylaris, und zwar so, daß es diagonal durch die Fossa intercondylaris verläuft. Das hintere Kreuzband ist in Wirklichkeit länger, als es in der planen Abb. 37 gezeichnet ist. Um die volle Länge der Kreuzbänder zu gewinnen, muß sich das Tibiaplateau drehen, und zwar in der Weise, daß beide Kreuzbänder nahezu parallel zur Bewegungsrichtung des Kniegelenks verlaufen, d.h. das Tibiaplateau muß sich in der Streckphase der letzten 20° nach außen drehen. Diese Drehbewegung findet ihren Niederschlag in einer Krümmung des medialen Oberschenkelkondyls nach lateral (Abb. 44). Bei dieser Hüllkurve, 6. Ordnung, ist die Form und Bewegung (Drehung) der Tangentenfläche ein wesentlicher Parameter für die weitere Gestaltung dieser komplizierten Raumkurve. Die Kreuzbänder zwingen aufgrund ihrer Position in der Fossa intercondylaris und ihrer Haltefunktion das Tibiaplateau (Tangentenfläche) zu einer Drehung nach außen. Aufgrund des oben beschriebenen geometrischen Gesetzes, daß die Form der Koppelfläche (Tibiaplateaus) formend auf die Koppelhüllkurve (Oberschenkelkondyl) einwirkt, erhalten der mediale und laterale Oberschenkelkondyl ihre charakteristische Form.

8.2 Condylus lateralis femoris

Der laterale Kondyl ist in seinem ventralen Abschnitt bis zur Linea terminalis condylo-patellaris fib. fast plan und zeigt, wie in Abb. 49, manchmal eine flache Delle. Bei einer reinen Koppelbewegung (s. Abb. 37) kann diese eigenartige Form des lateralen Condylus femoris auch bei den verschiedensten Formgebungen der Koppel und bei Variationen der vorher beschriebenen Parameter nicht konstruiert werden. Die Oberschenkelkondylen sind aber realisierte Koppelhüllkurven der Koppel p (Tibiaplateau), wie im 4. Teil der Kinematik des Kniegelenks gezeigt wurde. Deshalb muß es eine Bewegung der Koppel (Tibiaplateau) geben, die diese eigenwillige Abflachung des Condylus lateralis femoris erzeugt.

Betrachtet man die Gelenkfläche des lateralen Schienbeinkondyls (Abb. 48), so merkt man, daß sie ungefähr einen „dreieckigen Umriß“ (Siegelbauer) besitzt. Im ventralen Abschnitt dieser Gelenkfläche ist ein kleiner dreieckiger Gelenkflächenteil durch eine zarte Leiste abgesetzt, der zum Hauptteil der Gelenkfläche ca. 10° nach kaudal abweicht. Die ungefähre Abmessung beträgt ca. 23, 20, 13 mm (Abb. 48). Diese Zweiteilung der Gelenkfläche ist schon im Atlas von Told-Hochstädter (1928) abgebildet und trägt keine eigene Bezeichnung. Über die Funktion dieser kleinen Gelenkfläche findet sich in der Literatur kein Hinweis. Bezeichnet man den Durchmesser der Gelenkfläche in der Bewegungsrichtung des Kniegelenks mit „p“ (Abb. 50c), so ist diese Koppel der formgebende Teil bei der planen Abbildung des lateralen Kondyls bei einer Bewegung von ca. 20° bis 130°.

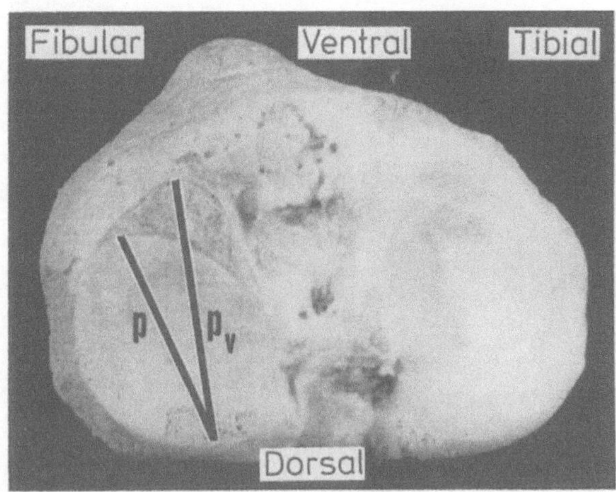

Abb. 48

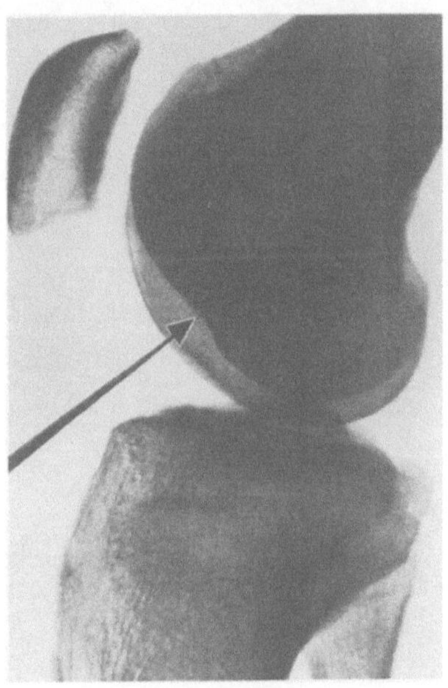

Abb. 49

In der Endphase der Streckung von 20° bis 0° und darüber setzt die „Schlußrotation“ des Unterschenkels ein, d.h. das Tibiaplateau dreht sich bei feststehendem Oberschenkel ca. 15° nach außen, mit einem Drehpunkt, der am dorsal-medialen Rand der lateralen Tibiagelenkfläche gelegen ist. Dieser Drehpunkt ist gleichzeitig auch Ursprung der Koppel von p und pV (Abb. 50c). Durch diese Drehung kommt nach und nach die Koppel, die mit „pV“ bezeichnet ist, in die Bewegungsrichtung des Unterschenkels.

Der kleine, vorher beschriebene ventral gelegene Gelenkflächenanteil erweitert die Gelenkfläche des lateralen Tibiakondyls in der Sagittalebene, besser in der Bewegungsrichtung. Die Gelenkfläche wird länger, damit wird auch die Koppel (Tibiaplateau) länger. Aus diesem Grund ist die Koppel pV auch länger als p. Die Koppeln „p“ und „pV“ schließen

Tibial
Fibular
15°
15°
p=p_I
p_V
p
c
b
a
Condylus femoris lateralis
20°
20°
40°
A*
B*
A
B
p
r_4
p_V
I
II
III
IV
V
1
2
3
4
5

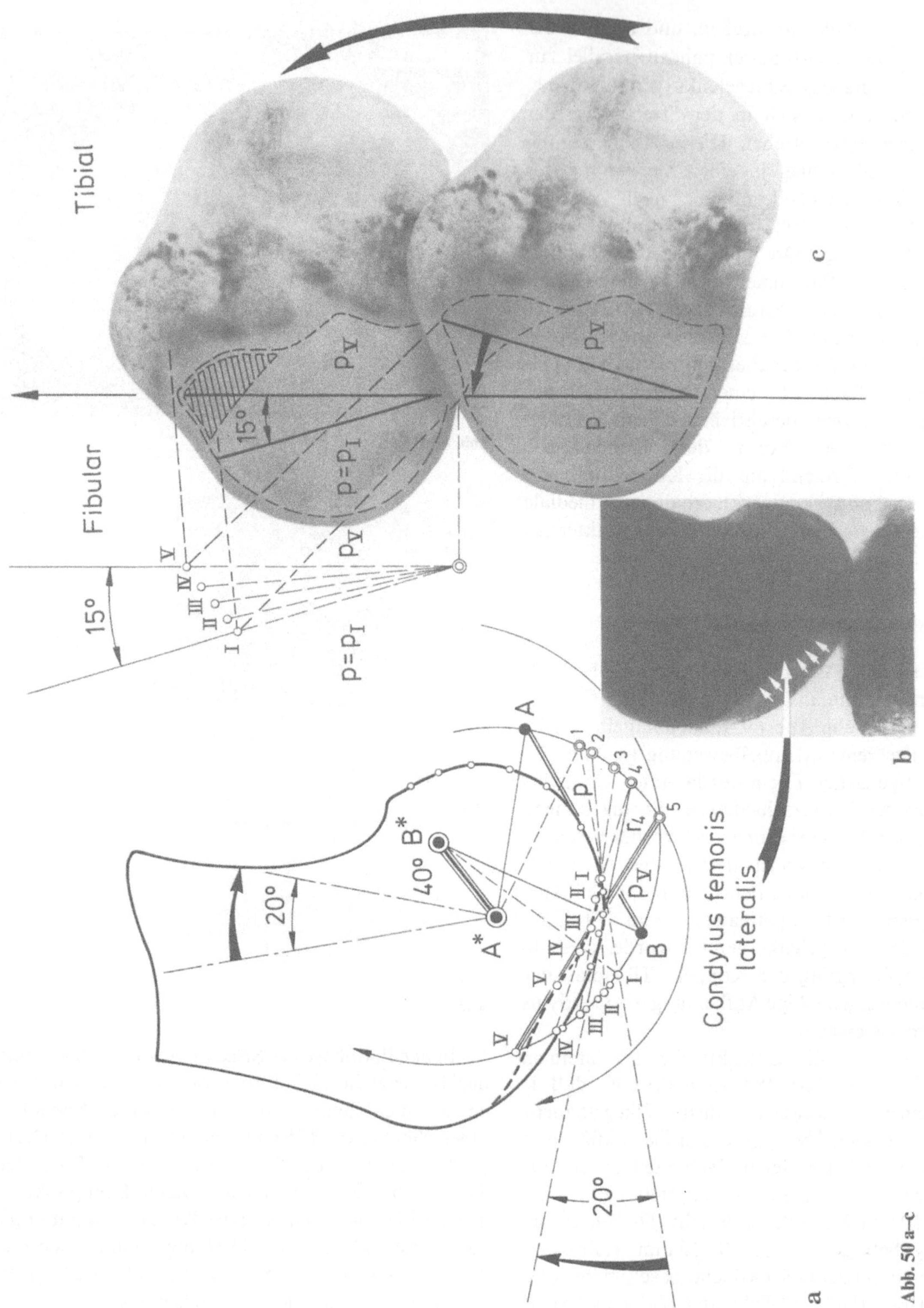

Abb. 50 a–c

einen Winkel von ca. 15° ein, der dem Ausmaß der Schlußrotation entspricht. Überträgt man die durch die Drehung des Unterschenkels allmählich länger werdende Koppel in den verschiedenen Positionen der Abb. 50a und verbindet die neugewonnenen Berührungspunkte miteinander, so erhält man die charakteristische Abflachung und Dellenbildung des lateralen Kondyls des Oberschenkels (s. Abb. 49).

Die Abflachung und fallweise Dellenbildung am Condylus lateralis femoris entsteht durch die Verlängerung der Gelenkfläche des Condylus lateralis tibiae (Koppel) bei der Dehnung des Tibiaplateaus um ca. 15° nach außen, mit dem Drehpunkt am dorsomedialen Rand des lateralen Unterschenkelkondyls bei feststehendem Oberschenkel während der Endphase der Streckung von 20° bis 0° (Schlußrotation). Obwohl in Abb. 50 aus Gründen der einfacheren Zeichentechnik als Koppel eine Gerade verwendet wurde, kommt diese eigentümliche Verformung des lateralen Oberschenkelkondyls gut zur Darstellung.

8.3 Condylus medialis femoris

Der mediale Oberschenkelkondyl wird in der Literatur häufig, (zum Beispiel Lang-Wachsmuth 1972) als ein „Spiralabschnitt", Spiralkrümmung oder Spirale aufgefaßt (Abb. 51) mit einer Evolute, die keine Spitze hat. Die realisierte Koppelhüllkurve einer Koppelbewegung im „überschlagenen Gelenkviereck" auf der Basis einer Koppelkurve kann rein kinematisch keine Spirale und kein Spiralanteil sein, wie in der Kinematik des Kniegelenks, 4. Teil, gezeigt wurde. Die Koppelhüllkurven im überschlagenen Gelenkviereck (unter der Bedingung p > (v − h plus oder minus d) (s. Abb. 16) sind immer so beschaffen, daß die beiden Seitenteile der Kurve stärker gekrümmt sind. Sie müssen nicht symmetrisch und durch einen weniger gekrümmten (flacheren) Kurventeil miteinander verbunden sein. Die dazugehörige Evolute hat immer eine Spitze, die von der Kurvenkrümmung wegzeigt (Abb. 52a), der Scheitelkreis berührt die Koppelhüllkurve *immer von außen.*

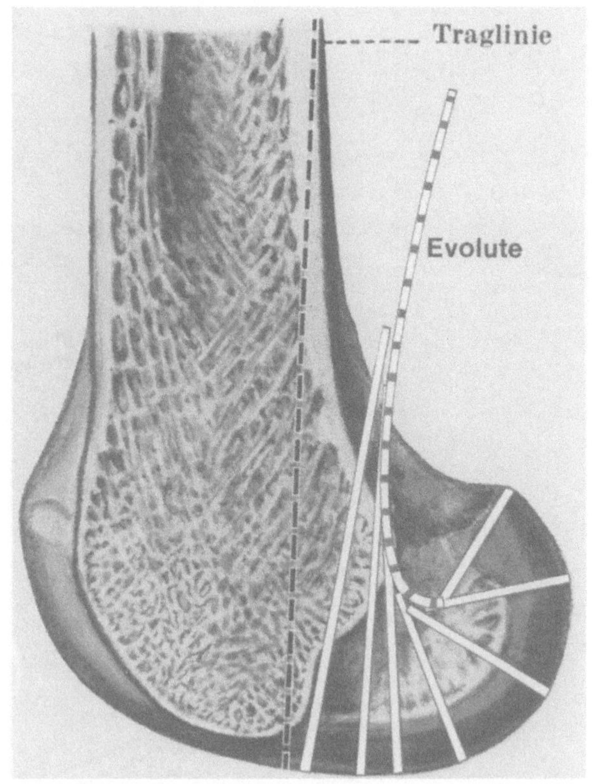

Abb. 51

Wird der ventrale Gelenkflächenanteil durch eine Zusatzbewegung der Kreuzbänder flacher, wie später gezeigt wird, dann verschwindet die Spitze der Evolute, und es entsteht eine Evolutenform wie in Abb. 51. Kurven, bei denen 2 weniger gekrümmte Seitenteile durch einen stärker gekrümmten Mittelteil verbunden sind, haben eine Evolute, die mit der Spitze zur Krümmung zeigt (Abb. 52b). Der Scheitelkreis berührt die Kurve *immer von innen.* Die Scheitelkreise werden schon hier erwähnt, weil sie in einer besonderen mechanischen Beziehung zu den Ligg. collateralia des Kniegelenks stehen.

Der vordere Anteil des medialen Oberschenkelkondyls ist bei einer planen Abbildung, zum Beispiel Röntgenpause (Abb. 38), stärker gekrümmt als die

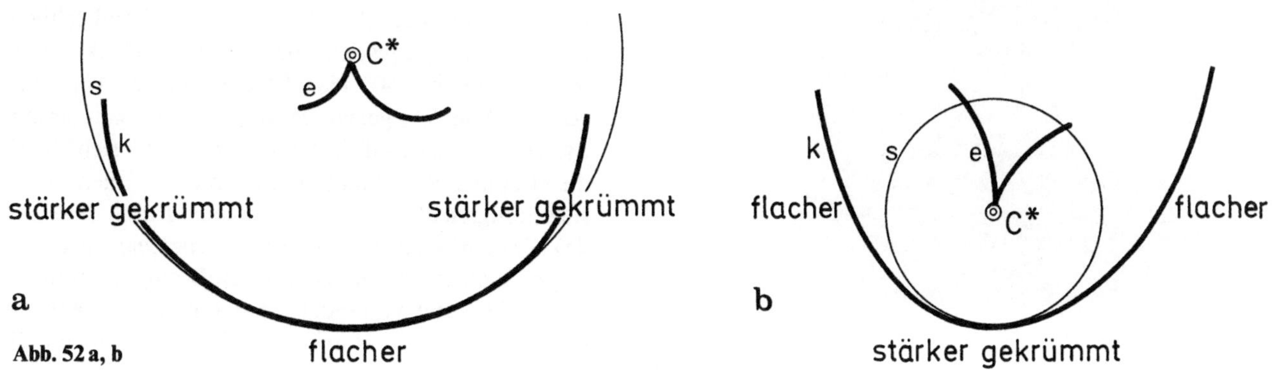

Abb. 52 a, b

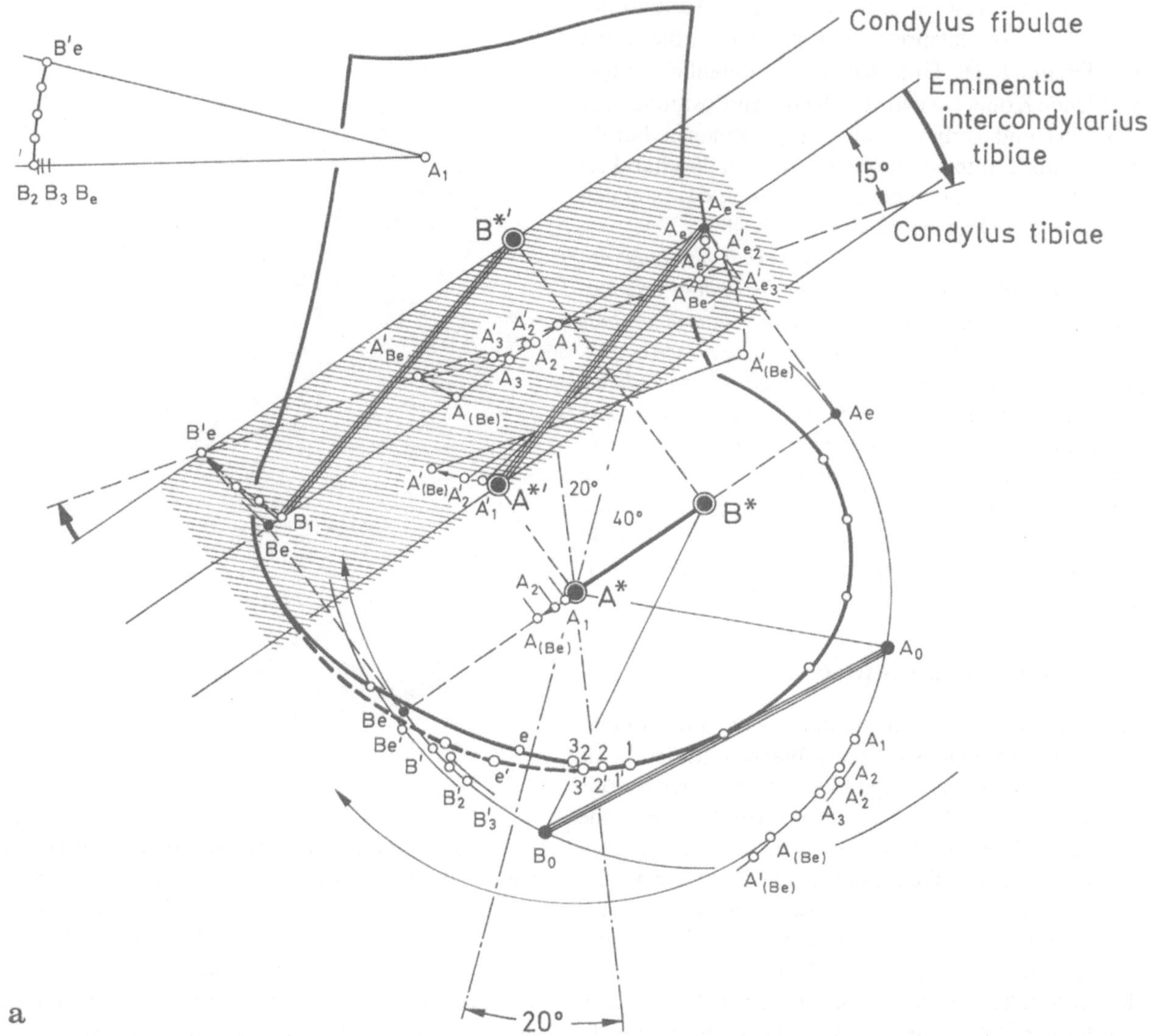

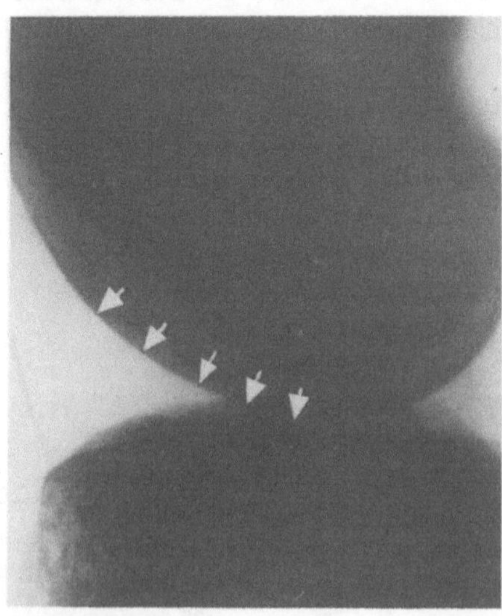

Abb. 53 a, b

konstruierte Koppelhüllkurve. Wie beim lateralen Oberschenkelkondyl gelingt es nicht, durch Variation der vorher beschriebenen Parameter diesen stärker gekrümmten Kurventeil des medialen Oberschenkelkondyls, der im Streckbereich von 20° bis 0° liegt, zu konstruieren. Bei der Schlußrotation wandert der Drehpunkt des hinteren Kreuzbandursprungs am Oberschenkel (der Ansatz ist quer-oval und schließt mit der Bewegungsrichtung des Kniegelenks einen Winkel von ca. 50° bis 60° ein) (Abb. 47) nach lateral (Abb. 53) gegen die Mitte der Fossa intercondylaris zu. Das hintere Kreuzband stellt sich durch die Drehung des Tibiaplateaus von ca. 15° mehr in die Bewegungsrichtung des Kniegelenks. *Durch diese beiden Fakten wird das hintere Kreuzband scheinbar länger.* Konstruiert man die neuen Berührungspunkte (Abb. 53) und verbindet sie miteinander, dann erkennt man an dem gestrichelten Teil der Koppelhüll-

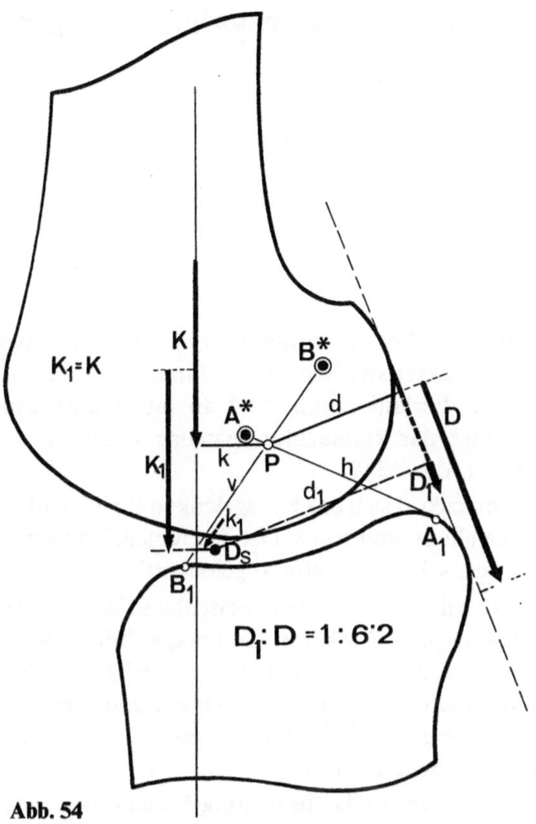

Abb. 54

kurve (Abb. 53), daß hier die Hüllkurve einen stärker gekrümmten Teil aufweist. Die markanten Formunterschiede vom lateralen und medialen Oberschenkelkondyl werden durch die Form der Koppel (durch die Form des tibialen und fibularen Anteils des Tibiaplateaus hervorgerufen) und in der Endphase der Streckung modifiziert durch die Drehung des Tibiaplateaus und der damit verbundenen Änderung der Koppellänge an der lateralen Tibiagelenkfläche. Die Form des medialen Oberschenkelkondyls entsteht durch eine scheinbare Verlängerung des hinteren Kreuzbandes in der Endphase der Streckung von 20° bis 0°. Durch diese Außenrotation des Unterschenkels wird der mediale Kondyl fast quer zur Verlaufsrichtung des Kniegelenks gedreht, wie ein Rad, das sich plötzlich zur Rollrichtung querstellt und eine Kippbewegung auslöst. Die Drehung des lateralen Tibiakondyls bewirkt eine Abflachung des lateralen Femurkondyls in den ventralen Abschnitten, so daß beim Übergang von der fast planen Kondylenfläche zur Linea terminalis auch eine Kippbewegung (Anschlag) auftritt. Diese Kippbewegung führt zu einer gleichmäßigen Anspannung der äußeren und inneren Bandsysteme des Kniegelenks und ergibt das feste Standbein ohne Auftreten eines „Preßsitzes" oder einer „Auflaufbremse", wie verschiedentlich in der Literatur aufgeführt ist.

Aus dem Drehmoment bei der Gleit-Roll-Bewegung mit dem Momentanzentrum P (augenblickliche Achse des Kniegelenks, Abb. 54) wird durch den „vorderen Anschlag" eine Kippbewegung mit dem Drehpunkt im Bereich des Berührungspunkts Ds von Oberschenkelkondyl und Tibia (Abb. 54). Bei diesem Moment wird das ganze Bandsystem bei Überstreckung hebelartig angespannt. Durch den sehr weit ventral liegenden Drehpunkt Ds sind die im dorsalen Bandsystem des Kniegelenks auftretenden Kräfte bei Überstreckung relativ klein. Bei „Preßsitz" oder „Auflaufbremse", wie vielfach in der Literatur das Anspannen des gesamten Bandapparats des Kniegelenks in Streckstellung und beim Überstreckungsversuch gedeutet wird, bliebe der Drehpunkt des Kniegelenks im Momentanzentrum P (Abb. 54). Das würde bedeuten, daß im dorsalen Bandsystem das rund 6fache an Zugkraft bei gleicher überstreckender Kraft aufträte wie bei der Kippbewegung, die durch die Schlußrotation hervorgerufen wird. Der Drehpunkt P (Achse) des Kniegelenks in Streckstellung verlagert sich bei Überstreckung nach Ds. Dadurch kann das dorsale Bandsystem das 6fache an überstreckender Kraft aufnehmen als bei der Annahme eines Preßsitzes oder einer Auflaufbremse. Bei geringer Überstreckung verläuft die Schwerlinie knapp ventral an diesem Berührungspunkt Ds vorbei und stabilisiert ohne besonderen Energieaufwand aufgrund des kurzen Hebelarms das Kniegelenk. Diese Art der Stabilisierung des Standbeins im Kniegelenk reduziert den Kraftfluß bei Überstreckung in dem dorsalen Bandsystem des Kniegelenks auf 1/6.

9 Die kinematische Beziehung der Kreuzbänder (Steuersystem) zu den Kollateralbändern – Scheitel- und Angelkubik

Über die Funktion der Ligg. collateralia des Kniegelenks ist die Diskussion bis in unsere Tage nicht verstummt. Hoenigschmid hat schon (1893) an Leichenversuchen gezeigt, welche Kräfte bei Pro- und Supination des Unterschenkels auf die Ligg. collateralia einwirken und welche Bänder bei Pro- und Supination zuerst einreißen oder zerreißen. Knese (1950) faßt als supinatorische Fakten die Gelenkkörper auf und als pronatorische den Bandapparat. Durchschneidet man die Ligg. collateralia am hängenden Unterschenkel und feststehenden Oberschenkel, so dreht sich der Unterschenkel soweit nach außen (Supination), bis die beiden Kreuzbänder parallel herunterhängen.

9.1 Lig. collaterale mediale

Es entspringt am Epicondylus medialis femoris und stellt einen langen, relativ schmalen Faserzug dar, der nach dorsal in Gelenkspalthöhe einen stumpfen Winkel bildet (Abb. 55). In diesem Bereich ist das Seitenband mit dem medialen Meniskus verwachsen. Zirka 5–8 cm distal der Facies articularis an der Margo medialis tibialis setzt das Lig. collaterale mediale am Schienbein an und überdeckt den Knochenansatz der Sehne des M. semimembranosus. Ventral geht das Lig. collaterale mediale in das Retinaculum patellae longitudinale nach dorsal in die mediale Rollenkappe über. Die Ursprungsfläche des medialen Seitenbandes ist längs-oval, hat einen Durchmesser von 10 × 15 mm, ca. 1/3 des Seitenbandes liegt proximal des Gelenkspalts, 2/3 davon kaudal. Der Ansatz der Margo medialis tibialis verläuft von kaudal dorsal schräg nach ventral proximal in einem charakteristischen Winkel von 15° bis 20° zur Unterschenkelachse. Auf dieser schrägen Linie setzt auch das Retinaculum patellae longitudinale mediale an.

Es stellen sich die berechtigten Fragen:

1. Warum das Lig. collaterale mediale eben gerade am Epicondylus entspringt und der Ursprung längsoval ist?
2. Warum 1/3 der Länge proximal des Gelenkspalts verläuft und 2/3 kaudal davon (Abb. 55)?
3. Warum der Ansatz an der Margo medialis tibiae den charakteristischen zur Unterschenkelachse schrägen Verlauf nimmt und an dieser schrägen Linie auch das Retinaculum patellae longitudinale ansetzt (Abb. 55)?
4. Warum lockert sich das Kniegelenk in einer leichten Beugestellung und warum ist das Kniegelenk gerade bei ca. 40° – 45° optimal gelockert?
5. Warum bildet das mediale Seitenband doralseitig einen stumpfen Winkel in Gelenkspalthöhe? Warum ist gerade in diesem Bereich der mediale Meniskus mit dem Seitenband verwachsen und nicht an einer anderen Stelle, zum Beispiel im ventralen Anteil des Seitenbandes?
6. Welche kinematische Beziehung besteht zwischen der nicht kreisförmigen Bewegung des Tibiaplateaus und der kreisförmigen Bewegung der Kollateralbänder?

Die Abb. 56 zeigt die Koppelbewegung des Unterschenkels mit dem schematisch eingezeichneten Lig. collaterale mediale. Bei Beugung des Unterschenkels wandert das Lig. collaterale mediale in Höhe der Tibiagelenkfläche nach dorsal. Die Strecken a, a1 und a2 verdeutlichen diesen Weg. Würde das Lig. collaterale mediale etwa am Punkt X ansetzen, dann müßte das Ligament, wie aus der Abbildung ersichtlich, wie ein Gummiband dehnbar sein.

Beim Studium der kinematischen Beziehung der nicht kreisförmigen Bewegung des Tibiaplateaus und der kreisförmigen Bewegung der Kollateralbänder stand fest, daß mehrere Punkte des Gangsystems (Unterschenkel), zum Beispiel die Ansatzpunkte der Kreuzbänder am Tibiaplateau, Kreisbewegungen ausführen. Weiter stand fest, daß die Ansatzpunkte der Kollateralbänder bei ihrer Bewegung auf Kreislinien laufen. Es ist bemerkenswert, daß alle wesentlichen Bandsysteme des Kniegelenks, Kreuzbänder und Seitenbänder, mit ihren Endpunkten Kreislinien beschreiben, d.h. die Fasern der Bänder selbst sind Radien dieser Kreisbahnen (Abb. 57) und doch beschreibt das Tibiaplateau bei seiner Bewegung keine Kreisbahn, sondern Koppelhüllkurven, die realisiert, die Oberschenkelkondylen darstellen. Am medialen

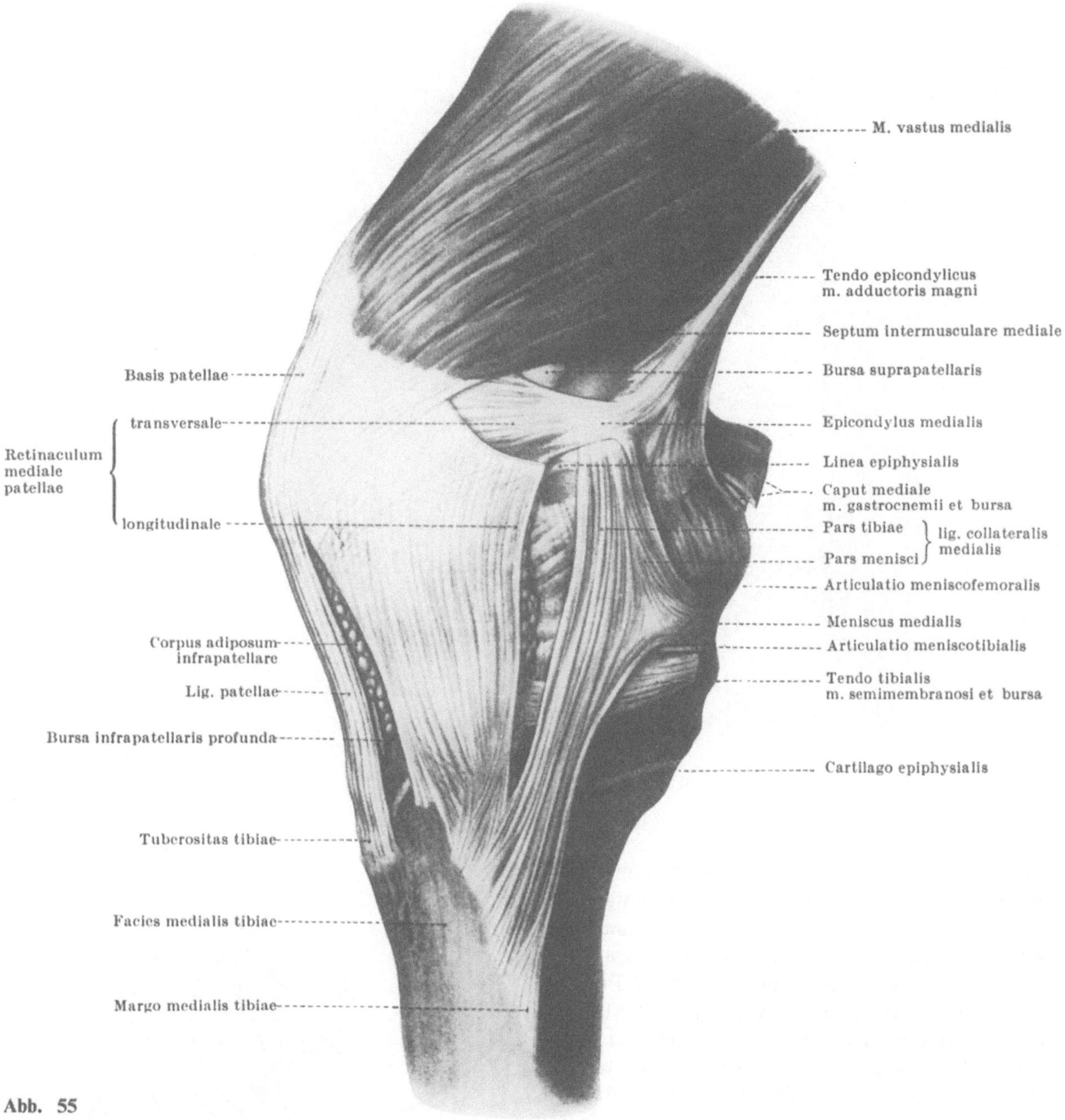

Abb. 55

Seitenband fiel weiter der schräge Ansatz der einzelnen Fasern an der Tibia entlang der Margo medialis tibialis (Abb. 55) auf, d.h. auch diese Punkte müssen bei ihrer Bewegung eine Kreisbahn durchlaufen.

Das Momentanzentrum P, der augenblickliche Drehpunkt des bewegten zum ruhenden System, gehört als reeller Punkt mit seiner Ausdehnung im Grenzwert gegen Null auch zu diesem System von Punkten.

Hält man den Unterschenkel fest und bewegt den Oberschenkel, dann bewegt sich die Ursprungsstelle des vorderen und hinteren Kreuzbandes auch auf einer Kreislinie (Abb. 57). Aufgrund des Fundamentalgesetzes der ebenen Kinematik, daß irgend 2 Lagen eines starren, eben bewegten Systems durch eine Drehung oder Schiebung miteinander zur Deckung gebracht werden können, ergibt sich, was nicht unmittelbar am anatomischen Präparat zu erkennen ist, daß sich auch die Ursprungsstellen des Lig. collaterale mediale am Oberschenkelkondyl auf Kreislinien bewegen müssen (Abb. 57 und 68). Der Kreuzungspunkt der Kreuzbänder, das Momentanzentrum P, gehört auch hier zu

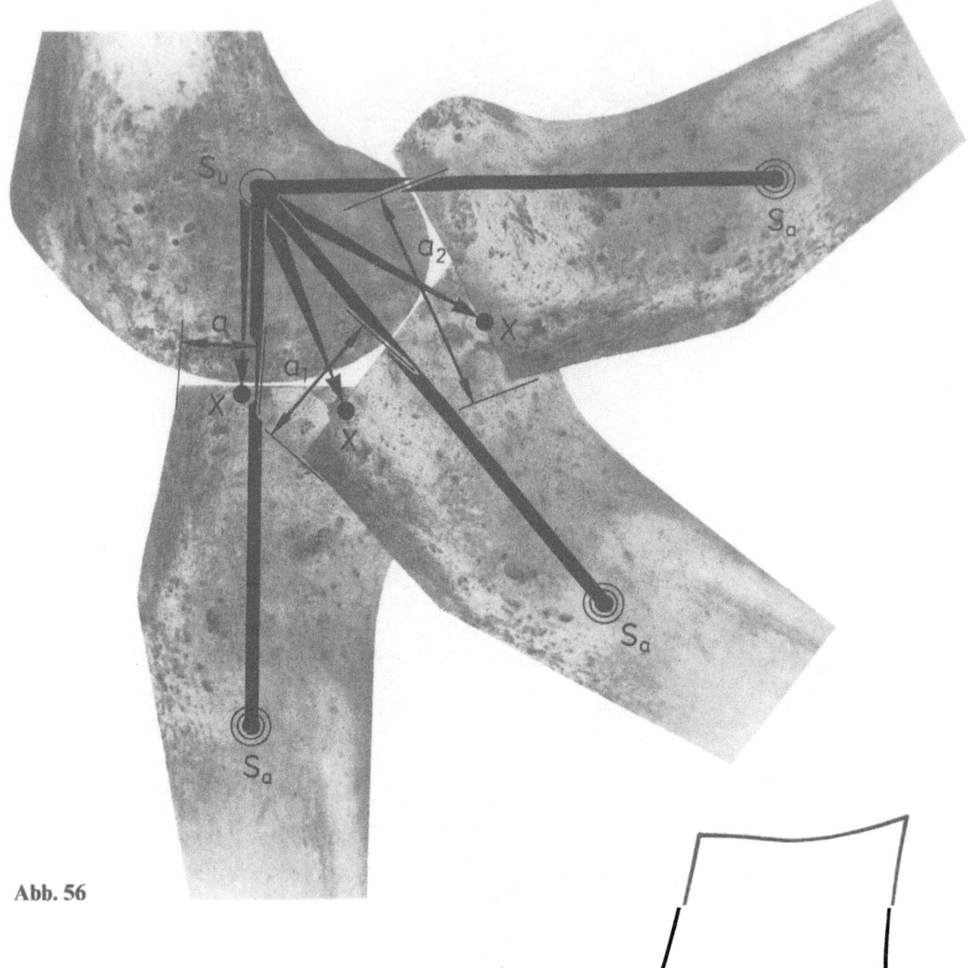

Abb. 56

diesem System von Punkten. Wir haben zumindest 10 Punkte, die auf Kreislinien laufen, 2 Ursprungsstellen des vorderen und hinteren Kreuzbandes am Oberschenkel, 2 Ansatzpunkte der Kreuzbänder am Unterschenkel, das Momentanzentrum P mit 2 Punkten, weil der Punkt P einmal dem Gangsystem und einmal dem Rastsystem zugeordnet werden muß, und zumindest je 2 Punkte des Ursprungs und Ansatzes des Kollateralbandes. (Aufgrund des flächenhaften Ansatzes und Ursprungs des Lig. collaterale mediale sind es aber unzählige Punkte, wir haben nur je 2 davon herausgegriffen).

Zeichnet man bei einem ebenen Zwanglauf eines bewegten Systems (überschlagenes Gelenkviereck) von bestimmten Punkten die auf der Gangebene bei der Bewegung zurückgelegten Kurven, so erhält man eine Kurvenschar, die im ersten Augenblick einen verwirrenden Eindruck hinterläßt (Abb. 58).

Die Kurven schneiden sich und sind nicht parallel. Je weiter die Punkte des Gangsystems vom Drehzentrum entfernt sind, desto flacher wird der Winkel, unter dem sich die Kurven schneiden, sie werden ihrem Verlauf nach ähnlicher, im Unendlichen sind sie

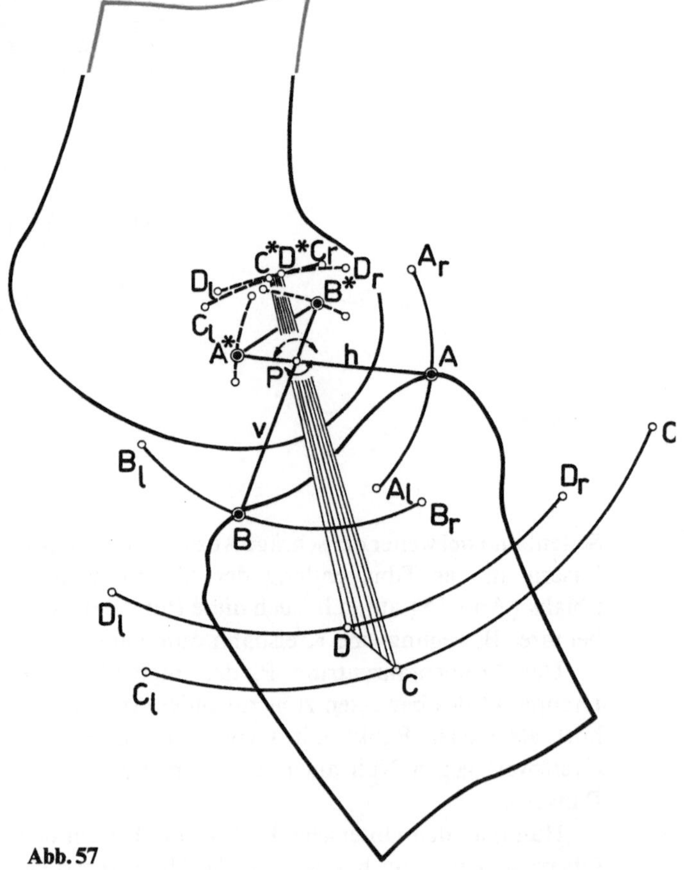

Abb. 57

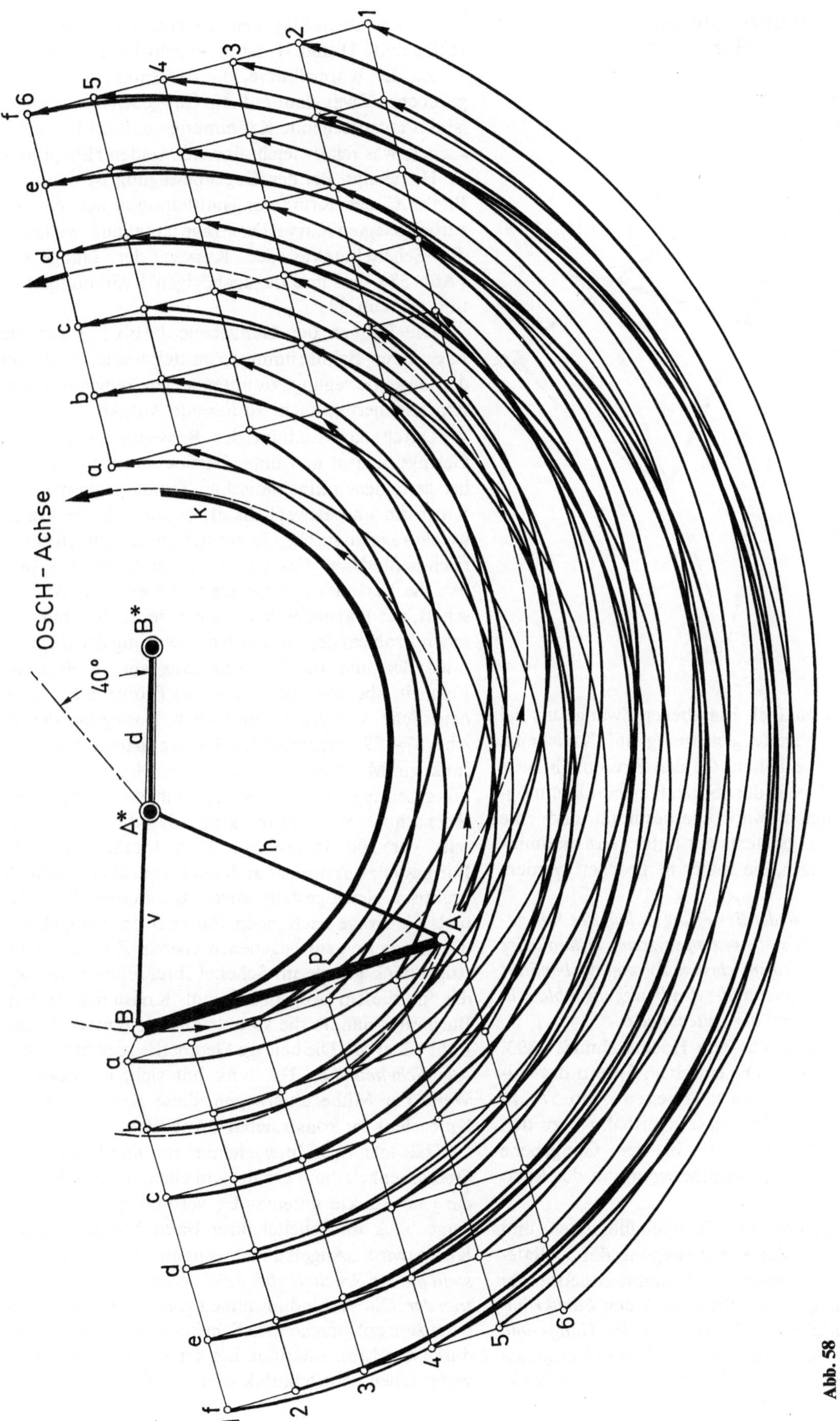

Abb. 58

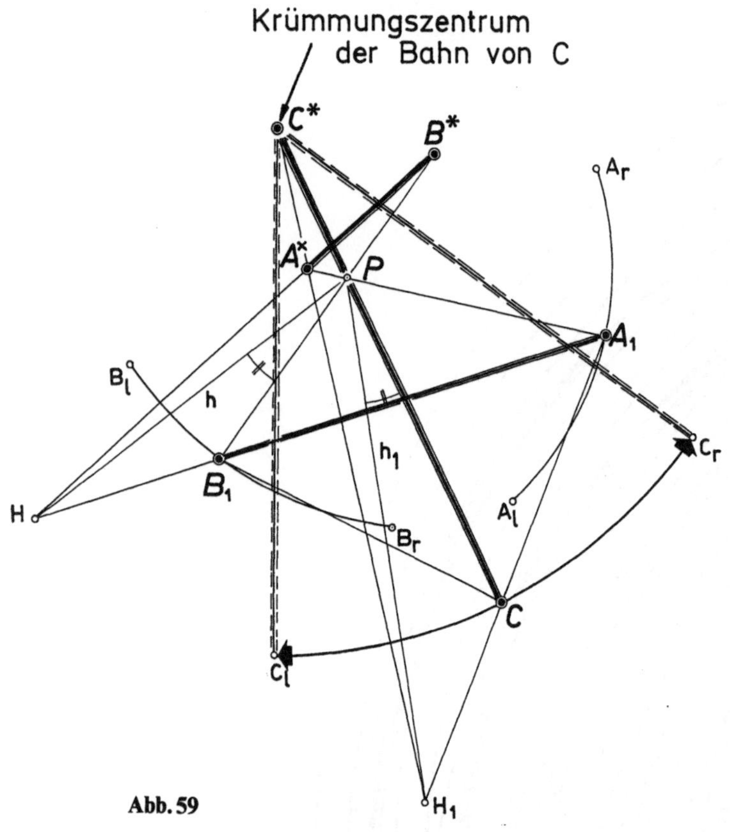

Abb. 59

Kreislinien und parallel. Ein ebener Zwanglauf, bei dem bestimmte Punkte gleichzeitig auf Kreislinien und auf Kurven verlaufen, die den Kreislinien zwar sehr ähnlich sind, ist in der ebenen Kinematik unmöglich. Der Zwanglauf wäre überbestimmt und eine Bewegung des Gangsystems nur unter ganz bestimmten Voraussetzungen, die später besprochen werden, möglich.

Die Anatomie und der Bewegungsablauf des Kniegelenks als räumliches Bewegungssystem (räumliches Gelenkviereck) mit einem ebenen Zwanglauf benötigt als zusätzlichen Parameter, der den Bewegungsablauf in einer Ebene garantiert, die Seitenbänder.

(Die Leichenversuche von Hoenigschmid, 1893, haben dies bewiesen.) Die einzelnen Fasern des Seitenbandes sind aber Radien von Kreisen (Abb. 57). In welcher Beziehung stehen diese Kreisbahnen zu den Kurven ihrer Ansatzpunkte in der Gangebene (Abb. 58) und bei der Gegenbewegung in der Rastebene?

Die Kombination von Koppelhüllbahnen und Koppelkurven und der Kreisbewegung der Kollateralbänder ist ein Problem der Krümmugstheorie der ebenen Bewegung mit der Frage nach den *Bahnkrümmungsmittelpunkten der Bahnkurven der Gang- und Rastebene.* Die Konstruktion des Bahnkrümmungsmittelpunktes C^x von der Koppelbewegung des Punktes C im überschlagenen Gelenkviereck über die Hilfspunkte H und H_1 ist nicht schwierig (Abb. 59).

Zu der Koppelkurve, die der Punkt C bei dem gegebenen Zwanglauf auf der Gangebene zurücklegt, ist das entsprechende Krümmungszentrum C^x aufzusuchen, was relativ leicht über die beiden Hilfspunkte H, H_1 gelingt. Bei der Gegenbewegung ist dann der Punkt C der Krümmungsmittelpunkt der von C^x zurückgelegten Kurve. Die Frage lautet nun, wo liegen die Scheitelpunkte der Kurven der Gangebene (Abb. 58) und ihre dazugehörigen Krümmungszentren (s. Abb. 57)

Die Bahnen der Gangebene (Abb. 58) auf die Lage ihrer Bahnkrümmungsmittelpunkte, auch bei der Gegenbewegung, zu untersuchen, schien mir eine rein zeichnerisch nicht zu lösende Aufgabe.

Durch das Studium des Bewegungsablaufs am Gelenkpräparat und unter Berücksichtigung der bisher gefundenen kinematischen Zusammenhänge von Knieform und Beweglichkeit, ergab sich die Frage, welches kinematische Gesetz steht hinter diesen empirisch gefundenen Fakten. Im ersten Augenblick fanden die Vertreter der genauen und exakten Wissenschaft, der Darstellenden Geometrie, in dem biologischen Problem der differenten Bewegung der Kollateralbänder und des Tibiaplateaus eine biologische Feinheit, aber kein geometrisches Problem. Erst eine neuerliche Vorsprache und nach Darlegung der in Abb. 57–59 vorgebrachten Fakten machte mich Dr. Jank, ein Mitarbeiter des II. Geometrischen Instituts, unter Leitung von Prof. Wunderlich, der Technischen Hochschule Wien, aufmerksam, daß diese Frage bereits vor 100 Jahren von dem Mathematiker L. Burmester zwar in einer anderen Form, aber inhaltlich praktisch gleich gestellt wurde. Burmester klärte damals die Frage nach jenen Punkten der Gangebene, die sich bei einem gegebenen ebenen Zwanglauf im Augenblick gerade im Scheitel ihrer Bahn befinden, d.h. in diesem Augenblick auf Kreislinien laufen. Burmester nannte die so entstandene Kurve „Kreis-Punkt-Kurve". Die heutige Geometrie spricht von der sog. *Scheitelkubik.* Dr. Jank hat sich liebenswerter Weise der Mühe unterzogen, diese Kurven für das Kniegelenk zu konstruieren (Abb. 60).

Hält man den Unterschenkel fest und bewegt den Oberschenkel, dann erhält man ebenfalls eine Kurve, die jene Punkte miteinander verbinden, die sich im Augenblick im Scheitel ihrer Bahn befinden. Diese Kurve wird „Angelkubik" genannt (Abb. 60) und *stellt die zur Scheitelkubik gehörenden Krümmungszentren dar.* Die Verbindungslinien vom Krümmungszentrum zum entsprechenden Scheitelpunkt gehen immer durch den Momentanpol. Bei der Bewegungsumkehr vertauschen Scheitelkubik und Angelkubik ihre Rol-

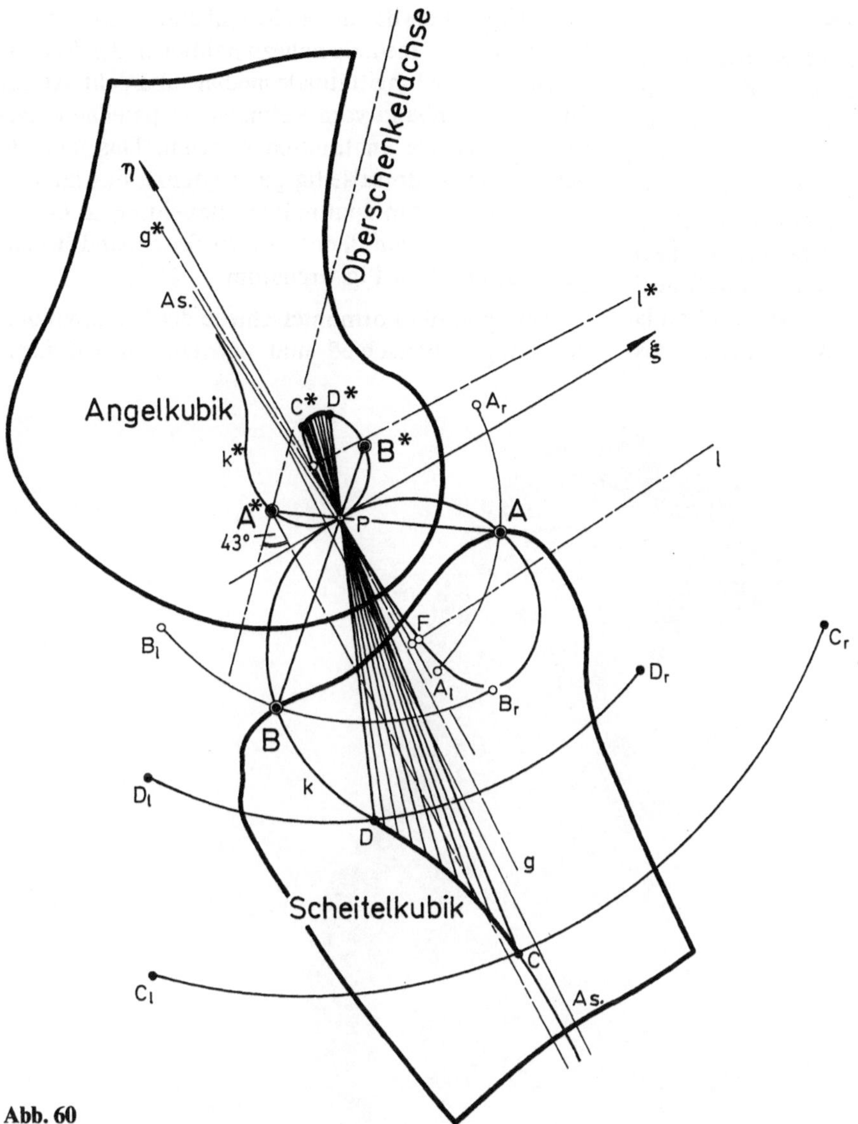

Abb. 60

len, so daß auf der Scheitelkubik die Krümmungszentren der Angelkubik liegen.

Betrachtet man die beiden Kurven, *Angelkubik* und *Scheitelkubik*, so erkennt man daß

1. der Ursprung des medialen Kollateralbandes der Epicondylus tib. fem. im Bereich der Angelkubik liegt und längs-oval ist;
2. ca. 1/3 der Länge des Kollateralbandes proximal des Gelenkspalts verläuft und ca. 2/3 davon kaudal;
3. die Ansatzstelle des Lig. collaterale mediale und das Retinalculum patellae longitudinale mediale einen Winkel von ca. 15° mit dem Schaft einschließt und an dieser Kurve in charakteristischer Weise ansetzt;
4. der Punkt P, das Momentanzentrum, (die augenblickliche Achse des Kniegelenks) sowohl der Scheitelkubik als auch der Angelkubik angehört;
5. daß die Ansatz- und Ursprungspunkte der Kreuzbänder (A^x, B^x und B und A) auf der Scheitel- und Angelkubik liegen;
6. daß die Scheitelkubik 3 mal den Gelenkspalt schneidet, im Bereich des Punktes A und B und nahezu in der Mitte zwischen A und B;
7. knapp dorsal des konstruierten Kollateralbandes C^xD^x DC die Scheitelkubik den Gelenkspalt zum 3. Mal schneidet. In diesem Bereich, dem Scheitel der Koppelkurve, ist der mediale Meniskus mit dem medialen Seitenband verwachsen. Wir verstehen nun, daß aus kinematischen Gründen das mediale Seitenband in Gelenkspalthöhe nach dorsal zu einen stumpfen Winkel von 150° bis 170° einschließt, an welchem der *mediale Meniskus im Scheitelpunkt der ihm zugehörigen Kurve der Gangebene festgewachsen ist.*

9.2 Das Lig. collaterale laterale

Es entspringt am Epicondylus lateralis etwas weiter ventral als das mediale Seitenband und setzt am Fibulaköpfchen so an, daß es ventralseitig am Apex capitis fibulae und außenseitig am Fibulaköpfchen an einer bogenförmigen Linie angewachsen ist (Abb. 61). Am gestreckten Kniegelenk verläuft das äußere Seitenband schräg von ventral kranial nach dorsal kaudal. Das mediale Seitenband verläuft auch schräg zur Oberschenkellängsachse, aber von kranial dorsal nach kaudal ventral. Das äußere Seitenband ist ca. 1/3 kürzer als das innere Seitenband. Während das Lig. collaterale mediale nahezu nahtlos in des Retinaculum patellae longitudinale mediale übergeht, ist das laterale Seitenband vom Retinaculum patellae longitudinale laterale anatomisch getrennt. Das mediale Seitenband ist dorsalseitig gut begrenzt, das laterale Seitenband tritt in anatomische Beziehung zu Gebilden, die dorsal von dem lateralen Seitenband liegen, zum Beispiel dem Lig. arcuatum.

Wie sind die Formunterschiede der Seitenbänder, der Längenunterschied und der Unterschied ihrer

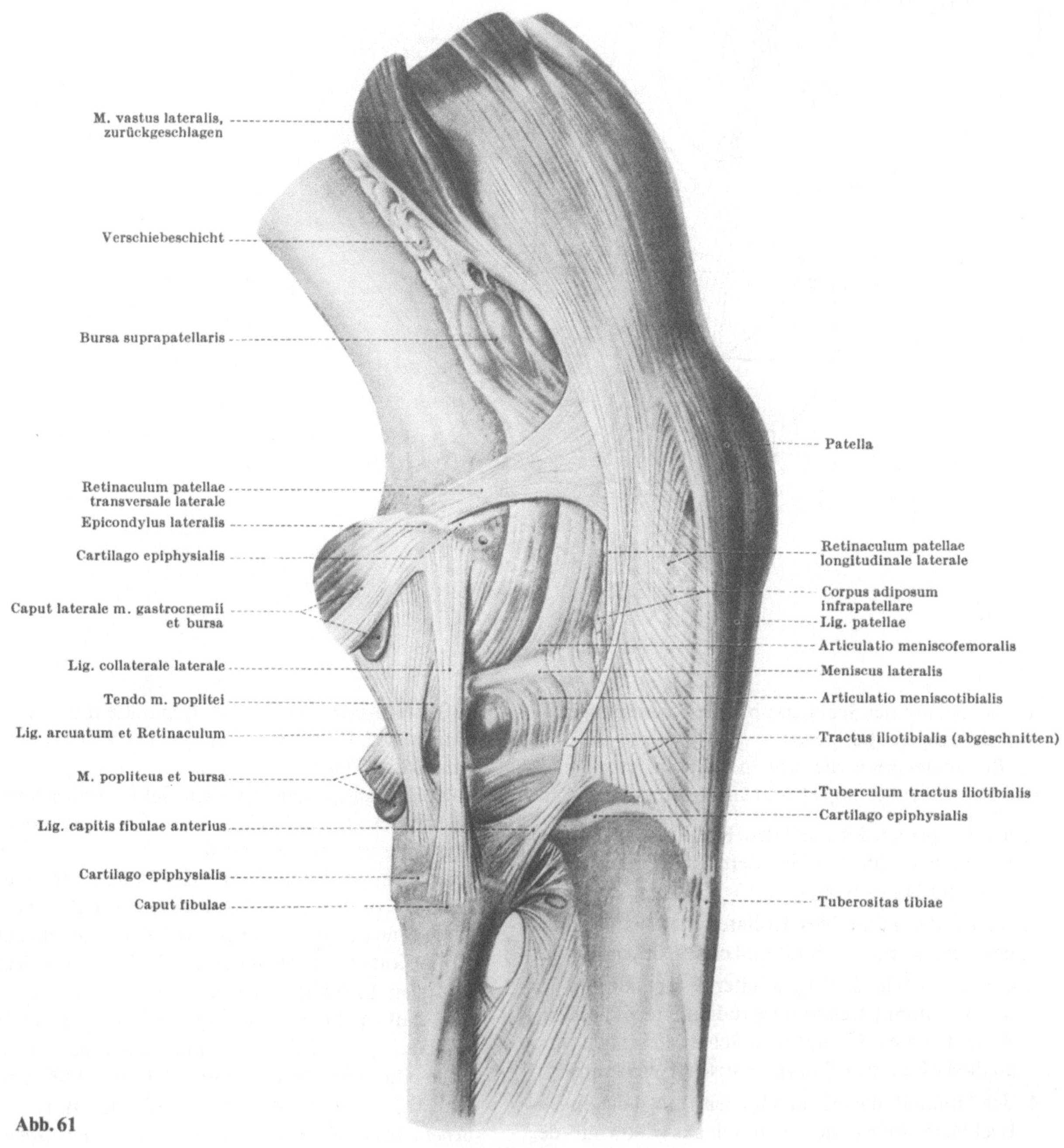

Abb. 61

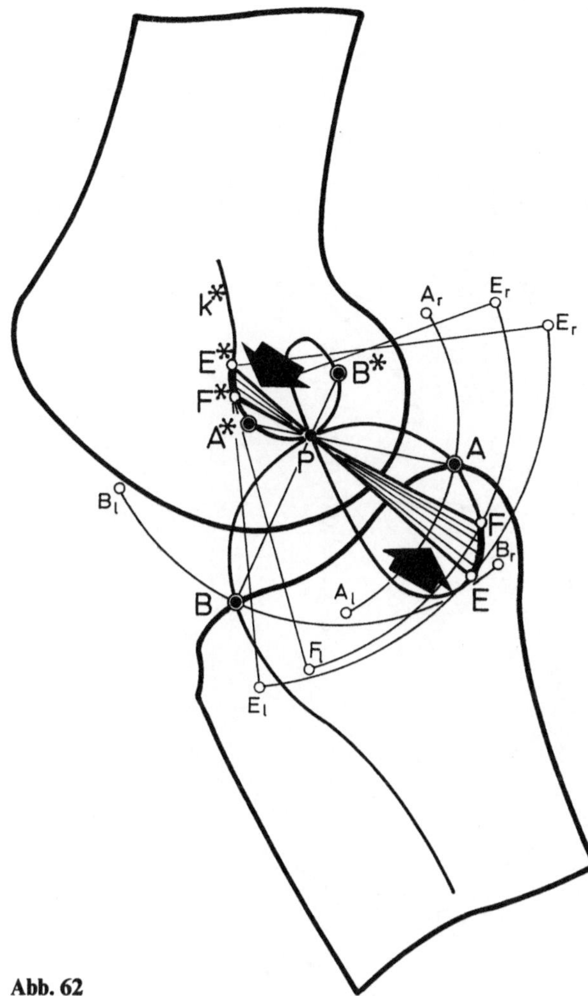

Abb. 62

räumlichen Lage in bezug auf die Achsen von Ober- und Unterschenkel erklärbar?

Existiert für den lateralen Oberschenkelkondyl und damit auch für das äußere Seitenband eine eigene Scheitel- und Angelkubik?

Für den ebenen Zwanglauf eines räumlichen Systems gibt es nur eine Scheitel- und Angelkubik der für das Gelenk in Frage kommenden Kurventeile, weil alle Punkte dieses Systems sich auf parallellen Ebenen in der Bewegungsrichtung des Systems bewegen (abgesehen von der Schlußrotation).

Diese parallelen Ebenen sind auf die Zeichenebenen projizierbar. Daher kommt bei der Frage nach jenen Punkten der Gangebene, die sich bei einem ebenen gegebenen Zwanglauf im Augenblick gerade im Scheitel ihrer Bahn befinden, die schon vorher beschriebene Scheitel- und Angelkubik zur Darstellung. Nach den Gesetzen der Darstellenden Geometrie müßte das laterale Seitenband in Länge und Gestalt gleiches Aussehen haben wie das mediale Seitenband, war die Meinung der Vertreter der Darstellenden Geometrie. Die voneinander so verschiedene Form, räumliche Lage und Länge des medialen und lateralen Seitenbandes sei zwar vermutlich eine biologische Notwendigkeit für das Kniegelenk, darstellend geometrisch-kinematisch jedoch nicht interpretierbar, erklärte man.

Es war mir klar, daß ein Gelenk, welches nach so strengen kinematischen Gesetzen „gebaut" ist, ein Gelenk, das so wunderbar die an das Gelenkviereck gebundene Geschwindigkeits- und Kraftverteilung rationell bei der Bewegung des Kniegelenks nützt, bei dem das mediale Kollateralband mit seiner Kreisbewegung durch die Scheitel- und Angelkubik in so einmaliger Weise mit der nicht kreisförmigen Bewegung des Tibiaplateaus verbunden ist und zwangsläufig zu einer Lockerung des Kniegelenks in Beugestellung führt und damit eine optimale Anpassung des Fußes an das Gelände erlaubt, daß das laterale Kollateralband nicht außerhalb dieser Gesetzmäßigkeiten stehen kann. Ein genaueres Studium der Scheitel- und Angelkubik und des Lig. collaterale laterale bestätigte meine anfängliche Vermutung.

Das *äußere Seitenband unterliegt kinematisch derselben Angel- und Scheitelkubik wie das mediale Seitenband.* Die Form des lateralen Seitenbandes, seine Länge und räumliche Lage wird auch durch die Scheitel- und Angelkubik bestimmt. Die Fasern des medialen Seitenbandes verbinden den proximalen Schleifenanteil k^x der Angelkubik am Oberschenkel mit dem ventralen freien Schenkel der Scheitelkubik k am Unterschenkel, die Fasern gehen durch den Doppelpunkt P (Drehpunkt, Abb. 60).

Bei der Bewegungsumkehr vertauschen Scheitelkubik k und Angelkubik k^x ihre Rollen, deshalb kann man den distalen, dorsal gelegenen Schleifenanteil der Scheitelkubik k am Unterschenkel, Punkt E und F, mit dem ventralen Schenkel der Angelkubik k^x, F^xE^x am Oberschenkel verbinden, wobei die Fasern des Kollateralbandes auch durch den Doppelpunkt P gehen (Abb. 62), dann erkennt man,

1. daß der Ursprung des lateralen Seitenbandes am lateralen Epikondylus ventral des Ursprungs vom medialen Seitenband liegt;
2. daß das laterale Seitenband wesentlich kürzer (ca. 1/3) als das mediale Seitenband ist;
3. daß das laterale Seitenband von ventral kranial schräg nach dorsal kaudal verläuft und das mediale Seitenband kreuzt;
4. daß das Köpfchen der Fibula aus kinematischen Gründen stark nach dorsal und kaudal der Tibiagelenkfläche verlagert ist;
5. daß aus kinematischen Gründen das laterale Seitenband anatomisch nicht in das Retinaculum patellae longitudinale laterale übergeht, wie das mediale

Lig. cruciatum posterius
Lig. collaterale fibulare
Lig. collaterale tibiale
Lig. cruciatum anterius
Lig. collaterale tibiale
laterales Seitenband
mediales Seitenband
Oberschenkelachse
Angelkubik
Scheitelkubik
43°

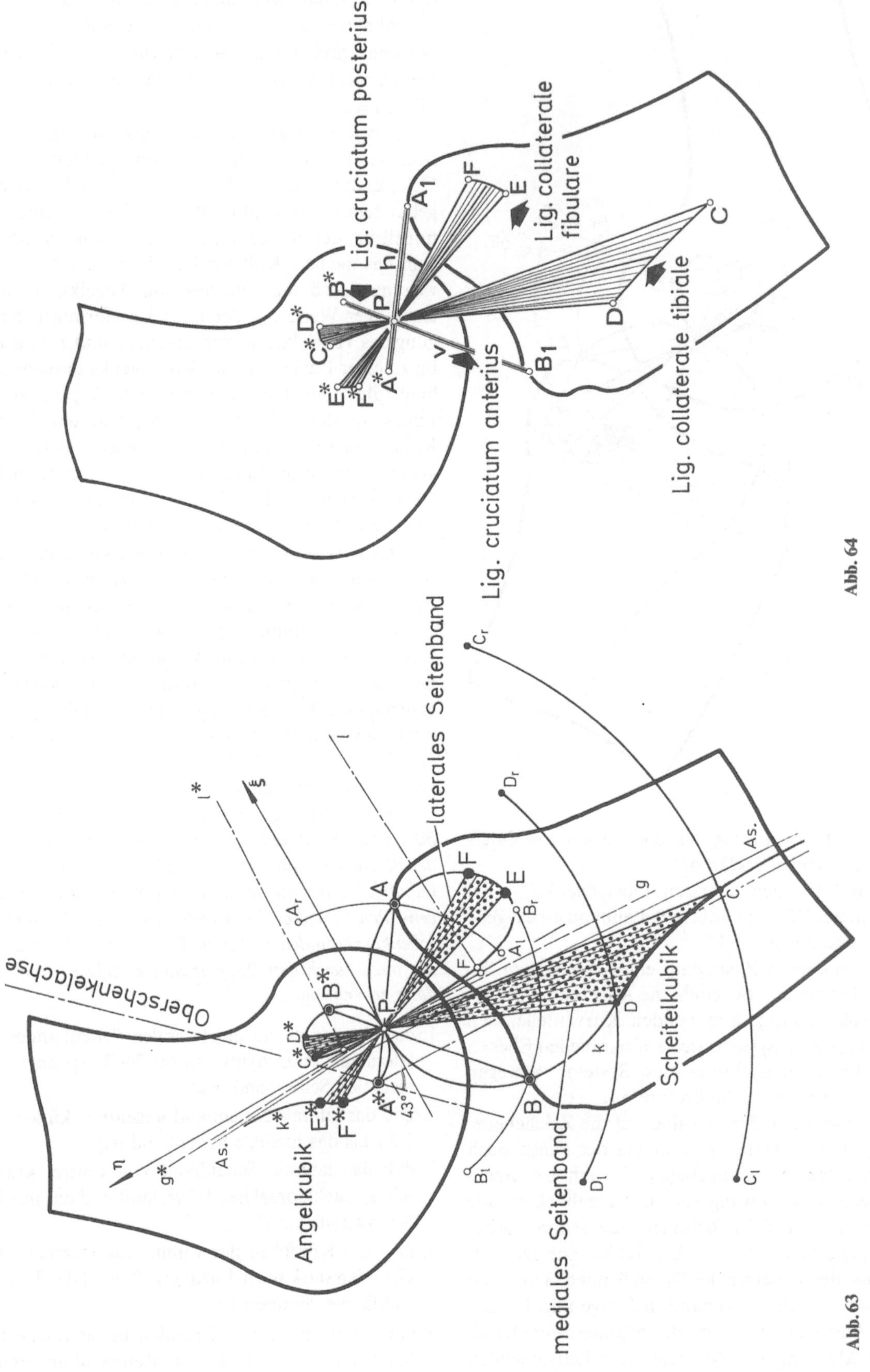

Abb. 63

Abb. 64

Seitenband in das Retinaculum patellae longitudinale mediale;

6. daß das äußere Seitenband das innere Seitenband in einem Winkel von ca. 30° bis 45° kreuzt.

Die Seitenbänder kreuzen die Kreuzbänder so, daß ein durch Bänder verspanntes bewegliches System entsteht, das gegen einwirkende Kräfte von ventral und dorsal, auch von der Seite und gegen Verdrehung optimal gesichert ist (ähnlich der Speichen eines Rades, Abb. 63). Läßt man alle Hilfslinien weg und zeichnet nur das Bandsystem ein, dann kommt die speichenartige Verspannung des Bandsystems des Kniegelenks besser zur Darstellung (Abb. 64 und 65). Das mediale Seitenband schneidet das hintere Kreuzband in einem Winkel von ca. 70°, das vordere Kreuzband in einem Winkel von 35°. Die häufige Kombinationsverletzung, Ruptur des medialen Seitenbandes und vorderen Kreuzbandes (das hintere Kreuzband liegt dem medialen Seitenband anatomisch näher, es wäre zu erwarten, daß dieses Band eher zerreißt als das vordere Kreuzband), wird durch den spitzen Schnittwinkel verständlich. Zerreißt das mediale Seitenband, kommt als nächstes Band das vordere Kreuzband unter Längszug und kann bei entsprechender Zugkraft ebenfalls zerreißen. In Streckung und Beugung kreuzen sich die Seitenbänder im Bereich der augenblicklichen Kniegelenkachse (Momentanzentrum P, Abb. 65)

Die „biologische Konstruktion" der Seitenbänder nach den Prinzipien der Scheitel- und Angelkubik klärt nicht nur die Frage nach der Form, Länge und Verlaufsrichtung der Seitenbänder und ihrer Funktion, sondern zeigt auch, warum das mediale Seitenband an der Innenseite des Kniegelenks sein muß und daher ein denkbarer Austausch der Seitenbänder (mediales Seitenband nach lateral und das laterale Seitenband nach medial) aus kinematischen Gründen unmöglich ist.

Durch die Anordnung der Kreuzbänder in der Fossa intercondylaris dreht sich der Unterschenkel nach durchschnittenen Seitenbändern im Sinne der Supination nach außen. Diese supinatorische Tendenz des Unterschenkels kann nur durch die schräge Verlaufsrichtung der Seitenbänder aufgefangen werden (s. Abb. 64, 65), so daß durch die Supinationstendenz

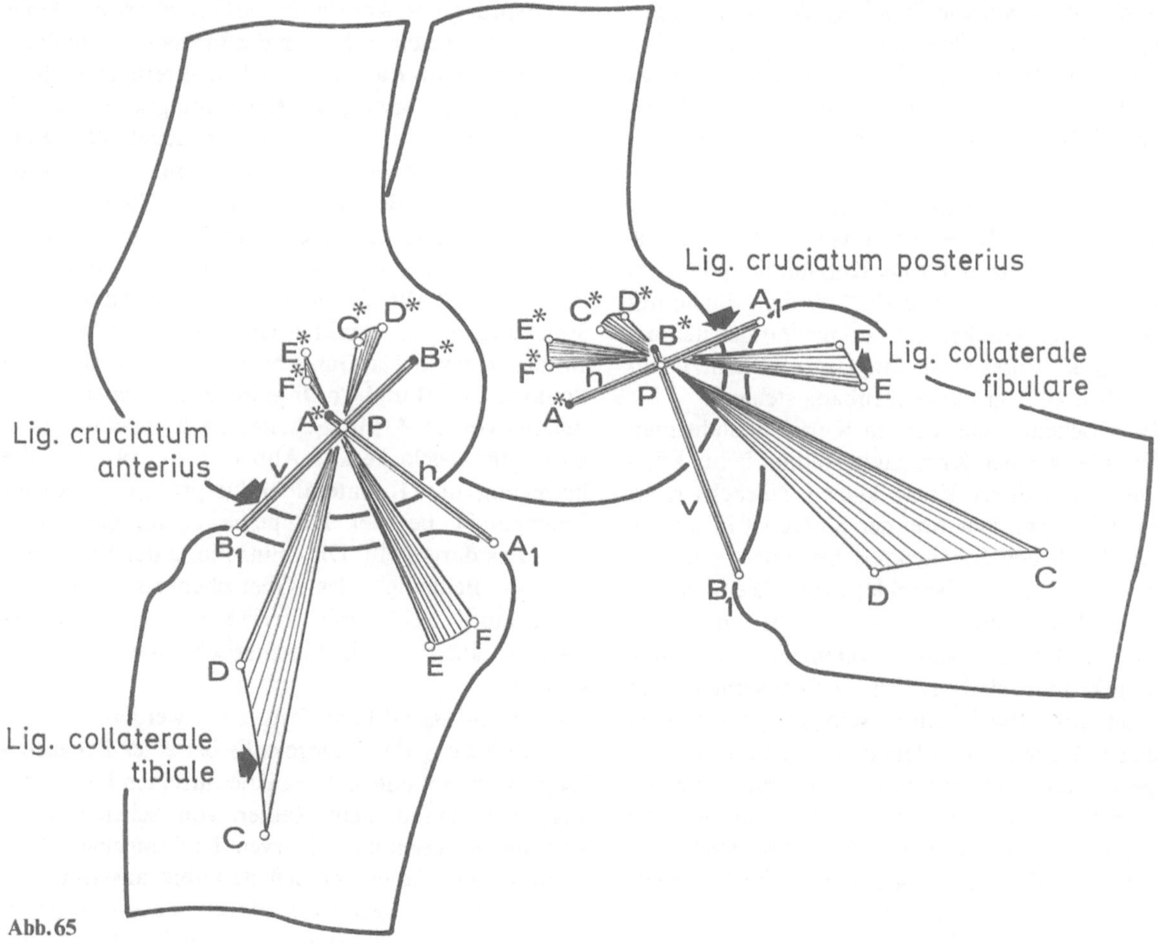

Abb. 65

des Unterschenkels das äußere und innere Seitenband auf Zug beansprucht wird. Daher muß das innere Seitenband von ventral kaudal nach dorsal proximal (Abb. 60) und das äußere Seitenband von dorsal kaudal nach ventral kranial verlaufen (s. Abb. 62). Wenn diese Bedingung erfüllt sein muß, dann kann aus kinematischen Gründen das mediale Seitenband nur die Länge und Form haben, wie es auf Abb. 60 dargestellt ist und das laterale Seitenband nur so geformt sein, wie es auf Abb. 62 dargestellt ist. Ein Vertauschen der Seitenbänder, wie vorher erwähnt, ist daher aus rein kinematischen Gründen unmöglich.

Mit Verwunderung stellen wir fest, daß die Wirklichkeit (s. Abb. 55 und 61) mit den gezeichneten Modellen (s. Abb. 60 und 62) weitgehend übereinstimmt. Mit Verwunderung deshalb, weil ein kinematisches Gesetz, das vor ca. 100 Jahren am Zeichentisch gefunden wurde und bisher im wesentlichen eine abstrakte geometrische Frage und Beziehung klärte, in der Biologie seit Millionen Jahren in der Kinematik des Kniegelenks realisiert ist und seinen Niederschlag in der Bewegungskoordination von Kreuz- und Kollateralbändern findet.

Zusammenfassend kann festgestellt werden: *Die geometrisch-kinematische Beziehung der kreisförmigen Bewegung der Ligg. collateralia und des nicht kreisförmigen ebenen Zwanglaufs des Tibiaplateaus und des Unterschenkels wird durch die Scheitel- und Angelkubik des ebenen Zwanglaufs dieses Systems (überschlagenes Gelenkviereck) dargestellt.*

Warum jene Scheitel- und Angelkubik bei einer Beugestellung des Kniegelenks bei ca. 43° als Ursprungs- und Ansatzpunkte der Kollateralbänder vom biologischen System „verwendet“ werden, dürfte mit dem Zerfall der Kubiken bei exakter Parallelstellung vom Dach der Fossa intercondylaris und dem Tibiaplateau (ca. 40°) in Zusammenhang stehen.

Unter Scheitel einer ebenen Kurve versteht man jene Punkte, wo der Krümmungsradius beim Fortschreiten längs dieser Kurve keinen Zuwachs mehr erfährt. Die Approximation der Kurve ist in diesem Bereich durch den Scheitelkreis besonders gut. Die Koppelhüllkurve im überschlagenen Gelenkviereck unter der Bedingung $p > (v - h \pm d)$ ist immer so beschaffen, daß die beiden Seitenteile der Kurve stärker gekrümmt sind, sie müssen nicht symmetrisch sein und sind durch einen weniger gekrümmten (flachen) Kurventeil miteinander verbunden. Die dazugehörige Evolute hat immer eine Spitze, die von der Kurve weg zeigt. Der Scheitelkreis berührt die Koppelhüllkurve immer von außen (Abb. 69i).

Kurven bei denen 2 weniger gekrümmte Seitenteile durch einen stärker gekrümmten Mittelteil verbunden sind, haben eine Evolute, die mit der Spitze zur Krümmung zeigt, der Scheitelkreis berührt die Kurve von innen (Abb. 69g).

Nach dem eben Gesagten müßten die einzelnen Fasern der Ligg. collateralia Radien von Scheitelkreisen sein (Abb. 66).

Dies bedeutet planimetrisch, daß im Scheitel der Koppelhüllkurve eine besondere Festigkeit zwischen Koppel und der Koppelhüllkurve (Tibiaplateau und Oberschenkelkondyl) besteht, bei Streckung und stärkerer Beugung aber eine Lockerung des Gelenks auftritt. Beim menschlichen Kniegelenk ist dies, wie allgemein bekannt, gerade umgekehrt. Bei der Streckung und Beugung des Kniegelenks spannen sich die Ligg. collateralia an. Bei einer Beugestellung von ca 43° besteht eine optimale Lockerung. Wie ist dieser scheinbare Widerspruch erklärbar?

Die einzelnen Fasern des medialen Seitenbandes stellen keine Radien von Scheitelkreisen dar, die im Scheitel 4 zusammengedrückte Punkte haben und nur auf der Angelkubik, wie die Punkte $C^x D^x$, oder der Scheitelkubik E F, entspringen dürfen, sondern das ganze Feld, welches die Schleife der Angelkubik beim medialen Seitenband und den Schleifenrand der Scheitelkubik beim lateralen Seitenband umschreibt, dient als Ursprung und Ansatz für die Seitenbänder. Daher können die einzelnen Fasern des medialen Seitenbandes nicht nur aus Radien von Scheitelkreisen bestehen, sondern sind vorwiegend Krümmungskreise mit 2 zusammengerückten Punkten im Scheitel, welche die Kurve der Gangebene theoretisch „von innen“ berühren. Eine Bewegung des Gangssystems (Unterschenkel) wäre auch hier unmöglich. Wird das Gangsystem aber dennoch bewegt, dann laufen die Punkte C, D (Abb. 67) in den Punkten Cl und Dl bei Streckung, in den Punkten Cr und Dr bei Beugung auf den Kurven der Gangebene auf und sind in den Punkten C1, D1 und Cr Dr gespannt, bei einer Beugestellung von ca. 43° im Scheitel der Koppelhüllkurve aber optimal gelockert (s. Abb. 67). In Abb. 68 ist die Bewegung des Kollateralbandursprungs (mediales Seitenband) bei der Koppelbewegung des Oberschenkels dargestellt. Die „Einrollung des Innenbandes bei Beugung“ des Oberschenkels (Lang u. Wachsmuth 1972) mit Verlagerung des Bandursprungs nach dorsal ist kinematisch einwandfrei darstellbar.

Zusammenfassend kann festgestellt werden:
Die Lockerung des Kniegelenks bei einer Beugestellung von ca. 43° entsteht, weil die einzelnen Fasern der Ligg. collateralia nicht Radien von Scheitelkreisen sind, die im Scheitel der Kurven der Gangebene diese berühren und längs der Scheitelkubik ansetzen und hier 4 zusammengerückte Punkte haben, sondern Radien von Kreisen sind, die auch im Bereich der

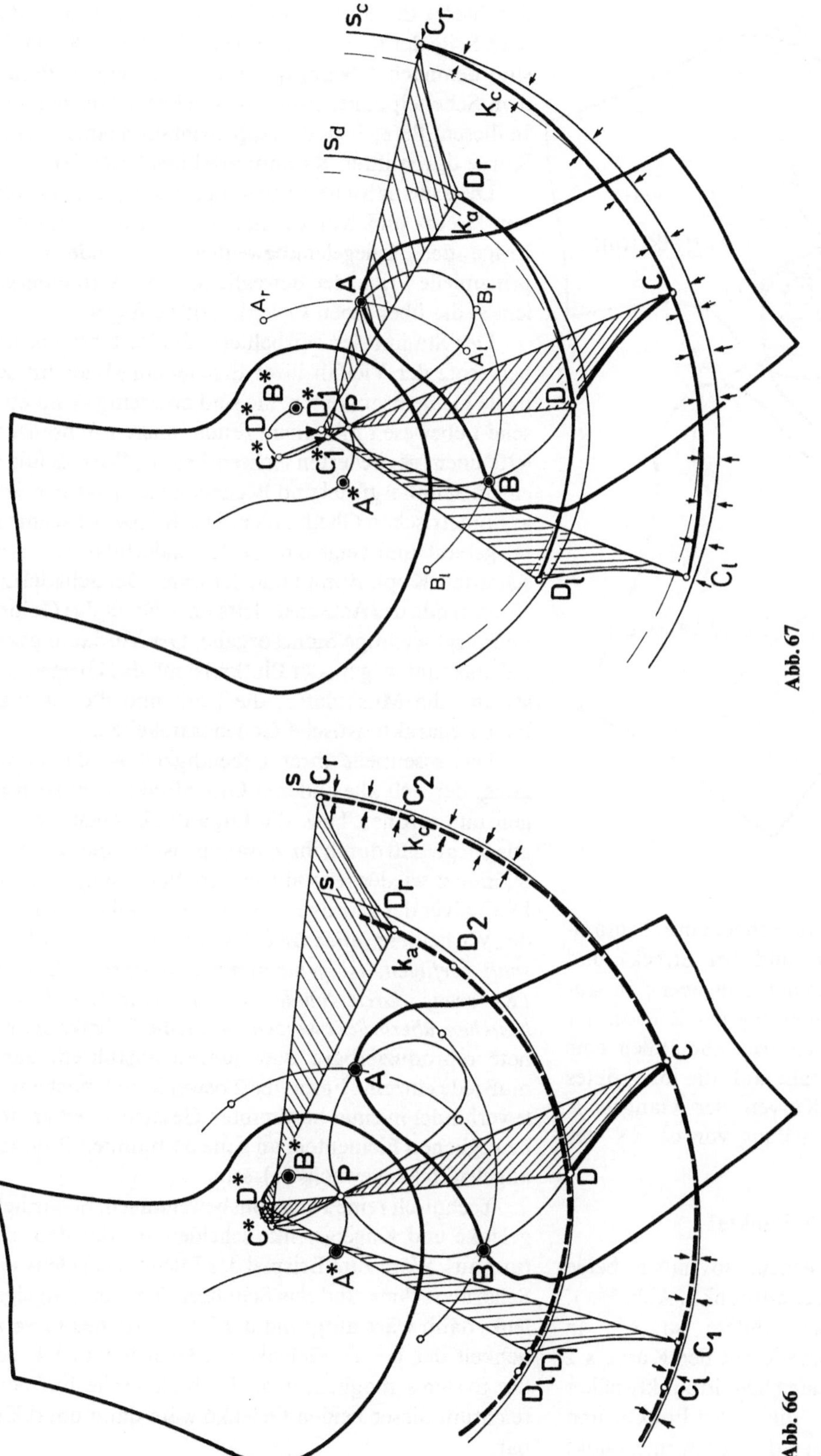

Abb. 67

Abb. 66

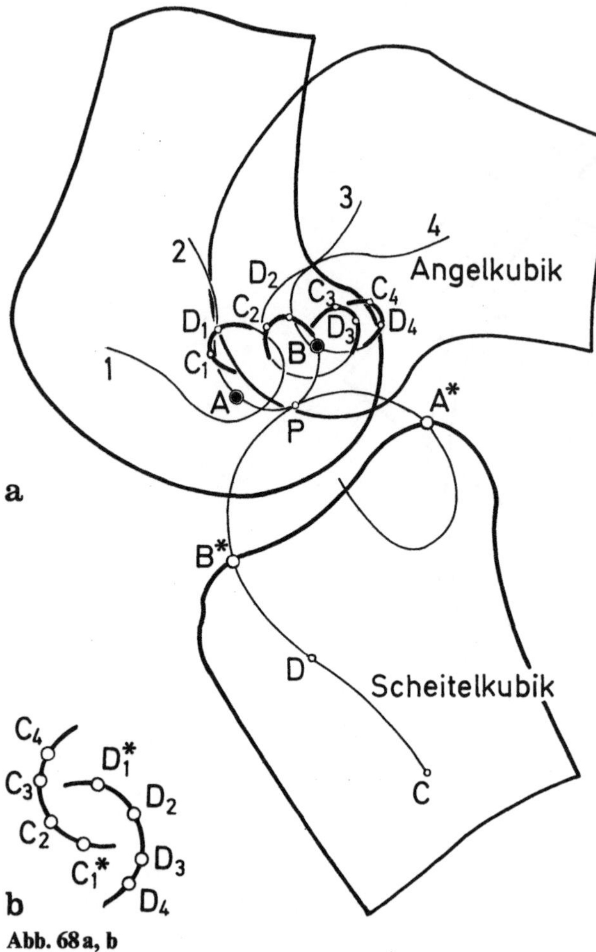

Abb. 68 a, b

Scheitelkubik ansetzen, aber im Scheitel nur 2 zusammengerückte Punkte haben und bei Streck- und Beugestellung auf die Kurven der Gangebene auflaufen. Durch die flachere Krümmung der Kurven der Gangebene im Scheitelbereich tritt allmählich eine Lockerung der Ligg. collateralia auf, die ihr größtes Ausmaß im Scheitel der Kurven der Gangebene hat, das ist bei einer Beugestellung von ca. 43° des Kniegelenks der Fall.

Was heißt zusammengerückte Punkte?

Wenn sich 2 Kurven schneiden, so haben beide Kurven einen gemeinsamen Schnittpunkt (Abb. 69a). Schneidet eine Kurve eine andere so wie in Abb. 69b, dann hat die Kurve k mit der Kurve s 2 Schnittpunkte, rücken die beiden Schnittpunkte näher aneinander, so vereinigen sich die beiden Punkte, und die Kurve k berührt die Kurve s, der Berührungspunkt ist durch 2 zusammengerückte Punkte charakterisiert. Ein Kreis, der eine Kurve berührend durchsetzt, wie der Krümmungskreis einer Kurve, hat 3 zusammengerückte Punkte als Berührungspunkt, veranschaulicht durch die Abb. 69d und c. Der Scheitelkreis der Kurve durchsetzt die Kurve berührend und kehrt zur gleichen Seite der Kurve wieder zurück (Abb. 69f–i). Es sind demnach 4 Schnittpunkte, die zu einem Punkt, dem Scheitelpunkt, zusammenrücken (Abb. 69f–i). In diesem Bereich ist die Approximation einer ebenen Kurve durch ihren Krümmungskreis besonders gut.

Die kinematische Beziehung, das Zusammenspiel von Kreuz- und Kollateralbändern ist nicht nur eine Frage der Kniegelenkbeweglichkeit, sondern eine prinzipielle Frage der Beweglichkeit der Wirbeltiergelenke, die über einen Gelenkspalt verfügen.

Der Stamm der Wirbeltiere, die Vertebraten, haben trotz der Vielfalt ihres Erscheinungsbilds prinzipielle Gemeinsamkeiten. Sie sind zweiseitig symmetrische Lebewesen mit einem festen inneren Achsenskelett, einem gegliederten Achsenskelett (Wirbelsäule), einem Schultergürtel und Becken mit je 2paarig in sich asymmetrischen Gliedmaßen. Der Körper ist segmental gebaut und zeigt eine Aufeinanderfolge von Abschnitten: Kopf, Rumpf und Schwanz. Der Schädel am Vorderende des Achsenskeletts umschließt das Gehirn und birgt wichtige Sinnesorgane. Der Verdauungskanal, das Atemorgan, der Blutkreislauf, das Urogenitalsystem, die Muskulatur, die Haut und die Gelenke haben charakteristische Gemeinsamkeiten.

Das essentielle ihrer Lebendigkeit ist die Bewegung, der sich alle anderen Organfunktionen sozusagen unterordnen bzw. die Organfunktionen sind so ausgelegt, daß durch ihr Zusammenspiel eine geordnete, immer wieder reproduzierbare Bewegung entsteht. Die Träger der geordneten Bewegung sind die Gelenke der Wirbeltiere. *Allen Gelenken, die über einen Gelenkspalt verfügen, ist gemeinsam, daß starre Elemente (Knochen) durch Bänder, die aus einzelnen Fasern bestehen, überbrückt werden.* Wenn die Gelenke geordnete reproduzierbare Bewegungen ausführen, dann muß jede einzelne Faser, die 2 bewegliche Knochenteile verbindet in einer bestimmten Gesetzlichkeit an den beweglichen Elementen, an ganz bestimmten Punkten angelenkt (angewachsen) sein.

Technisch reine Rotationsbewegungen, Scharniergelenke und Kugelgelenke scheiden aus der Betrachtung aus. Wäre zum Beispiel das Ellenbogengelenk ein Scharniergelenk und das Schultergelenk ein Kugelgelenk, dann wäre aufgrund der kinematischen Gesetzlichkeit der beiden Gelenke ein Größer und Kleiner des Systems möglich, aber der biologische Formenreichtum dieser beiden Gelenke wäre dann unerklärbar.

Alle gelenkverbindenden Bänder haben einen flächenförmigen Ursprung und Ansatz. Jede einzelne Faser läuft mit ihrem Anlenkpunkt bei der Bewegung auf einem Kreisbogen einer Kugeloberfläche. Am Kniegelenk beispielsweise durchlaufen Markierungs-

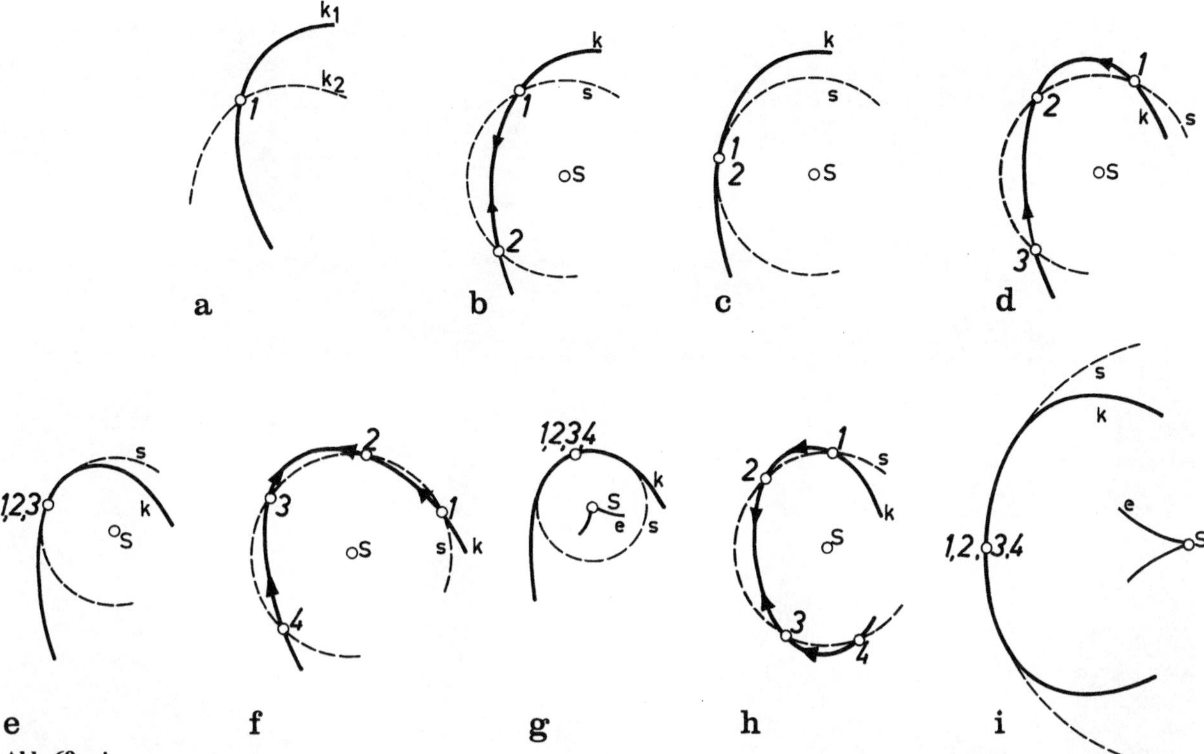

Abb. 69 a–i

punkte des Unterschenkels bei festgehaltenem Oberschenkel jedoch keine Kreisbahn. Somit durchlaufen auch die Anwachsungspunkte der Fasern der Bandsysteme auch keine Kreisbahn. Das heißt, welche kinematische Gesetzlichkeit koordiniert die nicht kreisförmigen Punktbahnen des bewegten Unterschenkels und die kreisförmigen Bahnen der Anwachsungspunkte der Bandsysteme am Unterschenkel?

Diese prinzipielle Frage von Gelenkbewegung und Bewegung der Bandsysteme wird kinematisch noch einmal am Kniegelenk untersucht, weil am Kniegelenk das Steuersystem (Kreuzbänder) und die Kollateralbänder getrennt in Erscheinung treten.

Zum besseren Verständnis und aus didaktischen Gründen wird die Frage anders formuliert: Wo liegen am Unter- und Oberschenkel jene Punkte, die bei der Bewegung des Kniegelenks ihre Entfernung zueinander nicht oder kaum ändern und somit durch straffe Bänder überbrückt werden können? Um Scherkräfte und ein Drehmoment um die Längsachse des Unterschenkels bei der Bewegung zu vermeiden, muß die Frage noch genauer formuliert werden: Wo liegen am Unter- und Oberschenkel jene Punkte, die bei der Bewegung ihre Entfernung zueinander nicht ändern, und gleichzeitig die Verbindungslinie dieser korrespondierenden Punkte ständig durch die Drehpunkte (Achsen) des Kniegelenks laufen?

Besser verständlich wird diese Fragestellung durch ein Modell (Abb. 70): Verbindet man 2 Flächen Σ_2(OSCH) und Σ_3(USCH) durch 2 Stäbe v (vorderes Kreuzband) und h (hinteres Kreuzband) entsprechend dem gefundenen Steuersystem (überschlagenes Gelenkviereck), dann erhält man ein bewegliches System, bei dem die beiden Flächen Σ_2 und Σ_3 immer wieder reproduzierbare Bewegungen ausführen können (Abb. 70). Der Kreuzungspunkt der beiden Bänder v und h ist dann der augenblickliche Drehpunkt P dieses Bewegungssystems. Wählt man willkürlich je 1 Punkt auf der Fläche Σ_2 und Σ_3 und verbindet diese Punkte durch einen 3. Stab S, dann ist dieses System starr (Abb. 71a).

Dieses System läßt sich nicht mehr bewegen.

Die Koppelkurve k des Punktes S kreuzt die Bahnkurven s des Stabes „s". Geometrisch liegt ein starres Stabwerk vor (Abb. 71a).

Es erhebt sich nun die Frage, welche Stäbe s mit der Bewegung im Augenblick am besten verträglich wären. Richtet man es so ein, daß der Stab s durch den Kreuzungspunkt der Stäbe v und h geht, dann wären, je nach Wahl der Punkte S und S^x, geringere oder größere Wackelbewegungen möglich. Geometrisch handelt es sich um ein wackeliges Ausnahmefachwerk, das theoretisch starr wäre, aber in der Praxis die vorher angeführten Wackelbewegungen zuläßt. Die Koppelkurve k ist über eine kurze Bogenlänge von der Bahn s des Punktes S mit freiem Auge nicht zu unterscheiden (Abb. 71b). Die Beweglichkeit des Punktes S wird um so größer, je besser seine Kreis-

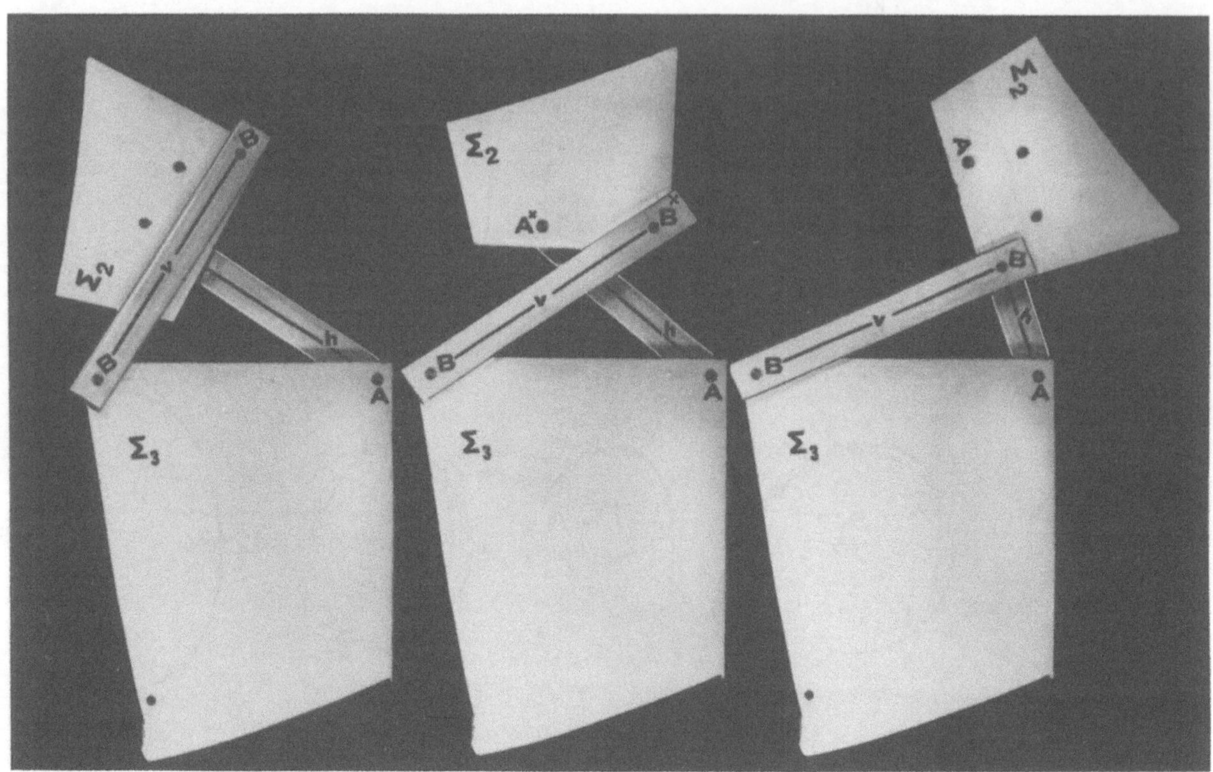

Abb. 70

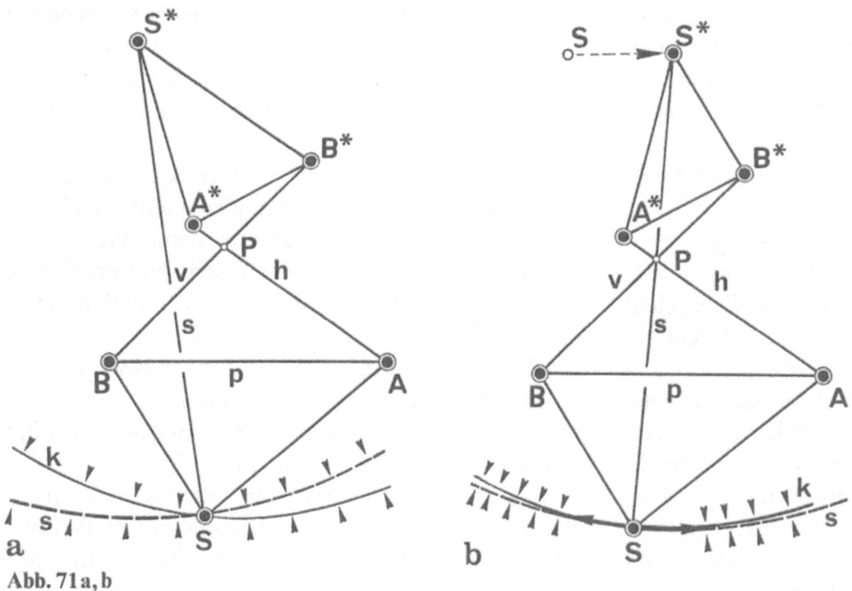

Abb. 71 a, b

bahn s der Koppelkurve k angepaßt ist. Hält man den Koppelpunkt S am Unterschenkel fest und legt den Stab s durch den Drehpunkt des Systems in einem gegebenen Augenblick und wählt den Lagerpunkt S^x des Stabes am Oberschenkel so, daß er mit dem Krümmungsmittelpunkt der Bahnkurve des Punktes S zusammenfällt, dann schmiegen sich die durch den Stab s aufgezwungenen Kreisbahnen des Punktes S der Koppelkurve „k" (Bewegungsbahn) des Punktes S, die ja keine Kreisbahn ist, über eine größere Bogenlänge gut an (Abb. 71b). Das Ausmaß der Beweglichkeit dieses Systems nimmt zu, d.h. das Ausmaß der Beweglichkeit des Systems ist abhängig vom Approximationsgrad der Krümmungskreise der

Bahnkurve von S und ist dann am größten, wenn es sich um Scheitelkrümmungskreise handelt (Abb. 70).

Die eingangs gestellte Frage, wo jene Punkte am Ober- und Unterschenkel liegen, die bei der Bewegung ihre Entfernung zueinander kaum oder nicht ändern, und gleichzeitig die Verbindungslinie (Stäbe oder Fasern) dieser korrespondierenden Punkte ständig durch die Drehpunkte P des Kniegelenks laufen, verdichtet sich zu folgendem geometrischen Problem.

1. In welcher augenblicklichen Stellung des bewegten Systems, in welcher Beugestellung des Kniegelenks soll nach den Scheitelkreisen der Bahnkurven aller Unterschenkelpunkte (bei der Gegenbewegung am Oberschenkel) gesucht werden, die mit den Ursprungs- und Ansatzstellen der Fasern der Kollateralbänder übereinstimmen.
   Die für den Mediziner und Biologen überraschende Frage nach der Beugestellung des Bewegungssystems ergibt sich aus dem Bewegungsmodell (Abb. 72). Der Stab $s=\Sigma_1$ kann nur in einer Ruhestellung, einer bestimmten Beugestellung des Systems am Unterschenkel (Σ_3) und Oberschenkel (Σ_2) befestigt werden. Die Beweglichkeit kann erst danach geprüft werden. Die embryonale Gelenkentwicklung erfolgt ebenso primär in Ruhelage. Die Beweglichkeit ist dann das sekundäre Phänomen. Die Bewegung ist nicht die Ursache des Gelenks, sondern seine Konsequenz.
2. Welche Punkte des bewegten Systems, des Unterschenkels, befinden sich in einer bestimmten Beugestellung des Kniegelenks, in einer bestimmten Stellung der Flächen Σ_2 und Σ_3 (Abb. 72), gerade im Scheitel ihrer Bahn? Hält man den Oberschenkel fest und bewegt den Unterschenkel, dann laufen die Kreuzbandansätze A und B am Unterschenkel auf Kreislinien. Sie befinden sich daher in jeder gewählten Beugestellung des Systems im Scheitel ihrer Bahn. Der Momentanpol P, die Drehachse, führt in jedem Augenblick der Beugestellung des Systems eine infinitesimale Drehung aus und befindet sich deshalb auch ständig im Scheitel seiner Bahn. In jeder Stellung des Bewegungssystems sind somit 3 Punkte bekannt, die in dem gegebenen Augenblick im Scheitel ihrer Bahn sind. Die Ursprungsstellen der Kreuzbänder A^x und B^x am Oberschenkel sind daher die Krümmungsmittelpunkte dieser Scheitelkreise. Bei der Gegenbewegung, der Unterschenkel wird festgehalten und der Oberschenkel bewegt, vertauschen die Scheitelpunkte und ihre Krümmungsmittelpunkte ihre Rollen.

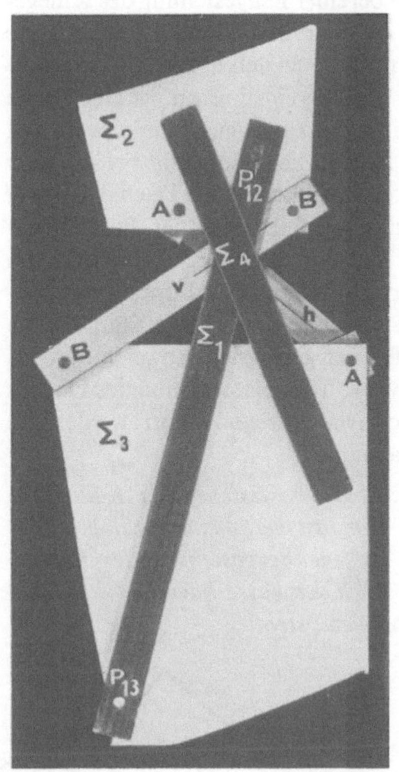

Abb. 72

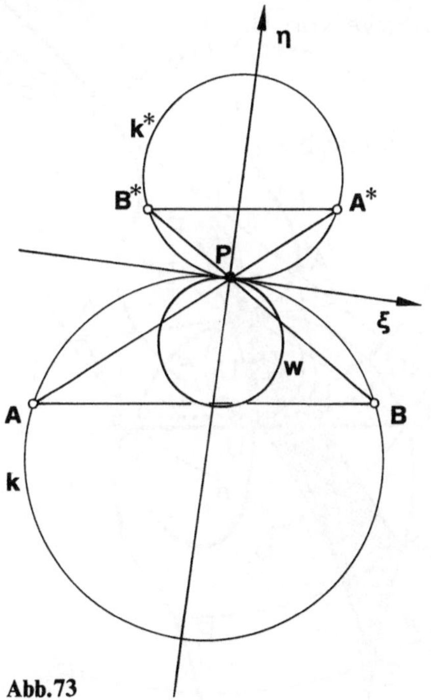

Abb. 73

Wo liegen nun die übrigen Punkte des bewegten Systems, die in einer bestimmten Beugestellung gerade im Scheitel ihrer Bahn sind, wo liegen ihre korrespondierenden Scheitelkrümmungsmittelpunkte, und in welcher Beziehung stehen diese Scheitelpunkte zu den schon bekannten Scheitelpunkten A und B und ihrer Krümmungsmittelpunkte A^x und B^x des Steuersystems?

Warum gerade bei einer Beugestellung des Kniegelenks von ca. 43° die charakteristischen Bandansätze und Ursprünge mit der Scheitelkubik bzw. Angelkubik so erstaunlich gut übereinstimmen, ist eine Frage nach der Krümmungsmaxima der Bahnkurven und hängt mit dem Zerfall der Kubiken bei exakter Parallelstellung von Tibiaplateau und Dach der Fossa intercondylaris zusammen. Bei exakter Parallelstellung zerfallen die Kubiken in 2 Kreise, die durch die Anlenkpunkte der Kreuzbänder und durch den Momentanpol gehen (Abb. 73), und eine Gerade, die Wälznormale η. Bei der geringsten Abweichung von der Parallelstellung des Tibiaplateaus und des Daches der Fossa intercondylaris treten sofort wieder die Kubiken in Erscheinung.

Die Ursprungs- und Ansatzstellen der Kollateralbänder liegen auf den fast zerfallenden Kubiken der Kreuzbänder, das ist jene Beugestellung des Kniegelenks, bei der das Dach der Fossa intercondylaris fast parallel zum Tibiaplateau steht.

9.3 Der Ball-Punkt

Es erhebt sich weiter die Frage: Wieso kann sich der Anwachsungspunkt des medialen Seitenbandes mit dem Meniskus am Tabiaplateau bei festgehaltenem Unterschenkel und bewegtem Oberschenkel plan (geradlinig) auf der Tibiagelenkfläche verschieben, wenn alle Anwachsungspunkte des medialen Seitenbandes bei der Bewegung auf Kreisbahnen, auf Scheitelkreisen, laufen?

Hält man in der Zeichnung den Unterschenkel fest und bewegt den Oberschenkel und nimmt bei dieser Bewegung den Anwachsungspunkt U des medialen Seitenbandes am Meniskus mit und zeichnet seine Bahn auf, dann stellt man mit Erstaunen fest, daß dieser Punkt U geradlinig durch den Gelenkspalt parallel zum Tibiaplateau geführt wird (Abb. 74). Dieser spezielle Punkt U wird nach dem irischen Astronomen R.S. Ball (1876) bezeichnet. Dieser Ball'sche Punkt U, der sich über eine bestimmte Wegstrecke seiner Bahn geradlinig bewegt, obwohl

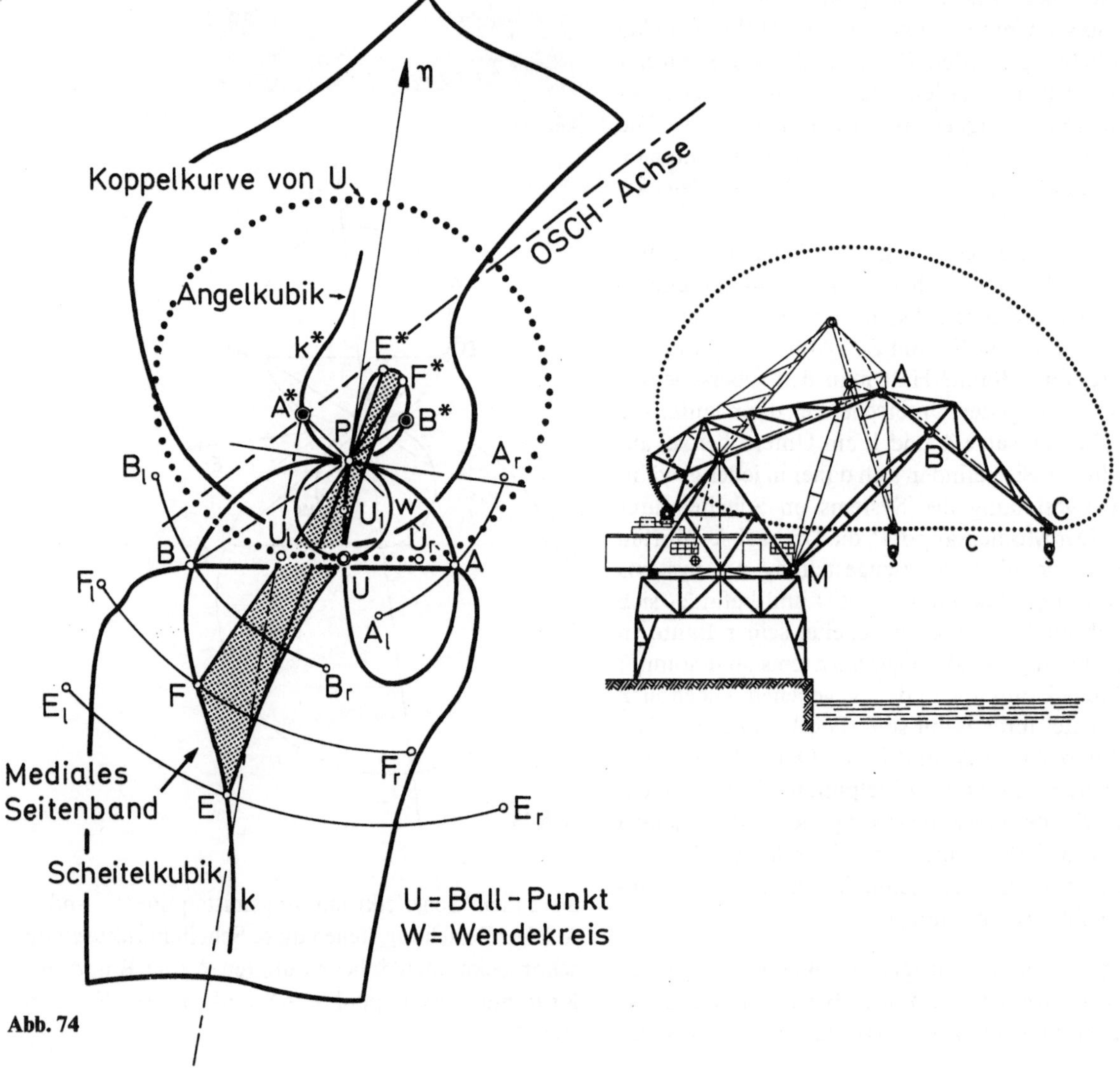

Abb. 74

alle anderen Punkte des bewegten Systems bestimmte Kurven durchlaufen, erfüllt ganz konkrete geometrische-kinematische Bedingungen.

Der Ball-Punkt, geometrisch ein Flachpunkt, wird technisch im Wippkranbau verwendet (Abb. 74). Die Punkte A und B des Gelenkvierecks bewegen sich auf Kreislinien, die Lastaufhängung C bewegt sich beim Einziehen des Kranarms aber auf einer Geraden (fast Geraden). Man spricht von einer angenäherten Geradführung der Lastaufhängung des Punktes C.

Der Ball-Punkt gehört der Scheitelkubik (dem Unterschenkel) an. Es ist jener Punkt, in dem sich der Wendekreis und die Kubik schneiden, d.h. der Ball-Punkt ist eine Wendestelle seiner Bahn und gleichzeitig im Scheitel seiner Bahn.

Hält man den Unterschenkel fest und bewegt den Oberschenkel, dann führt der Ball-Punkt mit dem Meniskus eine Relativbewegung aus, und zwar so, als ob der Unterschenkel bewegt würde. Er bewegt sich geradlinig durch das Gelenk.

Hält man den Oberschenkel fest und bewegt den Unterschenkel, dann führt der Ball-Punkt ebenfalls eine Relativbewegung aus. Er bewegt sich parallel zur Tibiagelenkfläche so, als ob der Unterschenkel festgehalten würde und der Oberschenkel sich bewegt.

Der Ball-Punkt gehört der Scheitelkubik des Unterschenkels an. Er verhält sich wie ein „Beobachter", der sich mit dem Unterschenkel verbunden fühlt. Für diesen Beobachter ist der Unterschenkel immer in Ruhe, gleichgültig ob der Unterschenkel selbst bewegt wird oder sich in einer Ruhelage befindet und der Oberschenkel bewegt wird. Für den Beobachter am Unterschenkel ist der Oberschenkel immer das bewegte System, unabhängig davon, ob er tatsächlich selbst bewegt wird. Der Ball-Punkt führt dabei eine Relativbewegung, geradlinig zum Tibiaplateau aus.

9.4 Definition der Scheitel- und Angelkubik

Jene Punkte der Gangebene eines Zwanglaufs, die im Augenblick Scheitelpunkte ihrer Bahn durchlaufen, bilden eine rationale Kurve 3. Ordnung, welche im Momentanpol einen Doppelpunkt hat und daselbst die Polkurventangente berührt. Die zugehörigen Krümmungszentren erfüllen eine gleichartige Kurve, die bei der Gegenbewegung ihre Rollen vertauschen.

Zur algebraischen Darstellung der Kurven müssen der 1., 2. und 3. Beschleunigungspol bekannt sein. Sind die Koordinaten $P_1/00/P_2/0\alpha/P_3/\beta\gamma/$ bekannt, wobei α den Durchmesser des Wendekreises bedeutet, dann lautet die Gleichung in kartesischen Koordinaten (s. Abb. 76):

$$\boxed{(\xi^2+\eta^2)[(3\alpha-\gamma)\xi+\beta\eta]=3\alpha^2\xi\eta}$$

Tritt der Fall ein, daß $\beta=0$ oder $\gamma=3\alpha$ ist, dann zerfällt diese Kurve in einen Kreis und die Wälznormale, einem Durchmesser des Kreises. Dieser Fall tritt ein, wenn das Dach der Fossa intercondylaris und das Tibiaplateau exakt parallel stehen. Die Parallelstellung von Steg und Koppel, bei der die Kubiken in Kreise und die Wälznormale zerfallen, erleichtert natürlich wesentlich die weitere Untersuchung des Steuersystems.

Mittels der Substitution $\xi=r\cos\varphi$ und $\eta=r\sin\varphi$ erfolgt der Übergang in Polarkoordinaten:

Scheitelkubik:

$$\boxed{\frac{3\alpha^2}{r}=\frac{\beta}{\cos\varphi}+\frac{3\alpha-\gamma}{\sin\varphi}}$$

Angelkubik:

$$\boxed{\frac{3\alpha^2}{r^x}=\frac{\beta}{\cos\varphi}-\frac{\gamma}{\sin\varphi}}$$

Setzt man über $\frac{\beta}{\cos\varphi}$ die beiden Gleichungen in Beziehung

$$\frac{3\alpha^2}{r}-\frac{3\alpha-\gamma}{\sin\varphi}=\frac{3\alpha^2}{r^x}+\frac{\gamma}{\sin\varphi},$$

so erkennt man, daß der Wert γ wegfällt

$$3\alpha^2\left(\frac{1}{r}-\frac{1}{r^x}\right)=\frac{3\alpha-\gamma+\gamma}{\sin\varphi}\Rightarrow\boxed{\frac{1}{r}-\frac{1}{r^x}=\frac{1}{\alpha\sin\varphi}}$$

Diese Relation stellt *die berühmte Gleichung von Euler-Savary* dar, welche in jedem Augenblick der Bewegung einem Bahnpunkt X, ein bestimmtes Krümmungszentrum X^x zuordnet, vorausgesetzt, daß ein Momentanzentrum P vorhanden ist.

Im Sinne des Satzes von Burmester ersetzt man die gefundenen geometrischen Bedingungen der Kollateralbänder durch physikalische Bedingungen (Abb. 75). Bringt man das Bewegungsmodell Σ_2/Σ_3 in eine Beugestellung von ca. 43° und lenkt 2 Stäbe an den Kubiken so an, daß sie durch den Momentanpol (Drehachse) gehen, dann läßt sich dieses Vierstabgetriebe beugen und strecken (s. Abb. 75). In Streck- und Beugestellung laufen die Befestigungspunkte von Σ_1 (mediales Seitenband) und Σ_4 (laterales Seitenband) auf die Koppelkurven des Unterschenkels (Σ_3), bei der Gegenbewegung auf die Koppelkurven vom Oberschenkel (Σ_2) auf. Die Stäbe Σ_1 und Σ_4 lassen sich in dieser Stellung in ihrer Längsrichtung nicht bewegen. In mittlerer Beugestellung von etwa 43° tritt eine maximale Lockerung der Stäbe Σ_1 und Σ_4 auf, entsprechend der Lockerung des Kniegelenks in

Abb. 75

Scheitelkubik
Asymptote
k
g
η
α = 3, β = 2, γ = 4
P₃ (β, γ)
P₂ = Q
R₂
F
U... Ball-Punkt
w
S₂
S
G₀
G
α
e
S
f
l
e
θ
S₀
p
R₁
ξ
S₁
P₁ = P
p
R₁*
l*
PR₁ = 3α²/2β
k*
U*
PR₂ = 3α²/2(3α−γ)
F*
S*
Angelkubik
R₂*
PR₂* = 3α²/2γ

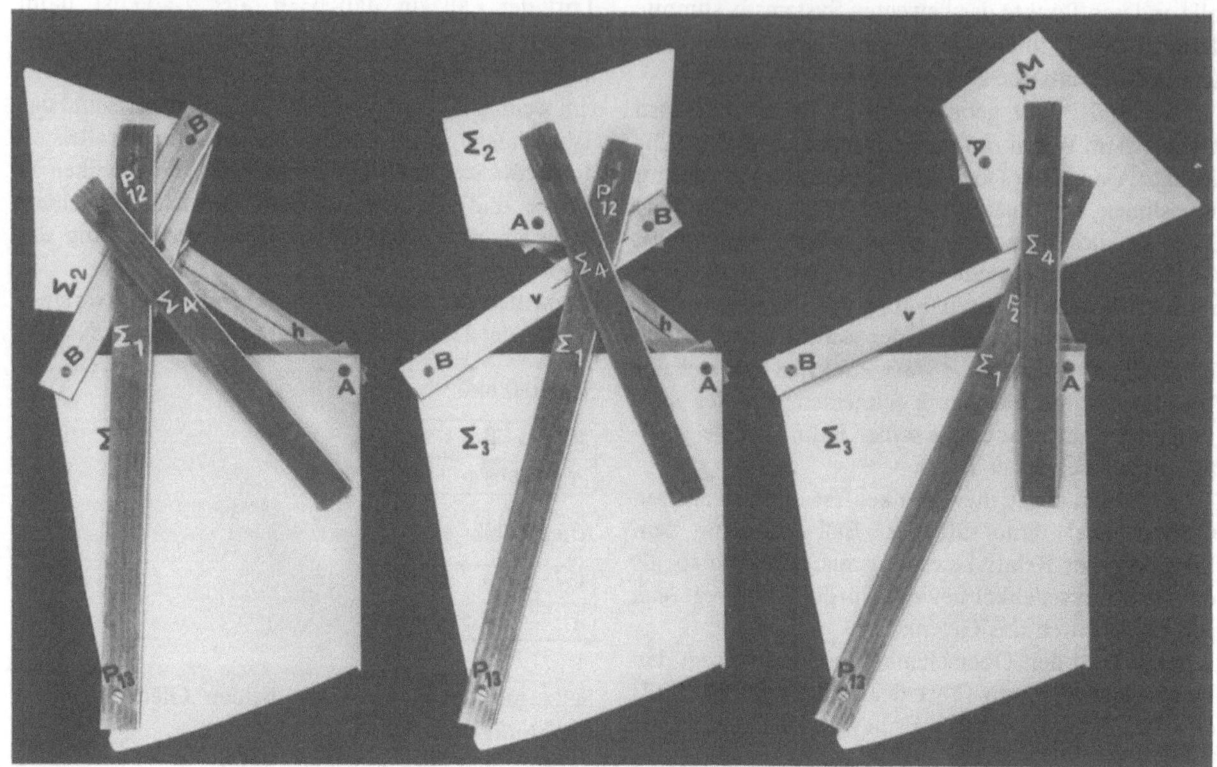

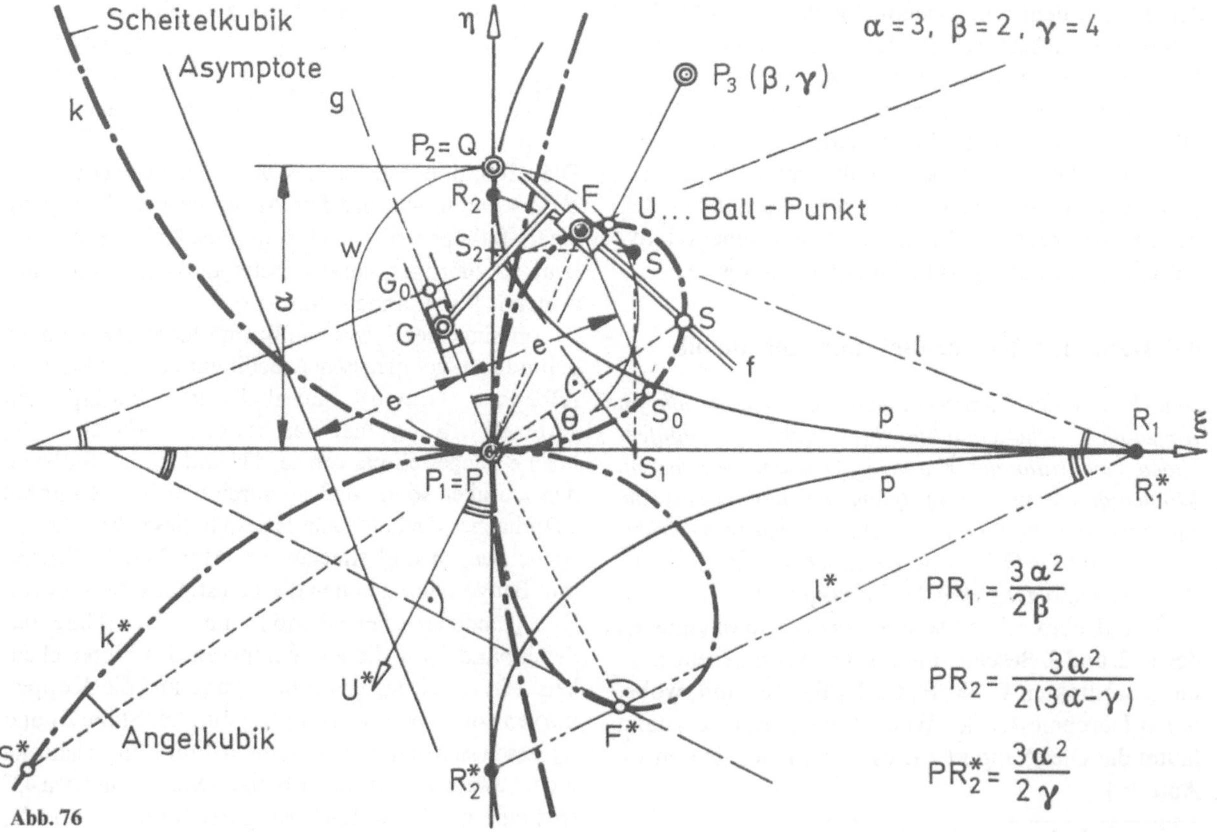

Abb. 76

mittlerer Beugestellung. *Diese Lockerung des Gelenks in mittlerer Beugestellung ist nicht etwa eine Toleranz des biologischen Systems an sich oder eine biologische Schonmaßnahme für das Gelenk in Ruhestellung, sondern eine kinematische mechanische Konsequenz, die dem Bewegungsprinzip selbst anhaftet, dessen sich die „Natur" bedient.*

9.5 Zur Konstruktion der Scheitel- und Angelkubik

Starre Elemente (Knochen) der biologischen Bewegungssysteme (Vertebraten) sind durch Hüllflächen und straffe Bandsysteme gelenkig miteinander verbunden, die immer reproduzierbare Bewegungen ausführen. Die Bahnpunkte des bewegten Systems beschreiben Kurven, die keine Kreislinien sind. Jede einzelne Faser dieser Bandsysteme beschreibt dagegen bei der Bewegung Kreislinien. Das Zusammenspiel dieser nicht kreisförmigen Bewegungen des bewegten Systems und der kreisförmigen Bewegung der Anlenkpunkte der Fasern der gelenküberbrückenden Bandsysteme ist nur möglich, wie am Kniegelenk gezeigt wurde, wenn die Fasern der Bänder in den Scheitelpunkten der Bahnkurven, bei der Bewegung und Gegenbewegung, in einem bestimmten Augenblick der Bewegung angelenkt sind. Diese Scheitelpunkte in einem bestimmten Augenblick der Bewegung liegen auf der Scheitelkubik und ihre entsprechenden Krümmungszentren auf der Angelkubik. Diese beiden Kurven gewinnen deshalb eine essentielle Bedeutung für die Wirbeltiergelenke und das Phänomen ihrer Beweglichkeit.

Es stellt sich damit die Frage nach dem Ursprung der Bewegung der biologischen Bewegungssysteme, die über ein inneres Achsenskelett verfügen und seiner Grundsätzlichkeit an sich. Die technischen Bewegungssysteme sind trotz aller Kompliziertheit auf Rotationsbewegungen aufgebaut. Das Problem der Scheitel- und Angelkubik hat deshalb keine so fundamentale Bedeutung wie bei den selbstverwirklichten biologischen Bewegungssystemen.

In Abb. 76 (aus Wunderlich 1970) sind die Scheitel- und Angelkubik dargestellt. Die Konstruktionszeichnung bietet beim ersten Anblick ein verwirrendes Bild von Linien und Kurven. Der konstruktive Vorgang selbst ist aber relativ einfach.

An den Tangenten zweier Parabeln, die in den Punkten R_2 und R_2^* die Wälznormale η und in dem Punkt R_1 bzw. R_1^* die Wälztangente ξ berühren, wird das Momentanzentrum P symmetrisch gespiegelt (s. Abb. 76). Dann bilden die symmetrischen Spiegelbilder des Momentanzentrums P an allen entsprechenden Parabeltangenten – im Rast- und Gangsystem – die Scheitelkubik bzw. Angelkubik. *Die Scheitelkubik ist deshalb das symmetrische Spiegelbild des Momentanzentrums P, das an allen Tangenten der Gangparabel gespiegelt wurde. Die Angelkubik ist das symmetrische Spiegelbild des Momentanzentrums P an allen Tangenten der Rastparabel.*

Die Betrachtung gilt deshalb zunächst der Parabel. Die Parabeln sind untereinander alle gleich (gleiche Krümmung), sie unterscheiden sich nur durch ihre Größe. Ihre numerische Exzentrizität ist eins.

Legt man einen beliebigen Durchmesser l (Abb. 77) durch den Brennpunkt F einer Parabel und errichtet in den Schnittpunkten R_1 und R_2 die Tangenten

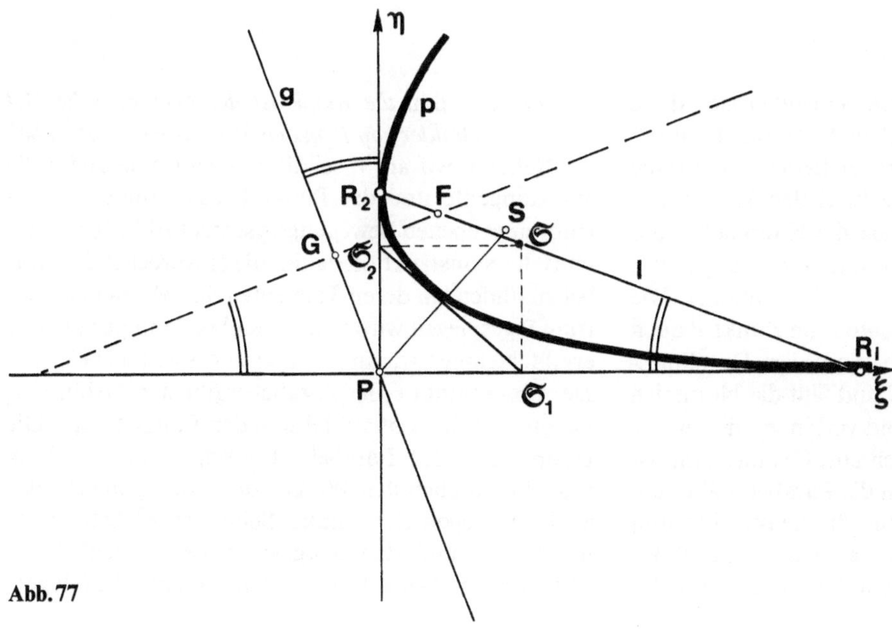

Abb. 77

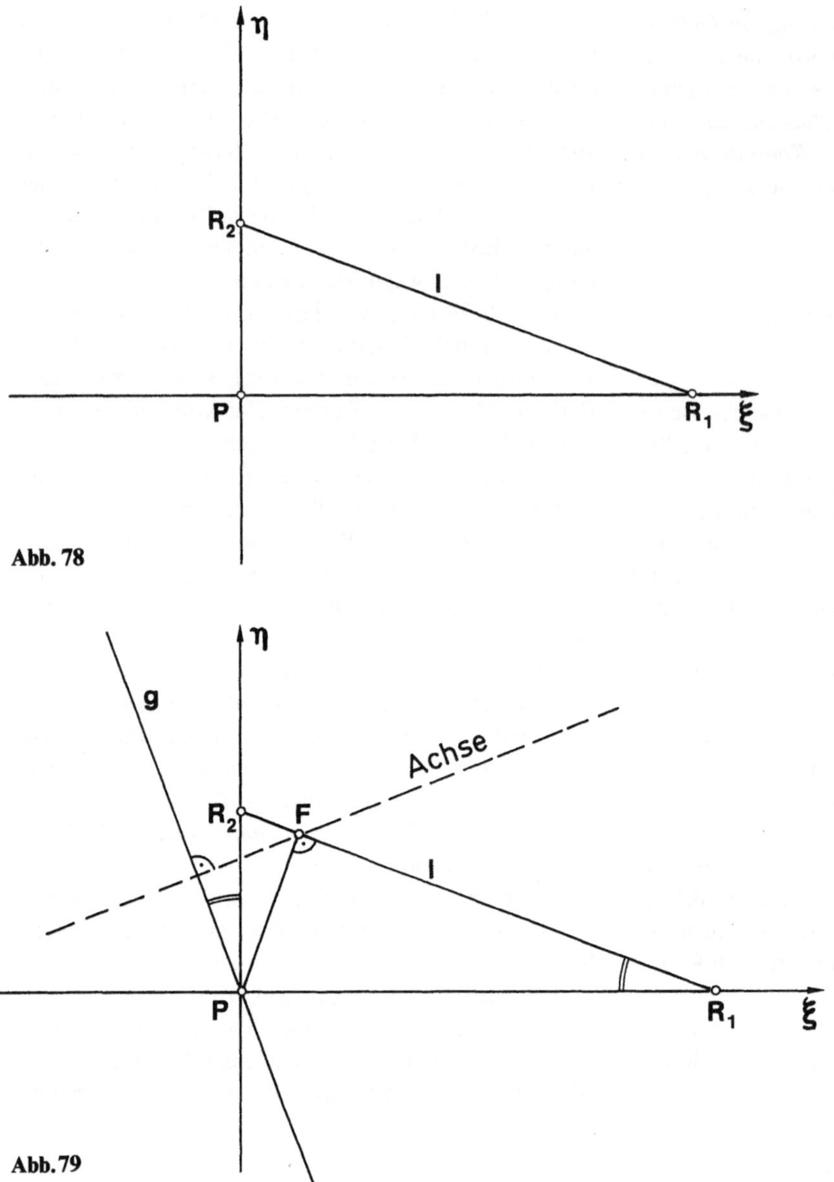

Abb. 78

Abb. 79

η und ξ an die Parabel, dann schneiden sich diese Tangenten im rechten Winkel in P. Dieser Punkt P liegt auf der Leitlinie g der Parabel. Errichtet man eine Normale auf die Leitlinie g, die durch den Brennpunkt F geht, dann ist diese Normale die Hauptachse der Parabel. Der Durchmesser l und die Hauptachse schneiden die Tangente ξ im gleichen Winkel. Die Leitlinie g schneidet die Tangente η im Punkt P auch im gleichen Winkel. Nimmt man auf dem Durchmesser l einen beliebigen Punkt S und fällt die Normalen auf die η- und ξ-Tangenten und verbindet die gewonnenen Punkte S_1 und S_2 durch eine Gerade, dann ist diese Gerade eine Tangente an die Parabel. Fällt man auf diese Tangente von P aus die Senkrechte und spiegelt den Punkt P an dieser Tangente, dann ist das Spiegelbild S von P bereits ein Punkt, der auf der Kubik liegt, d.h. *die Kubik ist der geometrische Ort aller Spiegelbilder von P an den Tangenten der Parabel.*

Nehmen wir an, η sei die Wälznormale und ξ die Wälztangente und der Punkt P das Momentanzentrum eines ebenen Bewegungssystems (Abb. 78), dann läuft die Konstruktion dahin, die entsprechende Parabel zu finden, an deren Tangenten das Momentanzentrum P gespiegelt wird und die Kubik dann punktweise ergibt. Nehmen wir an, der Durchmesser l sei bekannt. Der Brennpunkt F der Parabel ergibt sich (Abb. 79), indem man das Lot auf l durch den Punkt P fällt. Die Hauptachse der Parabel ist rasch gefunden. Man braucht lediglich den Winkel, den l mit ξ einschließt, auf die Gegenseite (linke Seite der ξ Achse) zu übertragen und den neugewonnenen Schenkel des übertragenen Winkels durch den Brennpunkt F legen, um die Hauptachse der Parabel zu bestimmen. Weil die Leitlinie g senkrecht auf der Hauptachse steht, ist das Lot von P auf die Hauptachse bereits die Leitlinie g. Damit ist die Parabel vollkommen bestimmt und kann leicht konstruiert werden.

Weil die Kubiken Strophoiden, also Kurven 3. Ordnung sind, können die Kubiken durch symmetrische Winkelschleifen erzeugt werden, die Parabeln selbst werden dazu nicht mehr gebraucht.

9.6 Symmetrische Winkelschleife (Abb. 80)

Auf einer Geraden g liegt ein verschieblicher Punkt G. In einer bestimmten Entfernung e befindet sich ein fixer Punkt F, durch den ein verschiebliches Gestänge f läuft, der einen fixen Punkt S trägt. Das Gestänge f ist durch einen rechten Winkel mit G verbunden. Verschiebt man den Punkt G auf der Schiene g, und zwar so, daß das Gestänge f ständig durch den Lagerpunkt F geht, dann beschreibt der Punkt S die gesuchte Strophoide (Kubik).

Bei dieser symmetrischen Winkelschleife bedeutet F den Brennpunkt einer Parabel p, g ist die Leitlinie. Bei der Gegenbewegung, die bei jedem Zwanglauf möglich ist, bedeutet dann G den Brennpunkt einer symmetrischen kongruenten Parabel q, f ist dann die Leitlinie dieser kongruenten Parabel q.

Aus dem geometrischen Konstruktionsprinzip einer Parabel ergibt sich folgendes: Zentriert man die Mittelpunkte aller Kreise auf die Parabel p und läßt alle diese Kreise durch den Punkt P gehen, dann hüllen diese Kreise die Strophoide (Kubik) ein (Abb. 81). Daraus ergibt sich, daß die Strophoide der geometrische Ort aller Scheitelstellen der einhüllenden Kreise in bezug auf P ist. Daraus folgt weiter, daß die Strophoide das spiegelbildliche Abbild des Punktes P ist, der an den Parabeltangenten der Rastparabel p gespiegelt wird. Somit ist die Strophoide die Gegenpunktkurve der Parabel p.

Auf das Steuersystem (überschlagenes Gelenkviereck) bezogen, ergibt sich folgendes: Hält man das Steuersystem in einer ganz bestimmten Stellung fest und konstruiert die beiden Kubiken, dann sind diese Kubiken der geometrische Ort aller Spiegelbilder des Momentanzentrums P, die an den Tangenten der ihnen zugehörigen Parabeln symmetrisch gespiegelt werden. Das bedeutet weiter, daß die Anlenkpunkte jeder einzelnen Faser des medialen und lateralen Kollateralbandes spiegelbildliche Abbilder des Momentanzentrums P sind, die an den ihnen zugehörigen Parabeltangenten gespiegelt wurden.

Um nun tatsächlich die Kubiken des Steuersystems, das wir in einer ganz bestimmten Stellung anhalten, zu finden, läuft die Konstruktion darauf hinaus, die Durchmesser l und l^x der beiden Parabeln zu finden.

Beginnen wir mit der Scheitelkubik (Abb. 82). Wir wissen, daß die Anlenkpunkte der Kreuzbänder am Tibiaplateau bei der Bewegung ständig auf Kreislinien laufen. Sie bewegen sich daher ständig im Scheitel ihrer Bahn und liegen deshalb wie das Momentanzentrum P auf der Scheitelkubik. Wir wissen weiter, daß der Anlenkpunkt A des vorderen Kreuzbandes das spiegelbildliche Abbild des Momentanzentrums P ist, daher halbieren wir den Abstand AP und errichten eine Normale t_a im Halbierungspunkt (Abb. 82).

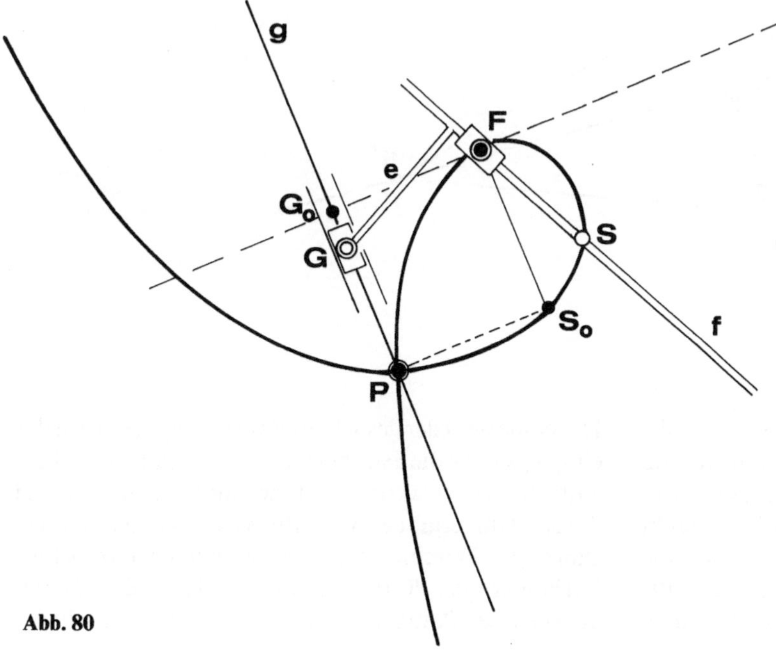

Abb. 80

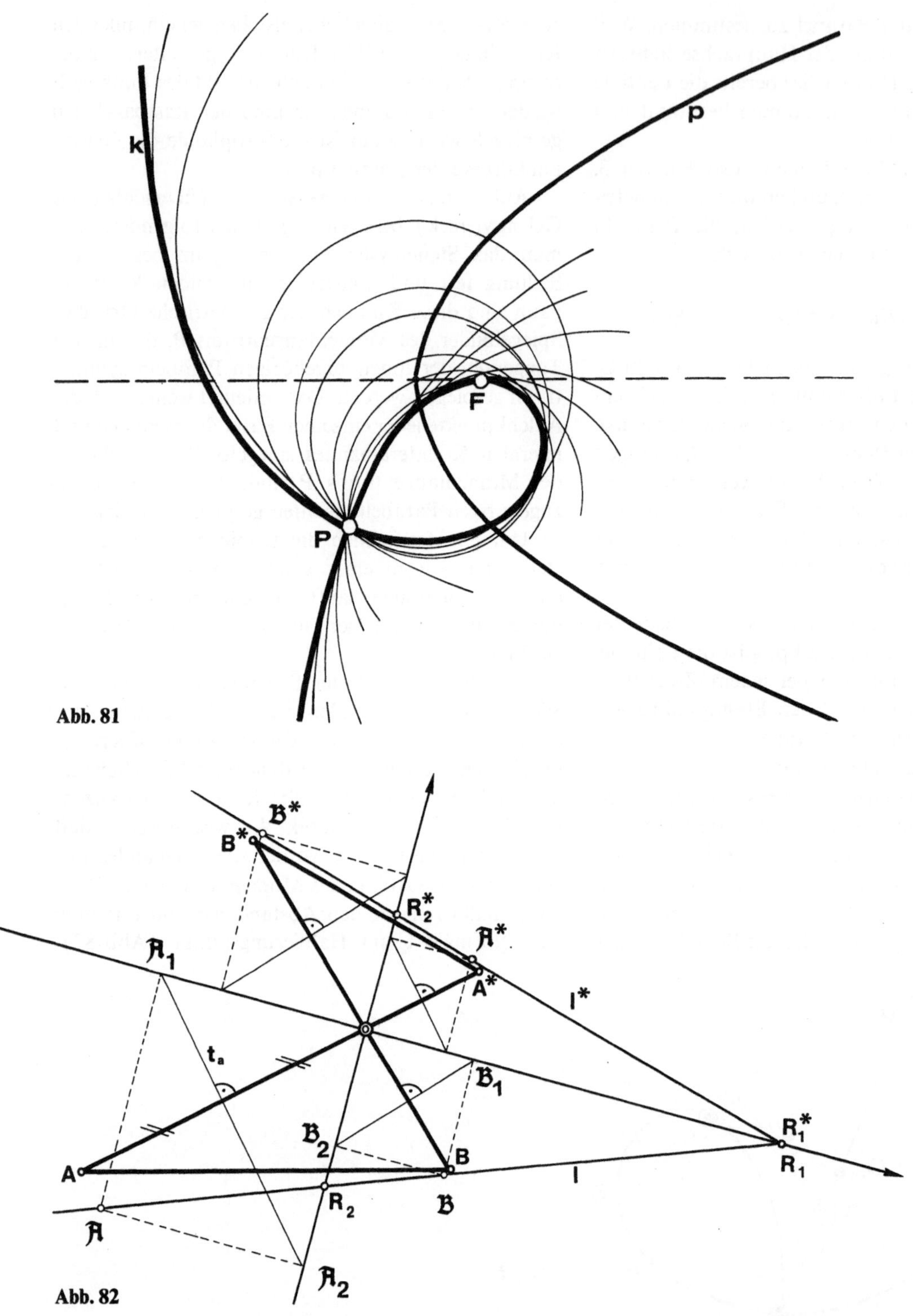

Abb. 81

Abb. 82

Diese Normale t_a ist bereits eine Tangente an die gesuchte Parabel. Die Normale t_a schneidet die η- und ξ-Achse (Wälznormale und Wälztangente), die ebenfalls Tangenten der gesuchten Parabel sind, im Punkt $\mathfrak{A}_1$ und $\mathfrak{A}_2$. Fällt man die Lote in $\mathfrak{A}_1$ und $\mathfrak{A}_2$ auf die entsprechenden Achsen η und ξ, dann ist der Schnittpunkt der Normalen der Punkt $\mathfrak{A}$, der auf dem Durchmesser l der gesuchten Parabel liegt (s. auch das eingangs über die Parabel Gesagte). Führt man diese einfache Konstruktion auch am hinteren Kreuzband durch, dann ergibt sich der Punkt $\mathfrak{B}$, der ebenfalls ein Punkt des Durchmessers l der gesuchten Parabel ist. Verbindet man $\mathfrak{A}$ und $\mathfrak{B}$, dann ist damit der Durchmesser l der Parabel bestimmt. Der Schnittpunkt R_1

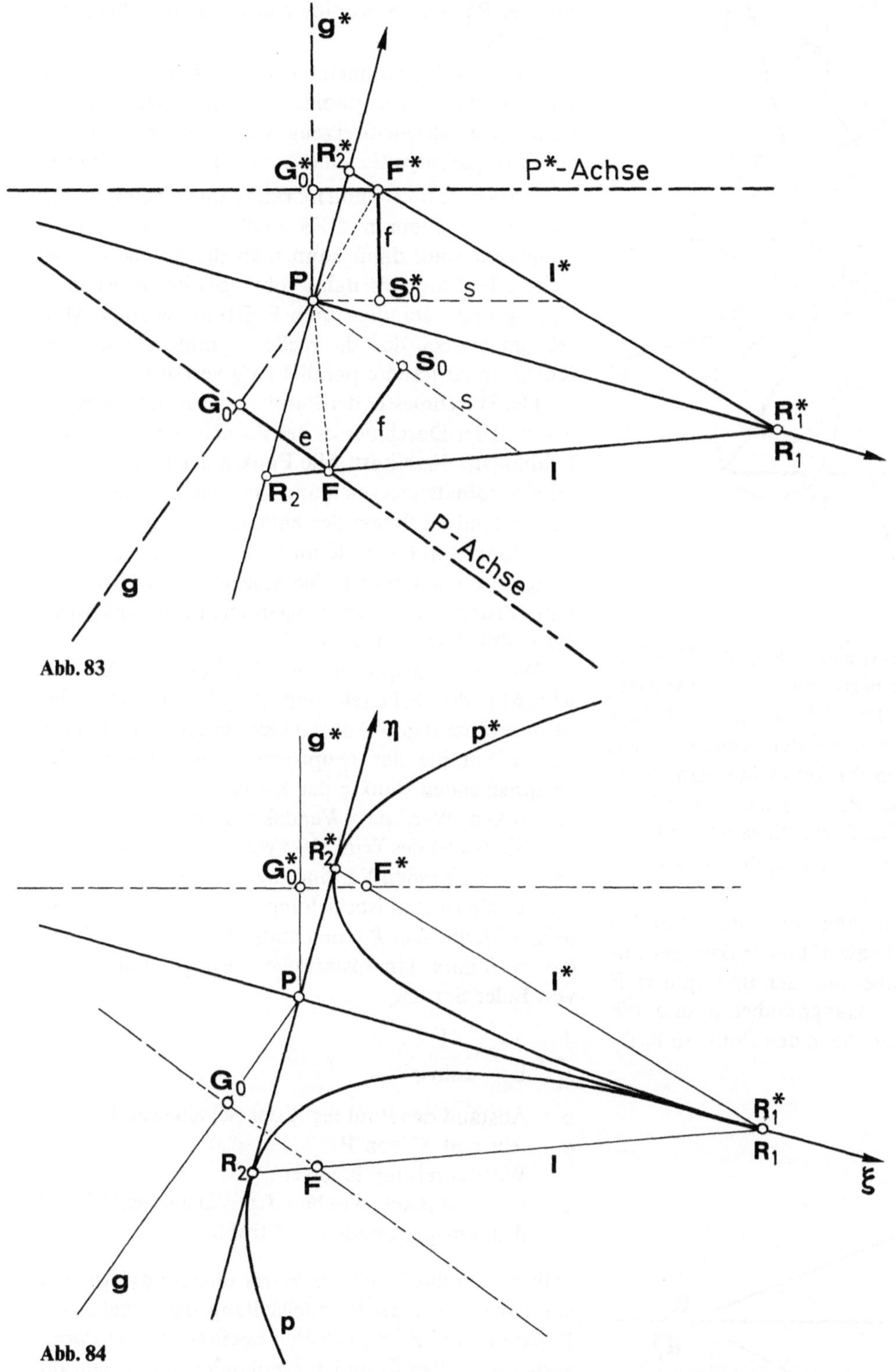

Abb. 83

Abb. 84

und R_2 von l mit den Koordinatenachsen (Tangenten) η und ξ sind die Berührungspunkte der Parabel mit den Tangenten η und ξ (s. Abb. 77). Errichtet man die Normale in P auf l, dann ist der Brennpunkt F der gesuchten Parabel gefunden (Abb. 82).

Zur Auffindung der Hauptachse der Parabel (Abb. 83) ist der eingeschlossene Winkel von l und ξ auf die Gegenseite der Koordinatenachse zu übertragen und eine Parallele zu dem gefundenen Schenkel des übertragenen Winkels durch den Brennpunkt F zu legen. Geometrisch eleganter ausgedrückt: Konstruiere die Schwerlinie „s“ des Dreiecks P R_1 R_2 von P aus und verschiebe diese parallel in den Brennpunkt F. Die Hauptachse der Parabel verläuft nämlich parallel zur

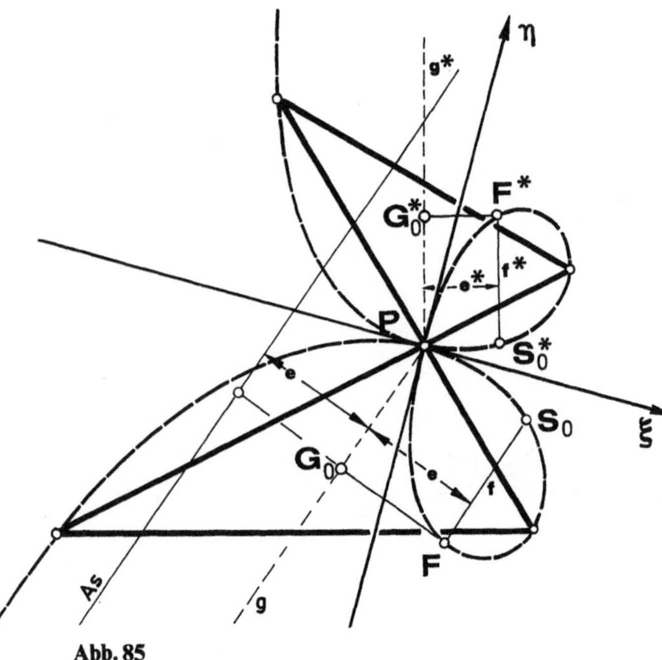

Abb. 85

Schwerlinie des Tangentendreiecks $P R_1 R_2$. Das Lot von P auf die Hauptachse bestimmt die Leitlinie g der gesuchten Parabel. Die Parallele zu g durch den Brennpunkt F ist die Leitlinie f der symmetrischen Parabel der symmetrischen Winkelschleife. Eine Normale von P auf F legt den Punkt S fest, der bei der Bewegung der Winkelschleife die Scheitelkubik erzeugt. Für die Konstruktion der Angelkubik gilt der gleiche Vorgang (Abb. 83).

Die aus dem Durchmesser der Parabel (= Leitlinie der Kubik) l bzw. l^x konstruktiv gewonnene Leitlinie g der Parabel und der Brennpunkt F bzw. F^x reichen aus, die Gangparabel p und die Rastparabel p^x zu zeichnen, die in den Punkten $R_1 R_2$ und $R_1^x R_2^x$ die Koordinatenachsen η,ξ berühren (Abb. 84).

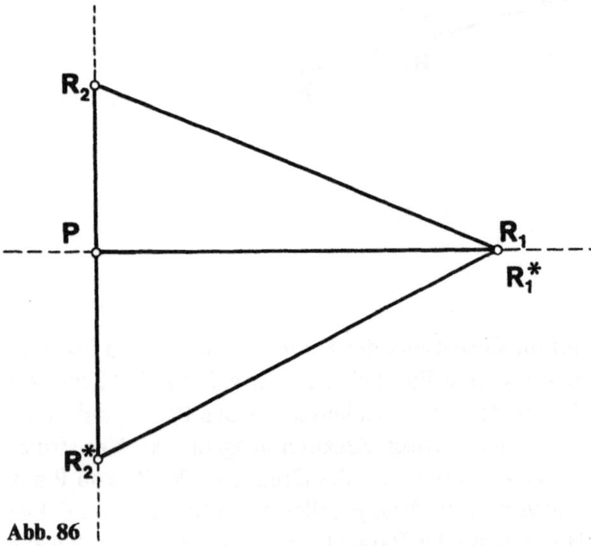

Abb. 86

Der Parabelparameter $e = \overline{Fg}$ (Abb. 85) ist die Exzentrizität der Strophoide k, die durch eine symmetrische Winkelschleife erzeugt wird. Zeichnet man auf ein Transparentpapier eine Gerade f und einen Punkt G im Abstand $\overline{fG} = e$ und markiert auf f einen Punkt S, so daß die Figuren GFS und FGP gegensinnig-kongruent sind, dann kann man die Kubik k ohne weitere Hilfslinie als Bahn von S gewinnen, wenn G längs g und f ständig durch F geführt werden. Man erkennt hierbei, daß die reelle Asymptote (As) der Kubik im Abstand e parallel zu g verläuft.

Der Durchmesser der Parabel wurde mit l bezeichnet, weil der Durchmesser der Parabel gleichzeitig die Leitlinie der Kubik ist. Alle Punkte der Leitlinie l auf die Koordinatenachsen η und ξ normal projiziert, sind die Verbindungslinien der entsprechenden gewonnenen Punkte auf den Koordinatenachsen η und ξ Tangenten der Parabel. Die Spiegelung des Momentanzentrums P an diesen Tangenten bilden punktweise die Kubik (Abb. 84) Abb. 77.

Werden entsprechende Punkte $X_i \rightarrow X_i^x$ (s. Abb. 63) der Scheitel- und Angelkubik über das Momentanzentrum P durch Gerade verbunden, dann ist die Summe der reziproken Abstandswerte der entsprechenden Punkte der Kubik von P gleich dem reziproken Wert des Wendekreisdurchmessers mal dem Sinuswert des Winkels φ von der Wälztangente ξ zur entsprechenden Verbindungsgeraden von $X_i \rightarrow X_i^x$, d.h. für die Abstandsbeziehung entsprechender Punkte $X_i \rightarrow X_i^x$, die über P miteinander verbunden sind, gilt die berühmte kinetostatische Bewegungsgleichung von Euler-Savary.

$$\frac{1}{a_i} + \frac{1}{b_i} = \frac{1}{\alpha \sin \varphi}$$

a Abstand des Punktes X der Scheitelkubik von P
b Abstand X^x von P
α Wendekreisdurchmesser
φ ist der Winkel zwischen der Wälztangente ξ und dem entsprechenden Polstrahl.

Nähert sich das Dach der Fossa intercondylaris und das Tibiaplateau der Parallelstellung, dann rücken die Punkte G und F immer näher aneinander. Bei Parallelstellung fallen G und F ineinander und liegen auf der Wälznormalen η, der Punkt S fällt dann mit dem Punkt P zusammen. Wenn F und G zusammenfallen, dann bewegt sich S auf einer Kreislinie. Die Scheitelkubik, eine Kurve 3. Ordnung, ist in einen Kreis zerfallen (Kurve 2. Ordnung) und in eine Gerade („Kurve" 1. Ordnung) bei Parallelstellung von Steg und Koppel (s. Abb. 73).

Auf der Wälznormalen η liegen die Scheitelstellen der Bahnkurven in diesem Augenblick der Bewegung, auf den Kreislinien die Nebenscheitel der Bahnkurven.

Die von der Natur verwendeten Kubiken zur Integration der Kollateralbänder in das Steuersystem (Kreuzbänder) sind fast zerfallene Kubiken, d.h. sie entstehen bei einer Dorsalneigung des Tibiaplateaus und des Daches der Fossa intercondylaris zwischen 1° und 4°, dann laufen die Bahnkurven der Kollateralbänder auf die Bahnkurven des Steuersystems (Kreuzbänder) in Streckstellung aufeinander auf und geben dem Kniegelenk die Standfestigkeit. Eine exakte geometrische Begründung ist noch ausständig. Es dürfte ein Zusammenhang zwischen der Retroversion des Tibiaplateaus und der von der Natur gewählten Stellung des Steuersystems zur Bildung der Kubiken bestehen.

Der Ausgangspunkt jedes biologischen Bewegungssystems (Vertebraten), das über Gelenkflächen verfügt, ist die Kinetostatik mit dem Urelement der Parabel. Daher ist aus jedem Dreieck und einer Höhenlinie prinzipiell im Raum ein Bewegungssystem ableitbar. (Abb. 86). Das Rechensystem, das alle Parameter in dem biologischen Bewegungssystem untereinander abhängig macht und zueinander in Beziehung setzt, ist die Inversion, ein Ordnungsprinzip der Mathematik mit der Grundleichung $r \cdot \bar{r} = \pm c^2$, wie später gezeigt wird.

10 Das Kniegelenk – ein Vierstabgetriebe

Diese 4 Bänder, Kreuz- und Kollateralbänder, die windschief zueinander im Raum liegen, lassen eine Beuge- und Streckbewegung und gleichzeitig beim Beugen und Strecken, abgesehen von den Endlagen, eine Drehbewegung zu, zum Beispiel des Unterschenkels um seine Längsachse. Daraus ergibt sich eine prinzipielle Frage, die für die reparative Chirurgie und Wiederherstellungschirurgie am Kniegelenk von wesentlicher Bedeutung ist. Sind diese 4 Bandsysteme für den Bewegungsablauf des Kniegelenks allein verantwortlich oder haben noch andere Bandsysteme, zum Beispiel hintere Kapselanteile, Lig. popliteum arcuatum usw., eine essentielle Bedeutung für das Bewe-

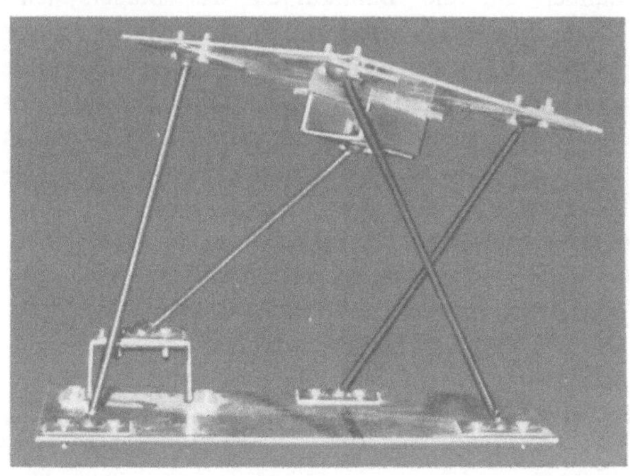

Abb. 87

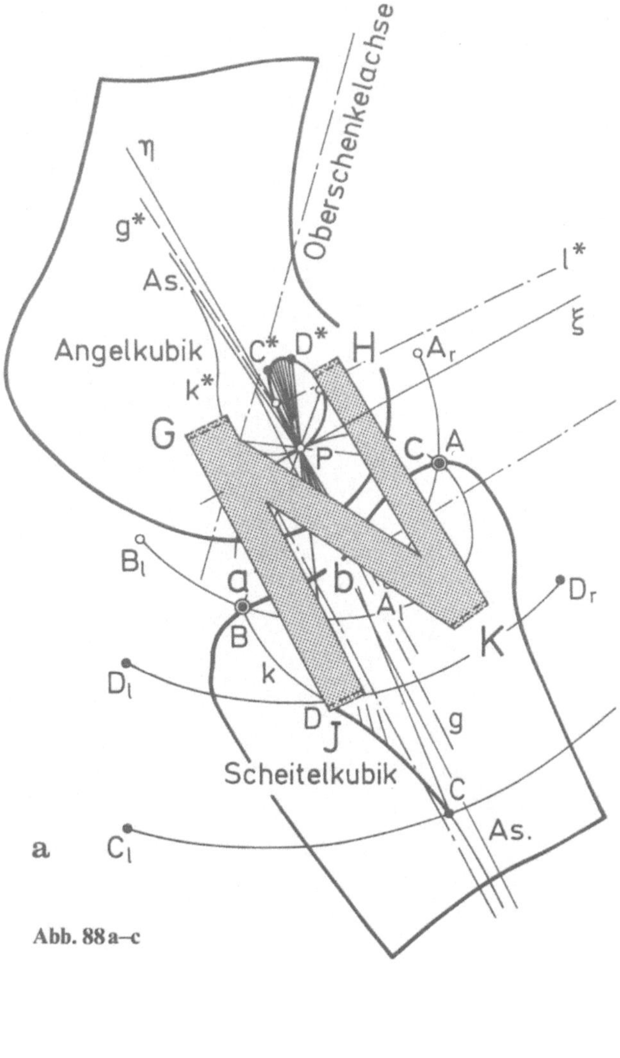

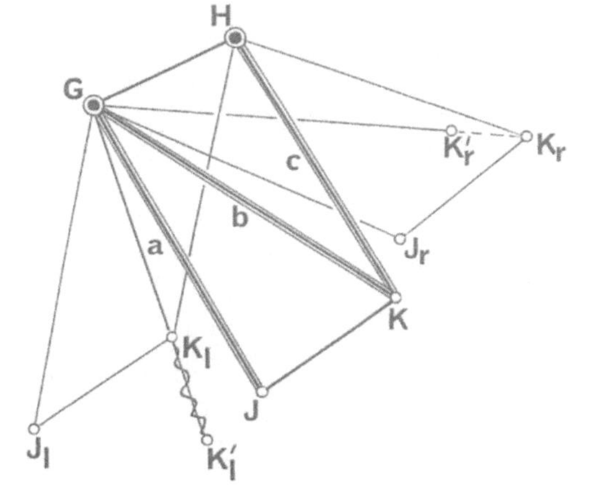

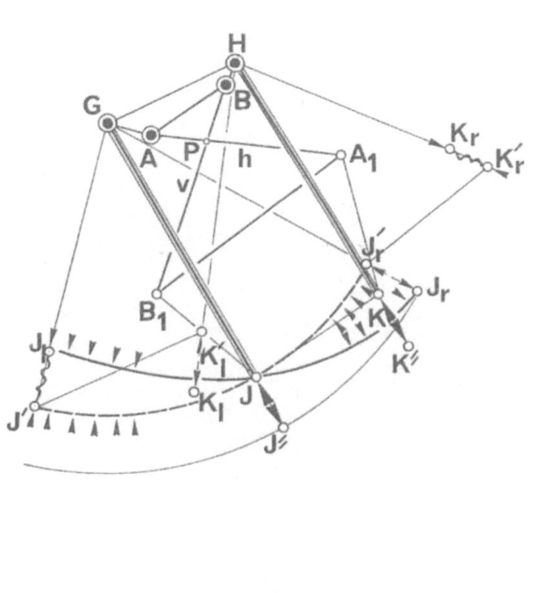

Abb. 88a–c

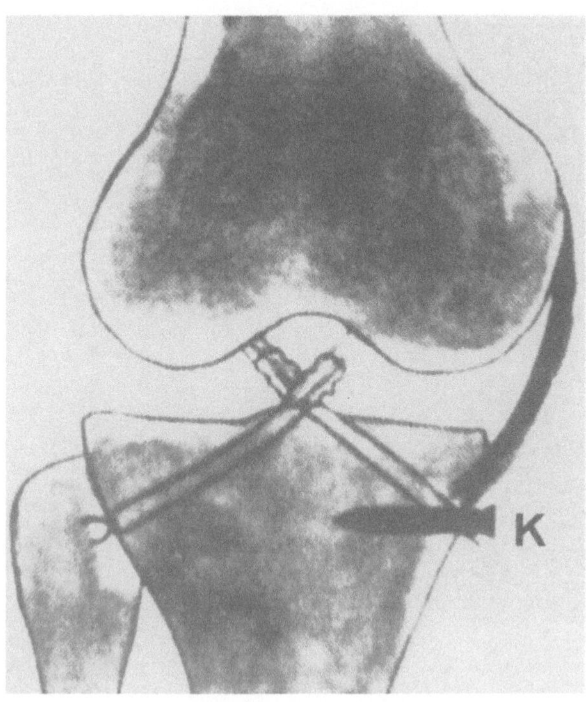

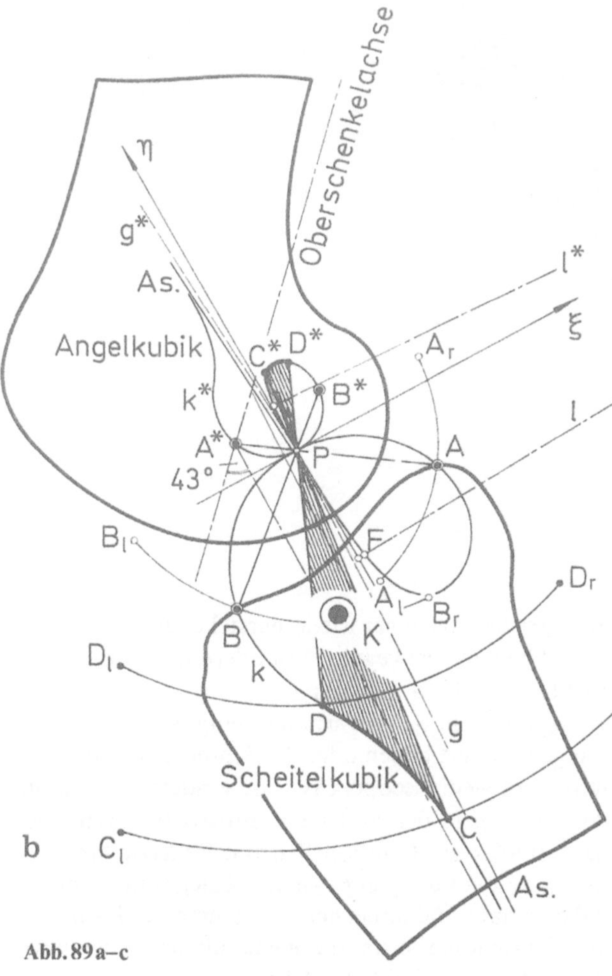

Abb. 89a–c

gungssystem an sich oder handelt es sich bei den anderen Bandstrukturen um ein zweitrangiges – um bei einem technischen Ausdruck zu bleiben – um ein Dimensionierungsproblem (Abb. 87)? Faßt man die 4 Bänder (Kreuz- und Kollateralbänder) ganz allgemein als ein Vierstabgetriebe auf, bei dem diese 4 Stäbe windschief im Raum liegen, dann läßt dieses Getriebe Beuge- Streck- und Drehbewegungen zu. *Führt man aber einen 5. Stab ein, dann ist dieses System starr. Das ist die Ursache dafür daß wir in jeder Beuge- und Streckstellung das Kniegelenk anhalten und fixieren können. Führen wir zum Beispiel durch willkürliches Anhalten des Strecksystems über Rektussehne, Kniescheibe und Lig. patellae einen 5. Stab ein, dann ist das System starr, aber nicht aus biologischen Gründen, weil sich der Quadrizeps anspannt, sondern aus kinematischen, bewegungsgesetzlichen Gründen.* Das erkennt man auch daran, daß bei einer Instabilität, gleichgültig welcher Art, durch Anspannung der Quadrizepsmuskulatur das Kniegelenk eben nicht mehr zu stabilisieren oder fixieren ist.

Führt man als Extremfall, wie bei der Jelinek-Plastik (Abb. 88), gleich 3 neue Stäbe in das Bewegungssystem ein, dann ist das Kniegelenk sicher starr, vorausgesetzt, daß die Plastik hält. Engt man dieses allgemeine Vierstabgetriebe durch Hüllflächen und die Abhängigkeit der Kollateralbänder vom Steuersystem (Kreuzbänder) im Sinne des Kniegelenks zu einem speziellen Vierstabgetriebe ein, dann treten spezielle Funktionen auf, das System reagiert aber damit empfindlicher auf nicht kinematisch abgestimmte Eingriffe (Abb. 88, aus Jelinek et al. 1962).

Wird zum Beispiel das mediale Seitenband nach einer Zerreißung knapp distal des Tibiaplateaus an der Tibia im ventralen Bereich des Seitenbandes mit einer Schraube fixiert, dann laufen die Kurven der Schraube in der Streckphase bei ca. 40° auf die Koppelkurve des Unterschenkels auf, die medialen Unter- und Ober-

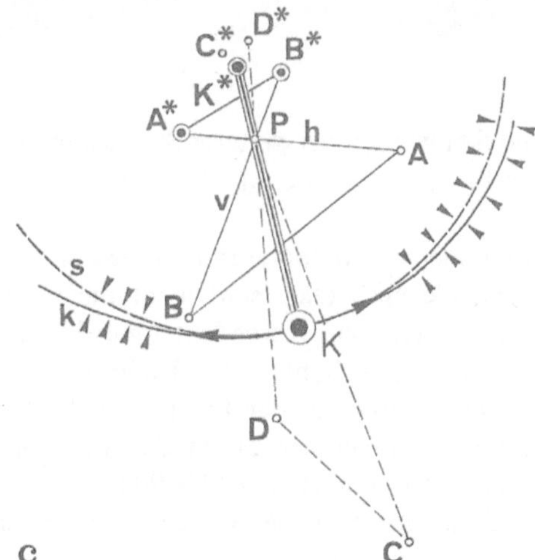

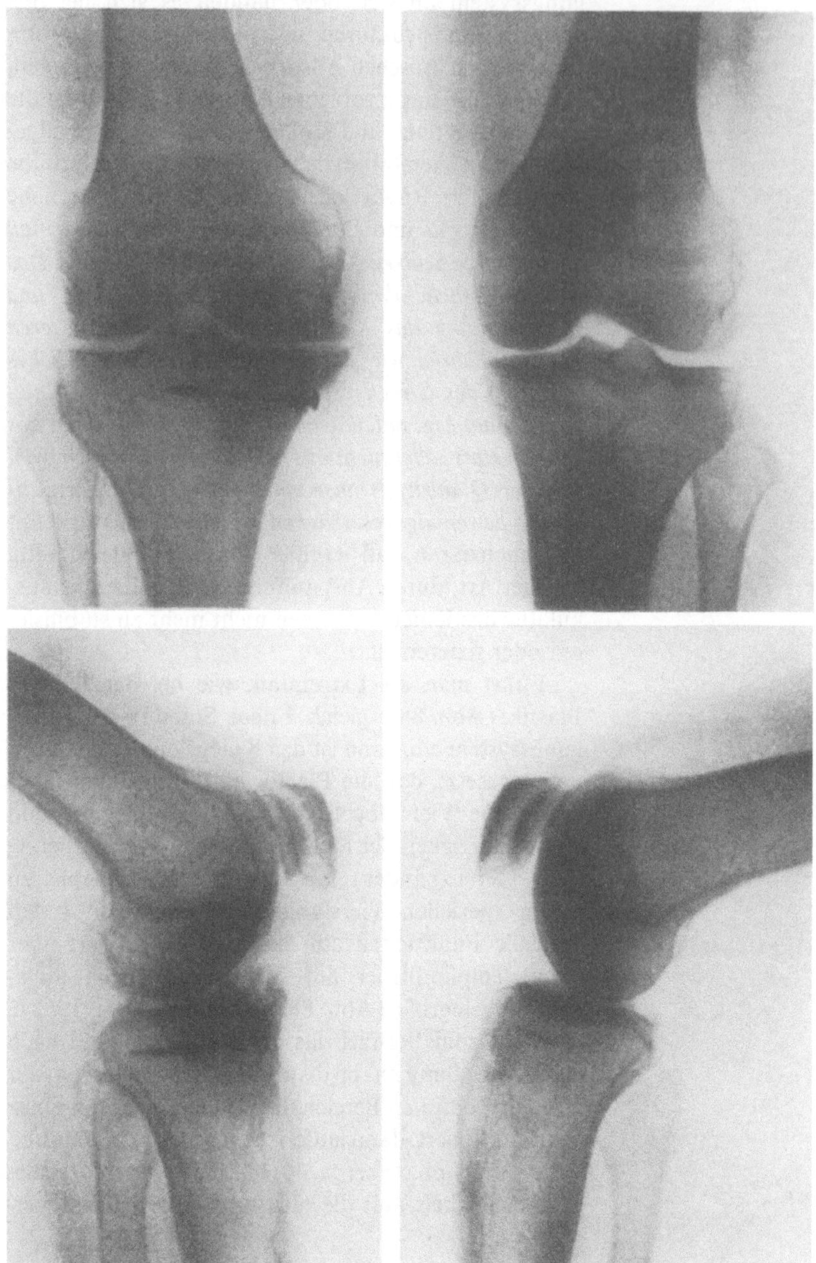

Abb. 90

schenkelkondylen werden bei weiterer Streckung aufeinandergepreßt (Abb. 89a–c, aus Fehr u. Gonzenbach 1959).

Die auftretenden Sekundärveränderungen im vorderen medialen Gelenkbereich sind nicht die Folge eines Knorpelschadens, wie dies gedeutet wurde, sondern die Folge des erhöhten unphysiologischen Drucks, der beim Auflaufen der Ober- und Unterschenkelkondylen aufeinander durch das gefesselte mediale Kollateralband entsteht (Abb. 90).

Der Schluß, der aus dem eben Gesagten zu ziehen ist, ist folgender: Zeigt ein an und für sich gesundes Kniegelenk nach einer wiederherstellenden Operation eine erhebliche Bewegungsbehinderung, dann ist dies nicht die Schuld des Physiotherapeuten oder der Heilgymnastin, weil sie sich zu wenig um den Patienten gekümmert haben oder die Schuld des Patienten, weil er zu wenig kooperativ war, sondern die Schuld des Chirurgen, der in seinem autistischen Wunschdenken alles zur funktionellen Wiederherstellung des unbekannten Bewegungssystems Kniegelenk getan zu haben glaubt und dabei neue Parameter in das Bewegungssystem einführte, die nicht mit der Kinematik des Systems im Einklang stehen.

11 Die Synoviapumpe des Kniegelenks

Die Gelenkflüssigkeit des Kniegelenks ist Gegenstand von ausgedehnten Untersuchungen hinsichtlich ihres Aussehens und der Viskosität ihrer zytologischen Bestandteile, ihres serologischen Verhaltens und fallweise bakteriologischer Bestandteile. Auf Paracelsus soll der Ausdruck Synovia zurückgehen und bedeutet eigentlich „mit Eiweiß" (eiweißartig). Alle Autoren sind sich darüber einig, daß der Synovia gerade am Kniegelenk eine besondere Bedeutung als Stoffwechselträger für den Knorpel und als Gleit- und Schmiermittel zukommt. Über die Art der Schmierung und über die Ruhe oder Bewegung des Gleitmittels fanden sich in der mir zur Verfügung stehenden Literatur keine Hinweise. Die Ansicht liegt nahe, daß die Gelenkkörper mit ihren knorpelüberzogenen Gelenkflächen in die Gelenkkapsel eingeschlossene Synovia eintauchen und sich dabei mit dem „Schmiermittel" benetzen.

Beim Studium der Biomechanik des Kniegelenks zeigt sich jedoch, daß die „Schmierung" des Kniegelenks, um bei dem technischen Ausdruck zu bleiben, nicht eine „Tauchschmierung" ist, sondern eine „Umlaufschmierung" mit einer eigenen Zirkulation und einem eigenen Pumpsystem.

11.1 Die Gelenkkapsel

Die Gelenkkapsel des Kniegelenks schließt als bindegewebiger Sack den Gelenkspalt luftdicht ab und nimmt bei der Gelenkbewegung die von der Tibia nicht bedeckten Gelenkteile des Oberschenkels auf. Die fibröse Schicht der Kniegelenkkapsel wird hauptsächlich aus Muskelsehnen aufgebaut, die Vorderwand durch die Sehne des M. quadriceps, die Hinterwand durch die des M. semimembranosus gastrocnemius und popliteus. Die Seitenwände bilden die Retinacula mit den in sie einstrahlenden Sehnen der Streckmuskulatur und des Tractus iliotibialis. Aus kinematischen Gründen ist das mediale Seitenband in die Kapsel „eingebaut" und geht nach ventral in das Retinaculum patellae longitudinale über. Das laterale Seitenband tritt aus kinematischen Gründen nicht mit dem Retinaculum patellae longitudinale laterale in Beziehung, sondern mit dem Bandsystem, das im Bereich des Fibulaköpfchens ansetzt. Die Seitenwände der Kapsel gehen nach dorsal in die mediale und laterale Rollenkappe über. Der Gelenkinnenraum wird durch die Plica synovialis infrapatellaris, das Corpus adiposum genus und den nach dorsal anschließenden extraartikulär liegenden Ligg. cruciata in 2 Teile geteilt. Der einheitliche Teil des Gelenkinnenraums unter der Patella und der Bursa suprapatellaris geht nach dem Tibiaplateau zu und dorsal in 2 Röhren über (wie die Hose in die Hosenbeine, Pernkopf 1941), zwischen denen das Septum intercondylicum liegt. Es enthält dorsal die Kreuzbänder und geht ventral in die Plica synovialis infrapatellaris über, die mit einem freien Rand endet. Die beiden „Röhren" sind dorsal durch die Rollenkappen verschlossen. Die faserknorpeligen, halbmondförmigen, in ihrem Querschnitt keilförmigen Menisken vertiefen die Gelenkpfanne und vergrößern die Berührungsflächen zwischen Ober- und Unterschenkelkondylen. Bei der Bewegung des Kniegelenks werden die Menisken auf der Tibiagelenkfläche verschoben. Bringt man 3 – 4 cm^3 Röntgenkontrastmittel in die Bursa suprapatellaris, verteilt das Kontrastmittel durch Beugen und Strecken des Kniegelenks und betrachtet die Bewegung der Gelenkflüssigkeit unter dem Bildwandler, dann erkennt man folgendes (Abb. 91): In Streckstellung und unter angespannter Streckmuskulatur befindet sich ein Großteil der Synovia in der Bursa suprapatellaris. Bei Beugung des Kniegelenks wird die Gelenkflüssigkeit aus der Bursa suprapatellaris ausgepreßt, rinnt durch die Kehlfurche der Facies patellaris, wird durch den freien Rand der Plica synovialis infrapatellaris geteilt und tritt in den tibialen und fibularen Gelenkanteil ein. Der Articulatio meniscofemoralis, fibulare und tibiale Abteilung und die Gelenkfläche des Tibiakopfes werden von Gelenkflüssigkeit benetzt. Das Crus anterius des medialen und lateralen Meniskus verschiebt sich bei der Beugung nach dorsal, die Synoviafalten des Articulatio meniscotibialis glätten sich und bringen Gelenkflüssigkeit unter die Menisken. Mit zunehmender Beugung sammelt sich die Synovia in den Rollenkappen und in den Schleimhautfalten unter den Menisken (Articulatio meniscotibialis) und in den mit dem Gelenkinnen-

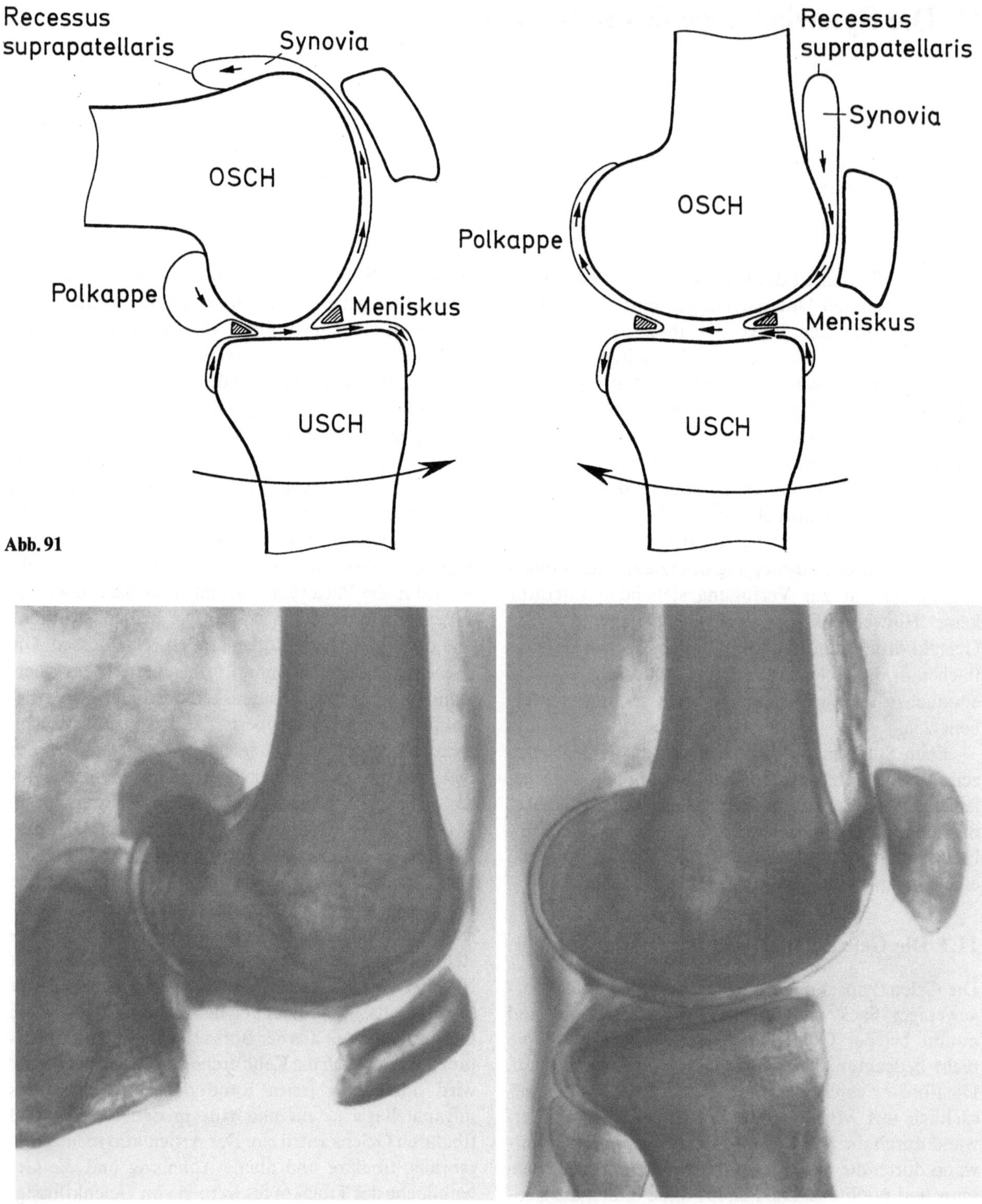

Abb. 91

Abb. 92

raum kommunizierenden Bursen im dorsalen Gelenkbereich (zum Beispiel Bursa m. poplitea) (Abb. 92).

Bei Streckung des Unterschenkels legen sich die Rollenkappen auf beide Oberschenkelkondylen. Die darin befindliche Synovia wird aktiv in den Articulatio meniscofemoralis gepreßt, die Schleimhautfalten des Articulatio meniscotibialis an der Beugeseite der Tibia glätten sich. Durch Ventralverschiebung des Hinterhorns beider Menisken gelangt die darin befindliche Synovia unter die Menisken. Bei weiterer Streckung sammelt sich Synovia in der Kehlfurche der Facies patellaris und gelangt wieder in den Recessus suprapatellaris. Mit der Verschiebung des Vorderhornanteils der Menisken nach ventral gelangt Synovia in die Schleimhautfalten des Articulatio meniscotibialis ventralis. Wird der Oberschenkel festgehalten und der Unterschenkel gebeugt, dann wird die Synovia in Bewegungsrichtung des Unterschenkels gepumpt. Wird der Unterschenkel festgehalten und der Oberschenkel bewegt, dann wird die Synovia entgegen der Bewegungsrichtung der Oberschenkelkondylen in Umlauf gebracht.

Der Recessus suprapatellaris und die beiden Rollenkappen sind die „Hauptpumpvorrichtungen" der aktiven Schmierung des Kniegelenks. Beim Beugen und Strecken wird wechselseitig die Synovia vom Recessus suprapatellaris in die Rollenkappen und umgekehrt befördert. Dadurch werden ständig die Berührungsflächen der Gelenkflächen und der Menisken mit „Schmiermittel" versorgt.

12 Pro- und Supination des Unterschenkels und die Gegenbewegung des Oberschenkels

Schon Fick hat besonders erwähnt, daß die Kreuzbänder bei der Einwärtsrotation des Unterschenkels sich stark umeinanderwickeln und damit in der Streck- und Beugephase die Einwärtsrotation hemmen. Umgekehrt wird die Außenrotation des Unterschenkels nicht durch die Kreuzbänder, sondern wesentlich durch die Seitenbänder gehemmt, die sich in der Grenzlage immer mehr schrägstellen. Die Kreuzbänder wickeln sich dagegen voneinander ab. Alle Autoren, die sich bisher mit diesem Problem beschäftigten, versuchen durch Beobachtung der Strukturen des Kniegelenks bei der Bewegung verbindliche Aussagen über die Ursachen des eigenartigen Bewegungsverhaltens zu gewinnen. Über das Ausmaß der Innen- und Außendrehung findet man in der Literatur unterschiedliche Angaben. Nimmt man die Mittelwerte, so ergeben sich für die Innenrotation etwa 10°, für die Außenrotation etwa 30°.

Der Ausgangspunkt für die kinematische Untersuchung des Kniegelenks war die Beuge- und Streckbewegung bei Mittelstellung des USCH zwischen Außen- und Innendrehung. Die grundsätzliche Entdeckung, daß die Gelenkflächen Hüllflächen sind, die durch die Kreuzbänder gesteuert werden, erklärt sinnvoll eine Reihe von Phänomenen, die kurz in Erinnerung gerufen werden.

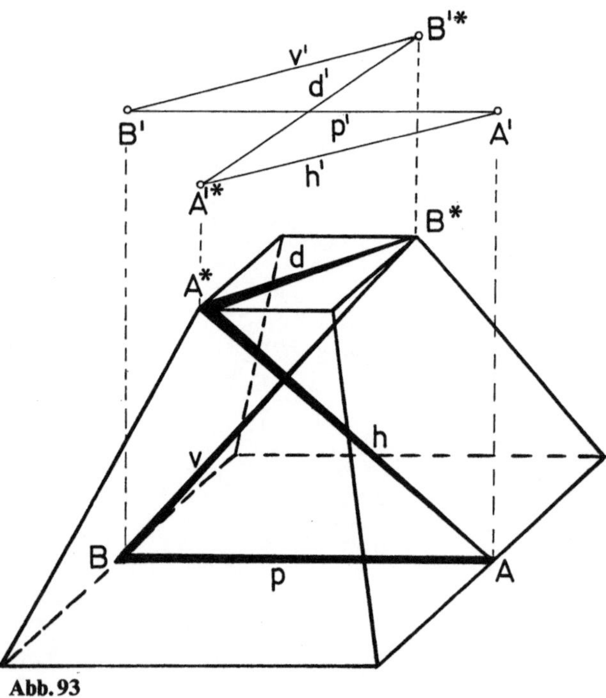

Abb. 93

Die Roll-Gleit-Bewegung und die orthogonale Kraftübertragung an den Eingriffstellen der Gelenkflächen ist eine Konsequenz der Hüllflächenkinematik. Der Weg der „wandernden Drehachse" auf den Polkurven weist das Kniegelenk als ein „stufenloses Getriebe" aus. Durch die verschiedene Winkelgeschwindigkeit der Kreuzbänder bei der Bewegung kann man das eigenartige Geschwindigkeitsverhalten des Spielbeins beim Laufen und Gehen erklären. Die kinematische konstruktive Beziehung von Kreuz- und Kollateralbänder konnte durch die Kubiken der Kreuzbänder dargestellt werden, wobei die Lockerung des Kniegelenks in mittlerer Beugestellung eine kinematische Konsequenz der Beziehung von Kreuz- und Kollateralbänder ist. Die angenäherte Geradführung des Ball-Punktes erklärt die planparallele Relativbewegung der Menisci am Tibiaplateau, obwohl alle anderen Punkte des bewegten Systems auf Koppelkurven laufen. Die Retropositio femoris und tibiae und die Stellung des Daches der Fossa intercondylaris zum Oberschenkelschaft in einem Winkel von ca. 40° konnte durch das Steuersystem und die Hüllflächen geklärt werden.

Es ist deshalb naheliegend, daß sowohl die Drehbewegung des USCH um seine Längsachse als auch die Gegenbewegung des OSCH eine gesteuerte Bewegung darstellen.

Die Kreuzbänder bilden mit dem Dach der Fossa intercondylaris und dem Tibiaplateau in der Ebene des bewegten USCH das in den vorangegangenen Abschnitten besprochene „überschlagene Gelenkviereck". Weil die Kreuzbänder am OSCH in der Fossa intercondylaris an ihren Ursprüngen gegeneinander räumlich versetzt sind, ist das „überschlagene Gelenkviereck" nur die seitliche Projektion des räumlichen Steuersystems, des sog. „windschiefen Gelenkvierecks" (Abb. 93).

Um eine räumliche Vorstellung zu erhalten, wurde schematisch das Steuersystem in einem Pyramiden-

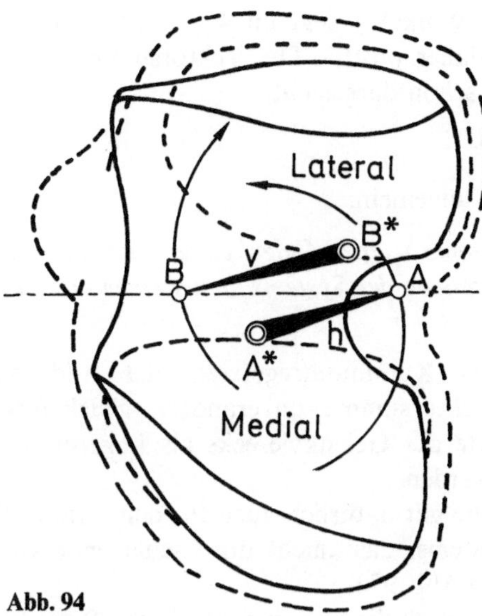

Abb. 94

stumpf eingezeichnet. Über dem Schrägriß des Pyramidenstumpfes wurde der Grundriß des Steuersystems dargestellt (Abb. 93).

Betrachtet man das Kniegelenk in Richtung der Unterschenkelschaftachse bei Parallelstellung des Daches der Fossa intercondylaris und des Tibiaplateaus (Abb. 94), dann bilden sich die Verbindungslinien der Kreuzbandursprünge A^x und B^x und die Kreuzbandansätze A und B am Tibiaplateau in ihrer wahren Länge ab (Abb. 94).

Die Ursprungsstellen der Kreuzbänder in der Fossa intercondylaris und ihre Ansatzstellen am Tibiaplateau werden durch die hüllflächenbildenden Gelenkkörper in jeder Beugestellung in einer ganz bestimmten Entfernung voneinander gehalten. Deshalb beschreiben die Ansatzpunkte A und B am USCH bei der Drehbewegung um die Längsachse des USCH Kreislinien in der Ebene des Tibiaplateaus. Bei der Gegenbewegung, der USCH wird festgehalten und der OSCH gedreht, laufen die Kreuzbänder ebenfalls auf Kreislinien in der Ebene des Daches der Fossa intercondylaris. Bringt man das Kniegelenk in jene Stellung, bei welcher das Tibiaplateau und das Dach der Fossa intercondylaris parallel zueinander verlaufen, dann beschreiben die Kreuzbänder mit ihren Ansatzpunkten A und B und mit ihren Ursprungsstellen A^x und B^x bei der Gegenbewegung Kreislinien, die in 2 verschiedenen Ebenen (Tibiaplateau und Dach der Fossa intercondylaris) parallel zueinander verlaufen. Es handelt sich demnach um ein ebenes Bewegungssystem, das nach den Gesetzen der ebenen Kinematik untersucht werden kann.

Aus dem Auf- und Seitenriß des „windschiefen Gelenkvierecks" läßt sich der Grundriß gewinnen (Abb. 95). Die Breite d der Fossa intercondylaris im Seitenriß wird zunächst als Naturmaß abgenommen (später wird gezeigt, daß zwischen dem Aufriß und der Breite der Fossa intercondylaris ganz bestimmte konstruktive Beziehungen bestehen). Der Grundriß des Steuersystems, der für die Außen- und Innendrehung des USCH verantwortlich ist, stellt kinematisch wieder ein Gelenkviereck dar, das als „nicht durchschlagendes Gelenkviereck" bekannt ist.

Es erhebt sich die Frage, ob es zulässig ist, das Bewegungssystem der Kreuzbänder in einer bestimmten Stellung und besonders jener, bei der das Dach der Fossa intercondylaris und das Tibiaplateau parallel zueinander stehen, kinematisch zu untersuchen. Diese Bedenken werden häufig von Medizinern und Biologen geäußert.

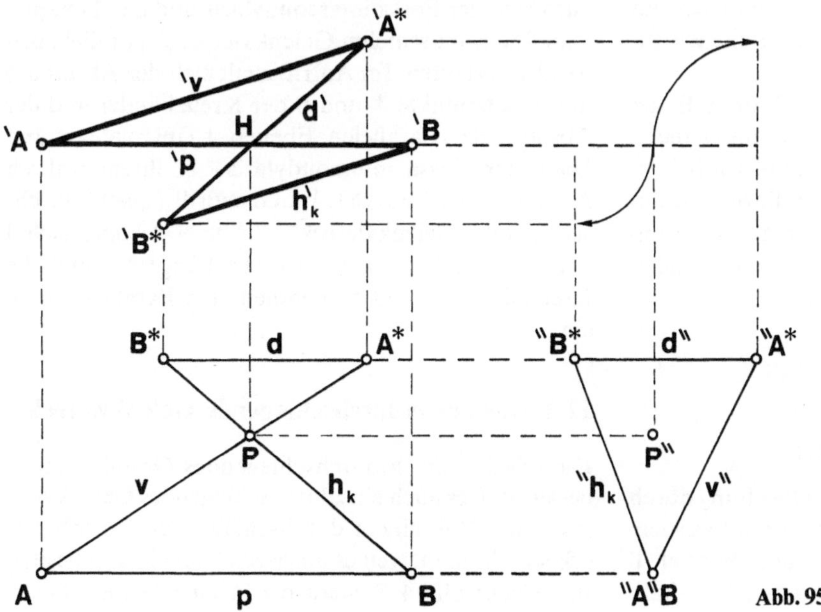

Abb. 95

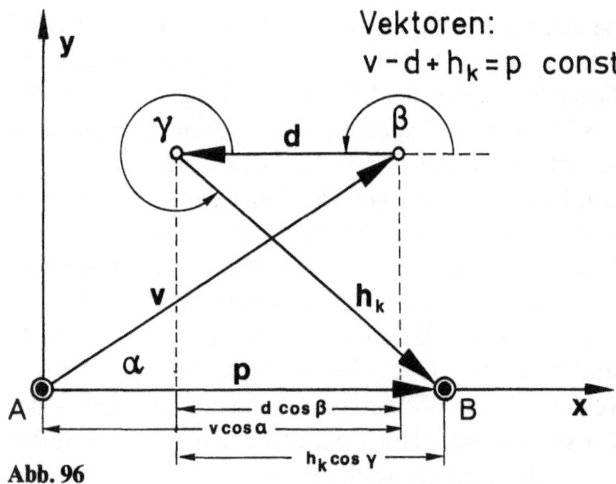

Abb. 96

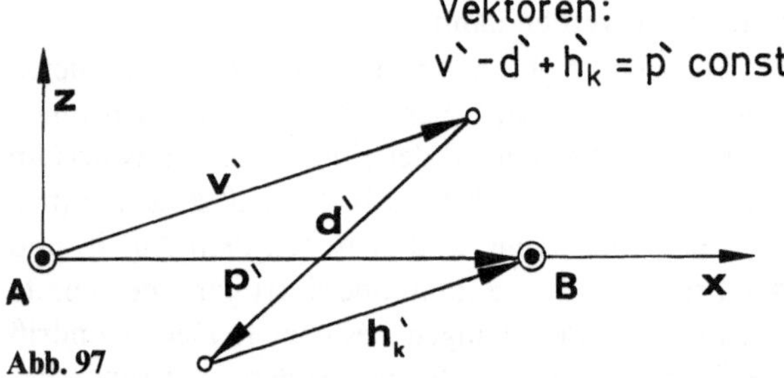

Abb. 97

Legt man durch die Lagerpunkte des Aufrisses (Abb. 96) ein Koordinatenkreuz und betrachtet die Kreuzbänder v und h_k und die Verbindungslinien d und p der Kreuzbandursprünge und Ansätze als Vektoren, was zur Berechnung der Pol- und Koppelkurven des Gelenkvierecks üblich ist, dann sind die Vektoren v, h_k, d und p durch ihre Absolutbeträge $|v|$,$|h_k|$,$|d|$ und $|p|$ und den ihnen zugehörenden Winkeln α, β, γ zur x-Achse voll bestimmt. Bei der Bewegung bleibt zum Beispiel der Absolutbetrag des Vektors $|v|$ unverändert, es ändert sich lediglich das Argument $\arg v = \alpha$ des Vektors v. Dasgleiche gilt für die Vektoren h_k und d.

Der Anfangspunkt A und der Endpunkt B des Vektors p sind die Lagerpunkte des Gelenkvierecks. Der Vektor p liegt auf der x-Achse und bleibt bei der Bewegung in Ruhe, daraus folgt: Bei der Bewegung des Gelenkvierecks hat die Vektorsumme einen konstanten Wert, es ändern sich lediglich die entsprechenden Argumente der Vektoren α, β und γ:

$$v - d + h_k = p \text{ const.}$$

Daraus folgt:

$$|v| \cos \alpha + |d| \cos \beta + h_k (\cos \gamma) = p \text{ const.}$$

Man erkennt, daß die Vorzeichen der Gleichung durch die Cosinuswerte der Winkel α, β, γ bestimmt werden.

Im gegenständlichen Fall liegt der Winkel β (180°) im 2. Quadranten, der Cosinus ist deshalb negativ. Der Winkel γ liegt im 4. Quadranten, der Cosinus ist daher positiv. Die Vektorsumme lautet deshalb, wie schon dargestellt

$$v - d + h_k = p.$$

Daraus folgt allgemein:

Die Vektorsumme in einem Gelenkviereck hat unabhängig von der Stellung des Systems immer einen konstanten Wert.

Aufgrund des Kommutativgesetzes der Addition bleibt die Vektorsumme unverändert, gleichgültig welche Punkte des Gelenkvierecks als Lagerpunkte ausgewählt werden.

Das gleiche gilt natürlich auch für den Grundriß des Steuersystems, das „nicht durchschlagende Gelenkviereck" (Abb. 97).

Legt man durch die Lagerpunkte A und B wieder ein Koordinatenkreuz, dann hat die Summe der Vektoren v,d und h_k den konstanten Wert p, unabhängig von der augenblicklichen Stellung des Bewegungssystems

$$v' - d' + h'_k = p' \quad |p'| = |p|.$$

Wenn die Vektorsumme unabhängig von der Stellung des Bewegungssystems einen konstanten Wert hat, es ändern sich nur die Winkel α, β und γ in bezug auf die x-Achse, kann man jede beliebige Stellung des Bewegungssystems zur kinetostatischen Untersuchung heranziehen.

Wenn jede augenblickliche Stellung des Gelenkvierecks zur Untersuchung des Systems geeignet ist, kann man jene Stellung auswählen, die den geringsten konstruktiven Aufwand erfordert und am anschaulichsten ist. Diese günstigste Stellung ist jene, bei der das Dach der Fossa intercondylaris und das Tibiaplateau des „windschiefen Gelenkvierecks" parallel zueinander verlaufen. Im Aufriß stellt sich der Abstand p der Ansatzpunkte A und B der Kreuzbänder und der Abstand der parallelen Ebenen (Tibiaplateau und Dach der Fossa intercondylaris) in ihrem wahren Ausmaß dar (Abb. 96). Im Grundriß („nicht durchschlagendes Gelenkviereck") (Abb. 97) bilden sich d und p ebenfalls in ihrer wahren Länge ab, und die Kreuzbänder v und h_k nehmen eine Parallelstellung ein.

12.1 Das „nichtdurchschlagende Gelenkviereck"

Die Diktion „nichtdurchschlagendes Gelenkviereck" besagt, daß es auch ein „durchschlagendes Gelenkviereck" gibt. Von einem durchschlagenden Gelenkviereck spricht man, weil es ausgezeichnete Lagen besitzt, in welcher alle 4 Steuerarme in eine Gerade fallen.

Dieser Verzweigungslage bzw. Durchschlagsstellung kann sich das Gelenkviereck auf 2 verschiedene Weisen nähern, wobei jeweils das Momentanzentrum P gegen eine wohlbestimmte Grenzlage auf dem Steg LM strebt (Abb. 98).

Diese Zweideutigkeit des Momentanzentrums P_0 und $\bar{P}$ in den Verzweigungslagen bedingt gewisse Bewegungsschwierigkeiten beim Betrieb. Man muß entweder diese Verzweigungslagen vermeiden oder zusätzliche Hilfsmittel verwenden, etwa einen Polkurvenabschnitt als Zahnsegment ausbilden.

Beim durchschlagenden Gelenkviereck liegen die Steuerarme in der Verzweigungslage am Steg LM parallel übereinander. Es handelt sich um eine ausgezeichnete Lage des Bewegungssystems.

Das „nichtdurchschlagende Gelenkviereck" besitzt ebenfalls eine ausgezeichnete Lage, bei welcher die Steuerarme v und h_k ebenfalls parallel verlaufen (Abb. 97). Das „durchschlagende Gelenkviereck" ist eine technische Sonderform des „nichtdurchschlagenden Gelenkvierecks".

Biologisch bedeutsam ist das „nichtdurchschlagende Gelenkviereck". Es werden die bekannten Phänomene, das *Wie* des reproduzierbaren Bewegungsablaufs der Transversalbewegung nach ihren Ursachen, dem *Was*, untersucht. Für die kräftefreie Außendrehung des USCH und seine Begrenzung werden das Bewegungsverhalten, das *Wie* der Kreuz- und Kollateralbänder verantwortlich gemacht. Die Kreuzbänder werden bei der Außenrotation „aufgedreht". Die antagonistisch wirkenden Kollateralbänder kommen allmählich unter Spannung und begrenzen die Drehbewegung. Diese Beobachtung ist zweifellos richtig. Bei der Innendrehung werden die Kreuzbänder quirlartig gewunden und stark angespannt, sie begrenzen durch die Spannung die Innendrehung des USCH. Die Kollateralbänder werden bei dieser Bewegung „aufgedreht" und damit entspannt. Das weit geringere Ausmaß der Innendrehung von etwa 10° in bezug zur Außendrehung von etwa 30° wird durch die Verwindung der Kreuzbänder erklärt. Von dem beobachteten Phänomen her scheint auch diese Erklärung glaubhaft.

Wenn die Kreuzbänder bei der Innendrehung aufeinander auflaufen, sich umwinden und die Innendrehung damit begrenzen, dann müssen sie an den Berührungsstellen mit einer gewissen Kraft aufeinandergepreßt werden. Es wäre zu erwarten, daß man diese Berührungsstellen der Kreuzbänder am offenen Kniegelenk oder am anatomischen Präparat durch eine Gewebeveränderung identifizieren könnte, indem man etwa eine Verdickung der Synovialschleimhaut oder eine flache Delle an den Kreuzbändern findet. Dies ist aber nicht der Fall. Die Kreuzbänder zeigen an

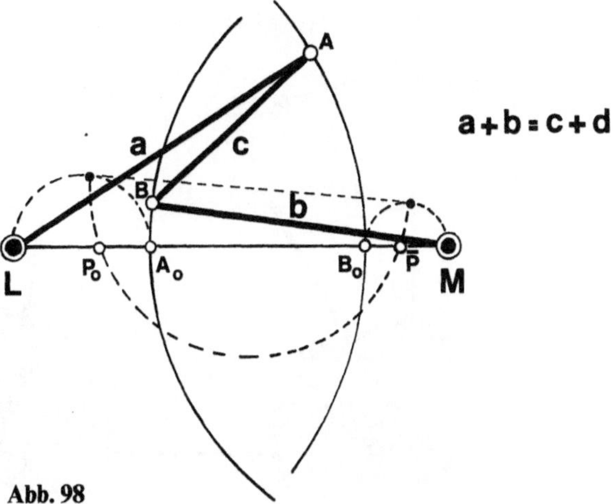

Abb. 98

den einander zugekehrten Seiten weder makroskopisch noch mikroskopisch Veränderungen, die auf eine Umschlingung hindeuten würden. Es erhebt sich daher die Frage, wer hemmt nun wirklich die Innendrehung? Durchtrennt man das vordere Kreuzband, dann nimmt die Innendrehung zu. Eine vermehrte Innendrehung ist ein Symptom einer vorderen Kreuzbandruptur. Diese scheinbare Widersprüchlichkeit läßt den Schluß zu, das *eine Begrenzung der Innendrehung wohl durch die Kreuzbänder erfolgt, aber ohne Umschlingung.*

Die Außen- und Innendrehbewegung ist eine reproduzierbare, daher gesteuerte Bewegung, deshalb muß auch die Gegenbewegung – der USCH wird festgehalten und der OSCH bewegt – ausgeführt werden.

Betrachtet man das rechte Kniegelenk bei festgehaltenem OSCH, dann führt der USCH eine Drehbewegung nach außen im Uhrzeigersinn von ca. 30° aus. Die Innendrehung von etwa 10° erfolgt entgegen dem Uhrzeigersinn (Abb. 99).

Hält man den USCH fest und bewegt den OSCH nach außen, entgegen dem Uhrzeigersinn, dann beträgt die Außenverdrehung etwa 30°. Bei dieser Bewegung verdrehen sich natürlich auch die OSCH-Kondylen entgegen dem Uhrzeigersinn. Sie führen eine Drehung nach innen aus. Die Innenverdrehung der Oberschenkelkondylen wird durch die unter Spannung geratenen Kollateralbänder begrenzt. Bei der Drehbewegung des OSCH nach innen im Uhrzeigersinn, drehen sich die OSCH-Kondylen ebenfalls im Uhrzeigersinn etwa 10° nach außen. Die Drehbewegung der OSCH-Kondylen nach außen wird durch die Kreuzbänder begrenzt, die sich nach der geläufigen Ansicht umschlingen; wie schon erwähnt wurde, zeigen sie aber keine Benützungszeichen dafür.

Das Bewegungsverhalten der Unter- und Oberschenkelkondylen und der Kreuzbänder mit ihren

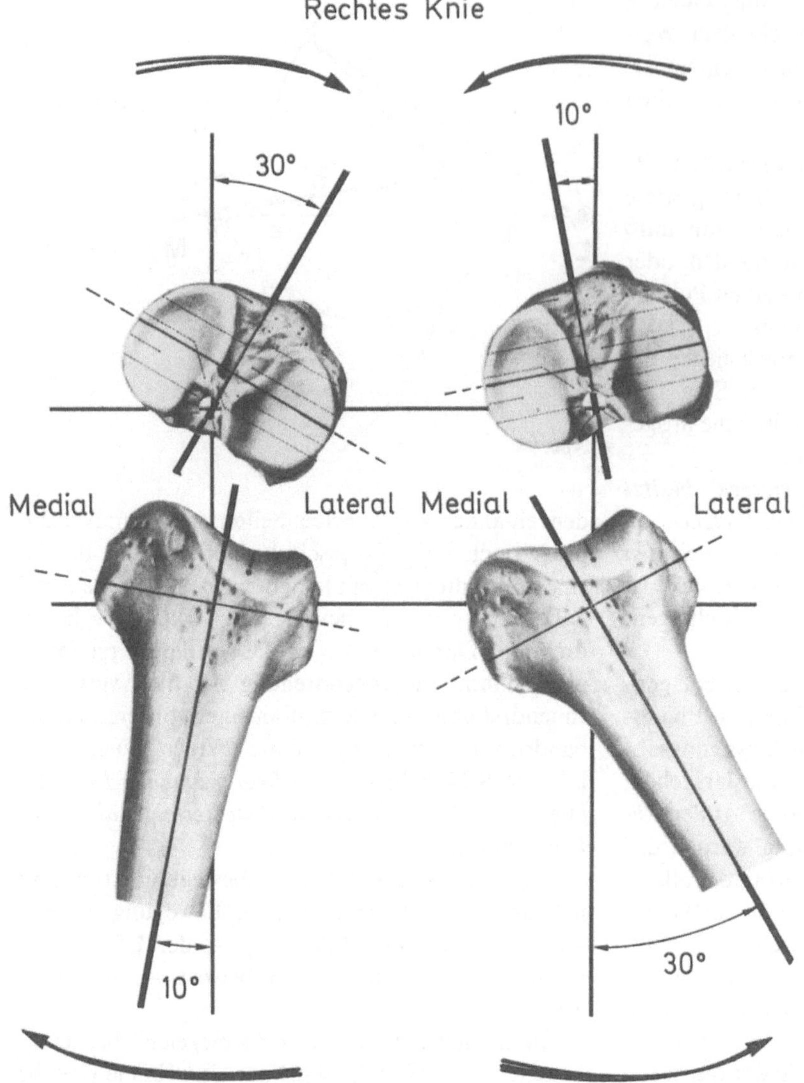

Abb. 99

Antagonisten, den Kollateralbändern – das *Wie* – wurde in verschiedenen Arbeiten schon dargestellt und zusammengefaßt. Die Frage nach der Ursache dem *Was*, des Drehverhaltens des USCH bei der Transversalbewegung wurde meines Wissen nach noch nicht beantwortet.

Die Kreuzbänder bilden mit ihren Verbindungsstrecken am Tibiaplateau und am Dach der Fossa intercondylaris ein „windschiefes Gelenkviereck" (s. Abb. 93). Im Grundriß bildet sich das windschiefe Gelenkviereck als „nichtdurchschlagendes Gelenkviereck" ab. (Abb. 94 und 97). (Es wurde jene Stellung des windschiefen Gelenkvierecks gewählt, bei welcher das Tibiaplateau parallel zum Dach der Fossa intercondylaris verläuft).

Hält man in der Abb. 100a die Kreuzbandsprünge A* und B* (am OSCH) fest und bewegt das Tibiaplateau p, dann führt das Tibiaplateau p eine Drehbewegung im Uhrzeigersinn nach lateral aus. Legt man auf Abb. 100a ein Transparentpapier und markiert die Punkte A_0 und B_0 und läßt diese Punkte auf ihren entsprechenden Kreislinien laufen, dann ist es unmöglich, die Punkte A_0 und B_0 so zu bewegen, daß das Tibiaplateau eine Drehung entgegen dem Uhrzeigersinn, also nach medial ausführt.

Theoretisch wäre eine Innendrehung des USCH p nicht möglich. Die Praxis zeigt aber, daß eine geringe Innendrehung entgegen dem Uhrzeigersinn des Tibiaplateaus doch möglich ist. Dies hat v.a. 2 Gründe:

1. Die Kreuzbänder bilden mit ihren Ursprungs- und Ansatzpunkten ein räumliches Gelenkviereck, bei welchem die Kreuzbänder auf Kegelmäntel laufen. Durch die hüllflächenbildenden Gelenkkörper wer-

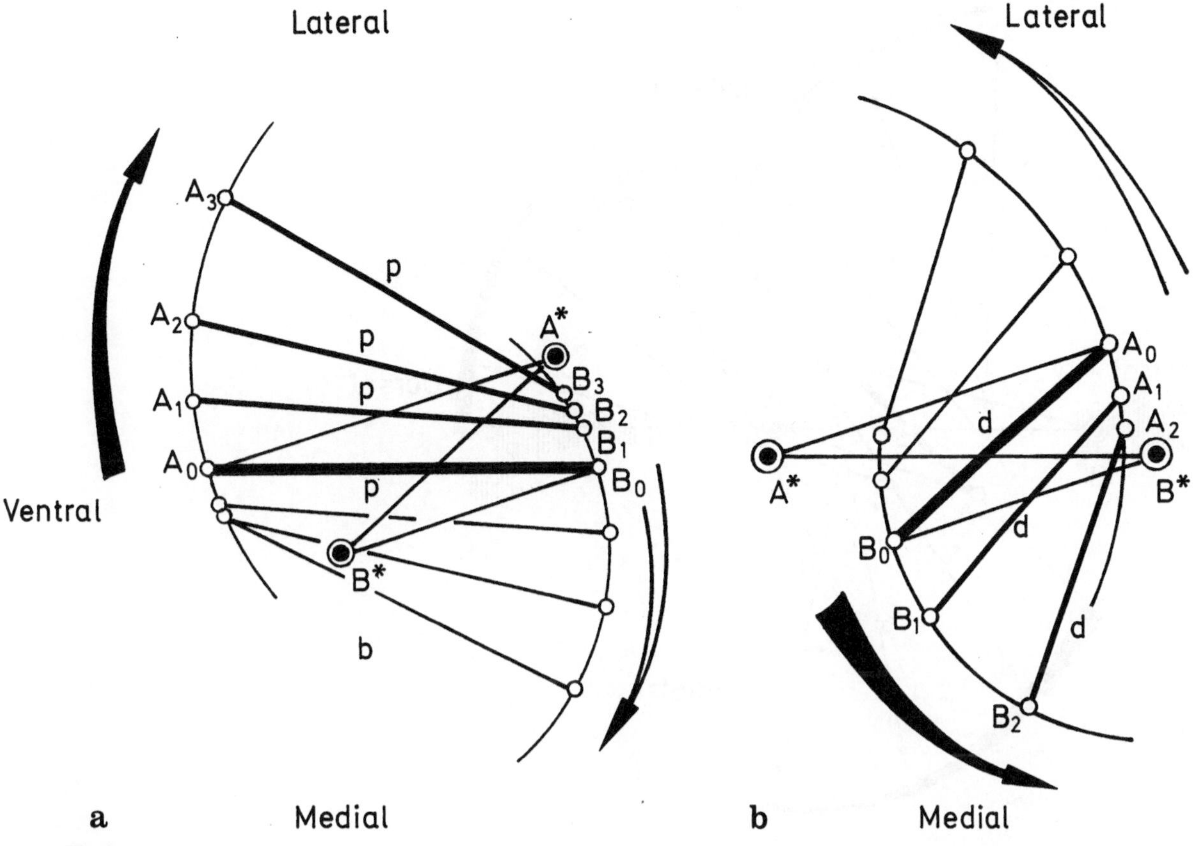

Abb. 100 a, b

den das Tibiaplateau und das Dach der Fossa intercondylaris in jeder Beugestellung in einer bestimmten Entfernung voneinander gehalten. Faßt man das Tibiaplateau als eine ebene Fläche auf, dann wäre eine Innendrehung von etwa 2° bis 3° möglich.

2. Die Form der Tibiagelenkfläche, v.a. des lateralen Tibiakondyls, der eine geringe Wölbung nach proximal aufweist, bedingt bei der Innendrehung ein geringes Abwärtsgleiten des lateralen Femorkondyls nach dorsal (Müller 1982; Huson 1974), dadurch gewinnt das vordere Kreuzband relativ an Länge, das Tibiaplateau wird dabei etwas angehoben.

Der mediale Tibiakondyl dreht sich aber nicht auf einem Punkt, sondern umläuft seinen Drehpunkt. Dadurch wird der Eingriffspunkt der Gelenkfläche etwas nach dorsal verlagert. Die Krümmugsradien des medialen OSCH-Kondyls nehmen aber von ventral nach dorsal ab. Das Tibiaplateau wird dadurch etwas angehoben. Das vordere und hintere Kreuzband gewinnen deshalb relativ an Länge. Der von Müller u. Huson erhobene Befund der relativen Längenzunahme des vorderen Kreuzbandes durch geringes Anheben des Tibiaplateaus hat auch für das hintere Kreuzband Gültigkeit.

Wird das Tibiaplateau bei der Innendrehung um etwa 1 mm angehoben, dann erfährt das vordere Kreuzband eine relative Längenzunahme von etwa 3 %. Die Längenveränderung in Prozentangaben gilt sowohl für den Aufriß als auch für den Grundriß und die wahre räumliche Länge der Kreuzbänder. Um das Ausmaß der Innendrehung im Grundriß (Abb. 101) darzustellen, lassen wir das Tibiaplateau p_0 in der Zeichenebene – ohne Anheben des Tibiaplateaus – eine Innendrehung ausführen, hierbei müssen die Kreuzbänder eine relative Längenzunahme von etwa 3 % erfahren, entsprechend der Anhebung des Tibiaplateaus. Das Tibiaplateau kann sich dann aus der A_0-B_0-Stellung um etwa 14° in die Stellung A_1B_1 nach innen entgegen dem Uhrzeigersinn drehen. Über diese

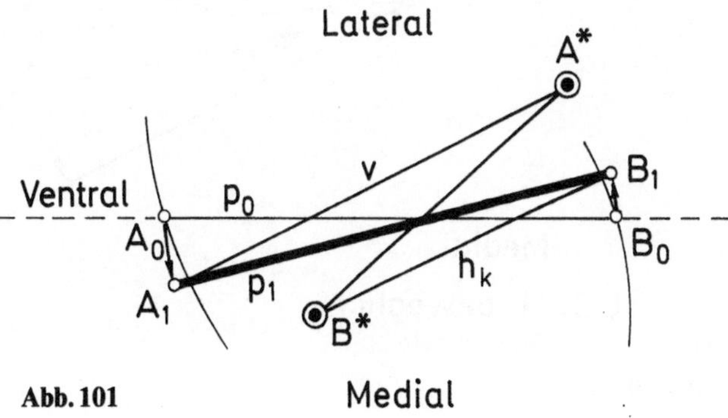

Abb. 101

Lateral
Ventral
B
A*
Dorsal
B*
d
A
d
d
d
Medial
USCH fest
Rastsystem
OSCH beweglich
Gangsystem

a

Lateral
p
p
B*
p
Dorsal
Ventral
B
p
p
A
A*
Medial
USCH beweglich
Gangsystem
OSCH fest
Rastsystem

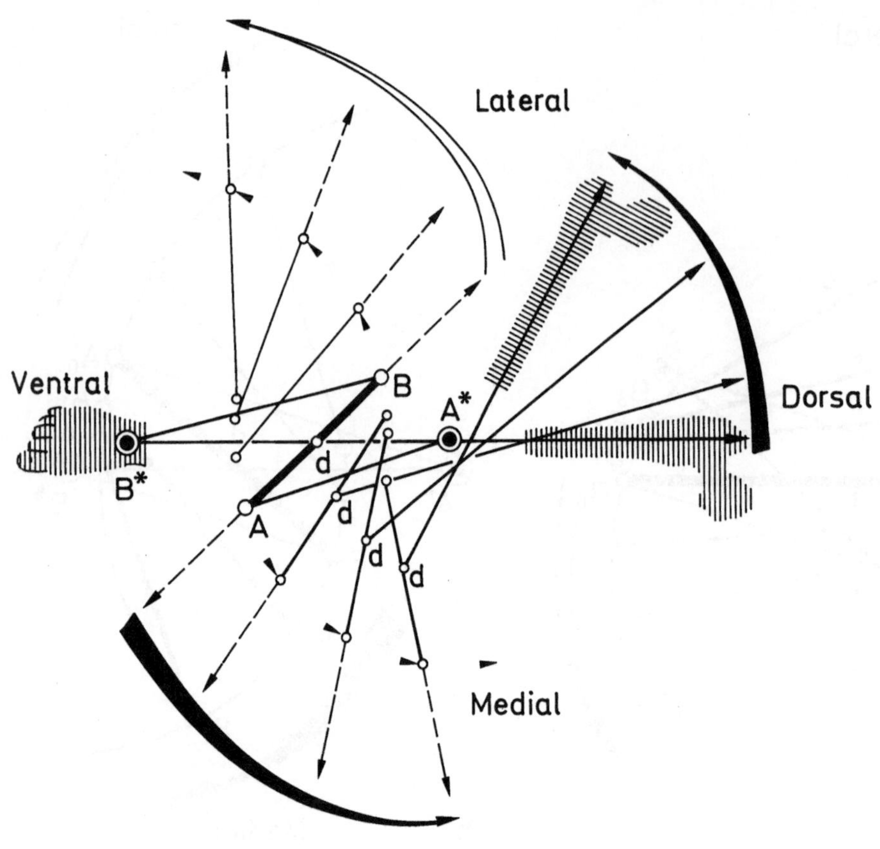

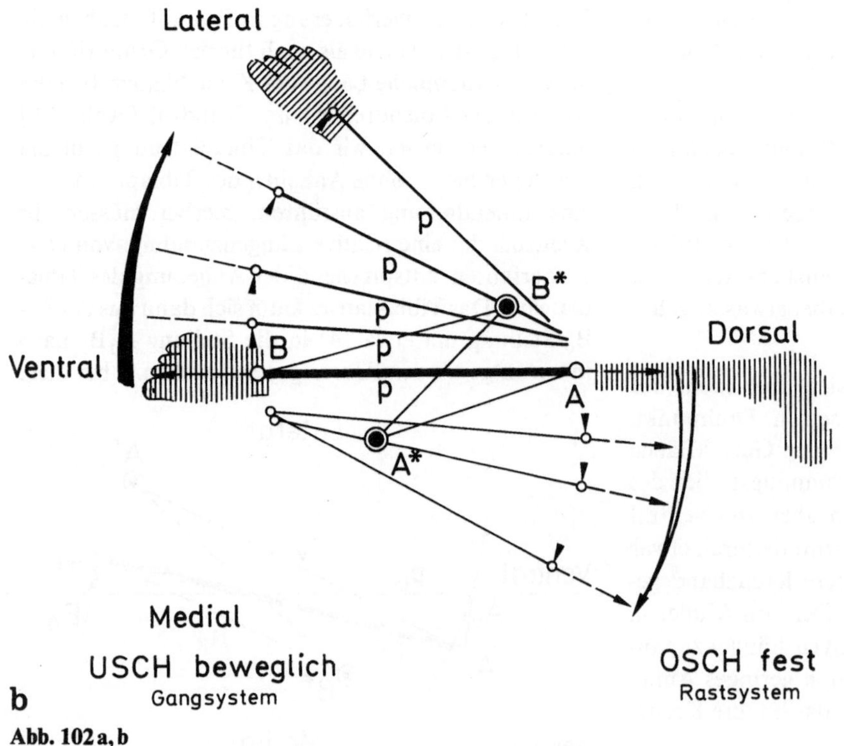

b

Abb. 102 a, b

Stellung hinaus kommen die Kreuzbänder unter Zug und beenden damit den Innendrehvorgang ohne „Umwicklung" der Kreuzbänder.

Führt man die Gegenbewegung aus – der USCH wird festgehalten und der OSCH gedreht, – dann merkt man (Abb. 100b), daß die Verbindungsgerade d der Kreuzbandursprünge nur eine Drehung entgegen dem Uhrzeigersinn zuläßt. Dies läßt sich leicht überprüfen. Man legt wieder ein Transparentpapier auf die Zeichnung und markiert die Endpunkte A und B der Geraden d. Bewegt man die Punkte A und B auf den entsprechenden Kreislinien, dann merkt man, daß die Gerade d nur eine Drehung entgegen dem Uhrzeigersinn, also eine Innendrehung zuläßt.

Befestigt man an der Geraden d den OSCH-Schaft (Abb. 102a) und bewegt die Punkte A und B (Ursprungspunkte der Kreuzbänder) auf ihren entsprechenden Kreisbahnen, dann merkt man, daß der OSCH-Schaft eine Drehung nach außen entgegen dem Uhrzeigersinn ausführt. Eine Drehung von etwa 14° im Uhrzeigersinn wird durch ein geringes Anheben des Tibiaplateaus, wie bei der Drehung der USCH nach innen gezeigt wurde, möglich.

Zusammenfassend wird festgestellt:

Das Phänomen der Transversalbewegung, die geringe Innendrehung des USCH von etwa 15° und die erheblich größere Außendrehung von etwa 30° sowie bei der Gegenbewegung die größere Innenrotation der OSCH-Kondylen und die geringe Außendrehung, das *Wie* der Bewegung, ist mannigfaltig untersucht worden. Zur Klärung der Ursache, dem *Was*, wurde das Bewegungsverhalten, das *Wie*, der Kreuzbänder herangezogen, ohne zu klären, was die Ursache, das *Was*, der Kreuzbandbewegung darstellt. Diese dualistische Denkweise, nach dem *Wie* der Bewegung zu fragen und die Ursache, das *Was* der Bewegung, als ein gegebenes biologisches „Geheimnis" hinzustellen, nach dem nicht gefragt wird, ist eine nicht mehr zeitgemäße mittelalterliche Denkweise. Jedes immer wieder reproduzierbare Bewegungsphänomen kann nur entstehen, wenn eine kinematische Gesetzmäßigkeit als Ursache der Bewegung vorhanden ist. Das „Konstruktionsprinzip" ist die Ursache des Bewegungsphänomens und nicht umgekehrt.

Das Konstruktionsprinzip des „nichtdurchschlagenden Gelenkvierecks" (s. Abb. 100a,b) erklärt an sich durch das Bewegungsverhalten der Koppel p, daß nur eine Außendrehung möglich ist (Abb. 100a). Bei der Gegenbewegung führt die Koppel d (Abb. 100b) eine gegenläufige Bewegung, eine Innendrehung aus. Dieses grundsätzliche Bewegungsverhalten des „nichtdurchschlagenden Gelenkvierecks" findet sich, wie gezeigt wurde, auch am Kniegelenk. Bei festgehaltenem OSCH führt das Tibiaplateau eine Außendrehung (Abb. 102b) aus, bei der Gegenbewegung – der USCH wird festgehalten (Abb. 102a) – dreht sich der OSCH-Kondyl nach innen. Die Frage der geringen Innenverdrehung des Tibiaplataus und der Außendrehung der OSCH-Kondylen durch ein geringes Anheben des Tibiaplateaus ist bereits eine Optimierungsfrage des Konstruktionsprinzips.

Der zentrale Drehpfeiler (Müller 1982), die Eminentia intercondylaris, hat, wie auch Goodfellow und O'Connor hinwiesen, ohne Zweifel eine maßgebliche Bedeutung für die Kniestabilität. Die Eminenta intercondylaris ist aber nicht etwas Passives, von der „Natur" Hingestelltes, sondern ein Optimierungsproblem des Konstruktionsprinzips, dessen konstruktive Ursache derzeit noch unbekannt ist, genauso wie die Form des Tibiaplateaus und der Menisci und die gesetzliche Verschiebung der Menisci bei der Transversalbewegung.

12.2 Die Drehachsen für die Transversalbewegung (Polkurven des „nichtdurchschlagenden Gelenkvierecks")

Alle Autoren, die sich mit der Verschiebung der Menisci am Tibiaplateau während der Transversalbewegung beschäftigten, sind sich darüber einig, daß der laterale Meniskus ausgedehntere Bewegungen ausführt als der mediale. Müller (1982) hat daraus den richtigen Schluß gezogen, daß die Drehachsen für die Transversalbewegung nicht im Zentrum des Tibiaplateaus liegen können, sondern exzentrisch medialdorsalseitig (Abb. 103, aus Müller 1982) in dem kleinen schraffierten Kreis.

Die Frage ist nur, warum, was ist die Ursache für die medial-dorsalseitige Lage der Drehachsen? Die Außendrehung des USCH ist eine immer wieder reproduzierbare Bewegung, deshalb eine gesetzlich gesteuerte Bewegung. Daher muß die Drehachse in ihrer Lage durch das Steuersystem „nichtdurchschlagendes Gelenkviereck" bestimmt werden. Es gilt zu untersuchen, ob die am Objekt (Kniegelenk) beobachtete Lokalisation der Drehachsen, das *Wie*, mit den Polkurven des Steuersystems, dem *Was*, übereinstimmt.

In jener ausgezeichneten Lage des Steuersystems, bei welcher Steuerarme v und h_k parallel stehen, liegt das Momentanzentrum P, die Drehachse, im Unendlichen (Abb. 104).

Diese „Fernpolstellung" läßt sich mit dem über dem Steg A^*B^* errichteten Dreieck A^*B^*, $(v+h_k)$ und d elementar finden (Abb. 105). Die zugehörigen Asymptoten sind nach der Konstruktion von Bobillier leicht hinzuzufügen (Abb. 104).

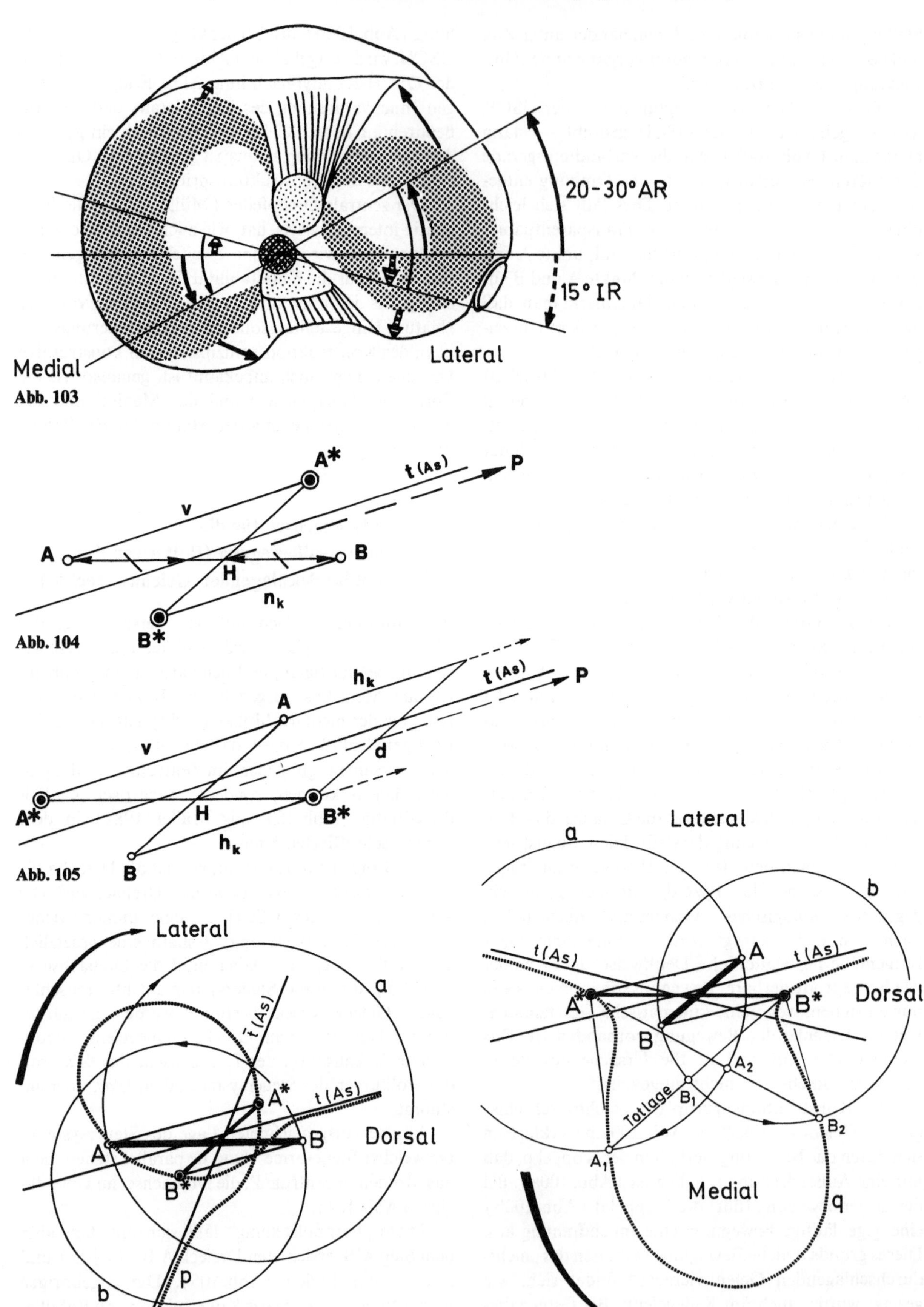

Abb. 103

Abb. 104

Abb. 105

Abb. 106

Abb. 107

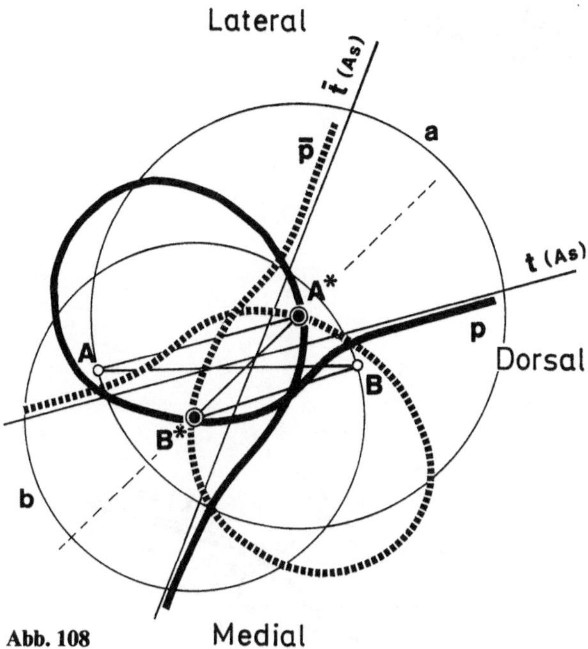

Abb. 108

Hält man die Ursprungspunkte der Kreuzbänder A*B* am OSCH fest und führt die Ansatzpunkte der Kreuzbänder A B am Tibiaplateau entlang ihrer Leitkreise a und b nach lateral und bestimmt die Momentanzentren P_i (Drehachsen) für alle Lagen des Systems, dann entsteht eine Polkurve (Abb. 106), auf welcher die Momentanzentren P_i aus dem Unendlichen längs der Asymptote $t(A_s)$ kommend durch die Punkte B* und A* laufen und längs der Asymptote $\bar{t}(A_s)$ wieder im Unendlichen verschwinden. Die Asymptote $\bar{t}(A_s)$ ist das an A*B* gespiegelte Abbild der Asymptote $t(A_s)$ (Abb. 106).

Werden die Ansatzstellen der Kreuzbänder A*B* am USCH (Abb. 107) festgehalten und der OSCH nach medial in Bewegung gesetzt, und läßt man die Ursprungspunkte am OSCH auf ihren entsprechenden Leitkreisen a und b wandern und bestimmt für alle Lagen des Systems die Momentanzentren P_i, dann entsteht eine Polkurve *q* (Abb. 107), auf welcher die Momentanzentren P aus dem Unendlichen längs der Asymptote $t(A_s)$ kommend durch den hinteren Kreuzbandansatz B* und dem vorderen Kreuzbandansatz A* (Lagerpunkte) laufen und längs der Asymptote $\bar{t}(A_s)$ wieder im Unendlichen verschwinden. Die Asymptote $\bar{t}(A_s)$ ist das an dem Steg A*B* gespiegelte Abbild von $t(A_s)$ (Abb. 107).

Trotz des verschiedenen Erscheinungsbildes der Gangpolkurve p (Abb. 106) und der Rastpolkurve q (Abb. 107), handelt es sich doch um dieselben (nicht die gleichen) Kurven (Wunderlich 1970) die in jedem Augenblick der Bewegung einen gemeinsamen (identen) Drehpunkt P (Momentanzentrum) haben. Die Gangpolkurve p und die Rastpolkurve q rollen bei der Bewegung echt aufeinander ab und könnten verzahnt werden (abgesehen von den Überschneidungen).

Bewegt man in Abb. 106 die Koppel AB bei festgehaltenem OSCH A*B* entgegen dem Uhrzeigersinn und bestimmt wieder die Momentanzentren P_i, dann liegen diese auf einer Polkurve p̄, die das symmetrische Spiegelbild der Polkurve p ist, gespiegelt an dem Steg A*B*, der demnach auch die Symmetrieachse der Polkurven p und p̄ verkörpert (Abb. 108).

Unterwirft man in Abb. 107 die Koppel AB (Kreuzbandursprünge) bei festgehaltenem USCH A*B* einer Bewegung im Uhrzeigersinn, dann liegen die Momentanzentren P auf der Polkurve q̄, die symmetrisch zum Steg A*B* (Ansatzpunkte der Kreuzbänder) das Abbild der Polkurve q darstellt (Abb. 109).

Zusammenfassung

Die Gangpolkurven p und p̄ und die Rastpolkurven q und q̄ sind algebraische Kurven 8. Ordnung, bizirkuläre Oktiken mit 4 „Fernpunkten", die zum Steg, dem ruhenden System, symmetrisch liegen und durch die entsprechenden Lagerpunkte A*B* gehen. Die algebraische Gleichung ist kompliziert und kann in der einschlägigen Literatur nachgelesen werden. Für die

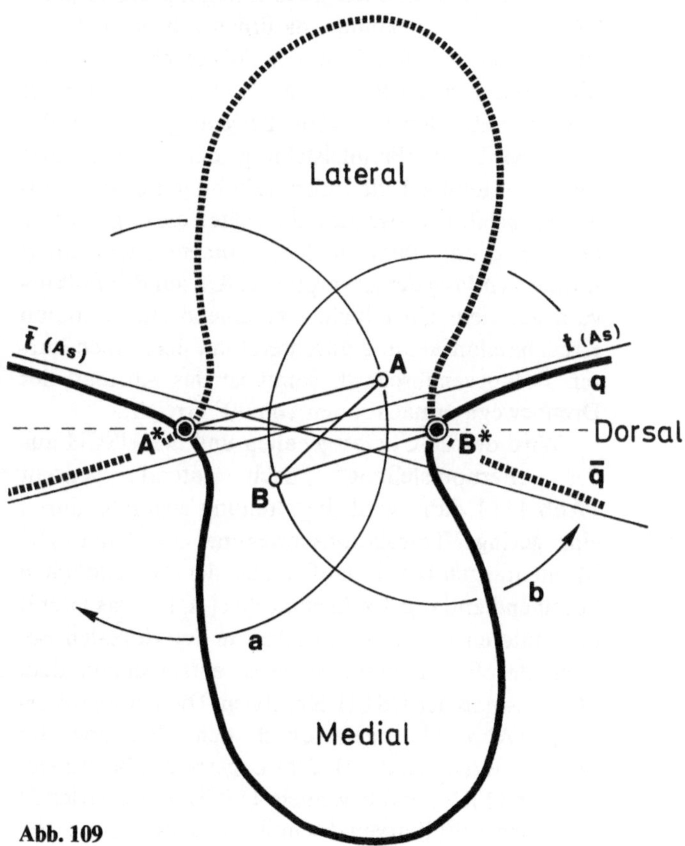

Abb. 109

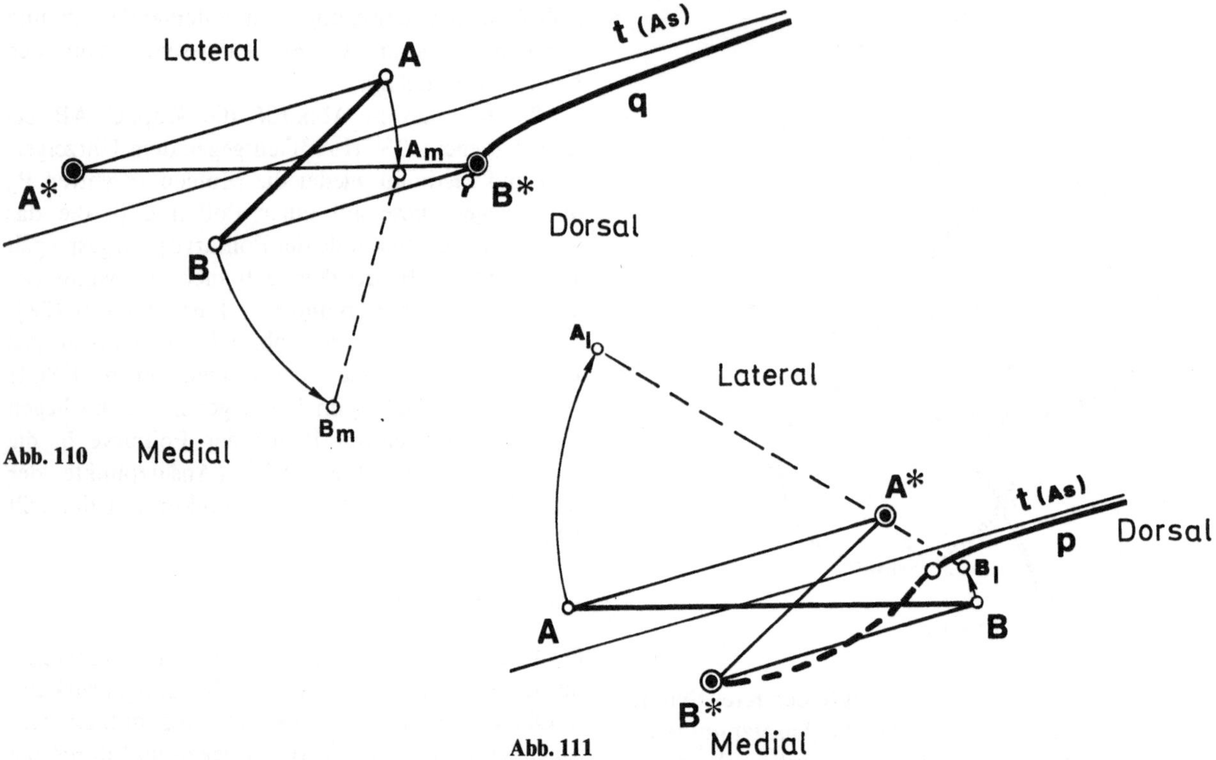

Abb. 110

Abb. 111

grundsätzliche Betrachtung der Transversalbewegung ist dies zunächst nicht von Bedeutung.

Für das Ausmaß der Drehbewegung des Kniegelenks von ca. 30° kommt natürlich nur ein entsprechender geringer Abschnitt der Polkurven als Ort der Momentanzentren P in Frage. Hält man den USCH fest und setzt den OSCH in Bewegung (Abb. 110), dann wird bei Parallelstellung der Kreuzbänder (Fernpolstellung) die Innendrehung mit einer geringen Translationsbewegung eingeleitet, die dann in eine Drehbewegung übergeht. Das Momentanzentrum P wandert entlang der Asymptote t (A_s) auf der Polkurve q aus dem Unendlichen kommend zum hinteren Kreuzbandansatz und durchsetzt ihn über einen kurzen Polkurvenabschnitt, somit ist das Ausmaß der Drehbewegung nach innen von 30° erreicht.

Wird der OSCH festgehalten und der USCH aus der „Fernpolstellung" nach lateral gedreht (Abb. 111) dann wird die Drehung ebenfalls durch eine geringe Translationsbewegung eingeleitet. Die Momentanzentren P laufen aus dem Unendlichen kommend entlang der Asymptote t (A_s) etwas lateral des hinteren Kreuzbandansatzes in den dorsalen Bereich der Fossa intercondylaris, entsprechend dem Drehausmaß der USCH-Kondylen. Die Gangpolkurve p (Abb. 111) geht durch den Ursprung des hinteren Kreuzbandes B* dem Lagerpunkt bei feststehendem OSCH und bewegtem USCH, der gestrichelt gezeichnete Polkurvenabschnitt wird durch die Begrenzung der Außendrehung des USCH von den Drehzentren P natürlich nicht befahren.

Das „nichtdurchschlagende Gelenkviereck", das Steuersystem der Transversalbewegung ist wohl ein ebenes Bewegungssystem, bei welchem der Steg, die Fossa intercondylaris und die Koppel, das Tibiaplateau, auf 2 verschiedenen parallelen Ebenen verlaufen, die durch die eingehüllten Flächen (OSCH-Kondylen) in einer bestimmten Entfernung voneinan-

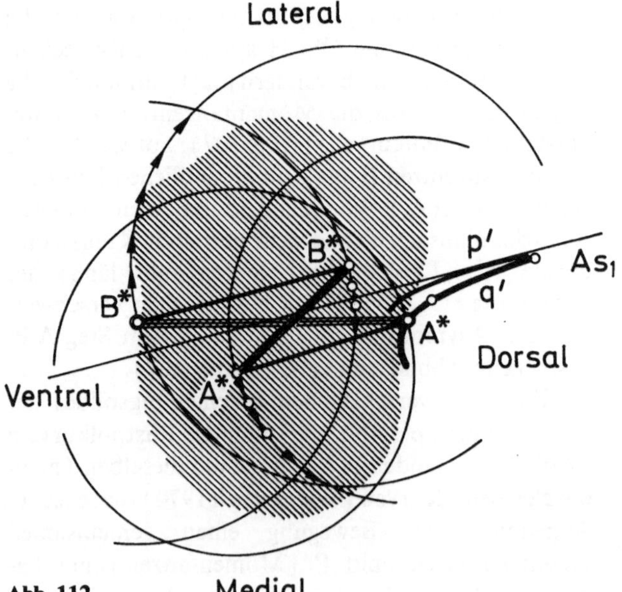

Abb. 112

der gehalten werden. Die Polkurven p und q sind deshalb Flächen, die auf dem Tibiaplateau und auf dem Dach der Fossa intercondylaris normal stehen. Die Momentanzentren P sind auf den Polkurven nicht gleichmäßig verteilt. Bei der Rastpolkurve p (Abb. 110) liegen die Momentanzentren P im Bereich des hinteren Kreuzbandansatzes B* sehr dicht beieinander. Rastpolkurve p und die Gangpolkurve q haben in jedem Augenblick der Bewegung ein identes Drehzentrum P. Deshalb liegen die Drehzentren P auf der Gangpolkurve q (Abb. 111) im dorsalseitigen Kniebereich ebenfalls dicht beisammen. Bei der Betrachtung der Transversalbewegung am Objekt (Kniegelenk) entsteht deshalb der Eindruck, daß sich das System um eine gering exzentrierende Achse im dorsalseitigen etwas medial gelegenen Gelenkbereich dreht, wie dies Müller (1982) in seiner Arbeit beschreibt (Abb. 112). Das von Müller richtig beobachtete *Wie* der Drehachsen für die Transversalbewegung konnte durch das Konstruktionsprinzip des „nichtdurchschlagenden Gelenkvierecks“, dem *Was*, bewiesen werden.

12.3 Der „Nachlauf“ des Kniegelenks

Es stellt sich natürlich sofort die Frage, welche kinematischen Konsequenzen birgt die im dorsalseitigen Gelenkbereich „wandernde“ Drehachse der Transversalbewegung für das Bewegungsverhalten der Beuge- und Streckbewegung des Kniegelenks. Sind bei einem Bewegungssystem die Rollachsen (Achsen für die Beuge- und Streckbewegung) und die Steuerachse (Achse für die Transversalbewegung) gegeneinander versetzt, dann handelt es sich um einen „Nachlauf“ im technischen Sinne. Der Nachlauf an der Vorderachse der Räder eines Autos bewirkt, daß sich die Vorderräder nach einem Lenkmanöver von selbst wieder in die Bewegungsrichtung zurückdrehen. Der Nachlauf am Vorderrad eines Fahrrads bewirkt, daß der Fahrer ab einer gewissen Geschwindigkeit freihändig, ohne aktives Betätigen des Fahrradlenkers, durch reine Gewichtsverlagerung (Verlagerung des Schwerpunkts) das Fahrrad steuert.

Der „Nachlauf“ des Kniegelenks stellt den Unterschenkel beim Laufen und flotten Wanderschritt von selbst in die Bewegungsrichtung. Alle Muskelkräfte stehen zur Fortbewegung zur Verfügung. Es bedarf keiner Muskelkräfte, um den USCH in seiner Bewegungsrichtung zu stabilisieren. Beim Laufen einer Kurve genügt eine geringe Gewichtsverlagerung, das Kniegelenk paßt sich von selbst durch den „Nachlauf“ der gelaufenen Kurve ohne zusätzliche Muskelkräfte an.

Das bekannte Phänomen, daß Stehen und langsames Gehen mehr ermüdet als ein flotter Wanderschritt, ist scheinbar widersprüchlich in bezug auf den Energieaufwand. Es wäre zu erwarten, daß ein rascherer Bewegungsablauf mehr Energie erfordert als ein langsames Gehen. Die Erklärung, daß langsames Gehen und Stehen mehr ermüdet, liegt darin, daß erhebliche Muskelkräfte zur Stabilisierung der Gelenke und zur Beherrschung des Gleichgewichts erforderlich sind. Beim flotten Wanderschritt stabilisieren sich die Gelenke durch ihren eigendynamischen Effekt, wie zum Beispiel am Kniegelenk durch den „Nachlauf“ von selbst und beherrschen damit die Gleichgewichtslage. Alle Muskelkräfte stehen dann allein zur Fortbewegung zur Verfügung, um im Sinne des Roux-Gesetzes mit minimalstem Aufwand den größten Effekt zu erzielen.

12.4 Die Asymptoten des „nichtdurchschlagenden Gelenkvierecks“

Das „nichtdurchschlagende Gelenkviereck“ hat 4 Asymptoten, wie aus Abb. 108 und 109 zu entnehmen ist. Bringt man das Steuersystem in jene ausgezeichnete Stellung (Fernpolstellung), in welcher die Steuerarme parallel stehen, dann liegt das „Drehzentrum“, der Momentanpol P im Unendlichen. Die Asymptote t ist die Wälztangente des Fernpols P. Die Asymptote t schneidet den Steg im außerordentlichen Brennpunkt N (Abb. 113). Der Punkt N teilt die Verbindungsstrecke der Kreuzbandansätze A'B' im Verhältnis

$$\frac{A'N}{NB'} = v.$$

Das Längenverhältnis der in den Grundriß projizierten Kreuzbänder v' und h'_k ist ebenfalls

$$h'_k : v' = v.$$

Die Verhältniszahl v bedeutet im Algorithmus der biologischen Bewegungssysteme $r \cdot r = \pm c^2$ eine natürliche trigonometrische Zahl

$$AN = 35{,}789184, \quad NB = 47{,}548828,$$

$$\frac{AN}{NB} = 0{,}75268281 \Rightarrow \cos 41{,}176692° = \text{Winkel } \omega$$

Der Winkel ω wird vom Steg und der Koppel eingeschlossen. Diese Feststellung ist von besonderer Wichtigkeit, denn in dem Rechensystem der technischen Bewegungssysteme gibt es keine zwingende Beziehung zwischen der Höhe f des Aufrisses des überschlagenen Gelenkvierecks und der räumlichen Versetzung der Kreuzbandursprünge. Das Steuersystem des Kniegelenks, die Kreuzbänder, als ein natürliches Bewe-

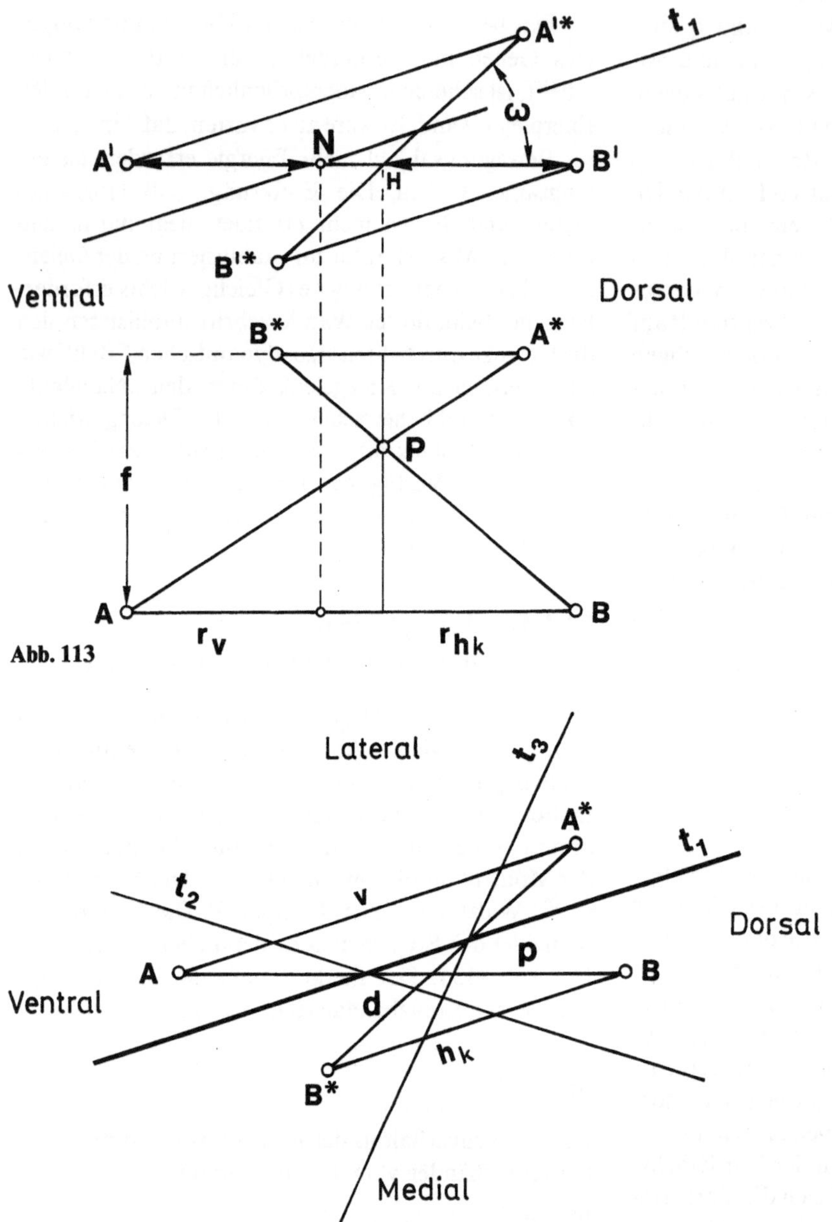

Abb. 113

Abb. 114

gungssystem zeigen uns aber, daß zwischen den Ursprungspunkten und den räumlich versetzten Ansatzpunkten der Kreuzbänder eine gesetzliche Beziehung bestehen muß, sonst wäre ein immer wieder reproduzierbarer Bewegungsablauf der Kreuzbandursprünge und -ansätze unmöglich. Das Rechensystem, der Algorithmus der biologischen Bewegungssysteme (Wirbeltiere), die Inversion mit der Gleichung $r \cdot \bar{r} = \pm c^2$, die für die Ebene und den Raum gilt, die winkeltreu und damit längenverhältnistreu ist, ermöglicht eine zwingende Abhängigkeit zwischen dem Aufriß (überschlagenes Gelenkviereck) und seinem Grundriß (nichtdurchschlagendes Gelenkviereck), wobei der Aufriß (überschlagenes Gelenkviereck) in seinen Winkelbeziehungen und seiner Höhe f durch das Längenverhältnis λ der Kreuzbänder bestimmt ist (Abb. 113):

$$\frac{v}{h_k} = \lambda, \; f = \frac{h_k^2}{\sqrt{v^2 + h_k^2}} \Rightarrow f = \frac{h_k}{\sqrt{\lambda^2 + 1}}\,.$$

Aus diesen grundsätzlichen Beziehungen lassen sich alle übrigen Parameter des überschlagenen Gelenkvierecks bestimmen (s. Teil III).

Kehren wir zum Grundriß des Steuersystems, dem „nichtdurchschlagenden Gelenkviereck“ zurück. Die Polkurven liegen spiegelbildlich symmetrisch zum jeweiligen Steg (Abb. 108 und 109). Deshalb bilden

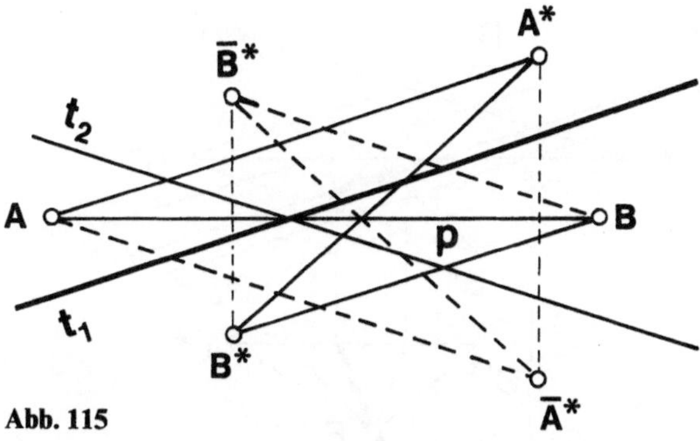

Abb. 115

sich auch die Asymptoten spiegelbildlich ab. Hält man den Steg p (Ansatzpunkte der Kreuzbänder am Tibiaplateau) fest (Abb. 114), dann wird die Asymptote t_1 an den Steg p gespiegelt. Man erhält die Asymptote t_2. Hält man den OSCH fest, dann wird die Verbindungslinie d der Ursprungspunkte der Kreuzbänder zum Steg, an welchem die Asymptote t_1 gespiegelt wird. Das Spiegelbild von t_1 am Steg d ist dann die Asymptote t_3. Man erkennt, daß die Asymptote t_1 sowohl für die Bewegung als auch für die Gegenbewegung dieselbe ist. Deshalb treten von den 4 reell vorhandenen Asymptoten abbildungsmäßig nur 3 in Erscheinung.

Bei der Spiegelung der Asymptote t_1 am Steg p werden die Ursprungspunkte der Kreuzbänder am OSCH ebenfalls spiegelbildlich abgebildet. Die Kreuzbänder des Spiegelbildes verlaufen dann parallel zur Asymptote t_2 (Abb. 115).

Bildet man das Bild und sein Spiegelbild in 2 getrennten Zeichnungen ab, dann entspricht das Bild dem Steuersystem des rechten Kniegelenks und das Spiegelbild davon dem Steuersystem des linken Knie-

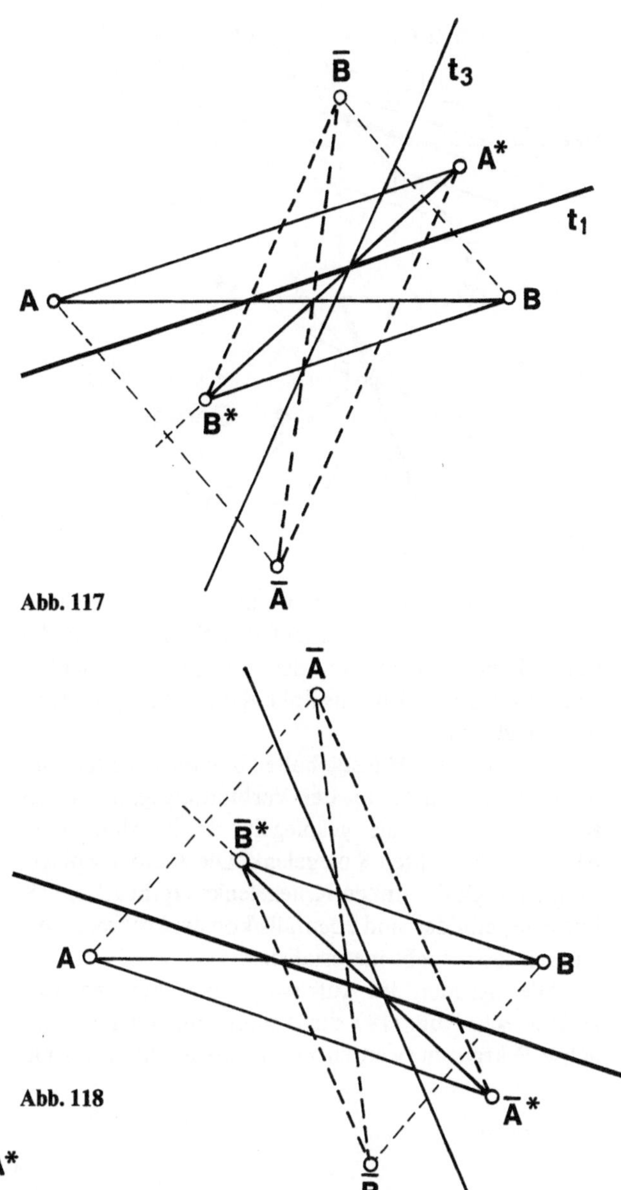

Abb. 117

Abb. 118

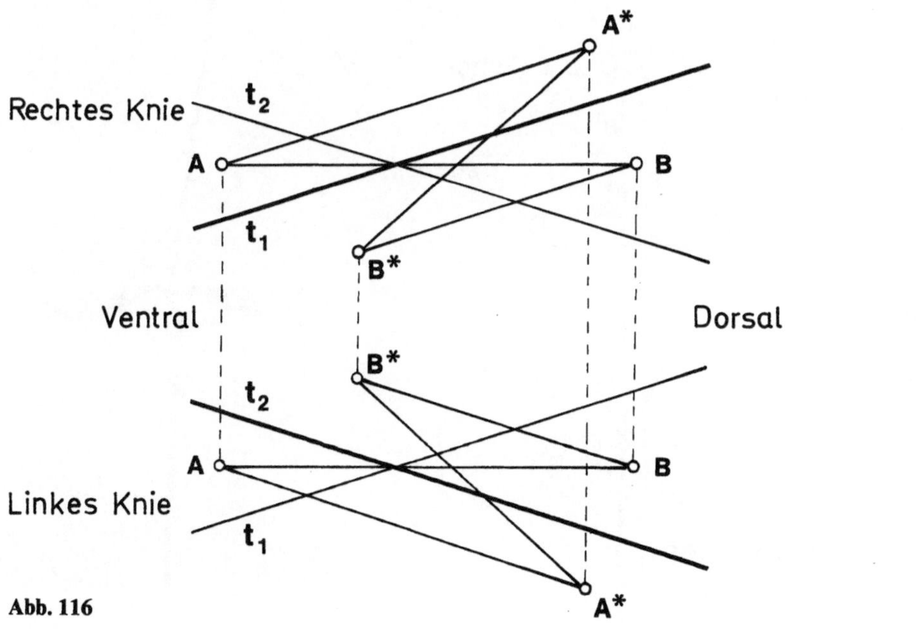

Abb. 116

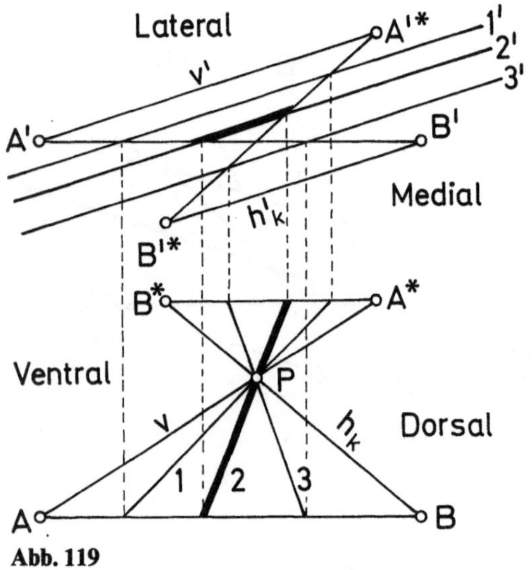

Abb. 119

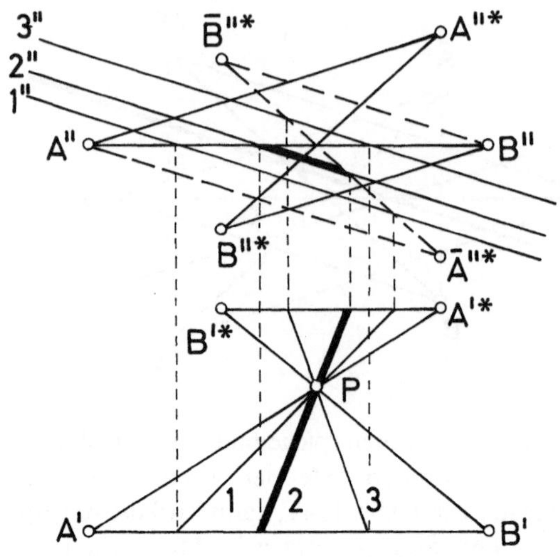

Abb. 120

gelenks (Abb. 116). Das heißt im rechten Kniegelenk ist als konstruktives Element das Steuersystem des linken Kniegelenks vorhanden, das aber real nicht in Erscheinung tritt. Für das linke Kniegelenk gilt natürlich dasgleiche.

Wird der OSCH festgehalten und die Ansatzpunkte der Kreuzbänder an der Verbindungsgeraden der Kreuzbandursprünge gespiegelt, dann erhält man Abb. 117 am rechten Kniegelenk. Die analoge Spiegelung am Steg des linken Kniegelenks ergibt Abb. 118. Die Spiegelbilder sind ebenfalls konstruktiv reell vorhanden, aber nicht materialisiert.

Alle Geraden des Aufrisses (überschlagenes Gelenkviereck, Abb. 119) die die augenblickliche Drehachse P kreuzen, werden im Grundriß „nicht durchschlagendes Gelenkviereck" als parallele Geraden 1′2′3′ projiziert. Sie verbinden den Steg und die Koppel. Alle Geraden, die im Aufriß von ventral-kaudal die Drehachse kreuzend nach dorsal-kranial verlaufen, bilden sich im Grundriß im nichtdurchschlagenden Gelenkviereck im lateralen Teil des Bewegungssystems ab. Das mediale Seitenband liegt mit seinen von ventral-kaudal nach kranial-dorsal verlaufenden Fasern aber medialseitig des Steuersystems. Dieser scheinbare Widerspruch ist sofort geklärt, wenn man die Geraden 1,2,3 des Aufrisses in das real vorhandene, aber nicht materialisierte Spiegelbild des Steuersystems projiziert (Abb. 120).

Es hat sich die Richtung und Reihenfolge der parallelen Geraden geändert. Die Asymptote 2″ liegt

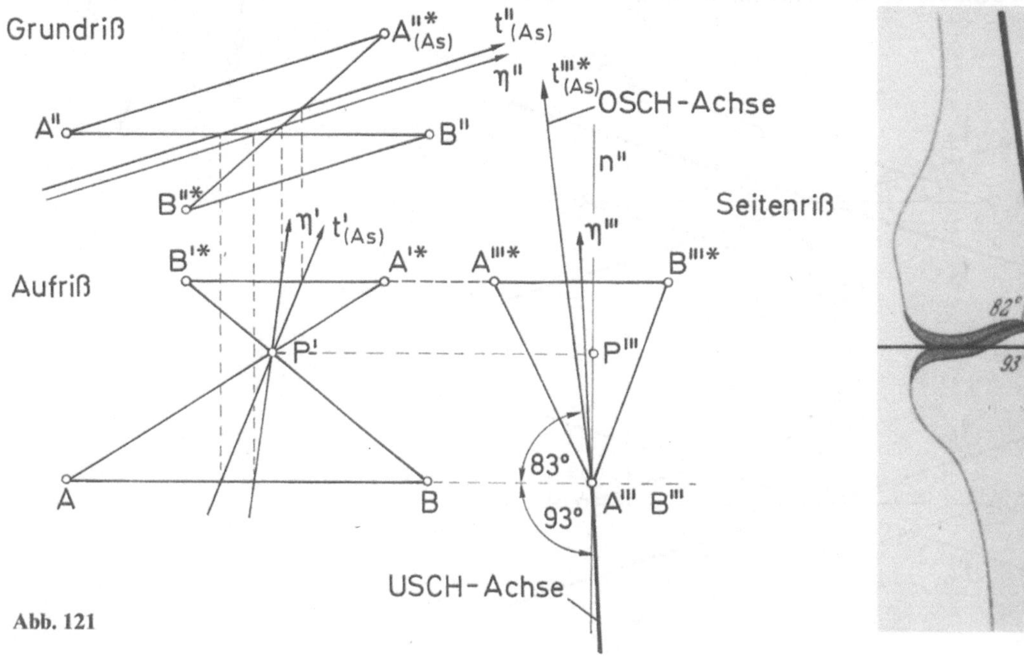

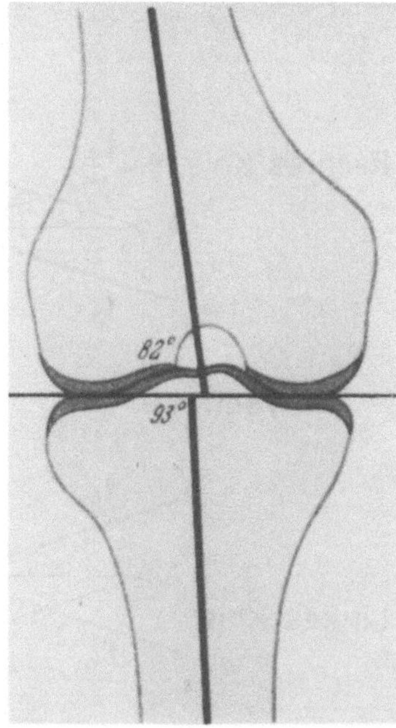

Abb. 121

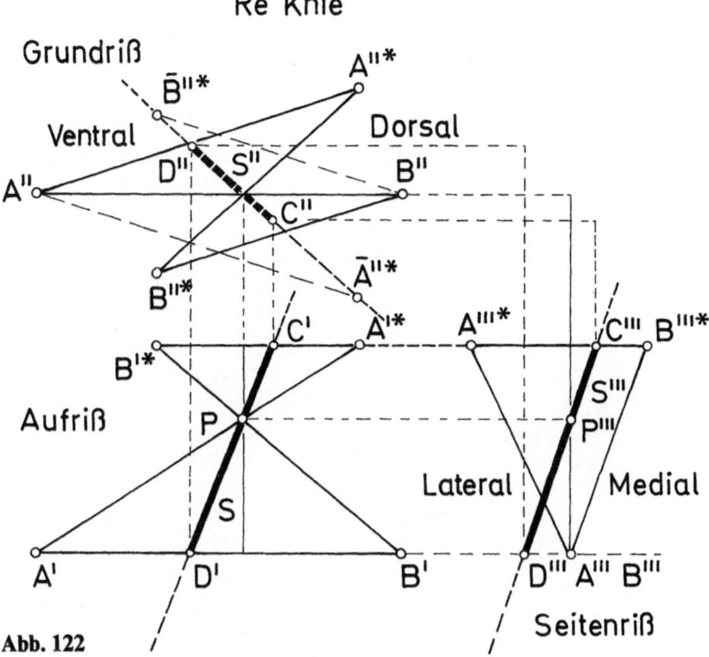

Abb. 122

nun im medialen Bereich des originalen Steuersystems (rechtes Kniegelenk). Damit ist grundsätzlich konstruktiv der antagonistische Effekt zwischen Kreuz- und Kollateralbänder aufgezeigt. Die endgültige Lösung des Problems wird sich mit der konstruktiven Klärung des Tibiakopfes und der Oberschenkelkondylen ergeben.

Projiziert man die Wälznormale η' des Aufrisses (Abb. 121) mit der Geraden $t'(A_s)$ in den Grundriß, dann verlaufen $t''(A_s)$ und η'' parallel in Richtung der Asymptote $t''(A_s)$ des Grundrisses. Bei der Projektion von η' und $t'(A_s)$ in den Seitenriß, der der Betrachtung des Kniegelenks von ventral her entspricht, bildet die Asymptote $t'''(A_s)$ mit der Ebene des Tibiaplateaus einen Winkel von ca. 83° und die Wälznormale η einen Winkel von 93°. Ohne weitere Begründung entspricht die Asymptote $t'''(A_s)$ der OSCH-Schaftachse und die Wälznormale η der USCH-Schaftachse. Beide Achsen zusammen bilden den physiologischen Valgus des rechten Kniegelenks.

Daß der konstruktiv gewonnene Knievalgus mit dem anthropometrisch gemessenen Mittelwert des Knievalgus nahezu exakt übereinstimmt, ist nicht verwunderlich, weil als Ausgangspunkt die Mittelwerte der Kreuzbänder von 20 Leichenkniegelenken gewonnen und dem Algorithmus $r \cdot \bar{r} = \pm c^2$ entsprechend in Beziehung gesetzt wurden.

Die parallelen Geraden im Grundriß projizieren sich im Aufriß (Abb. 119 und 121) so, daß sie die augenblickliche Drehachse P kreuzen, aber selbst nicht durch den Momentanpol P gehen. Erhebt man die Forderung, daß die sich in den Aufriß projizierende Asymptote S' durch den Momentanpol geht (Abb. 122), dann liegt der Durchstoßpunkt D durch das Tibiaplateau lateral der Verbindungsgeraden der Kreuzbandansatzpunkte A und B. Dies erkennt man anschaulich im Seitenriß. Der Punkt D''' liegt lateral der sich als Punkt projizierenden Koppel A'''B'''. Im Grundriß projiziert sich S'' in das Spiegelbild $\bar{A}^{\times\prime\prime}\bar{B}^{\times\prime\prime}$ des Steges $A^{\times\prime\prime}B^{\times\prime\prime}$. Dieses konstruktive Element S, das durch den augenblicklichen Momentanpol P verläuft, gewinnt eine wesentliche Bedeutung bei der konstruktiven Entwicklung des Hüftkopfes bzw. der Pfanne, wie später dargestellt wird.

Teil II

Inversion $r \cdot \bar{r} = \pm c^2$, die grundsätzliche Beziehung des ruhenden zum bewegten System. Elementargeometrie mit Anwendungsbeispielen aus der Physik

13 Die inverse Transformation, das Ordnungsprinzip, der Algorithmus der Vertebraten

Algorithmus

Der Begriff geht auf den arabischen Mathematiker Mohammed ben Musa zurück, der um 820 eine Schrift über die Arithmetik verfaßte (Bagdad), in der er ausdrücklich vermerkt, daß die Inder die Numeration mit 9 Zeichen ausführen.

Mohammed ben Musa war in *Kharizm* geboren worden und wurde deshalb von seinen Landsleuten „*Alkharezmi*" genannt. In den lateinischen Übersetzungen erfuhr der Name verschiedene Umformungen; die gebräuchlichste war „*Alcharismus*", woraus sich Algorithmus bildete. Unter Algorithmus verstand man später die Rechenmethode, welche Mohammed ben Musa Alkharezmi gelehrt hatte. Kurz: Unter Algorithmus verstand man die indisch-arabische Rechenkunst (Positionsarithmetik).

Heute bedeutet Algorithmus ein Rechensystem mit einer zyklisch sich wiederholenden Gesetzmäßigkeit im Rahmen der allgemeinen Mathematik.

Die moderne Mathematik hat als Ordnungsprinzip in ihrer Arbeitsmethode den allgemeinen Begriff der Transformation eingeführt. Unter einer Transformation – zum Beispiel der Inversion – versteht man eine Abbildungsvorschrift, nach der in gesetzmäßiger Weise Gebilde einer Art in solche derselben oder einer anderen Art überführt werden.

Die Inversion ist keine „Erfindung" der Mathematik, sondern eine Entdeckung von gesetzlichen Beziehungen in unserer physikalischen Raum-Zeit-Welt, die unabhängig vor jeglicher menschlichen Existenz vorhanden war. Der Mensch hat mit dem von ihm entwickelten „Instrument" der Mathematik diese gesetzlichen Beziehungen der Inversion entdeckt, zum Beispiel die Beziehung von Kugel und Ebene (alle Punkte der Ebene haben ihre inversen Abbilder auf der Kugeloberfläche oder umgekehrt. Sämtliche Punkte der Ebene können durch inverse Transformation in eine Kugeloberfläche überführt werden).

Alle Physiker und Biologen sind sich darüber einig, daß das Lebendige ein Bestandteil unserer Raum-Zeit-Welt ist, d.h., daß auch die Gelenksysteme den Gesetzlichkeiten unserer Raum-Zeit-Welt unterworfen sind.

Wenn die Gelenksysteme – die unbekannten biologischen Bewegungssysteme – in das physikalische Prinzip unserer Raum-Zeit-Welt integriert sind, dann muß man sich auch von der klassischen mechanistischen Denkweise der Newton-Physik lösen, die fordert, daß sich die „Natur" in feste Begriffe zwingen läßt: zum Beispiel die Behauptung, das Hüftgelenk sei ein Kugelgelenk oder das Kniegelenk sei ein Kondylengelenk, wobei aber niemand weiß, was man kinematisch unter einem Kondylengelenk verstehen soll. Wir müssen uns in der Biologie und v.a. in der Medizin von dem weit verbreiteten autistischen Wunschdenken befreien, das Wissen vortäuscht und ein Hinterfragen unmöglich macht. Man denke an Begriffe wie Anpassungsfähigkeit, degenerativ, genuin, paradoxe Reaktion der Natur oder Weisheit der Natur als Ursache der Lockerung der großen Gelenke in mittlerer Beugestellung.

Man denke an den althergebrachten Begriff Gelenkfläche. Jeder weiß, was man darunter versteht. Weil jeder das Phänomen kennt, leitet man aus den verschiedenen Erscheinungsbildern von Ober- und Unterschenkelgelenkfläche eine Inkongruenz ab. Aus der Inkongruenz, der Nichtübereinstimmung der Gelenkflächen, wird ein schlampiges Bewegungssystem der „Natur" abgeleitet, das durch Knorpelüberzug, Band- und Kapselsystem und Muskulatur beweglich wird. Die Biomechanik kommt damit in ein arges Dilemma. Die Mechanik und Kinematik versagen scheinbar, dieses schlampige Bewegungssystem zu erklären, und man kommt zu dem Schluß, wie Knese (1950), daß die Gelenkflächen mit Geometrie nichts zu tun haben. Weil allen, die sich mit dem Phänomen Gelenkfläche beschäftigen, klar ist, daß jeder immer wieder reproduzierbare Bewegungsablauf starrer Elemente über eine Gesetzlichkeit verfügen muß, versucht man in der klassischen Denkweise der Newton-Physik bekannte Bewegungssysteme dem unbekannten Bewegungssystem aufzuzwingen. Wendet man die Mathematik auf diese approximierten Bewegungssysteme an, dann gibt die Mathematik wieder nur Auskunft über die approximierten Bewegungssysteme, aber keine über die unbekannten Bewegungssysteme. Daß diese klassische und mittelalterliche Denkweise der

Physik nicht zielführend ist, zeigen die bestens eingerichteten biomechanischen Labors in aller Welt. Trotz intensiver Arbeit eines Stabs von Technikern und Biologen und unter Einsatz modernster technischer Hilfsmittel seit ca. 30–40 Jahren sind sie der Aufklärung der unbekannten Bewegungssysteme keinen Schritt näher gekommen. Das Kniegelenk hat noch immer inkongruente Gelenkflächen.

Die Physik war vor ca. 150 Jahren in einem ähnlichen Dilemma. 1834 hat der englische Botaniker Brown über das Phänomen berichtet, daß Farnsporne in einer Flüssigkeit in einer ständig zitternden Bewegung sind. Nach der damaligen klassischen Auffassung der Physik durfte es diese zitternde Bewegung nicht geben, sie war unmöglich. Eine Bewegung nach der Newton-Auffassung war nur möglich, wenn eine ständige Kraft von außen auf diese Teilchen einwirkt. Die Physik hat nun nicht an der klassischen Denkweise festgehalten und Labors gegründet, um diese von außen einwirkenden Kräfte zu finden, sondern hat für dieses bisher unbekannte Phänomen einen neuen Begriff geprägt, die Kinetik der Materie. Die Folge davon war eine Revolution in der Physik, die in jedem Lehrbuch der Physik nachgelesen werden kann.

Löst man sich von der klassischen Denkweise der Physik und Biologie und ersetzt den an und für sich nichts aussagenden Begriff der Gelenkfläche durch einen neuen Begriff der *Hüllfläche*, der der Natur angepaßt ist – die Unterschenkelgelenkfläche hüllt bei der Bewegung tatsächlich die Oberschenkelgelenkfläche ein, bei der Gegenbewegung ist es umgekehrt –, dann sind plötzlich die scheinbar inkongruenten Gelenkflächen des Kniegelenks optimal aneinander angepaßt, denn sie bedingen einander bei der Entstehung. Die Roll-Gleit-Bewegung ist geklärt – sie entsteht zwangsläufig bei der Bewegung von Hüllflächen – und die orthogonale Kraftübertragung an dem Eingriffspunkt der Hüllflächen. Der Gelenkknorpelaufbau, die Kreuzband- und Kollateralbandfunktion wird damit sinnvoll erklärbar und das Kniegelenk in seiner Gesamtheit verständlich.

Aber was weit wichtiger ist, mit dem Begriff der Hüllfläche ist auch die kinematisch-geometrische Gesetzlichkeit in das System der unbekannten Bewegungssysteme eingeführt, die es erlaubt, unabhängig von Kräften dieses System nach seinem „Konstruktionsprinzip" zu untersuchen.

Energie und Kräfte allein schaffen noch kein organisiertes, geordnetes Bewegungssystem. Alle an dem Aufbau eines geordneten Bewegungssystems beteiligten Elemente müssen untereinander unabhängig von Kräften in gesetzlicher Beziehung stehen, sonst ist eine geordnete Bewegung unmöglich. Diese gesetzlichen Beziehungen sind die Gesetze der Bewegungsgeometrie der Kinematik. Weil die unbekannten Bewegungssysteme in das physikalische System integriert sind, ist die Bewegung einer bestimmten kinematischen Gesetzlichkeit unterworfen. Man kann deshalb in das kräftefreie gesetzliche Zusammenspiel der unbekannten Bewegungssysteme mit den Methoden der Geometrie und Kinematik eindringen und nach dem „Konstruktionsprinzip", nach Funktion und Form der unbekannten Bewegungssysteme forschen.

Damit sind wir bei dem Begriff „Geometrie" angelangt. Was ist Geometrie?

Die Geometrie stellt eine Wissenschaft dar, *die a priori entwickelt werden kann und keiner Erfahrung bedarf.* Daß die Geometrie mit der Erfahrung in keinem Zusammenhang steht, geht schon daraus hervor, daß es ihr an Eindeutigkeit mangelt. Es gibt verschiedene Geometrien, deren Behauptungen einander widersprechen, ohne daß man sagen kann, daß die eine oder andere falsch oder richtig wäre.

Wenn die Geometrie ein integrierter Bestandteil der Physik ist, dann ist es gleichgültig, welche der vorher erwähnten Geometrien wir zur Untersuchung der Gelenksysteme verwenden, es ist nur eine Frage der Definition der Axiome der Geometrie. Definitionen in der Physik sind aber weder wahr noch falsch, sie können nur zweckmäßig oder unzweckmäßig sein. Zweckmäßig ist eine Definition nur dann, wenn sie die Formulierung einfacher Naturgesetze ermöglicht. Zur physikalischen Untersuchung der Gelenksysteme starrer Elemente wurde die euklidische Geometrie verwendet, weil unser grundsätzliches mathematisches Denken auf sie aufbaut und sich in der Physik und der Bewegungssynthese der Technik 1000fach bewährt hat und kein Widerspruch gegen das Grundgesetz der Relativitätstheorie besteht, das besagt, daß für den Raum-Zeit-Punkt X die Krümmung proportional der Massendichte ist. Ist die Dichte Null, d.h., daß der Raum leer ist, dann ist auch die Krümmung Null und das Koordinatensystem der euklidischen Geometrie gilt, in welcher ein Lichtstrahl geradlinig verläuft.

Weil aber die Geometrie eine Wissenschaft ist, die keiner Erfahrung bedarf, können die Bewegungsgesetze der Gelenksysteme und des gesamten unbekannten Bewegungssystems nicht „erexperimentiert", erfunden oder durch Beobachtung des Bewegungsablaufs gefunden werden, sondern müssen *a priori entwickelt* werden. Diese a priori entwickelten entdeckten Gesetzlichkeiten können erst dann durch ein Experiment auf ihre Richtigkeit geprüft und bestätigt werden.

Wenn die unbekannten Bewegungssysteme selbstverwirklichte Physik sind, dann ist die Grundlage jeglicher immer wieder reproduzierbarer Bewegung die Geometrie.

Was sind nun die Aufgaben der Geometrie?

Die 1. Hauptaufgabe der Geometrie ist die zeichnerische Wiedergabe, Abbildung von Raumgebilden auf eine Ebene. Die 2. Hauptaufgabe der Geometrie ist die Untersuchung der gegenseitigen Beziehungen von Raumgebilden in der Ebene. Damit ist die Geometrie ein Instrument zur Untersuchung und Synthese für räumliche Gebilde, also ein wesentlicher Bestandteil der Raumgeometrie.

Wenn wir selbst und damit das Lebendige aus unserer physikalischen Raum-Zeit-Welt hervorgegangen sind, wie können wir dann dieses System nach mathematischen Gesetzlichkeiten untersuchen, wenn die mathematischen Gesetzlichkeiten offensichtlich eine Erfindung des menschlichen Geistes sind?

Diese Frage war vor rund 80 Jahren auch ein Problem der Mathematiker und Physiker des sog. Wiener Kreises. Damals hegte man Zweifel, ob die Naturgesetze, die physikalischen Gesetzlichkeiten tatsächlich nach mathematischen Gesetzlichkeiten ablaufen, zumal neben den gängigen dekadischen, auch andere Rechensysteme, etwa das Zwölfersystem, möglich sind.

Die Mathematik ist ein vom menschlichen Geist geschaffenes Instrument, sozusagen ein „chirurgisches Besteck“, das seine Richtigkeit und Brauchbarkeit an der Geometrie beweist, die ein Bestandteil unserer Raum-Zeit-Welt ist und unabhägig vom menschlichen Geist besteht.

Die bisher bekannten geometrisch-kinematischen Gesetzlichkeiten sind keine Erfindungen, sondern Entdeckungen mit Hilfe des Instruments der Mathematik. Der berühmte Lehrsatz des Pythagoras'

$$a^2 + b^2 = c^2$$

ist keine Erfindung, sondern eine Entdeckung.

Unser heutiges medizinisch biologisches Weltbild empfindet die Geometrie noch als etwas, das sozusagen von „außen“ vom menschlichen Geist in die biologischen Bewegungssysteme zur Approximation und zur mehr oder weniger brauchbaren Erklärung der Bewegungsphänomene und ihrer Ursache eingeführt wurde, aber mit der Wirklichkeit kaum etwas zu tun hat.

Wenn sich in der Medizin und Biologie allmählich die relativistische Denkweise unserer heutigen Physik durchsetzt, die durch Anwendung der Geometrie das physikalische Geschehen auf eine völlig neue Art in den Raum und die Zeit einordnet, und uns bewußt wird, daß wir und damit auch das Lebendige, aus dieser physikalischen Raum-Zeit-Welt hervorgegangen sind, dann wird sich die Erkenntnis durchsetzen, daß die biologischen Bewegungssysteme kräftefreie

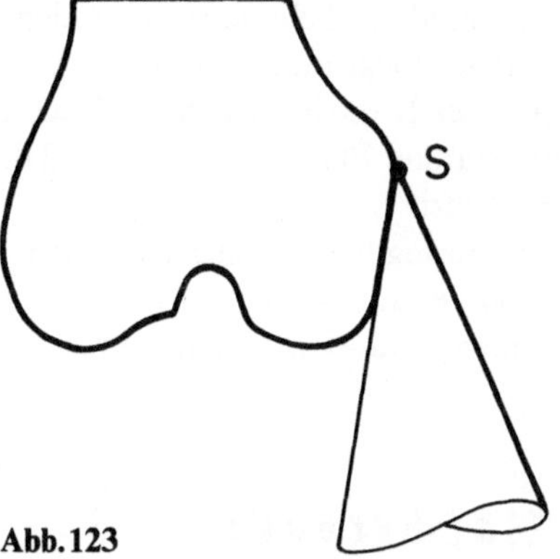

Abb. 123

Beziehungen verkörpern, die wir als Bewegungsgeometrie bzw. Kinematik bezeichnen. Die biologischen Bewegungssysteme sind demnach selbstverwirklichte geometrisch-kinematische Gesetzlichkeiten, die nach und nach entdeckt werden müssen.

Wenn diese unbekannten Bewegungssysteme, die wir ja selber sind, der kinematischen Gesetzlichkeit, also der bewegungsgeometrischen Gesetzlichkeit unseres physikalischen Raums unterliegen, dann erhebt sich die Frage: Wie können die unbekannten Bewegungssysteme ihren „Bauplan“ ohne Hilfsmittel von außen realisieren? Gravitation, Wachstumskräfte in Form von Spannungen und Drücken und Kräfte, die durch die Bewegung entstehen, müssen ausgeschlossen werden. Das unbekannte Bewegungssystem soll ja kinematisch, unabhängig von Kräften „nachgedacht“, untersucht werden.

Nehmen wir als Beispiel das Kniegelenk (Abb. 123). Bei allen wesentlichen Bändern, Kreuz- und Seitenbändern, die Ober- und Unterschenkel verbinden, hat jede einzelne Faser an ihrem Anlenkpunkt 3 Freiheitsgrade der Bewegung, ähnlich einem Kugelgelenk.

Bei jeder Bewegung laufen die einzelnen Fasern auf Kegelmänteln, deren Scheitel „s“ ihre Anlenkpunkte sind. Jede einzelne Faser führt demnach eine Zirkelbewegung aus. Dies läuft auf die triviale, aber grundsätzliche Frage hinaus: *Ist die Natur in der Lage, den Abstand zweier Punkte A und B nur mit Zirkelbewegungen symmetrisch zu teilen*, d.h. ist es überhaupt möglich, auf dem Zeichenblatt 2 Punkte festzulegen und die gedachte Verbindungslinie exakt ohne Lineal, nur durch Zirkelschläge zu halbieren?

Diese Frage hat sich der Mathematiker L. Mascheronie (1750–1800) in seinem Werk *Geometria del compasso* (1797; Abb. 124) gestellt und daraus eine Methode entwickelt, geometrische Probleme nur mit dem Zirkel allein ohne Lineal und Winkelmesser zu lösen. Diese Methode verwendet als Transformationssystem die Inversion mit der Grundgleichung

$r \cdot \bar{r} = \pm c^2$ und wird daher als Zirkelinversion bezeichnet, die von Adler (1890) begründet wurde.

Das Rechensystem der Inversion wurde 1834 von dem deutschen Mathematiker Plücker entdeckt und in die Mathematik eingeführt.

Die unbekannten Bewegungssysteme sind demnach prinzipiell imstande, nur durch Zirkelschläge Geometrie zu betreiben und sich damit selbst zu verwirklichen.

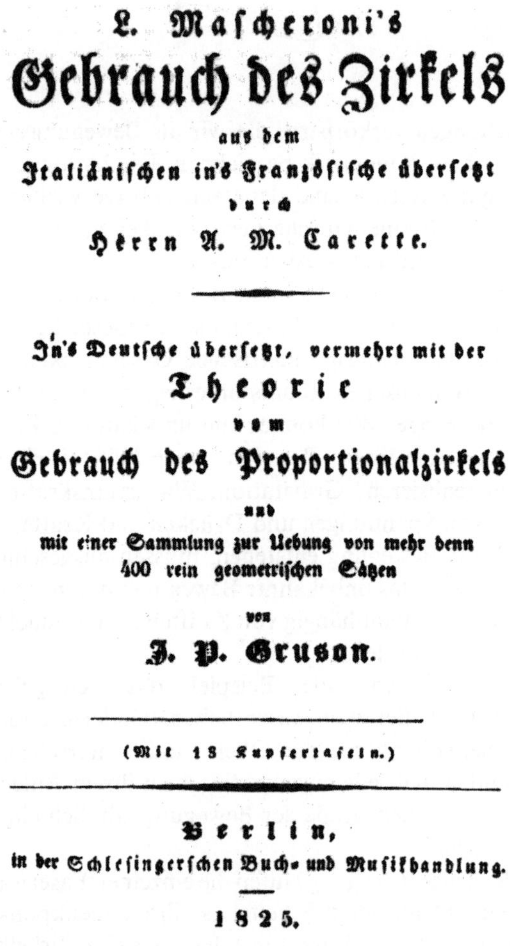

L. Mascheroni's
Gebrauch des Zirkels
aus dem
Italiänischen in's Französische übersetzt
durch
Herrn A. M. Carette.

In's Deutsche übersetzt, vermehrt mit der
Theorie
vom
Gebrauch des Proportionalzirkels
und
mit einer Sammlung zur Uebung von mehr denn
400 rein geometrischen Sätzen
von
J. P. Gruson.

(Mit 13 Kupfertafeln.)

Berlin,
in der Schlesingerschen Buch- und Musikhandlung.
1825.

Abb. 124

13.1 Reproduzierbare ebene Bewegung und Inversion

Die Inversion, das inverse Transformationssystem ist nicht etwas, das sozusagen von „außen" in die biologischen Bewegungssysteme eingeführt wurde, sondern liegt in der grundsätzlichen Beziehung vom ruhenden zum bewegten System selbst. Jedem Bahnpunkt X des bewegten Systems ist in dem betrachteten Augenblick der Bewegung ein bestimmter Bahnkrümmungsmittelpunkt X^* zugeordnet, die Voraussetzung dazu ist, daß ein eigentliches Momentanzentrum P vorhanden ist (s. Abb. 126).

Legt man durch das Momentanzentrum P eine Gerade n, dann bilden die Paare entsprechender Punkte $X \rightarrow X^*$ der Krümmungsverwandtschaft 2 projektive Punktreihen. Ihre Fluchtpunkte (W_n, R_n^*) sind die vom Momentanzentrum P verschiedenen zweiten Schnittpunkte der Geraden mit dem Wendekreis bzw. Rückkehrkreis (s. Abb. 125, 126). Die Fixpunkte (Doppelpunkte) liegen im Drehpol P vereint. Die Projektivität ist somit parabolisch.
Rückkehrkreis (s. Abb. 125, 126).

Aus der projektiven Geometrie ist bekannt, daß projektive Punktreihen durch Doppelverhältnisgleichheit ausgezeichnet sind. Für das Doppelverhältnis (ABCD) von den 4 Punkten A,B,C,D auf einer Geraden gilt:

$$(ABCD) = \frac{AC}{BC} : \frac{AD}{BD} .$$

Diese Gesetzlichkeit der projektiven Geometrie wendet man auf folgende entsprechende Punkte der Krümmungsverwandtschaft an (Abb. 125):

$P \leftrightarrow P$, $W_n \leftrightarrow W_n^{*\infty}$, $R_n^{\infty} \leftrightarrow R_n^*$, $X \rightarrow X^*$

P	Momentanzentrum
W_n	Wendepunkt im Gangsystem
$W_n^{*\infty}$	Fernpunkt des Wendepunktes W_n im Rastsystem
R_n^*	Rückkehrpunkt (Wendepunkt im Rastsystem)
R_n^{∞}	Fernpunkt des Rückkehrpunkts im Gangsystem
X	Bahnpunkt im Gangsystem
X^*	Bahnkrümmungsmittelpunkt der Bahn von X im Rastsystem.

Aus den entsprechenden Punkten der Krümmungsverwandtschaft folgt das Doppelverhältnis (s. Abb. 125):

$$(P\, W_n\, R_n^{\infty}\, X) = (P\, W_n^{*\infty}\, Rn_n^*\, X^*).$$

Daraus folgt:

$$\frac{PR_n^{\infty}}{W_nR_n^{\infty}} : \frac{PX}{W_nX} = \frac{PR_n^*}{W_n^{*\infty}R_n^*} : \frac{PX^*}{W_n^{*\infty}X^*} .$$

Durch Ausrechnen ergibt sich folgende Beziehung:

$$W_nX : PX = PR_n^* : PX^* ,$$

weil $PR_n^* = PW_n$, so folgt

$$W_nX : PX = PW_n : PX^*$$

$$W_nX : PW_n = PX : PX^* ,$$

weil $PX = (W_nX + PW_n)$, so folgt:

$$W_nX : (W_nX + PW_n) = PX : (PX^* + PX) .$$

Daraus folgt die Beziehung: $W_nX:PX = PX:XX^*$ oder

$$\boxed{W_nX \cdot XX^* = (PX)^2}$$

Diese Beziehung sagt aus, daß der Wendepunkt W_n das spiegelbildlich inverse Abbild des Bahnkrümmungsmittelpunktes X^* ist unter der Potenz von $(PX)^2$, bezogen auf das Zentrum $0 = X$, dem Bahnpunkt des Gangsystems in dem betrachteten Augenblick der Bewegung (Abb. 126).

Diese Relation $W_nX:XX^* = (PX)^2$ entspricht der Grundgleichung $r \cdot \bar{r} = c^2$ der inversen Transformation. Das kräftefreie konstruktive Element der biologischen Bewegungssysteme, die Zirkelschlaggeometrie, hat als algebraische Grundlage auch die Inversionsgeometrie mit der Elementargleichung $r \cdot \bar{r} = \pm c^2$.

Damit ist bewiesen, daß der Algorithmus der biologischen Bewegungssysteme, die Inversion, in der gesetzlichen Beziehung vom ruhenden zum bewegten System der Vertebratengelenke durch die Krümmungsverwandtschaft $X \rightarrow X^*$ selbst gegeben ist.

13.1.1 Ableitung der Euler-Savary-Gleichung

Die *Ableitung der Euler-Savary-Gleichung*

$$\frac{1}{r} + \frac{1}{r^*} = \frac{1}{\alpha \sin \varphi}$$

aus der Inversionsgleichung $W_nX \cdot XX^* = (XP)^2$:

Die Euler-Savary-Gleichung geht auf G. F. L'Hospital (1696; zit. nach Wunderlich 1970) und L. Euler (1765) zurück, die von F. Savary 1841 (zit. nach Wunderlich 1970) wiedergefunden wurde.

Bildet man die Kreuzbänder mit ihren Anwachsungspunkten – das Steuersystem, das Gelenkviereck – bei seitlicher Betrachtung so auf die Zeichenebene ab, daß die Anwachsungspunkte der Kreuzbänder bei der Bewegung auf Kreislinien laufen (Abb. 126) und untersucht das vordere Kreuzband v, so zeigt sich: Der Punkt X^* ist der Anwachsungspunkt am Oberschenkel und der Punkt X der Anwachsungspunkt am Unterschenkel. Der Punkt P – der Kreuzungspunkt des vorderen und hinteren Kreuzbandes – ist das augenblickliche Drehzentrum, die Momentanachse P des Kniegelenks. Bei der Bewegung läuft der Anwachsungspunkt X am Unterschenkel auf einer Kreisbahn, deren Krümmungsmittelpunkt X^* der Anwachsungspunkt am Oberschenkel ist. Auf dem Polstrahl, der das vordere Kreuzband v trägt, existiert nun ein einziger Punkt W_n, der folgende interessante Eigenschaft besitzt:

Bewegt sich der Bahnpunkt X auf seiner Bahn nach links (Abb. 126), so beschreibt der Punkt W_n eine

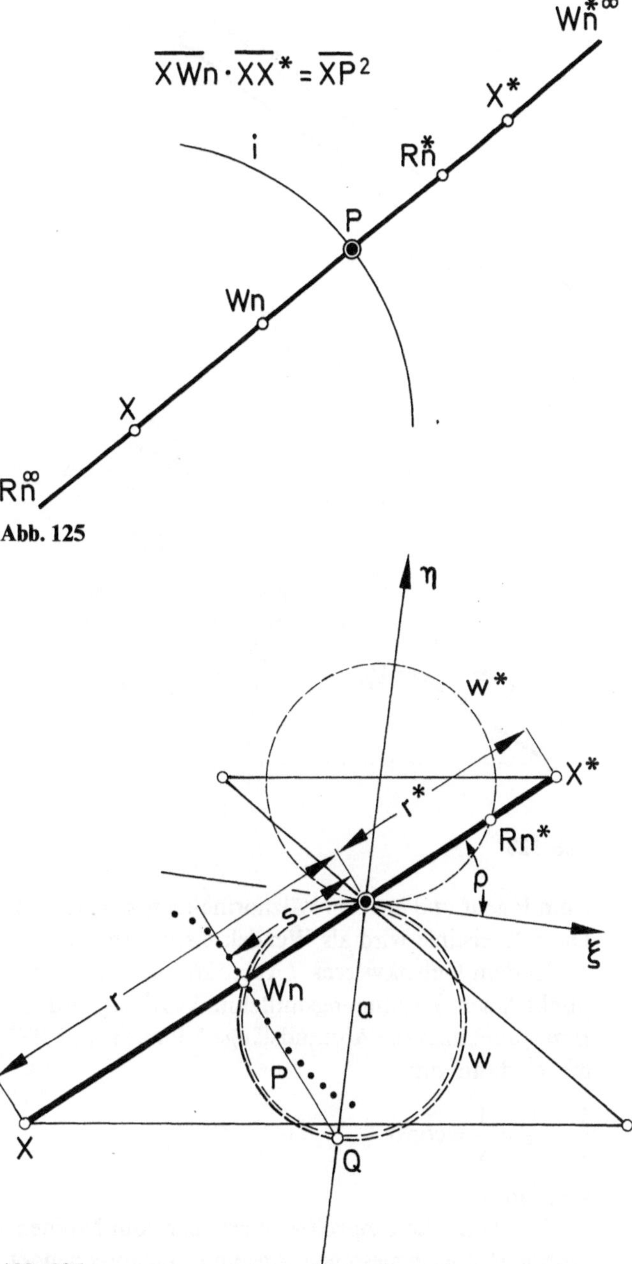

Abb. 125

Abb. 126

Bahnkurve mit der Krümmungsöffnung nach „unten". Bewegt sich der Punkt X nach rechts, so beschreibt der Punkt W_n eine Bahnkurve mit der Krümmungsöffnung nach „oben". Das heißt im Punkt W_n ändert sich die Krümmungsrichtung seiner Bahn. Daraus folgt, daß die Bahnkurve im Punkt W_n keine Krümmung besitzt. Der Krümmungsmittelpunkt des Punktes W_n liegt deshalb im Unendlichen. Der Punkt W_n wird deshalb als Wendepunkt seiner Bahn bezeichnet. Nun existiert auf jedem Polstrahl, den man durch das Momentanzentrum P legt solch ein Wendepunkt W_n. Die Gesamtheit aller Wendepunkte liegt interessanterweise auf einem Kreis, der durch das Momentanzen-

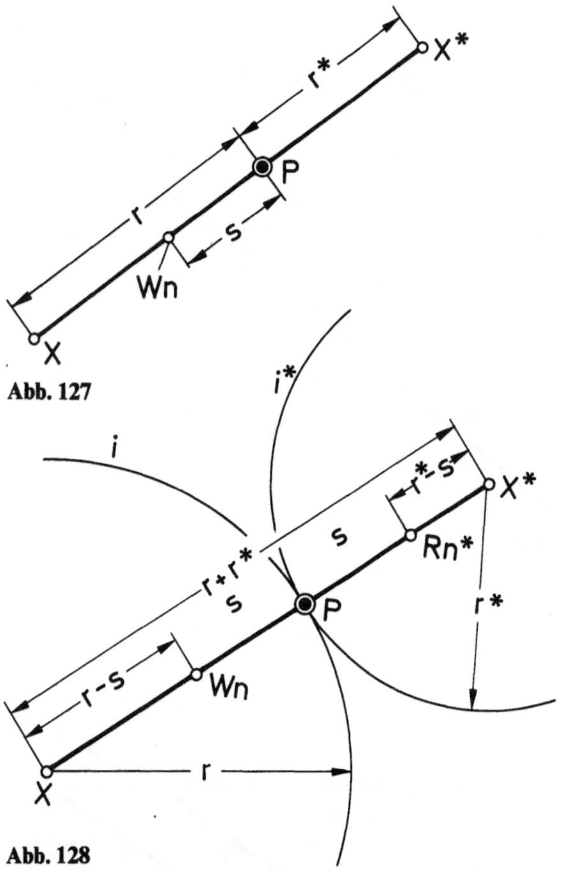

Abb. 127

Abb. 128

trum P geht und auf der Wälznormalen η zentriert ist. Diese Kreislinie wird als Wendekreis w bezeichnet.

In dem Gelenkviereck (Abb. 126) ist dem Bahnpunkt X sein Krümmungsmittelpunkt X^* zugeordnet. Bezeichnet man die Abstandslänge XP mit r und PX^* mit r^*, dann gilt:

$$\frac{1}{r}+\frac{1}{r^*}=\frac{1}{s}=\text{const}$$

$s=\alpha \sin \varphi$.

Das heißt die reziproken Werte der vom Momentanpol P aus gemessenen Abstände entsprechender Punkte $X \rightarrow X^*$ haben eine konstante Summe. Die Konstante s auf der rechten Seite der Gleichung bedeutet die reziproke Länge der durch den Polstrahl ausgeschnittenen Sehne s des Wendekreises w (Abb. 126).

Führt man die Signatur der Euler-Savary-Gleichung in die Inversionsgleichung $XW_n \cdot XX^*=(XP)^2$ ein (Abb. 127), so folgt:

$$XP = r$$
$$X^*P = r^*$$
$$W_nP = s$$
$$XX^* = r+r^*$$
$$W_nX = r-s,$$

Ersetzt man in der Inversionsgleichung $W_nX \cdot XX^*=(XP)^2$, $W_nX=r-s$ und $XX^*=r+r^*$ und $(XP)^2=r^2$ so folgt, analog zu $W_nX \cdot XX^*=(XP)^2$,

$$(r-s)\ (r+r^*)=r^2$$
$$r^2-sr+rr^*-sr^*=r^2$$
$$rr^*=sr+sr^* \quad /:r,r^*,s$$

$$\boxed{\frac{1}{r}+\frac{1}{r^*}=\frac{1}{s}=\text{const.}}$$

Der Bahnkrümmungsmittelpunkt X^* ist das inverse Abbild des Wendepunkts W_n vom Zentrum $X=0$ aus betrachtet (Abb. 128).

Umgekehrt ist der Bahnpunkt X das inverse Abbild des Rückkehrpunkts R_n^* vom Zentrum $X^*=0^*$ aus betrachtet (Abb. 128)

Vom Standpunkt X als Zentrum $(X=0)$ gilt die Relation:

$$(r-s)(r+r^*)=r^2.$$

Stellt man s explizit dar, so folgt nach Ausrechnung

$$s=\frac{rr^*}{(r+r^*)}.$$

Vom Standpunkt X^* als Zentrum $(X^*=0^*)$ gilt:

$$(r^*-s)(r+r^*)=r^{*2},$$

nach Ausrechnung von s erhält man

$$s=\frac{rr^*}{(r+r^*)}.$$

Durch die Inversionsgleichungen $(r-s)\ (r+r^*)=r^2$ und $(r^*-s)\ (r+r^*)=r^{*2}$ ist die bekannte Tatsache bewiesen, daß die Abstandslängen des Wendepunktes W_n und des Rückkehrpunktes R_n^* vom Momentanzentrum P gleich sind.

Multipliziert man die beiden Inversionsgleichungen miteinander, dann folgt:

$$(r-s)(r^*-s)(r+r^*)^2=r^2r^{*2} \Rightarrow$$

$$\Rightarrow (r-s)(r^*-s)=\frac{r^2r^{*2}}{(r+r^*)^2}.$$

Der Ausdruck auf der rechten Seite der Gleichung bedeutet

$$\left(\frac{rr^*}{(r+r^*)}\right)^2=s^2,$$

folglich gilt:

$$(r-s):s=s:(r^*-s) \Rightarrow \boxed{(r-s)(r^*-s)=s^2}$$

Das heißt das Produkt der Abstandslängen des Bahnpunktes X vom Wendepunkt W_n und der Abstandslänge des Bahnkrümmungsmittelpunktes X^* vom Rückkehrpunkt R_n^* ist gleich dem Quadrat des Abstands des Wendepunkts W_n bzw. des Rückkehrpunkts R_n^* vom Momentanzentrum P, es gilt daher:

$$XW_n \cdot X^*R_n^* = (W_nP)^2 = (R_n^*P)^2 = s^2 .$$

Weil der Wendepunkt W_n bzw. R_n^* auf einem Polstrahl nur ein einziges Mal existiert, ist s eine Konstante, welche die Krümmungsverwandtschaft $X \rightarrow X^*$ aller entsprechenden Punktepaare auf dem Polstrahl bestimmt (s. Abb. 126).

Durch Ausrechnung der Gleichung erhält man:

$$(r-s)\ (r^*-s) = s^2$$

$$rr^* - sr^* - rs + s^2 = s^2$$

$$rr^* = sr^* + sr \ /:r,r,s$$

$$\frac{1}{s} = \frac{1}{r^*} + \frac{1}{r} .$$

Diese Relation stellt die schon bekannte Euler-Savary-Gleichung dar, die auch als Linsengleichung apostrophiert wird.

Zusammenfassung

Die entsprechenden Punktepaare der Krümmungsverwandschaft $X \rightarrow X^*$ auf einem Polstrahl sind die inversen Abbilder des ihnen zugeordneten Wendepunkts W_n bzw. Rückkehrpunktes R_n^* bezogen auf die Bahnpunkte X bzw. Bahnkrümmungsmittelpunkte X^* wechselweise als Zentrum der Inversion.

Alle 3 Inversionsgleichungen führen durch Ausrechnung auf die Euler-Savary-Gleichung:

Die 4 Gleichungen sagen dasselbe aus, abhängig vom Standpunkt, den der Beobachter einnimmt.

Fühlt sich der Beobachter mit dem Gangsystem verbunden, dann ist der Bahnpunkt X das Zentrum der Inversion. Der entsprechende Bahnkrümmungsmittelpunkt X^* im Rastsystem ist das inverse Abbild des Wendepunktes W_n im Gangsystem, es gilt (s. Abb. 128):

$$(r-s)(r+r^*) = r^2 .$$

Fühlt sich der Beobachter mit dem Rastsystem verbunden, dann ist der Bahnkrümmungsmittelpunkt X^* das Zentrum der Inversion, der entsprechende Bahnpunkt X ist dann das inverse Abbild des Rückkehrpunktes R_n^*, es gilt (s. Abb. 128):

$$(r^*-s)r + r^*) = r^{*2} .$$

Vom Standpunkt P (Momentanzentrum) gilt das Verhältnis:

$$(r-s):s = s:(r^*-s) .$$

Dies impliziert, daß der Wendepunkt W_n und X^* bzw. R_n^* und X inverse Abbilder voneinander sind.

Ausgerechnet führen die 3 Inversionsgleichungen auf die Euler-Savary-Gleichung. Nimmt der Beobachter seinen Standpunkt im Momentanzentrum P ein, dann hat die Summe der reziproken Abstandslängen der entsprechenden Punkte $X \rightarrow X^*$ vom Momentanzentrum P einen konstanten Wert s^{-1}. Die unausgesprochene Voraussetzung dazu ist aber, daß W_n und X^* bzw. R_n^* und X inverse Abbilder voneinander sind.

Für alle Polstrahlen gilt:

$$\frac{1}{r} + \frac{1}{r^*} = \frac{1}{\alpha \sin \varphi}$$

α ist der Durchmesser des Wendekreises w. Der Winkel φ wird von der positiven x-Achse (Wälztangente) und dem Polstrahl eingeschlossen. Liegen die entsprechenden Punkte $X \rightarrow X^*$ der Krümmungsverwandtschaft auf *derselben Seite vom Momentanzentrum P*, dann ändert sich das Vorzeichen:

$$\frac{1}{r} - \frac{1}{r^*} = \frac{1}{\alpha \sin \varphi} .$$

(Originalgleichung von Euler-Savary bezogen auf das Koordinatensystem Wälznormale η in Wälztangente ξ mit dem Ursprung im Momentanzentrum P=0).

Zusammenfassung

Das inverse Transformationssystem – die Inversion mit der Elementargleichung $r \cdot \bar{r} = \pm c^2$ – die analytische Grundlage der Zirkelschlaggeometrie, das einzige kräftefreie konstruktive Element zur Selbstverwirklichung der biologischen Bewegungssysteme, *liegt in der grundsätzlichen kinetostatischen Beziehung des ruhenden zum bewegten System selbst (Krümmunsverwandtschaft)* jedes immer wieder reproduzierbaren, also gesteuerten, einparametrigen Bewegungsvorgangs. Die Inversion ist nun nicht etwas, was sozusagen von „außen" vom menschlichen Geist in das Bewegungssystem hineinprojiziert wird, sondern ist *die* Elementarbeziehung der gesteuerten Bewegung an sich, unabhängig davon, ob es sich um ein technisches oder biologisches Bewegungssystem handelt.

Die Beuge-Streck-Bewegung des Kniegelenks in Mittelstellung von Pro- und Supination ist ein einparametriger Bewegungsvorgang. Die Außen- und Innendrehung in einer bestimmten Beugestellung des Kniegelenks ist ebenfalls ein einparametriger Bewegungsvorgang. Durch die Kombination dieser beiden einparametrigen Bewegungen wird das Kniegelenk zu einem zweiparametrigen Bewegungssystem mit dem

Freiheitsgrad, die Kombination von Beugung und Drehung etwa dem Gelände anzupassen oder willkürlich durchzuführen.

13.2 Die Inversion – das Plücker-Rechenverfahren (1834)

Das umfassende Gebiet der Inversion wird nur soweit behandelt, als es für die konstruktive Entwicklung des Steuersystems des Kniegelenks, des proximalen Femurendes und der Bestimmung der Beinlänge bedeutungsvoll ist.

Begriff

Die Grundgleichung der Inversion, das Transformationssystem der unbekannten biologischen Bewegungssysteme $r \cdot \bar{r} = \pm c^2$ bedeutet:

Liegen auf einer Geraden außer einem festen Punkt 0 ein bewegliches Punktepaar X, $\bar{X}$ so, daß das Produkt $0X \cdot 0\bar{X}$ einen konstanten Wert c^2 hat so sagt man, die Punkte X und $\bar{X}$ seien zueinander invers bezüglich 0 als Pol und c^2 als Potenz der Inversion (Abb. 129).

Benutzt man den Radius c des Inversionskreises als Längeneinheit, dann lautet die grundsätzliche Beziehung:

$$r \cdot \bar{r} = 1^2,$$

dann ist

$$0X = \frac{1}{0\bar{X}} \quad \text{bzw.} \quad \frac{1}{0X} = 0\bar{X},$$

Man erkennt, daß die Strecken $0\bar{X}$ und 0X zueinander reziprok sind. Deshalb wird das Plücker-Abbildungsverfahren, die Inversion, nach Liouville (1874) auch das „Prinzip der reziproken Radien" genannt.

Liegen die Punkte X und $\bar{X}$ auf derselben Seite von 0 (auf demselben Halbstrahl), so spricht man von *hyperbolischer Inversion*

$$0X \cdot 0\bar{X} = +c^2,$$

die Potenz c^2 ist positiv.

Liegen die inversen Punkte X und $\bar{X}$ auf verschiedenen Seiten von 0, dann spricht man von *elliptischer Inversion*, die Potenz c^2 ist negativ

$$0X \cdot 0\bar{X} = -c^2 \text{ (s. Abb. 129).}$$

Die Inversion ist ein wechselseitiges Abbildungsverfahren: Ist $\bar{X}$ das inverse Abbild von X, so ist umgekehrt auch X das Bild von $\bar{X}$. Ein Punkt ist in den anderen invertiert worden. Man spricht auch von X und $\bar{X}$ als konjugierte Punkte.

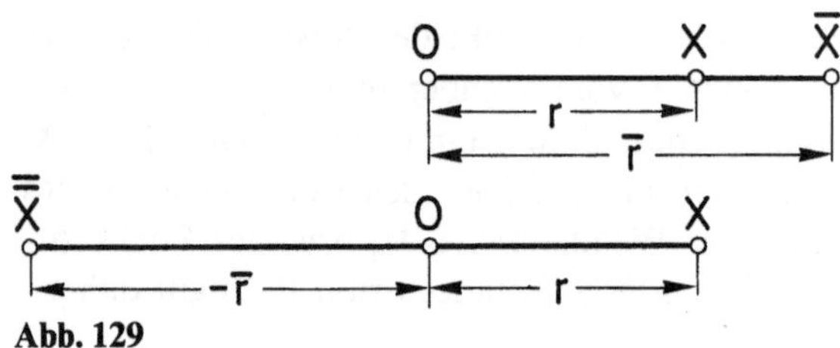

Abb. 129

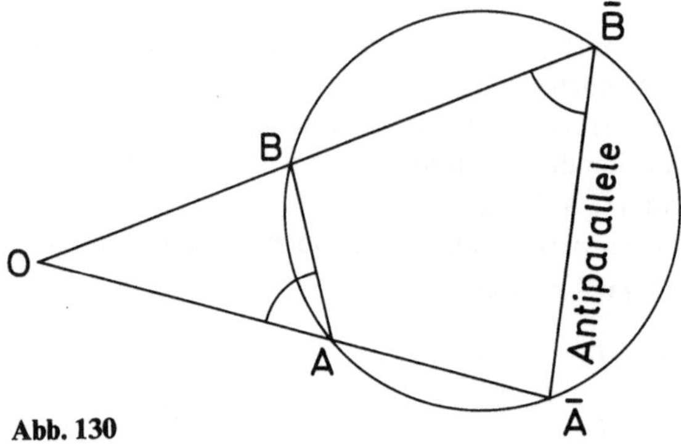

Abb. 130

13.3 Antiparallele

Sind das Zentrum 0 und 2 Polstrahlen bekannt, die inverse Punktepaare B,$\bar{B}$ und A,$\bar{A}$ tragen (Abb. 130), dann gilt:

$$0A \cdot 0\bar{A} = c^2$$
$$0B \cdot 0\bar{B} = c^2$$
$$\overline{}$$
$$0A \cdot 0\bar{A} = 0B \cdot 0\bar{B}$$

A, $\bar{A}$, B, $\bar{B}$ sind Eckpunkte eines Sehnenvierecks. Schreibt man die letzte Gleichung um zur Proportion $0A:0B = 0\bar{A}:0\bar{B}$, so erkennt man die Ähnlichkeit der Dreiecke 0AB und $0\bar{A}\bar{B}$. Demnach ist $\sphericalangle 0AB = \sphericalangle 0\bar{B}\bar{A}$.

Das heißt AB ist die sog. *Antiparallele* zu $\bar{A}\bar{B}$. Ist das Zentrum 0 und ein inverses Punktepaar A, $\bar{A}$ festgelegt, so ist zu einem Punkt B sein inverses Abbild $\bar{B}$ durch Zeichnen der Antiparallelen zu AB oder durch Zeichnen des Umkreises von A $\bar{A}$ B zu erhalten.

13.4 Der Inversionskreis „i"

Zur besseren Anschaulichkeit und Ableitung der Gesetzlichkeiten der Inversion hat man als Träger der Inversion den Inversionskreis i eingeführt, der um das Zentrum 0 mit dem Radius c beschrieben wird (Abb. 131).

Zu einem im Inneren des Kreises 0(c) gelegenen Punkt P gewinnt man den inversen Punkt $\bar{P}$, indem man auf dem Polstrahl im Punkt P die Normale errichtet.

Im Schnittpunkt T der Normalen mit dem Inversionskreis i legt man die Tangente an den Inversions-

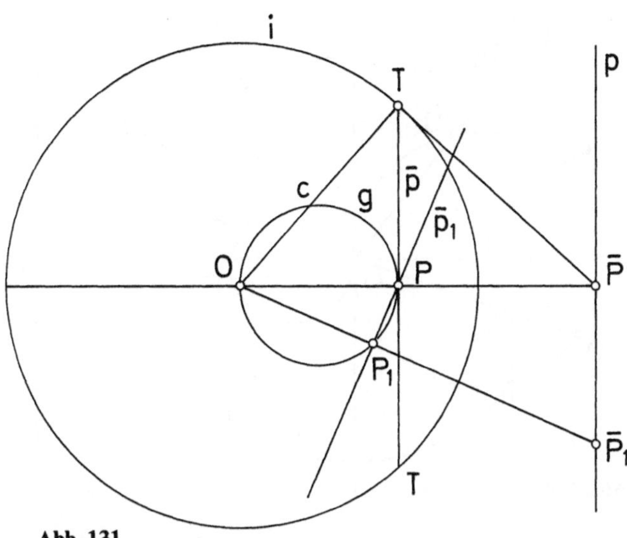

Abb. 131

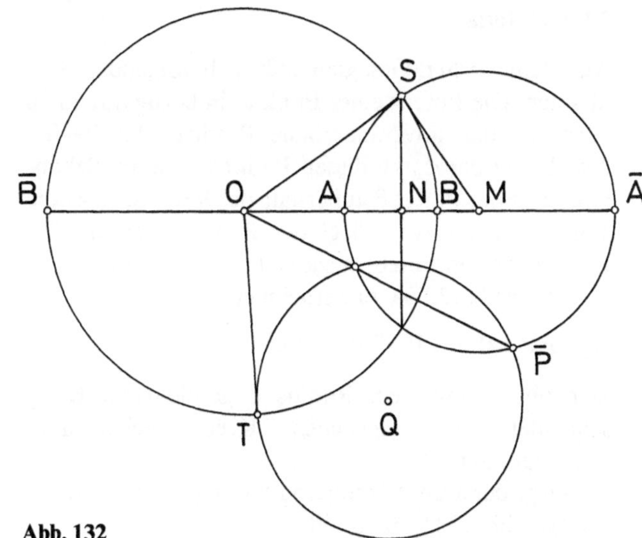

Abb. 132

kreis. Die Tangente schneidet dann den Polstrahl, der den Punkt P trägt, in Punkt $\bar{P}$, dem inversen Abbild von P. Der Lehrsatz von Euklid auf das rechtwinkelige Dreieck 0 T $\bar{P}$ angewendet, liefert den Beweis für die Richtigkeit der Konstruktion

$$0T^2 = 0P \cdot 0\bar{P} \quad \text{und} \quad 0P \cdot 0\bar{P} = c^2 .$$

13.5 Polarität

Aus Abb. 131 erkennt man den Zusammenhang der Inversion mit der Polarität am Kreis. Die Sehne TT′ ist die Polare $\bar{p}$ zu dem Punkt $\bar{P}$. Die Gerade p ist die Polare zu dem Punkt P. Wird der Punkt $\bar{P}$ auf der Geraden p verschoben, dann dreht sich die Polare $\bar{p}$ in dem Punkt P, daraus folgt:

$$0P \cdot 0\bar{P} = c^2 \quad \text{und} \quad 0P_1 \cdot 0\bar{P}_1 = c^2 .$$

Alle Punkte P_i liegen dann auf einem Kreis g, der das inverse Abbild der Geraden p ist. Daraus folgt:

$$0P_i \cdot 0\bar{P}_i = c^2 .$$

Gebilde, die zu sich selbst invers sind

Nähert sich ein Punkt P dem Inversionskreis, dann nähert sich auch das inverse Abbild $\bar{P}$ dem Inversionskreis. Liegt der Punkt P auf dem Inversionskreis, dann liegt $\bar{P}$ ebenfalls auf dem Inversionskreis. Die Punkte P bzw. $\bar{P}$ sind dann zu sich selbst invers. Daraus folgt, daß der Inversionskreis zu sich selbst invers ist und daß alle Geraden, die durch das Zentrum 0 laufen, ebenfalls zu sich selbst invers sind.

Ein Kreis, der den Inversionskreis rechtwinklig schneidet, ist zu sich selbst invers (Abb. 132).

Beweis:

Der Punkt 0 ist der Mittelpunkt des Inversionskreises i, der rechtwinklig von dem Kreis um M im Punkt S geschnitten wird. Die Tangente 0S an den Kreis um M ist

$$0A \cdot 0\bar{A} = 0S^2 \quad \text{bzw.} \quad 0P \cdot 0\bar{P} = 0S^2 ,$$

das heißt alle Punkte P_i und $\bar{P}_i$ des Kreises M sind bezüglich des Inversionskreises i zueinander invers. Alle Punkte des Kreises um M, die innerhalb des Inversionskreises i liegen, bilden sich invers auf der Kreislinie um M ab, die außerhalb des Inversionskreises i liegen. Die Punkte A und $\bar{A}$ des Kreises M auf dem Hauptpolstrahl sind zu sich selbst inverse Abbilder.

Faßt man den Kreis um M als Inversionskreis auf, der von dem Kreis um 0 orthogonal geschnitten wird, dann sind die auf dem Hauptpolstrahl liegenden Punkte B und $\bar{B}$ des Kreises um 0 zu sich selbst invers.

Wenn jeder den Inversionskreis rechtwinklig schneidende Kreis M aus unendlich vielen inversen Punkten P und $\bar{P}$ bestehen, so gilt umgekehrt: Jeder durch 2 inverse Punkte gehende Kreis schneidet den Inversionskreis im rechten Winkel. Legt man einen Kreis Q durch die Punkte P und $\bar{P}$ und zeichnet die Tangente 0T, dann gilt: $0P \cdot 0\bar{P} = 0T^2$, weil $0P \cdot 0\bar{P} = 0S^2$, muß $0T = 0S$ sein, d.h. T muß auf dem Kreis um 0 liegen. Der Kreis Q schneidet infolgedessen den Kreis 0 im rechten Winkel (Abb. 132).

Wenn der Kreis M an den Kreis um 0 invertiert in sich selbst übergeht bzw. der Kreis 0 an M invertiert in sich selber übergeht, so gilt dies *nicht für ihre Mittelpunkte.* Der Mittelpunkt M invertiert an 0, geht in den Punkt N über. Der Mittelpunkt 0 um den Kreis um M invertiert, bildet sich ebenfalls in dem Punkt N ab (Abb. 132).

13.6 Potenz

Aus dem vorher Gesagten läßt sich folgender Satz ableiten: Die Potenz eines Punktes in bezug auf einen Kreis ist das unveränderliche Produkt der beiden Abschnitte der durch diesen Punkt gehenden Sekanten. Liegt der Punkt P außerhalb des Kreises, so ist die Potenz positiv (c^2), liegt der Punkt innerhalb des Kreises, ist die Potenz negativ ($-c^2$) (Abb. 133).

Aus Abb. 133 ist zu entnehmen:

$$A_1P \cdot AP = B_1P \cdot BP = TP^2 = +c^2 .$$

Der um P mit dem Radius c geschlagene Kreis schneidet den gegebenen Kreis rechtwinklig (orthogonal).

Liegt der Punkt Q innerhalb des gegebenen Kreises (s. Abb. 133). dann gilt:

$$C_1Q \cdot CQ = E_1Q \cdot EQ = D_1Q \cdot DQ = -c^2 .$$

Ein Orthogonalkreis um den Punkt Q, der den gegebenen Kreis rechtwinklig schneidet, kann in diesem Fall nicht um den Punkt Q geschlagen werden.

13.7 Inversion einer Geraden

Ist der Inversionskreis i mit dem Zentrum 0 und eine Gerade g außerhalb des Inversionskreises i gegeben, so ist das spiegelbildlich inverse Abbild der Geraden ein Kreis $\bar{g}$, der durch den Punkt 0 geht und dessen Tangent in 0 zur Geraden g parallel verläuft.

Fällt man vom Zentrum 0 das Lot 0P auf die Gerade g und invertiert den Punkt P in $\bar{P}$ und den Punkt P_1 in $\bar{P}_1$, dann liegen alle inversen Punkte der Geraden g auf einem Kreis $\bar{g}$, der durch das Zentrum 0 verläuft mit dem Durchmesser $0\bar{P}$. Die Strecke $\bar{P}_1\bar{P}$ ist die Antiparallele zu P_1P (Abb. 134).

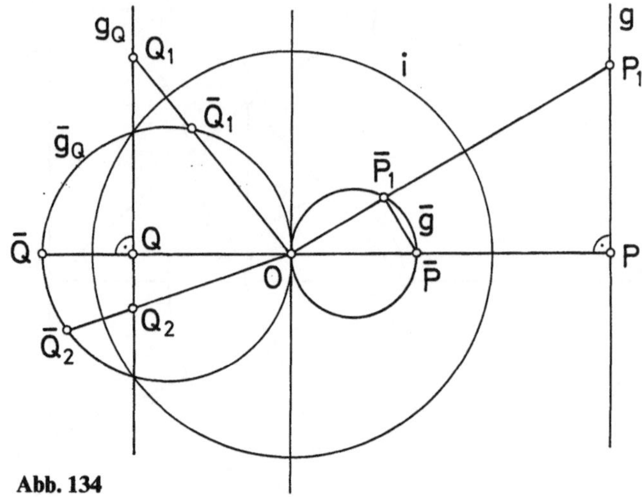

Abb. 134

Schneidet die Gerade g den Inversionskreis i, dann geht der Kreis $\bar{g}_Q$, das inverse Abbild von g_Q, durch diese Schnittpunkte und durch das Zentrum 0. Wandert der Punkt Q auf der Geraden g_Q, dann bewegt sich der inverse Punkt $\bar{Q}$ auf diesem Kreis $\bar{g}_Q$.

13.8 Winkeltreue der Inversion

Das Plücker-Rechenverfahren, die Inversion, ist winkeltreu. Sind bestimmte Winkel vorgegeben, so bleiben die Winkel bei der Transformation erhalten. Eine geometrische Figur und ihr spiegelbildlich inverses Abbild haben dieselben Winkel, es ändert sich nur der Drehsinn dieser Winkel.

Invertiert man die Geraden g_1, g_2 und g_3 an einem beliebig gewählten Inversionskreis i (Abb. 135), dann sind die spiegelbildlich inversen Abbilder der Geraden die Kreise $\bar{g}_1$, $\bar{g}_2$, $\bar{g}_3$. Die Schnittwinkel α, β und γ der Geraden bleiben bei der Inversion erhalten. Die Kreise

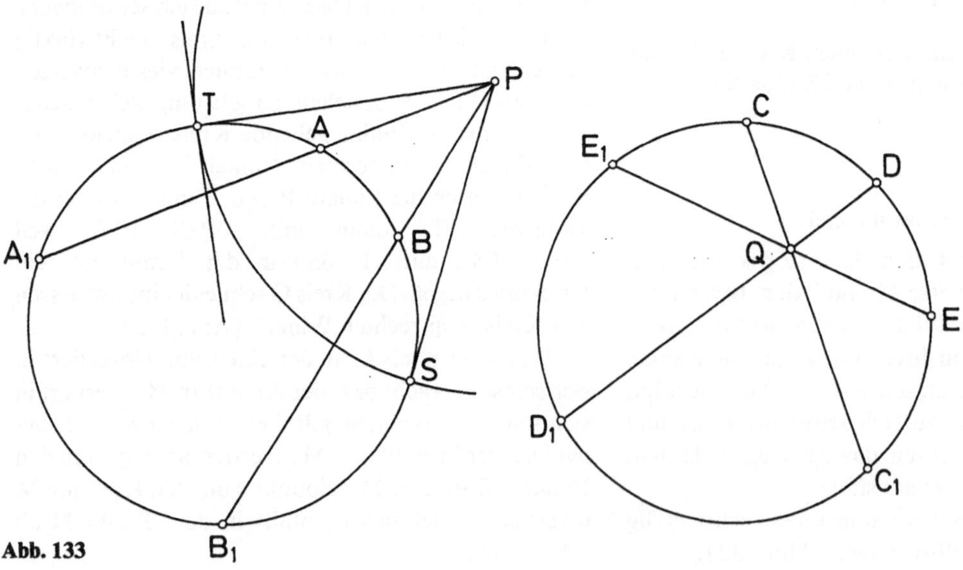

Abb. 133

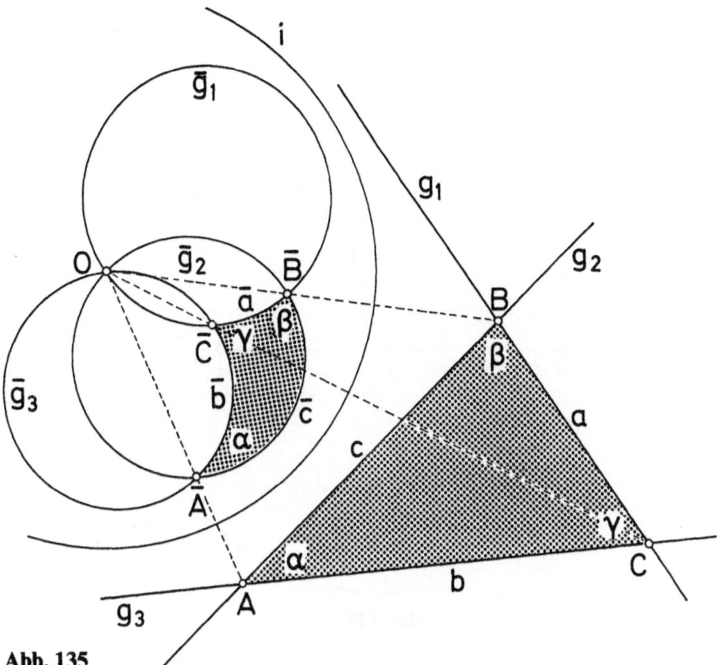

Abb. 135

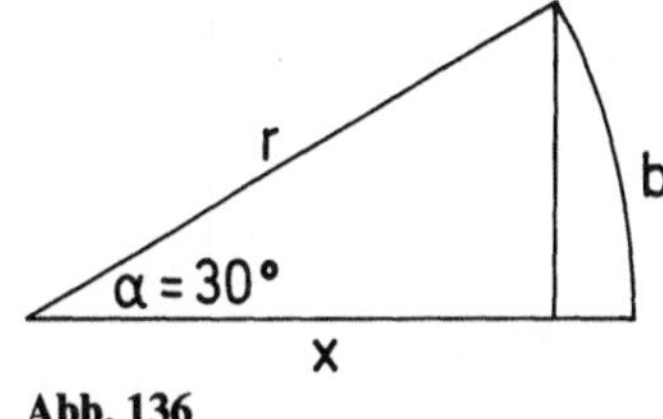

Abb. 136

$\bar{g}_1, \bar{g}_2, \bar{g}_3$ schneiden sich unter den gleichen Winkeln, es hat sich nur der Drehsinn der Winkel geändert.

Das durch Kreisbogen begrenzte Gebilde $\bar{B}\bar{C}\bar{A}$ ist das spiegelbildlich inverse Abbild des Dreiecks BCA.

Aus Abb. 135 entnimmt man, daß sich auch der Umlaufsinn des Dreiecks ABC im inversen Bogendreieck $\bar{A}\bar{B}\bar{C}$ geändert hat.

Unterwirft man einen Winkel „n" Inversionen, so bleibt die Größe des Winkels erhalten. Ist die Anzahl der Inversionen eine ungerade Zahl, so ändert sich der Drehsinn des Winkels. Ist „n" eine gerade Zahl, so bleibt der Drehsinn der Winkel erhalten.

Diese Aussage gilt auch für den dreidimensionalen Raum. Faßt man die 3 Geraden $g_1\, g_2\, g_3$ als Ebenen auf, so sind ihre inversen Abbilder 3 Kugeln, die durch das Zentrum 0 gehen und sich unter denselben Winkeln schneiden wie die Ebenen. Es hat sich nur der Drehsinn der Winkel geändert.

Bei dieser Art der Transformation, der Inversion, wird kein Koordinatensystem benötigt. Zur algebraischen Lösung dieser geometrischen Operationen kann aber jederzeit ein Koordinatensystem eingeführt werden.

13.9 Winkel und Längenverhältnisse am Einheitskreis

Gibt man einen bestimmten Winkel vor, dann werden damit ganz bestimmte Längenverhältnisse der Schenkel des Winkels festgelegt. Gibt man den Winkel $\alpha = 30°$ vor, dann hat das Verhältnis x:r den konstanten Wert 0,8660254038, das ist die Kosinusfunktion des Winkels α von 30° (Abb. 136).

Das Verhältnis der Kreisbogenlänge b zu r hat bei dem bestimmten Winkel $\alpha = 30°$ ebenfalls einen konstanten Wert (s. Abb. 136):

$$\frac{b}{r} = \text{arc}\, \alpha = 0{,}52359878$$

$$\text{arc}\, \alpha = \frac{r\Pi}{180°} \cdot \alpha$$

Setzen wir $r = 1$, dann handelt es sich um die Winkelfunktion am Einheitskreis, die Längenverhältnisse sind dann unmittelbar ablesbar (Abb. 137). Der Winkel α wurde mit 40° angenommen. Die trigonometrische Zahl von Kosinus 40° ist 0,76604. Diese Zahl bedeutet den Abstand des Punktes P von 0 auf der x-Achse. Der reziproke Wert von 0,76604 bestimmt den Abstand $0\bar{P}_0$,

$$\frac{1}{0{,}76604} = 0\bar{P}_0,$$

weil

$$0{,}76604 \cdot \frac{1}{0{,}76604} = 1 \quad \text{bzw.} \quad 0P_0 \cdot 0\bar{P}_0 = 1^2$$

ist. Dies bedeutet, daß die Punkte P_0 und $\bar{P}_0$ inverse Abbilder voneinander sind.

Überträgt man $\bar{P}_0$ durch einen Zirkelschlag auf die x-Achse, so gewinnt man den Punkt $\bar{P}$. Dann sind P und $\bar{P}$ wieder inverse Abbilder voneinander. Das Verhältnis von $a{:}b = 0{,}76604$, d.h. die Verhältniszahl

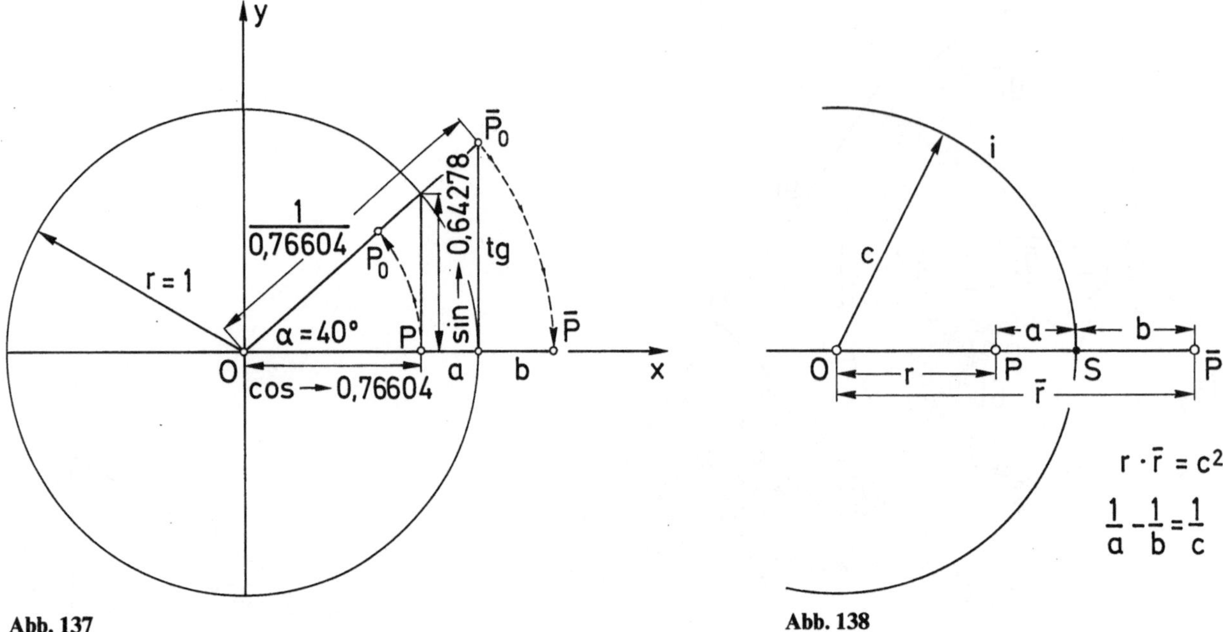

Abb. 137

Abb. 138

$\frac{a}{b} = 0{,}76604$ entspricht dem Abstand 0P. 0P ist die natürliche trigonometrische Zahl des Kosinus des Winkels α.

Das Längenverhältnis der natürlichen trigonometrischen Zahlen des Sinus und Kosinus des Winkels α entspricht nach dem Strahlensatz dem Verhältnis des Tangenswertes zum Radius des Einheitskreises:

$\sin\alpha : \cos\alpha = \tan\alpha : 1.$

Dies ergibt die bekannte Beziehung:

$$\frac{\sin\alpha}{\cos\alpha} = \tan\alpha.$$

Weil $0P = (1-a)$ und $0\bar{P} = (1+b)$ ist, folgt aus der Beziehung $0P \cdot 0\bar{P} = 1^2$ (Abb. 137)

$$(1-a)\cdot(1+b) = 1^2$$

$$1^2 - a + b - ab = 1^2$$

$$b - a = ab /:ab$$

$$\frac{1}{a} - \frac{1}{b} = \frac{1}{1}.$$

Der Bau dieser Gleichung entspricht der Euler-Savary-Gleichung $\frac{1}{r} - \frac{1}{r^x} = \frac{1}{s}$ (Linsengleichung).

In dieser kurzen Darstellung wurde der Zusammenhang zwischen Winkelfunktion und Inversion gezeigt. Die Gültigkeit der Winkelfunktionen bei der inversen Transformation legt Längenverhältnisse fest, die durch die Winkeltreue der Inversion immer wieder im transformierten System auftreten. Jede Längenverhältniszahl bedeutet gleichzeitig eine trigonometrische Zahl. Die Inversion ist eine quadratische Punkttransformation, die mit dem nicht linearen Wachstum der unbekannten biologischen Bewegungssysteme im Einklang steht.

13.10 Ableitung der 2. Elementargleichung

$\frac{1}{a} - \frac{1}{b} = \frac{1}{c}$ der Inversion aus der Grundgleichung $r \cdot \bar{r} = c^2$ (Abb. 138).

Drückt man die Abstände r und $\bar{r}$ der Punkte P und $\bar{P}$ von ihrem Ursprung 0 durch die Streckenabschnitte a und b aus, so folgt: $r = (c-a)$ und $\bar{r} = (c+b)$, weil $r \cdot \bar{r} = c^2$ ist. So gilt auch:

$$(c-a)\cdot(c+b) = c^2$$

$$c^2 + bc - ac - ab = c^2$$

$$bc - ab = ab /:a,b,c$$

$$\boxed{\frac{1}{a} - \frac{1}{b} = \frac{1}{c}}$$

Aus der geometrischen Abbildung (Abb. 138) entnimmt man, daß die beiden Gleichungen $r \cdot \bar{r} = c^2$ und $\frac{1}{a} - \frac{1}{b} = \frac{1}{c}$ dasselbe aussagen, nämlich daß die Punkte P und $\bar{P}$ inverse Abbilder voneinander sind in bezug auf das Zentrum 0 mit der Potenz von c^2. Einmal, vom Standpunkt 0 aus gesehen, lautet die Gleichung

$r \cdot \bar{r} = c^2$, das andere Mal, vom Standpunkt S aus gesehen, lautet die Beziehung $\frac{1}{a} - \frac{1}{b} = \frac{1}{c}$.

Das heißt: Die reziproken Werte der vom Standpunkt S aus gemessenen Abstände $P_iS = a_i$ und $SP_i = b_i$ haben eine konstante Differenz, den reziproken Wert c des Radius des Inversionskreises i.

Aus der Gleichung $\frac{1}{a} - \frac{1}{b} = \frac{1}{c}$ entnimmt man weiter, daß die *Inversion richtungsbezogen ist*, das Zentrum 0 liegt immer, vom Standpunkt S aus gesehen, auf der Seite des kürzeren Abstands der inversen Punkte P und $\bar{P}$. Ist $a < b$, so liegt das Zentrum 0 auf der Seite von a.

Es sei vorweggenommen, daß diese dimensionslose Elementargleichung der Inversion $\frac{1}{a} - \frac{1}{b} = \frac{1}{c}$ nach Zuordnung des physikalischen Phänomens Licht oder Bewegung eine besondere Bedeutung gewinnt.

13.11 Das Abstandslängenverhältnis inverser Punktepaare P und $\bar{P}$

Bezeichnet man das Längenverhältnis a:b mit λ, dann gilt:

$$\frac{a}{b} = \lambda, \; b = \frac{a}{\lambda}, \; \lambda < 1.$$

Daraus folgt

$$\frac{b}{a} = \frac{\frac{a}{\lambda}}{a} = \frac{1}{\lambda}$$

$$\lambda \cdot \frac{1}{\lambda} = 1.$$

Diese Gleichung bedeutet die Längenverhältnisse am Einheitskreis. Multipliziert man $\lambda \cdot c = r$, dann ist r der Abstand des Punkts P vom Zentrum 0. Multipliziert man den reziproken Wert von λ, also $\frac{1}{\lambda} \cdot c = \bar{r}$, dann ist $\bar{r}$ der Abstand des inversen Punkts $\bar{P}$ vom Zentrum 0 (Abb. 139).

Ersetzt man in der Gleichung

$$\frac{1}{a} - \frac{1}{b} = \frac{1}{c}$$

b durch $\frac{a}{\lambda}$, so folgt:

$$\frac{1}{a} - \frac{1}{\frac{a}{\lambda}} = \frac{1}{c}.$$

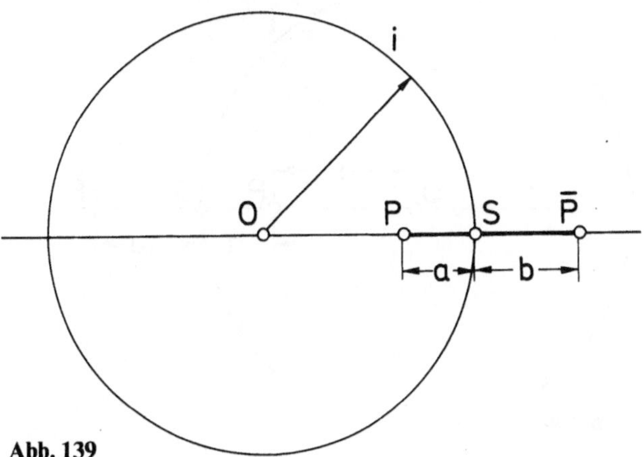

Abb. 139

Stellt man a explizit dar, so gilt:

$$\frac{(1-\lambda)}{a} = \frac{1}{c}$$

$$\boxed{c(1-\lambda) = a, \; \frac{c(1-\lambda)}{\lambda} = b}$$

Das Längenverhältnis des Inversionskreisradius c zu den Streckenabschnitten a ist

$$c:a = 1:(1-\lambda)$$

und zu b

$$c:b = \lambda:(1-\lambda).$$

13.12 Das Längenverhältnis $r:\bar{r}$

Aus Abb. 140 entnimmt man, daß $r = (c-a)$ und $\bar{r} = (c+\lambda a)$ ist $\left(\frac{b}{a} = \lambda > 1\right)$. Ersetzt man in diesen beiden Gleichungen a durch $\frac{c(\lambda-1)}{\lambda}$ und λa durch $c(\lambda-1)$, so folgt:

$$r = (c-a) \Rightarrow r = c - \frac{c(\lambda-1)}{\lambda} \Rightarrow$$

$$r = \frac{c\lambda - c\lambda + c}{\lambda} \Rightarrow \frac{c}{\lambda} = r$$

$$\bar{r} = (c+\lambda a) \Rightarrow \bar{r} = c + c(\lambda-1) \Rightarrow c \cdot \lambda = \bar{r}$$

$$\boxed{\frac{c}{\lambda} = r, \; \bar{r} = c \cdot \lambda}$$

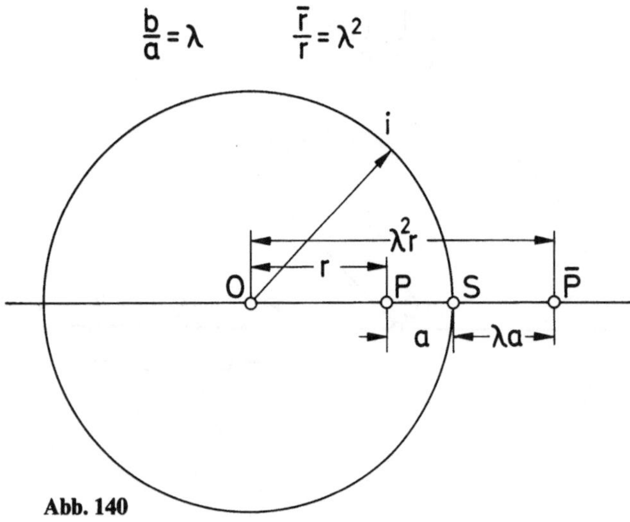

Abb. 140

Das heißt: Dividiert man den Inversionskreisradius c durch das Längenverhältnis b:a = λ, dann erhält man den Abstand des Punktes P von 0, 0P = r

$$\frac{c}{\frac{b}{a}}=r \Rightarrow \frac{ca}{b}=r.$$

Multipliziert man den Radius c mit dem Längenverhältnis b:a = λ, dann erhält man den Abstand $\bar{P}$ von 0, $0\bar{P}=\bar{r}$

$$\frac{c \cdot b}{a}=\bar{r}$$

$$\boxed{\frac{c}{\lambda}=r=\frac{ca}{b},\ c\lambda=\bar{r}=\frac{cb}{a}}$$

Das Längenverhältnis $r:\bar{r}$ durch λ ausgedrückt:

$$\frac{\bar{r}}{r}=\frac{c\lambda}{\frac{c}{\lambda}} \Rightarrow \frac{\bar{r}}{r}=\frac{c\lambda^2}{c}=\lambda^2 \quad \text{bzw.} \quad \frac{\bar{r}}{r}=\frac{b^2}{a^2}.$$

Ist das Verhältnis der Abstandslängen inverser Punkte P und $\bar{P}$ von S, dem Inversionskreis, also b:a = λ, dann ist die Verhältniszahl der Abstandslängen der Punkte P und $\bar{P}$ vom Zentrum 0 ($0P:0\bar{P}$) das Quadrat der Verhältniszahl λ des Verhältnisses b:a.

$$\boxed{\frac{b}{a}=\lambda,\ \frac{\bar{r}}{r}=\lambda^2}$$

Dies ganz bestimmte Verhältnis λ des beweglichen Punktepaares P und $\bar{P}$ findet sich auf einem Polstrahl nur ein einziges Mal, dies gilt auch für den dreidimensionalen Raum.

13.13 Die duale Bedeutung von „λ" (Abb. 141)

Das inverse Punktepaar P und $\bar{P}$ in bezug auf das Zentrum 0 legt die Streckenabschnitte a und b fest. Errichtet man die Tangente $\bar{g}$ in S an den Inversionskreis i, dann ist das inverse Abbild der Geraden $\bar{g}$ der Kreis g. Bringt man durch einen Zirkelschlag den Punkt $\bar{P}$ nach $\bar{P}_1$ auf die Gerade $\bar{g}$, dann liegt das inverse Abbild P_1 von $\bar{P}_1$ auf dem Kreis g. Es gilt die Beziehung $0P_1 \cdot 0\bar{P}_1 = c^2$. Ebenso gilt die Beziehung $0P \cdot 0\bar{P} = c^2$. Der Hauptpolstrahl, der die Punkte P und $\bar{P}$ trägt, bildet mit dem Polstrahl, der die Punkte P_1 und $\bar{P}_1$ trägt, den Winkel α. Der Winkel α ergibt sich aus der Beziehung $\frac{r}{c}=\cos\alpha$. Ersetzt man r durch λc, wobei λ < 1 ist, so ergibt sich:

$$r=c\lambda \Rightarrow \frac{\lambda c}{c}=\cos\alpha$$

$$\boxed{\cos\alpha=\lambda.}$$

Das heißt die Längenverhältniszahl λ $\left(\frac{a}{b}=\lambda,\ \lambda<1\right)$ ist gleichzeitig die natürlich trigonometrische Zahl des Kosinus des Winkels α. Dieses Längenverhältnis λ existiert auf den Polstrahlen nur ein einziges Mal, daher tritt bei einem ganz bestimmten Längenverhältnis λ der Streckenabstände a:b ein ganz bestimmter Winkel α auf, dessen Kosinus die natürlich trigonometrische Zahl λ ist (Abb. 141).

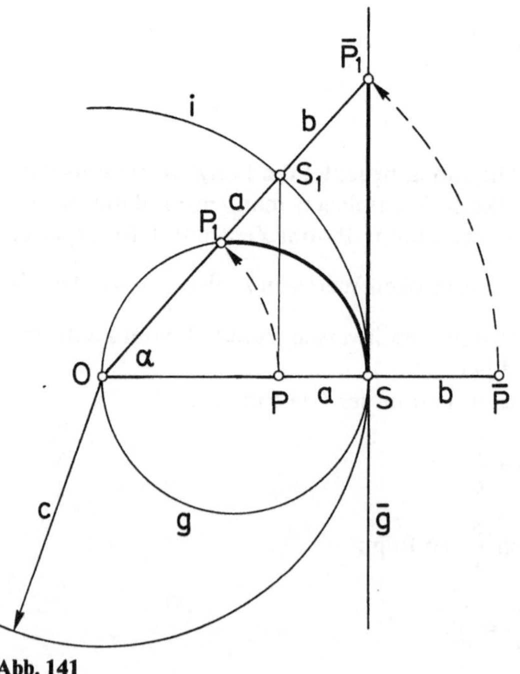

Abb. 141

Der Sinus des Winkels α ergibt sich aus

$$(0S_1)^2-(0P)^2=(PS_1)^2 \Rightarrow \sin\alpha=\frac{PS_1}{c},$$

weil

$$0S_1=c$$

und

$$0P=r=\lambda c \Rightarrow \frac{\sqrt{c^2-\lambda^2c^2}}{c}=\sin\alpha \Rightarrow \frac{c\sqrt{1-\lambda^2}}{c}=\sin\alpha$$

$$\boxed{\sin\alpha=\sqrt{1-\lambda^2}}$$

Der Tangenswert des Winkels α:

$$\frac{\bar{P}_1S}{c}=\tan\alpha \Rightarrow (\bar{P}_1S)^2=(0\bar{P}_1)^2-c^2$$

weil

$$0\bar{P}_1=\bar{r}=\frac{c}{\lambda} \Rightarrow (\bar{P}_1S)^2=\frac{c^2}{\lambda^2}-c^2 \Rightarrow \bar{P}_1S=\frac{c\sqrt{1-\lambda^2}}{\lambda},$$

weil

$$\frac{\bar{P}_1S}{c}=\tan\alpha$$

folgt

$$\frac{\frac{\sqrt{1-\lambda^2}\cdot c}{\lambda}}{c}=\tan\alpha$$

$$\boxed{\tan\alpha=\frac{\sqrt{1-\lambda^2}}{\lambda}}$$

Der Kotangenswert des Winkels α ergibt sich nach den bekannten Regeln (s. auch Kap. 13.9):

$$\boxed{\frac{\cos\alpha}{\sin\alpha}=\frac{\lambda}{\sqrt{1-\lambda^2}}=\cot\alpha}$$

Die Darstellung des Winkels α in seiner cos-sin-tan- und cot-Form, ausgedrückt durch das Längenverhältnis $\lambda\left(\frac{a}{b}=\lambda\right)$, bestimmen 3 weitere Längenverhältnisse:

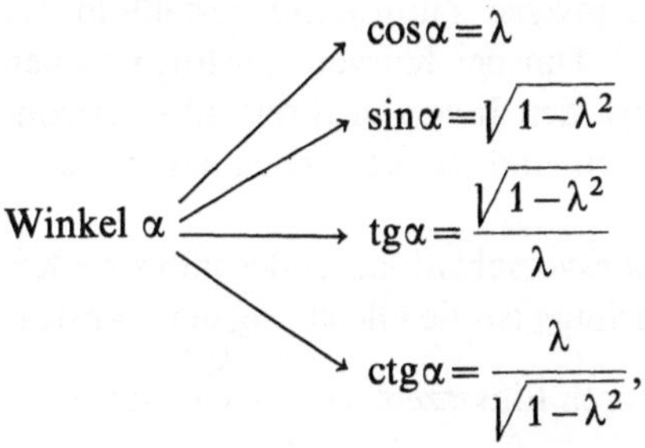

die alle durch λ untereinander in Beziehung stehen.

Bildet man zur natürlichen trigonometrischen Zahl λ die Winkel in der sin-cos-tan- und cot-Form, so erhält man 4 verschiedene Winkelgrößen:

$$\lambda = \begin{cases} \to \cos\alpha \\ \to \sin\beta \\ \to \mathrm{tg}\,\gamma \\ \to \mathrm{ctg}\,\delta. \end{cases}$$

Nehmen wir als konkretes Beispiel die Verhältniszahl λ aus Abb. 140: a = 20 mm, b = 30 mm, $\frac{a}{b}=\lambda=0{,}6666°$

$$\lambda=0{,}6666° \begin{cases} \to \cos\alpha=48{,}189° \\ \to \sin\alpha=41{,}810° \to \cos 41{,}810° \to 0{,}74534° \begin{cases} \to \sin\alpha_1 = 48{,}18° \\ \to \mathrm{tg}\,\alpha_1 = \boxed{36{,}69°} \\ \to \mathrm{ctg}\,\alpha_1 = \boxed{53{,}30°} \end{cases} \\ \to \mathrm{tg}\,\alpha=33{,}6906° \\ \to \mathrm{ctg}\,\alpha=56{,}309° \end{cases}$$

Aus dem konkreten Zahlenbeispiel ist zu entnehmen, daß über den Sinus und Kosinus aufgrund der Periodizität dieser Winkelfunktion die gleichen Winkel auftreten. Die Tangens- und Kotangensfunktion läßt neue Winkel und damit neue Längenverhältnisse auftreten, die alle mit dem Ausgangswert λ in Beziehung stehen. Weil jede Längenverhältniszahl eine natürliche trigonometrische Zahl bedeutet, können alle Rechenoperationen mit den Längenverhältniszahlen aufgeführt werden, allerdings im Rahmen des „Algorithmus der Inversion“, in der alle Parameter zwingend geometrisch voneinander abhängig sind mit der Grundbeziehung $r\cdot\bar{r}=\pm c^2$.

Bei der Inversion liegen die Abbilder inverser Punktepaare auf konzentrischen, von einem Punkt ausgehenden Strahlen. Es ist daher naheliegend, die Gleichung einer gesetzlichen Punktfolge, zum Beispiel ein Kegelschnitt, der transformiert werden soll, in Polarkoordinaten aufzustellen, wobei der Koordinatenursprung und der Inversionspol zusammengelegt werden. Hat die gegebene Kurve die Polarkoordinaten r,φ, so hat die inverse Kurve die Koordinaten $\bar{r},\varphi$ (der Winkel φ bleibt unverändert, die Inversion ist winkeltreu). Die inverse Zuordnung besteht in der Vorschrift $r\cdot\bar{r}=c^2$. Um bei Kurventransformationen die Potenz c^2 bzw. den Inversionskreisradius besonders herauszuheben und zu kennzeichnen, wird c^2 durch K^2 ersetzt.

Die Zuordnungsvorschrift lautet deshalb $r\cdot\bar{r}=K^2$, aus dieser Urgleichung ist die Gleichung der transformierten Kurve durch Einsetzen von $\bar{r}=\frac{K^2}{r}$ sofort zu erhalten.

Zum Beispiel die Gleichung einer Parabel in Polarkoordinaten auf den Brennpunkt als Koordinatenursprung bezogen lautet:

$$r=\frac{p}{1+\cos\varphi}.$$

Um das inverse Abbild der Parabel zu finden, ersetzt man r durch

$$\frac{K^2}{r}\quad\left(r=\frac{K^2}{\bar{r}}\right).$$

Die Gleichung des inversen Abbilds der Parabel lautet daher:

$$\frac{K^2}{\bar{r}}=\frac{p}{1+\cos\varphi}\Rightarrow\bar{r}=\frac{K^2(1+\cos\varphi)}{p}.$$

Faßt man K^2 als Einheit auf, also $K^2=1^2$, dann folgt:

$$\underset{\text{Parabel}}{r=\frac{p}{1+\cos\varphi}}\xrightarrow{\text{Inversion}}\underset{\text{Kardioide}}{\bar{r}=\frac{1^2(1+\cos\varphi)}{p}}.$$

Durch die Transformation $r\cdot\bar{r}=K^2$ bzw. $r\cdot\bar{r}=1^2$ wurde eine Parabel in gesetzlicher Art in eine Kardioide übergeführt (s. Abb. 150). Man erkennt, daß je nach der Wahl der Potenz K^2 das inverse Abbild der Originalkurve in verschiedenen Größen erscheint.

Dieses Beispiel wurde gewählt, weil die Parabel ein konstruktives Urelement der Kinetostatik eines Bewegungssystems darstellt. Die Scheitel- und Angelkubik, die die Beziehung zwischen Kreuz- und Seitenbändern am Kniegelenk bestimmen, sind Kurven, die durch Spiegelung des augenblicklichen Drehpunktes des Bewegungssystems an den Tangenten von 2 Parabeln, eine im Rastsystem und eine im Gangsystem, entstehen (s. S. 83). Das inverse Abbild der Parabel, die Kardioide, bildet die Grundform des Hüftkopfes, in Abhängigkeit von bestimmten Parametern des Kniegelenks. Das Hüftgelenk ist ein „Kugelkonchoidengelenk" (s. S. 225).

13.14 Inversion eines Punktes mit dem Zirkel

Die wichtige Feststellung, daß alle Punkte T_i, die auf dem Inversionskreis liegen, von einem inversen Punktepaar P und $\bar{P}$ ein konstantes Abstandsverhältnis haben (Abb. 142), erlaubt es zu einem Punkt P, bei Kenntnis des Inversionskreises, das inverse Abbild $\bar{P}$ mit dem Zirkel zu bestimmen.

Aus Abb. 142 entnimmt man, daß die Abstandslängen $l_1:l_2=\lambda$, ebenso $l_3:l_4=\lambda$ in einem konstanten Verhältnis (λ) zueinander stehen. Daraus ergibt sich folgende Aufgabe: Ist der Punkt $\bar{P}$ und der Inversionskreis bekannt, dann kann man jenen bestimmten Punkt T_i auf dem i-Kreis wählen, der zur Bestimmung der Abstandslängen l_1 und l_2 besonders günstig ist (Abb. 143).

Man nimmt die Abstandslänge des Punktes $\bar{P}$ von 0 ($\bar{r}$) in den Zirkel und schlägt damit um $\bar{P}$ einen

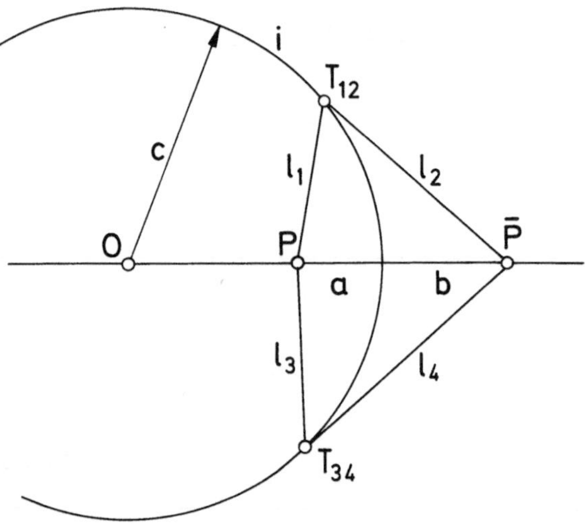

Abb. 142

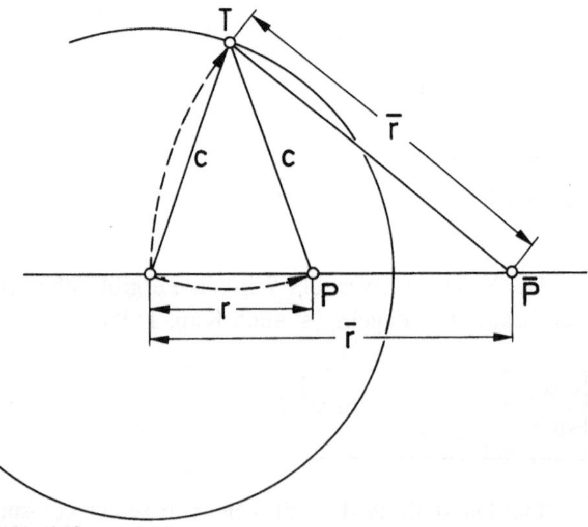

Abb. 143

Kreisbogen, der den i-Kreis im Punkt T schneidet. Dann ist

$\bar{P}0 = \bar{P}T = \bar{r} = l_2$.

Weil

$$\frac{\bar{r}}{c} = \frac{1}{\lambda}$$

ist, folgt, daß die Abstandslänge

$TP = c = l_1$

sein muß. Deshalb nimmt man den Radius c des Inversionskreises in den Zirkel und schlägt damit einen Bogen um T, der den Polstrahl, der den Punkt $\bar{P}$ trägt, im Punkt P schneidet. Dann ist das Längenverhältnis

$TP{:}T\bar{P} = \lambda$.

Der neu gewonnene Punkt P ist dann das inverse Abbild von $\bar{P}$ unter der Potenz von c^2.

Beweis:

Aus der Ähnlichkeit der Dreiecke 0TP und $0T\bar{P}$ folgt, daß

$0P \cdot 0\bar{P} = c^2$

ist.

13.15 Symmetrische Teilung einer Strecke AB mit dem Zirkel

Soll die gedachte Verbindungsgerade zweier Punkte AB (Abb. 144) nur mit dem Zirkel exakt halbiert werden, so schlägt man mit dem Zirkel einen Kreis i um A mit dem Radius AB und um den Punkt B einen Kreis mit dem gleichen Radius AB. Trägt man den Kreisradius AB 3mal auf dem Umfang des Kreises um B ab, so gewinnt man den Punkt P. Die Strecke AP ist dann doppelt so lang wie AB. Invertiert man P in $\bar{P}$ an dem Inversionskreis i, so ist der Punkt $\bar{P}$ der Halbierungspunkt der Strecke AB.

Beweis:

$$\frac{(AB)^2}{2(AB)} = \frac{AB}{2} = A\bar{P}.$$

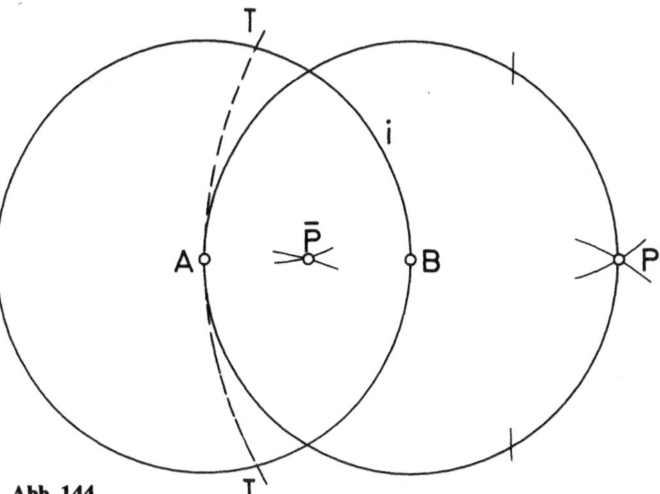

Abb. 144

13.16 Inversion einer Geraden mit dem Zirkel

Ist AB eine Gerade, von der nur die Punkte A und B bekannt sind, und das Zentrum 0 mit dem Inversionskreis festgelegt ist, (Abb. 145), dann gewinnt man das inverse Abbild der Geraden, den entsprechenden Kreis, folgendermaßen: Um den Punkt A wird mit A0 und um B mit B0 je 1 Kreis geschlagen. Die beiden Kreise schneiden sich im Punkt M. Die Verbindungsgerade 0M steht dann normal auf der Geraden AB. Invertiert man M nach den Regeln der Abb. 143 in Punkt $\bar{M}$ und schlägt um $\bar{M}$ einen Kreis mit dem Radius $0\bar{M}$, dann ist dieser Kreis das inverse Abbild der gegebenen Geraden AB. Der Schnittpunkt $\bar{S}$ des Kreises mit der Verbindungsgeraden 0M, ist dann invers zum Punkt S, dem Schnittpunkt der Geraden AB mit 0M.

Beweis:

$$\begin{array}{l} 0M \cdot 0\bar{M} = c^2 \\ 0S \cdot 0\bar{S} = c^2 \\ \hline 0M \cdot 0\bar{M} = 0S \cdot 0\bar{S}. \end{array}$$

Nun ist aber $0\bar{M} = 20S$, mithin ist $0M = \frac{1}{2} 0\bar{S}$. Da der Kreis, der zu AB invers ist, durch 0 um $\bar{S}$ gehen muß und sein Mittelpunkt $\bar{M}$ auf 0M liegt, muß $\bar{M}$ der gesuchte Mittelpunkt des Kreises sein.

13.17 Inversion eines Kreises mit dem Zirkel

Gegeben ist ein Kreis K, der an den Inversionskreis i invertiert werden soll. Die Konstruktion läuft dahin, zu dem Kreis K den Mittelpunkt N des inversen Kreises $\bar{K}$ zu finden (Abb. 146). Man nimmt den gegebenen Kreis K als Inversionskreis und invertiert an ihn das Zentrum 0 in $\bar{0}$. Invertiert man $\bar{0}$ an den i-Kreis mit dem Zentrum 0 in den Punkt N, dann ist N der Mittelpunkt des zu K inversen Kreises $\bar{K}$. Invertiert man noch einen beliebigen Punkt P der Kreislinie von K an den i-Kreis in $\bar{P}$, so ist $N\bar{P}$ der Radius des gesuchten Kreises $\bar{K}$.

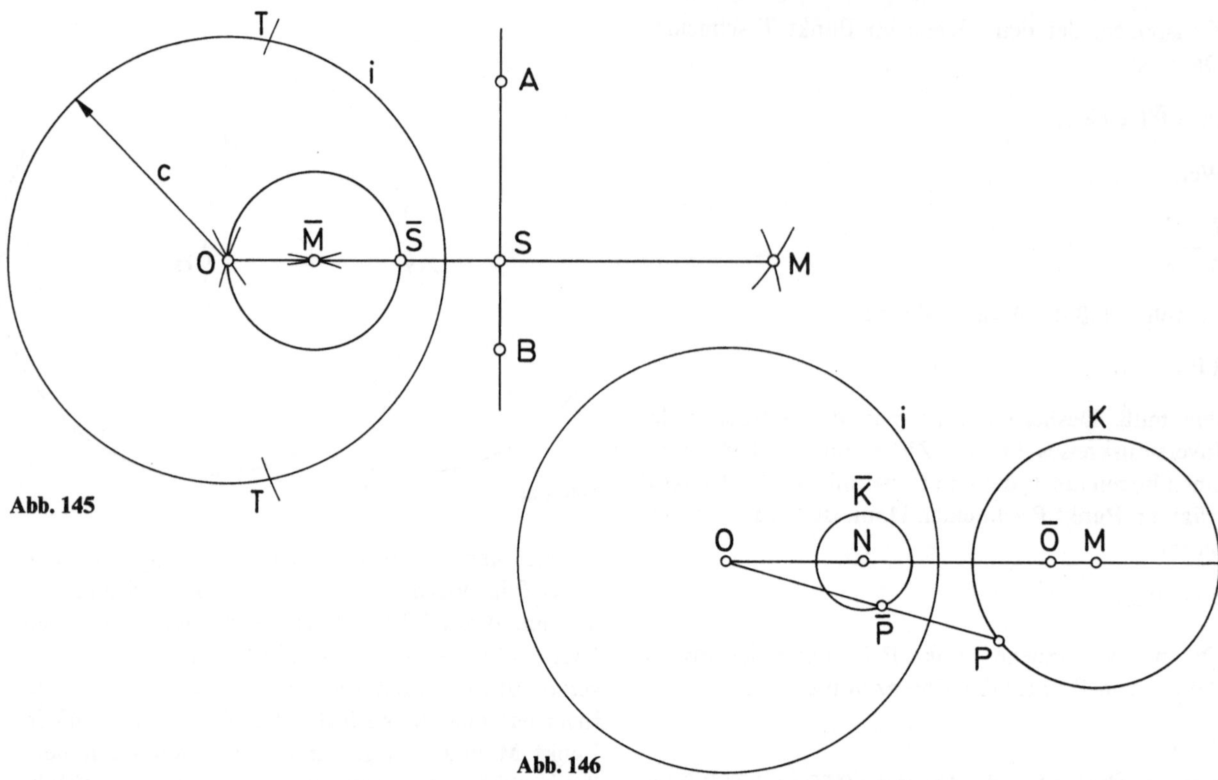

Abb. 145

Abb. 146

Diese 3 einfachen Beispiele zeigen das Prinzip der Inversionsgeometrie mit dem Zirkel. Das heißt, daß die unbekannten biologischen Bewegungssysteme durch die Zirkelschlaggeometrie mit der Grundgleichung $r \cdot \bar{r} = c^2$ sich selbst ohne Einflüsse von außen verwirklichen können.

13.18 Die Verhältniszahl λ vom Punkt „S" aus betrachtet

Untersucht man die Lage der entsprechenden Punktepaare P_i und $\bar{P}_i$ auf allen Polstrahlen vom Standpunkt „S" aus betrachtet, für die das konstante Verhältnis $a_i : b_i = \lambda$ gilt, dann lautet die Gleichung zur Ermittlung des den entsprechenden inversen Punkten P_i und $\bar{P}_i$ zugeordneten Radius c_i der Inversionskreise:

$$c_i = c \cos \varphi \Rightarrow \frac{1}{a_i} - \frac{1}{\lambda a_i} = \frac{1}{c \cos \varphi}$$

$$a_i = \frac{c \cos \varphi (\lambda - 1)}{\lambda}, \quad b_i = a_i \lambda = c \cos \varphi (\lambda - 1).$$

Aus der Gleichung $c_i = c \cos \varphi$ entnimmt man, daß alle Inversionszentren 0_i auf einem Kreis k_c liegen, der auf dem Hauptpolstrahl zentriert ist und durch die Punkte 0 und S geht (Abb. 147).

Die Gleichungen

$$a_i = \frac{c \cos \varphi (\lambda - 1)}{\lambda}$$

und

$$b_i = c \cos \varphi (\lambda - 1)$$

sagen aus, daß die inversen Punkte P_i und $\bar{P}_i$, für die das Abstandsverhältnis von „S"

$$\frac{a_i}{b_i} = \lambda$$

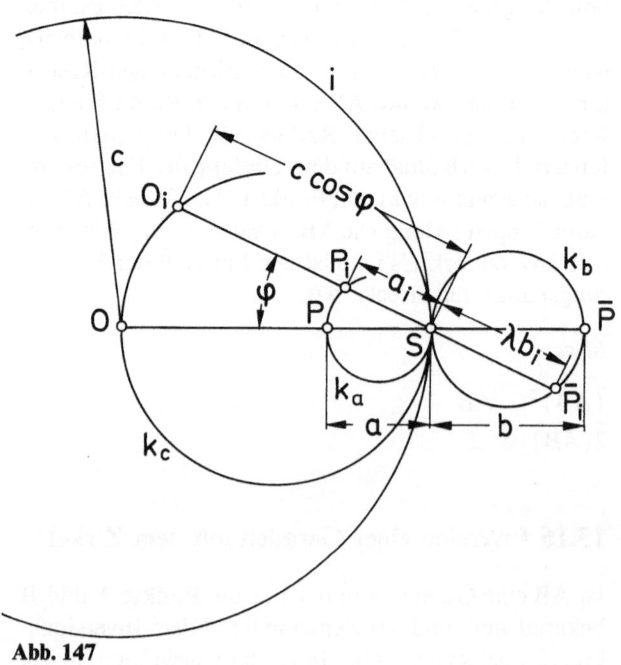

Abb. 147

gilt, auf 2 Kreisen k_a und k_b liegen, die auf dem Hauptpolstrahl zentriert sind und durch den Punkt S gehen. Die diametralen Punkte von S der Kreislinien k_a und k_b sind die inversen Punkte P_i und $\bar{P}_i$. Der kleinere Durchmesser hat den Wert a, der größere den Durchmesser b (s. Abb. 147). Das Zentrum 0 liegt immer auf der Seite des kleineren Kreises.

Führt man den algebraischen Auftrag

$$\frac{1}{a_i} - \frac{1}{\lambda a_i} = \frac{1}{c \cos \varphi}$$

geometrisch durch, d.h. man zeichnet alle Inversionskreise, deren Mittelpunkte auf dem Kreis $k_c = \bar{g}$ liegen und durch den Punkt S gehen (Abb. 148). Die Einhüllende aller dieser Kreise ist eine Kurve p mit einer Spitze im Punkt S (Abb. 149). Es handelt sich um eine Kurve 4. Ordnung, eine Pascal-Schnecke, die als Kardioide bezeichnet wird.

Diese Kurve ist ein wichtiges konstruktives Element zur Selbstverwirklichung der unbekannten biologischen Bewegungssysteme. Übersetzt man das Abbild der Kardioide mit einer Spitze in die Sprache der Algebra, dann ergibt sich folgende Gleichung: $r = c(1 + \cos \varphi)$.

Weil die Kardioide mit einer Spitze die Einhüllende aller Inversionskreise ist, ist sie unabhängig von der Längenverhältniszahl λ. Das heißt, für alle Längenverhältniszahlen inverser Punktepaare vom Standpunkt S aus gesehen ist die Einhüllende aller Inversionskreise eine Kardioide mit einer Spitze als Doppelpunkt. Weil alle Längenverhältniszahlen multipliziert mit ihrem reziproken Wert

$$\lambda_i \cdot \frac{1}{\lambda_i} = 1$$

ergeben, muß die numerische Exzentrizität ε dieser Kardioide gleich 1 sein. Allgemein lautet die Gleichung dieser Kurve

$$r = c(1 + \varepsilon \cos \varphi)$$

unter der Bedingung $\varepsilon = 1$.

Aus dieser Bedingung ist ableitbar, daß es ähnliche Kurventypen gibt, für die die numerische Exzentrizität größer oder kleiner als 1 ist:

Inversion der Kardioide

$$r = c(1 + \cos \varphi).$$

Verlagert man den Mittelpunkt 0 des Inversionskreises i (s. Abb. 147) in den Punkt S und schlägt einen Kreis mit dem Radius c und invertiert mit dem Zirkel die Kardioide p

$$r = c(1 + \cos \varphi)$$

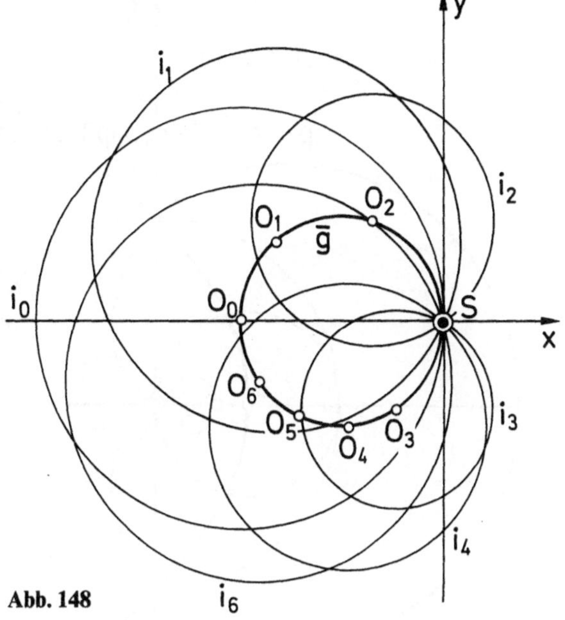

Abb. 148

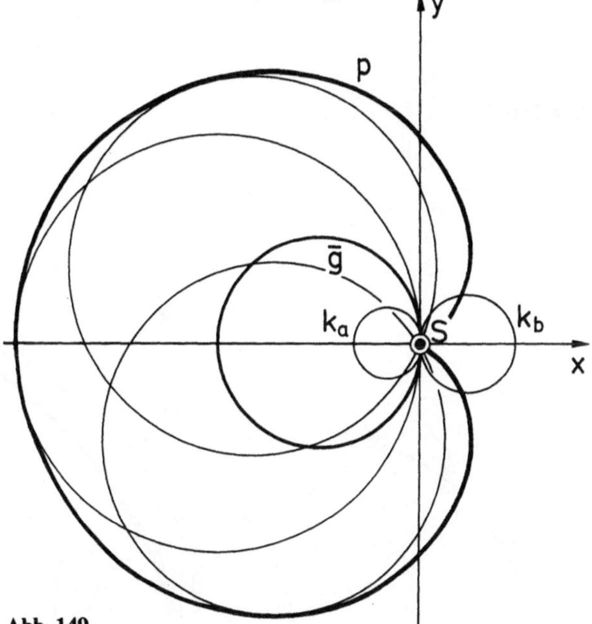

Abb. 149

an diesen Kreisen, dann erhält man als spiegelbildlich inverses Abbild der Kardioide p eine neue Kurve $\bar{p}$, eine Parabel (Abb. 150).

Übersetzt man dieses geometrische Verfahren in die Sprache der Algebra, dann wird „r" der Kardioidengleichung

$$r = c(1 + \cos \varphi)$$

durch $\frac{c^2}{\bar{r}}$ ersetzt. Weil $r \cdot \bar{r} = c^2$ ist, ist $r = \frac{c^2}{\bar{r}}$: $r = c(1 + \cos \varphi)$ (Kardioide) einsetzen von $\frac{c^2}{\bar{r}}$ statt r

$$\frac{c^2}{\bar{r}} = c(1 + \cos \varphi)$$

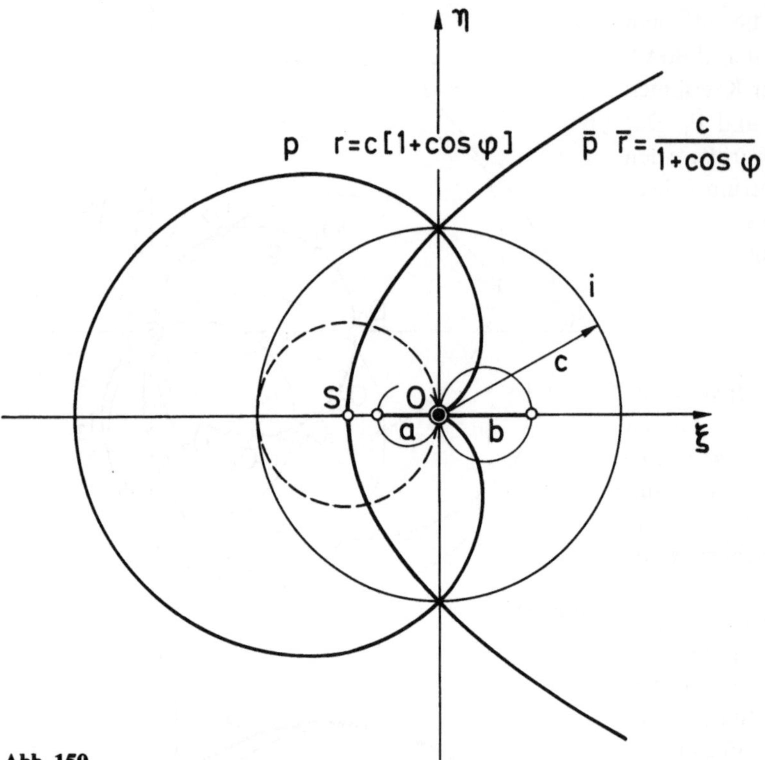

Abb. 150

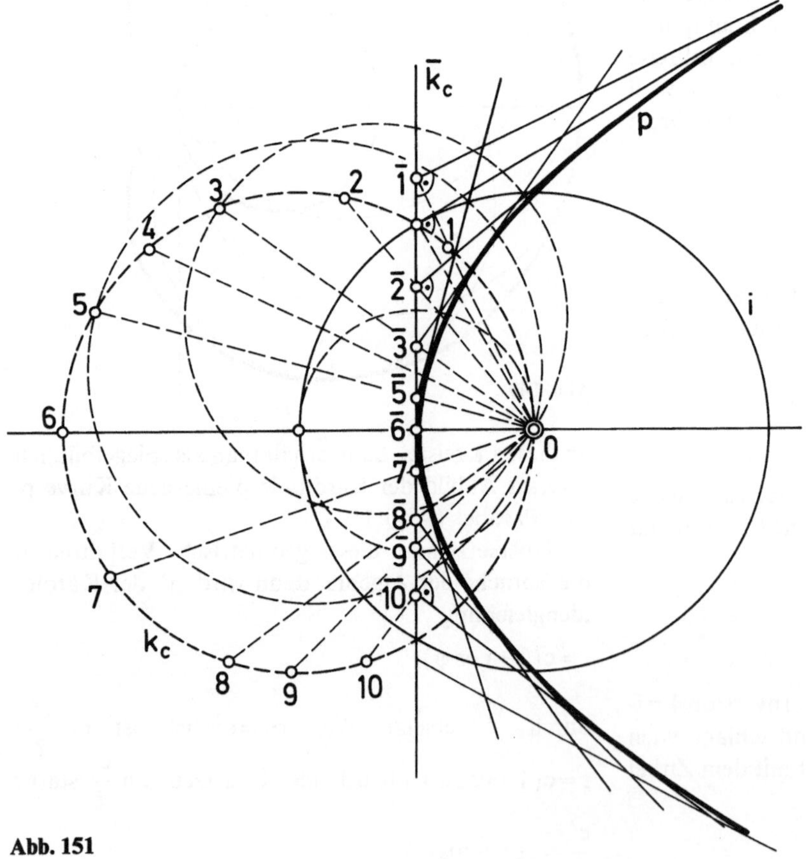

Abb. 151

Umformung dieser Gleichung:

$$\frac{c^2}{c(1+\cos\varphi)}=\bar{r}\Rightarrow\frac{c}{(1+\cos\varphi)}=\bar{r}.$$

Diese Gleichung stellt geometrisch eine Parabel dar $(c=p)$, p ist der Halbparameter der Parabel $\bar{r}=\frac{p}{(1+\cos\varphi)}$.

Bei der Inversion der Kardioide werden alle Kreise, die die Kardioide von innen berühren, in Gerade transformiert. Bei der Inversion bleiben die Winkel erhalten. Berühren sich 2 Kurven, dann haben sie im Berührungspunkt eine gemeinsame Tangente. Man kann sagen, im Berührungspunkt zweier Kurven „schneiden“ sich ihre Tangenten unter dem Winkel von 0°. Daraus folgt der wichtige Satz:

Berührungspunkte zweier geometrischer Gebilde bleiben bei der inversen Transformation erhalten.

Daraus folgt: Alle Kreise, deren Einhüllende eine Kardioide ist, gehen bei der Inversion in Gerade über, die in ihrer Gesamtheit das inverse Abbild der Kardioide, die Parabel, als Tangenten einhüllen (Abb. 151).

Die Spitze der Kardioide p, der Doppelpunkt $S=0$, ist der Brennpunkt F_p der Parabel $\bar{p}$. Der Doppelpunkt $S=0=F_p$ ist das inverse Abbild der unendlich fernen Punkte der beiden Parabeläste, weil $\frac{c^2}{\infty}=0$ ist.

Bei der Inversion um das Zentrum $S=0=F_p$ geht der Kreis k_c, der die Mittelpunkte aller Kreise trägt, deren Einhüllende die Kardioide ist, in eine Gerade $\bar{k}_c$ über, die den Scheitel der Parabel berührt und normal auf dem Hauptpolstrahl steht (Abb. 151). Die Gerade $\bar{k}_c$ trägt alle inversen Punkte des Kreises k_c. Errichtet man in allen Punkten der Geraden auf den entsprechenden Polstrahlen die Normalen, dann hüllen diese Geraden als Tangenten die Parabel $\bar{p}$ ein. Errichtet man in einem zu P inversen Punkt $\bar{P}$ auf dem Polstrahl eine Normale, dann ist diese Normale die Polare zu dem Punkt P. Daher ist die Parabel p die polare Kurve des Kreises k_c, die dem Kreis dual zugeordnet ist (s. Abb. 151).

13.18.1 Konstruktion der Leitlinien der Parabel mit dem Zirkel

Die Konstruktion der Leitlinie l mit dem Zirkel beruht auf der Tangentenkonstruktion an der Parabel (Abb. 152 aus Wunderlich 1970). Die Parabeltangente in P halbiert den Winkel zwischen dem Brennstrahl PF und dem Lot auf die Leitlinie. Die Abstände LP und PF sind dann gleich lang, $LP=PF=r$ (Abb. 152). Daraus folgt: Zentriert man alle Kreise auf die Parabeln, die durch den Brennpunkt gehen,

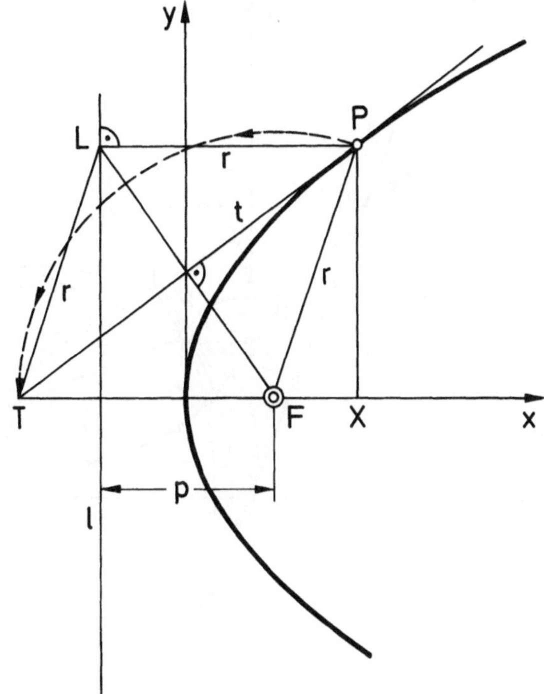

Abb. 152

dann hüllen diese Kreise eine Gerade, die Leitlinie g der Parabel, ein (Abb. 153).

Bezieht man die Parabel durch die kartesischen Koordinaten x,y auf das Achsenkreuz, das von der Parabelachse und der Scheiteltangente gebildet wird (Abb. 152), so führt die Gleichsetzung der Ausdrücke

$$PF=\sqrt{\left(x-\frac{p}{2}\right)^2+y^2}=r \quad \text{und} \quad Pl=x+\frac{p}{2}=r$$

auf die Parabelgleichung

$$y^2=2px$$

Weil die Parabel besondere Bedeutung für alle Bewegungssysteme hat, die über einen Gelenkspalt verfügen (zum Beispiel Kniegelenk), sei folgendes bemerkt (Abb. 154):

Legt man einen Durchmesser l durch die Parabel, der durch den Brennpunkt F geht, und errichtet in den Schnittpunkten R_1 und R_2 die Tangenten, dann schneiden sich diese Tangenten im rechten Winkel im Punkt P, der auf der Leitlinie liegt. Ordnet man diesem geometrischen Gebilde das Phänomen der Bewegung zu, so wird aus der Tangente η die Wälznormale und aus der Tangente ξ die Wälztangente. Der Schnittpunkt P ist dann der augenblickliche Drehpunkt des bewegten Systems.

Zentriert man alle Kreise auf die Parabeln, die durch den Punkt P (den augenblicklichen Drehpunkt des Systems) gehen, (Abb. 154) dann hüllen diese

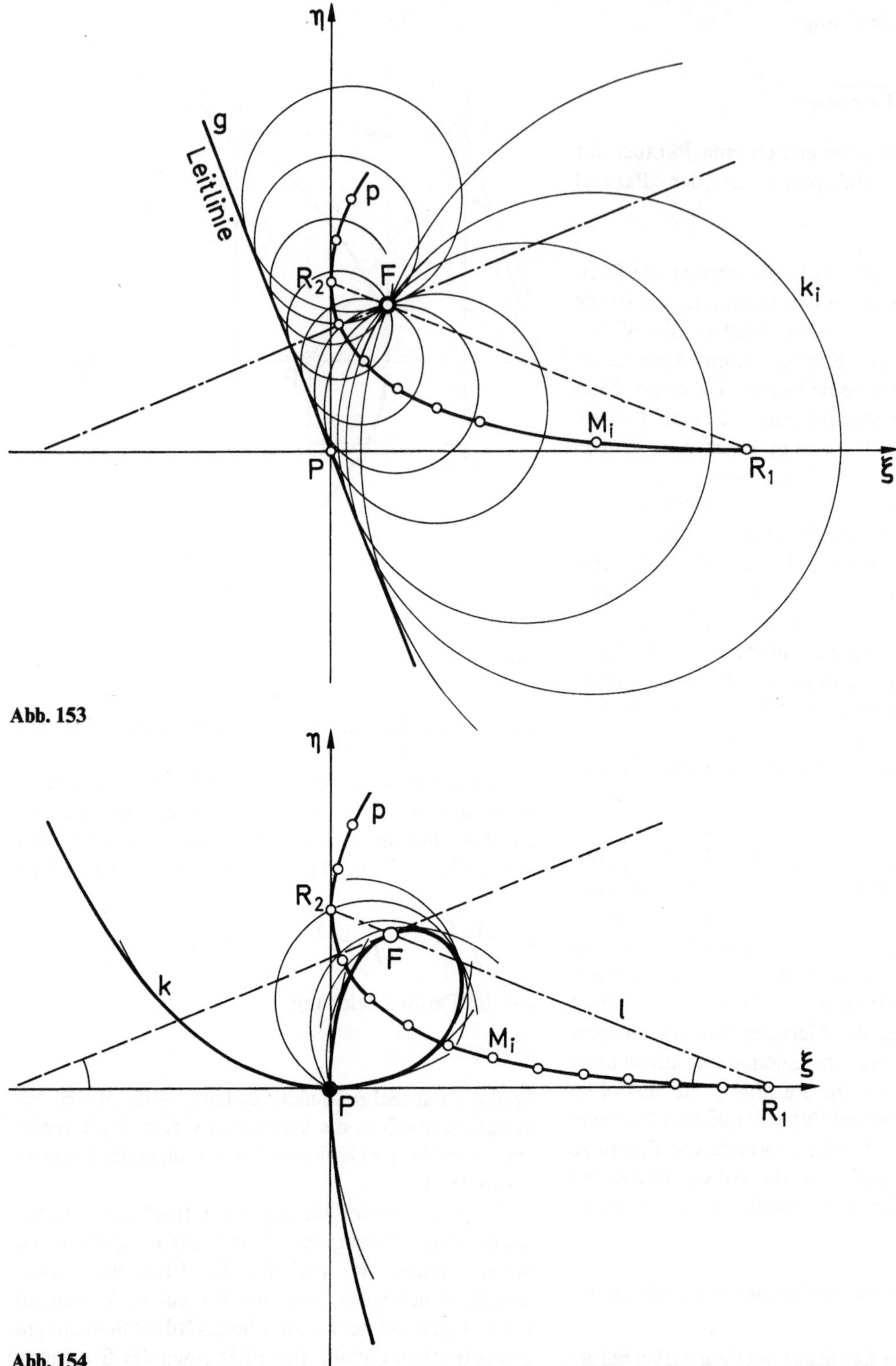

Abb. 153

Abb. 154

Kreise eine zirkuläre Kurve 3. Ordnung, eine sog. Strophoide ein. Die besondere Eigenschaft dieser Kurve ist, *daß sie alle Scheitelstellen des bewegten Systems in dem gegebenen Augenblick verbindet.* Sie wird deshalb als **Scheitelkubik** bezeichnet. Die Ursprung- und Ansatzstellen der Fasern der Kollateralbänder des Kniegelenks liegen auf Strophoiden. Dadurch wird ein geordnetes, reproduzierbares Zusammenspiel von Kreuz- und Kollateralbändern möglich.

Alle Parabeln sind untereinander ähnlich, das Aussehen jeder einzelnen Parabel ist abhängig von der Größe des Halbparameters p. Die numerische Exzentrizität ist $\varepsilon = 1$. Die Parabel ist eine Übergangsform zwischen Ellipse und Hyperbel. Dies wird sofort ersichtlich, wenn man die Kegelschnitte in Polarkoordinaten darstellt. Der Brennpunkt der Kurven wird mit dem Nullpunkt des Koordinatensystems zusammengelegt.

Ellipse: $r_e = \frac{p}{1 + \varepsilon \cos \varphi} \quad \varepsilon < 1$

Parabel: $r_p = \frac{p}{1 + \varepsilon \cos \varphi} \quad \varepsilon = 1$

Hyperbel: $r_h = \frac{p}{1 + \varepsilon \cos \varphi} \quad \varepsilon > 1$

13.19 Das Längenverhältnis λ und die Ellipse

Das gewöhnliche Rechenverfahren ist dimensionslos. Durch Zuordnung bestimmter geometrischer oder physikalischer Größen erhält das Verfahren eine bestimmte geometrische oder physikalische Bedeutung. So handelt es sich zum Beispiel bei „$3 \cdot 5 = 15$" um eine dimensionslose Gleichung. Ordnet man dieser Gleichung das Phänomen der Länge zu, also $3\,\text{cm} \cdot 5\,\text{cm} = 15\,\text{cm}^2$, dann handelt es sich um ein Rechteck mit der Seitenlänge 3 cm und 5 cm und seiner Fläche von $15\,\text{cm}^2$.

Ordnet man diesen Längeneinheiten die Bedeutung von Hypothenusenabschnitten p und q zu (Abb. 155), $3p \cdot 5q = 3{,}8729^2$, dann bedeutet 3,8729 die Höhe h des rechtwinkligen Dreiecks ABC.

Faßt man h als den Radius eines Kreises um den Punkt 0 auf (Abb. 156), dann sind die Punkte A und B inverse Abbilder voneinander, unter der Potenz von $-h^2$. Die Hypothenusenabschnitte p und q werden zu $r \cdot \bar{r}$, für die gilt $r \cdot \bar{r} = -c^2$ $(c = h)$.

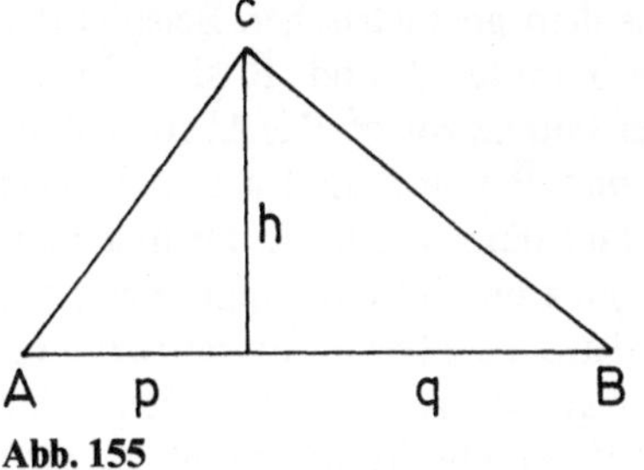

Abb. 155

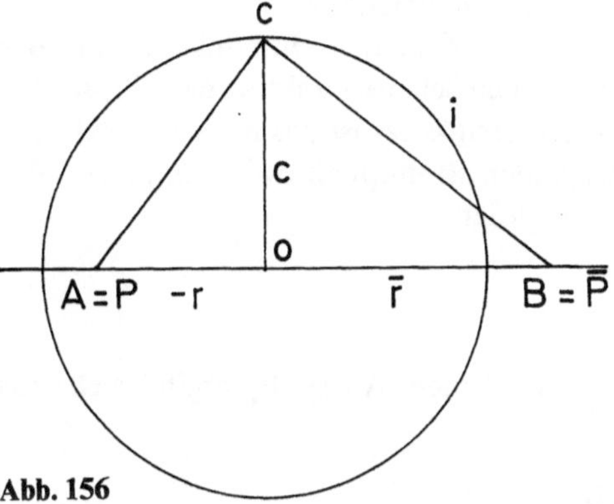

Abb. 156

Der Algorithmus der unbekannten biologischen Bewegungssysteme, die Inversion $r \cdot \bar{r} = c^2$, ist ebenfalls ein dimensionsloses Rechenverfahren, welches erlaubt, daß alle Parameter untereinander unmittelbar in Beziehung treten können. Je nach Zuordnung geometrischer, kinematischer oder physikalischer Phänomene erhält das Rechenverfahren seine besondere Bedeutung.

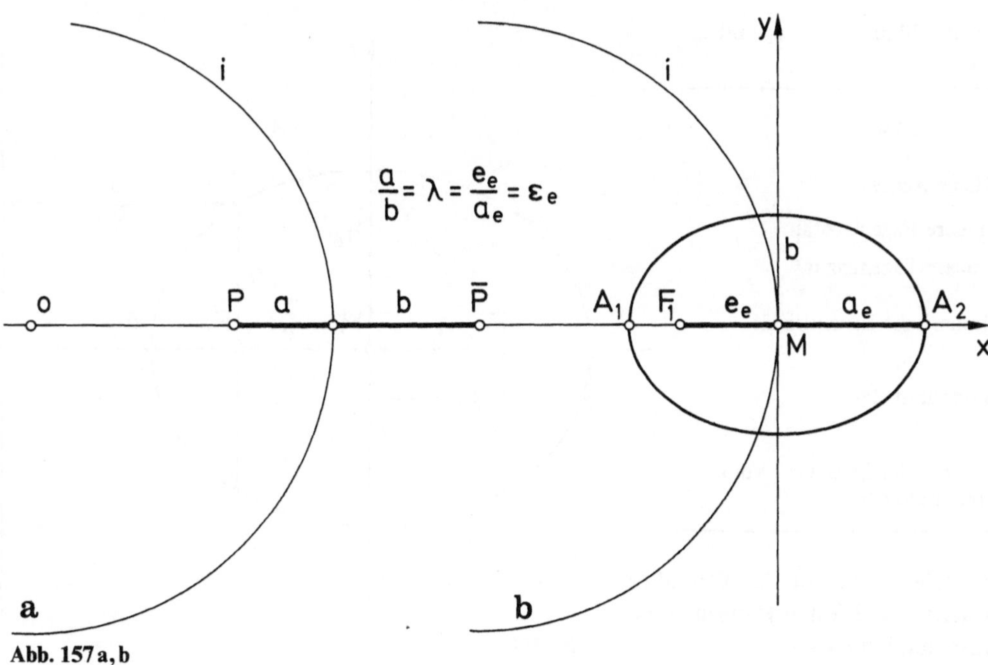

Abb. 157 a, b

Wenden wir uns dem geometrischen Beispiel der Abb. 157a zu. Die Punkte P und $\bar{P}$ sind invers zueinander unter der Potenz von c^2. Die Abstandslängen der Punkte P und $\bar{P}$ von S sind a und b. Das Verhältnis der Abstandslängen $a:b=\lambda$. Ordnet man diesen Abstandslängen a und b Ellipsenparameter zu, (Abb. 157b) so wird aus a die lineare Exzentrizität e_e, aus b die Länge der großen Achse a_e und aus S der Mittelpunkt einer Ellipse. Die Verhältniszahl λ wird zur numerischen Exzentrizität ε_e.

Der Punkt P wird zum Brennpunkt F_e und der Punkt $\bar{P}$ zum kleinen Scheitelpunkt A_2 der Ellipse, d.h. der kleine Scheitelpunkt A_2 ist das inverse Abbild des gegenüberliegenden Brennpunktes F_1 unter der Potenz c^2. Daraus folgt:

$$\frac{1}{e_e}-\frac{1}{a_e}=\frac{1}{c}.$$

Die Länge der kleinen Achse b_e ergibt sich aus (Abb. 158):

$$\sqrt{a_e^2-e_e^2}=b_e$$

weil

$$\frac{e_e}{a_e}=\varepsilon_e \Rightarrow e_e=a_e\varepsilon_e \Rightarrow \sqrt{a_e^2-\varepsilon_e^2 a_e^2}=b_e \Rightarrow$$

$$b_e=a_e\sqrt{1-\varepsilon_e^2}.$$

Jedem inversen Punktepaar P und $\bar{P}$ auf dem Hauptpolstrahl unter der Potenz c^2 ist eine ganz bestimmte Ellipsenform zugeordnet, die durch das Längenverhältnis $\lambda=\varepsilon_e$ in ihren Krümmungen festgelegt ist.

Daraus ergibt sich: Zentriert man alle Kreise auf die Ellipse und läßt diese Kreise durch einen Brennpunkt F_e laufen, dann ist die Einhüllende aller Kreise wieder ein Kreis mit dem Radius $2a_e$ (doppelte Länge der Hauptache a_e der Ellipse). Der Mittelpunkt M dieses Kreises liegt im 2. Brennpunkt F_2. Dieser Kreis ist der Leitkreis l der Ellipse (Abb. 159).

Die numerische Exzentrizität ε_e der Ellipse entspricht der Längenverhältniszahl λ, die auch eine natürlich trigonometrische Zahl darstellt, $\lambda=\cos\alpha$. Daher bedeutet ε_e auch eine trigonometrische Zahl, $\varepsilon=\cos\alpha$. Interpretiert man den Winkel α geometrisch, dann handelt es sich um einen Drehzylinder (Abb. 160), dessen Basiskreis den Radius b_e besitzt, der von einer Ebene σ unter dem Winkel α geschnitten wird. Die Schnittfigur ist dann die Ellipse mit $\varepsilon_e=\cos\alpha$. Die große Halbachse ist dann a_e, die kleine b_e.

In diesen Zylinder lassen sich nach dem Belgier J. P. Dandelin (zit. nach Wunderlich 1970) 2 Kugeln (M_1,r) und (M_2,r) einschreiben, welche die Schnittebene σ in 2 Punkten F_1 und F_2, den Brennpunkten, berühren. Der Zentralabstand $M_1 M_2$ der beiden Kugeln entspricht der doppelten Halbachsenlänge $(2a_e)$. Aus Abb. 160 ist zu entnehmen, daß der Inversionskreis i auf der Schnittebene σ senkrecht steht, es handelt sich demnach um ein räumliches Gebilde.

Ordnet man der Ellipsenbetrachtung das physikalische Phänomen Licht zu, dann bedeutet die Verhältniszahl $\lambda=\varepsilon_e=\cos\alpha$ den Einfallswinkel α von parallelen Lichtstrahlen, die durch einen Kreiszylinder mit

Tabelle 1. Die Parameter der Ellipse durch a_e und e_e ausgedrückt (s. Abb. 158)

$a_e=\frac{e_e}{\varepsilon}$	Große Achse
$b_e=a_e\sqrt{1-\varepsilon_e^2}$	Kleine Achse
$\sqrt{a^2-b^2}=e_e$	Lineare Exzentrizität
$e_e=a_e\cdot\varepsilon_e$	Lineare Exzentrizität
$\varepsilon_e=\frac{e_e}{a_e}$	Numerische Exzentrizität
$p_e=\frac{b_e^2}{a_e}$	Halbparameter
$\frac{p_e}{\varepsilon_e}=\frac{a_e(1-\varepsilon_e^2)}{\varepsilon_e}$	Abstand der Leitlinie l_e vom Brennpunkt F_e

Definition der Ellipse: Die Ellipse ist der Ort aller Punkte der Ebene, welche von 2 festen Punkten eine konstante Entfernungssumme haben.

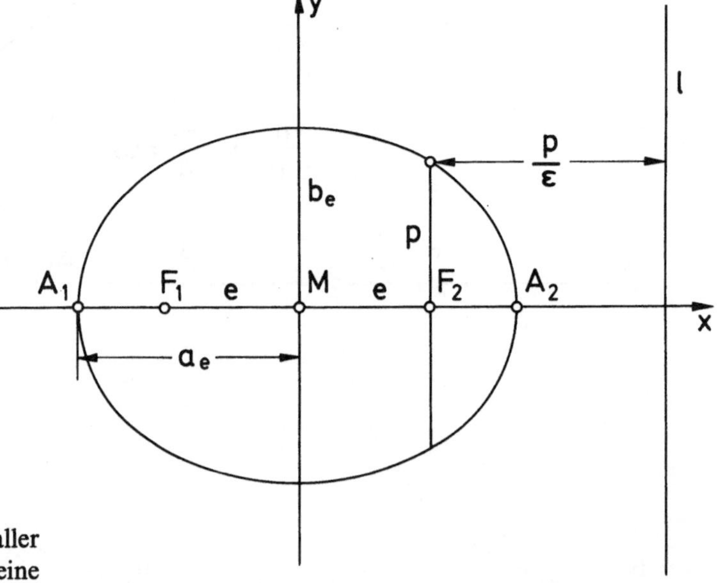

Abb. 158

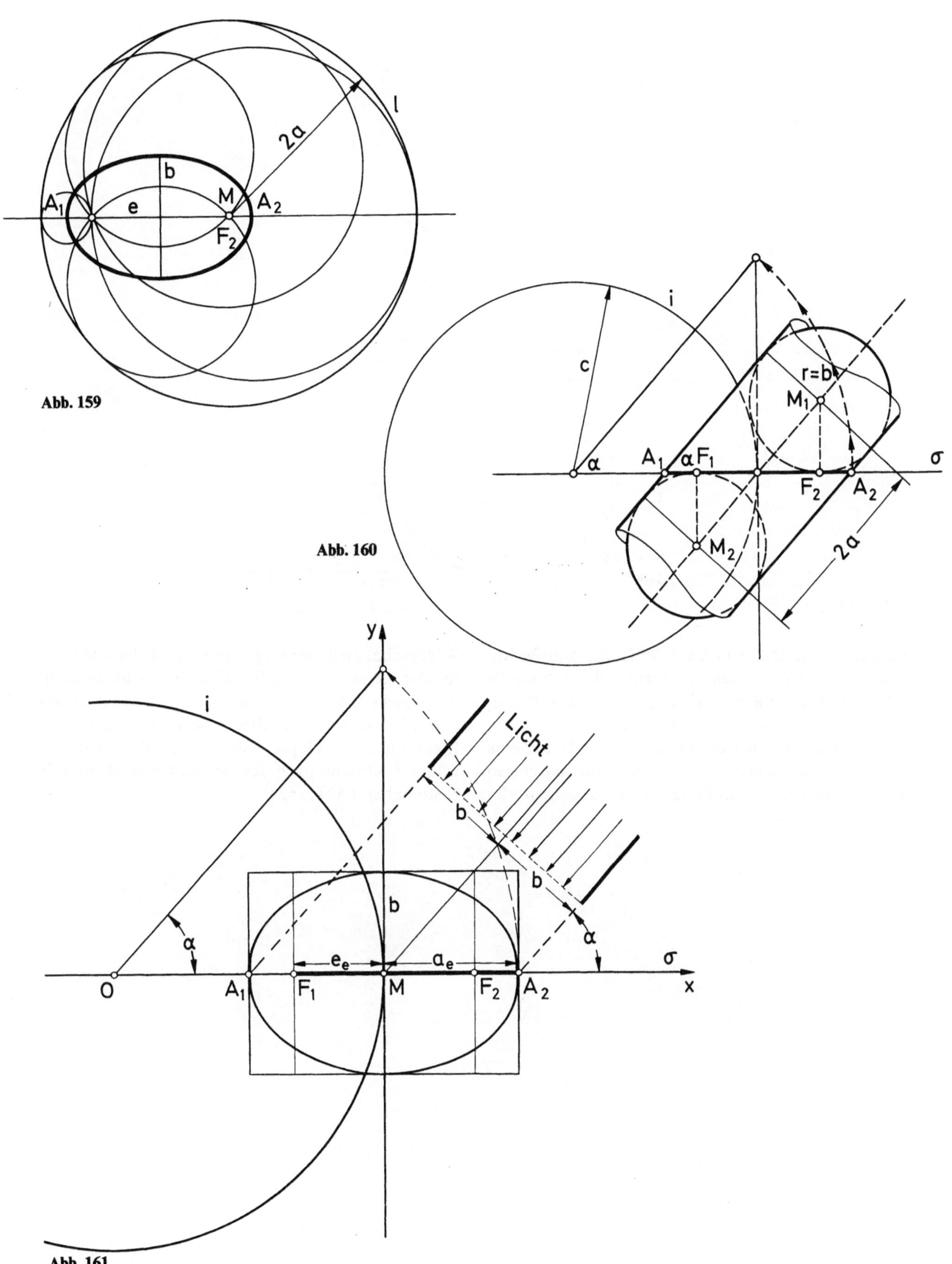

Abb. 159

Abb. 160

Abb. 161

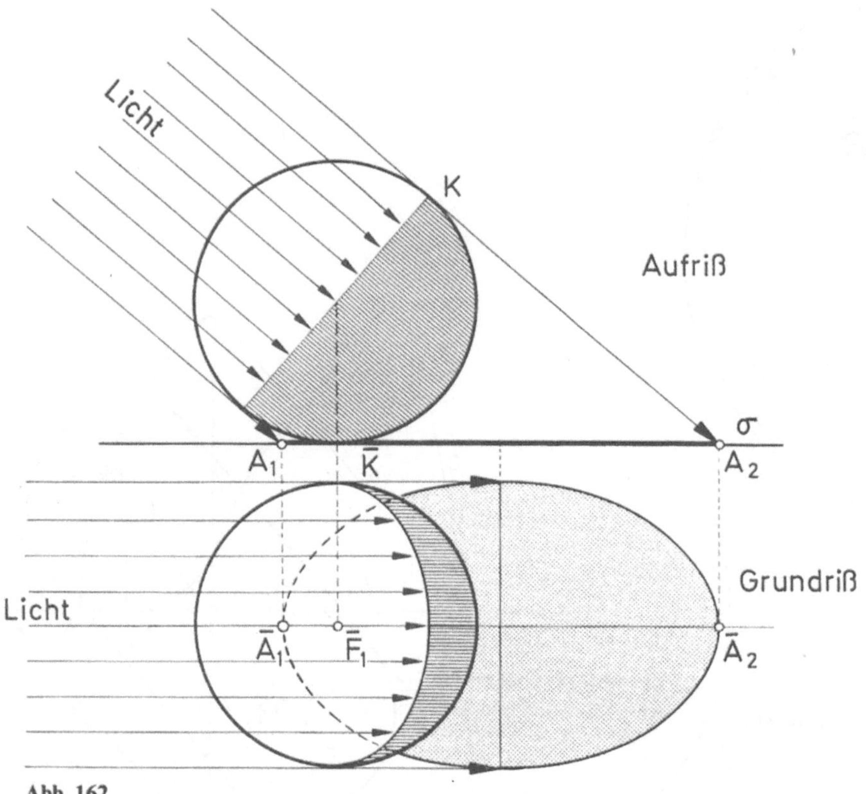

Abb. 162

dem Radius b_e laufen und auf der Ebene σ aufgefangen werden. Der entstehende Lichtfleck ist dann die schon bekannte Ellipse mit der großen Halbachse a_e und der kleinen Achse b_e (Abb. 161).

Legt man eine Kugel mit dem Radius b_e auf eine Ebene σ und beleuchtet diese Kugel mit parallelen Lichtstrahlen unter dem Einfallswinkel α, dann ist der Schlagschatten dieser Kugel die schon bekannte Ellipse. Der Kosinus des Lichteinfallwinkels ist dann die numerische Exzentrizität dieser Ellipse. Der Aufliegepunkt F_1 der Kugel auf diese Ebene ist dann der eine Brennpunkt der Ellipse. Alle anderen Parameter der Ellipse sind dann nach den bekannten Rechenregeln bestimmbar (Abb. 162).

14 Fokalkegelschnitt

In dem Kapitel über die Kollateralbänder des Kniegelenks wurde gezeigt, daß die Anlenkpunkte aller Bandfasern auf Kurven (Angel- und Scheitelkubik) liegen, die vom Steuersystem (Kreuzbänder) ableitbar sind. Diese Kubiken wurden konstruktiv durch Spiegelung des Momentanzentrums P an den Tangenten von 2 Parabeln gewonnen (eine Parabel im Gangsystem, die andere im Rastsystem). Dies gilt für alle Stabgetriebe, die über ein Momentanzentrum verfügen. Die Parabel ist deshalb das konstruktive Urelement der Gelenkviereckbewegung. Alle Parabeln sind untereinander gleich, sie unterscheiden sich nur durch ihre Größe. Jede Parabel kann in eine andere durch Vergrößerung oder Verkleinerung übergeführt werden. Es ist deshalb nicht verwunderlich, daß alle Kniegelenke der Wirbeltiere trotz aller Verschiedenheit ihres Erscheinungsbildes sehr ähnliche Bewegungsbahnen beschreiben.

Die Parabel ist die Schnittfigur eines Kegels, der parallel zur Fallinie geschnitten wurde. Es ist naheliegend, daß die anderen Kegelschnitte, Ellipse und Hyperbel, konstruktive Bedeutung zur spezifischen und individuellen Gestaltung der Gelenksysteme gewinnen. Es erhebt sich natürlich zunächst die geometrische Frage, welche Hyperbel eindeutig und zwingend einer gegebenen Ellipse oder umgekehrt zugeordnet ist, und wie diese Zuordnung in den Algorithmus der Inversion eingebunden ist.

Wird eine Ellipse auf der Grundebene so angenommen, daß die große Achse A_1A_2 auf der Bildachse liegt (Abb. 163), dann ist die große Achse die Orthogonalprojektion der Kegelachse eines Drehkegels in der

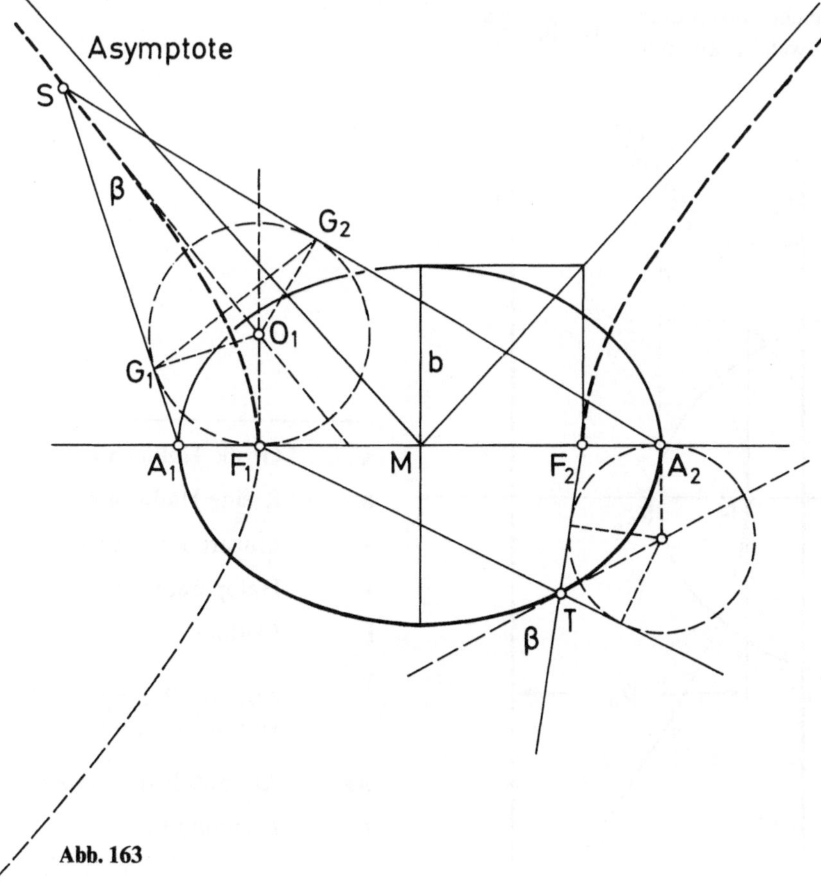

Abb. 163

Aufrißebene, dessen Schnittfigur mit der Grundebene die gegebene Ellipse bildet.

Legt man auf den Brennpunkt Fe_1 eine Kugel (Abb. 163) ($r<b$) und errichtet von den Scheitelstellen A_1 und A_2 der Ellipse die Tangenten an diese Kugel, dann schneiden sich diese Tangenten im Punkt S.

Es gelten dann folgende Beziehungen:

$$SG_1=SG_2,\ G_1A_1=A_1F_1,\ G_2A_2=A_2F_1.$$

Daraus folgt:

$$SA_1=SG_1+G_1A_1 \text{ und } SA_2=SG_2+G_2A_2.$$

Daraus folgt:

$$SA_2-SA_1=G_2A_2-G_1A_1=A_2F_1-A_1F_1$$

oder

$$SA_2-SA_1=F_1F_2 \text{ const.}$$

Diese letzte Gleichung *definiert* eine Hyperbel: Die Hyperbel ist der Ort aller Punkte, die von 2 festen Punkten eine konstante Abstandsdifferenz haben (s. Abb. 163).

Legt man auf den Brennpunkt F_{e1} einer Ellipse alle Kugeln, dere Radien kleiner als b_e sind, und legt an diese Kugeln die Tangenten von A_1 und A_2, dann bilden die Schnittpunkte S_i dieser Tangenten eine Hyperbel, die senkrecht auf der gegebenen Ellipse steht.

Die Spitzen der ∞ Drehkegel, welche durch eine Ellipse gehen, bilden eine Hyperbel, welche auf der durch die Hauptachse gehenden senkrechten Ebene liegt. Die Scheitel der Ellipse sind dann die Brennpunkte der Hyperbel. Die Brennpunkte der Ellipse sind die Scheitelstellen der Hyperbel. Die Achsen der Drehkegel sind die Tangenten der Hyperbel, insbesondere sind die Achsen der beiden Drehzylinder die Asymptoten der Hyperbel.

Für diese Kegel nimmt der Winkel β alle Werte von 0° bis 180° an:

„In eine gegebene Ellipse paßt jeder beliebige Drehkegel.“

Sollen umgekehrt durch die gefundene Hyperbel Drehkegel gelegt werden, so denkt man sich eine Kugel, welche die Aufrißebene im Punkte A_2 berührt (Abb. 163). Zieht man von F_1 und F_2 die Tangenten an den Umrißkreis dieser Kugeln, so ist ihr Schnittpunkt T die Spitze eines solchen Kegels. Für den Punkt T gilt dann $TF_1+TF_2=A_1A_2$ const. Die Spitzen aller Drehkegel liegen dann auf der ursprünglichen Ellipse.

Die Beziehung der beiden Kegelschnitte ist eine wechselseitige und wird als *Fokalkegelschnitt* bezeichnet. Hier nimmt der Winkel β nicht alle Werte bis $\frac{\pi}{2}$ an, sondern der kleinste Winkel ist jener, welchen die Asymptote mit der reellen Achse bildet. Es gilt also

$$\tan \beta_x=\frac{b_h}{a_h}.$$

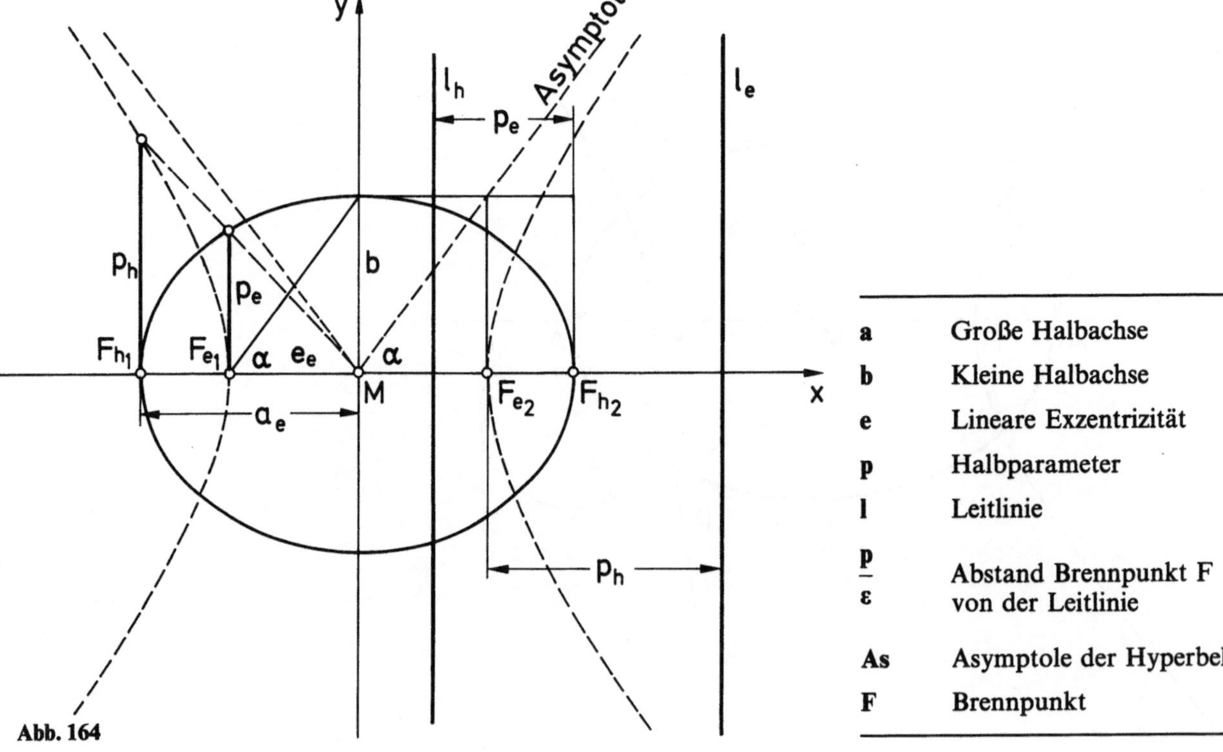

a	Große Halbachse
b	Kleine Halbachse
e	Lineare Exzentrizität
p	Halbparameter
l	Leitlinie
$\frac{p}{\varepsilon}$	Abstand Brennpunkt F von der Leitlinie
As	Asymptole der Hyperbel
F	Brennpunkt

Abb. 164

„In eine gegebene Hyperbel passen nur solche Drehkegel, für welche der Winkel β zwischen den Grenzwerten

$$\beta_x = \frac{b_h}{a_h} \text{ und } \frac{\pi}{2}$$

liegt."

14.1 Die Beziehung der Parameter der Ellipse und Hyperbel eines Fokalkegelschnitts

Die Parameter der Ellipse werden mit dem Index e bezeichnet, die der Hyperbel mit dem Index h. a_h ist zum Beispiel die große Halbachse der Hyperbel, a_e ist die große Halbachse der Ellipse.

Folgende Parameter der Fokalkegelschnite stimmen in ihren Absolutbeträgen überein (Abb. 164):

Hyperbelparameter	Ellipsenparameter

$$a_h = e_e$$
$$b_h = b_e$$
$$e_h = a_e$$
$$p_h = \frac{p_e}{\varepsilon_e}$$
$$\frac{p_h}{\varepsilon_h} = p_e$$
$$\varepsilon_h = \frac{1}{\varepsilon_e}$$
$$e_h - a_h = a_e - e_e$$

Die numerischen Exzentrizitäten der Hyperbel ε_h und der Ellipse ε_e stehen zueinander in inverser Beziehung mit der Potenz 1^2:

$$\varepsilon_h \cdot \varepsilon_e = 1.$$

Alle Hyperbelparameter durch a_h und ε_h ausgedrückt:	Alle Ellipsenparameter durch a_e und ε_e ausgedrückt:
$b_h = a_h\sqrt{\varepsilon_h^2 - 1}$	$b_e = a_e\sqrt{1 - \varepsilon_e^2}$
$e_h = a_h\varepsilon_h$	$e_e = a_e\varepsilon_e$
$p_h = a_h(\varepsilon_h^2 - 1)$	$p_e = a_e(1 - \varepsilon_e^2)$
$\frac{p_h}{\varepsilon} = \frac{a_h(\varepsilon_h^2 - 1)}{\varepsilon_h}$	$\frac{p_e}{\varepsilon_e} = \frac{a_e(1 - \varepsilon_e^2)}{\varepsilon_e}$
$e_h - a_h = a_h(\varepsilon_h - 1)$	$a_e - e_e = a_e(1 - \varepsilon_e)$

Die Hyperbelparameter durch a_e und ε_e der Ellipse ausgedrückt (s. Abb. 164):

$$a_h = a_e\varepsilon_e$$
$$b_h = a_e\sqrt{1 - \varepsilon_e^2}$$
$$e_h = a_e$$
$$p_h = \frac{a_e(1 - \varepsilon_e^2)}{\varepsilon_e}$$
$$\frac{p_h}{\varepsilon_h} = a_e(1 - \varepsilon_e^2)$$
$$e_h - a_h = a_e(1 - \varepsilon_e)$$

Die Ellipsenparameter durch a_h und e_h der Hyperbel ausgedrückt (s. Abb. 164):

$$a_e = a_h\varepsilon_h$$
$$b_e = a_h\sqrt{\varepsilon_h^2 - 1}$$
$$e_e = a_h$$
$$p_e = \frac{a_h(\varepsilon_h^2 - 1)}{\varepsilon_h}$$
$$\frac{p_e}{\varepsilon} = a_h(\varepsilon_h^2 - 1)$$
$$a_e - e_e = a_h(\varepsilon_h - 1)$$

14.2 Die inversen Beziehungen der Parameter eines Fokalkegelschnitts

Die numerische Exzentrizität ε_e ist durch das Längenverhältnis der Linearexzentrizität e_e und der großen Halbachse a_e der Ellipse bestimmt:

$$\sqrt{a_e^2 - b_e^2} = e_e$$

$$\frac{e_e}{a_e} = \varepsilon_e .$$

Bezeichnet man das Längenverhältnis $b_e : a_e = \lambda_e$, dann folgt daraus:

$$\sqrt{a_e^2 - \lambda_e^2 a_e^2} = e_e \Rightarrow a_e\sqrt{1 - \lambda_e^2} = e_e \Rightarrow \frac{a_e\sqrt{1 - \lambda_e^2}}{a_e} = \varepsilon_e$$

$$\boxed{\sqrt{1 - \lambda_e^2} = \varepsilon_e}$$

Die numerische Exzentrizität ε_e als Längenverhältniszahl bedeutet auch eine natürliche trigonometrische Zahl. Der Kosinus dieser trigonometrischen Zahl $\left(\frac{e_e}{a_e} = \varepsilon_e\right)$ legt den Winkel α (s. Abb. 164) fest. Der

Winkel α wird auch von der Hyperbelasymptote mit der x-Achse eingeschlossen:

$$\frac{b_h}{a_h} = \tan \alpha.$$

Folgende Parameter sind inverse Abbilder voneinander unter der Potenz der kleinen Halbachse b^2:

$$b^2 = a_e p_e$$

$$b^2 = e_h p_h$$

$-b^2 = (a_e - e_e)(a_e + e_e)$ vom Standpunkt F_e als Zentrum, elliptische Inversion

$b^2 = (e_h - a_h)(a_h + e_h)$ vom Standpunkt F_h als Zentrum hyperbolische Inversion

$$b^2 = a_e^2(1 - \varepsilon_e^2) \Rightarrow b = a_e\sqrt{1 - \varepsilon_e^2}$$

$$b^2 = a_h^2(\varepsilon_h^2 - 1) \Rightarrow b = a_h\sqrt{\varepsilon_h^2 - 1}$$

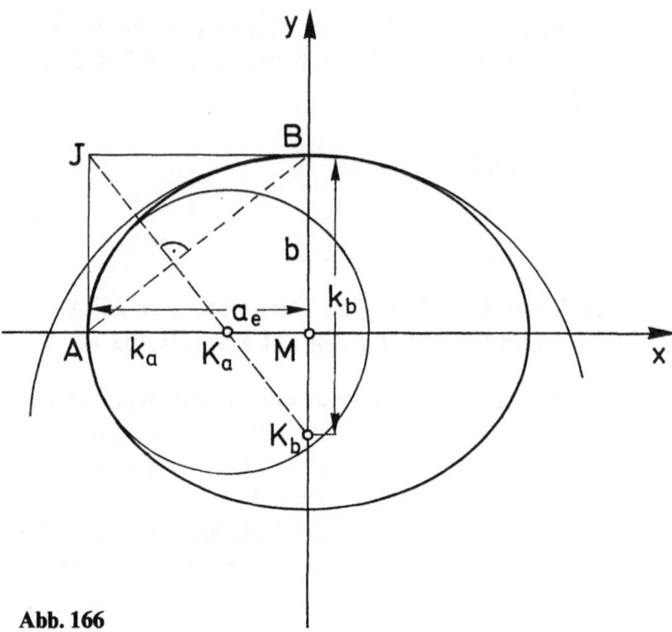

Abb. 166

14.3 Scheitelkreise

Die Mittelpunkte der Hauptscheitelkrümmungskreise der Ellipse und Hyperbel liegen auf den Leitlinien. Der Hauptscheitelkrümmungskreis der Ellipse mit dem Radius $p_e\left(p_e = \frac{p_h}{\varepsilon_h}\right)$ hat seinen Mittelpunkt im Schnittpunkt der Hauptachse und der Leitlinie l_h der Hyperbel. Der Scheitelkrümmungskreis der Hyperbel mit dem Radius $p_h\left(p_h = \frac{p_e}{\varepsilon_e}\right)$ hat seinen Mittelpunkt im Scheitelpunkt der Hauptachse mit der Leitlinie l_e der Ellipse (Abb. 165).

Der Radius k_b des Krümmungskreises des Nebenscheitels der Ellipse hat seinen Mittelpunkt auf der Nebenachse b unter der Potenz von a_e^2 (Abb. 166):

$$a_e^2 = b \cdot k_b$$

$b^2 = a_e k_a$ Krümmungskreis des Hauptscheitels A

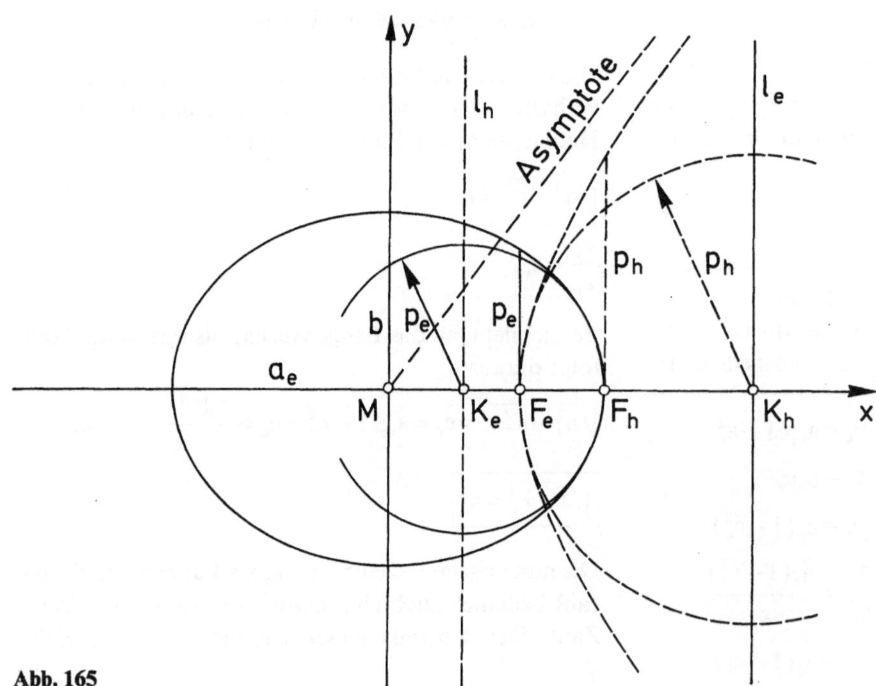

Abb. 165

14.4 Die Beziehung der Halbparameter p_h und p_e

Sind eine Ellipse und Hyperbel fokal einander zugeordnet, dann sind die Punkte P und $\bar{P}$ (Abb. 167), die durch Abtragen der Halbparameter p_h und p_e vom Brennpunkt F_{e1} der Ellipse gewonnen wurden, inverse Abbilder voneinander in bezug auf den Gegenscheitel der Ellipse bzw. den Brennpunkt F_{h2} des 2. Hyperbelastes als Zentrum mit der Potenz von $(a_e+e_e)^2$. Es gilt dann die Relation:

$$r \cdot \bar{r} = (a_e+e_e)^2 .$$

Begründung

$r = (a_e+e_e-p_e)$, $\bar{r} = (a_e+e_e+p_h)$

$(a_e+e_e-p_e)(a_e+e_e+p_h) = (a_e+e_e)^2$.

Die Relation durch a_e und ε_e ausgedrückt:

$$[a_e+a_e\varepsilon_e-a_e(1-\varepsilon_e^2)]\left[a_e+a_e\varepsilon_e+\frac{a_e(1-\varepsilon_e^2)}{\varepsilon_e}\right]$$

$$=(a_e+a_e\varepsilon_e)^2 \Rightarrow [a_e\varepsilon_e(1+\varepsilon_e)]\left[\frac{a_e(1+\varepsilon_e)}{\varepsilon_e}\right]$$

$$=a_e^2(1+\varepsilon_e)^2 \Rightarrow \frac{a_e^2\varepsilon_e(1+\varepsilon_e)^2}{\varepsilon_e}=a_e^2(1+\varepsilon_e)^2 .$$

Deshalb hat auch folgende Beziehung Gültigkeit:

$$[(a_e+e_e)-p_e][(a_e+e_e)+p_h]=(a_e+e_e)^2$$

$$(a_e+e_e)^2-p_e(a_e+e_e)+p_h(a_e+e_e)-p_ep_h=(a_e+e_e)^2$$

$$p_h(a_e+e_e)-p_e(a_e+e_e)=p_ep_h/:p_h,p_e,(a_e+e_e)$$

$$\boxed{\frac{1}{p_e}-\frac{1}{p_h}=\frac{1}{a_e+e_e}}$$

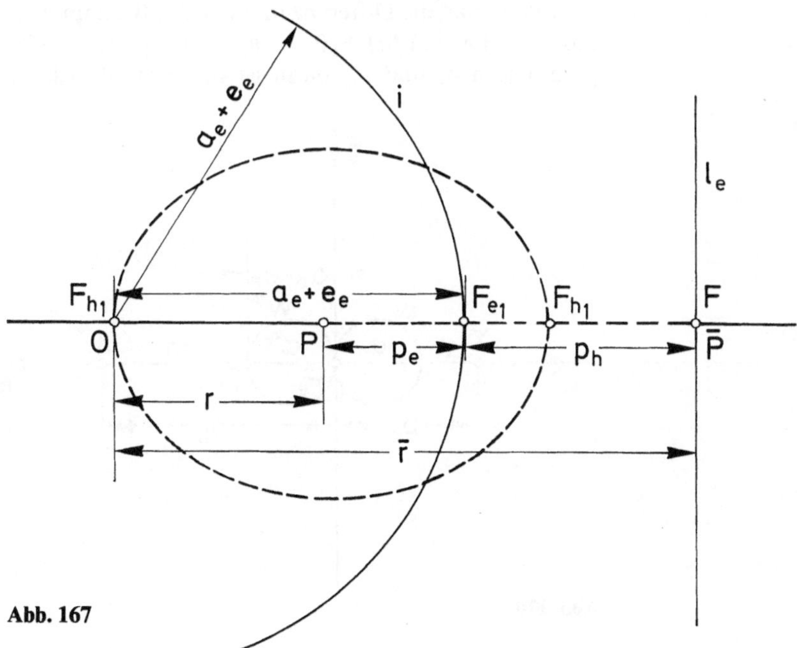

Abb. 167

In Worten:
Die Differenz der reziproken Werte der Halbparameter p_e und p_h eines Fokalkegelschnitts ergibt den reziproken Wert der Summe der großen Halbachse a_e und der Linearexzentrizität e_e. Das Verhältnis der Halbparameter $p_e:p_h=\varepsilon_e$ (s. Abb. 167):

$$\frac{p_e}{p_h}=\frac{p_e}{\frac{p_e}{\varepsilon_e}}=\varepsilon_e=\frac{e_e}{a_e} .$$

Aus der Gültigkeit der Gleichung

$$\frac{1}{p_e}-\frac{1}{p_h}=\frac{1}{a_e+e_e}$$

folgt unmittelbar auch die Relation

$$\boxed{\frac{1}{p_e}+\frac{1}{p_h}=\frac{1}{a_e-e_e}}$$

Die Gleichung

$$\frac{1}{p_e}-\frac{1}{p_h}=\frac{1}{(a_e+e_e)}$$

stellt eine Spiegelung an einem Hohlspiegel dar, man braucht nur die gebräuchliche Signatur dafür einzusetzen:

$$\frac{1}{g}-\frac{1}{b}=\frac{1}{f}$$

$\lvert p_e\rvert = \lvert g\rvert$	Dingweite
$\lvert p_h\rvert = \lvert b\rvert$	Bildweite
$a_e+e_e=\lvert f\rvert$	Brennweite

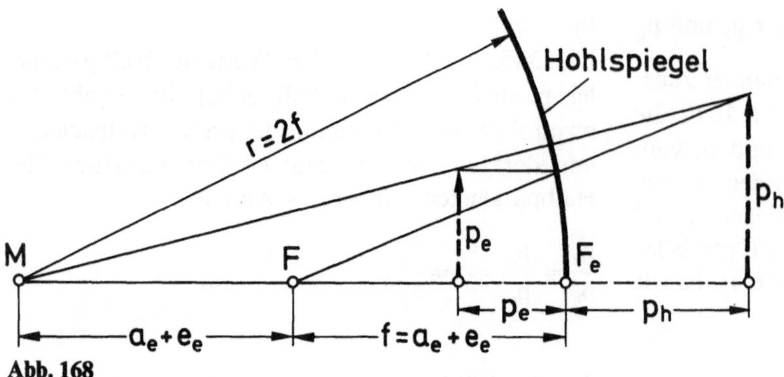

Abb. 168

Aus Abb. 168 entnimmt man, daß p_h das Spiegelbild von p_e an einem Hohlspiegel mit dem Radius $2f=2(a_e+e_e)$ darstellt.

Der Abbildungsmaßstab, die Seitenvergrößerung, entspricht der numerischen Exzentrizität ε_e des Fokalkegelschnitts $\varepsilon_e=\frac{1}{\varepsilon_h}$:

$$\frac{b}{g}=\frac{p_h}{p_e}=\varepsilon_h=\frac{1}{\varepsilon_e}.$$

Jeder Fokalkegelschnitt, ein geometrisches Gebilde, dessen Parameter $b^2=ap_e=ep_h=(a_e-e_e)(a_e+e_e)$, $a^2=bk_b$ in inverser Beziehung zueinander stehen, impliziert die physikalischen Gesetzlichkeiten der Lichtbrechung.

Die Gleichung (Abb. 170)

$$\frac{1}{p_e}-\frac{1}{p_h}\cdot\frac{1}{(a_e+e_e)}$$

entspricht der kinetostatischen Bewegungsgleichung nach Euler-Savary auf dem Hauptpolstrahl:

$$\frac{1}{r}-\frac{1}{r^*}=\frac{1}{\alpha}.$$

Man braucht lediglich die entsprechende Signatur einzusetzen (bezogen auf den Hauptpolstrahl; Abb. 169):

$|r|=|p_e|$ $|r^*|=|p_h|$ $|\alpha|=|a_e+e_e|$

p_e und p_h sind die Abstandslängen der entsprechenden Punkte $X\rightarrow X^*$ vom Momentanzentrum P. Die entsprechenden Punkte der Krümmungsverwandtschaft $X\rightarrow X^*$ liegen auf *derselben Seite* des Momentanzentrums P. a_e+e_e wird zum Durchmesser α des Wendekreises w. Die Hauptachse, die a_e und e_e trägt, wird zur Wälznormalen η, die Senkrechte auf die Hauptachse im Punkt P wird zur Wälztangenten ξ.

Die Summe der reziproken Werte von p_e und p_h ergibt den reziproken Wert des Brennpunktabstands der Ellipse F_e vom Brennpunkt F_h der Hyperbel:

$$\frac{1}{p_e}+\frac{1}{p_h}=\frac{1}{(a_e-e_e)}.$$

Die entsprechenden Punkte $X\rightarrow X^*$ liegen auf verschiedenen Seiten vom Momentanzentrum $P=F_e$

Bildet man die Differenz m und n des Brennpunktabstands (Abb. 170) $F_eF_h=(a_e-e_e)$ von den Halbparametern p_e und p_h, dann ist das Produkt dieser

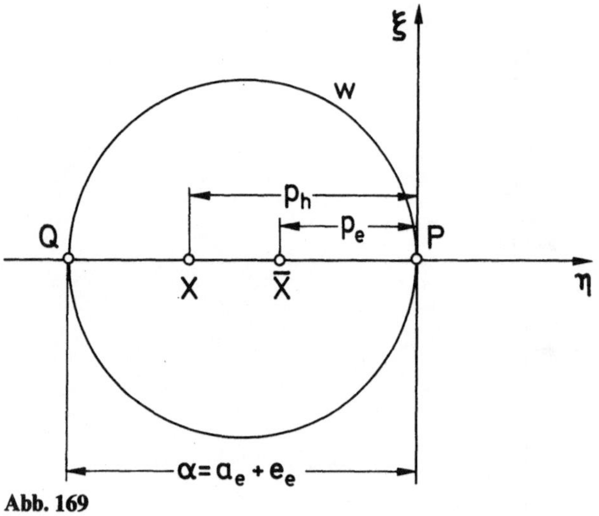

Abb. 169

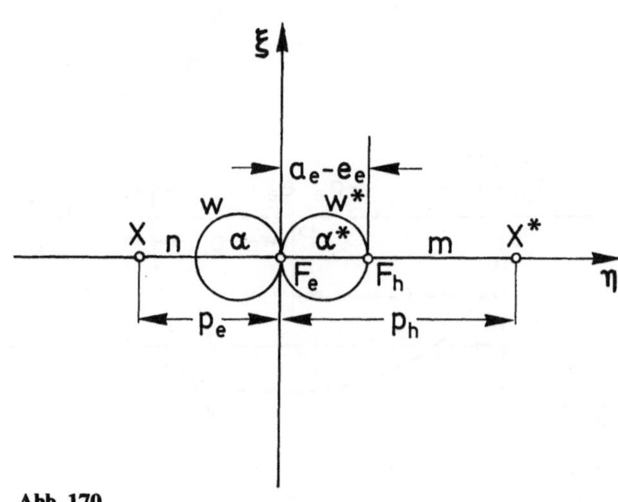

Abb. 170

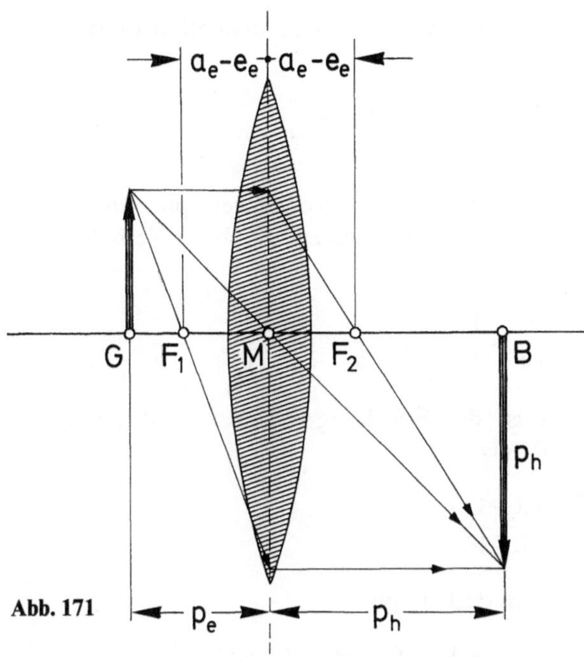

Abb. 171

Differenzen m und n gleich dem Quadrat des Brennpunktabstands $(F_eF_h)^2 = (a_e - e_e)^2$. Daraus folgt:

$$p_h - (a_e - e_e) = m$$

$$p_e - (a_e - e_e) = n$$

$$n \cdot m = (a_e - e_e)^2 = (\overline{F_eF_h})^2 .$$

Soll die Beziehung

$$\frac{1}{p_e} + \frac{1}{p_h} = \frac{1}{(a_e - e_e)}$$

für alle Polstrahlen Gültigkeit besitzen, so folgt:

$$\frac{1}{p_e} + \frac{1}{p_h} = \frac{1}{(a_e - e_e)\sin\varphi} .$$

Diese Gleichung ist die kinetostatische Grundgleichung nach Euler-Savary $\frac{1}{r} + \frac{1}{r^*} = \frac{1}{\alpha \sin\varphi}$, die Gleichung der Krümmungsverwandtschaft eines Bewegungssystems. $(a_e - e_e)$ bedeutet den Durchmesser des Wendekreises α. Die Punkte $X \rightarrow \bar{X}$ sind die entsprechenden Punktepaare der Krümmungsverwandtschaft. Der Brennpunkt F_e wird zum Momentanpol P. Die Hauptachse des Fokalkegelschnitts wird zur Wälznormalen η, die Normale auf den Hauptpolstrahl im Brennpunkt F_e wird zur Wälztangenten ξ. Alle entsprechenden Punktepaare $X_i \rightarrow \bar{X}_i$ der Krümmungsverwandtschaft, für die das Verhältnis $p_h : p_e = \varepsilon_e$ gilt, liegen dann auf 2 Kreislinien, die auf der Wälznormalen zentriert sind und sich im Momentanzentrum P berühren. Die Durchmesser dieser Kreise sind p_h und p_e.

Die Gleichung

$$\frac{1}{p_e} + \frac{1}{p_h} = \frac{1}{(a_e - e_e)}$$

entspricht der Gleichung der Sammellinse, wenn man die gebräuchliche Signatur einführt (Abb. 171):

$$\frac{1}{b} + \frac{1}{g} = \frac{1}{f}$$

b Bildweite
g Dingweite
f Brennweite der Linse (Bikonvexlinse)

$|p_e| = |b| \quad |p_h| = |g| \quad a_e - e_e = |f|$

Die Abbildungsvorschrift der Sammellinse stimmt mit denen eines Hohlspiegels überein (Abb. 172).

PM ist die Winkelhalbierende des Dreiecks BPG. Die Winkelhalbierende PM teilt daher die Gegenseite BG im Verhältnis der anliegenden Seiten PB und PG, daraus folgt (Abb. 172):

$$PG:PB = BM:MG = (SM - SB):(SG - SM)$$

$$= (r - b):(g - r).$$

Weil

PB = BS = b (Bildweite)

und

GP = GS = g (Dingweite)

folgt:

$$b:g = (r - b):(g - r).$$

Eine einfache Umformung ergibt:

$$\frac{1}{b} + \frac{1}{g} = \frac{2}{r} \qquad \frac{r}{2} = f \Rightarrow \frac{1}{b} + \frac{1}{g} = \frac{1}{f} .$$

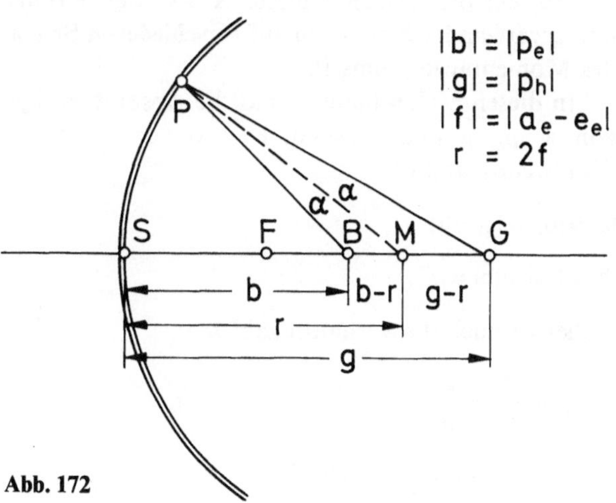

Abb. 172

Zusammenfassung

Das dimensionslose Rechenverfahren der reziproken Radien $\frac{1}{a}-\frac{1}{b}=\frac{1}{c}$ bzw. $r \cdot \bar{r} = \pm c^2$, das Transformationsprinzip der biologischen unbekannten Bewegungssysteme bedeutet unter geometrischer Betrachtung einen Fokalkegelschnitt, unter Betrachtung der Lichtbrechungsgesetze handelt es sich um eine Spiegelung an einem Hohlspiegel. Vom Standpunkt des physikalischen Phänomens der Bewegung aus betrachtet, ist c der Durchmesser eines Wendekreises α. Die Abstandswerte a und b der entsprechenden Punktepaare $X \rightarrow X^*$ der Krümmungsverwandtschaft vom Momentanzentrum P, liegen dann auf **derselben Seite** des Momentanzentrums P.

Dimensionslose Gleichung der Inversion:

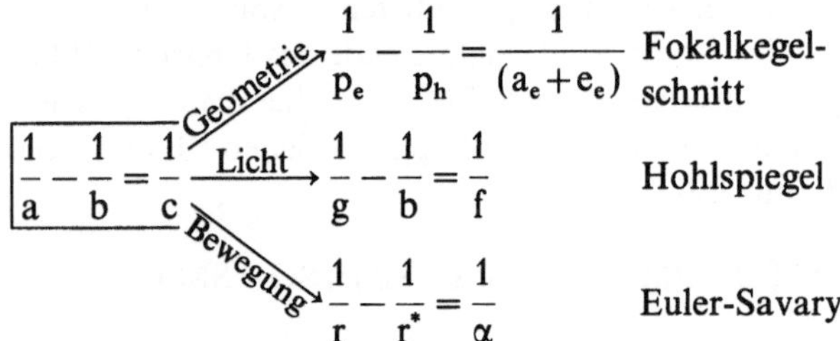

Die entsprechenden Punkte $X \rightarrow X^*$ der Krümmungsverwandtschaft liegen auf **derselben Seite** vom Momentanzentrum P.

Bildet man die Summe der reziproken Werte von a und b, so folgt:

$$\frac{1}{a}+\frac{1}{b}=\frac{1}{d} \quad \xrightarrow{\text{Geometrie}} \quad \frac{1}{p_e}+\frac{1}{p_h}=\frac{1}{(a_e-e_e)} \quad \text{Fokalkegelschnitt}$$

$$\xrightarrow{\text{Licht}} \quad \frac{1}{g}+\frac{1}{b}=\frac{1}{f_1} \quad \text{Sammellinse}$$

$$\xrightarrow{\text{Bewegung}} \quad \frac{1}{r}+\frac{1}{r^x}=\frac{1}{\alpha_1} \quad \text{Bewegung}$$

Die entsprechenden Punkte $X \rightarrow X^*$ der Krümmungsverwandtschaft liegen auf **verschiedenen Seiten** des Momentanzentrums P.

In diesen 8 Gleichungen sind die Absolutbeträge von a, p_e, g und r gleich, ebenso von b, p_h, b (Bildweite) und r^*:

$$|a| = |p_e| = |g| = |r|$$

$$|b| = |p_h| = |b| = |r^*|.$$

Daher ist auch die Verhältniszahl λ

$$\lambda = \frac{a}{b} = \frac{p_e}{p_h} = \frac{g}{b} = \frac{r}{r^*}$$

in allen Relationen die gleiche.

Drückt man die beiden dimensionslosen Inversionsgleichungen

$$\frac{1}{a}-\frac{1}{b}=\frac{1}{c} \quad \text{und} \quad \frac{1}{a}+\frac{1}{b}=\frac{1}{d},$$

die sich nur durch ihr Vorzeichen, plus und minus, voneinander unterscheiden, durch die Verhältniszahl λ aus:

$$\frac{1}{a}-\frac{1}{\lambda a}=\frac{1}{c} \quad \text{und} \quad \frac{1}{a}+\frac{1}{\lambda a}=\frac{1}{d},$$

dann ist die Beziehung von c und d durch das Verhältnis

$$\frac{c}{d}=\frac{(\lambda+1)}{(\lambda-1)}$$

gegeben, deshalb gilt:

$$\frac{c}{d}=\frac{(a_e+e_c)}{(a_e-e_e)}=\frac{f}{f_1}=\frac{\alpha}{\alpha_1}=\frac{(\lambda+1)}{(\lambda-1)} \Rightarrow$$

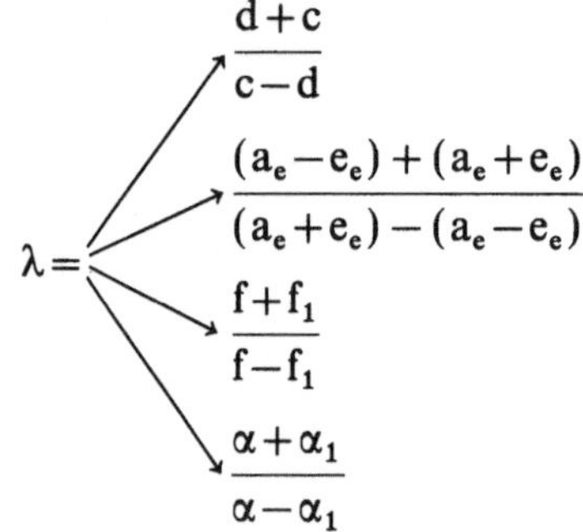

Allen 8 Gleichungen ist gemeinsam, daß sie dem Prinzip der reziproken Radien, dem Transformationssystem der unbekannten biologischen Bewegungssysteme angehören, dessen konstruktives Element die Zirkelschlaggeometrie ist. Die Nenner der Summanden und die Nenner der Minuenden und Subtrahenden sind spiegelbildliche Abbilder voneinander, ihre Verhältniszahl ist λ. Die Verhältniszahl λ bedeutet im Transformationssystem gleichzeitig eine natürliche trigonometrische Zahl. Es ist daher nicht verwunderlich, daß am Kniegelenk, am Bein und an der Hüfte immer die gleichen Winkel und die Kombination dieser Winkel auftreten. Jede dieser 8 Gleichungen, von denen je 4 in ihren Absolutbeträgen übereinstimmen und sich nur durch das Vorzeichen plus oder minus unterscheiden, wobei für alle Gleichungen die Verhältniszahl λ gilt, hat eine ganz charakteristische Aussage – Zahlenbeziehung, Geometrie, Optik und Bewegung –, wobei jede Aussage mit den übrigen durch die Verhältniszahl λ in Beziehung steht und jede einzelne Aussage in sich weiter entwickelbar ist. Jedes

Einzelwesen der unbekannten Bewegungssysteme hat deshalb prinzipiell die Möglichkeit, physikalische Gesetzlichkeiten und Formen in individueller Art selbst zu verwirklichen.

14.5 Inversion der Kegelschnitte

Ordnet man den Abschnittsstrecken a und b (Abb. 173) bestimmte geometrische Parameter zu, so entstehen Kegelschnitte, wobei die Krümmung dieser Kurven durch die numerische Exzentrizität ε_e (Ellipse) und ε_h (Hyperbel) bestimmt sind. Die Längenverhältniszahl $\lambda = \frac{a}{b}$ bleibt dabei erhalten, denn

$$\varepsilon_e = \lambda \quad \text{und} \quad \varepsilon_h = \frac{1}{\lambda}.$$

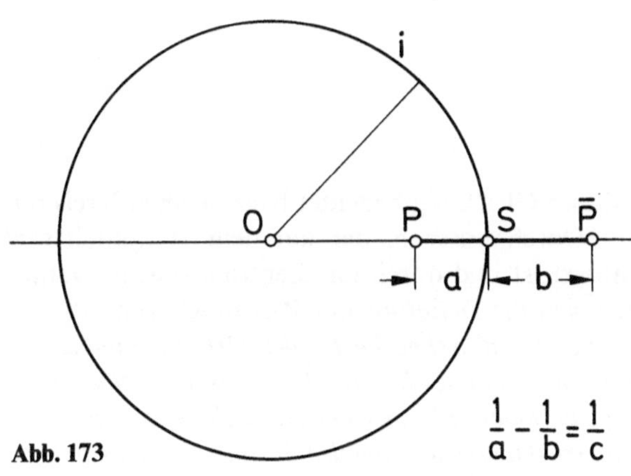

Abb. 173

ε_e und ε_h sind inverse Abbilder voneinander unter der Potenz von 1^2:

$$\varepsilon_e \cdot \varepsilon_h = 1^2.$$

Schreibt man die *Ellipse* in Polarkoordinaten $r_e = \frac{p_e}{1+\varepsilon_e \cos\varphi}$, $\varepsilon_e < 1$. p_e ist der Halbparameter der Ellipse. Invertiert man die Ellipse um den Brennpunkt F, so gilt: $r_e = \frac{K^2}{\bar{r}_e}$. K ist der Radius des Inversionskreises. Ersetzt man r_e der Ellipsengleichung durch $\frac{K^2}{\bar{r}_e}$, dann folgt daraus

$$\frac{K^2}{\bar{r}_e} = \frac{p_e}{1+\varepsilon_e \cos\varphi} \Rightarrow \bar{r}_e = \frac{K^2(1+\varepsilon_e \cos\varphi)}{p_e}.$$

Dieser geschlossene Kurvenzug (Abb. 174) der invertierten Ellipse ist eine Pascal-Schnecke mit einer „Delle" und einem isolierten Doppelpunkt in Punkt $0 = F_e$.

Invertiert man eine Parabel um den Brennpunkt, dann erhält man eine Pascal-Schnecke, die auch Kardioide genannt wird, mit einer Spitze und einem Doppelpunkt in Punkt $0 = F_p$ (Abb. 175):

$$r_p = \frac{p}{1+\cos\varphi}, \text{ wenn } K = p = a \Rightarrow \bar{r}_p = a(1+\cos\varphi).$$

Die Inversion einer Hyperbel um den Brennpunkt ergibt eine Pascal-Schnecke mit einer Schlinge und einem Doppelpunkt in $0 = F_h$ (Abb. 176). Die Schlin-

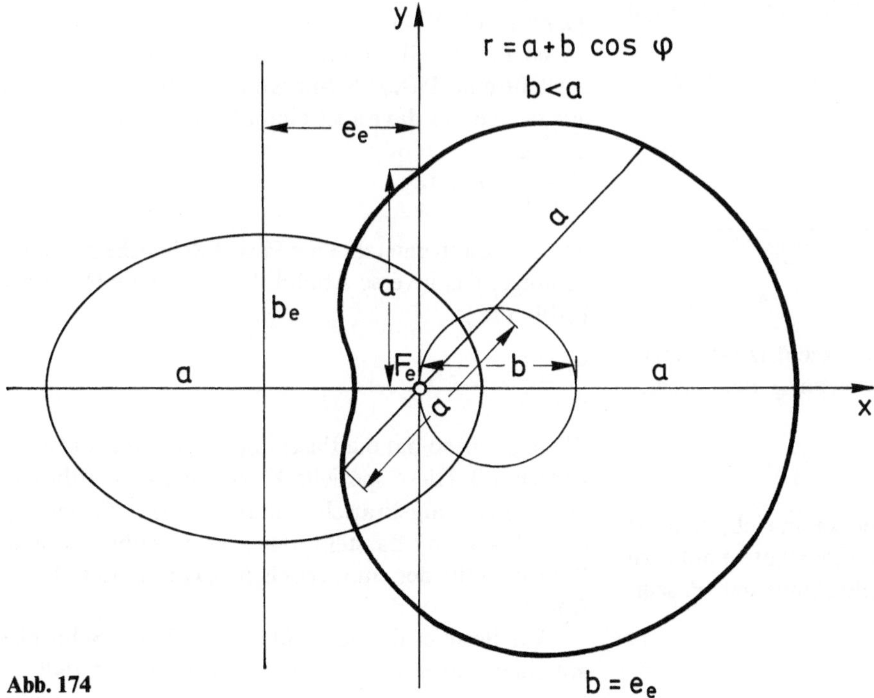

Abb. 174

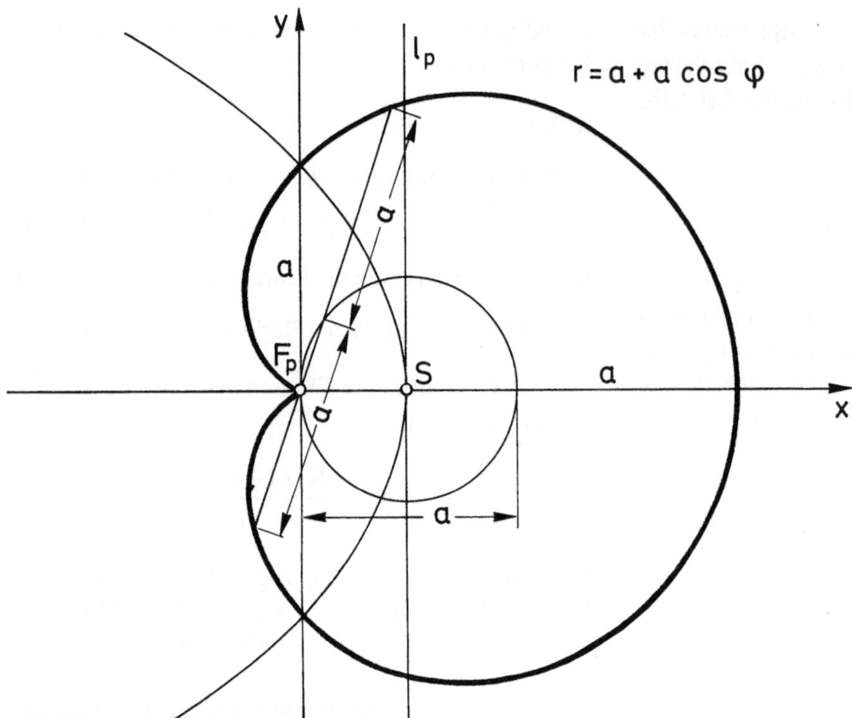

Abb. 175

ge ist das inverse Abbild des gegenüberliegenden Hyperbelastes:

$$r_h = \frac{p_h}{1+\varepsilon_h \cos\varphi} \Rightarrow \bar{r}_h = \frac{K^2(1+\varepsilon_h \cos\varphi)}{p_h}.$$

Invertiert man eine Ellipse und der ihr fokal zugeordneten Hyperbel an einem Inversionskreis mit dem Radius b_e bzw. b_h (bei einem Fokalkegelschnitt sind die kleinen Halbachsen gleich lang $b_e = b_h$), so folgt:

$$r = \frac{p}{1+\varepsilon\cos\varphi}, \text{ wenn } r = \frac{b^2}{\bar{r}} \Rightarrow \bar{r} = \frac{b^2(1+\varepsilon\cos\varphi)}{p}$$

weil

$$\frac{b^2}{a} = p \Rightarrow \bar{r} = \frac{b^2}{\frac{b^2}{a}} + \frac{b^2\varepsilon\cos\varphi}{\frac{b^2}{a}} \Rightarrow \boxed{\bar{r} = a + a\varepsilon\cos\varphi}$$

Die Konstante $a\varepsilon$ ist die lineare Exzentrizität e eines Kegelschnitts ($e = a\varepsilon$). Die Gleichung der Pascal-Schnecke lautet demnach:

$\bar{r} = a + e \cdot \cos\varphi$.

Betrachtet man die Pascal-Schnecke an sich, dann ist es ist in der Literatur üblich, die Konstante e mit b zu bezeichnen ($e = a\varepsilon = b$). die Gleichung der Pascal-Schnecke lautet dann:

$\bar{r} = a + b \cdot \cos\varphi$.

In dieser Gleichung bedeutet $b \cdot \cos\varphi$ einen Kreis mit dem Durchmesser b, der auf dem Hauptpolstrahl zentriert ist und durch das Zentrum 0 geht. Daraus leitet sich die *Definition* der Pascal-Schnecke ab:

Die Pascal-Schnecke ist der Ort der Punkte auf allen von einem bestimmten Umfangspunkt eines Kreises (Durchmesser b) ausgehenden Sehnen, die durch das Zentrum 0 laufen und von den Schnittstellen der Sehnen mit der Pascal-Schnecke den konstante Abstand „a" haben (Abb. 174 und 176).

Ist in der Gleichung $r = a + b \cdot \cos\varphi$ $b < a$, dann entsteht eine Pascal-Schnecke mit einer „Delle", das inverse Abbild davon ist eine Ellipse (s. Abb. 174):

$$\frac{e_e}{a_e} = \frac{b}{a} = \varepsilon_e < 1.$$

Ist $b > a$, dann entsteht eine Pascal-Schnecke mit einer Schlinge, das inverse Abbild davon ist eine Hyperbel (Abb. 176):

$$\frac{e_h}{a_h} = \frac{b}{a} = \varepsilon_h > 1.$$

Wenn $a = b$, so hat die Pascal-Schnecke eine Spitze im Zentrum 0. Diese spezielle Kurve ist eine Kardioide, die sich algebraisch durch die Gleichung $r = a(1+\cos\varphi)$ darstellt, das inverse Abbild ist eine Parabel mit der numerischen Exzentrizität 1 (s. Abb. 175).

Am Beispiel der Kardioide, der Pascal-Schnecke mit einer Spitze im Zentrum 0, wurde gezeigt, daß sie

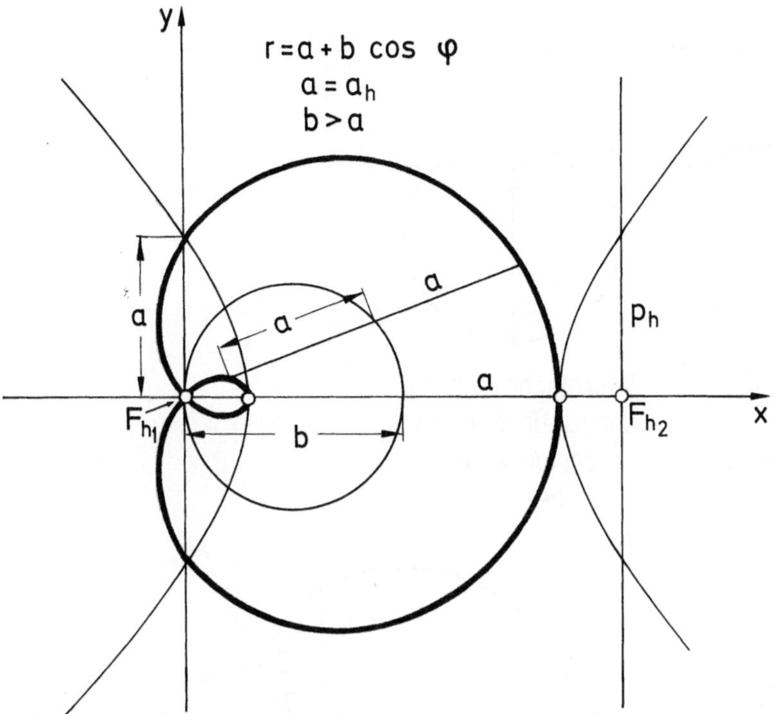

Abb. 176

die Einhüllende aller Kreise ist, die auf einem gegebenen Kreis zentriert sind und durch das Zentrum 0 gehen, welches auf dem gegebenen Kreis liegt (Abb. 149).

Daraus folgt eine *weitere Definition* der Pascal-Schnecken: *Alle auf dem Umfang eines gegebenen Kreises zentrierten Kreise, die durch einen festen Punkt 0 gehen, hüllen eine Pascal-Schnecke ein. Liegt der feste Punkt 0 außerhalb des gegebenen Kreises, so entsteht eine verschlungene Pascal-Schnecke. Liegt der feste Punkt 0 innerhalb des Kreises, so entsteht eine gestreckte Pascal-Schnecke (eine Pascal-Schnecke mit „Delle"). Weil die Mittelpunkte aller Kreise, welche die Pascal-Schnecken erzeugen, auf einem gegebenen Kreis liegen, bezeichnet man diese Kurven als* **„Kreiskonchoiden"**.

Ersetzt man den gegebenen Kreis durch eine Ellipse oder eine andere Kurve, zentriert alle Kreise auf diese Kurven und läßt diese Kreise durch einen festen Punkt 0 gehen, dann entstehen **allgemeine Konchoiden**. Ist die Polargleichung der Grundkurve für 0 als Ursprung $r=f(\varphi)$, dann wird die Konchoide durch $\bar{r}=a+f(\varphi)$ dargestellt.

Die Kreiskonchoiden entstehen auch als Punktbahnen der umgekehrten Ellipsenbewegung, wenn auf einem kleinen festen Kreis mit dem Durchmesser b ein großer Kreis mit dem doppelten Durchmesser 2b abrollt und einen festen Punkt C im Abstand a vom Mittelpunkt 0 des großen Kreises mitnimmt, dann beschreibt der Punkt C eine Pascal-Schnecke (Abb. 177, aus Wunderlich 1970).

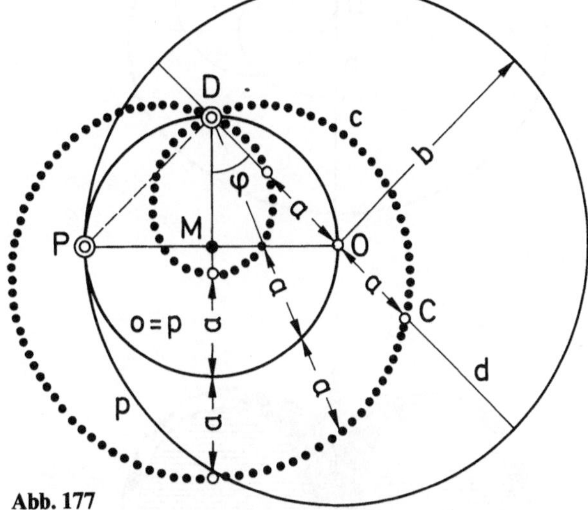

Abb. 177

Überführt man die Gleichung der Pascal-Schnecke $r=a+b \cdot \cos\varphi$ durch $x=r \cdot \cos\varphi$ und $y=r \cdot \sin\varphi$ in kartesische Koordinaten, so erhält man die Gleichung

$$(x^2+y^2-bx)^2=a^2(x^2+y^2),$$

welche lehrt, daß es sich um eine algebraische Kurve 4. Ordnung handelt.

Die inverse Transformation dieser Kegelschnitte erfolgte um den Brennpunkt als Zentrum der Inversion (Abb. 178).

Als Abschluß dieses Kapitels seien 3 Beispiele allgemeiner Konchoiden angeführt:

1. Gegeben ist eine Ellipse, auf der alle Kreise zentriert sind, die durch einen festen Punkt D gehen, der

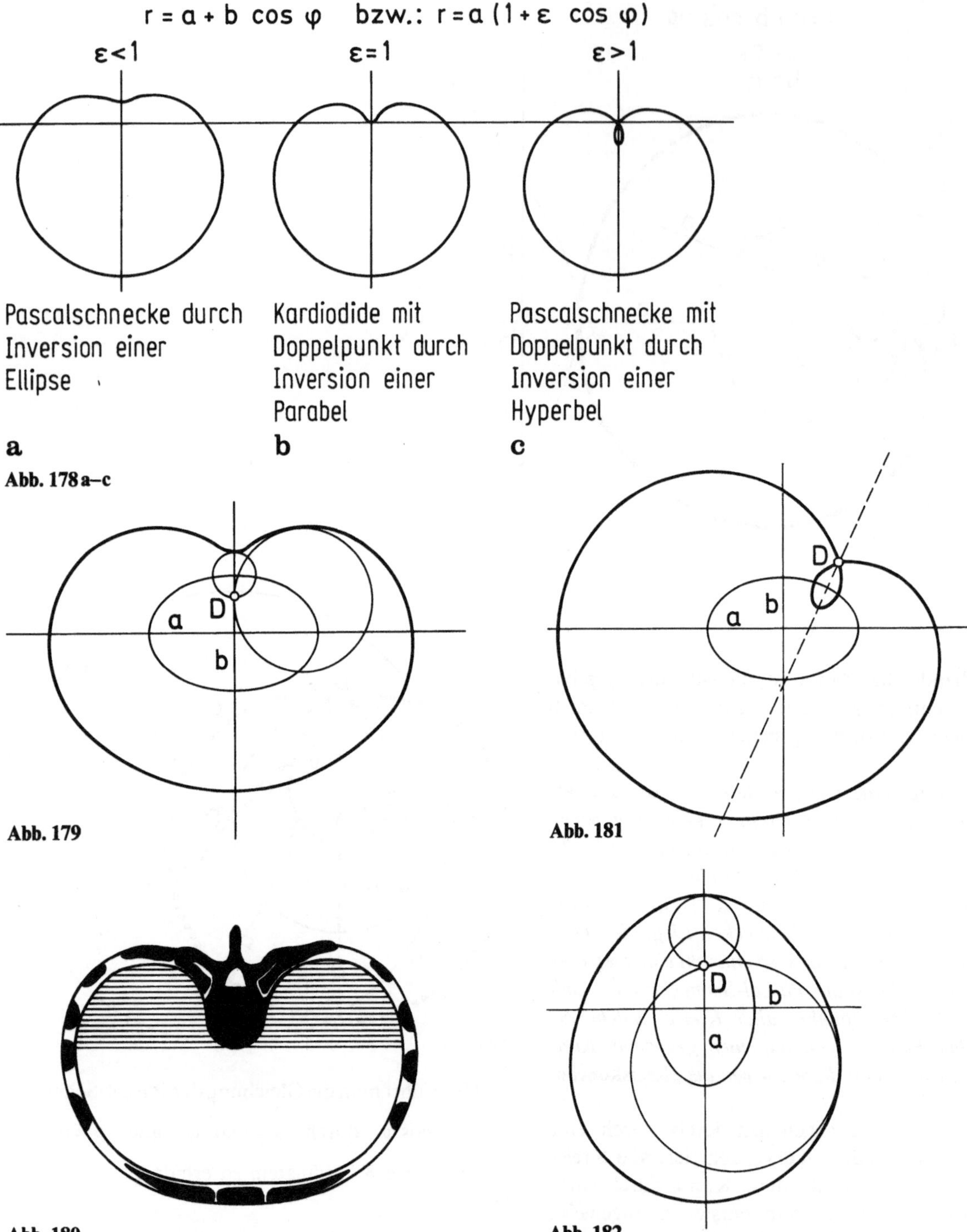

Abb. 178a–c

Abb. 179

Abb. 181

Abb. 180

Abb. 182

innerhalb der Ellipse auf der kleinen Achse liegt. Die Einhüllende dieser Kreise ist eine gestreckte Konchoide (Abb. 179). Die Abb. 180 ist ein Thoraxquerschnitt. Ohne geometrische Abstimmung der beiden Gebilde ist ihre Ähnlichkeit nicht zu übersehen.

2. Gegeben ist eine Ellipse, auf der alle Kreise zentriert sind, die durch einen festen Punkt D gehen, der außerhalb der Ellipse eine beliebige Lage einnimmt. Die Einhüllende dieser Kreise ist eine asymmetrische Konchoide mit einer Schlinge (Abb. 181).
3. Gegeben ist eine Ellipse, auf der alle Kreise zentriert sind, die durch einen festen Punkt D gehen, der auf der großen Achse innerhalb der Ellipse liegt. Sein Abstand vom Hauptscheitel der Ellipse sei der Halbparameter p der Ellipse. Die Einhüllende dieser Kreise ist eine Konchoide, die eine Eiform annimmt (Abb. 182).

15 Inversion und Influenz

Sind 2 Punktladungen e_1 und e_2 ($e_1 \approx e_2$) in den Punkten A und B von entgegengesetzten Ladungen angebracht, dann ist jedem Punkt des Raumes das Potential φ zugeordnet. Das Potential φ ergibt sich aus:

$$\varphi = \frac{e_1}{r_1} + \frac{e_2}{r_2}.$$

Die beiden Ladungen haben entgegengesetzte Vorzeichen. Es gibt nun eine Niveaufläche, für die das Potential Null wird. Dieser Niveaufläche, für die das Potential $\varphi = 0$ ist, soll gefunden werden. Es gilt:

$$\frac{e_1}{r_1} + \frac{e_2}{r_2} = 0 = \varphi$$

oder

$$\frac{r_2}{r_1} = -\frac{e_2}{e_1} = \lambda = \text{const.}$$

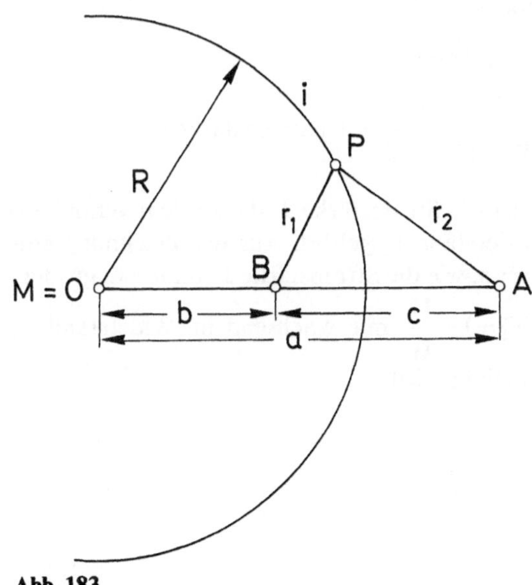

Abb. 183

Daraus ergibt sich folgende mathematische Aufgabe: Gegeben ist eine Strecke $AB = c$. Gesucht ist der Ort aller Punkte P, deren Abstände r_1 und r_2 von A und B das konstante Verhältnis λ haben (Abb. 183).

Aus dem vorher Gesagten über die Inversion wissen wir, daß alle Punkte, die von 2 gegebenen Punkten, A und B, das konstante Abstandsverhältnis $r_2 : r_1 = \lambda$ $\lambda > 1$ haben, auf einer Kreislinie liegen. Der Abstand $MB = b$ ergibt sich aus:

$$b = \frac{c}{\lambda^2 - 1}.$$

Der Abstand $MA = a$: $a = \dfrac{c\lambda^2}{\lambda^2 - 1}$.

Der Radius R des Kreises um M: $R = \dfrac{c\lambda}{\lambda^2 - 1} = \dfrac{a}{\lambda}$.

Weil

$$\frac{a}{b} = \frac{\dfrac{c\lambda^2}{\lambda^2 - 1}}{\dfrac{c}{\lambda^2 - 1}} = \lambda^2$$

muß $a \cdot b = R^2$ sein $\Rightarrow a \cdot b = \dfrac{c^2\lambda^2}{(\lambda^2 - 1)^2} = R^2$.

Das heißt: Die Ladungsträger A und B sind inverse Abbilder voneinander in bezug auf das Zentrum $0 = M$ und der Potenz von R^2. Alle Raumpunkte P_i, für die das Potential $\varphi = 0$ gilt, liegen auf der Inversionskugel i mit dem Radius R, zu der die Ladungsträger A und B inverse Abbilder voneinander sind (Abb. 183).

Diese angeführten grundsätzlichen Überlegungen gehen auf W. Thomson (zit. nach Schmidt 1950) zurück, der damit eine Methode entwickelte, die Verteilung der Elektrizität auf einen influenzierten Leiter zu finden. Potential, Felddichte, Influenz und Polarisation sind nicht nur Probleme der Physik, sondern grundsätzlich essentielle Probleme des Lebendigen. Ein Signum der lebendigen Zelle und des Gesamtorganismus des lebendigen Einzelwesens ist das physikalische Phänomen der Elektrizität.

16 Inversion und Ohm-Widerstand

Zum Schluß noch ein leicht verständliches Beispiel, wie die Stromstärke I, die Spannung U und der Widerstand R in der Wechselstromtechnik inverse Abbilder voneinander sind. (Das Beispiel stammt von Dörrie, zit. nach Schmidt 1950).

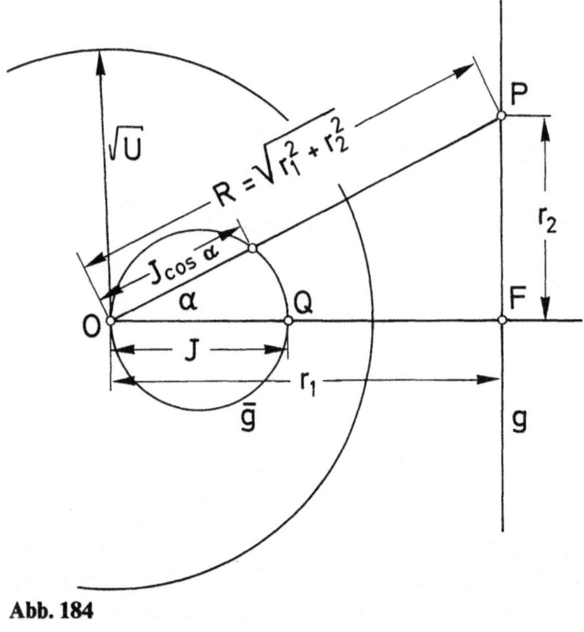

Abb. 184

In der Beleuchtungsanlage einer Stadt ist in dem Stromkreis die Spannung U und der induktive Widerstand r_1 der Generatoren und Transformatoren konstant. Je nach der eingeschalteten Lampenzahl ändert sich der Widerstand r_2 und die Gesamtstromstärke I. Nach dem Ohm-Gesetz gilt:

$$J = \frac{U}{R} = \frac{U}{\sqrt{r_1^2 + r_2^2}}.$$

Zeichnet man einen Kreis mit dem Radius $\sqrt{U}$ (Abb. 184) und trägt auf dem Hauptpolstrahl den induktiven Widerstand r_1 auf, dessen Endpunkt F ist, und invertiert r_1 an den Kreis, weil $J = \sqrt{U}^2{:}R$ ist, dann erhält man den Punkt Q. Q ist das inverse Abbild von F. Errichtet man im Punkt F eine Normale g, dann ist das inverse Abbild dieser Geraden g der Kreis $\bar{g}$, der durch den Punkt 0 und Q geht und auf den Hauptpolstrahl zentriert ist.

Trägt man auf der Geraden g den veränderlichen Widerstand r_2 von Punkt F aus ab, dann gewinnt man den Punkt P. Verbindet man den Punkt P mit dem Zentrum 0, dann stellt diese Strecke den Gesamtwiderstand $R = \sqrt{r_1^2 + r_2^2}$ dar.

Die Verbindungsgerade 0P schneidet den Kreis $\bar{g}$ im Punkt $\bar{P}$. P und $\bar{P}$ sind inverse Abbilder voneinander. Nun ist

$$0\bar{P} \cdot 0P = (\sqrt{U})^2;$$

$$0\bar{P} = \frac{U}{0P} = \frac{U}{\sqrt{r_1^2 + r_2^2}} = J \text{ (Stromstärke)},$$

d.h. $0\bar{P}$ ist die Stromstärke J, die zu dem veränderlichen Widerstand r_2 gehört. Aus der Zeichnung entnimmt man, wie die Stromstärke J von ihrem größten Wert $0Q = J = \frac{U}{r_1}$ mit wachsendem Widerstand r_2 immer kleiner wird.

17 Der „goldene Schnitt" – ein Spezialfall der Inversion

Es ist ein uralter Traum des Menschen, aus den Maßverhältnissen des Körpers und seiner einzelnen Teile eine genauere Aussage über den „Bauplan" des Gesamtsystems zu erhalten. In den einschlägigen Arbeiten wird häufig darauf hingewiesen, daß die „Sectio aurea" das Längenverhältnis des goldenen Schnitts in der „Natur" weit verbreitet ist. Im Humanbereich hat Zeisig (zit. nach Rauber-Kopsch 1955) zu beweisen versucht, daß die Maßverhältnisse (Proportionen) der menschlichen Gestalt abhängig sind von einer beharrlich, streng durchgeführten Teilung und Wiederteilung der ganzen Statur nach den Regeln des „goldenen Schnitts" (Abb. 185 aus Rauber-Kopsch 1955).

Unter dem goldenen Schnitt versteht man die Teilung einer Strecke a in der Weise, daß die Länge a der ganzen Strecke sich zu dem großen Abschnitt b so verhält, wie der Streckenabschnitt b zu der Reststrecke (a−b) (Abb. 186):

AB:BE = BE:AE

$$\frac{a}{b} = \frac{b}{(a-b)}$$

Die Lösung der Gleichung a:b = b:(a−b) führt zu einer quadratischen Gleichung in b, $b^2 = a(a-b)$, daraus folgt:

$$b_{12} = \frac{-a \pm \sqrt{a^2+4a^2}}{2} \Rightarrow b_{12} = \frac{a(\sqrt{5} \pm 1)}{2}.$$

Das Auffallende und Einmalige des goldenen Schnitts ist, daß das Längenverhältnis a:b = 1,6180339887 in seiner Zahlenfolge nach dem Dezimalpunkt mit seiner reziproken Zahlenfolge 0,6180339887 exakt übereinstimmt.

Zur geometrischen Konstruktion (Abb. 187):

Soll die Strecke a im Sinne des goldenen Schnitts geteilt werden, dann halbiert man die Strecke a und trägt $\frac{a}{2}$ auf die Normale im Endpunkt A auf und gewinnt damit den Punkt C. Ein Kreisbogen um den Punkt C mit dem Radius $\frac{a}{2}$ schneidet die Verbindungsgerade $\overline{CB}$ im Punkt D. Der Streckenabschnitt $\overline{DB}$ ist bereits der größere Abschnitt b der zu teilenden Strecke a. Ein Kreisbogen mit dem Radius DB um den Punkt B schneidet die Strecke A im Punkt E. Der Punkt E teilt dann die Strecke a im goldenen Schnitt.

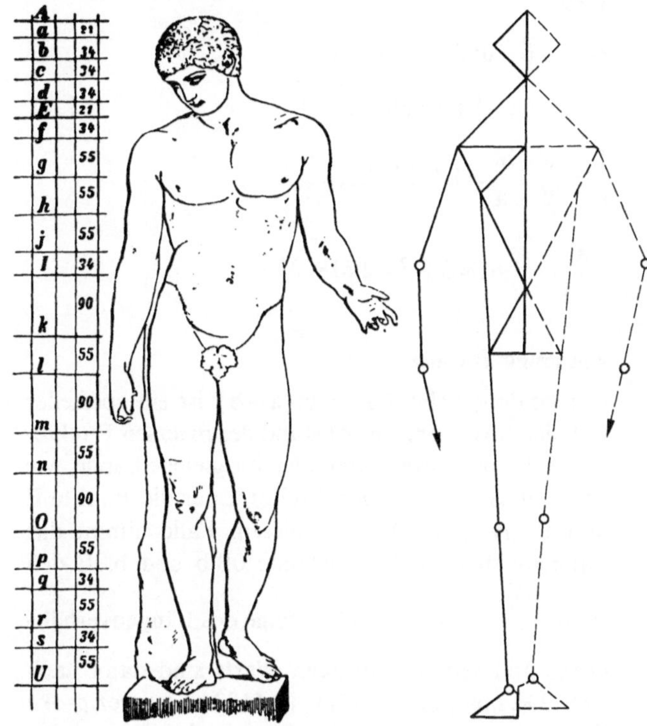

Abb. 185

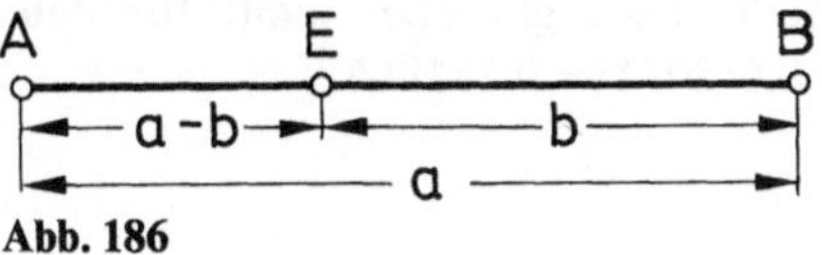

Abb. 186

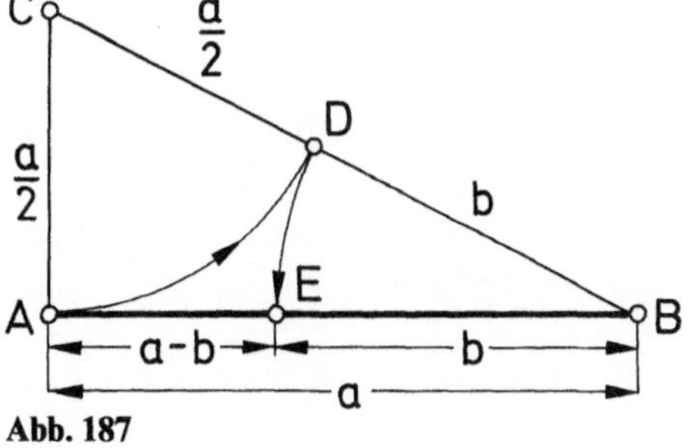

Abb. 187

Ist das Längenverhältnis $\frac{a}{b} = 1{,}618...$, dann verhält sich $a:(a-b) = 1{,}618...^2$.

Übersetzt man die Gleichung $b^2 = a(a-b)$ in den Algorithmus der Inversion ($r \cdot r = c^2$), dann heißt dies, die Punkte B und E der Strecke a sind spiegelbildlich inverse Abbilder voneinander mit der Potenz b^2 in bezug auf den festen Punkt A als Zentrum der Inversion. Der Abstand der inversen Punkte B und E entspricht dann der Größe „b“ (Abb. 188).

Die Strecke EB = b wird durch den Inversionskreis i wieder nach dem goldenen Schnitt geteilt, $f:e = 1{,}618...$, daraus folgt, daß $f = a - b$ und $e = 2b - a$ ist:

Weil

$f = a - b$ und $e = 2b - a \Rightarrow$

$e + f = (a-b) + (2b-a) = b$

$$\frac{f}{e} = \frac{a-b}{2b-a} = 1{,}618033...$$

$$\frac{a}{a-b} = 1{,}618033...^2 = 2{,}618033...$$

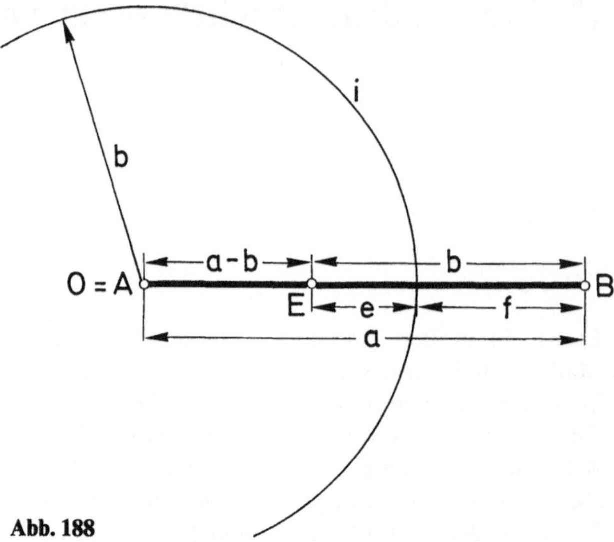

Abb. 188

Zusammenfassung

Der goldene Schnitt $a:b = b:(a-b)$ ist ein spezieller Fall der Inversion. Der Abstand des inversen Punktepaares E und B voneinander hat die gleiche Länge, wie der Radius des Inversionskreises i, der die Punkte E und B invers abbildet. In diesem Falle nimmt das Längenverhältnis der Abstände 0B:b und b:0E den Wert $\frac{\sqrt{5} \pm 1}{2}$ an. Die Zahlenfolge des Längenverhältnisses und seines reziproken Werts sind dann nach dem Dezimalpunkt gleich (1,61834: der reziproke Wert davon ist 0,618034). Die gleiche Zahlenfolge nach dem Dezimalpunkt hat auch das Quadrat von $1{,}618034^2 = 2{,}618034$. Dies gilt aber nicht für den reziproken Wert $0{,}618034^2 = 0{,}381966$.

Die scheinbare weite Verbreitung des goldenen Schnitts in der Natur liegt an der möglichen Vermessungsgenauigkeit der biologischen Parameter. Wenn zum Beispiel Zeisig (zit. nach Rauber-Kopsch 1955) die Parameter 55 und 34 angibt, dann ist das Verhältnis 55:34 = 1,6176470, der reziproke Wert davon 34:55 = 0,61818181. Das Längenverhältnis 55:34 entspricht nur in den ersten 2 Dezimalstellen dem goldenen Schnitt. Für anthropometrische Messungen ist diese Ungenauigkeit vertretbar. Zur kinematischen Entwicklung eines Steuersystems nach dem Algorithmus der Inversion ist erforderlich, daß die geometrische Konstruktion mit Lineal und Bleistift der mathematischen Wirklichkeit entspricht. Um Ungenauigkeiten in einem vertretbaren Maß zu erhalten, sind in bezug auf die Wirbeltiere Längenverhältnisse, die auch natürlich trigonometrische Zahlen bedeuten, mit 5–6 Dezimalstellen anzugeben.

Läge dem Erscheinungsbild des Menschen die exakte Proportion des goldenen Schnitts zugrunde, dann gebe es keine individuellen Unterschiede, alle Menschen würden gleich aussehen, sie würden sich nur durch ihre Größe unterscheiden.

Teil III

Konstruktion des Steuersystems des Kniegelenks (windschiefes Gelenkviereck) — kinetostatische Untersuchung

18 Das Steuersystem der Beuge- und Streckbewegung

Bildet man das Kniegelenk auf einer Zeichenebene in der Weise ab, daß bei der Bewegung des Unterschenkels die Kreuzbandansätze auf Kreislinien laufen, dann bewegt sich der Unterschenkel parallel zur Zeichenebene (zunächst abgesehen von der Schlußrotation). Bei dieser Betrachtungsweise führt der Unterschenkel eine ebene Bewegung aus. Die bestimmenden Parameter des Kniegelenks können daher nach den Gesetzen der ebenen Kinematik untersucht werden. In dieser Stellung sind die beiden Oberschenkelkondylen röntgenologisch gegeneinander in der a.-p.-Richtung etwas versetzt.

Bei der Bewegung des Unterschenkels hüllt das Tibiaplateau diese versetzten Kondylen in der gewählten Projektion durch eine gemeinsame Koppelhüllkurve ein (Abb. 189). Die Koppelhüllkurve bzw. die

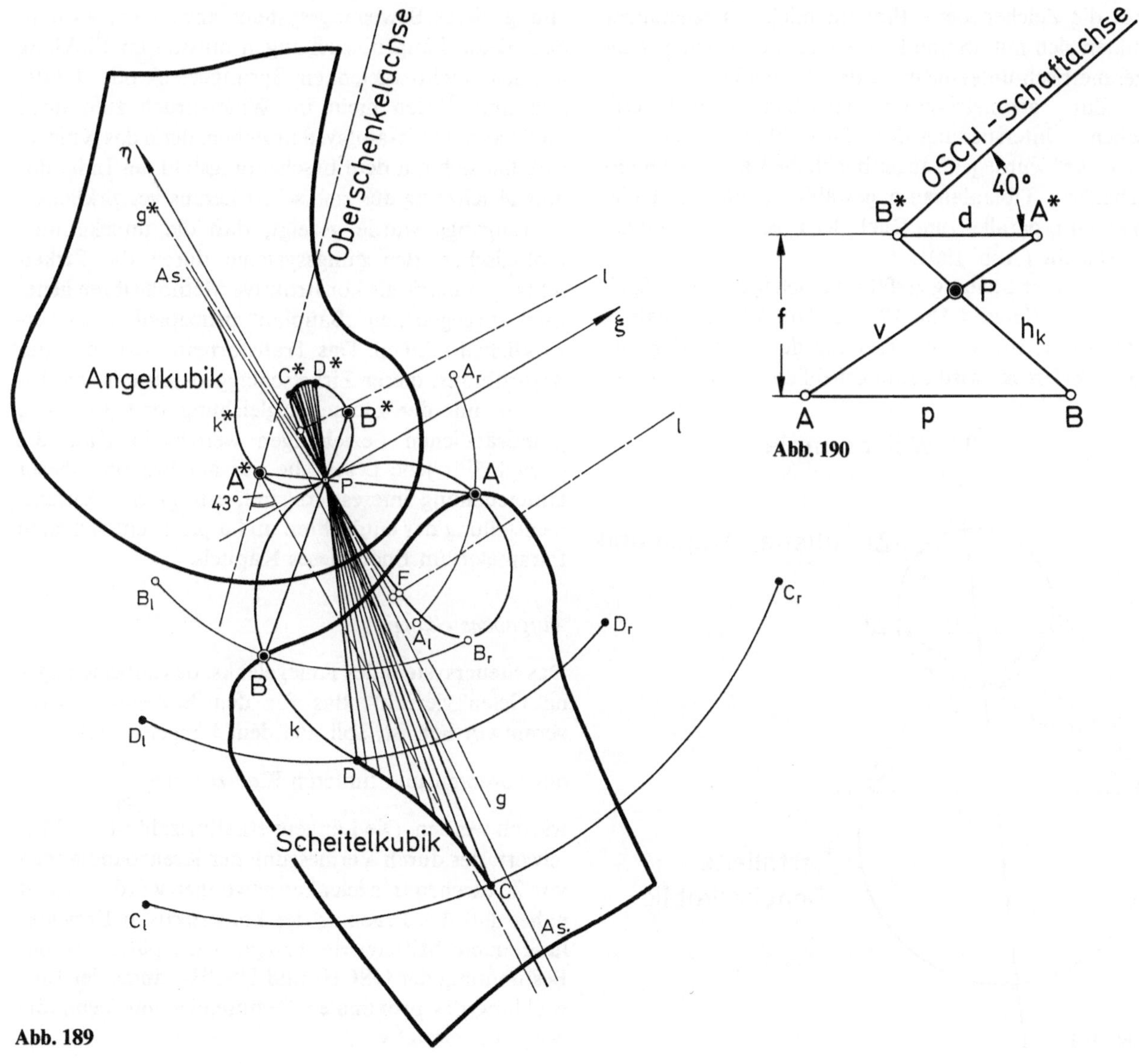

Abb. 189

Abb. 190

Koppelhüllfläche steht, wie schon vorher gezeigt wurde, nur in einer mittelbaren Beziehung zum Steuersystem. Sie ist abhängig von dem Profil, das man der erzeugenden Hüllfläche gibt. Bei der seitlichen Betrachtung projizieren sich röntgenologisch das Dach der Fossa intercondylaris und das Tibiaplateau als Gerade bzw. Ebene, die senkrecht zum Röngtentisch – zur Zeichenebene – steht.

Die Punktbahnen der Anlenkpunkte der Kreuzbänder bilden sich während der Bewegung als Kreislinien auf die Projektionsebene (Zeicheneben) ab (Abb 189).

Zur Untersuchung der konstruktiven Beziehungen der bestimmenden Parameter des Kniegelenks ist daher eine exakte Kenntnis der Krümmungsverhältnisse der Hüllflächen zunächst nicht erforderlich. Bewegt sich der Unterschenkel in Mittelstellung von Pro- und Supination parallel zur Zeichenebene, dann projizieren sich alle Parameter des Kniegelenks auch auf die Zeichenebene. Ihre räumlichen Beziehungen bilden sich mit ab und können auf der Zeichenebene geometrisch untersucht werden (Aufriß).

Zur geometrisch-kinematischen (kinetostatischen) Untersuchung des „überschlagenen Gelenkvierecks“ wurde jene augenblickliche Lage des Unterschenkels, Tibiaplateau p, gewählt, bei der das Tibiaplateau p parallel zum Dach der Fossa intercondylaris d steht (Abb. 190).

In dieser Stellung zerfällt die Scheitel- und Angelkubik in 2 Kreise (Abb. 191) und die Wälznormale η. Die geometrische Untersuchung des überschlagenen Gelenkvierecks wird damit erheblich vereinfacht, ohne die abgebildeten Parameter in ihren Beziehungen zu stören.

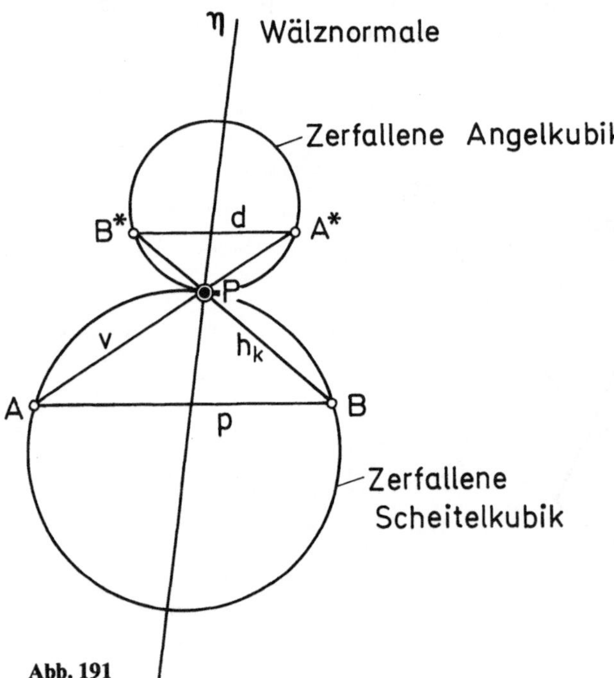

Abb. 191

In einem Bewegungssystem der Technik gibt es keine unmittelbaren verbindlichen Beziehungen der einzelnen Parameter des überschlagenen Gelenkvierecks zueinander. Der Techniker nimmt 4 Stäbe der vorgegebenen Länge und setzt sie zu diesem Bewegungssystem zusammen. Alle gelenkigen Verbindungen sind Scharniergelenke. Handelt es sich um ein biologisches Bewegungssystem – das Steuersystem des Kniegelenks –, dann hat sich dieses System aus sich selbst heraus, ohne Hilfe der äußeren Umgebung, entwickelt. Wenn sich dieses Steuersystem selbst verwirklichte, dann müssen diese 4 Parameter unabhängig von ihrer Stofflichkeit, unabhängig von Kräften und der Bewegung, die sie ausführen, in einer ganz bestimmten Längenbeziehung zueinander stehen. Diese konkreten Längenbeziehungen sind unabhängig von Maß oder Rechensystem, das wir zur Untersuchung dieses Bewegungssystems anwenden, vorhanden. Diese Längenbeziehungen müssen im Einklang mit den Nachbargelenken, Sprunggelenk oder Hüfte, sein und dürfen nicht im Widerspruch zum noch unbekannten Gesamtsystem stehen, denn das Kniegelenk hat sich mit dem Erscheinungsbild des Individuums gleichzeitig aus sich selbst heraus verwirklicht.

Eingangs wurde gezeigt, daß die unbekannten biologischen Bewegungssysteme durch die Zirkelschlaggeometrie als konstruktive Methode ihren genetisch vorgegebenen „Bauplan“ prinzipiell selbst verwirklichen können. Das Transformationssystem, der Algorithmus, dieser Zirkelschlaggeometrie ist die Inversion mit der Elementargleichung $r \cdot \bar{r} = \pm c^2$. Die grundsätzlichen Beziehungen werden in Kap. 13.2 gezeigt. Für jene Leser, die nur am Ergebnis dieser Untersuchung interessiert sind, erfolgt eine Zusammenstellung der entdeckten und a priori entwickelten Parameter am Ende dieses Kapitels.

Aufgabenstellung

Das Steuersystem des Kniegelenks, das „überschlagene Gelenkviereck“, das für den Bewegungsablauf verantwortlich ist, soll aus dem Längenverhältnis λ des vorderen und hinteren Kreuzbandes $\frac{v}{h_k} = \lambda$ entwickelt werden. Die Längenverhältniszahl ist ein Mittelwert, der durch Vermessung der Kreuzbandlängen von 20 Leichenkniegelenken gewonnen wurde. Es liegt nahe, daß das Ergebnis der konstruktiven Entwicklung auch Mittelwerte bringt, wie später an der Bestimmung der OSCH- und USCH-Länge, der Entwicklung des proximalen Femurendes und der Körpergröße gezeigt wird.

Durch diesen einzigen Ausgangswert λ ist das Konstruktionsprinzip des Steuersystems allgemein algebraisch durch den Algorithmus, das Rechen- und Transformationssystem $r \cdot \bar{r} = \pm c^2$ der biologischen Bewegungssysteme a priori entwickelbar. Das Rechenverfahren $r \cdot \bar{r} = \pm c^2$ ist winkeltreu, damit auch Längenverhältnistreu. Es ist daher zu erwarten, daß alle in dem Bewegungssystem auftretenden Winkel voneinander in einer bestimmten Weise abhängig sind. Aus der Winkeltreue ergibt sich, daß alle auftretenden Längen so untereinander in Beziehung stehen, daß es nur eine einzige geometrische Abbildung als Lösung der eingangs gestellten Aufgabe gibt.

Von Medizinern und Biologen werden häufig Bedenken geäußert, ob es zulässig ist, das Bewegungssystem Kniegelenk in einer bestimmten Stellung und besonders in jener, bei der das Dach der Fossa intercondylaris und das Tibiaplateau parallel stehen, also in Ruhelage, zu untersuchen.

Bei der Bewegung ändern sich nicht die Abstandslänge der Ursprungspunkte der Kreuzbänder am OSCH, die Abstandslänge der Anwachsungspunkte der Kreuzbänder am Tibiaplateau und die Kreuzbandlängen selbst, sondern lediglich die Winkel, welche die Abstandslängen miteinander einschließen (Abb. 192).

Legt man durch die Lagerpunkte des Aufrisses (Abb. 192) ein Koordinatenkreuz und betrachtet die Kreuzbänder v und h_k und die Verbindungslinien d und p der Kreuzbandursprünge und -ansätze als Vektoren, was zur Berechnung der Pol- und Koppelkurven des Gelenkvierecks üblich ist, dann sind die Vektoren v, h_k, d und p durch ihre Absolutbeträge $|v|$, $|h_k|$, $|d|$, $|p|$ und die ihnen zugehörenden Winkel α, β, γ zur x-Achse voll bestimmt. Bei der Bewegung bleibt zum Beispiel der Absolutbetrag des Vektors $|v|$ unverändert. Es ändert sich lediglich das Argument $\arg v = \alpha$ des Vektors v. Das gleiche gilt für die Vektoren h_k und d.

Der Anfangspunkt A und der Endpunkt B des Vektors p sind die Lagerpunkte des Gelenkvierecks. Der Vektor p liegt auf der x-Achse und bleibt bei der Bewegung in Ruhe, daraus folgt: Bei der Bewegung des Gelenkvierecks hat die Vektorsumme einen konstanten Wert, es ändern sich lediglich die entsprechenden Argumente der Vektoren α, β und γ (Abb. 192).

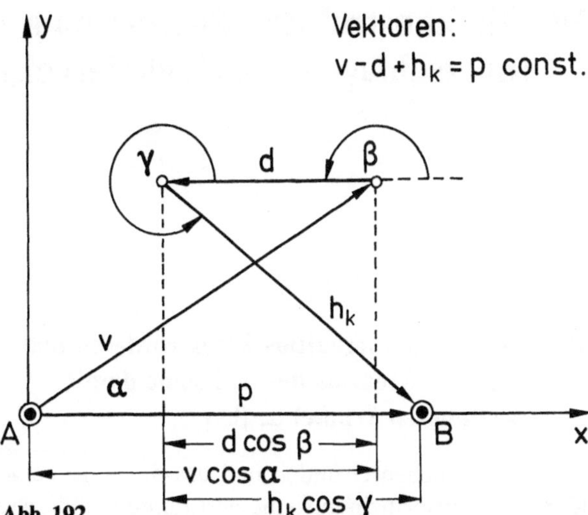

Abb. 192

$$v - d + h_k = p \text{ const.}$$

Daraus folgt:

$$|v| \cos\alpha + |d| \cos\beta + |h_k| \cos\gamma = p \text{ const.}$$

Man erkennt, daß die Vorzeichen der Gleichung durch die Kosinuswerte der Winkel α, β und γ bestimmt werden.

In diesem Fall liegt der Winkel β (180°) im 2. Quadranten, der Kosinus ist deshalb negativ. Der Winkel γ liegt im 4. Quadranten, der Kosinus ist daher positiv. Die Vektorsumme lautet deshalb, wie schon dargestellt:

$$v - d + h_k = p.$$

Daraus folgt allgemein:

Die Vektorsumme in einem Gelenkviereck hat unabhängig von der Stellung des Systems immer einen konstanten Wert.

Aufgrund des Kommutativgesetzes der Addition bleibt die Vektorsumme unverändert, gleichgültig welche Punkte des Gelenkvierecks als Lagerpunkte ausgewählt werden.

19 Die konstruktive Entwicklung des Steuersystems im Aufriß (überschlagenes Gelenkviereck)

19.1 Das Längenverhältnis λ des vorderen und hinteren Kreuzbandes und seine damit bestimmten Winkel α, β, γ

Aus anschaulichen Gründen und um das allgemeine Konstruktionsprinzip auf eine bestimmte Größe wie in Abb. 190 festzulegen, sei die hintere Kreuzbandlänge h_k als durchschnittliches Naturmaß des Aufrisses vorgegeben:

$$h_k = 46{,}5\,\text{mm}, \quad \lambda = 1{,}2055054, \quad \frac{v}{h_k} = \lambda .$$

Die Grundgleichung $r \cdot \bar{r} = c^2$ des Algorithmus der unbekannten Bewegungssysteme besagt, daß r, $\bar{r}$ und c in einem ganz bestimmten Längenverhältnis zueinander stehen. Nimmt man das konkrete Längenverhältnis λ, dann gilt folgende Beziehung:

$$\bar{r}{:}c = \lambda, \quad c{:}r = \lambda$$

$$\bar{r}{:}r = \lambda^2 \Rightarrow c \cdot \lambda = \bar{r} \quad \text{bzw.} \quad c\frac{1}{\lambda} = r,$$

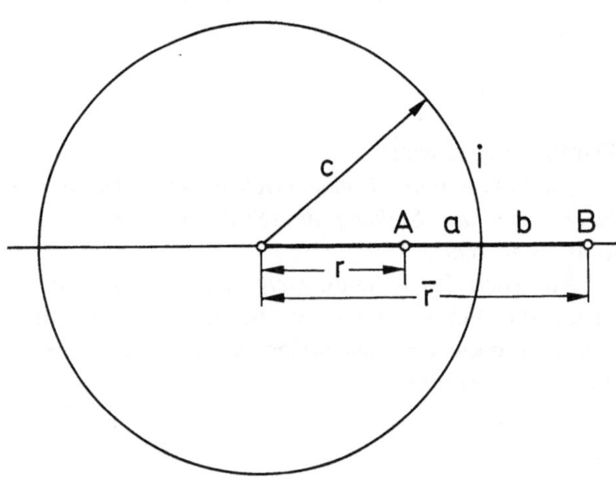

$$r \cdot \bar{r} = c^2 \qquad \frac{c}{r} = \lambda \qquad \frac{\bar{r}}{r} = \lambda^2 \qquad \frac{1}{a} - \frac{1}{\lambda a} = \frac{1}{c}$$

$$\frac{\bar{r}}{c} = \lambda \qquad \frac{b}{a} = \lambda \qquad \frac{1}{a} - \frac{1}{b} = \frac{1}{c} \qquad \frac{\lambda - 1}{\lambda a} = \frac{1}{c}$$

Abb. 193

d.h. die spiegelbildlich inversen Abbilder voneinander, r und $\bar{r}$, stehen zum Radius c des ihnen zugehörenden Inversionskreises im Verhältnis

$$c = \bar{r} \cdot \frac{1}{\lambda} \quad \text{bzw.} \quad c = r \cdot \lambda .$$

Das Verhältnis der Längen der inversen Abbilder $\bar{r}$ und r ist aber λ^2 ($\bar{r}{:}r = \lambda^2$) (Abb. 193):

Wendet man diese gesetzliche Beziehung auf das Längenverhältnis des vorderen und hinteren Kreuzbandes v und h_k an, $v{:}h_k = \lambda$, dann ergeben sich 3 Möglichkeiten der Interpretation:

1. Betrachtet man h_k als den Radius des Inversionskreises, dann gilt:

   $$h_k = \frac{v}{\lambda} \quad \text{entsprechend} \quad c = \frac{\bar{r}}{\lambda} .$$

   Das spiegelbildlich inverse Abbild von v bezeichnen wir mit „h" (h ist ein maßgeblicher Parameter des Steuersystems in Abb. 207 wie später gezeigt wird). Daraus folgt:

   $$v \cdot h = h_k^2 \Rightarrow h \cdot \lambda = h_k \Rightarrow \frac{v}{\lambda^2} = h,$$

   $$h = 38{,}5730326\,\text{mm}.$$

2. Betrachtet man v als Radius des Inversionskreises $v = h_k \cdot \lambda$, dann ist das inverse Abbild $\bar{h}_k = h_k \lambda^2$ entsprechend $\bar{r} = r\lambda^2$

   $$h_k \cdot \lambda^2 = 67{,}57581203\,\text{mm}.$$

3. Nimmt man an, daß v und h_k spiegelbildlich inverse Abbilder voneinander sind, dann gilt:

   $$v{:}h_k = \lambda .$$

   Der entsprechende Inversionskreis r_{ivh_k} (s. Abb. 204) ergibt sich aus der Beziehung:

   $$h_k \sqrt{\lambda} = r_{ivh_k} \quad \text{bzw.}$$

   $$\frac{v}{\sqrt{\lambda}} = r_{ivh_k} = 51{,}05491161\,\text{mm}.$$

Aus didaktischen Gründen wird das Steuersystem vom hinteren Kreuzband h_k entwickelt, deshalb neh-

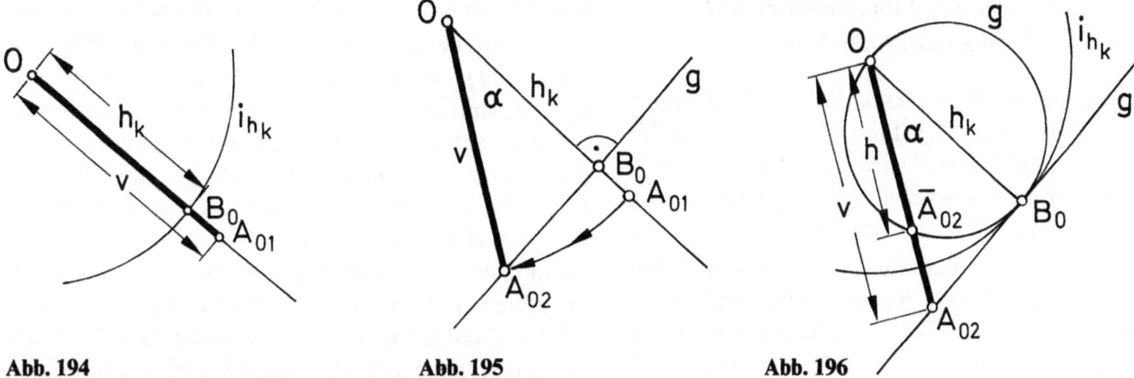

Abb. 194 Abb. 195 Abb. 196

men wir die erste von den 3 Möglichkeiten und übersetzen die Gleichung $h_k\lambda = v$ in das geometrische Abbild (Abb. 194).

Der Inversionskreisradius h_k wird in der Zeichenebene aufgetragen. Seine Endpunkte werden mit 0 (Ursprung oder Zentrum der Inversion) und B_0 bezeichnet. Vom Ursprung 0 wird auf dem Polstrahl, der h_k trägt, die Strecke v aufgetragen, deren Endpunkt mit A_{01} bezeichnet wird. (Abb. 194).

Die Verhältniszahl λ bedeutet im Rechensystem der Inversion auch eine natürliche trigonometrische Zahl. Daraus folgt, daß $\frac{h_k}{v} = \frac{1}{\lambda}$ der Kosinus eines Winkels ist, den wir mit α bezeichnen. Um den Winkel α geometrisch darzustellen, fällt man eine Normale g im Punkt B_0 auf den Polstrahl, der h_k trägt. Durch einen Zirkelschlag überträgt man den Punkt A_{01} auf die Gerade g und erhält den Punkt A_{02}. Die Verbindungsgerade $\overline{0A_{02}} = |v|$ schließt mit h_k den Winkel α ein (Abb. 195).

Die Errichtung der Normalen g ist nicht eine willkürlich geometrische Maßnahme. Die Normale g steht in besonderer Beziehung zum Inversionssystem $r \cdot \bar{r} = h_k^2$. Sie ist eine Tangente des Inversionskreises auf dem Hauptpolstrahl h_k (Abb. 196).

Invertiert man alle Punkte der Geraden g in bezug auf den Punkt 0 mit der Potenz h_k^2, dann ist das inverse Abbild der Geraden g ein Kreis $\bar{g}$, der auf h_k zentriert ist und durch die Punkte 0 und B_0 geht, sein Durchmesser ist h_k.

Für alle Punkte der Geraden g gilt: $r_i \cdot \bar{r}_i = h_k^2$, deshalb ist das inverse Abbild von v der Parameter h, eine Sekante des Kreises $\bar{g}$. Der Punkt A_{02} auf der Geraden g hat sein inverses Abbild im Punkt $\bar{A}_{02}$, der auf dem Kreis $\bar{g}$ liegt, deshalb gilt die Beziehung (Abb. 196):

$$h \cdot v = h_k^2 \Rightarrow \frac{h}{h_k} = \frac{1}{\lambda} = \cos\alpha \quad \text{bzw.}$$

$$\frac{h_k}{v} = \frac{1}{\lambda} = \cos\alpha.$$

Auf der Geraden g wird vom Punkt B_0 die Strecke $|v| = |v_g|$ aufgetragen (Abb. 197), dann ist das Verhältnis $\frac{v}{h_k} = \lambda \cdot \lambda$ als natürliche trigonometrische Zahl, die größer als 1 ist, bedeutet den tan-Wert des Winkels (α+β) bzw. $\frac{1}{\lambda}$ den cot-Wert des Winkels γ (Abb. 197; Tabelle 2):

$$|v_g| = |v|, \quad \frac{v_g}{h_k} = \tan(\alpha+\beta), \quad \frac{h_k}{v_g} = \cot\gamma.$$

Tabelle 2. Das Längenverhältnis λ und sein reziproker Wert $\frac{1}{\lambda}$ legen folgende Winkel fest

$\frac{h_k}{v} = \frac{1}{\lambda}$	0,8295276	cos α	α = 33,949757°
		sin(β+γ)	β+γ = 56,050244°
$\frac{v}{h_k} = \lambda$	1,2055054	tg(α+β)	α+β = 50,32331°
		ctg γ	γ = 39,67669°
		(α+β) − α = β	β = 16,373553°

Das Längenverhältnis λ des vorderen und hinteren Kreuzbandes legt 5 Winkel, α, β, γ, (α+β) und (β+γ), fest. Erwartungsgemäß müssen diese 5 Winkel in verschiedener Kombination im Steuersystem (überschlagenes Gelenkviereck) auftreten.

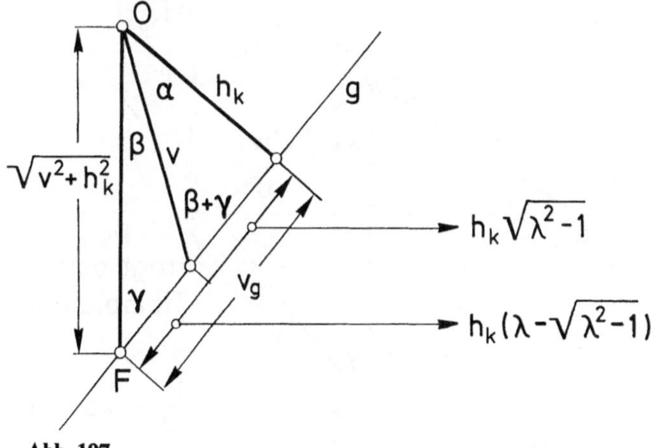

Abb. 197

19.2 Der Abstand f des Tibiaplateaus vom Dach der Fossa intercondylaris

Schlägt man um den Pol 0 (Abb. 198) den Inversionskreis i_{hk} mit dem Radius $|h_k|$, dann liegt das spiegelbildlich inverse Abbild $\bar{F}$ von F wieder auf einem Kreis $\bar{g}$, der das spiegelbildlich inverse Abbild der Geraden g ist. Der Kreisbogen $\bar{F}B_0$ ist das inverse Abbild der Strecke $\overline{FB_0}=|v_g|$. Schlägt man um den Pol 0 den Inversionskreis i_v mit dem Radius $|v|$ und legt durch den Punkt $\bar{F}$ und B_0 eine Gerade p_l, dann schneidet die Gerade p_l den Inversionskreis i_v im Punkt A (Abb. 198). Die Strecke $\bar{F}B_0$ ist dann die Antiparallele zur Strecke FB_0.

Durch die Strecke $\overline{A0}=v$ ist das vordere Kreuzband v in Richtung, Lage und Länge festgelegt. Das hintere Kreuzband h_k ist in seiner Richtung bestimmt, die Lage aber noch nicht fixiert. Die Gerade $\overline{AB_0}$ legt die Lage und Richtung des Tibiaplateaus fest, aber noch nicht seine Länge. Durch die Strecke $f=\overline{0\bar{F}}$ ist der Abstand des Daches der Fossa intercondylaris vom Tibiaplateau bestimmt:

$$f=\overline{0\bar{F}}=\frac{h_k^2}{\overline{0F}}\Rightarrow f=\frac{h_k^2}{\sqrt{v^2+h_k^2}}\Rightarrow$$

$$f=\frac{h_k}{\sqrt{\lambda^2+1}}=29{,}688116\,\text{mm}.$$

Das heißt der Abstand f des Tibiaplateaus vom Dach der Fossa intercondylaris ist spiegelbildlich invers zur Strecke

$$\sqrt{v^2+h_k^2}=h_k\sqrt{\lambda^2+1}$$

unter der Potenz h_k^2 in bezug auf den Pol oder das Zentrum 0.

Aus Gründen der Übersichtlichkeit und aus didaktischen Erwägungen wurde das hintere Kreuzband h_k parallel auf dem Tibiaplateau p und dem Dach der Fossa intercondylaris d in die Position $|\overline{PB_0}|=h_k$ (Abb. 199) verschoben. Die Dreiecke ABP und $A_0B_0P_0$ sind ähnlich und stehen im Sinne des Strahlensatzes miteinander in Beziehung. Alle Aussagen, die über das große Dreieck $A_0B_0P_0$ gemacht werden, gelten daher auch für das kleine Dreieck ABP. Die Längenverhältnisse und Winkel bleiben erhalten. Ehe wir mit der Untersuchung des großen Dreiecks AB_0P_0 fortfahren, soll noch einmal festgehalten werden, daß bei Parallelstellung von Tibiaplateau und Dach der Fossa intercondylaris die Scheitel- und Angelkubik in 2 Kreise und die Wälznormale zerfallen. In dieser augenblicklichen Stellung des Steuersystems liegen alle Scheitelpunkte der Koppelkurven (Bahnkurven) auf einer Kreislinie, dem Umkreis des Dreiecks ABP bzw. des proportional vergrößerten Dreiecks $A_0B_0P_0$. Die Angelkubik ist der Umkreis des Dreiecks B^*A^*P bzw $B_0^*A_0^*P_0$ (Abb. 191).

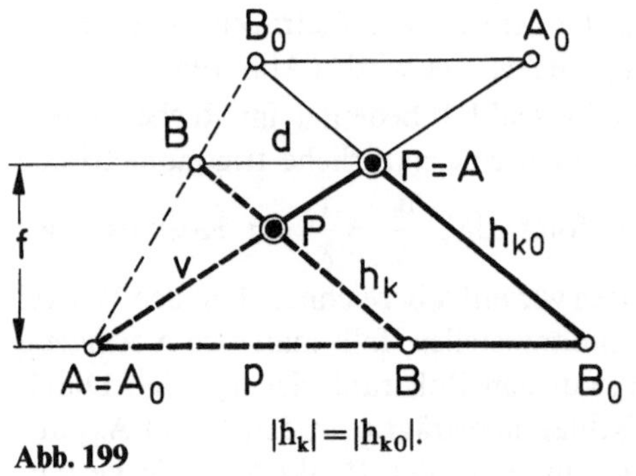

Abb. 199 $|h_k|=|h_{k0}|$.

Fällt man im Punkt A_0 die Normale g_v auf v (vorderes Kreuzband), dann schneidet die Gerade g_v die Gerade n_0 im Punkt F_v (Abb. 200). Daraus folgt, daß der Punkt F_v sich spiegelbildlich invers im Punkt $\bar{F}=\bar{F}_v$ unter der Potenz v^2 in bezug auf 0 abbildet. Daraus folgt:

$$\overline{0F_v}\cdot\overline{0\bar{F}}=v^2\Rightarrow f=\frac{v^2}{\overline{0F_v}}.$$

Weil die Gerade g_v ihr inverses Abbild im Kreis $\bar{g}_v$ hat, bildet sich auch die Strecke $\overline{A_0F_v}$ auf dem Kreisbogen $A_0\bar{F}$ ab. Deshalb müssen sich die Kreise $\bar{g}$ und $\bar{g}_v$ im Punkt $\bar{F}=\bar{F}_v$ schneiden und durch das Zentrum 0 gehen (Abb. 200).

Die gemeinsame Sekante der Kreise $\bar{g}_v,\bar{g}$ ist dann f, die Höhe des Steuersystems (Abb. 200).

Der Normalabstand f des Tibiaplateaus vom Dach der Fossa intercondylaris stellt sich durch folgende Beziehung dar:

$$f=\frac{v^2}{\overline{0F_v}},\ f=\frac{h_k^2}{\overline{0F}}\ \text{weil}\ \overline{B_0F}=|v|\Rightarrow\overline{0F}=\sqrt{v^2+h_k^2}.$$

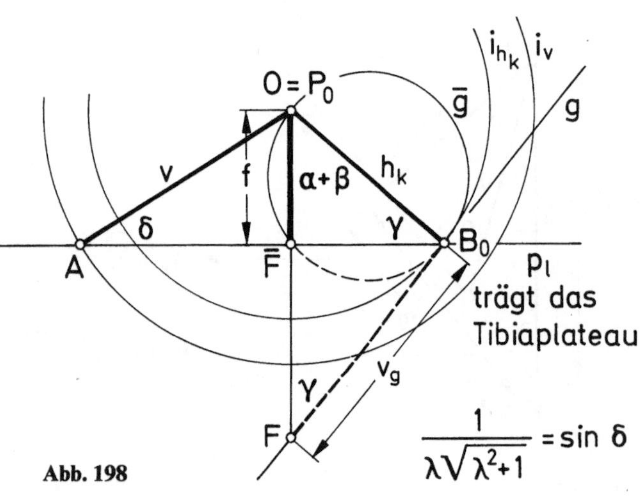

Abb. 198

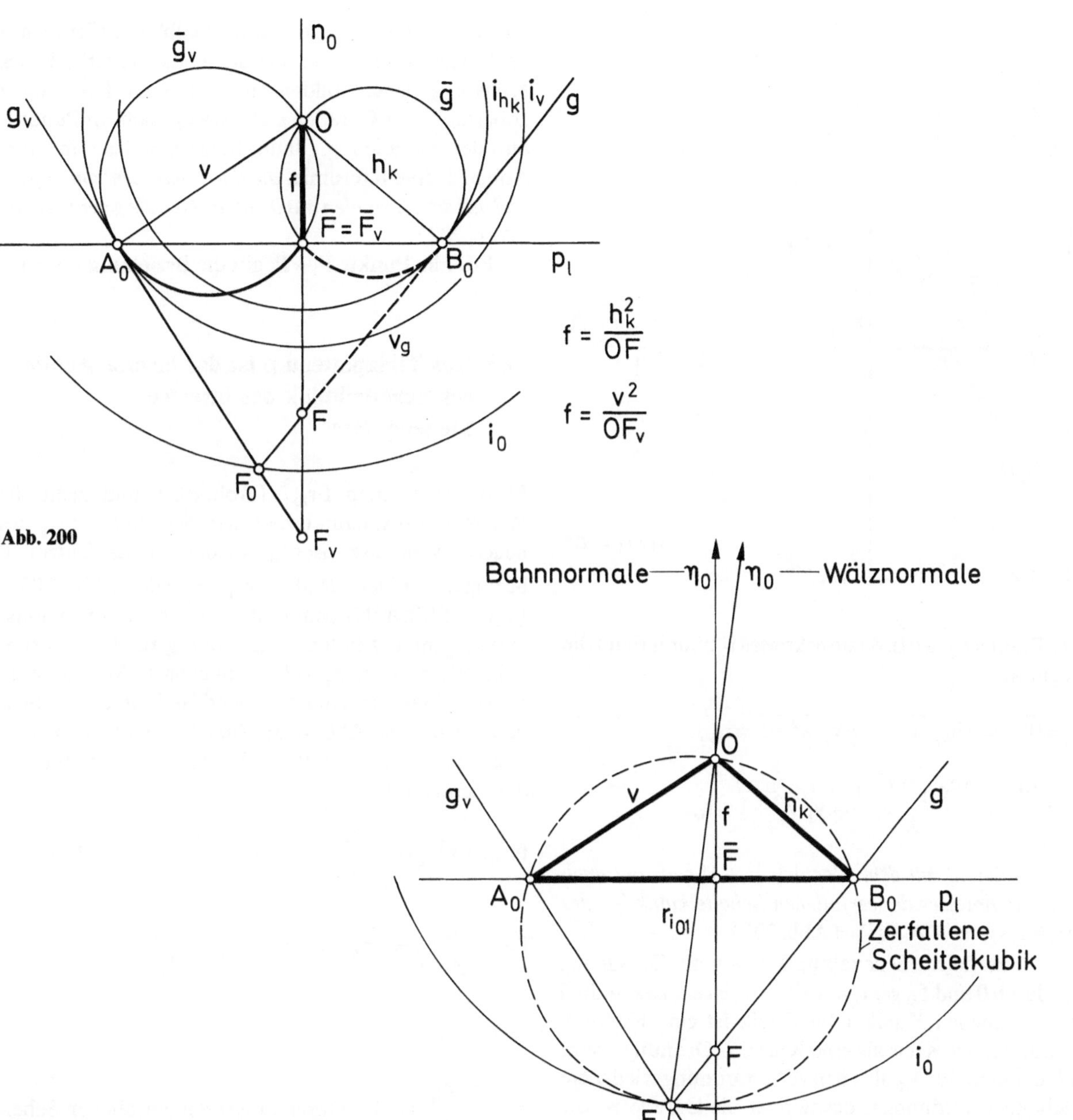

Abb. 200

Abb. 201

Drückt man v durch λh_k aus und setzt über f die beiden Gleichungen in Beziehung, dann erhält man den Ausdruck:

$$\frac{\lambda^2 h_k^2}{\overline{0F_v}} = \frac{h_k^2}{\overline{0F}} \Rightarrow \lambda^2 = \frac{\overline{0F_v}}{\overline{0F}} \Rightarrow \overline{0F}\cdot\lambda = \frac{\overline{0F_v}}{\lambda},$$

d.h. die Punkte F und F_v sind spiegelbildlich inverse Abbilder voneinander in bezug auf den Inversionskreis i_0 mit dem Radius

$$|r_{i0}| = \frac{\overline{0F_v}}{\lambda} = \overline{0F}\lambda.$$

Stellt man die Gleichung $\frac{v^2}{f} = \overline{0F_v}$ durch h_k und λ dar, dann folgt:

$$\frac{v^2}{f} = \overline{0F_v} \Rightarrow \frac{\lambda^2 h_k^2}{\frac{h_k}{\sqrt{\lambda^2+1}}} = \overline{0F_v} \Rightarrow \overline{0F_v} = \lambda^2 h_k \sqrt{\lambda^2+1},$$

$$\frac{h_k^2}{f} = \overline{0F} \Rightarrow \frac{h_k^2}{\frac{h_k}{\sqrt{\lambda^2+1}}} = \overline{0F} \Rightarrow \overline{0F} = h_k \sqrt{\lambda^2+1}.$$

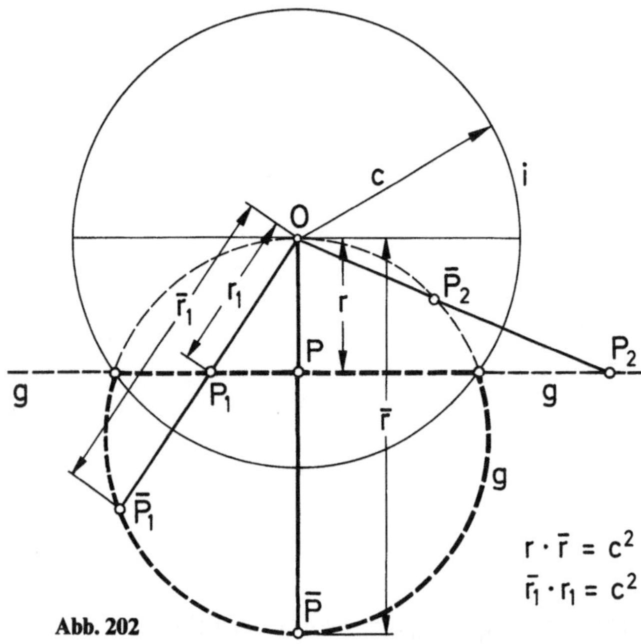

Abb. 202

Der Radius r_{i0} des Inversionskreises i_0 nimmt dann die Form an:

$$r_{i_0} = \overline{0F}\lambda \Rightarrow \lambda h_k\sqrt{\lambda^2+1} \Rightarrow v\sqrt{\lambda^2+1} = r_{i_0},$$

$$r_{i_0} = \frac{\overline{0F_v}}{\lambda} \Rightarrow \frac{\lambda^2 h_k\sqrt{\lambda^2+1}}{\lambda} \Rightarrow v\sqrt{\lambda^2+1} = r_{i_0}.$$

Der Radius r_{i_0} *mit dem Wert* $|v\sqrt{\lambda^2+1}|$ *bedeutet auch den Durchmesser der zerfallenen Scheitelkubik* S_{k_0} *des großen Systems* $A_0B_0P_0$ (Abb. 201).

Die zerfallene Scheitelkubik ist auf die Gerade η_0, die durch 0 und F_0 geht, zentriert. η_0 ist ein Bestandteil der zerfallenen Kubik (die Kubik ist eine Kurve 3. Ordnung, der Kreis als eine Kurve 2. Ordnung ergibt mit der Geraden η_0 als „Kurve" 1. Ordnung wieder ein Gebilde 3. Ordnung), deshalb ist die Gerade η_0 die Wälznormale des großen Steuersystems. Die Gerade n_0, die durch die Punkte 0,$\bar{F}$,F und F_v läuft und normal auf dem Tibiaplateau p_l steht, ist die Bahnnormale des großen Steuersystems (Abb. 201).

Auf der Wälznormalen η_0 liegen die Scheitelpunkte der Bahnkurven des bewegten Systems in dem betrachteten Augenblick. Die Kreislinie S_{k0} (zerfallene Scheitelkubik) trägt die Nebenscheitel der Koppelkurven.

Zwischenbemerkung

Inversion einer Geraden (Abb. 202). Wird eine Gerade g an dem Inversionskreis i invertiert, dann geht die Gerade g in einen Kreis $\bar{g}$ über, der durch das Zentrum 0 läuft. Alle Punkte, die auf der Geraden innerhalb des Kreises $\bar{g}$ (Sekante) liegen, haben ihr inverses Abbild auf dem Kreisbogen, der „unterhalb" der Geraden g liegt. Jene Punkte der Geraden, die außerhalb des Kreises $\bar{g}$ liegen, bilden sich auf dem Kreisbogen „oberhalb" der Geraden g ab. Bewegt sich ein Punkt P auf der Geraden g, dann beschreibt sein inverses Abbild $\bar{P}$ eine Kreislinie, *die durch das Zentrum 0 geht und auf der Normalen aus 0 auf die Gerade g zentriert ist* (Abb. 202).

Für alle Punkte $P_i \rightarrow \bar{P}_i$ gilt die Beziehung $r_i \cdot \bar{r}_i = c^2$.

19.3 Das Tibiaplateau p ist das inverse Abbild der Scheitelkubik des inversen Steuersystems

Multipliziert man $f \cdot r_{i01}$ (Abb. 203) und zieht die Wurzel daraus, dann erhält man den Radius r_{ivh_k} des neuen Inversionskreises i_{vh_k} wieder auf das Zentrum 0 bezogen mit dem Radius $r_{ivh_k} = \sqrt{v \cdot h_k}$ (Abb. 203), ($r_{ivh_k} = 51{,}0549116$ mm), d.h. der neue Inversionskreis i_{vh_k} mit der Potenz $v \cdot h_k$ in bezug auf das Zentrum 0 invertiert v in h_k oder umgekehrt. Mit anderen Worten: Das vordere Kreuzband ist dann das spiegelbildlich inverse Abbild des hinteren Kreuzbands – oder umgekehrt – mit der Potenz $v \cdot h_k$ in bezug auf das Zentrum 0.

$$f \cdot r_{i01} = r_{ivh_k}^2 \Rightarrow \frac{h_k}{\sqrt{\lambda^2+1}} \cdot \lambda h_k\sqrt{\lambda^2+1} = \lambda \cdot h_k^2 = v \cdot h_k \Rightarrow$$

$$f = \frac{h_k}{\sqrt{\lambda^2+1}} \Rightarrow f \cdot r_{i01} = v \cdot h_k \Rightarrow r_{i01} = \frac{v \cdot h_k}{f}$$

$$r_{i0} = \lambda h_k\sqrt{\lambda^2+1}.$$

$r_{i01} = \frac{v \cdot h_k}{f}$ ist der Durchmesser der zerfallenen Scheitelkubik $\bar{p}_0$ des B_{01}-0-A_{01}-Systems.

Diese Gleichungsfolge besagt, daß alle Punkte der Geraden p_l, die das Tibiaplateau trägt, ihre spiegelbildlichen inversen Abbildungen in bezug auf das Zentrum 0 auf der Kreislinie $\bar{p}_0$ mit der Potenz $v \cdot h_k$ haben. Der Kreisbogen $\bar{p}_0$ ist das spiegelbildlich inverse Abbild des Tibiaplateaus p_0 des $B_{01}A_{01}$ 0-Systems. Die Strecken $|\overline{B_{01}A_{01}}| = |\overline{A_0B_0}|$ sind gleich lang (Abb. 203).

Die inverse Beziehung der Scheitelkubik des inversen Steuersystems $B_{01}0A_{01}$ zum Tibiaplateau p_0 des ursprünglichen Steuersystems A_00B_0 zeigt, *daß neben dem ursprünglichen Steuersystem, das reell in Erscheinung tritt, konstruktiv immer das inverse Steuersystem vorhanden ist* (Abb. 205).

Alle Punkte X_i der Geraden p_{l1} haben ihre inversen Abbilder $\bar{X}_i$ auf dem Kreis $\bar{p}l_1 = S_{k0}$, der Scheitelkubik S_{k0} des A_0-P_0-B_0-Systems mit dem Durchmesser $\frac{v \cdot h_k}{f}$ (Abb. 204). Das Produkt $X_i 0 \cdot \bar{X}_i 0 = r^2_{i_{vh_k}} = v \cdot h_k$ ist konstant. Daraus folgt, daß der Abstand f_{01} des Daches der Fossa intercondylaris vom Tibiaplateau das spiegelbildlich inverse Abbild des Durchmessers r_{i0} der Scheitelkubik S_{k0} ist mit der Potenz $v \cdot h_k$ in bezug auf 0:

$$r_{i0} \cdot f = r^2_{i_{vh_k}} = v \cdot h_k .$$

Die Länge der Koppel A_0B_0 ist durch den Sinussatz bestimmt: $\frac{c}{\sin \gamma} = 2r_u$

$$A_0B_0 = \frac{v \cdot h_k}{f} \cdot \sin[2(\alpha+\beta)+\varepsilon] \Rightarrow$$

$$A_0B_0 = v\sqrt{\lambda^2+1} \cdot \sin[2(\alpha+\beta)+\varepsilon].$$

Der Durchmesser r_{i0} der Scheitelkubik S_{k0} ist der Umkreisdurchmesser des Dreiecks $A_0P_0B_0$.

Die zerfallene Scheitelkubik $S_{k0} = \bar{p}_{l1}$ des Steuersystems $A_0B_0A_0^*B_0^*$ ist das spiegelbildlich inverse Abbild des Tibiaplateaus p_{l1} des inversen Systems $B_{01}A_{01}B_{01}^*A_{01}^*$, (Abb. 204) in bezug auf den Drehpunkt $P = 0$ und der Potenz $v \cdot h_k$. Mit anderen Worten: Die Scheitelkubik S_{k0} ist der geometrische Ort aller Scheitelstellen der Bahnkurven des Bewegungssystems $A_0B_0B_0^*A_0^*$.

Das geometrisch inverse Abbild der Geraden p_l, die das Tibiaplateau trägt, des Bewegungssystems $A_0B_0B_0^*A_0^*$ ist aber die Scheitelkubik $\bar{p}_l = S_{k0_1}$ des spiegelbildlich inversen Systems $B_{01}A_{01}B_{01}^*A_{01}^*$ (Abb. 204).

Das gleiche gilt auch für die Angelkubik und das Dach der Fossa intercondylaris. Weil sich die beiden Wälznormalen η_0 und η_{01} im Drehpunkt P_0 schneiden, vertauschen die beiden Angelkubiken in bezug auf die ihnen zugehörigen Scheitelkubiken ihre Position. Liegt die Scheitelkubik S_{k0} auf der linken Seite der Symmetrale, die durch P_0 geht, dann liegt die dazugehörige Angelkubik auf der rechten Seite der Symmetrale. Das duale Auftreten des Steuersystems und seines inversen Abbildes ist bestimmend für die Form des Hüftkopfs, wie später gezeigt wird (Abb. 205).

Daß neben dem realen System $A_0B_0P_0$ konstruktiv noch ein inverses Spiegelbild $B_{01}A_{01}P_0$ vorhanden ist, sei noch folgender Beweis angeführt:

Der Umkreisradius r_u eines Dreieckes ist durch die Relation gegeben:

$$\frac{a \cdot b \cdot c}{4Fl} = r_u \Rightarrow \frac{v \cdot h_k \cdot p}{4Fl} = r_{Sk_0}$$

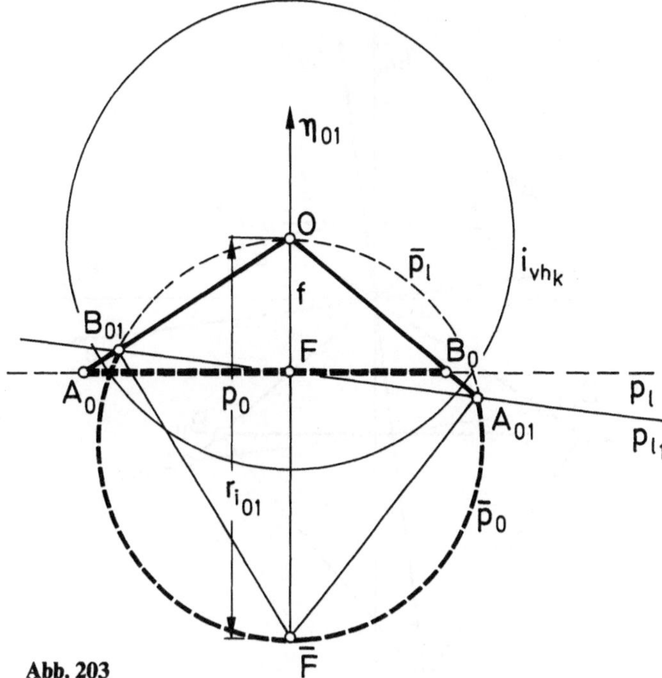

Abb. 203

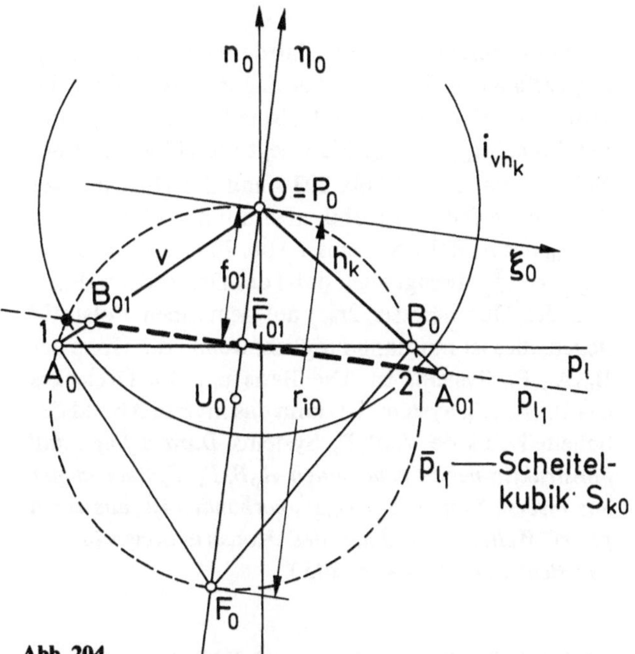

Abb. 204

Die Fläche des Dreieckes $A_0B_0P_0$ ist durch $\frac{p \cdot f}{2} = Fl$ bestimmt, daraus folgt:

$$\frac{v \cdot h_k \cdot p}{\frac{4 \cdot p \cdot f}{2}} = r_{Sk_0} \Rightarrow \frac{v \cdot h_k}{2f} = r_{Sk_0}$$

$$v \cdot h_k = 2r_{Sk_0} \cdot f$$

Weil $v \cdot h_k = r^2_{i_{vhk}}$ so folgt: $r^2_{i_{vhk}} = 2r_{Sk_0} \cdot f$

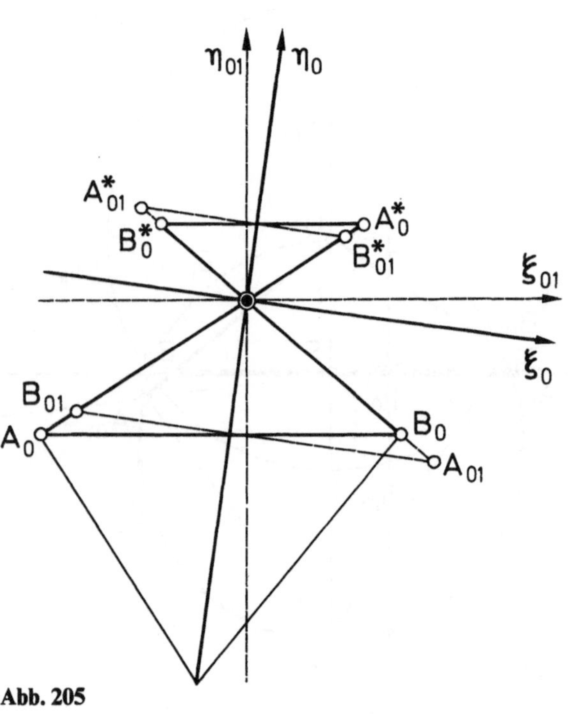

Abb. 205

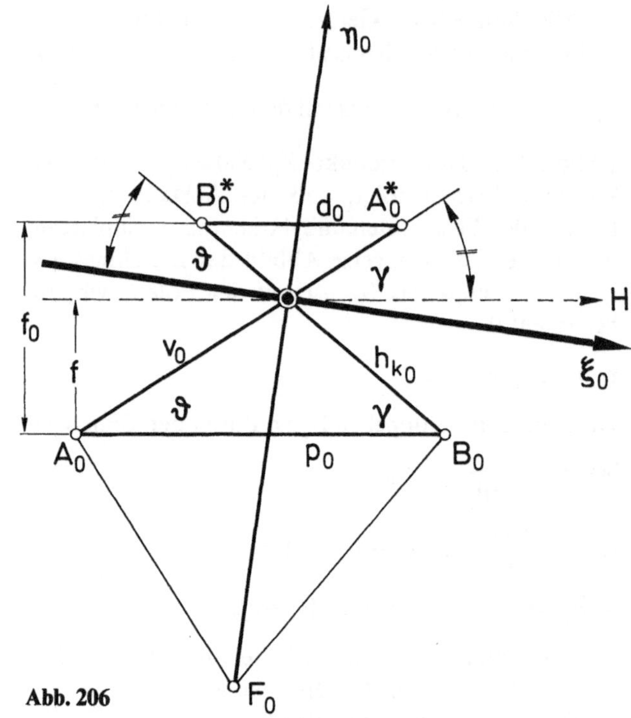

Abb. 206

Diese Relation sagt aus, daß der Durchmesser $2r_{Sk_0}$ der zerfallenen Scheitelkubik das inverse Abbild der Höhe f des Dreieckes $A_0B_0P_0$ ist in bezug auf P_0 unter der Potenz $r^2_{i_{vhk}} = v \cdot h_k$. Nun liegt die Höhe f auf der Bahnnormalen n_0 (Abb. 203) und der Durchmesser $2r_{Sk_0}$ der zerfallenen Kubik aber auf der Wälznormalen η_0 des $A_0B_0P_0$ Systems (Abb. 204). Die Relation $2r_{Sk_0} \cdot f = r^2_{i_{vhk}}$ besagt aber, daß f des Dreieckes $A_0B_0P_0$ und der Durchmesser $2r_{Sk_0}$ auf demselben Polstrahl liegen, dies ist nur dann möglich, wenn f die Höhe des $B_{01}A_{01}P_0$ Systems ist. Die Basis p_{01} des Dreieckes des $B_{01}A_{01}P_0$ Systems ist dann das inverse Abbild der Scheitelkubik des $A_0B_0P_0$ Systems. *Daraus folgt, daß konstruktiv neben dem realen $A_0B_0P_0$ System immer das inverse System $B_{01}A_{01}P_0$ vorhanden ist, das zur a priori Weiterentwicklung des Konstruktionsprinzipes von Bedeutung ist (Abb. 205).*

19.4 Die Wälznormale n_0 und Wälztangente η_0

Fällt man eine Normale η_0 auf $\overline{B_{01}A_{01}}$, die durch das Zentrum 0 geht, dann geht die Normale η_0 auch durch F_0 (Abb. 204). Weil der Inversionskreis i_0 durch F_0 geht, ist der Abstand $\overline{0F_0}$ gleich dem Radius $r_{i0} = \lambda h_k \sqrt{\lambda^2+1}$. Legt man einen Kreis $\bar{p}_{11}$ durch den Punkt 0 und f_0, der auf die Normale η_0 zentriert ist, dann geht dieser Kreis auch durch die Punkte A_0 und B_0 (Abb. 204). Dieser Kreis $\bar{p}_{11}$ ist der Umkreis des Dreiecks A_0B_00 und ist die inverse Abbildung der Geraden p_{11}. Der Kreis $\bar{p}_{11}$ und die Gerade η_0 sind die zerfallenen Teile der Scheitelkubik in dem vergrößerten Bewegungssystem $A_0B_0B^*_0A^*_0$. Die Gerade η_0 ist daher die Wälznormale des vergrößerten Systems $A_0B_0B^*_0A^*_0$.

Der Polstrahl η_0 ist die Wälznormale des reellen Bewegungssystems $A_0B_0B^*_0A^*_0$ und gleichzeitig die Bahnnormale η_{01} des inversen spiegelbildlichen Systems $B_{01}A_{01}A^*_{01}B^*_{01}$. Die Bahnnormale n_0 des reellen Systems ist gleichzeitig die Wälznormale η_{01} des inversen spiegelbildlichen Steuersystems. Wälznormale und Bahnnormale vertauschen ihre Rollen (Abb. 205).

Zum Beweis erfolgt die Konstruktion der Wälztangente ξ_0 nach der Vorschrift von E. Bobillier (zit. nach Wunderlich 1970) die sich im Punkt P_0, dem augenblicklichen Drehzentrum des Bewegungssystems, im rechten Winkel mit der Wälznormalen η_0 schneidet (Abb. 206).

Konstruktion der Wälztangente nach Bobillier (Abb. 206).

Steht das Dach der Fossa intercondylaris d_0 und das Tibiaplateau p_0 parallel zueinander, denn liegt der Hilfspunkt H im Unendlichen. Die Verbindungslinie P_0H ist dann parallel zum Tibiaplateau p_0 und das Dach der Fossa intercondylaris d_0. Durch Übertragung des Winkels $A^*_0P_0H$ nach $B^*_0P_0\xi_0$ ist die Wälztangente ξ_0 bestimmt. Die Wälztangente ξ_0 steht normal auf der Wälznormalen η_0. Damit sind die

Koordinatenachsen η_0,ξ_0 zur analytischen Behandlung des Bewegungssystems $A_0B_0A_0^*B_0^*$ gegeben.

Dies beweist, daß η_0 die Wälznormale des $A_0B_0A_0^*B_0^*$-Systems und gleichzeitig die Bahnnormale n_{01} des inversen Systems $A_{01}B_{01}A_{01}^*B_{01}^*$ ist.

19.5 Konstruktion des Parameters h

Der Parameter h ist der Normalabstand des Mittelpunktes U der Scheitelkubik S_k des kleinen Bewegungssystems ABB^*A^* (Abb. 207) vom Dach der Fossa intercondylaris.

Das Längenverhältnis

$$h_k : v = \frac{1}{\lambda} \Rightarrow \frac{1}{\lambda} = \cos\alpha$$

bestimmt den Winkel α. Der Kreis i_v schneidet die Gerade g im Punkt A_1 ($0A_1 = |v|$). Invertiert man v in bezug auf das Zentrum 0 mit der Potenz h_k^2, dann liegt das inverse Abbild $\bar{A}_1$ von A_1 wieder auf dem schon bekannten Kreis $\bar{g}$, dem inversen Abbild der Geraden g, die den Punkt A_1 trägt. Führt man diese Operation auf den Polstrahl n_0 aus, dann ist der Punkt $\bar{A}_2$ das inverse Abbild des Punktes A_2. Errichtet man eine Normale h_l im Punkt $\bar{A}_2$ auf die Gerade n_0, (Bahnnormale), dann ist das inverse Abbild der Geraden h_l mit der Potenz h_k^2 bezüglich des Zentrums 0 der Kreis $\bar{h}_l$ mit dem Durchmesser $|v|$. Für den Abstand h des Punkts A von Zentrum 0 gilt:

$$\bar{A}_2 0 = h,\ h = \frac{h_k^2}{v} \Rightarrow h = \frac{h_k}{\lambda} \Rightarrow h = \frac{v}{\lambda^2}.$$

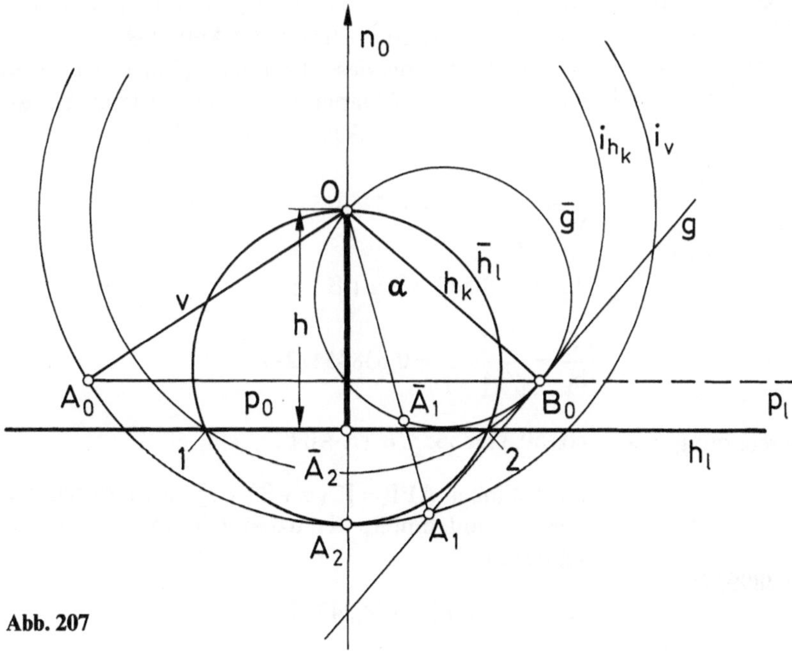

Abb. 207

19.6 Entwicklung des kleinen Steuersystems ABA^*B^* (Abb. 208)

Die Gerade h_l schneidet die Strecke AU_0 (Radius r_{U_0} der zerfallenen Scheitelkubik S_{k0} des Bewegungssystems $A_0B_0P_0$) im Punkt U. Legt man durch den Punkt U eine Parallele η zu der Wälznormalen η_0, dann schneidet diese Parallele η das vordere Kreuzband $v = AP_0$ im Punkt P (Drehzentrum des gesuchten Systems). Legt man eine weitere Gerade durch U, die zu U_0B_0 parallel verläuft, dann schneidet diese Gerade die Gerade p_l, die das Tibiaplateau trägt, im Punkt B (gesuchter Anlenkpunkt des hinteren Kreuzbandes). Nach dem Strahlensatz sind dann die Strecken $|AU| = |UP| = |UB| = r_U$ gleich lang. Das Dreieck ABP ist deshalb das verkleinerte Abbild des Dreiecks $A_0B_0P_0$. Der Umkreis S_k des Dreiecks ABP ist deshalb die zerfallene Scheitelkubik S_k des überschlagenen Gelenkvierecks ABB^*A^* (Abb. 208). Die Strecke $B^*B = h_k$ verläuft daher parallel zu h_{k0}, $|h_{k0}| = |h_k|$.

Das überschlagene Gelenkviereck ABA^*B^* ist das gesuchte konstruktiv entwickelte Steuersystem des Kniegelenks im Aufriß. Der Aufriß wurde aus einer einzigen Angabe, dem Längenverhältnis λ der Kreuzbänder a priori entwickelt. Mit dem Parameter h_k (hintere Kreuzbanlänge) wurde lediglich die Größe des Systems festgelegt.

19.7 Die Radien der zerfallenen Scheitel- und Angelkubik

Der Radius r_s der zerfallenen Scheitelkubik S_k des Bewegungssystems ABA^*B^* (überschlagenes

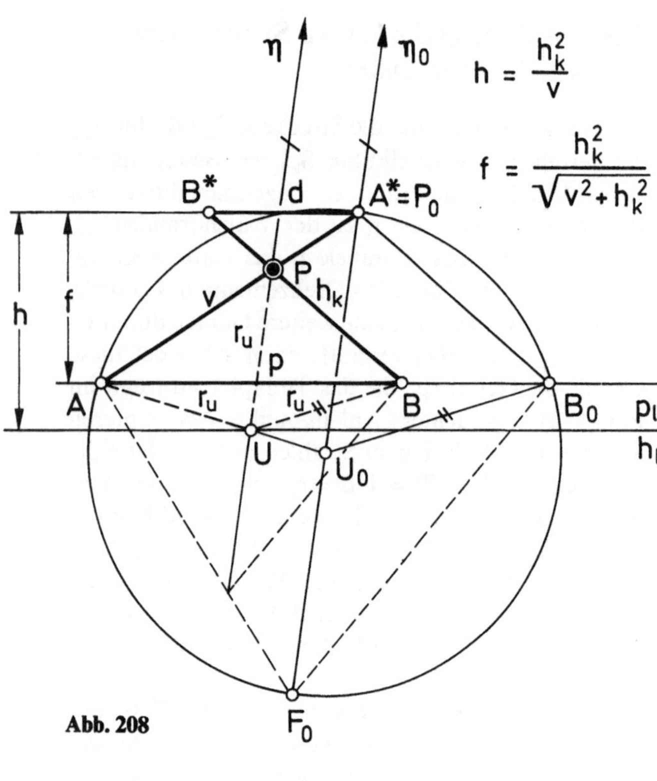

Abb. 208

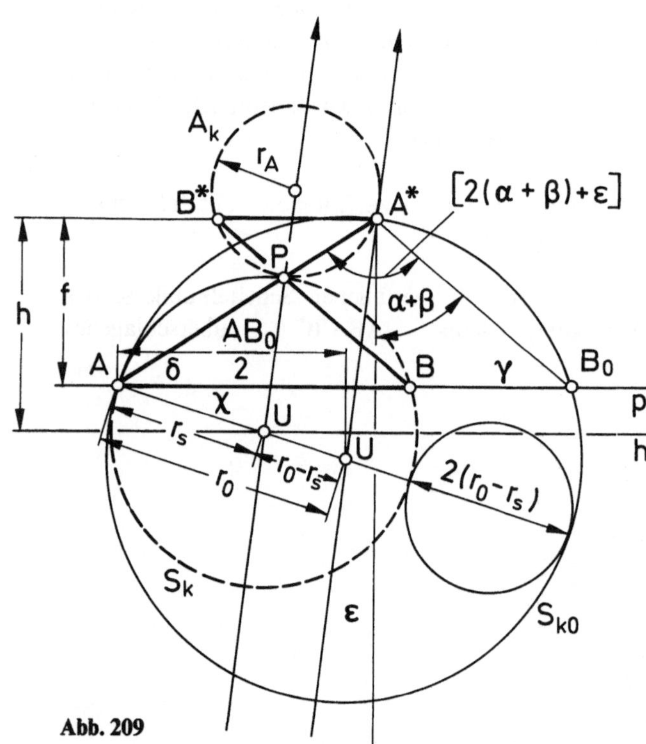

Abb. 209

Gelenkviereck) ergibt sich durch Berechnung des Winkels χ (Abb. 209):

$$\frac{\frac{AB_0}{2}}{r_0}=\cos\chi \Rightarrow \boxed{r_s=\frac{h-f}{\sin\chi}}\;,\ \chi=18{,}34389912^\circ .$$

h und f durch λ und h_k ausgedrückt:

$$\frac{\frac{h_k}{\lambda}-\frac{h_k}{\sqrt{\lambda^2+1}}}{\sin\chi}=\frac{h_k(\sqrt{\lambda^2+1}-\lambda)}{\sin\chi\lambda\sqrt{\lambda^2+1}}=r_s .$$

Zur Kontrolle siehe Abschn. 19.8 u. 19.12:

$$\frac{v}{\varkappa\cos(\alpha+\beta)}=2r_S ,$$

$$\frac{v(\varkappa-1)}{\varkappa\cos(\alpha+\beta)}=2r_A \quad \text{oder} \quad 2r_{S0}-2r_S=2r_A$$

$r_s=28{,}231019\,\text{mm}$

$r_A=15{,}6687853\,\text{mm}$

Weil die Scheitelkubik S_{k0} durch die Punkte $A_0P_0B_0$ geht und die Scheitelkubik S_k des verkleinerten Systems durch das Dreieck APB bestimmt ist, muß die Differenz der beiden Radien, $r_0-r_s=r_A$, der Radius r_A der Angelkubik A_k sein, die durch die Punkte B^*PA^* festgelegt ist, unter der Voraussetzung, daß die Beziehung

$$f=\frac{h_k^2}{\sqrt{v^2+h_k^2}} \quad \text{und} \quad h=\frac{h_k^2}{v}$$

gilt (Abb. 209).

Setzt man über h_k^2 die beiden Gleichungen in Beziehung so folgt:

$$f\cdot\sqrt{v^2+h_k^2}=h\cdot v \Rightarrow f\cdot h_k\sqrt{\lambda^2+1}=h\cdot\lambda h_k \Rightarrow \frac{h}{f}=\frac{\sqrt{\lambda^2+1}}{\lambda}.$$

Der reziproke Wert dieser Verhältniszahl der beiden wichtigen Parameter h und f legt die Winkel γ ($\cos\gamma$) und $(\alpha+\beta)$ ($\sin(\alpha+\beta)$) fest (Abb. 209).

Das Verhältnis des Abstands f (Dach der Fossa intercondylaris, Tibiaplateau) zum vorderen Kreuzband v legt den Winkel $(\alpha+\beta+\varepsilon)$ fest:

$$\frac{f}{v}=\frac{1}{\lambda\sqrt{\lambda^2+1}}=0{,}52691531\rightarrow$$

$\cos 58{,}020543^\circ=(\alpha+\beta+\varepsilon)$,

$$\frac{f}{h_k}=\frac{1}{\sqrt{\lambda^2+1}}=0{,}63845412\rightarrow$$

$\cos 50{,}32335653^\circ=(\alpha+\beta)$.

Der Winkel $APB=[2(\alpha+\beta)+\varepsilon]$ wird durch das vordere und hintere Kreuzband in Punkt P eingeschlossen:

$[2(\alpha+\beta)+\varepsilon]=108{,}34385^\circ$.

Die Länge des Tibiaplateaus $\overline{AB} = p$ ergibt sich durch Anwendung des Sinussatzes

$$\frac{p}{\sin[2(\alpha+\beta)+\varepsilon]} = 2r_s:$$

$$p = 2r_s \cdot \sin[2(\alpha+\beta)+\varepsilon]$$

p = 53,592914 mm.

$2r_s$ = Durchmesser der Scheitelkubik

Analog wird die Länge des Daches der Fossa intercondylaris d $\overline{A^*B^*} = d$ bestimmt.

$$d = 2r_A \cdot \sin[2(\alpha+\beta)+\varepsilon]$$

d = 29,745146 mm.

$2r_A$ = Durchmesser der Angelkubik

Das Längenverhältnis von Tibiaplateau p und Dach der Fossa intercondylaris d entspricht, wie aus den beiden Gleichungen ersichtlich ist, dem Verhältnis der Radien bzw. der Durchmesser der Scheitel- und Angelkubik:

$$\frac{p}{d} = \frac{2r_s \cdot \sin[2(\alpha+\beta)+\varepsilon]}{2r_A \cdot \sin[2(\alpha+\beta)+\varepsilon]} \Rightarrow \frac{p}{d} = \frac{r_s}{r_A}.$$

19.8 Die Radien der Scheitelkubik r_s und der Angelkubik r_A durch λ und h_k ausgedrückt (ABA^*B^*, kleines System Abb. 209)

$$r_s = \frac{h-f}{\sin\chi}, \text{ weil } h = \frac{h_k}{\lambda} \text{ und } f = \frac{h_k}{\sqrt{\lambda^2+1}}, \text{ so folgt}$$

$$\frac{\frac{h_k}{\lambda} - \frac{h_k}{\sqrt{\lambda^2+1}}}{\sin\chi} = r_s \Rightarrow \boxed{\frac{h_k(\sqrt{\lambda^2+1}-\lambda)}{\sin\chi\lambda\sqrt{\lambda^2+1}} = r_s}$$

r_s = 28,231019.

$$r_A = r_{so} - r_s, \text{ weil } r_{so} = \frac{\lambda h_k\sqrt{\lambda^2+1}}{2}, \text{ so folgt}$$

$$\frac{\lambda h_k\sqrt{\lambda^2+1}}{2} - \frac{h_k(\sqrt{\lambda^2+1}-\lambda)}{\lambda\sqrt{\lambda^2+1}\sin\chi} = r_A$$

$$\boxed{\frac{h_k[\lambda^2(\lambda^2+1)\sin\chi - 2(\sqrt{\lambda^2+1}-\lambda)]}{2\lambda\sqrt{\lambda^2+1}\sin\chi} = r_A}$$

r_A = 15,668781.

19.9 Der Winkel ε durch λ ausgedrückt

Der Winkel ε, den die Wälznormale η_0 mit der Bahnnormalen n_0 im Momentanzentrum P (Abb. 210) einschließt, ergibt sich aus:

$$(\alpha+\beta+\varepsilon) - (\alpha+\beta) = \varepsilon.$$

Bezeichnet man den Winkel $(\alpha+\beta+\varepsilon)$ mit A und den Winkel $(\alpha+\beta)$ mit B und drückt die Differenz der beiden Winkel A und B in seiner Kosinusform aus, so folgt:

$$\cos(A-B) = \cos\varepsilon \Rightarrow$$

$$\cos\varepsilon = \cos A \cos B + \sin A \sin B$$

weil

$$\cos A = \frac{f}{v},\ \cos B = \frac{f}{h_k},\ \sin A = \frac{r_v}{v},\ \sin B = \frac{rh_k}{h_k},$$

so folgt:

$$\cos\varepsilon = \frac{f}{h_k} \cdot \frac{f}{v} + \frac{r_v}{v} \cdot \frac{r_{hk}}{h_k} \Rightarrow \cos\varepsilon = \frac{1}{h_k \cdot v}(f^2 + r_v \cdot r_{hk}).$$

Diese Gleichung durch h_k und λ ausgedrückt:

$$\cos\varepsilon = \frac{1}{h_k^2\lambda}\left(\frac{h_k^2}{\lambda^2+1} + \frac{h_k\sqrt{\lambda^4+\lambda^2-1}}{\sqrt{\lambda^2+1}} \cdot \frac{h_k\lambda}{\sqrt{\lambda^2+1}}\right)$$

$$\boxed{\Rightarrow \cos\varepsilon = \frac{1+\sqrt{\lambda^4+\lambda^2-1}\cdot\lambda}{\lambda(\lambda^2+1)}}$$

$$\varepsilon = 7{,}697176645°.$$

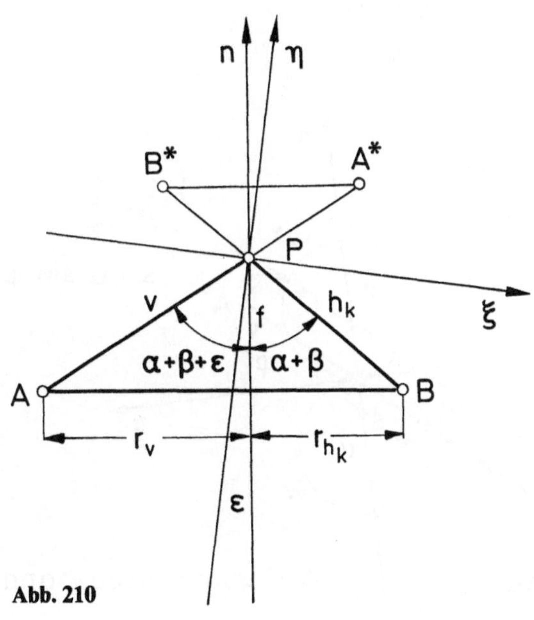

Abb. 210

Tabelle 3. Die Verhältniszahl λ bestimmt die Winkel im großen und kleinen Steuersystem. Im Rechensystem der Inversion $r \cdot \bar{r} = c^2$ stellt die Verhältniszahl λ und ihr reziproker Wert $\frac{1}{\lambda}$ auch eine natürliche trigonometrische Zahl der „Winkelfunktion" dar (Abb. 211)

Verhältnis	Verhältniszahl	Natürliche trigonometrische Zahl	Winkelfunktion	Winkel
$\frac{h_k}{v}$	$\frac{1}{\lambda}$	0,8295276	cos 33,949758°	α
			sin 56,050242°	$\beta+\gamma$
$\frac{h_k}{\sqrt{v^2+h_k^2}}$	$\frac{1}{\sqrt{\lambda^2+1}}$	0,63845412	cos 50,323356°	$\alpha+\beta$
			sin 39,67668°	γ
$\frac{f}{v}$	$\frac{1}{\lambda\sqrt{\lambda^2+1}}$	0,52961531	cos 58,020543°	$\alpha+\beta+\varepsilon$
			sin 31,979467°	ϑ
$\frac{v}{h_k}$	λ	1,2055054	tg 50,323356°	$\alpha+\beta$
			ctg 39,67668°	γ

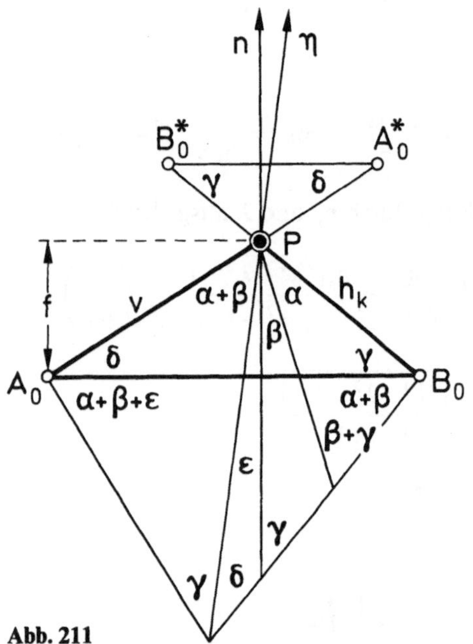

Abb. 211

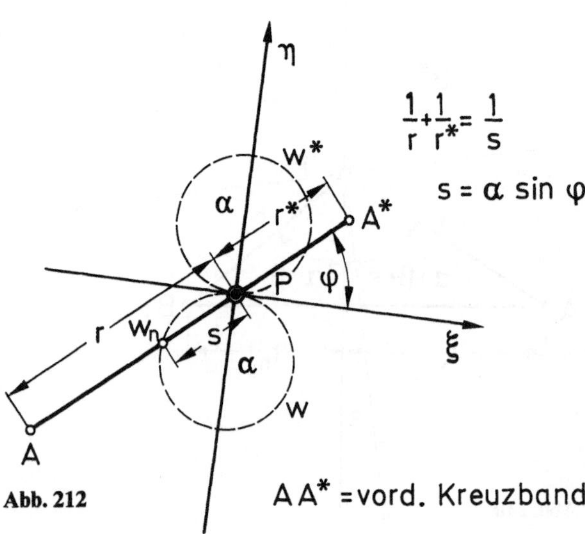

Abb. 212

19.10 Der Wendekreis w und sein Durchmesser α

In jedem betrachteten Augenblick eines ebenen bewegten Systems ist jedem Punkt X des bewegten Systems ein bestimmter Bahnkrümmungsmittelpunkt X^* im ruhenden System zugeordnet. Diese „Krümmungsverwandtschaft" $X \rightarrow X^*$ bei einem reell vorhandenen Drehzentrum P ist durch die berühmte Gleichung von Euler-Savary definiert.

$$\frac{1}{r} - \frac{1}{r^*} = \frac{1}{\alpha \sin \varphi}.$$

Auf dem Polstrahl, der r und r^* trägt, ist $\alpha \sin \varphi$ ein konstanter Wert s.

$$\frac{1}{r} - \frac{1}{r^*} = \frac{1}{s}\text{const}$$

Liegen die Punkte $A \rightarrow A^*$ der Krümmungsverwandtschaft auf verschiedenen Seiten des Momentanzentrums P, dann ändert sich das Vorzeichen in der Gleichung (Abb. 212).

$$\frac{1}{r} + \frac{1}{r^*} = \frac{1}{\alpha \sin \varphi} = \frac{1}{s}.$$

Liegen die entsprechenden Punktepaare $X \rightarrow X^*$ auf verschiedenen Seiten von P (Drehzentrum) auf der *Wälznormalen* η, dann ist diese Beziehung durch die Gleichung

$$\frac{1}{r} + \frac{1}{r^*} = \frac{1}{\alpha}$$

bestimmt (Abb. 213).

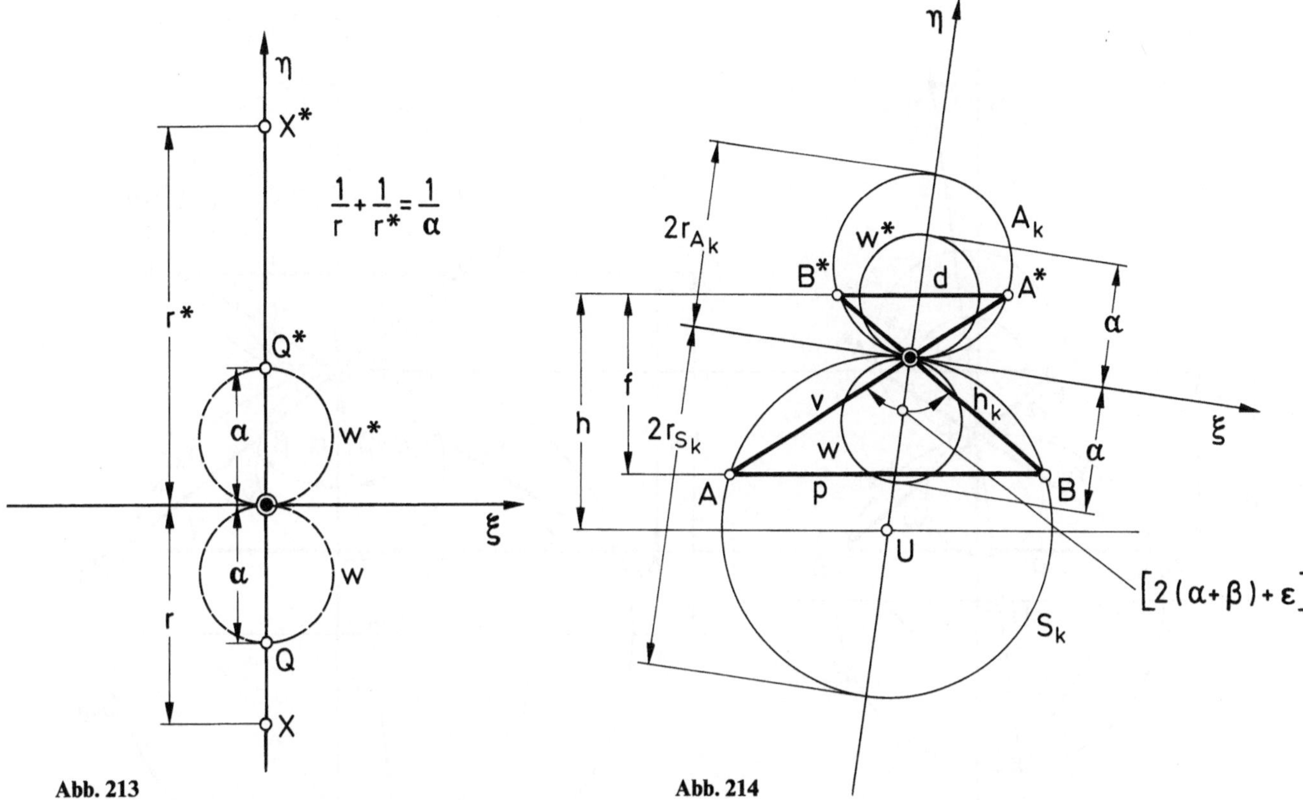

Abb. 213

Abb. 214

Die in Kreisen zerfallenden Kubiken S_k und A_k sind auf die Wälznormale η zentriert. Daher muß die Summe der reziproken Werte des Scheitelkubikdurchmessers und des Angelkubikdurchmessers den reziproken Wert des Wendekreisdurchmessers α ergeben (Abb. 214):

$$\frac{1}{2r_{s_k}} + \frac{1}{2r_A} = \frac{1}{\alpha}, \quad \boldsymbol{\alpha = 20{,}152513\,\mathrm{mm}}.$$

Der Wendekreis w bzw. w* ist der Ort jener Punkte, die in dem gegebenen Augenblick Wendestellen ihrer Bahn durchlaufen. Die entsprechenden Krümmungsmittelpunkte dieser Wendestellen liegen im Unendlichen (Abb. 126)

19.11 Tibiaplateau und Dach der Fossa intercondylaris

Das Längenverhältnis von dem Tibiaplateau p und dem Dach der Fossa intercondylaris d (Abb. 214) entspricht dem Durchmesserverhältnis der Kubiken

$$p{:}d = 2r_s{:}2r_A\,.$$

$$2r_s = \frac{p}{\sin[2(\alpha+\beta)+\varepsilon]}, \quad \text{(Sinussatz)}$$

$$2r_A = \frac{d}{\sin[2(\alpha+\beta)+\varepsilon]}\,.$$

Das Einsetzen von $\frac{p}{\sin[2(\alpha+\beta)+\varepsilon]}$ und $\frac{d}{\sin[2(\alpha+\beta)+\varepsilon]}$ in die Euler-Savary-Gleichung definiert den Wendekreisdurchmesser α auch durch die Gleichung

$$\frac{1}{\dfrac{p}{\sin[2(\alpha+\beta)+\varepsilon]}} + \frac{1}{\dfrac{d}{\sin[2(\alpha+\beta)+\varepsilon]}} = \frac{1}{\alpha} \Rightarrow$$

$$\sin[2(\alpha+\beta)+\varepsilon]\left(\frac{1}{p}+\frac{1}{d}\right) = \frac{1}{\alpha}\,.$$

Diese Gleichung besagt, daß die Summe der reziproken Werte der Länge des Tibiaplateaus p und des Daches der Fossa intercondylaris d multipliziert mit dem Sinuswert des eingeschlossenen Winkels $[2(\alpha+\beta)+\varepsilon]$ vom vorderen und hinteren Kreuzband dem reziproken Wert des Wendekreisdurchmessers α entspricht.

19.12 Der Proportionalitätsfaktor ϰ

Der Proportionalitätsfaktor ϰ bestimmt die Beziehung des großen Steuersystems zum kleinen Steuersystem.

Das Längenverhältnis ϰ des Durchmessers der Scheitelkubik S_{k0} des großen Systems $A_0B_0B_0^*A_0^*$ und

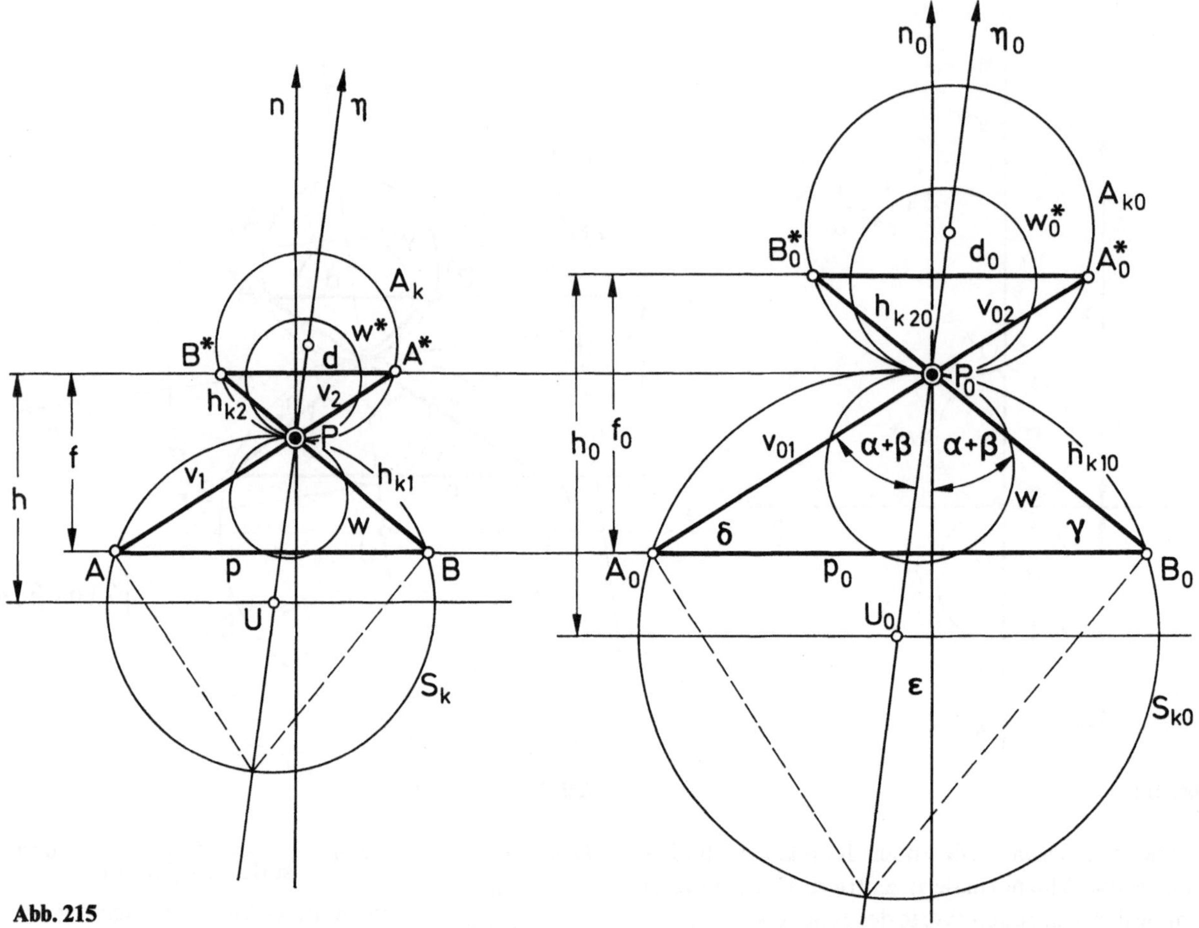

Abb. 215

der Scheitelkubik S_k des kleinen Systems ABB^*A^* ergibt sich aus (s. Abb. 209):

$$\frac{r_{s0}}{r_s} = \varkappa \ (\varkappa = 1{,}55502) \Rightarrow r_{s0} - r_s = r_A \Rightarrow$$

$$\varkappa r_s - r_s = r_A \Rightarrow r_s(\varkappa - 1) = r_A \Rightarrow \frac{r_s}{r_A} = \frac{1}{(\varkappa - 1)} .$$

Das Längenverhältnis des Scheitelkubikradius zum Angelkubikradius beträgt $(\varkappa - 1)$:

$r_A : r_S = (\varkappa - 1)$ bzw. $r_{A0} : r_{S0} = (\varkappa - 1)$.

Das Längenverhältnis des Daches des Fossa intercondylaris d zum Tibiaplateau p beträgt ebenfalls $(\varkappa - 1)$:

$d : p = (\varkappa - 1)$,

weil

$$\frac{r_S}{r_A} = \frac{p}{d} \Rightarrow \frac{p}{d} = \frac{1}{\varkappa - 1} .$$

Die Längen des Tibiaplateaus p und des Daches der Fossa intercondylaris d stehen mit dem Wendekreisdurchmesser α über den Faktor ϰ in Beziehung.

Aus der Darstellung des Wendekreisdurchmessers α durch

$$\sin[2(\alpha + \beta) + \varepsilon]\left(\frac{1}{p} + \frac{1}{d}\right) = \frac{1}{\alpha} \Rightarrow$$

$$\sin[2(\alpha + \beta) + \varepsilon]\left(\frac{1}{p} + \frac{1}{p(\varkappa - 1)}\right) = \frac{1}{\alpha}$$

ergibt sich:

$$\sin[2(\alpha + \beta) + \varepsilon]\frac{\varkappa}{p(\varkappa - 1)} = \frac{1}{\alpha}$$

bzw.

$$\Rightarrow \boxed{\sin[2(\alpha + \beta) + \varepsilon]\frac{\varkappa}{d} = \frac{1}{\alpha}}$$

Aus Abb. 215 ist zu entnehmen, daß folgende Beziehungen Gültigkeit besitzen:

$$\lambda = \frac{v}{h_k} = \frac{v_1}{h_{k1}} = \frac{v_2}{h_{k2}}, \quad \varkappa = \frac{v}{v_1} = \frac{h_k}{h_{k1}} ,$$

$$(\varkappa - 1) = \frac{r_A}{r_S} = \frac{v_2}{v_1} = \frac{h_{k2}}{h_{k1}}, \quad \frac{\varkappa}{(\varkappa - 1)} = \frac{v}{v_2} = \frac{h_k}{h_{k2}} .$$

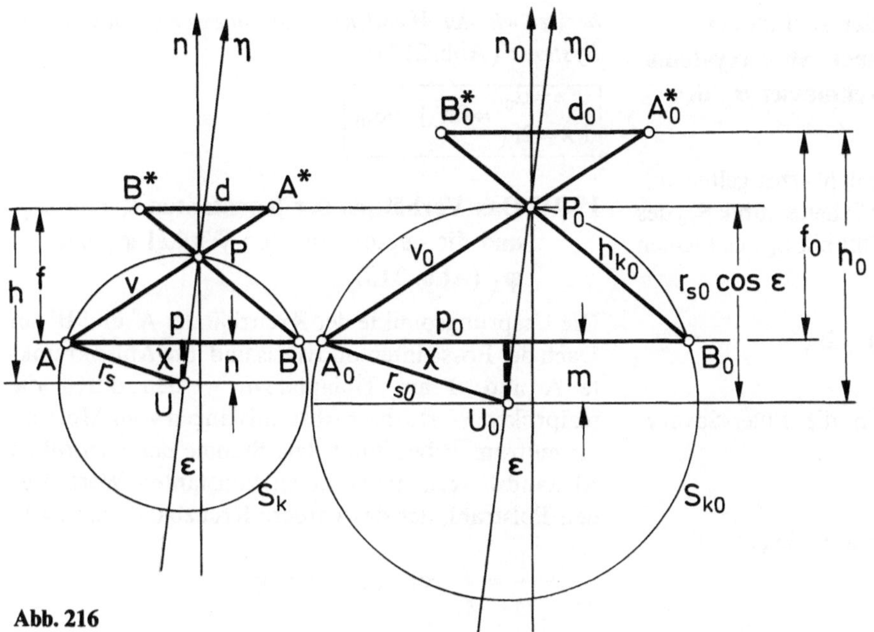

Abb. 216

19.13 Der Proportionalitätsfaktor κ durch λ ausgedrückt

Der Faktor κ setzt nicht nur das kleine Steuersystem zum großen Steuersystem in Beziehung, sondern regelt auch das Längenverhältnis des Daches der Fossa intercondylaris zum Tibiaplateau:

$p = d(\varkappa - 1)$.

Der Faktor κ ist auch bestimmend für das Verhältnis der Abstandsbeziehung der Anlenkpunkte des vorderen und hinteren Kreuzbandes in bezug auf das Momentanzentrum P:

$v_1(\varkappa-1) = v_2, \quad h_{k1}(\varkappa-1) = h_{k2}$.

$v_1 = 36{,}048411$

$v_2 = 20{,}007589$

$h_{k1} = 29{,}903152$

$h_{k2} = 16{,}596848$

Die Abstandslängen der Ansatzpunkte der Kreuzbänder vom Momentanzentrum P zur Gesamtlänge der Kreuzbänder stehen über dem Faktor κ miteinander in Beziehung:

$v_1\varkappa = v, \quad h_{k1}\varkappa = h_k$.

Das gleiche gilt für die Abstandslänge der Ursprungspunkte der Kreuzbänder vom Momentanzentrum P und der Gesamtlänge der Kreuzbänder:

$$\frac{v(\varkappa-1)}{\varkappa} = v_2, \quad \frac{h_k(\varkappa-1)}{\varkappa} = h_{k2}.$$

Aus konstruktiven Gründen ist der Zusammenhang der beiden Faktoren λ und κ interessant.

Es gibt 2 Möglichkeiten κ durch λ auszudrücken (s. Abb. 216):

1. Durch das Längenverhältnis m:n und den Winkel ε

$m = (r_{s_0} \cos\varepsilon) - f \Rightarrow$

$$\frac{v \cdot h_k}{2f}\cos\varepsilon - f = m = \frac{\lambda h_k\sqrt{\lambda^2+1}\cdot\cos\varepsilon}{2} - \frac{h_k}{\sqrt{\lambda^2+1}}$$

$$\Rightarrow \mathbf{m} = \frac{h_k[\lambda(\lambda^2+1)\cos\varepsilon - 2]}{2\sqrt{\lambda^2+1}},$$

$$n = h - f \Rightarrow \frac{h_k^2}{v} - \frac{h_k^2}{\sqrt{v^2+h_k^2}} = n \Rightarrow$$

$$\mathbf{n} = \frac{h_k(\sqrt{\lambda^2+1}-\lambda)}{\lambda\sqrt{\lambda^2+1}}$$

$$\boxed{\varkappa = \frac{m}{n} = \frac{(\lambda^4+\lambda^2)\cos\varepsilon - 2\lambda}{2(\sqrt{\lambda^2+1}-\lambda)}}$$

2. Aus dem Längenverhältnis der Radien der zerfallenen Scheitelkubiken des großen und kleinen Systems und dem Winkel χ (Abb. 216):

$$\frac{r_{s_0}}{r_s} = \varkappa, \quad \chi = 18{,}34389912°$$

$$\varkappa = \frac{r_{s_0}}{r_s} \Rightarrow \varkappa = \frac{\dfrac{\lambda h_k\sqrt{\lambda^2+1}}{2h_k(\sqrt{\lambda^2+1}-\lambda)}}{\lambda\sqrt{\lambda^2+1}\cdot\sin\chi} \Rightarrow$$

$$\boxed{\varkappa = \frac{(\lambda^4+\lambda^2)\sin\chi}{2(\sqrt{\lambda^2+1}-\lambda)}}$$

$$\boxed{\lambda = 1{,}2055054 \qquad \varkappa = 1{,}55502}$$

19.14 Der Durchmesser $2r_A$ der zerfallenen Angelkubik A_k des kleinen Steuersystems und der Wendekreisdurchmesser α_0 des großen Steuersystems

Aus der Gesetzlichkeit des Strahlensatzes gelten folgende Beziehungen zwischen der Scheitelkubik S_{k0} des großen Systems und der Scheitelkubik S_k des kleinen Systems:

$$\frac{2r_{S_0}}{2r_S}=\varkappa \Rightarrow 2r_{S_0}=2r_S\cdot\varkappa \quad 2r_S(\varkappa-1)=2r_A .$$

Setzt man $2r_A$ und $\frac{2r_A}{(\varkappa-1)}$ in die Euler-Savary-Gleichung ein, so gewinnt man:

$$\frac{1}{\frac{2r_A}{(\varkappa-1)}}+\frac{1}{2r_A}=\frac{1}{\alpha}\Rightarrow\frac{\varkappa}{2r_A}=\frac{1}{\alpha}\Rightarrow \boldsymbol{\varkappa\cdot\alpha=2r_A} .$$

Im kleinen System steht der Durchmesser $2r_A$ der Angelkubik A_k mit dem Wendekreisdurchmesser α über dem Proportionalitätsfaktor $\varkappa$ in Beziehung, der das kleine System in das große System überführt.

Für die Durchmesser der Scheitel- und Angelkubik im großen und kleinen System gilt aber die Beziehung:

$$\frac{2r_A}{2r_S}=(\varkappa-1).$$

Multipliziert man den Wendekreisdurchmesser α des kleinen Systems mit dem Faktor $\varkappa$, so erhält man den Wendekreisdurchmesser α_0 des großen Systems:

$$\alpha\cdot\varkappa=\alpha_0 .$$

Wenn einerseits die Relation $\alpha\cdot\varkappa=2r_A$ und andererseits $\alpha\cdot\varkappa=\alpha_0$ gilt, so folgt, *daß der Angelkubikdurchmesser $2r_A$ des kleinen Systems den gleichen Wert besitzt wie der Wendekreisdurchmesser α_0 des großen Systems* (Abb. 217):

$$\boxed{\begin{matrix}\alpha\cdot\varkappa=\alpha_0\\ \alpha\cdot\varkappa=2r_A\end{matrix}\Rightarrow|\mathbf{2r_A}|=|\alpha_0|.}$$

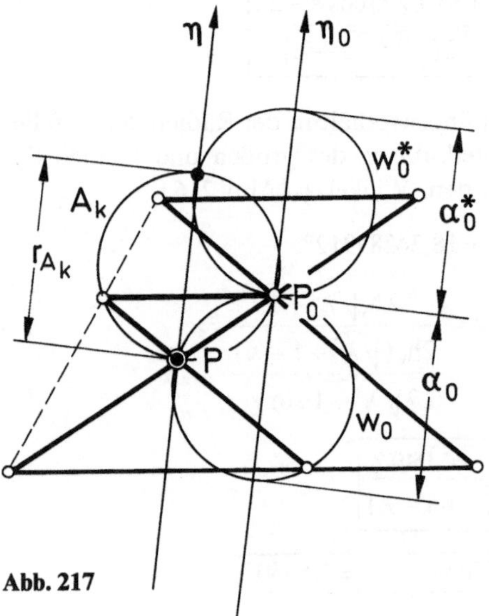

Abb. 217

19.15 Das Verhältnis der Konstanten s_v und s_{hk} und die entsprechenden Winkel φ_1 und φ_2 (Abb. 218)

Die Ursprungspunkte der Kreuzbänder A^* und B^* am Dach der Fossa intercondylaris und ihre Anlenkpunkte A und B am Tibiaplateau werden durch die reziproken Werte ihrer Abstandslängen vom Momentanzentrum P bestimmt. Die Summe der reziproken Abstandslängen haben einen konstanten Wert. Für den Polstrahl, der das vordere Kreuzband trägt, gilt:

$$\frac{1}{v_1}+\frac{1}{v_2}=\frac{1}{s_v}\ \text{const},\ s_v=\alpha\sin\varphi_1 .$$

Für alle übrigen Punkte $X_v\rightarrow X_v^*$ gilt:

$$\frac{1}{x_v}+\frac{1}{x_v^*}=\frac{1}{s_v}\text{const}$$

Auf dem Polstrahl, der das hintere Kreuzband trägt, gilt die Relation:

$$\frac{1}{h_{k1}}+\frac{1}{h_{k2}}=\frac{1}{s_{hk}}\ \text{const},\ s_{hk}=\alpha\sin\varphi_2 .$$

Für alle übrigen Punkte $X_{hk}\rightarrow X_{hk}^*$ gilt:

$$\frac{1}{x_{hk}}+\frac{1}{x_{hk}^*}=\frac{1}{s_{hk}}\ \text{const}$$

Die Beziehung der Abstandslängen v_1, v_2 und h_{k1}, h_{k2} sind durch $(\varkappa-1)$ gegeben, es gilt:

$$v_2=v_1(\varkappa-1),\ h_{k2}=h_{k1}(\varkappa-1).$$

Setzt man die entsprechenden Ausdrücke in die Euler-Savary-Gleichung ein, so folgt:

$$\frac{1}{v_1}+\frac{1}{v_1(\varkappa-1)}=\frac{1}{s_v}\Rightarrow\frac{\varkappa}{v_1(\varkappa-1)}=\frac{1}{s_v},$$

$$\frac{1}{h_{k1}}+\frac{1}{h_{k1}(\varkappa-1)}=\frac{1}{s_{hk}}\Rightarrow\frac{\varkappa}{h_{k1}(\varkappa-1)}=\frac{1}{s_{hk}} .$$

Setzt man die beiden Gleichungen über $\frac{\varkappa}{(\varkappa-1)}$ in Beziehung, so folgt:

$$\frac{v_1}{s_v}=\frac{h_{k1}}{s_{hk}}\Rightarrow\frac{s_v}{s_{hk}}=\frac{v_1}{h_{k1}}=\lambda .$$

Weil $s_v=\alpha\sin\varphi_1$ und $s_{hk}=\alpha\sin\varphi_2$, so folgt:

$$\frac{s_v}{s_{hk}}=\frac{\alpha\sin\varphi_1}{\alpha\sin\varphi_2}=\frac{v_1}{h_{k1}}\Rightarrow\frac{\sin\varphi_1}{\sin\varphi_2}=\frac{v_1}{h_{k1}}=\lambda .$$

Die Konstanten s_v und s_{hk}, die die Bahnpunkte X_i und ihre entsprechenden Bahnkrümmunsmittelpunkte X_i^* auf ihren Polstrahlen bestimmen, haben das gleiche Längenverhältnis λ wie die Kreuzbänder. Das gleiche gilt für das Verhältnis der Sinuswerte der Winkel φ_1 und φ_2, den die entsprechenden Polstrahlen, die das vordere und hintere Kreuzband tragen, mit der Wälztangente einschließen (Abb. 218).

$$\boxed{\frac{s_v}{s_{hk}} = \lambda = \frac{\sin \varphi_1}{\sin \varphi_2}}$$

$\sin \varphi_1 \; = \; 39{,}67669°$

$\sin \varphi_2 \; = 148{,}020499°$

$s_v \; = \; 12{,}8664512$ mm

$s_{h_k} \; = \; 10{,}6730776$ mm

$\lambda \; = \; 1{,}20550537$

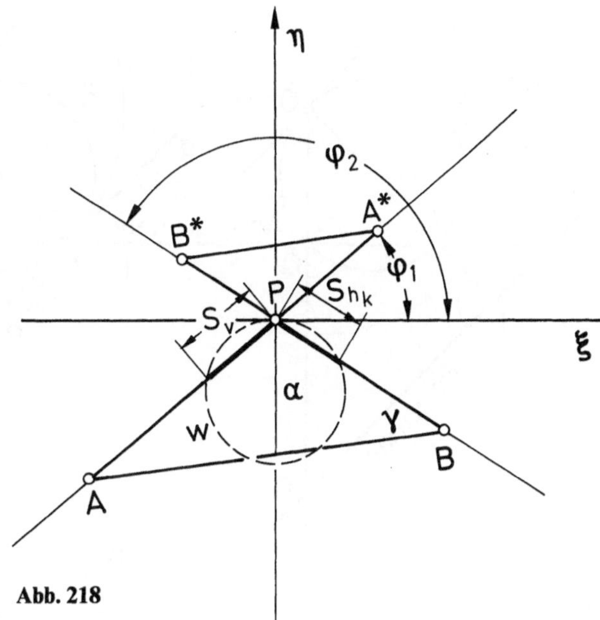

Abb. 218

Tabelle 4. Parameter des Steuersystems (überschlagenes Gelenkviereck) aus λ und h_k entwickelt (s. Abb. 215)

	Kleines System	Großes System
Vorderes Kreuzband	$v = 56{,}056$	$v_0 = 87{,}16821$
Hinteres Kreuzband	$h_k = 46{,}5$	$h_{k_0} = 72{,}30843$
Dach der Fossa intercondylaris	$d = 29{,}745146$	$d_0 = 46{,}254286$
Tibiaplateau	$p = 53{,}592914$	$p_0 = 83{,}338053$
Abstand des Daches der Fossa intercondylaris vom Tibiaplateau	$f = 29{,}688116$	$f_0 = 46{,}165589$
Normalabstand des Mittelpunktes U der Scheitelkubik vom Dach der Fossa intercondylaris	$h = 38{,}573$	$h_0 = 59{,}981786$
Wendekreisdurchmesser	$\alpha = 20{,}152513°$	$\alpha_0 = 31{,}337559°$
Zerfallener Scheitelkubik-durchmesser	$2r_S = 56{,}462038$	$2r_{S_0} = 87{,}799624$
Zerfallener Angelkubik-durchmesser	$2r_A = 31{,}337562$	$2r_{A_0} = 48{,}73055$
Abstand des Anlenkpunktes A des vorderen Kreuzbandes vom Momentanzentrum P	$v_1 = 36{,}048411$	$v_{10} = 56{,}056$
Abstand des Ursprungs A^x des vorderen Kreuzbandes vom Momentanzentrum P	$v_2 = 20{,}007589$	$v_{20} = 31{,}112209$
Abstand des Ansatzpunktes des hinteren Kreuzbandes vom Momentanzentrum P	$h_{k_1} = 29{,}903152$	$h_{k_{10}} = 46{,}5$
Abstand des Ursprungspunktes B^x des hinteren Kreuzbandes vom Zentrum P	$h_{k_2} = 16{,}596848$	$h_{k_{20}} = 25{,}808431$

Winkel zur Abb. 215:

$\alpha = 33{,}949757°$

$\beta = 16{,}373553°$

$\alpha + \beta = 50{,}32331°$

$\gamma = 39{,}67668°$

$\delta = 31{,}979447°$

$\varepsilon = 7{,}697233°$

$[2(\alpha + \beta) + \varepsilon] = 108{,}34382°$

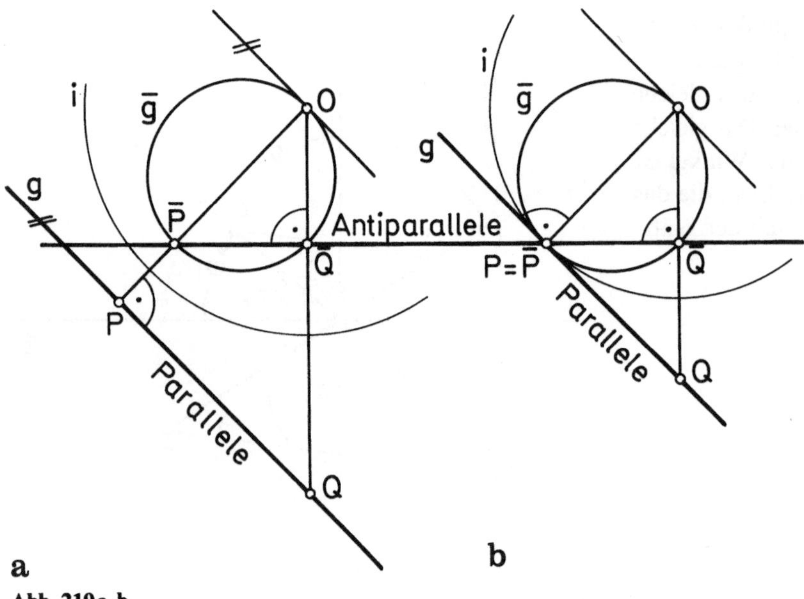

Abb. 219a, b

Die Längenverhältniszahl λ ist die natürliche trigonometrische Zahl des cot-Wertes γ $\left(\frac{r_{hk}}{f} = \cot\gamma\right)$, den das hintere Kreuzband mit dem Tibiaplateau einschließt. Man erkennt aus Abb. 218, daß der Winkel γ mit dem Winkel φ_1 übereinstimmt.

Daraus folgt:

$$\lambda = \frac{\sin\varphi_1}{\sin\varphi_2} \Rightarrow \frac{\sin\gamma}{\sin\varphi_2} = \cot\gamma \Rightarrow$$

$$\frac{\sin\gamma}{\cot\gamma} = \sin\varphi_2 \Rightarrow \mathbf{\sin\gamma \cdot \tan\gamma = \sin\varphi_2}$$

$$\left(\tan\gamma = \frac{1}{\lambda}\right).$$

Zusammenfassung

Die vollkommen neue Erkenntnis, daß zur Selbstverwirklichung der biologischen Bewegungssysteme ohne Zutun „von außen" ein Transformationssystem vorhanden sein muß, das alle Parameter untereinander in mittelbare oder unmittelbare Beziehung setzt, ist die Inversion. Die Inversion mit der Elementarrelation $r \cdot \bar{r} = \pm c^2$ ist nicht etwas, das vom menschlichen Geist in die biologischen Bewegungssysteme hineinprojiziert wird, sondern stellt die grundsätzliche Beziehung vom ruhenden zum bewegten System (Ober- und Unterschenkel) selbst dar. Dies gilt für alle Bewegungssysteme, die reproduzierbare Bewegungen – zum Beispiel Beuge- und Streckbewegung des Kniegelenks – ausführen. Ausgenommen sind die reinen Rotationsbewegungen und die Schiebung.

Wenn die biologischen Bewegungssysteme bei ihrer Selbstverwirklichung die Gesetze der Inversion verkörpern – ohne diese Gesetzlichkeit gäbe es keine reproduzierbare Bewegung, weder in der Biologie noch in der Technik – dann müssen alle Parameter des Kniesteuersystems, des überschlagenen Gelenkvierecks, die die inversen Beziehungen vom ruhenden zum bewegten System hervorrufen, selbst untereinander in inverser Beziehung stehen. In dem vorangehenden Abschnitt wurde das Kniesteuersystem, das überschlagene Gelenkviereck, durch Inversion aus einem einzigen Parameter, dem Längenverhältnis des vorderen und hinteren Kreuzbandes, als einzige geometrische Lösung entwickelt. Der einfacheren geometrischen Handhabung wegen wurden alle Winkel und die zerfallenen Kubiken in dem „großen" System bestimmt und daraus das reelle „kleine" Steuersystem entwickelt. Die ermittelten Parameter werden in Tabelle 4 zusammengefaßt.

19.16 Die Retroversion des Tibiaplateaus

Das Tibiaplateau ist die gemeinsame Antiparallele der Kreuzbänder v und h_k.

Lehrsatz

Zu einer Geraden g ist ein Kreis $\bar{g}$ invers, der durch das Inversionszentrum 0 geht und dessen Tangente in 0 zu der Geraden g parallel ist. Die Gerade g ist dann die Parallele der Tangente des Kreises $\bar{g}$, dem inversen Abbild der Geraden g.

Fällt man vom Zentrum 0 auf die Gerade g (Abb. 219a) die Normale 0P und invertiert P in $\bar{P}$ und ebenso Q in $\bar{Q}$, dann ist die Gerade g, die die Punkte P und Q trägt, die Parallele zum Kreis $\bar{g}$ bzw. seiner Tangente in 0. Die Verbindungsgerade der inversen

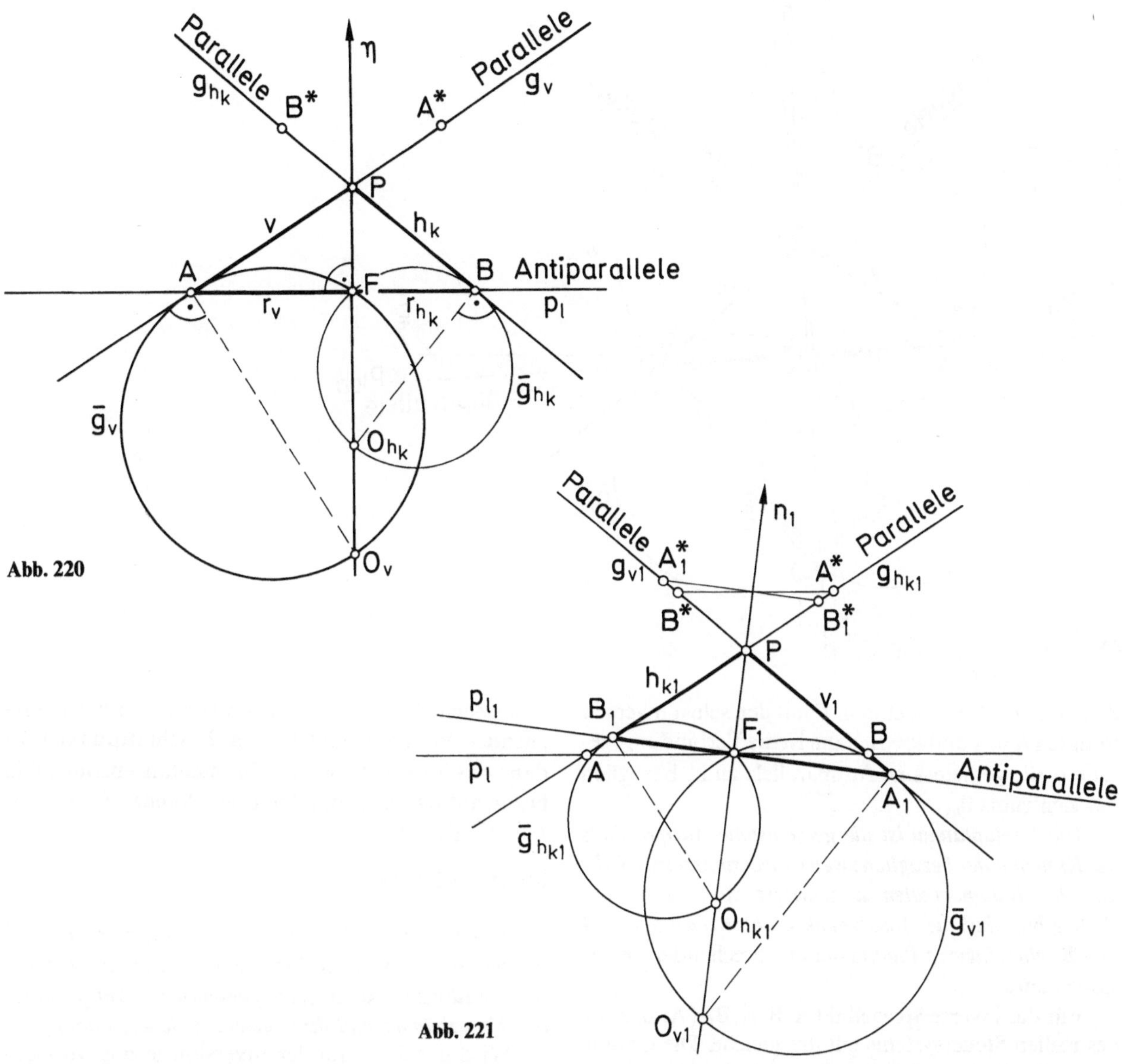

Abb. 220

Abb. 221

Punkte $\bar{P}$ und $\bar{Q}$ ist dann die *Antiparallele* zu der Geraden g.

Tritt jener Fall ein, daß die Gerade g eine Tangente des Inversionskreises ist, dann ist die Gerade g auch Tangente des Kreises $\bar{g}$, dem inversen Abbild der Geraden g. Der Punkt P ist dann zu sich selbst invers ($P=\bar{P}$). Die Antiparallele läuft dann durch den Punkt $P=\bar{P}$, der auf dem Kreis $\bar{g}$ liegt, und durch $\bar{Q}$ (Abb. 219b). Die Antiparallele steht im Punkt $\bar{Q}$ normal auf dem Polstrahl, der die Punkte Q und $\bar{Q}$ trägt.

Errichtet man in dem Punkt A und B (Ansatzpunkte der Kreuzbänder auf dem Tibiaplateau) die Normalen (Abb 220), dann schneiden sich die Normalen auf der Bahnnormalen n in den Punkten 0_v und 0_{hk}. Erklärt man 0_v und 0_{hk} als Inversionszentren, wobei $A0_v$ und $B0_{hk}$ die Radien der entsprechenden Inversionskreise sind, dann ist das inverse Abbild der Geraden g_v ein Kreis $\bar{g}_v$, der durch A und 0_v läuft und auf dem Polstrahl $A0_v$ zentriert ist. Das inverse Abbild der Geraden g_{hk} ist der Kreis $\bar{g}_{hk}$, der durch 0_{hk} und B geht. Der Punkt A ist zu sich selbst invers in bezug auf das Zentrum 0_v, und B ist zu sich selbst invers in bezug auf das Zentrum 0_{hk}.

Die Geraden g_v und g_{hk} stehen rechtwinklig auf ihren entsprechenden Inversionskreisradien. Sie sind deshalb die Parallelen bezüglich ihrer Inversionskreiszentren. Der Schnittpunkt P (Momentanzentrum) der Geraden g_v und g_{hk} findet sein inverses Abbild F im Schnittpunkt der Kreise $\bar{g}_v$ und $\bar{g}_{hk}$, den inversen Abbildern der Geraden g_v und g_{hk}. Es gilt dann folgende Beziehung:

$$P0_v \cdot F0_v = (A0_v)^2 \quad \text{und} \quad P0_{hk} \cdot F0_{hk} = (B0_{hk})^2 .$$

Der Punkt F ist das inverse Abbild von P, einmal bezogen auf das Zentrum 0_v, das andere Mal auf das

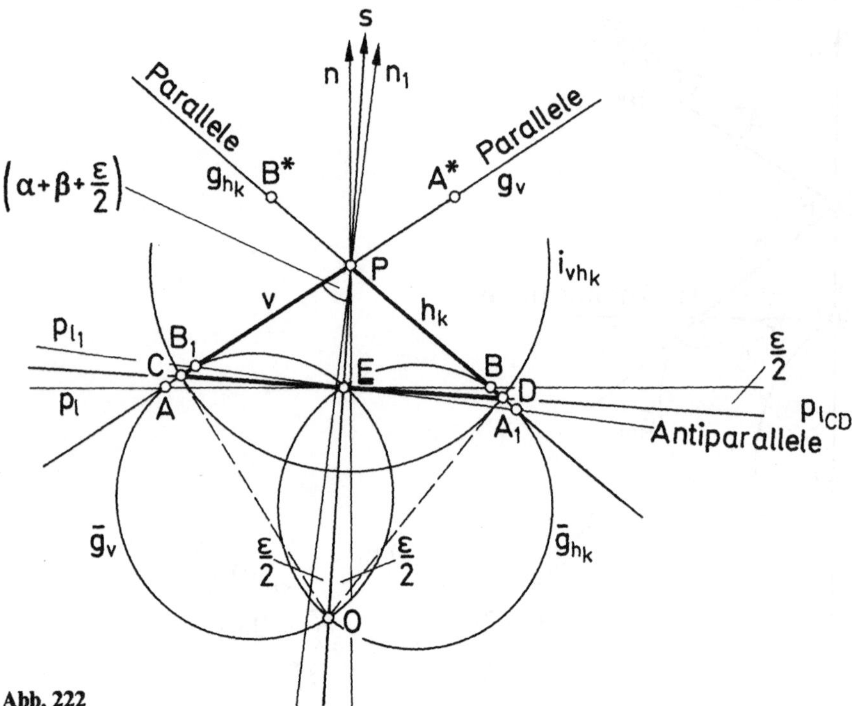

Abb. 222

Zentrum 0_{hk}. Verbindet man F mit den selbst inversen Punkten $A = \bar{A}$ und $B = \bar{B}$, dann ist die Verbindungsgerade p_l die gemeinsame Antiparallele zu h_k bezüglich des Zentrums 0_{hk}.

Das Tibiaplateau ist die gemeinsame Antiparallele der Kreuzbänder bezüglich zweier Inversionszentren, die auf der Bahnnormalen n zentriert sind, unter der Bedingung, daß die Ansatzpunkte der Kreuzbänder A und B selbst inverse Punkte der entsprechenden Inversionen sind.

Für das inverse Spiegelbild $A_1B_1A_1B_1$ (Abb. 221) des reellen Steuersystems gilt das gleiche. Die Gerade p_{l1} ist die Antiparallele der Kreuzbänder h_{k1} und v_1.

Wenn das Bild und sein inverses Spiegelbild jedes für sich eine Antiparallele besitzt, erhebt sich natürlich die Frage nach der gemeinsamen Antiparallelen vom Bild und seinem inversen Spiegelbild.

Betrachtet man das Momentanzentrum P als Zentrum der Inversion (Abb. 222), dann sind die Punkte A und B_1 auf der Geraden g_v (Polstrahl) und die Punkte B und A_1 auf dem Polstrahl g_{hk} inverse Abbilder voneinander mit der Potenz $(r_{vh_k})^2 = v \cdot h_k$. Der Abbildungskreis (i_{vh_k}) (Inversionskreis) schneidet die Polstrahlen g_v und g_{hk} in den Punkten C und D. Errichtet man in den Punkten C und D auf ihren entsprechenden Polstrahlen die Normalen, dann schneiden sich die Normalen in Punkt 0, der auf der Symmetralen s der Bahnnormalen n und n_1 liegt. Der Schnittpukt 0 ist dann das gemeinsame Inversionszentrum, das die Geraden g_v und g_{hk} als Kreise $\bar{g}_v$ und $\bar{g}_{hk}$ abbildet. Die beiden Kreise $\bar{g}_v$ und $\bar{g}_{hk}$ sind gleich groß und gehen durch das Zentrum 0 und ihrer entsprechenden Punkte C und D. Der 2. Schnittpunkt E ist dann das inverse Abbild des Momentanzentrums P in bezug auf das Zentrum 0 mit der Potenz $(C0)^2$ bzw. $(0D)^2$. Es gilt:

$$0P \cdot 0E = (C0)^2 = (D0)^2 .$$

Verbindet man den Punkt E, das inverse Abbild von P mit den selbst inversen Punkten C und D, dann ist die Verbindungsgerade p_{lCD} *die gemeinsame Antiparallele der Kreuzbänder und ihres inversen Spiegelbildes.*

Wird das Zentrum der Inversion in das Momentanzentrum P verlegt, dann sind die Pukte E und 0 inverse Abbilder voneinander unter der Potenz $v \cdot h_k = (CP)^2 = (DP)^2$. Es gilt:

$$PE \cdot 0P = v \cdot h_k = h_k^2 \sqrt{\lambda} .$$

Wir haben 2 Inversionssysteme mit dem Zentrum P und 0. Die Inversionskreise schneiden sich rechtwinklig in den Punkten C und D. Das Verhältnis der beiden Inversionskreisradien ist $C0{:}CP = \tan\left(\alpha + \beta + \frac{\varepsilon}{2}\right)$. Der Winkel $\left(\alpha + \beta + \frac{\varepsilon}{2}\right)$, der von der Geraden g_v und der Symmetralen s in P eingeschlossen wird, soll der einfacheren Schreibweise wegen mit A bezeichnet werden:

$$\left(\alpha + \beta + \frac{\varepsilon}{2}\right) = A.$$

Das Längenverhältnis der Inversionskreisradien ist, wie aus Abb. 222 zu entnehmen ist, die natürliche trigonometrische Zahl von tan A:

$$\frac{C0}{CP} = \tan A, \text{ weil } CP = \sqrt{v \cdot h_k} \Rightarrow CP = h_k\sqrt{\lambda}.$$

Daraus folgt weiter:

$$C0 = h_k\sqrt{\lambda}\tan A, \; C0 = 70{,}71632349 \text{ mm}.$$

Der Abstand P0 der Inversionszentren P und 0 voneinander ergibt sich aus:

$$0P = \frac{h_k\sqrt{\lambda}}{\cos A}.$$

Vom Zentrum P aus gilt:

$$0P \cdot PE = (CP)^2 \Rightarrow PE = \frac{(CP)^2}{0P},$$

$$\frac{h_k^2\lambda}{\frac{h_k\sqrt{\lambda}}{\cos A}} = PE \Rightarrow PE = h_k\sqrt{\lambda}\cos A.$$

Wenn das Längenverhältnis des Abstands des Punkts E von P zum Inversionskreisradius CP der natürlichen trigonometrischen Zahl des cos A entspricht:

$$\frac{PE}{CP} = \cos A, \; \frac{0P}{CP} = \frac{1}{\cos A},$$

dann muß das Längenverhältnis der Abstände des Bildpunkts E und seines inversen Punkts 0 vom Zentrum P gleich $\cos^2 A$ sein (nach den Regeln der Inversion):

$$\frac{EP}{P0} = \cos^2 A.$$

Setzt man zur Kontrolle die entsprechenden Ausdrücke $EP = h_k\sqrt{\lambda}\cos A$ und $0P = \frac{h_k\sqrt{\lambda}}{\cos A}$ in obige Gleichung ein:

$$\frac{EP}{P0} = \frac{h_k\sqrt{\lambda}\cos A}{\frac{h_k\sqrt{\lambda}}{\cos A}} \Rightarrow \frac{EP}{P0} = \cos^2 A,$$

dann ist die Richtigkeit der Aussage nach den Regeln der Inversion

$$\frac{EP}{0P} = \cos^2 A$$

bewiesen.

Wird der Punkt 0 als Zentrum angesehen, dann gilt:

$$E0 \cdot 0P = (C0)^2.$$

Das Längenverhältnis des Inversionskreisradius C0 zur Abstandslänge 0P ist durch die Beziehung

$$\frac{C0}{0P} = \frac{h_k\sqrt{\lambda}\tan A}{\frac{h_k\sqrt{\lambda}}{\cos A}}$$

gegeben. Dann folgt:

$$\frac{C0}{0P} = \tan A \cos A \Rightarrow \frac{C0}{0P} = \frac{\sin A}{\cos A} \cdot \cos A \Rightarrow \frac{C0}{0P} = \sin A.$$

Daraus folgt, daß

$$\frac{C0}{E0} = \frac{1}{\sin A}$$

ist.

Das Verhältnis der Abstandslängen der inversen Punkte P und E vom Zentrum 0 ist dann $\sin^2 A$:

$$\frac{0E}{0P} = \sin^2 A.$$

Setzt man das Längenverhältnis der inversen Punkte E und 0 vom Zentrum P, also

$$\frac{EP}{0P} = \cos^2 A$$

mit dem Längenverhältnis der inversen Punkte P und E vom Zentrum 0

$$\frac{0E}{0P} = \sin^2 A$$

in Beziehung, so folgt:

$$\frac{\frac{0E}{0P}}{\frac{EP}{0P}} = \frac{\sin^2 A}{\cos^2 A} \Rightarrow \frac{0E}{EP} = \tan^2 A.$$

Die Relation $0E:EP = \tan^2 A$ sagt aus, daß der Punkt E ein Inversionszentrum ist, das die Punkte P und 0 invers abbildet. Der Radius r_E des Inversionskreises ist dann

$$EP \cdot \tan A = r_E \quad \text{bzw.} \quad \frac{0E}{\tan A} = r_E.$$

Weil

$$PE = h_k\sqrt{\lambda} \cdot \cos A,$$

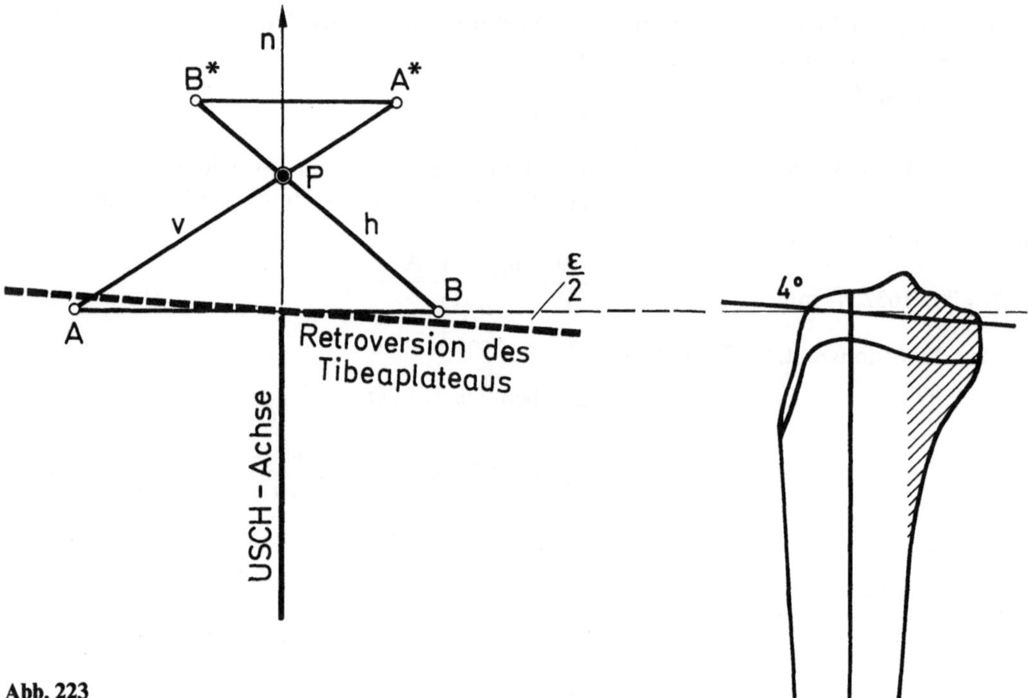

Abb. 223

so folgt:

$$h_k\sqrt{\lambda}\cos A\cdot\tan A = r_E \Rightarrow$$

$$h_k\sqrt{\lambda}\cdot\cos A\cdot\frac{\sin A}{\cos A} = r_E \Rightarrow h_k\sqrt{\lambda}\sin A = r_E.$$

Aus Abb. 222 ist zu entnehmen, daß $CE = h_k\sqrt{\lambda}\sin A$ ist. Das heißt, daß der Inversionskreisradius r_E die gleiche Länge besitzt wie die Strecke CE. Daraus folgt, daß der Inversionskreis i_E, der die Inversionskreiszentren P und 0 invers abbildet, durch die Punkte C und D läuft (Abb. 222). Weil P und 0 auf verschiedenen Seiten der Inversionszentren liegen, so folgt:

$$-0E\cdot EP = -(CE)^2.$$

Während sich die Punkte 0 und E in bezug auf das Zentrum P und die Punkte P und E in bezug auf das Zentrum 0 hyperbolisch invers abbilden ($r\cdot\bar{r} = +c^2$), sind die Zentren P und 0 in bezug auf das Zentrum E elliptisch inverse Abbildungen ($r\cdot\bar{r} = -c^2$) voneinander.

Die Retroversion des Tibiaplateaus von ca. 4° ist als Phänomen hinlänglich beschrieben, eine verbindliche Erklärung für dieses Phänomen war bisher ausständig. Der Algorithmus der biologischen Bewegungssysteme erlaubt eine konstruktive Erklärung für dieses Phänomen. *Das retrovertierte Tibiaplateau ist die gemeinsame Antiparallele der Kreuzbänder und ihres inversen Spiegelbildes.* Die konstruktiv ermittelte Retroversion des Tibiaplateaus beträgt 3,8486165°. In bezug auf den anthropometrisch gemessenen Neigungswinkel zur Transversalebene von 4°, als einen Mittelwert, steht der konstruktiv ermittelte Wert von 3,848° in verblüffender Übereinstimmung (Abb. 223). Dies ist aber nicht verwunderlich, weil als Ausgangswert der konstruktiven Entwicklung die Mittelwerte der Kreuzbandlängen von 20 Leichenknien genommen wurden.

20 Das Steuersystem der Transversalbewegung

(Ableitung des Grundrisses – nicht durchschlagendes Gelenkviereck – aus dem Aufriß – überschlagenes Gelenkviereck)

Betrachtet man das Kniegelenk (rechtes Kniegelenk) kopf-fuß-wärts (Abb. 94) bei Parallelstellung des Tibiaplateaus und des Daches der Fossa intercondylaris in Mittelstellung von Pro- und Supination, dann projizieren sich die Kreuzbänder parallel auf die Zeichenebene. Hält man die Anlenkpunkte der Kreuzpunkte A^* und B^* am Oberschenkel fest und dreht den Unterschenkel nach lateral, dann laufen die Anlenkpunkte B_1 und A_1 der Kreuzbänder am Unterschenkel auf Kreislinien in einer Ebene. Die Gelenkflächen (Hüllflächen) halten die Ursprungspunkte A^* und B^* und Ansatzpunkte A1, B1 der Kreuzbänder in einer konstanten Entfernung. Es handelt sich demnach um einen Bewegungsvorgang in einer Ebene, der nach den Gesetzlichkeiten der ebenen Kinematik untersucht werden kann.

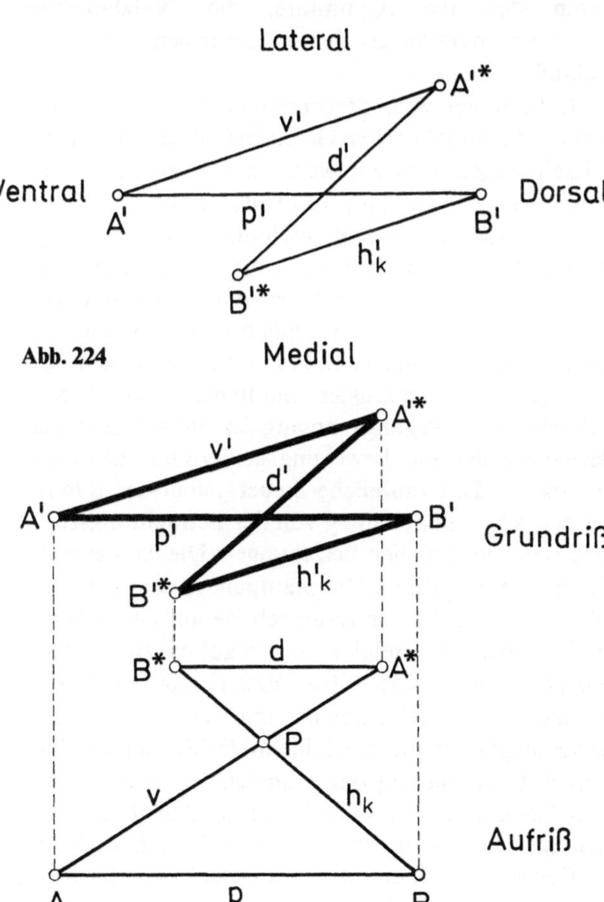

Abb. 224

Abb. 225

Die Kreuzbänder bilden mit ihren Anlenkpunkten ein Bewegungssystem, das als „nichtdurchschlagendes Gelenkviereck" (Abb. 224) in der Kinematik bekannt ist.

Es erhebt sich nun die Frage, in welcher zwingenden kinematischen Beziehung steht der Aufriß (Abb. 225), Seitenansicht des Steuersystems (Beuge- und Streckbewegung), zum Grundriß (Abb. 225), Ansicht kopf-fuß-wärts des Steuersystems (Pro- und Supinationsbewegung).

Aus der Sicht der Technik, den technischen Bewegungssystemen, gibt es zwischen dem Aufriß, dem „überschlagenen Gelenkviereck", und dem Grundriß, „nichtdurchschlagendes Gelenkviereck" keine verbindlichen Beziehungen; jede Dimensionierung wäre möglich. Die Anatomie des Kniegelenks zeigt uns aber, daß die Kreuzbänder und ihre Anlenkpunkte in ihrer räumlichen Beziehung in einem ganz bestimmten Verhältnis zueinander stehen müssen, das durch das genetische System a priori bestimmt ist und einen immer wieder reproduzierbaren Bewegungsablauf, Beuge-Streck-Bewegung und gleichzeitig eine Drehung um die Längsachse des Unter- und Oberschenkels zuläßt. Dieser immer wieder reproduzierbare Bewegungsvorgang ist aber nur möglich, wenn alle an der Bewegung beteiligten Parameter in einer bestimmten kinematisch-geometrischen Gesetzlichkeit und Abhängigkeit zueinander stehen. Daher müssen der Grundriß (Abb. 225) und Aufriß des Steuersystems (die Kreuzbänder und ihre Anlenkpunkte) in einer ganz bestimmten konkreten geometrischen Beziehung zueinander stehen. Diese Beziehung soll im folgenden Abschnitt untersucht werden.

20.1 Konstruktion der Wälztangente nach Bobillier

Zur Untersuchung des „nichtdurchschlagenden Gelenkvierecks" und seiner Beziehung zum Aufriß

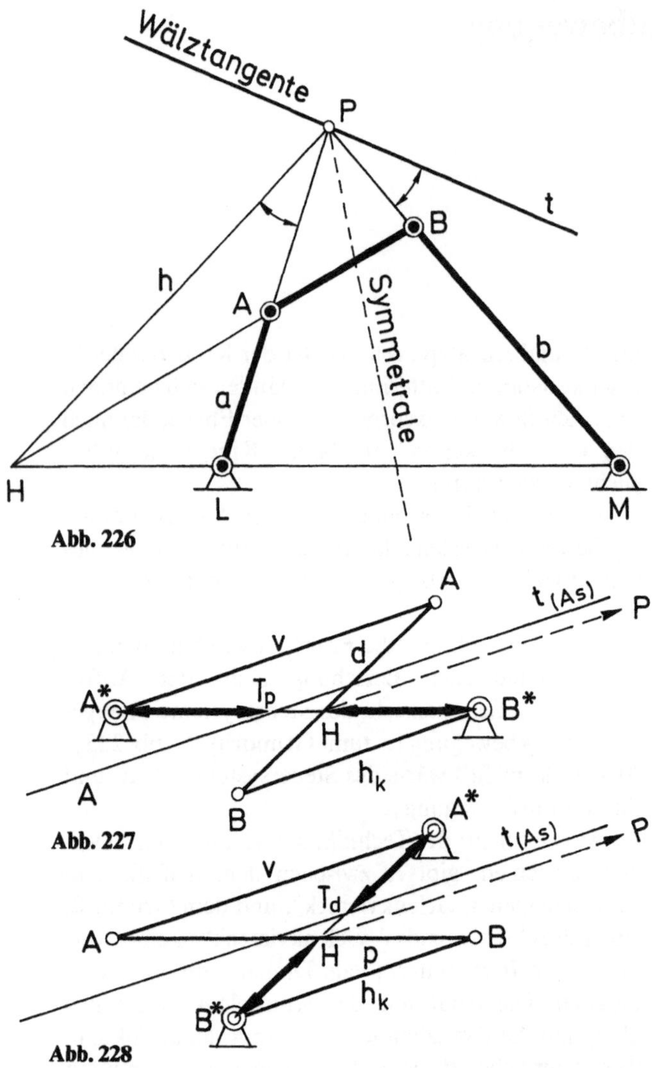

Abb. 226

Abb. 227

Abb. 228

(überschlagenes Gelenkviereck) ist die Konstruktion der Wälztangente von besonderer Bedeutung. Deshalb wird die Konstruktion der Wälztangente nach Bobillier besprochen.

Verlängert man in Abb. 226 (allgemeines Gelenkviereck) den Steg LM und die Koppel AB, so erhält man den Hilfspunkt H. Verlängert man die Steuerarme a und b des Gelenkvierecks, so legt der Schnittpunkt der verlängerten Steuerarme den Punkt P (den augenblicklichen Drehpunkt, das Momentanzentrum) fest.

Verbindet man den Punkt H und P durch die Gerade h und überträgt den Winkel HPA nach BPt, dann ist damit die Lage der Wälztangente t in diesem Augenblick der Bewegung bestimmt. Die Winkelübertragung entspricht einer Spiegelung der Geraden h an der Symmetralen der Steuerarme a und b.

Nimmt das „nichtdurchschlagende Gelenkviereck" (Abb. 227), eine Stellung ein, bei der die Steuerarme v und h_k parallel stehen, dann liegt das Drehzentrum, der Momentanpol P, im Unendlichen. In einer solchen „Fernpolstellung" ist die Wälztangente $\xi = t(As)$ eine Gerade (Asymptote des Polkurvenpaares, s. Abb. 108, 109). Zur Bestimmung der Wälztangente $\xi = t(As)$ ist statt der Winkelübertragung von Abb. 226 jetzt eine Abstandsübertragung vorzunehmen. Der Abstand des Hilfspunktes H vom Lager B^* wird vom Lager A^* in Richtung des Hilfspunktes H auf dem Steg aufgetragen. Durch diesen neugewonnenen Punkt T_p läuft die Wälztangente $\xi = t(As)$ parallel zu den Steuerarmen v und h_k (Abb. 227).

Die Polkurvenasymptote t(As) ist als Grenzform des Wendekreises anzusehen: Ihre Punkte durchlaufen im Augenblick Wendestellen ihrer Bahnen (Abb. 239).

Hält man die Koppel BA der Abb. 227 fest und führt die Gegenbewegung aus (Abb. 228) dann wird aus BA der feststehende Teil, der Steg des Bewegungssystems und die Punkte A^* und B^* mit ihrer Verbindungslinie werden zum beweglichen Element des Systems. Der Hilfspunkt H ist derselbe Punkt wie in Abb. 227. Auch die Steuerarme v und h_k stehen in Parallelstellung. Eine Abstandsübertragung B^*H von A^* in Richtung H durchgeführt, ergibt den Punkt T_d, durch den die Asymptote, die Wälztangente $t(As) = \xi$, parallel zu den Steuerarmen v und h_k verläuft.

Kehren wir zum Steuersystem des Kniegelenks zurück. Aus didaktischen Gründen und der Übersichtlichkeit wegen wird zur weiteren Untersuchung das große System $A_0B_0A_0^*B_0^*$ (Aufriß) gewählt.

Das selbstverwirklichte biologische Bewegungssystem zeigt, daß zwischen der Höhe des Steuersystems (Abstand des Daches der Fossa intercondylaris vom Tibiaplateau) und der räumlichen Versetzung der Kreuzbandursprünge ganz bestimmte gesetzliche Beziehungen bestehen müssen. Ein immer wieder reproduzierbarer Bewegungsvorgang ist ohne gesetzliche Beziehung der die Bewegung steuernden Elemente unmöglich. Das räumliche Steuersystem der Kreuzbänder behält unabhängig von der Betrachtungsrichtung seine gesetzlichen Beziehungen. Die darstellende Geometrie sieht ihre 1. Hauptaufgabe in der zeichnerischen Wiedergabe der Raumgebilde auf eine Ebene. Dreidimensionale Gebilde werden auf die zweidimensionale Ebene zurückgeführt. Die 2. Hauptaufgabe der Geometrie ist die Untersuchung der gegenseitigen Beziehungen der Raumgebilde in der Zeichnung. Die einfachste Abbildung des räumlichen Steuersystems (windschiefes Gelenkviereck) ist der Aufriß und der Grundriß, wie er in Abb. 225 und 229 dargestellt ist.

Der Aufriß (überschlagenes Gelenkviereck) wurde in den vorausgehenden Abschnitten konstruktiv nach den Gesetzen der Inversion entwickelt. Es ist deshalb zu erwarten, daß auch der Grundriß Inversionsgesetze verkörpert, die in zwingender Beziehung zum Aufriß stehen. Das heißt im Aufriß, der ja ein Abbild des reellen räumlichen Systems ist, müssen Parameter vorhanden sein, die den Grundriß bestimmen. Der Grundriß, das nichtdurchschlagende Gelenkviereck, wird durch die Asymptote t bestimmt (Abb. 232). Der Schnittpunkt T_p der Asymptote wird durch eine Abstandsübertragung HB nach AT_p ($|HB| = |AT_p|$) gewonnen. Dies entspricht einer Winkelübertragung im allgemeinen Gelenkviereck (Abb. 226).

Der Abstand der Anlenkpunkte der Kreuzbänder am Tibiaplateau stellt sich im Grund- und Aufriß in seiner wahren Länge dar ($AB = A'B'$; Abb. 225 und 229).

Fällt man im Aufriß (Abb. 229a) von P_0 die Bahnnormale n_0 auf das Tibiaplateau p_0, dann wird die Strecke p_0 in 2 Abschnitte, r_v und r_{hk}, geteilt. Die Streckenabschnitte r_v und r_{hk} in den Grundriß projiziert, legt durch die Abstandsübertragung von r_{hk} den Schnittpunkt T_p der Asymptote t mit dem Tibiaplateau (Steg) p_0 fest (Abb. 229b):

$$r_v + r_{hk} = p_0 = p_0',$$

$$r_{h_kd_0} + r_{vd_0} = d_0 .$$

Wenn die Streckenübertragung von r_{hk} bzw. r_v auf dem Tibiaplateau p_0' im Grundriß den Schnittpunkt T_p der Polkurvenasymptote $\xi = t(A_s)$ mit dem Steg p_0' bestimmt und diese Streckenübertragung von r_{hk} bzw. r_v einer Winkelübertragung im allgemeinen Gelenkviereck (Abb. 226) entspricht, dann müssen die Parameter r_v und r_{hk} der Schlüssel zur konstruktiven Entwicklung des Grundrisses (Abb. 229b) des Steuersystems sein.

20.2 Die Beziehung von r_v und r_{hk} bzw. r_{vd_0} und $r_{h_kd_0}$ im Aufriß

Aus Abb. 229a entnimmt man, daß r_v und r_{hk} durch folgende Beziehungen bestimmt sind:

$$r_v = \sqrt{v^2 - f^2}, \quad r_{hk} = \sqrt{h_k^2 - f^2}, \quad f = \frac{h_k}{\sqrt{\lambda^2+1}} .$$

Drückt man diese beiden Gleichungen durch λ und h_k aus, dann erhält man:

$$r_v^2 = \lambda^2 h_k^2 - \frac{h_k^2}{\lambda^2+1}, \quad r_{hk}^2 = h_k^2 - \frac{h_k^2}{\lambda^2+1},$$

$$r_v = \frac{h_k\sqrt{\lambda^4+\lambda^2-1}}{\sqrt{\lambda^2+1}}, \quad r_{hk} = \frac{\lambda h_k}{\sqrt{\lambda^2+1}}.$$

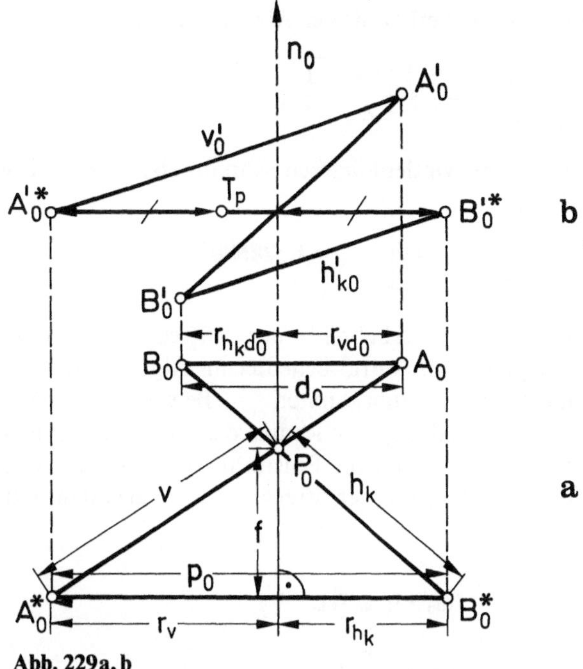

Abb. 229a, b

Längenverhältnis der Streckenabschnitte r_v:r_{hk} am Tibiaplateau p_0:

$$\frac{r_v}{r_{hk}} = \frac{\dfrac{h_k\sqrt{\lambda^4+\lambda^2-1}}{\sqrt{\lambda^2+1}}}{\dfrac{\lambda h_k}{\sqrt{\lambda^2+1}}} = \frac{\sqrt{\lambda^4+\lambda^2-1}}{\lambda} .$$

Aus Kap. 19.12 und Abb. 229a ist zu entnehmen, daß der Abstand $B_0^*P_0$ der Beziehung $h_k \cdot (\varkappa - 1)$ und der Abstand $A_0^*P_0 = v(\varkappa-1) = \lambda h_k(\varkappa - 1)$ entspricht.

Begründung

$$\varkappa h_k = B_0B_0^* = h_{k0}, \quad B_0B_0^* - h_k = B_0P_0$$

$$\Rightarrow h_k \cdot \varkappa - h_k = B_0P_0 \Rightarrow h_k(\varkappa-1) = B_0P_0 .$$

Die analoge Beziehung gilt für den Abstand A_0P_0:

$$h_k \cdot \lambda \cdot \varkappa = A_0A_0^* = v_0, \quad A_0A_0^* - h_k\lambda = A_0P_0 ,$$

$$\lambda h_k(\varkappa - 1) = A_0P_0 .$$

Um die Streckenabschnitte r_{vd_0} und $r_{h_kd_0}$ des Daches der Fossa intercondylaris d_0 im Aufriß (Abb. 229a) durch λ und h_k auszudrücken, sind die Streckenabschnitte r_v und r_{hk} am Tibiaplateau p_0 mit dem Faktor $(\varkappa - 1)$ zu multiplizieren:

$$r_v = \frac{h_k\sqrt{\lambda^4+\lambda^2-1}}{\sqrt{\lambda^2+1}} \Rightarrow r_{vd_0} = \frac{h_k(\varkappa-1)\sqrt{\lambda^4+\lambda^2+1}}{\sqrt{\lambda^2+1}},$$

$$r_{hk} = \frac{\lambda h_k}{\sqrt{\lambda^2+1}}, \Rightarrow r_{h_kd_0} = \frac{\lambda h_k(\varkappa-1)}{\sqrt{\lambda^2+1}} .$$

Das Längenverhältnis der Abstandslängen

$$\frac{r_v}{r_{hk}}=\frac{r_{vd_0}}{r_{h_kd_0}}=\frac{\sqrt{\lambda^4+\lambda^2-1}}{\lambda}$$

bezeichnen wir der kürzeren Schreibweise wegen mit ν

$$\boxed{\frac{\sqrt{\lambda^4+\lambda^2-1}}{\lambda}=\nu} \qquad \nu=1{,}3285809$$

Das Längenverhältnis der Streckenabschnitte $r_{vd_0}:r_{h_kd_0}=\nu$ im Aufriß bedeutet im Algorithmus der biologisch unbekannten Bewegungssysteme $(r\cdot\bar{r}=c^2)$, daß r_{vd_0} der Radius des Inversionskreises ist, der $r_{h_kd_0}$ auf dem Polstrahl abbildet. Um das inverse Abbild r'_{vd_0} der Strecke $r_{h_kd_0}$ zu erhalten, gilt (Abb. 230):

$$\frac{(r_{vd_0})^2}{r_{h_kd_0}}=r'_{vd_0}\Rightarrow r_{h_kd_0}\cdot r'_{vd_0}=r^2_{vd_0}$$

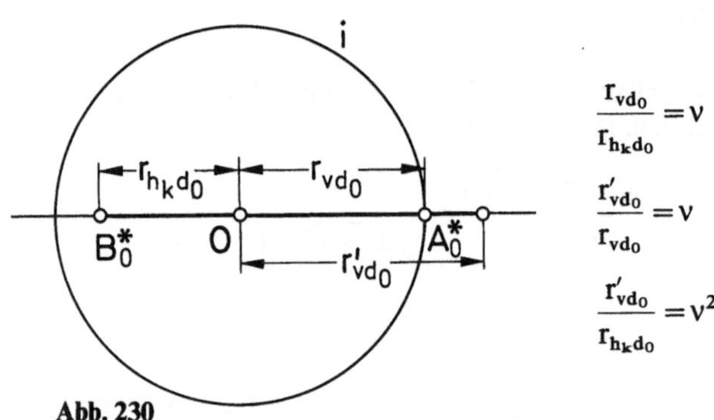

$$\frac{r_{vd_0}}{r_{h_kd_0}}=\nu \qquad \frac{r'_{vd_0}}{r_{vd_0}}=\nu \qquad \frac{r'_{vd_0}}{r_{h_kd_0}}=\nu^2$$

Abb. 230

Aus Abb. 230 ist zu entnehmen, daß es sich um eine elliptische Inversion handelt:

$$-r_{h_kd_0}\cdot r'_{vd_0}=-(r_{vd_0})^2.$$

Untersuchen wir diese Relation ganz allgemein und führen die gewohnte Signatur ein, dann bedeutet

$$-r_{h_kd_0}=-r, \quad r'_{vd_0}=\bar{r}, \quad -(r_{vd_0})^2=-c^2,$$

das heißt, die Punkte P und $\bar{P}$ sind inverse Abbilder voneinander (Abb. 231). $-$P ist das elliptisch inverse Abbild von $\bar{P}$ unter der Potenz von $-c^2$. Errichtet man eine Tangente $\bar{g}$ auf dem Hauptpolstrahl, der die Punkte P, $\bar{P}$ und $-$P trägt, und invertiert die Tangente $\bar{g}$, dann geht die Gerade $\bar{g}$ in einen Kreis g über, der auf dem Hauptpolstrahl zentriert ist, durch das Momentanzentrum 0 geht und den Inversionskreis i berührt. Nimmt man $\bar{r}$ in den Zirkel und überträgt den Punkt $\bar{P}$ durch einen Zirkelschlag um 0 auf die Gerade $\bar{g}$, dann gewinnt man den Punkt $\bar{P}_a$. Die Verbindungslinie vom Zentrum 0 und dem Punkt $\bar{P}_a$ schneidet den Kreis $\bar{g}$ im Punkt P_a, dem inversen Abbild von $\bar{P}_a$. An der

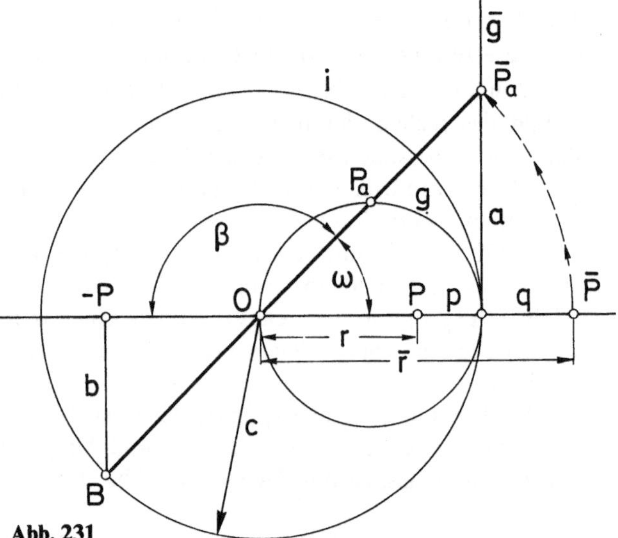

Abb. 231

ursprünglichen Relation $r\cdot\bar{r}=c^2$ hat sich nichts geändert:

$$r\cdot\bar{r}=c^2, \quad 0P_a\cdot 0\bar{P}_a=c^2.$$

Das Längenverhältnis

$$\frac{0\bar{P}_a}{c}=\frac{\bar{r}}{c}=\nu$$

bedeutet die natürliche trigonometrische Zahl des Kosinuswertes des Winkels ω, den die Verbindungsgerade $0\bar{P}_a$ mit dem Hauptpolstrahl einschließt (Abb. 231).

Verlängert man den Polstrahl, der den Punkt $\bar{P}_a$ trägt, dann schneidet dieser Polstrahl den i-Kreis im Punkt $-$B. Die Normale aus $-$B auf den Hauptpolstrahl trifft den Punkt $-$P. Aus Abb. 231 ist zu entnehmen:

$$\frac{c}{r}=\nu, \quad \frac{\bar{r}}{c}=\nu, \quad \frac{a}{b}=\nu, \quad \frac{q}{p}=\nu, \quad \frac{\bar{r}}{r}=\nu^2,$$

$$\frac{1}{\nu}=\cos\omega, \quad \frac{0\bar{P}_a}{-0B}=-\nu, \quad -\frac{1}{\nu}=\cos\beta.$$

Kehren wir zu den Streckenabschnitten r_{vd_0} und $r_{h_kd_0}$ des Daches der Fossa intercondylaris d_0 im Aufriß (Abb. 229a) zurück. Die Ursprungspunkte der Kreuzbänder A_0 und B_0 im Aufriß sind die normal projizierten Abbilder der räumlich versetzten Kreuzbandursprünge A'_0 und B'_0 im Grundriß, d.h. die Verbindungsgerade d'_0 im Grundriß muß mit der Verbindungsgeraden p'_0 einen ganz bestimmten Winkel ω bilden. Nach den technischen Rechensystemen wäre jede Größe des Winkels ω möglich. Das biologische Bewegungssystem zeigt uns aber, daß zwischen dem Aufriß und Grundriß des Bewegungssystems ganz bestimmte Beziehungen bestehen müssen, die nicht mit dem Begriff „Weisheit der Natur“ abgetan werden können, oder daß sich der Winkel ω den „natürlichen Gegebenheiten“ anpaßt. Das Rechensystem der Inversion der biologischen Bewegungssysteme schafft verbindliche Beziehungen aller Parameter untereinander, wobei Längenverhältnisse gleichzeitig auch natürliche trigonometrische Zahlen bedeuten. *Die Konstruktion der Wälztangente $t(A_s)=\xi$ nach Bobillier des nichtdurchschlagenden Gelenkvierecks* (Abb. 227 und 228), *die durch eine Streckenübertragung erfolgte, wobei die Streckenübertragung einer Winkelübertragung im allgemeinen Gelenkviereck entspricht, weist uns den Weg.*

20.3 Entwicklung des nichtdurchschlagenden Gelenkvierecks (Grundriß des Steuersystems)

Die Inversionsgleichung $r_{h_k d_0} \cdot r'_{vd_0} = (r_{vd_0})^2$ besagt, daß der Parameter $r_{h_k d_0}$ zum Inversionskreisradius r_{vd_0} in einem bestimmten Längenverhältnis steht:

$$\frac{r_{h_k d_0}}{r_{vd_0}} = \frac{1}{v} = \frac{1}{1{,}3285809}$$

$\frac{1}{v}$ ist eine natürliche trigonometrische Zahl, die den Kosinuswert des Winkels ω bedeutet. Aus Abb. 232 ist zu sehen, daß $r_{vd_0} : r'_{vd_0} = \cos\omega$ ist.

$$\frac{1}{v} = \cos\omega = \mathbf{41{,}176692^\circ}$$

Aus Abb. 231 ist weiter zu entnehmen, daß bei einer gegebenen Potenz c^2 auf einen Polstrahl das Längenverhältnis v, $c{:}0P = v$ bzw. $c{:}0P_a = v$ sowie $\bar{P}{:}c = v$ bzw. $\bar{P}_a{:}c = v$ und $P{:}\bar{P} = v^2$ bzw. $P_a{:}\bar{P}_a = v^2$, nur ein einziges Mal existiert. Aus der Einmaligkeit dieser Beziehung folgt, daß die Längenbeziehung der Abstandslängen

$$r_{hk}{:}r_v = \frac{1}{v} \quad \text{bzw.} \quad r_{h_k d_0}{:}r_{vd_0} = \frac{1}{v}$$

im Aufriß (Abb. 229a) den Grundriß (Abb. 229b) in einer einmaligen Weise festlegt und damit auch die räumliche Versetzung der Kreuzbandursprünge.

Die wahre Abstandslänge d'_0 der Ursprungspunkte der Kreuzbänder $B^{*\prime}{}_0$ und $A_0^{*\prime}$ am Oberschenkel in der Betrachtung kopf-fuß-wärts, bei Parallelstellung des Tibiaplateaus und des Daches der Fossa intercondylaris ergibt sich aus (Abb. 232):

$$\frac{d_0}{\cos\omega} = d'_0 \Rightarrow \frac{d_0}{d'_0} = \frac{r_{vd_0}}{r'_{vd_0}} = \frac{r_{h_k d_0}}{r_{vd_0}} = \frac{r_{hk}}{r_v} = \frac{1}{v} = \cos\omega\,.$$

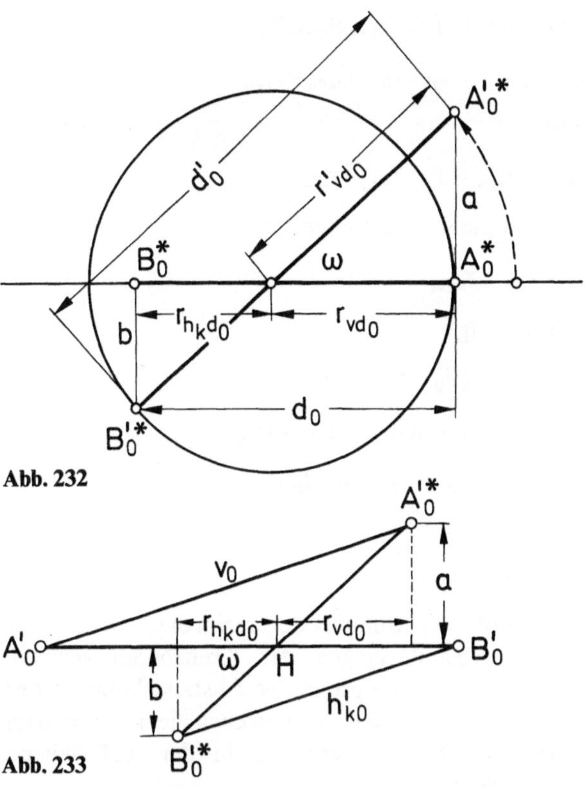

Abb. 232

Abb. 233

20.4 Darstellung der räumlich versetzten Kreuzbandursprünge (Abstandslängen a′ und b′; Abb. 233, großes Steuersystem)

Der Normalabstand b′ des Ursprungs des hinteren Kreuzbandes $B_0^{\prime *}$ von der Aufrißebene A_0B_0, die sich im Grundriß (Abb. 233) als Gerade $A'_0B'_0$ abbildet, ergibt sich durch folgende Beziehung:

$$r_{h_k d_0} \cdot \tan\omega = b'\,.$$

$b' = \mathbf{17{,}375107}$ mm

Normalabstand a′ des Ursprungs des vorderen Kreuzbandes $A_0^{\prime *}$ von der Aufrißebene (Abb. 233):

$$r_{vd_0} \cdot \tan\omega = a'\,,$$

$$\frac{r_{vd_0}}{r_{h_k d_0}} = \frac{a'}{b'} = v\,.$$

$a' = \mathbf{23{,}084236}$ mm

Die Abstandslängen a und b im kleinen Steuersystem ABA^*B^* nichtdurchschlagendes Gelenkviereck:

$a = 14{,}844979$ mm ($a'{:}\ \varkappa = a$)

$b = 11{,}173560$ mm ($b'{:}\ \varkappa = b$).

20.5 Die Beziehung von d_0 und d'_0

Aus der inversen Beziehung von r'_{vd_0} und $r_{h_k d_0}$ unter der Potenz von $r^2_{vd_0}$ in bezug auf den

Ursprung H folgt (Abb. 232):

$$r'_{vd_0} \cdot r_{h_k d_0} = r^2_{vd_0} \Rightarrow d'_0 - r'_{h_k d_0} = r'_{vd_0},$$

weil

$$r'_{h_k d_0} = r_{vd_0} \Rightarrow d'_0 - r_{vd_0} = r'_{vd_0}.$$

Diese Beziehung gilt auch für h_{kd_0}

$$d_0 - r_{vd_0} = r_{h_k d_0}.$$

Daraus folgt:

$$(d'_0 - r_{vd_0})(d_0 - r_{vd_0}) = r^2_{vd_0}$$

$$d'_0 d_0 - r_{vd_0} d_0 - d'_0 r_{vd_0} + r^2_{vd_0} = r^2_{vd_0}$$

$$r_{vd_0} d_0 + d'_0 r_{vd_0} = d'_0 d_0 / : d'_0, d_0, r_{vd_0}$$

$$\mathbf{\frac{1}{d'_0} + \frac{1}{d_0} = \frac{1}{r_{vd_0}}}.$$

Das heißt: Die Summe der reziproken Werte der wahren Abstandslängen der Kreuzbandursprünge $B_0^{*\prime} A_0^{*\prime} = d'_0$ und ihre projektive Abstandslänge in der Aufrißebene $B_0^* A_0^* = d_0$ entsprechen dem reziproken Wert der Abstandslänge r_{vd_0} in der Aufrißebene (Abb. 229a).

Die Beziehung des Steges d_0 im Aufriß und des Steges d'_0 im Grundriß, ausgedrückt durch die Abschnitte von r_v und r_{hk} der Koppel p_0 und r_{vd_0} und $r_{h_k d_0}$ des Steges d_0 im Aufriß:

$$r'_{vd_0} + r'_{h_k d_0} = d'_0 \Rightarrow \frac{r_{vd_0} \cdot r_v}{r_{hk}} + \frac{r_{h_k d_0} \cdot r_v}{r_{hk}} = d'_0$$

$$\Rightarrow \frac{r_v}{r_{hk}} (r_{vd_0} + r_{h_k d_0}) = d'_0 \Rightarrow \mathbf{v \cdot d_0 = d'_0}.$$

20.6 Lage der Wälztangente $t(A_s)$ (der Winkel o)

Die Wälztangente $t(A_s)$ verläuft parallel zu den Steuerarmen v'_0 und h'_{k0} im Grundriß (Abb. 234) und geht durch den Punkt T_p, der durch eine Abstandsübertragung von r_{hk} gewonnen wurde (s. Abb. 227). Der Winkel o, den die Asymptote $t = \xi'$ mit der Koppel $\overline{A'_0 B'_0}$ einschließt, ist der gleiche, den das vordere

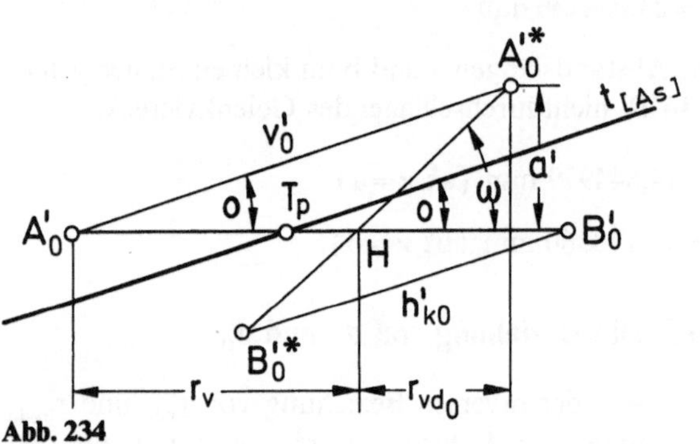

Abb. 234

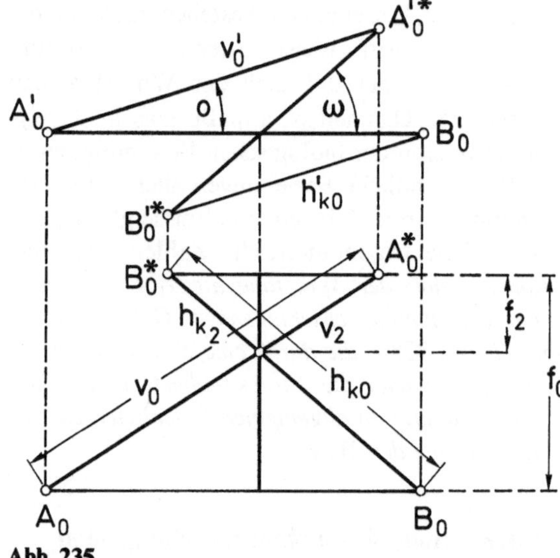

Abb. 235

Kreuzband v'_0 mit der Koppel $A'_0 B'_0$ bildet. Der Winkel o ergibt sich durch folgende Beziehung:

$$\frac{\mathbf{r_v + r_{vd_0}}}{\mathbf{a'}} = \mathbf{\cot o}, \quad \omega = 17{,}338617°.$$

$$\frac{r_v + r_{vd_0}}{a'} = \cot o, \; \frac{r_{vd_0}}{a'} = \cot \omega, \; \omega = 41{,}17669403°.$$

Setzt man über a' die beiden Gleichungen in Beziehung, so folgt:

$$\frac{r_v + r_{vd_0}}{\cot o} = \frac{r_{vd_0}}{\cot \omega} \Rightarrow \frac{r_v + r_{vd_0}}{r_{vd_0}} = \frac{\cot o}{\cot \omega} = \frac{\varkappa}{(\varkappa - 1)},$$

$$\cot o = \frac{\cot \omega \cdot \varkappa}{(\varkappa - 1)} \quad \text{bzw.} \quad \frac{\tan \omega}{\tan o} = \frac{\varkappa}{(\varkappa - 1)},$$

$$\mathbf{\tan \omega = \frac{\tan o \cdot \varkappa}{(\varkappa - 1)}}, \quad \varkappa = 1{,}55502°.$$

Die tan-Werte der Winkel o und ω (tan o und tan ω) verhalten sich wie folgende Abstandslängen im Aufriß (Abb. 235):

$$\frac{\tan \omega}{\tan o} = \frac{\varkappa}{(\varkappa - 1)} = \frac{v_0}{v_2} = \frac{f_0}{f_2} = \frac{h_{k0}}{h_{k2}}.$$

20.7 Die Länge des vorderen und hinteren Kreuzbandes im Grundriß

Die projizierte Länge des vorderen und hinteren Kreuzbands v'_0 und h'_{k_0} im Grundriß ergibt sich durch (Abb. 235):

Vorderes Kreuzband $\dfrac{r_v + r_{vd_0}}{\cos o} = v'_0, \quad r_v + r_{vd_0} = r_v \cdot \varkappa \Rightarrow$

$$\frac{r_v \cdot \varkappa}{\cos o} = v'_0, \quad \mathbf{v'_0 = 77{,}459121\ mm}$$

Hinteres Kreuzband $\frac{r_{hk}+r_{h_k d_0}}{\cos o}=h'_{k_0}$ bzw.

$$\frac{r_{hk}\cdot\varkappa}{\cos o}=h'_{k_0},$$

$$h'_{k_0}=\mathbf{58{,}302147\ mm}.$$

Setzt man die beiden Gleichungen $\frac{r_v\cdot\varkappa}{\cos o}=v'_0$ und $\frac{r_{hk}\cdot\varkappa}{\cos o}=h'_{k_0}$ über cos o in Beziehung, so folgt:

$$\frac{r_v\cdot\varkappa}{v'_0}=\frac{r_{hk}\cdot\varkappa}{h'_{k_0}}\Rightarrow\frac{r_v}{r_{hk}}=\frac{v'_0}{h'_{k_0}}=\nu.$$

20.8 Die Beziehung der Koppel p_0 im Aufriß zum Steg d'_0 im Grundriß

Die wahre Abstandsbeziehung der Kreuzbandursprünge $A_0^{*\prime}B_0^{*\prime}=d'_0$ am Oberschenkel (Grundriß) und des wahren Abstands der Kreuzbandansätze am Tibiaplateau $p_0=p'_0$ lauten:

$$\frac{d'_0}{p_0}=\frac{\frac{r_v(r_{vd_0}+r_{h_k d_0})}{r_{hk}}}{r_v+r_{hk}}\Rightarrow\frac{r_v(r_{vd_0}+r_{h_k d_0})}{r_{hk}(r_v+r_{hk})}=\frac{d'_0}{p_0}\Rightarrow$$

$$\frac{d_0}{p_0}\cdot\frac{r_v}{r_{hk}}=\frac{d'_0}{p_0}\Rightarrow(\varkappa-1)\nu=\frac{d'_0}{p_0}\Rightarrow\boxed{p_0(\varkappa-1)\nu=d'_0.}$$

20.9 Die Beziehung zwischen λ und ν

Der Zusammenhang zwischen der Verhältniszahl $\lambda\left(\frac{v}{h_k}=\lambda\right)$, die alle Winkel im Aufriß festlegt, und der Verhältniszahl ν, die die Beziehungen im Grundriß bestimmt:

$$\frac{r_v}{r_{hk}}=\nu\Rightarrow\frac{\frac{h_{k0}\sqrt{\lambda^4+\lambda^2-1}}{\sqrt{\lambda^2+1}}}{\frac{\lambda h_{k0}}{\sqrt{\lambda^2+1}}}=\frac{\sqrt{\lambda^4+\lambda^2-1}}{\lambda}=\nu.$$

Der Zusammenhang zwischen λ und ν, wenn λ explizit dargestellt wird:

$$\frac{\sqrt{\lambda^4+\lambda^2-1}}{\lambda}=\nu\Rightarrow$$

$$\lambda^4+\lambda^2-1=\lambda^2\nu^2\Rightarrow\lambda^4+\lambda^2(1-\nu^2)-1=0.$$

$$\lambda_{12}^2=\frac{-(1-\nu^2)\pm\sqrt{(1-\nu^2)^2+4}}{2}.$$

$$\boldsymbol{\lambda_1=1{,}2055054},\quad \boldsymbol{\nu=1{,}3285809},$$

$$i\lambda_2=\frac{1}{1{,}2055054}.$$

Einfache Längenverhältnisse im Auf- und Grundriß mit der gemeinsamen Verhältniszahl ν:

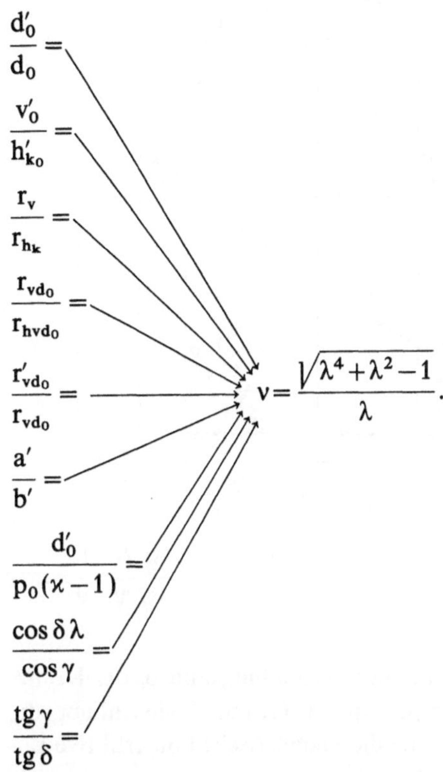

Der Proportionalitätsfaktor ν des Grundrisses des „nichtdurchschlagenden Gelenkvierecks" ergibt sich auch durch folgende Beziehung im Aufriß (überschlagenes Gelenkviereck):

$$\frac{r_v+r_{vd_0}}{f_0}=\cot\delta,\quad \frac{r_{hk}+r_{h_k d_0}}{f_0}=\cot\gamma.$$

Gleichsetzung der beiden Gleichungen über f_0 (Höhe des überschlagenen Gelenkvierecks; Abb. 236):

$$\frac{r_v+r_{vd_0}}{\cot\delta}=\frac{r_{hk}+r_{h_k d_0}}{\cot\gamma}\Rightarrow\frac{r_v+r_{vd_0}}{r_{hk}+r_{h_k d_0}}=\frac{\cot\delta}{\cot\gamma}=\nu$$

$$\boxed{\frac{\cot\delta}{\cot\gamma}=\nu},\quad \frac{1}{\nu}=\cos\omega.$$

Das heißt, das Verhältnis der tan-Werte der Winkel δ und γ, die das vordere Kreuzband v_0 und das hintere Kreuzband h_{k0} mit dem Tibiaplateau p_0 und dem Dach der Fossa intercondylaris d_0 im Aufriß einschließen, bestimmt den Proportionalitätsfaktor ν des Grundrisses (nicht durchschlagendes Gelenkviereck; Abb. 236). Der reziproke Wert von ν, also $\frac{1}{\nu}$ bedeutet als Längenverhältniszahl auch den Kosinus des Winkels ω, den die Verbindungslinie d'_0 der Kreuzbandur-

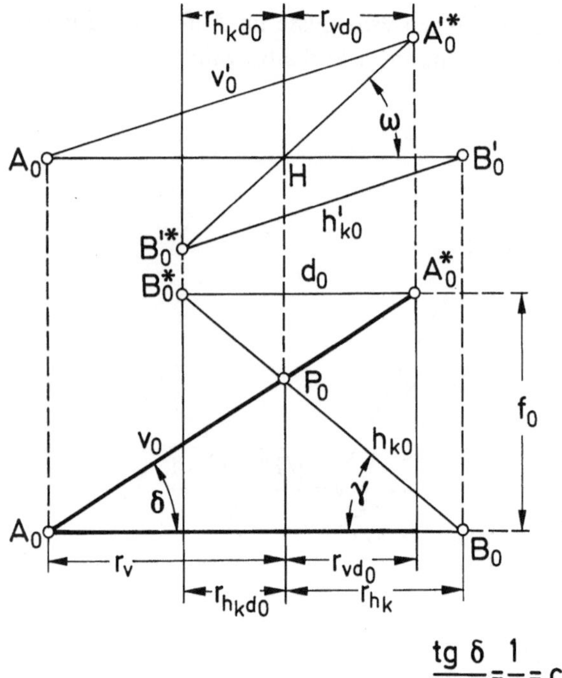

$$\frac{\text{tg}\,\delta}{\text{tg}\,\gamma}=\frac{1}{v}=\cos$$

Abb. 236

sprünge $A_0^{*\prime}B_0^{*\prime}$ mit der Verbindungslinie p'_0 der Kreuzbandansätze $A'_0B'_0=p'_0$ im Grundriß einschließt, die Begründung bietet die zeichnerische konstruktive Lösung.

Die Verhältniszahl der Sinuswerte der Winkel γ und δ entspricht dem Verhältnis der Kreuzbandlängen:

$$\frac{\sin\gamma}{\sin\delta}=\lambda=\frac{v}{h_k}\,.$$

Das Verhältnis der Kosinuswerte der Winkel γ und δ entspricht dem Verhältnis von v und λ:

$$\frac{\cos\delta}{\cos\gamma}=\frac{v}{\lambda}=\frac{r_v}{\lambda r_{hk}}\,.$$

$\boldsymbol{\delta=31{,}97946678°}$

$\boldsymbol{\gamma=39{,}67668°}$

Das Verhältnis der Tangenswerte der Winkel δ und γ entspricht der Verhältniszahl v, dem Längenverhältnis des vorderen und hinteren Kreuzbandes im Grundriß (Abb. 236):

$$\frac{\tan\gamma}{\tan\delta}=v=\frac{r_v}{r_{hk}}=\frac{v'_0}{h'_{k0}}$$

Der reziproke Wert von v:

$$\frac{1}{v}=\cos\omega.$$

Durch den Algorithmus (Inversion) der biologischen Bewegungssysteme ist dem Aufriß des Steuersystems des Kniegelenks in einmaliger Weise ein ganz bestimmter Grundriß zugeordnet.

Aus der Sicht der Technik gibt es zu einem bekannten Aufriß (überschlagenes Gelenkviereck) keine verbindliche Beziehung zum Grundriß, die Abstände a′ und b′ könnten jeden beliebigen Wert annehmen.

20.10 Die Projektion der Asymptotenfläche t(As) des Grundrisses im Auf- und Seitenriß

Führt man im Grundriß (Abb. 237) die Abstandsübertragung nach Bobillier am Steg $A_0^{*\prime}B_0^{*\prime}$ und an der Koppel $A'_0B'_0$ durch, so wird damit der Punkt T'_p auf der Koppel und der Punkt T'_d am Steg festgelegt. Durch diese beiden Punkte verläuft die Asymptotenfläche t(As), die auf der Grundrißebene senkrecht steht. Wenn die Aufrißebene und die Asymptotenfläche t(As) auf der Grundrißebene senkrecht stehen, muß die Schnittlinie der beiden Ebenen im Aufriß die Normale im Punkt T_p sein (Abb. 237). Durch die Punkte T'_p und T'_d im Grundriß, die in 2 Ebenen im Abstand f_0 übereinander liegen, verläuft die Strecke S′(As). Die Projektion dieser Strecke S′(As) im Aufriß liegt zwischen den Punkten T_p und T_d und kreuzt die Momentanachse P_0. Der Winkel ϑ ist ein wichtiger Parameter – zur konstruktiven Entwicklung des proximalen Femurendes, – wie später gezeigt wird. Der Winkel ϑ soll in seinen Beziehungen zum Grund- und Aufriß und zum Seitenriß untersucht werden.

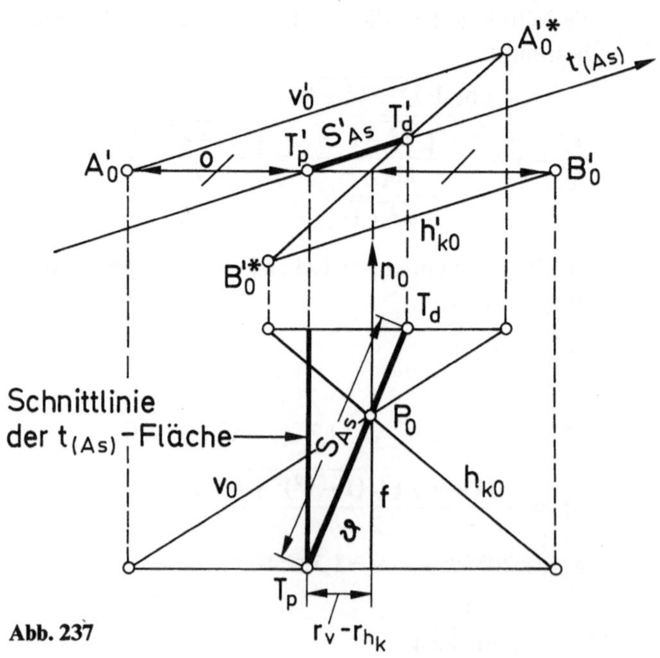

Abb. 237

20.10.1 Der Winkel ϑ im Aufriß

Der Winkel ϑ im Aufriß (Abb. 237), den die Bahnnormale n_0 im Punkt P mit der Strecke S(As) einschließt, ergibt sich in seiner Tangensform, tan ϑ, aus der Beziehung:

$$\frac{r_v - r_{hk}}{f} = \tan\vartheta.$$

$(r_v - r_{hk})$ und f durch λ und h_k ausgedrückt:

$$r_v - r_{hk} = \frac{h_k\sqrt{\lambda^4+\lambda^2-1}}{\sqrt{\lambda^2+1}} - \frac{\lambda h_k}{\sqrt{\lambda^2+1}},$$

$$f = \frac{h_k}{\sqrt{\lambda^2+1}}.$$

Einsetzen der beiden Ausdrücke in die Gleichung:

$$\frac{r_v - r_{hk}}{f} = \tan\vartheta \Rightarrow \frac{\dfrac{h_k\sqrt{\lambda^4+\lambda^2-1}-\lambda}{\sqrt{\lambda^2+1}}}{\dfrac{h_k}{\sqrt{\lambda^2+1}}} = \tan\vartheta \Rightarrow$$

$$\boldsymbol{\sqrt{\lambda^4+\lambda^2-1}-\lambda = \tan\vartheta}.$$

Weil $r_v - r_{hk} = r_{hk}(\nu-1)$ und $f = \frac{r_{hk}}{\lambda}$, einsetzen der beiden Ausdrücke in die Gleichung $\frac{r_v - r_{hk}}{f} = \tan\vartheta$:

$$\frac{r_{hk}(\nu-1)}{\dfrac{r_{hk}}{\lambda}} = \tan\vartheta \Rightarrow$$

$$\boldsymbol{\lambda(\nu-1) = \tan\vartheta} \quad (\vartheta = 21{,}608821°).$$

Weil

$$r_{hk} = \frac{f}{\tan\gamma} \text{ und } r_v = \frac{f}{\tan\delta} \Rightarrow$$

$$\frac{\dfrac{f}{\tan\delta} - \dfrac{f}{\tan\gamma}}{f} = \tan\vartheta \Rightarrow \cot\delta - \cot\gamma = \tan\vartheta$$

20.11 Der Winkel τ im Seitenriß

Der Winkel τ im Seitenriß (Abb. 238), den die Bahnnormale n_0'' mit der Strecke S_{AS}'' einschließt, ergibt sich in seiner Tangensform tan τ aus folgender Beziehung:

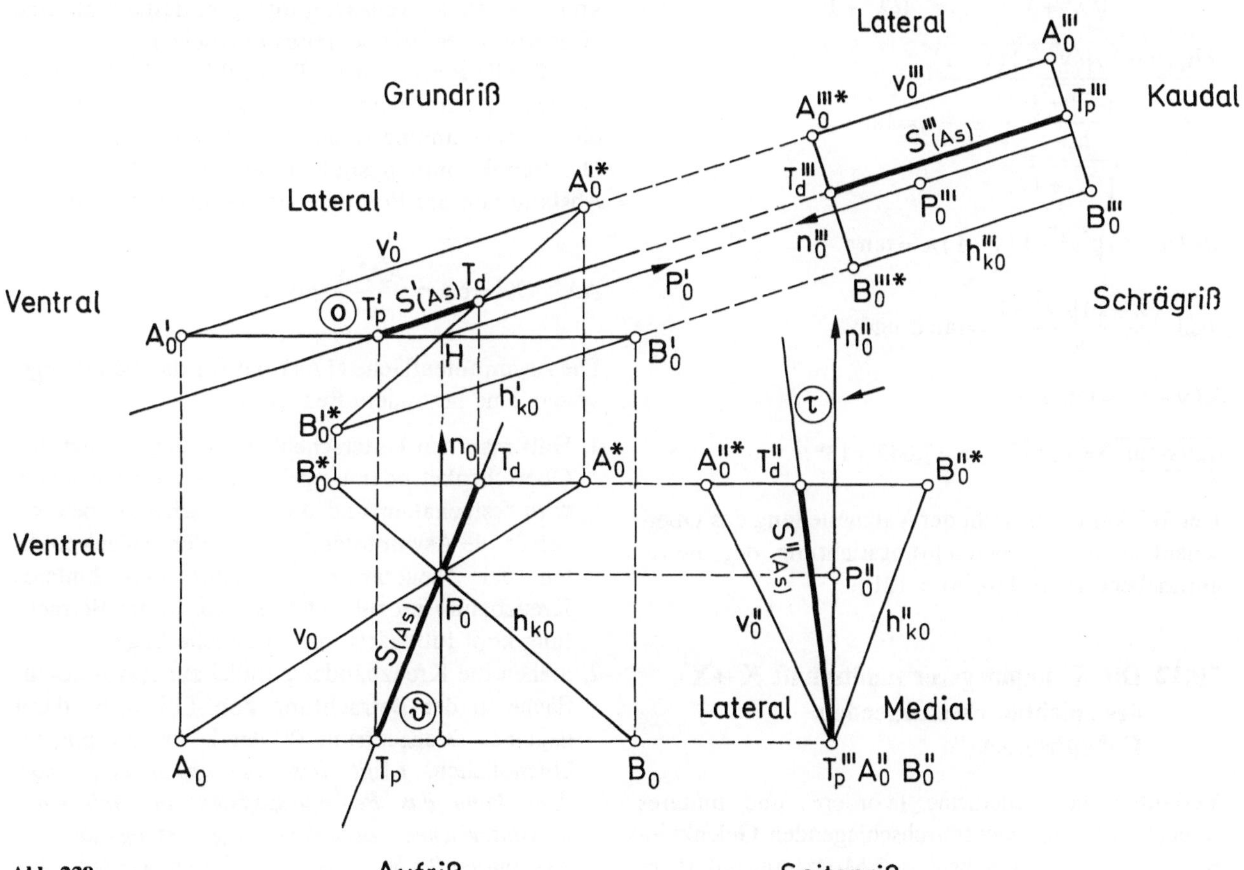

Abb. 238

Die Strecken a',b' und f_0 bilden sich im Seitenriß in ihren wahren Längen ab $|a'|=|a''|$, $|b'|=|b''|$, $|f_0|=|f_0''|$.

$$\frac{a''-b''}{f_0''}=\tan\tau,$$

$$\text{weil } \frac{a''}{b''}=\nu \Rightarrow b''-a''=b''(\nu-1)\Rightarrow$$

$$\frac{b''(\nu-1)}{f_0''}=\tan\tau=\frac{a''(\nu-1)}{\nu f_0''},$$

$$\text{weil } r_{vd_0}^2-r_{h_kd_0}^2=b'^2,\ (|b'|=|b''|) \text{ und}$$

$$\frac{r_{vd_0}}{r_{h_kd_0}}=\nu\Rightarrow r_{h_kd_0}^2(\nu^2-1)=b'^2\Rightarrow$$

$$\frac{r_{h_kd_0}\sqrt{\nu^2-1}(\nu-1)}{f_0}=\tan\tau,$$

$$\text{weil } \frac{r_{hk}}{r_{h_kd_0}}=\frac{1}{(\varkappa-1)}\Rightarrow$$

$$r_{hk}(\varkappa-1)=r_{h_kd_0}\Rightarrow$$

$$\frac{r_{hk}(\varkappa-1)\sqrt{\nu^2-1}(\nu-1)}{f_0}=\tan\tau,$$

$$\text{weil } r_{hk}=\frac{\lambda h_k}{\sqrt{\lambda^2+1}} \text{ und } f_0=\frac{h_k\varkappa}{\sqrt{\lambda^2+1}}\Rightarrow$$

$$\frac{\dfrac{\lambda h_k(\varkappa-1)\sqrt{\nu^2-1}(\nu-1)}{\sqrt{\lambda^2+1}}}{\dfrac{h_k\varkappa}{\sqrt{\lambda^2+1}}}=\tan\tau\Rightarrow$$

$$B\lambda(\varkappa-1)\sqrt{\nu^2-1}(\nu-1)\varkappa=\tan\tau,$$

$$\text{weil } \frac{(\varkappa-1)\sqrt{\nu^2-1}}{\varkappa}=\tan o \text{ und}$$

$$\lambda(\nu-1)=\tan\vartheta\Rightarrow$$

$$\boxed{\tan o\cdot\tan\vartheta=\tan\tau}\qquad \tau=7{,}0497613°.$$

Der Winkel τ entspricht der Valgusstellung des Oberschenkels in der Betrachtungsrichtung der Bewegungsebene (s. S. 110, Abb. 121).

20.12 Die Krümmungsverwandtschaft $X\to X^*$ des „nichtdurchschlagenden Gelenkvierecks"

Verlaufen die Steuerarme (vorderes und hinteres Kreuzband) des „nichtdurchschlagenden Gelenkvierecks" parallel, dann liegt der Momentanpol P im

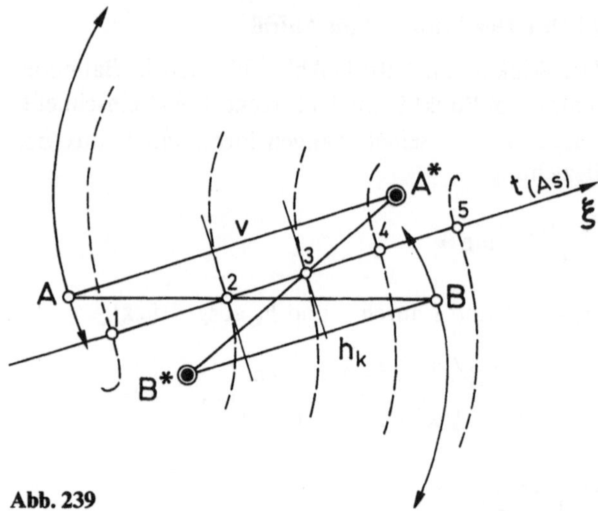

Abb. 239

Unendlichen. In einer solchen *Fernpolstellung* ist die Wälztangente ξ Asymptote des Polkurvenpaares. Alle Punkte der Polkurvenasymptote ξ durchlaufen im Augenblick Wendestellen ihrer Bahn (Abb. 239), die entsprechenden Krümmungszentren liegen im Unendlichen.

Im Aufriß (überschlagenes Gelenkviereck) liegen alle Punkte, die im Augenblick Wendestellen ihrer Bahn durchlaufen, auf einer Kreislinie, dem Wendekreis. Die Polkurvenasymptote ξ ist deshalb als eine Grenzform des Wendekreises anzusehen.

Für alle Punkte eines „Polstrahles", der bei Fernpolstellung parallel zur Wälztangente ξ verläuft, sind die Bahnkrümmungsradien ϱ gleich lang (Abb. 240). Die Bahnkrümmungsradien sind proportional zum Abstand von der Polkurvenasymptote ξ. Es gilt:

$$\vec{AA^*}:\vec{XX^*}=c:d\Rightarrow\frac{\vec{AA^*}\cdot d}{c}=\varrho.$$

Die Asymptotenfläche t(As) hat für das Bewegungssystem eine besondere Bedeutung:

1. Hält man den Unterschenkel fest und bewegt den Oberschenkel oder umgekehrt, der Oberschenkel wird festgehalten und der Unterschenkel bewegt, behält die Asymptotenfläche zu den Anlenkpunkten der Steuerarme (vorderes und hinteres Kreuzband) im ruhenden System in der Betrachtung kopf-fuß-wärts ihre räumliche Lage.
2. Stehen die Kreuzbänder parallel zur Asymptotenfläche in der Betrachtung kopf-fuß-wärts, dann liegt das Drehzentrum P', der Momentanpol, im Unendlichen. *Liegt diese „Fernpolstellung" vor, dann kann das Bewegungssystem nur mit einer translatorischen Beschleunigung orthogonal zur Asymptotenfläche t(As) angefahren werden.* Das

heißt, das Tibiaplateau führt bei der Außendrehung zuerst eine geringe seitliche Verschiebung durch und erst nach dieser geringen translatorischen Bewegung setzt die eigentliche Drehung des Unterschenkels nach außen ein.

3. Legt man eine Leiche so auf einen Tisch, daß die Unterschenkel über die Tischkante herunterhängen, dann wäre nach der geläufigen Lehrmeinung – daß die Außendrehtendenz der Kreuzbänder durch die Kollateralbänder begrenzt wird – zu erwarten, daß der Unterschenkel eine extreme Außendrehstellung einnimmt. Dies ist aber nicht der Fall. Der über die Tischkante herunterhängende Unterschenkel nimmt eine Mittelstellung zwischen Außen- und Innendrehung ein. Die Muskulatur als Ursache für dieses Phänomen scheidet aus. Es bleibt demnach nur die Gelenkkapsel mit den Kreuz- und Kollateralbändern übrig. Entfernt man alle Kapselteile, so daß nur die Kreuz- und Kollateralbänder übrig bleiben, dann bleibt der über die Tischkante hängende Unterschenkel in der Mittelstellung zwischen Pro- und Supination. Bringt man den Unterschenkel in eine extreme Außen- oder Innendrehstellung, dann pendelt er von selbst in die Mittelstellung zurück. Das heißt das Steuersystem (Kreuzbänder) und die Kollateralbänder müssen für dieses Phänomen verantwortlich sein. Aus der reinen Beobachtung, daß sich die räumlich versetzten Kreuzbänder bei der Außendrehung „aufdrehen" und die Kollateralbänder diese Außendrehung begrenzen, was sicher richtig ist, läßt sich die Mittelstellung des an der Leiche über die Tischkante hängenden Unterschenkels nicht erklären. Kennt man das Konstruktionsprinzip und die Kinematik des Steuersystems des Kniegelenks, dann ergibt sich die Erklärung für dieses Phänomen aus der Kinematik.

In Mittelstellung zwischen Pro- und Supination verlaufen die Kreuzbänder bei Betrachtung kopf-fußwärts in der Richtung der Unterschenkelachse parallel, was dem Grundriß (nichtdurchschlagendes Gelenkviereck) entspricht (Abb. 238). Der Drehpunkt bzw. der Momentanpol P liegt im Unendlichen auf der Polkurvenasymptoten ξ. Die Außendrehung wird durch eine Translationsbewegung eingeleitet, normal zur Asymptote ξ. Erst danach setzt die Drehung ein (Abb. 239).

Alle Punkte X der Polkurvenasymptoten ξ durchlaufen in diesem Augenblick Wendepunkte ihrer Bahn (Abb. 239). Die Krümmungsmittelpunkte X^* der entsprechenden Bahnpunkte liegen im Unendlichen. Liegen die Krümmungsmittelpunkte X^* im Unendlichen, dann kann das System nur durch eine schiebende

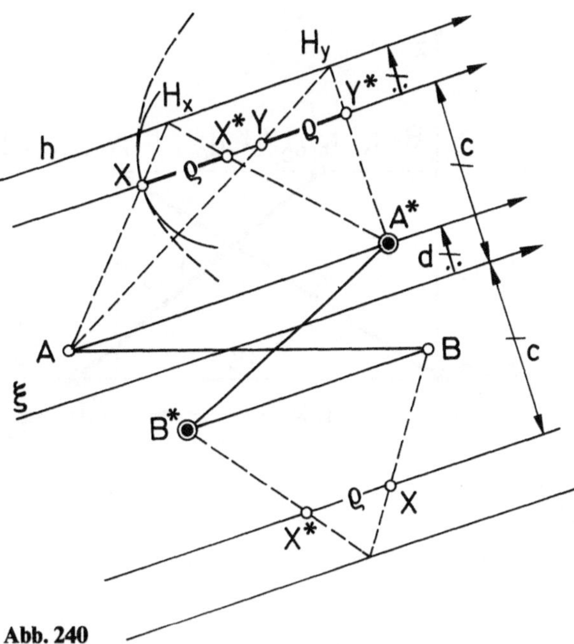

Abb. 240

Kraft normal zur Polkurvenasymptoten ξ in Bewegung gesetzt werden. Das nichtdurchschlagende Gelenkviereck ist aber ein räumliches Steuersystem, bei welchem die Koppel (Tibiaplateau) und der Steg (Dach der Fossa intercondylaris) durch die Femurkondylen in einer bestimmten Entfernung voneinander gehalten werden. Dies ermöglicht einen ebenen Zwanglauf von Steg und Koppel. Die Polkurvenasymptote ξ wird zu einer Fläche, die senkrecht auf dem Tibiaplateau steht. Alle Punkte dieser Asymptotenfläche durchlaufen im Augenblick Wendepunkte ihrer Bahn mit unendlich langen Krümmungsradien (Abb. 244).

Die Mittelstellung des Unterschenkels an der Leiche als kinematische Konsequenz des Steuersystems muß auch am Lebenden vorhanden sein. Bei dem auf S. 107 besprochenen „Nachlauf" des Kniegelenks – die Kniegelenkachse (Rollachse) für die Beuge- und Streck-Bewegung ist gegen die Steuerachse für die Pro- und Supination versetzt – erfährt der Unterschenkel durch die Fernpolstellung der Drehachse des nichtdurchschlagenden Gelenkvierecks eine bevorzugte Mittelstellung zwischen Pro- und Supination in der Bewegungsebene beim Gehen und Laufen.

20.13 Das räumliche Steuersystem

20.13.1 Die wahre Länge des vorderen Kreuzbandes v^* und des hinteren Kreuzbandes h_k^*

Zur Ermittlung der wahren Länge der Kreuzbänder wird der Aufriß in die y-z-Ebene eines Rechtskoordinatensystems x-y-z-System gelegt (Abb. 241) und zwar so, daß der Punkt A_0^* des Stegs $A_0^*B_0^*$ mit dem

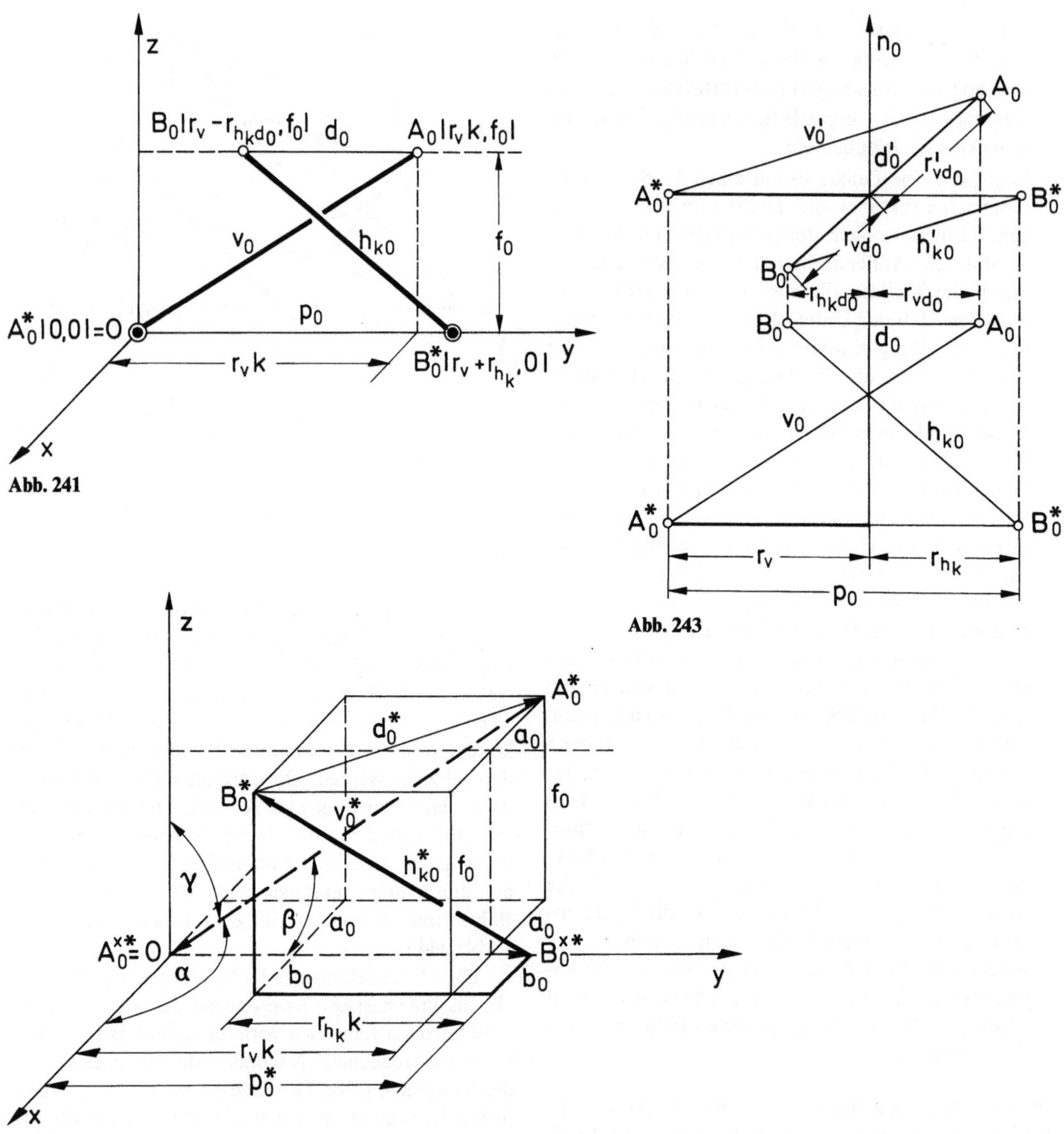

Abb. 241

Abb. 243

Abb. 242

Nullpunkt des Koordinatensystems zusammenfällt. Der Steg als ruhendes System liegt dann auf der y-Achse. Die Koordinaten des Punktes A_0^* sind $|0,0|$, die des Punktes $B_0^*|r_v + r_{hk}, 0|$. Die Koordinaten der Koppel A_0B_0 lauten: $B_0|r_v - r_{h_k d_0}, f_0|$ $A_0|r_v \varkappa, f_0|$.

Das vordere Kreuzband v_0^* ist in seiner räumlichen Lage durch die Koordinaten $A_0^{**}|0,0,0|$ und $A_0^*|-a_0, r_v\varkappa, f_0|$ bestimmt.

Die wahre Länge des vorderen Kreuzbandes ergibt sich aus Abb. 242:

$$v_0^* = \sqrt{+a_0^2 + r_v^2\varkappa^2 + f_0^2}\,.$$

Die Richtungswinkel $(\alpha_v, \beta_v, \gamma_v)$, die das vordere Kreuzband v_0^* mit der x-, y- und z-Achse einschließen, sind (Abb. 242) unter vektorieller Betrachtung:

$$v_0^* = |v^*| = \overrightarrow{0A}_0^*,\ A_0^*|-a_0, r_v\varkappa, f_0|,\ A_0^{**} = |0,0,0|;$$

$$\cos\alpha_v = \frac{-a_0}{v_0^*}\,,\quad \cos\beta_v = \frac{r_v\varkappa}{v_0^*}\,,\quad \cos\gamma_v = \frac{f_0}{v_0^*}\,,$$

weil

$$v_0^{2*} = a_0^2 + r_v^2\varkappa^2 + f_0^2 \Rightarrow \cos^2\alpha_v + \cos^2\beta_v + \cos^2\gamma_v = 1.$$

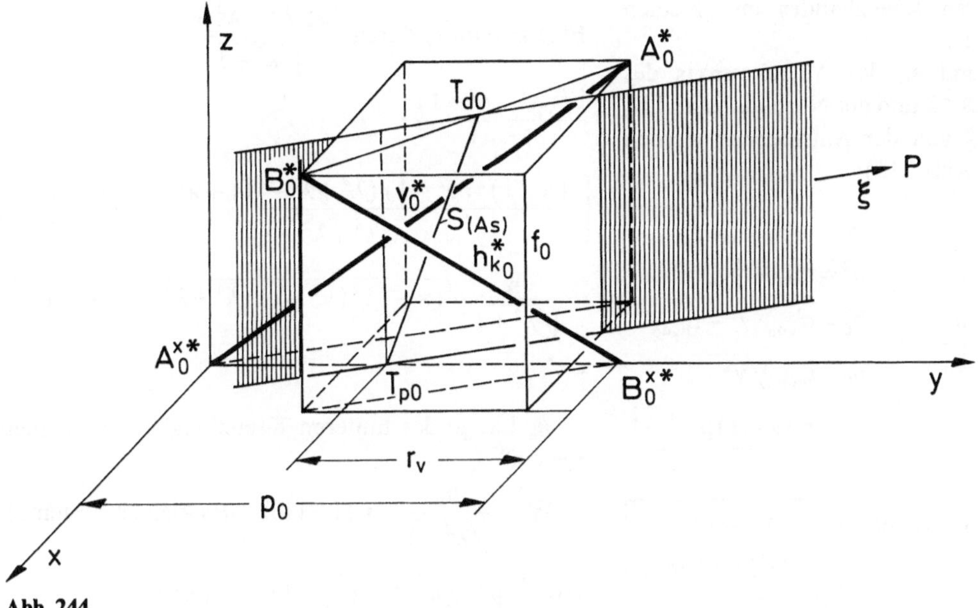

Abb. 244

Die wahre Länge des hinteren Kreuzbandes $h^*_{k_0}$, durch seine Komponenten ausgedrückt, lautet analog (Abb. 242):

Unter vektorieller Betrachtung

$$h^*_{k_0} = \overrightarrow{B^{**}_0 B^*_0}$$

$$B^{**}_0 | 0, r_v + r_{hk}, 0 |$$

$$B^*_0 | b_0, r_v - r_{h_k d_0}, f_0 |$$

$$h^*_{k_0} = \sqrt{b_0^2 + r_{hk}^2 \varkappa^2 + f_0^2}\,,$$

die dazu gehörenden Richtungskosinusse:

$$\cos\alpha_{hk} = \frac{b_0}{h^*_{k_0}}\,,\ \cos\beta_{hk} = \frac{-r_{hk}\varkappa}{h^*_{k_0}}\,,\ \cos\gamma_{hk} = \frac{f_0}{h^*_{k_0}}\,;$$

$$\cos^2\alpha_{hk} + \cos^2\beta_{hk} + \cos^2\gamma_{hk} = 1.$$

Die wahre Länge des vorderen und hinteren Kreuzbandes v^*_0 und $h^*_{k_0}$ durch den Abschnitt r_v der Koppel p_0 und die Längenverhältniszahlen $\lambda, \nu, \varkappa$ im „großen Bewegungssystem" $A^{**}_0 B^{**}_0 A^*_0 B^*_0$ sind in Abb. 242 dargestellt:

Der Abschnitt r_v der Koppel p_0 legt durch die Beziehung $r^2_{vd_0} = r_{h_k d_0} \cdot r'_{vd_0}$ den Grundriß des Steuersystems fest. Die Abstandsübertragung (Abb. 243) r_{hk} bzw. r_v bestimmt die räumliche Lage der Wälztangentenfläche t(As). Der Parameter r_v ist eine wesentliche Bedingung für die räumliche Darstellung des Steuersystems, seine Beziehung zur wahren Länge der Kreuzbänder v^*_0, und h^*_k wird deshalb untersucht.

Zur besseren räumlichen Vorstellung des Steuersystems und der Lage der Asymptotenebene ξ mit der in der Asymptotenebene ξ liegenden Geraden S(As) wurde das Steuersystem nochmals in einem x-y-z-Koordinatensystem dargestellt. Das vordere Kreuzband v^*_0 liegt hinter der Aufrißebene (y,z), das hintere Kreuzband $h^*_{k_0}$ liegt vor der y-z-Ebene. In Abb. 244 ist das Steuersystem des rechten Kniegelenks dargestellt, das von der medialen Seite her betrachtet wird.

Vorerst werden die Streckenabschnitte und ihre Beziehungen zueinander zusammengestellt (Abb. 243):

$$\frac{r_v}{r_{hk}} = \nu,\ \frac{r_{vd_0}}{r_{h_k d_0}} = \nu,$$

$$\frac{r_v}{r_{vd_0}} = \frac{1}{(\varkappa - 1)},\ \frac{r_{hk}}{r_{h_k d_0}} = \frac{1}{(\varkappa - 1)}$$

$$r_{h_k d_0} \cdot r'_{vd_0} = r^2_{vd_0} \Rightarrow r_{h_k d_0} \cdot \nu^2 = r'_{vd_0},\ \frac{r'_{vd_0}}{r_{vd_0}} = \nu$$

$$r_v + r_{vd_0} = r_v \cdot \varkappa,\ r_{hk} + r_{h_k d_0} = r_{hk} \cdot \varkappa.$$

$$r_v = \frac{h_k\sqrt{\lambda^4 + \lambda^2 - 1}}{\sqrt{\lambda^2 + 1}}\,,\ r_{hk} = \frac{\lambda h_k}{\sqrt{\lambda^2 + 1}}\,.$$

Großes System

$r_v = 47{,}548828$	$r_{vd_0} = 26{,}390563$
$r_{hk} = 35{,}789184$	$r_{h_k d_0} = 19{,}863723$

Kleines System:

$\frac{r_v}{\varkappa} = 30{,}57763$	$\frac{r_{vd_0}}{\varkappa} = 16{,}9712$
$\frac{r_{hk}}{\varkappa} = 23{,}01525$	$\frac{r_{h_k d_0}}{\varkappa} = 12{,}77393$

h_k Länge des hinteren Kreuzbandes im „kleinen Steuersystem“ (Aufriß).

Der Normalabstand a_0 des Anlenkpunkts des vorderen Kreuzbandes $A_0^{*\prime}$ und der Normalabstand b_0 des Anlenkpunkts $B_0^{*\prime}$ von der Aufrißebene werden durch r_v dargestellt (Abb. 243):

a_0 $\qquad$ b_0

$$a_0^2 = r'^2_{vd_0} - r^2_{vd_0} \qquad b_0^2 = r^2_{vd_0} - r^2_{h_kd_0}$$

$$a_0^2 = r^2_{vd_0}\cdot\gamma^2 - r^2_{vd_0} \qquad \frac{a_0}{b_0} = \gamma \qquad b_0^2 = r^2_{h_kd_0}\cdot\gamma^2 - r^2_{h_kd_0}$$

$$a_0 = r_{vd_0}\sqrt{\gamma^2-1} \qquad b_0 = r_{k_kd_0}\sqrt{\gamma^2-1}$$

$$a_0 = r_v(\varkappa-1)\sqrt{\gamma^2-1} \qquad b_0 = \frac{r_v(\varkappa-1)\sqrt{\gamma^2-1}}{\gamma}$$

$a_0 = 23{,}084236$	kleines System:	$a = 14{,}84497$ mm
$b_0 = 17{,}375107$		$b = 11{,}17355$ mm

Die Höhe f_0 des Aufrisses dargestellt durch r_v (Abb. 235):

$$f_0 = \frac{h_k\varkappa}{\lambda^2+1},$$

$$\frac{h_k\sqrt{\lambda^4+\lambda^2-1}}{\sqrt{\lambda^2+1}} = r_v \Rightarrow h_k = \frac{r_v\sqrt{\lambda^2+1}}{\sqrt{\lambda^4+\lambda^2-1}}$$

$$\Rightarrow f_0 = \frac{r_v\cdot\varkappa\cdot\sqrt{\lambda^2+1}}{\sqrt{\lambda^2+1}\sqrt{\lambda^4+\lambda^2-1}} \Rightarrow f_0 = \frac{r_v\cdot\varkappa}{\sqrt{\lambda^4+\lambda^2-1}}.$$

Die wahre Länge des vorderen Kreuzbands v_0^* durch r_v,λ,$\varkappa$ und v ausgedrückt (Abb. 242):

Einsetzen der Ausdrücke

$$a_0 = r_v(\varkappa-1)\sqrt{v^2-1} \quad \text{und} \quad f_0 = \frac{r_v\varkappa}{\sqrt{\lambda^4+\lambda^2-1}}$$

in die Gleichung

$$a_0^2 + r_v^2\varkappa^2 + f_0^2 = v_0^{*2}$$

$$\Rightarrow r_v^2(\varkappa-1)^2(v^2-1) + r_v^2\varkappa^2 + \frac{r_v^2\varkappa^2}{(\lambda^4+\lambda^2-1)} = v_{*0}^2$$

$$\Rightarrow r_{v^2}\left[(\varkappa-1)^2(v^2-1) + \varkappa^2 + \frac{\varkappa^2}{\lambda^4+\lambda^2-1}\right] = v_0^{2*}$$

$$\Rightarrow \boxed{r_v\sqrt{(\varkappa-1)^2(v^2-1) + \varkappa^2\frac{(\lambda^4+\lambda^2)}{(\lambda^4+\lambda^2-1)}} = v_0^*}$$

$v_0^* = 90{,}173039$ mm

Ersetzt man r_v durch $\frac{h_k\sqrt{\lambda^4+\lambda^2-1}}{\sqrt{\lambda^2+1}} = r_v$

$$\frac{h_k^2(\lambda^4+\lambda^2-1)}{\lambda^2+1}\cdot$$

$$\left[\frac{(\varkappa-1)^2(v^2-1)(\lambda^4+\lambda^2-1) + \varkappa^2(\lambda^4+\lambda^2)}{\lambda^4+\lambda^2-1}\right] = v_0^{*2}$$

$$\Rightarrow \frac{h_k}{\sqrt{\lambda^2+1}}\sqrt{(\varkappa-1)^2(v^2-1)(\lambda^4+\lambda^2-1) + \varkappa^2(\lambda^4+\lambda^2)}$$

$$= v_0^*$$

h_k Länge des hinteren Kreuzbandes im „kleinen System“

Weil $\frac{h_k}{\sqrt{\lambda^2+1}} = f$ (f = Höhe des kleinen Systems)

bzw. $\frac{r_v}{v}\sqrt{v^2(k-1)^2(v^2-1) + \varkappa^2(\lambda^2+1)} = v_0^*$.

und $\sqrt{\lambda^4+\lambda^2-1} = v\lambda$

$$\Rightarrow f\cdot\sqrt{(\varkappa-1)^2(v^2-1)\lambda^2v^2 + \varkappa^2(\lambda^4+\lambda^2)} = v_0^*.$$

Die wahre Länge des hinteren Kreuzbandes h_k durch r_v, λ, $\varkappa$ und v ausgedrückt:

Setzt man in die Gleichung $b_0^2 + r_{hk}^2\varkappa^2 + f_0^2 = h_{k_0}^{*2}$ die entsprechend umgeformten Ausdrücke von b_0, $r_{hk}\varkappa$, und f_0 ein, so folgt:

$$\frac{r_v^2(\varkappa-1)^2(v^2-1)}{v^2} + \frac{r_v^2\varkappa^2}{v^2} + \frac{r_v^2\varkappa^2}{(\lambda^4+\lambda^2-1)} = h_{k_0}^{*2},$$

weil

$$(\lambda^4+\lambda^2-1) = \lambda^2v^2$$

$$\Rightarrow r_v^2\left[\frac{(\varkappa-1)^2(v^2-1)}{v^2} + \frac{\varkappa^2(\lambda^2+1)}{\lambda^2v^2}\right] = h_{k_0}^{*2}$$

$$\Rightarrow \boxed{\frac{r_v}{v\lambda}\cdot\sqrt{\lambda^2(\varkappa-1)^2(v^2-1) + \varkappa^2(\lambda^2+1)} = h_k^{*\circ}}$$

$h_{k_0}^* = 74{,}366681$ mm

Das Längenverhältnis t der wahren räumlichen Längen des vorderen Kreuzbandes v_0^* und des hinteren Kreuzbandes $h_{k_0}^*$:

$$\frac{v_0^*}{h_{k_0}^*} = t, \quad t = 1{,}2125462$$

$v_0^* = 90{,}173039$	kleines System:	$v = 57{,}9883$ mm
$h_{k_0}^* = 74{,}366681$		$h_k = 47{,}8236$ mm

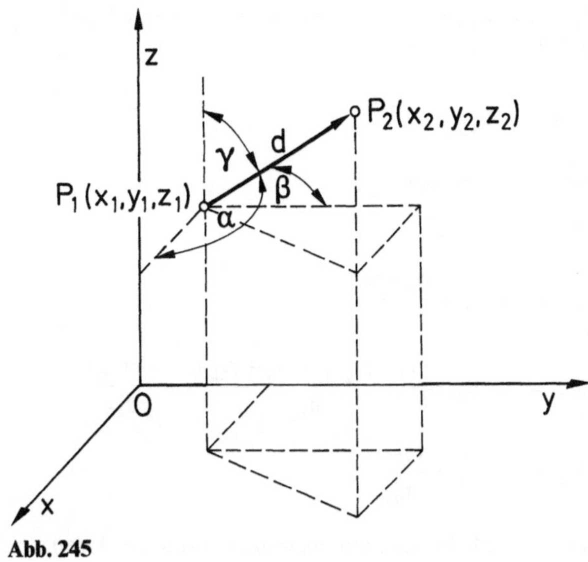

Abb. 245

Das Längenverhältnis t durch λ,ν und ϰ ausgedrückt:

$$\frac{r_v}{\nu}\sqrt{\nu^2(\varkappa-1)^2(\nu^2-1)+\varkappa^2(\lambda^2+1)}=h^*_{k_0}t=v^*_0\,,$$

$$\frac{r_v}{\lambda\nu}\sqrt{\lambda^2(\varkappa-1)^2(\nu^2-1)+\varkappa^2(\lambda^2+1)}=h^*_{k_0}$$

$$\boxed{t=\lambda\sqrt{\frac{\nu^2(\varkappa-1)^2(\nu^2-1)+\varkappa^2(\lambda^2+1)}{\lambda^2(\varkappa-1)^2(\nu^2-1)+\varkappa^2(\lambda^2+1)}}}$$

20.13.2 Darstellung der Kreuzungswinkel Φ zwischen dem vorderen Kreuzband v^*_0 und dem hinteren Kreuzband $h^*_{k_0}$ durch die entsprechenden Richtungskosinusse

Grundsätzliches zur analytischen Geometrie des Raums und seiner Symbolik (Abb. 245).

Abstand d zweier Punkte $P_1(x_1,y_1,z_1)$ und $P_2(x_2,y_2,z_2)$:

$$d=\sqrt{(x_2-x_1)^2+(y_2-y_1)^2+(z_2-z_1)^2}\,.$$

Die Richtungskosinusse der Geraden d

$$l=\cos\alpha=\frac{x_2-x_1}{d}\,,\quad m=\cos\beta=\frac{y_2-y_1}{d}\,,$$

$$n=\cos\gamma=\frac{z_2-z_1}{d}\,;$$

$$\cos^2\alpha+\cos^2\beta+\cos^2\gamma=1,\ l^2+m^2+n^2=1.$$

Die räumliche Lage des vorderen Kreuzbandes v^*_0 ist durch die Koordinaten des Anlenkpunkts $A^{**}_0|0{,}0{,}0|$ am Unterschenkel und $A^*_0|-a_0 r_0\varkappa, f_0|$ bestimmt (Abb. 244). Die Richtungskosinusse sind jene Winkel, die das vordere Kreuzband v^*_0, das durch die Koordinaten $A^{**}_0|0{,}0{,}0|$ und $A^*_0|-a_0, r_0\varkappa, f_0|$ in seiner räumlichen Lage bestimmt ist, mit den jeweiligen

Tabelle 5. Richtungskosinusse des vorderen Kreuzbandes v^*_0

Längenverhältnis	Natürliche trigonometrische Zahl	Winkelfunktion	Richtungskosinusse von v^*_0 zur:
$l_v=\frac{a}{v^*_0}$	0,2559993126	cos 75,16719282°	x-Achse
$m_v=\frac{-r_v k}{v^*_0}$	−0,8199721262	cos 145,0820036°	y-Achse
$n_v=\frac{-f_0}{v^*_0}$	−0,511966534	cos 120,7949165°	z-Achse

Tabelle 6. Richtungskosinusse des hinteren Kreuzbandes h^*_0

Längenverhältnis	Natürliche trigonometrische Zahl	Winkelfunktion	Richtungskosinusse von $h^*_{k_0}$ zur:
$l_{h_k}=\frac{b_0}{h^*_{k_0}}$	0,2336410	cos 76,488471°	x-Achse
$m_{h_k}=\frac{-r_{h_k}k}{h^*_{k_0}}$	−0,74735795	cos 138,44834°	y-Achse
$n_{h_k}=\frac{f_0}{h^*_{k_0}}$	0,62078324	cos 51,626647°	z-Achse

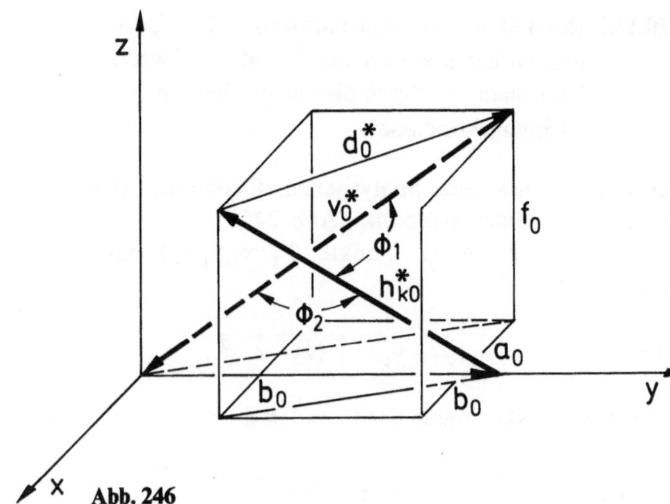

Abb. 246

positiven Koordinatenachsen bilden (Abb. 244; Tabelle 5). Unter vektorieller Betrachtung $\overset{*_0A^{**}_0\rightarrow}{A} = v_0^*$ gilt:

$$l_v = \cos\alpha_v = \frac{0-(-a)}{v_0\alpha}, \; m_v = \cos\beta_0 = \frac{0-r_v\varkappa}{v_0^*},$$

$$n_v = \cos\gamma = \frac{0-f_0}{v_0^*}.$$

Die Richtungskosinusse des hinteren Kreuzbandes $h_{k_0}^*$ (Tabelle 6):

$$\overset{*_0B^{**}_0\rightarrow}{B} = h_{k_0}^*$$

$$B_0^*|b_0,\, r_v - r_{h_k d_0}, f_0|$$

$$B_0^{**}|0, r_v + r_{hk}, f_0|$$

$$l_{hk} = \cos\alpha_{hk} = \frac{b_0 - 0}{h_{k_0}^*},$$

$$m_{hk} = \cos\beta_{hk} = \frac{r_v - r_{h_k d_0} - (r_v + r_{hk})}{h_{k_0}^*} = \frac{-r_{hk}\varkappa}{h_{k0}^*},$$

$$n_{hk} = \cos\gamma_{hk} = \frac{f_0 - 0}{h_{k_0}^*}.$$

Der räumliche Kreuzungswinkel Φ des vorderen und hinteren Kreuzbandes ergibt sich aus der Summe der Produkte der gleichnamigen Richtungskosinusse (Abb. 246):

$$l_v l_{hk} + m_v m_{hk} + n_v n_{hk} = \varphi_1, \quad \Phi_2 = 180 - \Phi_1;$$

$$\mathbf{\Phi_1 = 69{,}16836682^\circ, \quad \Phi_2 = 110{,}8316332^\circ}.$$

Kreuzungswinkel der Kreuzbänder im Aufriß:

$$2(\alpha+\beta) + \varepsilon = 108{,}34382^\circ.$$

Teil IV

Die konstruktive Entwicklung der Beinlänge und Körpergröße aus dem Längenverhältnis λ der Kreuzbänder

21 Die Beinlänge und das Bewegungssystem Oberschenkel-Unterschenkel

Stellt man einem Physiker, Mathematiker, Techniker oder Biomechaniker die Aufgabe, zu dem Bewegungssystem Kniegelenk die dazu gehörenden OSCH- und USCH-Längen zu bestimmen, dann erhält man die Auskunft, daß es sich um ein utopisches, unlösbares, technisches Problem handelt, das auch unter Einsatz raffinierter Mathematik und Großcomputer nicht lösbar ist, obwohl alle Beteiligten anerkennen, daß zwischen dem Bewegungssystem Kniegelenk und der Längen OSCH und USCH konkrete „biologisch-kinematische" Beziehungen bestehen müssen.

Ist der Algorithmus, das Rechenverfahren, das Transformationssystem der unbekannten biologischen Bewegungssysteme mit der Plücker-Grundgleichung $r \cdot \bar{r} = \pm c^2$ bekannt, dann ist die zu einem bestimmten Kniegelenk gehörende Länge von OSCH und USCH eine einfache Bruchrechnung:

$$\frac{1}{\text{USCH}} + \frac{1}{\text{OSCH}} = \frac{1}{\alpha_1}, \quad \lambda\text{USCH} = \text{OSCH}.$$

Stellt man die OSCH und USCH-Länge explizit dar, dann lautet die Gleichung

$$\frac{\alpha_1 (1+\lambda)}{\lambda} = \text{USCH-Länge},$$

$$\alpha_1 (1+\lambda) = \text{OSCH-Länge}.$$

Diese knappe, für den Leser zunächst unverständliche Darstellung von OSCH- und USCH-Länge wurde aus didaktischen Gründen gewählt, um zu zeigen, daß das „utopische, unlösbare Problem" der Technik und Biomechanik, zu einem bestimmten Kniegelenk die entsprechenden Längen von OSCH und USCH zu bestimmen, sozusagen eine „kontrapunktische" einfache Lösung besitzt.

Das Kniegelenk mit OSCH und USCH und den Nachbargelenken bildet eine Gelenkkette. Dieses kinematische System hat sich aus sich selbst verwirklicht. Daher müssen alle Parameter dieses Bewegungssystems untereinander in einer unmittelbaren Beziehung stehen unter Gültigkeit der kinematischen Gesetzlichkeit. Zur Untersuchung des Bewegungssystems OSCH-USCH bringt man das Kniegelenk in jene Stellung – bei seitlicher Betrachtung – in welcher die Kreuzbandursprünge und Ansätze bei der Bewegung auf Kreislinien laufen. Die OSCH-Kondylen sind dann gegeneinander etwas versetzt. Sie decken sich nicht mehr wie etwa bei einer exakten seitlichen Röntgenaufnahme. In dieser Stellung bewegt sich der USCH parallel zur Projektionsebene (Zeichenebene). Man bringt den OSCH und USCH in eine Streckstellung (Abb. 247) und bezeichnet die Eingriffspunkte am Hüftgelenk mit $\overline{X}^c$ und die Berührungsstelle im Sprunggelenk mit X^c. Der Eingriffspunkt am Kniegelenk wird mit P_1 bezeichnet. Verbindet man diese 3 Punkte durch einen Polstrahl, dann erhebt sich die Frage, in welcher Beziehung stehen die

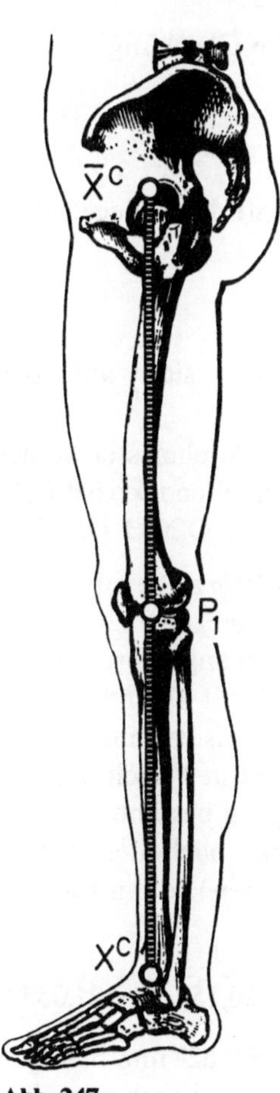

Abb. 247

Eingriffspunkte $X^c \rightarrow \overline{X^c}$ in bezug auf den Eingriffspunkt P_1 des Kniegelenks.

Bei der Besprechung des Kniegelenks wurde gezeigt, daß alle Punkte des bewegten USCH Koppelkurven durchlaufen, die keine Kreisbahnen sind (Abb. 58). Daher bewegt sich auch der Punkt X^c auf einer nicht kreisförmigen Koppelkurve.

Der USCH führt eine immer wieder reproduzierbare, also eine gesteuerte Bewegung aus, deshalb hat die kinetostatische Bewegungsgleichung von Euler-Savary Gültigkeit, die besagt, daß die Summe der reziproken Abstandswerte von P_1 auf dem Polstrahl, der X^c und $\bar{X}^c$ trägt, einen konstanten Wert besitzt, den wir mit α_1 bezeichnen:

$$\frac{1}{PX^c} + \frac{1}{P\overline{X^c}} = \frac{1}{\alpha_1}.$$

Weil die Abstandslänge X^cP der USCH-Länge und $\overline{X^c}P$ der OSCH-Länge entspricht, erhält man die Euler-Savary-Gleichung in der Signatur:

$$\frac{1}{USCH} + \frac{1}{OSCH} = \frac{1}{\alpha_1}.$$

Es stellen sich nun folgende Fragen:

1. In welcher Beziehung steht die Gleichung

   $$\frac{1}{USCH} + \frac{1}{OSCH} = \frac{1}{\alpha_1}$$

   zur Krümmungsverwandtschaft des Kniegelenks

   $$\frac{1}{a} + \frac{1}{b} = \frac{1}{\alpha}?$$

   (Beide Gleichungen beziehen sich auf den Hauptpolstrahl.)
2. Ist der bekannte Wendekreisdurchmesser α des Kniegelenks identisch mit dem Wendekreisdurchmesser α_1 des Bewegungssystems OSCH-USCH?

Diese Frage ist mit einem klaren *Nein* zu beantworten. Ohnen einen ausschweifenden algebraischen Beweis zu führen, sei ein einfaches Beispiel angeführt: Nimmt man die OSCH-Länge willkürlich mit 470 mm an und setzt diese mit dem Wendekreisdurchmesser α (20,152513 mm) des Kniegelenks in Beziehung, um die entsprechende USCH-Länge zu bestimmen (d.h. den Bahnkrümmungsmittelpunkt nach der Krümmungsverwandtschaft zu bestimmen), dann folgt:

$$\frac{1}{470} + \frac{1}{USCH} = \frac{1}{20{,}152} \Rightarrow \frac{1}{470} - \frac{1}{20{,}152} = -\frac{1}{21{,}0553},$$

d.h., daß die USCH-Länge 21,05531627 mm betragen würde. Aus Abb. 248 ist folgenes zu entnehmen: Entfernt sich der Bahnpunkt X immer weiter von P, dann rückt der Bahnkrümmungsmittelpunkt X^x immer näher an den Wendekreis heran. Liegt der Punkt X^x auf dem Wendekreis, dann rückt X ins Unendliche:

$$\frac{1}{a} + \frac{1}{\infty} = \frac{1}{\alpha}.$$

Die Berührungsstellen $X^c \rightarrow \overline{X^c}$ der Nachbargelenke (Abb. 247; Hüft- und Sprunggelenk) des Kniegelenks, deren Entfernung von P_1 durch die OSCH-USCH-Länge bestimmt ist, können über das Steuersystem des Kniegelenks mit dem Wendekreis w und dessen Durchmesser α nicht in unmittelbare Beziehung treten. Das heißt: *Zu unserer Überraschung muß das Bewegungssystem OSCH-USCH, das durch das Kniegelenk verbunden ist, aus 2 Bewegungssystemen bestehen:*

Bewegungssystem OSCH-USCH (Abb. 247)

$$\frac{1}{USCH} + \frac{1}{OSCH} = \frac{1}{\alpha_1}$$

Steuersystem des Kniegelenks (Abb. 248)

$$\frac{1}{a} + \frac{1}{b} = \frac{1}{\alpha}$$

Zwischenbemerkung

Ist es zulässig, die beiden kinetostatischen Gleichungen miteinander in Beziehung zu setzen, d.h. den Wendekreis α bei Parallelstellung von Tibiaplateau und Dach der Fossa intercondylaris mit dem Wendekreis α_1 in Streckstellung des Bewegungssystems OSCH-USCH in Beziehung zu setzen, wenn die OSCH-Schaftachse mit dem Dach der Fossa intercondylaris einen Winkel von 40° einschließt? Die Euler-Savary-Gleichung gilt für alle Punkte der Rast- und Gangebene, deshalb kann man die OSCH-Schaftachse in die Normale auf den Steg (Dach der Fossa intercondylaris) drehen (Abb. 249). Die Bahnnormale n des Steuersystems (Kreuzbänder) liegt dann auf dem Polstrahl, welcher die OSCH- und USCH-Achse trägt. Die Bahnnormale n ist gleichzeitig die Wälznormale η' des inversen Spiegelbilds des Steuersystems, auf der der Wendekreis w' des Spiegelbilds zentriert ist. Der Durchmesser α des Wendekreises w und sein inverses Spiegelbild α' haben den gleichen Wert $|\alpha| = |\alpha'|$. Der Wendekreis w' des Steuersystems (Kreuzbänder) und der Wendekreis w_1 des großen Bewegungssystems OSCH-USCH sind auf die Wälznormale η' zentriert. Man kann deshalb die Beziehung dieser beiden voneinander abhängigen Bewegungssysteme untersuchen (Abb. 251).

Die Anatomie zeigt uns, das das Hüftgelenk, Knie- und Sprunggelenk durch eine Gelenkkapsel abgeschlossene Bewegungssysteme sind, die über OSCH und USCH miteinander in Beziehung treten.

Die a priori bisher entwickelten kinetostatischen Überlegungen stehen mit dem anatomischen Phänomen (Gelenk) nicht in Widerspruch.

Es erhebt sich natürlich sofort die Frage, in welcher Beziehung stehen das Bewegungssystem OSCH-USCH zum Steuersystem des Kniegelenks, das für die Bewegung von OSCH und USCH verantwortlich ist.

Die Inversion, das Rechenverfahren der biologischen Rechensysteme ist winkeltreu, daher auch längenverhältnistreu, jedes Längenverhältnis bedeutet eine natürliche trigonometrische Zahl oder umgekehrt. Aus dem Längenverhältnis λ des vorderen und hinteren Kreuzbandes wurde das Konstruktionsprinzip des Steuersystems (windschiefes Gelenkviereck) entwickelt. Alle Winkel und Längen des Systems stehen deshalb untereinander in einer unmitelbaren kinetostatischen Beziehung.

Die Gleichung der Krümmungsverwandtschaft $\frac{1}{a}+\frac{1}{b}=\frac{1}{\alpha}$ ordnet jedem Bahnpunkt X einen bestimmten Bahnkrümmungsmittelpunkt X^x auf dem Hauptpolstrahl zu (Abb. 248). Durch die Beziehung $a{:}b=\lambda$ sind die Abstandslängen PX und PX^x auf dem Polstrahl exakt bestimmt, denn das konkrete Längenverhältnis λ von a und b existiert auf einem Polstrahl nur ein einziges Mal: (Abb. 251a)

$$\frac{1}{a}+\frac{1}{\lambda a}=\frac{1}{\alpha}.$$

Ändert man das Vorzeichen, dann lautet die Relation (Abb. 251b):

$$\frac{1}{a}-\frac{1}{\lambda a}=\frac{1}{c}.$$

Dieser Ausdruck besagt, daß die Punkte X und X^x spiegelbildlich inverse Abbilder voneinander sind in bezug auf ein Zentrum 0 mit der Potenz von c^2. Die Größe c ist der Radius des Inversionskreises i, der im Zentrum 0 zentriert ist und die Punkte X und X^x invers abbildet. Das Zentrum 0 liegt immer auf jener Seite des Polstrahls, der die kürzere Abstandslänge von P trägt, die Inversion ist richtungsbezogen (Abb. 251b).

Ordnet man der dimensionslosen Inversionsgleichung $\frac{1}{a}-\frac{1}{\lambda a}=\frac{1}{c}$ das Phänomen der Bewegung zu, dann bedeutet c nicht mehr den Radius des Inversionskreises i, sondern den *Durchmesser* α_1 des Wendekreises w_1. Die Punkte der Krümmugsverwandtschaft

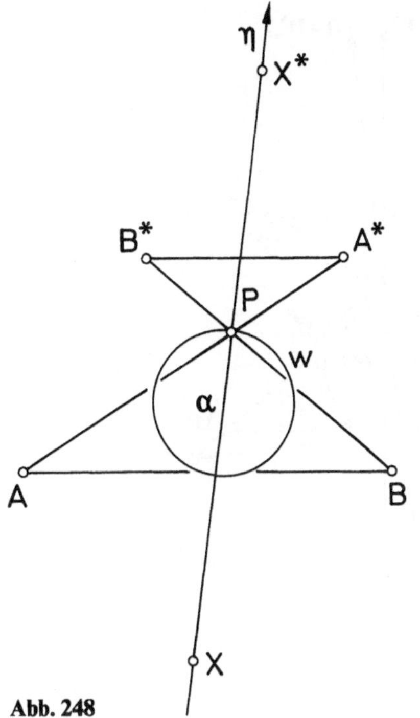

Abb. 248

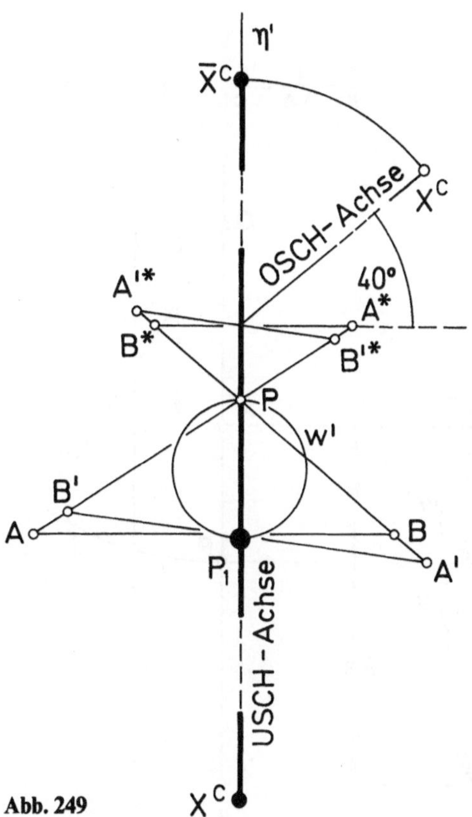

Abb. 249

$X \rightarrow X^x$ liegen dann auf derselben Seite vom Momentanzentrum P (Abb. 252).

Behält man den Wendekreisdurchmesser α_1 und ändert in der Gleichung $\frac{1}{a}-\frac{1}{\lambda a}=\frac{1}{c}$ neuerlich das

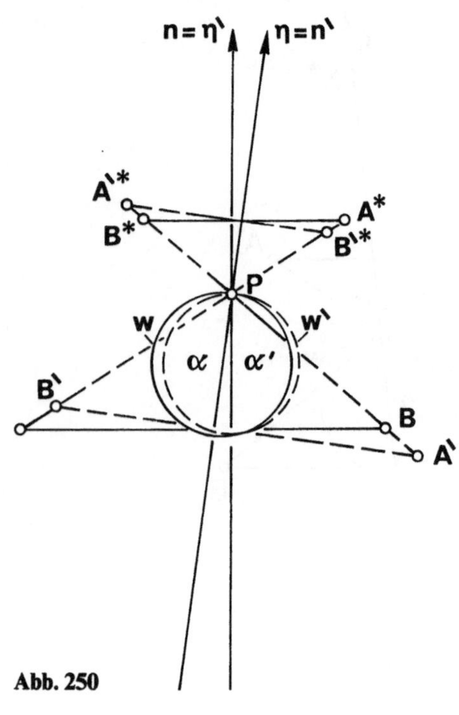

Abb. 250

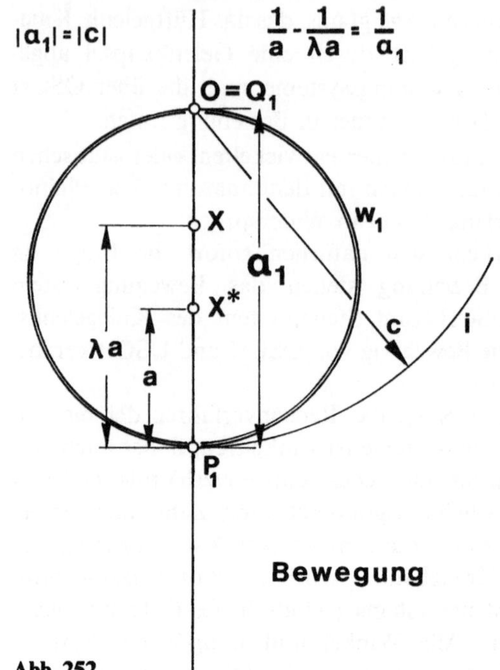

Abb. 252

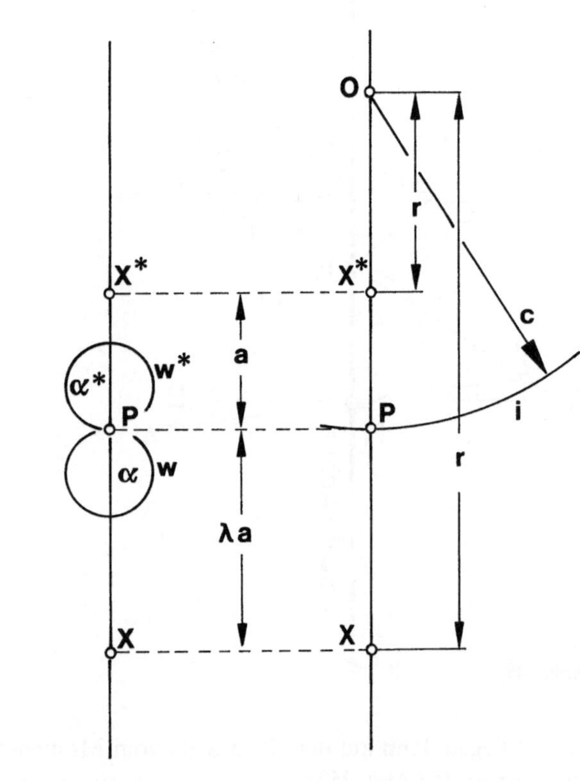

Abb. 251 a, b

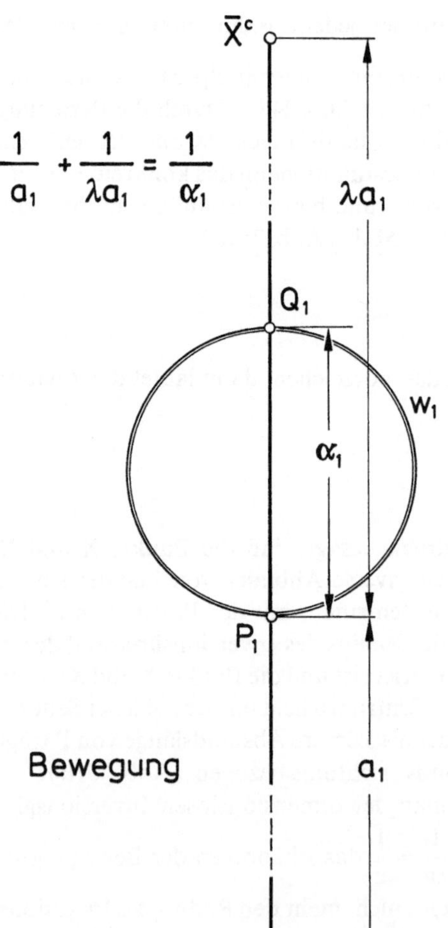

Abb. 253

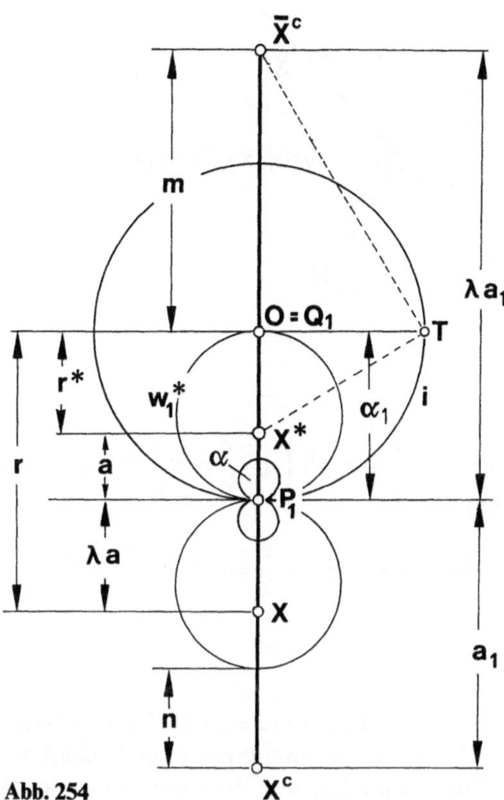

Abb. 254

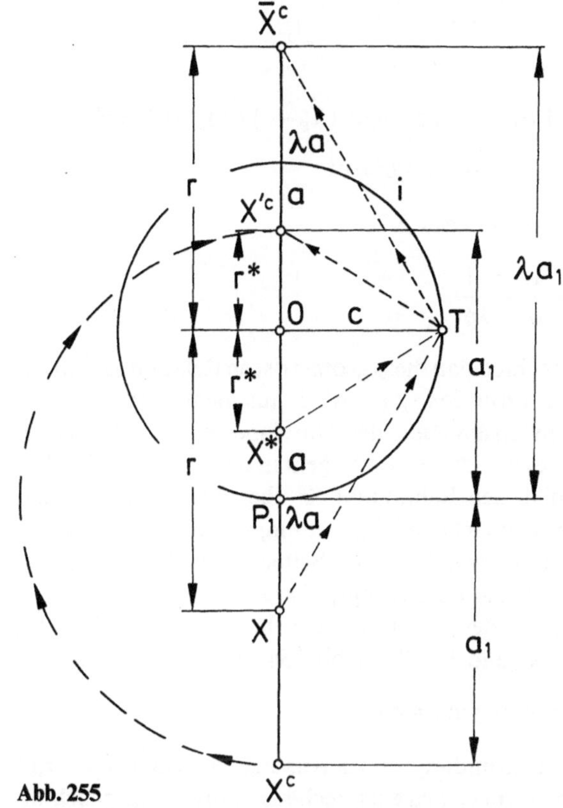

Abb. 255

Vorzeichen unter Beibehaltung des Längenverhältnisses λ (die Inversion ist längenverhältnistreu), so folgt:

$$\frac{1}{a_1}+\frac{1}{\lambda a_1}=\frac{1}{\alpha_1}.$$

Ist in der Euler-Savary-Gleichung das Vorzeichen positiv, so heißt dies, daß der Bahnpunkt X^c und sein Bahnkrümmungsmittelpunkt $\bar{X}^c$ auf verschiedenen Seiten des Momentanzentrums P_1 auf dem Hauptpolstrahl, der Wälznormalen η', liegen. Die Abstandslängen der Punkte X^c und $\bar{X}^c$ von P_1 sind durch die Euler-Savary-Gleichung leicht zu finden (Abb. 253):

$$\frac{1}{a_1}+\frac{1}{\lambda a_1}=\frac{1}{\alpha_1}\Rightarrow\frac{\alpha_1(\lambda+1)}{\lambda}=a_1=PX^c,$$

$$\alpha_1(\lambda+1)=\lambda a_1=P\bar{X}^c.$$

Aus Abb. 251 ist zu entnehmen, daß der Bahnpunkt X und sein Bahnkrümmungsmittelpunkt X^x des kleinen Systems spiegelbildlich inverse Abbilder voneinander sind in bezug auf das Zentrum 0, das gleichzeitig der 2. Beschleunigungspol Q_1 des großen Systems ist unter der Potenz α_1^2, dem Durchmesser des Wendekreises w_1 des großen Systems (die Inversion ist hier hyperbolisch) (Abb. 253).

Der Bahnkrümmungsmittelpunkt X^x des kleinen Systems ist das elliptisch inverse Abbild des Mittepunkts $\bar{X}^c$ des großen Systems in bezug auf $0=Q_1$ wieder unter der Potenz von $-\alpha_1^2=-c^2$ (Minusvorzeichen!):

$$-0\bar{X}^c\cdot 0X^x=-c^2=-\alpha_1^2.$$

Die Punkte X^x und $\bar{X}^c$ liegen auf verschiedenen Seiten des Zentrums $0=Q_1$, deshalb ist die Inversion elliptisch, die Potenz ist $-c^2$ (Abb. 254 und 255).

Geometrisch kann man sich von der Richtigkeit dieser Beziehung leicht überzeugen, man legt die Schenkel eines rechtwinkligen Dreiecks in T durch die Punkte X^x und $\bar{X}^c$ (Abb. 254). Für den Bahnpunkt X des kleinen Systems gilt das gleiche. Er ist das elliptische inverse Abbild X^c des großen Systems, das um den Punkt P_1 in X^c gespiegelt wurde

$$-0\grave{X}^c\cdot 0X=-\alpha_1^2=-c^2.$$

Wird der Bahnpunkt X und sein Krümmungsmittelpunkt X^x an den Inversionskreis i (0,c) elliptisch invertiert (Abb. 255), so gilt:

$$-0\grave{X}^c\cdot-\overline{OX^c}=-c^2 \quad \text{und} \quad -0\bar{X}^c\cdot 0X^x=-c^2.$$

Die Punkte $\grave{X}^c$ und $\bar{X}^c$ sind dann die Spiegelbilder von X und X^x, die um das Zentrum 0 gespiegelt wurden.

Betrachtet man die elliptisch inversen Abbilder $\grave{X}^c$ und $\bar{X}^c$ vom Standpunkt P_1 und bezeichnet die Abstandslängen $P\grave{X}^c$ mit a_1 und $P\bar{X}^c$ mit λa, so folgt:

$$a_1=c+r^x,\ \lambda a_1=c+r.$$

Daraus folgt:

$r^x = a_1 - c,\ r = \lambda a_1 - c.$

Weil $r \cdot r^x = c^2$, so folgt: $(a_1 - c)(\lambda a_1 - c) = c^2$

$\lambda a_1^2 - c\lambda a_1 - a_1 c + c^2 = c^2$

$\lambda a_1 = \lambda c + c / : a_1, c, \lambda$

$$\frac{1}{c} = \frac{1}{a_1} + \frac{1}{\lambda a_1}.$$

Betrachtet man diese geometrische Relation kinetostatisch (Abb. 254), so wird aus dem Radius c des Inversionskreises i der Durchmesser α_1 des Wendekreises w_1. Der Punkt $\grave{X}^c$ geht in sein an P_1 gespiegeltes Abbild, den Bahnpunkt X^c über. Der Punkt X^c und sein entsprechender Krümmungsmittelpunkt $\bar{X}^c$ liegen dann auf verschiedenen Seiten vom Momentanzentrum P_1 auf dem Hauptpolstrahl.

Aus der inversen Beziehung $X \to X^x$, $X^c \to \bar{X}^c$, $\bar{X}^c \to X^x$ und $X \to X^c$ (Abb. 254) ist zu entnehmen:

$$r \cdot r^x = m \cdot n = m \cdot r = n \cdot r^x = c^2.$$

Zur Begründung dieser Aussage berechnet man r, r^X und m,n nach den entsprechenden Inversionsgleichungen (Abb. 254):

1. Kleines Bewegungssystem:

$$\frac{1}{a} - \frac{1}{\lambda a} = \frac{1}{c} \Rightarrow \frac{c(\lambda - 1)}{\lambda} = a \quad \text{bzw.} \quad c(\lambda - 1) = \lambda a,$$

$$r^x = c - a \Rightarrow \frac{c\lambda - c(\lambda - 1)}{\lambda} = r^x \Rightarrow r^x = \frac{c}{\lambda},$$

$$r = c + \lambda a \Rightarrow c + c(\lambda - 1) = r \Rightarrow r = c\lambda,$$

$$r^x \cdot r = \frac{c}{\lambda} \cdot c\lambda = c^2.$$

Der Radius c des Inversionskreises i bedeutet im Bewegungssystem OSCH-USCH den Durchmesser α_1 des Wendekreises w_1.

2. Großes Bewegungssystem:

$$\frac{1}{a_1} + \frac{1}{\lambda a_1} = \frac{1}{\alpha_1} \Rightarrow \frac{c(\lambda + 1)}{\lambda} = a_1 \quad \text{bzw.} \quad \lambda a_1 = c(\lambda + 1),$$

$$n = a_1 - c \Rightarrow \frac{c(\lambda + 1) - \lambda c}{\lambda} = n \Rightarrow n = \frac{c}{\lambda},$$

$$m = \lambda a_1 - c \Rightarrow c(\lambda + 1) - \lambda c = m \Rightarrow m = \lambda c.$$

Weil $m = c\lambda$ des großen Systems und $r = c\lambda$ des kleinen Systems ist, haben m und r die gleiche Länge $|m| = |r|$,

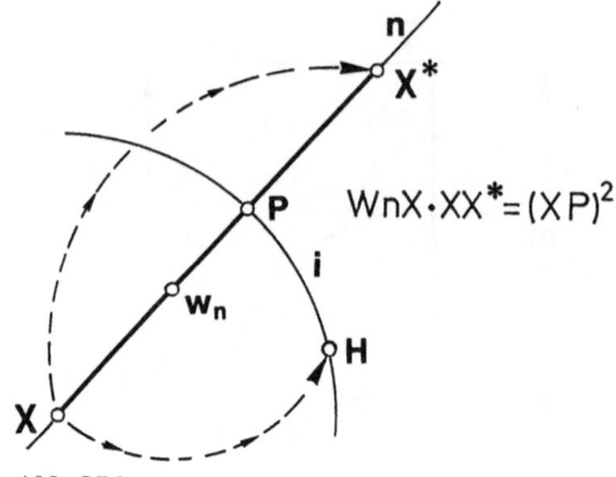

Abb. 256

das gleiche gilt für $|n| = |r^x|$ $\left(n = \frac{c}{\lambda} = r^x\right)$. Daraus folgt (Abb. 254):

$$r \cdot n = c^2, \text{ weil } r = c\lambda \text{ und } n = \frac{c}{\lambda} \Rightarrow r \cdot n = c\lambda \cdot \frac{c}{\lambda} = c^2.$$

$$r^x \cdot m = c^2, \text{ weil } r^x m = \frac{c}{\lambda} \cdot c\lambda = c^2.$$

Aus Abb. 254 ist eine weitere grundsätzliche Beziehung von $X_i \to X_i^*$ der Krümmungsverwandtschaft abzuleiten. Der Punkt Q_1, der Wendepol bzw. der 2. Normalpol, ist das inverse Abbild des Bahnpunktes X^c unter der Potenz von $(P_1\bar{X}^c)^2$, in bezug auf den Krümmungsmittelpunkt $\bar{X}^c$ als Zentrum der Inversion (Abb. 254)

$$m \cdot X^c\bar{X}^c = (P\bar{X}^c)^2 = (\lambda a_1)^2$$

bzw.

$$n \cdot X^c\bar{X}^c = (PX^c)^2 = a_1^2.$$

Aus dieser metrischen Relation kann man 2 Konstruktionsvorschriften herleiten, um aus dem Momentanzentrum P, dem Wendepunkt w_n und dem Bahnpunkt X seinen Bahnkrümmungsmittelpunkt X^x graphisch zu ermitteln (Abb. 256):

1. Durch Inversion. Gegeben: Bahnpunkt X, der Wendepunkt W_n und das Momentanzentrum P (Abb. 256).
   Man wähle X als Inversionszentrum 0 und schlage einen Kreis mit dem Radius XP, das ist der Inversionskreis i, der W_n invers abbildet. Um W_n wird der Abstand W_nX in den Zirkel genommen und auf den i-Kreis abgetragen. Man erhält den Hilfspunkt H. Ein weiterer Zirkelschlag um den Hilfspunkt H mit der Zirkelöffnung HX ergibt auf dem Polstrahl den Bahnpunkt X^* (Abb. 256).
   $W_nX \cdot XX^* = (XP)^2$
2. Man bringe 2 parallele Geraden durch P und W_n mit einem beliebigen Strahl durch X in den Punkten

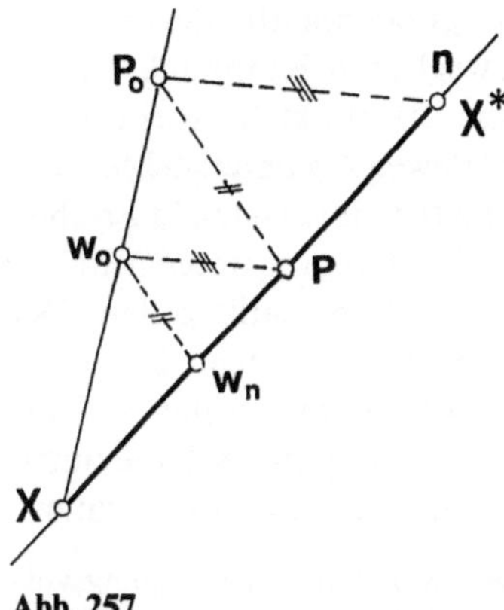

Abb. 257

P_0 und W_0 zum Schnitt. Die Parallele zu PW_0 durch P_0 schneidet dann X^* aus (Abb. 257)

Zusammenfassung

Ist das kleine Steuersystem mit seinem Konstruktionsprinzip bekannt, dann sind alle Parameter, Längen und Winkel durch das Längenverhältnis λ der Steuerarme (vorderes und hinteres Kreuzband) als einzige Angabe im Prinzip festgelegt. Die konkrete Längenangabe zum Beispiel des hinteren Kreuzbandes gibt dem Steuersystem dann eine ganz bestimmte Größe. Damit ist auch der Wendekreis w im Aufriß festgelegt. Ist der Wendekreis w bekannt, dann ist jedem Bahnpunkt X des bewegten Systems in dem betrachteten Augenblick der Bewegung durch die Euler-Savary-Gleichung der entsprechende Bahnkrümmungsmittelpunkt X^* zugeordnet. Daraufhin bestimmt man die Punkte $X \to X^*$, für die das Längenverhältnis auf dem Hauptpolstrahl zutrifft, durch die Gleichung der Krümmungsverwandtschaft (Abb. 251a):

$$\frac{1}{a}+\frac{1}{\lambda a}=\frac{1}{\alpha}, \quad a=PX^*, \; b=\lambda a=PX$$

$$\Rightarrow \frac{\lambda+1}{\lambda a}=\frac{1}{\alpha} \Rightarrow \frac{\alpha(\lambda+1)}{\lambda}=a,$$

$$\alpha(\lambda+1)=\lambda a=b.$$

Durch die dimensionslose Inversionsgleichung $\frac{1}{a}-\frac{1}{\lambda a}=\frac{1}{c}$ bestimmt man das Zentrum 0 und die Potenz c^2, welche die Punkte $X \to X^*$ der Krümmungsverwandtschaft spiegelbildlich invers abbildet (Abb. 252–254).

Hält man die Größe c fest und ordnet dem Inversionssystem das Phänomen der Bewegung zu, so daß die Punkte $X^c \to \bar{X}^c$ der Krümmungsverwandtschaft auf verschiedenen Seiten von P_1 liegen (Abb. 254) dann bedeutet die Größe c nicht mehr den Radius des Inversionskreises i, sondern den Durchmesser α_1 des Wendekreises $w_1 |c|=|\alpha_1|$, des großen Bewegungssystems. Es gilt die Beziehung:

$$\frac{1}{a_1}+\frac{1}{\lambda a_1}=\frac{1}{\alpha_1} \Rightarrow \frac{\lambda+1}{\lambda a_1}=\frac{1}{\alpha_1}$$

$$\Rightarrow \frac{\alpha_1(\lambda+1)}{\lambda}=a_1 \quad \text{bzw.} \quad \alpha_1(\lambda+1)=\lambda a_1 .$$

Das Verhältnis der Wendekreisdurchmesser α_1 des großen Systems und α des kleinen Systems ergibt sich aus:

$$\frac{\alpha_1(\lambda+1)}{\alpha(\lambda+1)}=\frac{\lambda a_1}{\lambda a} \Rightarrow \frac{\alpha_1}{\alpha}=\frac{a_1}{a} .$$

Aus der Krümmungsverwandtschaft des kleinen Systems $\frac{1}{a}+\frac{1}{\lambda a}=\frac{1}{\alpha}$ und der Inversionsgleichung $\frac{1}{a}-\frac{1}{\lambda a}=\frac{1}{c}$ läßt sich das Verhältnis der Wendekreisdurchmesser $\alpha_1{:}\alpha$ durch λ ausdrücken:

$$\frac{\frac{\lambda+1}{\lambda}}{\frac{\lambda-1}{\lambda}}=\frac{\frac{1}{\alpha}}{\frac{1}{c}} \Rightarrow \frac{(\lambda+1)}{(\lambda-1)}=\frac{c}{\alpha}=\frac{\alpha_1}{\alpha} .$$

Betrachten wir nochmals Abb. 253 und 254. Das Momentanzentrum des kleinen Systems P ist ident mit dem Momentanzenrum P_1. Wenn dem so wäre, dann müßten die Polkurven des großen und kleinen Systems gleich sein. Allein aus den Größenverhältnissen der Wendekreise des großen und kleinen Systems ist zu entnehmen, daß dies nicht der Fall sein kann. Dem Punkt $P=P_1$ wurde als konstruktives Hilfsmittel vorübergehend diese Doppelbedeutung zugeordnet. Inversion heißt Rollentausch. Sind P_1 und Q_1 des großen Systems festgelegt, dann vertauschen P und Q des kleinen Systems ihre Rollen (Abb. 258). Der Punkt P wird von Q eingenommen und der Punkt P_1 rückt an die Stelle von Q. Nun ist der erste Beschleunigungspol Q des kleinen Systems mit dem Momentanzentrum P_1 des großen Systems ident. Diese außerordentlich wichtige Feststellung sagt aus, *daß das Bewegungssystem USCH-OSCH bezogen auf das Kniegelenk über* **2 Drehzentren, Momentanachsen**, *verfügt (Abb. 258) eine für das kleine Bewegungssystem P, das ist der Kreuzungspunkt der Kreuzbänder in jedem Augenblick der Bewegung, der geometrische Ort aller Achsenlagen sind die Polkurven, die echt aufeinander abrollen. Sie können bei reeller Ausführung verzahnt werden. Die Drehachsen P_1 des großen Systems der*

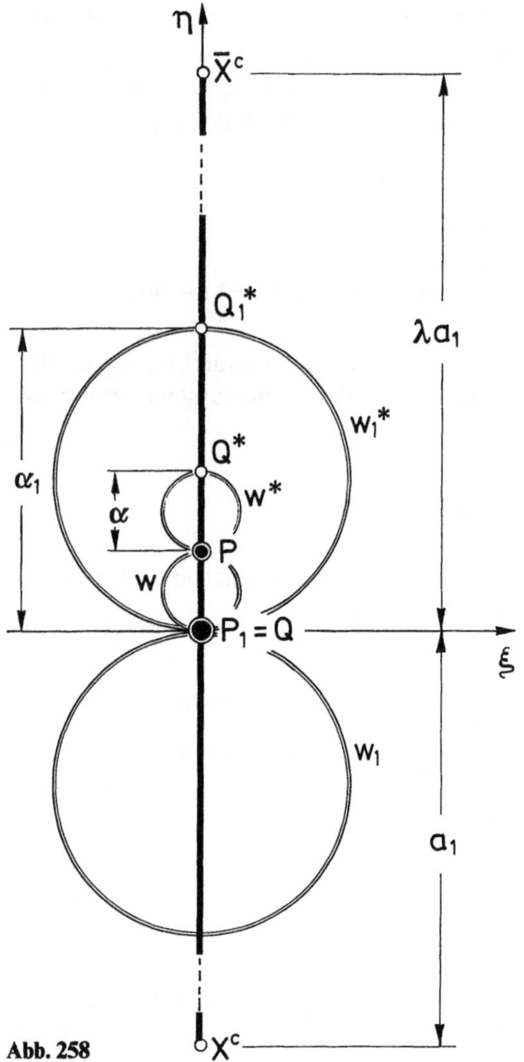

Abb. 258

OSCH- und USCH-Bewegung liegen im augenblicklichen Berührungspunkt der Gelenkflächen.

Die Gelenkflächen, die Hüllflächen sind, sind dann der geometrische Ort aller Achsenlagen des großen Systems. Entsprechende Hüllflächenpaare führen bei der Bewegung eine Roll-Gleit-Bewegung aus. Dies steht im scheinbaren Widerspruch zu dem Begriff der Polkurven, die echt aufeinander abrollen. Dieser Widerspruch ist tatsächlich nur ein scheinbarer.

Das Kniegelenk ist ein räumliches Bewegungssystem. Räumliche zwangläufige Bewegungen sind Drehungen um eine Momentanachse bei gleichzeitiger Schraubbewegung in Richtung dieser Momentanachse (abgesehen von Sonderfällen).

Jede räumliche Bewegung besteht aus einer Drehbewegung und einer Schiebung in Richtung der Momentanachse. In den vorausgegangenen Abschnitten wurde das Bewegungssystem OSCH-USCH so untersucht, daß die Drehachsen normal auf der Zeichenebene stehen, d.h., daß wir die „Bodenplatte" des Schraubzylinders mit seinem beweglichen Bahnpunkt X und seinem Bahnkrümmungsmittelpunkt X^* in einem bestimmten Augenblick der Bewegung untersuchten. Die Ganghöhe der Schraubung tritt dabei nicht in Erscheinung. Es wurde der reine Drehvorgang untersucht, für den die Gesetze der ebenen Kinematik gelten. Der Steigwinkel der Schraubung des bewegten USCH liegt etwa zwischen 15° und 17°. Ohne weiter auf die Bewegungslehre räumlicher Bewegungssysteme einzugehen, sei ein Merksatz von Reuleaux (1900) zitiert:

Im Verlaufe eines räumlichen zwangläufigen Bewegungsvorgangs vollführt die bewegte Achsenfläche auf der festen Achsenfläche eine Bewegung, die aus Rollen und Gleiten zusammengesetzt ist. Die augenblickliche Berührungslinie der Achsenflächen ist die augenblickliche Drehachse des räumlichen Bewegungssystems. Bei der Bewegung hüllt die bewegte Achsenfläche die ruhende, feste Achsenfläche ein. Durch den Drehbestandteil eines räumlichen Bewegungssystems wird ein Drehvorgang geliefert, dessen Polbahnen auf der Einheitskugel gleitlos aufeinander abrollen.

Dieser Merksatz für räumliche Bewegungssysteme trifft haargenau auf das räumlich-biologische Bewegungssystem Kniegelenk zu. Die Gelenkflächen sind Hüllflächen, die eine Roll-Gleit-Bewegung ausführen, sie sind die Achsenflächen des großen Bewegungssystems OSCH-USCH. Die augenblickliche Berührungslinie der Gelenkflächen (Hüllflächen) ist die Momentanachse (Drehachse) des großen Systems. Das Steuersystem dieser Achsenflächen (Hüllflächen) sind die Kreuz- und Kollateralbänder, die an der fast zerfallenden Kubik des Kniegelenks angelenkt sind. In der augenblicklichen Berührungslinie der Gelenkflächen, der augenblicklichen Drehachsen des großen Systems, fallen die Bahnnormalen ineinander und sind mit den Bahnnormalen des kleinen Systems deckungsgleich. Die Bahnnormalen des großen und kleinen Systems gehen in jedem Augenblick der Bewegung gemeinsam durch die Drehachsen des kleinen Systems. Die Polkurven des kleinen Bewegungssystems Kniegelenk die echt aufeinander abrollen, steuern die immer wieder reproduzierbare Roll-Gleit-Bewegung der Achsenflächen (Hüllflächen) des großen Bewegungssystems OSCH-USCH.

21.1 Ober- und Unterschenkellänge

Dieses im vorangegangenen Abschnitt besprochene grundsätzliche Konstruktionsprinzip für eine biologische Gelenkkette, das ein Gelenk zu den Drehachsen der Nachbargelenke im Sinne der Selbstverwirklichung der biologischen Systeme in Beziehung setzt, sei mit konkreten Zahlen auf das Kniegelenk angewendet (Abb. 259).

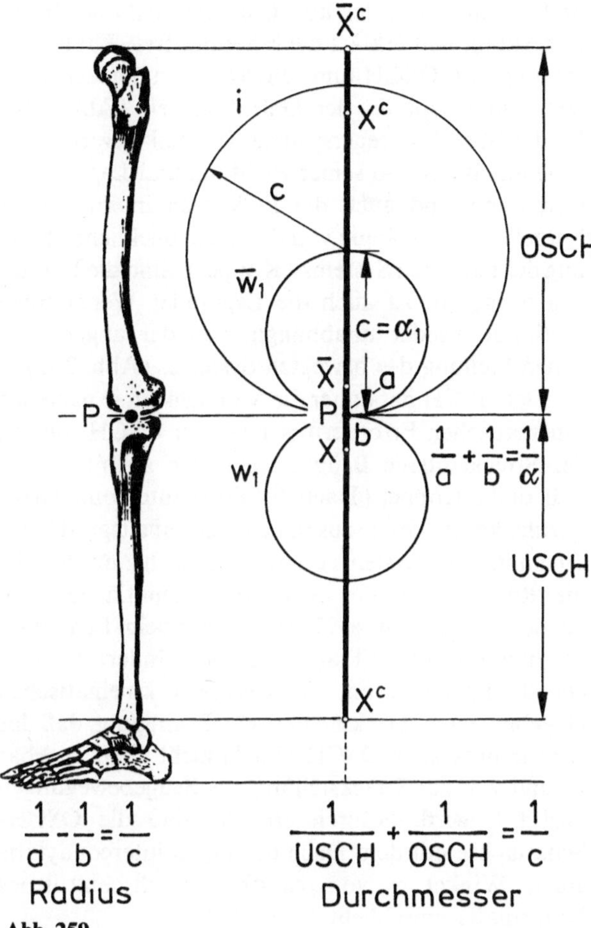

Abb. 259

Angabe: Längenverhältnis λ des vorderen Kreuzbandes v und des hinteren Kreuzbandes h_k (Mittelwerte von 20 Leichenknien)
$v{:}h_k = \lambda = 1{,}2055054$;

Wendekreisdurchmesser $\alpha = 20{,}152513$ mm. (Parallelstellung von Steg und Koppel.)

1. Ermittlung von a und b ($b = \lambda a$), für die das Längenverhältnis λ auf den Hauptpolstrahl zutrifft:

$$\frac{1}{a}+\frac{1}{\lambda a}=\frac{1}{\alpha} \Rightarrow \frac{\alpha(\lambda+1)}{\lambda}=a$$

a = 36,86864 mm,

λa = b = 44,445354 mm.

2. Bestimmung des Inversionskreisradius c, der a und λa spiegelbildlich invers abbildet:

$$\frac{1}{a}-\frac{1}{\lambda a}=\frac{1}{c} \Rightarrow c=\frac{\lambda a}{\lambda},$$

$|c| = 216{,}273361$ mm $= |\alpha_1|$,

$|c| = |\alpha_1|$.

Der Radius des Inversionskreises c entspricht dem Durchmesser α_1, des Wendekreises w_1 des großen Bewegungssystems OSCH-USCH.

3. Darstellung des inversen Abbildes $\lambda a_1 = \text{OSCH}$ von λa und des inversen Abbildes $a_1 = \text{USCH}$ von a:

$$\frac{1}{a_1}+\frac{1}{\lambda a_1}=\frac{1}{\alpha_1} \Rightarrow$$

$$\frac{\alpha_1(\lambda+1)}{\lambda}=a_1,\ a_1=\text{USCH},$$

$$a_1(\lambda+1)=\lambda a_1,\ \lambda a_1=\text{OSCH}.$$

Oberschenkel = 476,99207 mm
Unterschenkel = 395,67808 mm

Zusammenfassung

Die Beziehung des Konstruktionsprinzips des Kniegelenks zu den Drehachsen der Nachbargelenke (Sprunggelenk und Hüfte) ergibt sich aus 3 Gleichungen:

1. $\frac{1}{a}+\frac{1}{\lambda a}=\frac{1}{\alpha}$ — Kniegelenk (kleines Bewegungssystem) *Vorzeichenwechsel*

2. $\frac{1}{a}-\frac{1}{\lambda a}=\frac{1}{c}$ — Inversion (c = Radius des Inversionskreises i) *Vorzeichenwechsel*

3. $\frac{1}{\text{USCH}}+\frac{1}{\text{OSCH}}=\frac{1}{\alpha_1}$ — Großes Bewegungssystem OSCH-USCH
OSCH = λUSCH
α_1 = Wendekreis des Bewegungssystems OSCH–USCH
$|\alpha_1| = |c|$

Ist die OSCH- und USCH-Länge bekannt, dann ist durch die Umkehr der Gleichungsfolge das Steuersystem des Kniegelenks in seinem Konstruktionsprinzip bestimmt.

21.2 Der „Einbau“ des Steuersystems des Kniegelenks (kleines System) in das Bewegungssystem OSCH-USCH (großes System)

Das Tibiaplateau steht normal auf der Unterschenkellängsachse X^cP_1 (Abb. 260). Diese Achse ist die Wälznormale η_1 des Bewegungssystems OSCH-

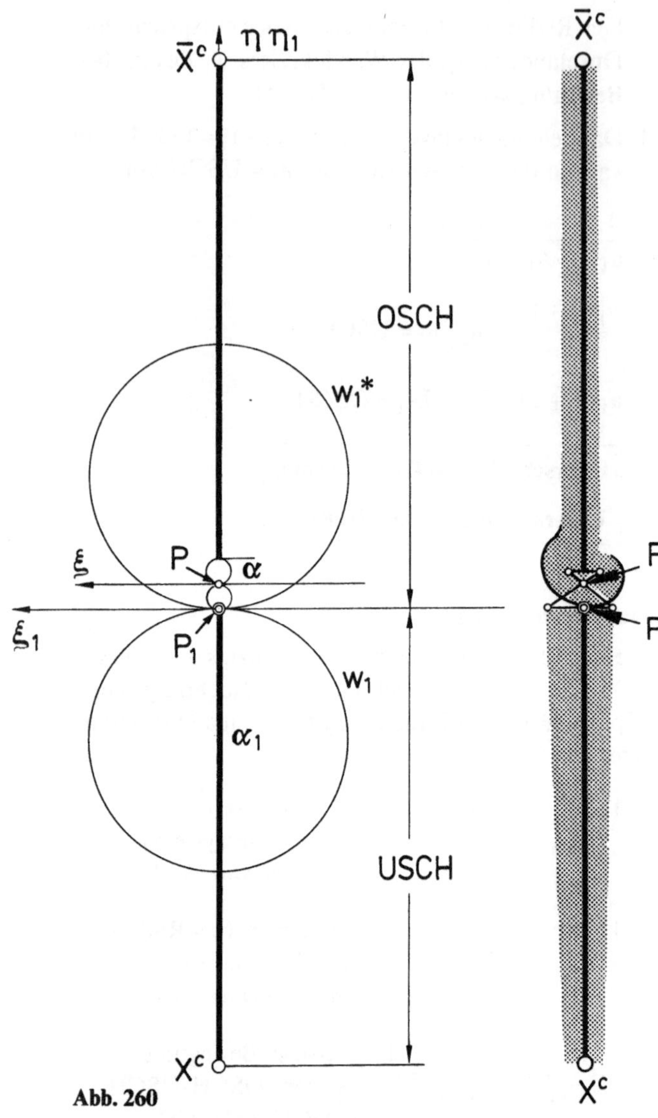

Abb. 260

USCH. Sie verläuft durch die Drehachse P_1 und durch den Momentanpol P des kleinen Systems. Für das kleine System bedeutet dies, daß es sich um die Bahnnormale n des Tibiaplateaus handelt, die gleichzeitig die Wälznormale η' des inversen Abbilds des kleinen Systems darstellt, das zwangsläufig immer mit dem originalen Steuersystem auftritt (s. Abb. 249). Der Punkt P_1, auf dem die Bahnnormale am Tibiaplateau errichtet wird, ist der augenblickliche Eingriffspunkt der Hüllfläche (Gelenkflächen), die Drehachse P_1 des großen Systems OSCH-USCH. Dieses duale Auftreten des Steuersystems (kleines System) ermöglicht es, daß in jedem Augenblick der Bewegung die Wälznormale η_1 des großen Systems mit der Wälznormalen η' des inversen Spiegelbildes des kleinen Systems ineinanderfallen und sich mit der Bahnnormalen n des originalen Steuersystems decken. Dadurch wird dieses Bewegungssystem mit den 2 Drehzentren P und P_1 auch von der konstruktiven Seite her bewegungsfähig und erklärt die scherungsfreie Kraftübertragung von OSCH und USCH oder umgekehrt auf dem Eingriffspunkt der Gelenkflächen (Abb. 260). Ist der Steg des Steuersystems (Gelenkviereck), das ruhende System, in seiner Richtung und Lage festgelegt, dann sind auch die Polkurven in ihrer Lage festgelegt, unabhängig von der augenblicklichen Stellung des bewegten Systems (Koppel). Sind die Polkurven festgelegt, ist auch die Lage aller Wendekreise bestimmt, wieder unabhängig von der augenblicklichen Stellung des bewegten Systems. (Abb. 261).

Der OSCH hat daher die Möglichkeit, je nach den kinematischen Erfordernissen, – der OSCH soll aus der Streckendlage Beugebewegungen ausführen, – sich an die Koppel (Dach der Fossa intercondylaris) anzulenken. Dieser zusätzliche „Freiheitsgrad" des kinematischen Systems erlaubt, daß sich zum Beispiel die Retroversion der Schienbeingelenkfläche beim Neugeborenen von ca. 27° auf etwa 4° beim Erwachsenen in bezug auf die Transversalebene ändert, entsprechend anpassend an die jeweiligen kinematischen Gegebenheiten. Die kinematische Bedingung, daß das Bewegungssystem OSCH-USCH nicht überstreckbar ist und von der Streckstellung aus Beugebewegungen ausführt, wird dadurch erreicht, daß die OSCH-Schaftachse mit dem Dach der Fossa intercondylaris einen Winkel γ von ca. 40° (durchschnittliches Naturmaß) einschließt (Abb. 262).

Es erhebt sich natürlich sofort die Frage, in welcher Beziehung steht dieser Winkel γ zum kleinen Steuersystem und zum großen Bewegungssystem OSCH-USCH? Das große System ist das inverse Abbild des kleinen Systems in bezug auf die „Krümmungsverwandtschaft" dieser beiden Systeme. Die konkreten Größenbeziehungen werden durch die Verhältniszahl $\lambda\left(\lambda = \frac{v}{h_k}\right)$ bestimmt. Bei der inversen Transformation des kleinen Systems in das große Bewegungssystem bleiben die Winkel erhalten. Es ändert sich bloß der Umlaufsinn dieses Winkels (die Inversion ist winkeltreu). Das kleine Steuersystem wurde a priori aus einer einzigen Angabe der Längenverhältniszahl λ prinzipiell entwickelt. Wenn die konstruktiven Überlegungen bisher richtig waren, dann muß sich zu dem Naturmaß des Winkels γ, den die OSCH-Schaftachse mit dem Dach der Fossa intercondylaris einschließt, der entsprechende inverse Winkel $\bar{\gamma}$ im konstruierten kleinen Steuersystem finden.

Man legt das Dach der Fossa intercondylaris in seiner Lage fest (Abb 263a) und trägt den Winkel γ den natürlichen Gegebenheiten von B^* nach „oben" auf, entgegen dem Uhrzeigersinn. Bei der Inversion bleiben die Winkel erhalten, sie ändern nur ihren

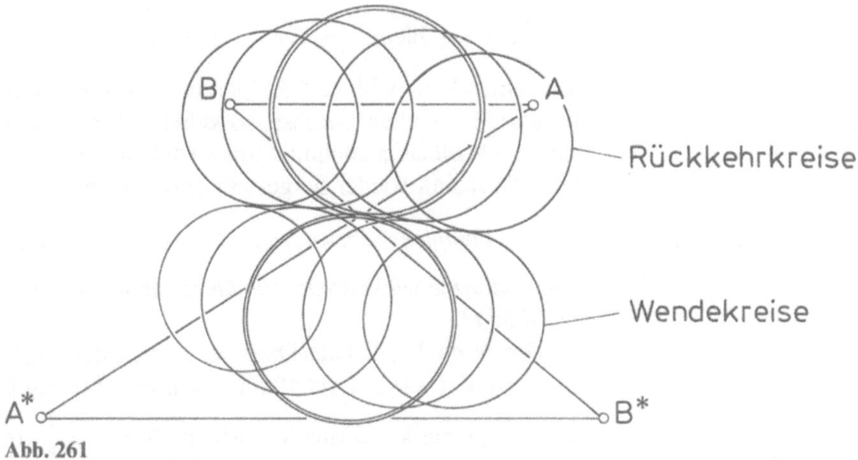

Abb. 261

Umlaufsinn. Es wird deshalb der Winkel $\bar{\gamma}$ nach „unten" im Uhrzeigersinn aufgetragen (Abb. 263a). Ergänzt man das Steuersystem, so findet man, daß sich der Schenkel des nach „unten" aufgetragenen Winkels γ mit dem hinteren Kreuzband deckt (Abb. 263b). Der Winkel $\bar{\gamma}$ ergibt sich aus:

$$\frac{r_{hk}}{h_k} = \cos\bar{\gamma} \text{ bzw. } \frac{f}{h_k} = \sin\bar{\gamma} \Rightarrow \bar{\gamma} = \mathbf{39{,}67664254°}.$$

Drückt man den Winkel $\bar{\gamma}$ in seiner cot-Form aus, $\cot 39{,}67664254° = \frac{f}{r_{hk}}$, dann ist die natürliche trigonometrische Zahl dieses Winkels 1,2055054. Diese Zahl bedeutet gleichzeitig das schon bekannte Längenverhältnis $\lambda \left(\lambda = \frac{v}{h_k} \right)$, die das kleine Steuersystem bestimmt und gleichzeitig das große Bewegungssystem festlegt. Das Naturmaß des Winkels γ von 40° unterscheidet sich von dem konstruktiv gewonnenen Winkel $\bar{\gamma} = 39{,}67664254°$ durch ca. $\frac{23}{100}$°.

Dieses empirische Verfahren zur Ermittlung des Winkels γ (Dach der Fossa intercondylaris und

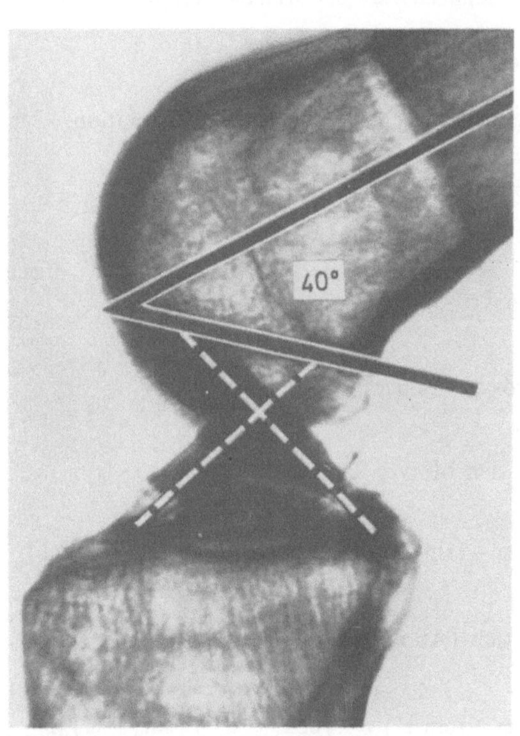

Abb. 262

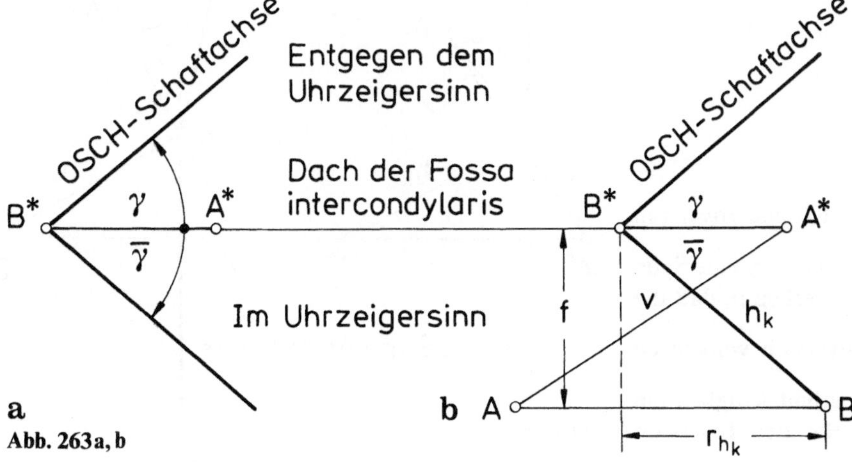

Abb. 263a, b

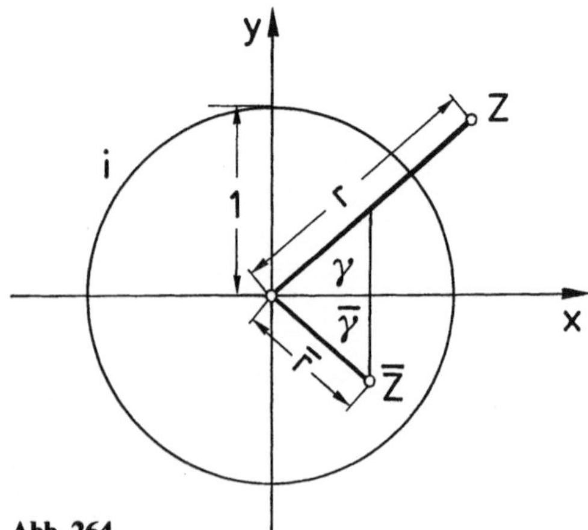

Abb. 264

OSCH-Schaftachse) ist durch die komplexe Transformation $z' = \frac{1}{z}$ gedeckt.

In trigonometrischer Form lautet die Relation:

$$r' = (\cos \varphi' + i \sin \varphi') = \frac{1}{r(\cos \varphi + i \sin \varphi)}.$$

Die Konstante 1 kann man durch $1 = 1(\cos 0 + i \sin 0)$ ersetzen, man erhält:

$$r' = (\cos \varphi' + i \sin \varphi') = \frac{1(\cos 0 + i \sin 0)}{r(\cos \varphi + i \sin \varphi)}.$$

Durch den Moivre-Satz

$$r'(\cos \varphi' + i \sin \varphi') = \frac{1}{r}[\cos(0-\varphi) + i \sin(0-\varphi)]$$

ergibt sich (Abb. 264):

$$r'(\cos \varphi' + i \sin \varphi') = \frac{1}{r}[\cos(-\varphi) + i \sin(-\varphi)].$$

Dies bedeutet (Abb. 264):

$$r' = \frac{1}{r} \quad \text{und} \quad \varphi' = -\varphi.$$

Die Relation $r' = \frac{1}{r}$ bzw. $r' \cdot r = 1^2$ ist eine Inversion oder Spiegelung am Einheitskreis, $\varphi' = -\varphi$ eine Spiegelung an der reellen x-Achse. Man erkennt, daß die Transformation $z' = \frac{1}{z}$ wie die Inversion winkeltreu ist, der transformierte Winkel φ erhält lediglich ein negatives Vorzeichen $\varphi' = -\varphi$. Bei der Inversion $r' = \frac{1}{r}$, $\varphi' = \varphi$ bleibt der Winkel φ erhalten, er ändert nur seinen Umlaufsinn. Tritt hierzu noch eine Spiegelung an der reellen x-Achse, so kehrt sich der Drehsinn des Winkels φ nochmals um, so daß der ursprüngliche Drehsinn wieder hergestellt wird (Abb. 264).

Die komplexe Transformation $z' = \frac{1}{z}$ ist deshalb eine konforme winkeltreue Abbildung, **ohne** *Umlegung der Winkel.*

Der Winkel γ, den das Dach der Fossa intercondylaris mit der OSCH-Schaftachse einschließt, ergibt sich durch die konforme Transformation $z' = \frac{1}{z}$ des hinteren Kreuzbandes an dem Dach der Fossa intercondylaris als reelle Achse.

21.3 Überstreckbarkeit des Bewegungssystems OSCH-USCH

Bringt man die OSCH-Schaftachse in Streckstellung (Abb. 265), dann merkt man, daß der OSCH noch ein gewisses Maß überstreckbar ist. Das heißt die Überstreckbarkeit des OSCH bzw USCH, die für den amuskulären Stand erforderlich ist, ist nicht etwa ein Phänomen der „Ausleierung" oder der „Anpassungsfähigkeit der Natur" des Bewegungssystems OSCH-USCH, sondern eine konstruktive geometrische Konsequenz der Beziehung des kleinen Steuersystems (Kniegelenk) zum großen Bewegungssystem OSCH-USCH (Abb. 265).

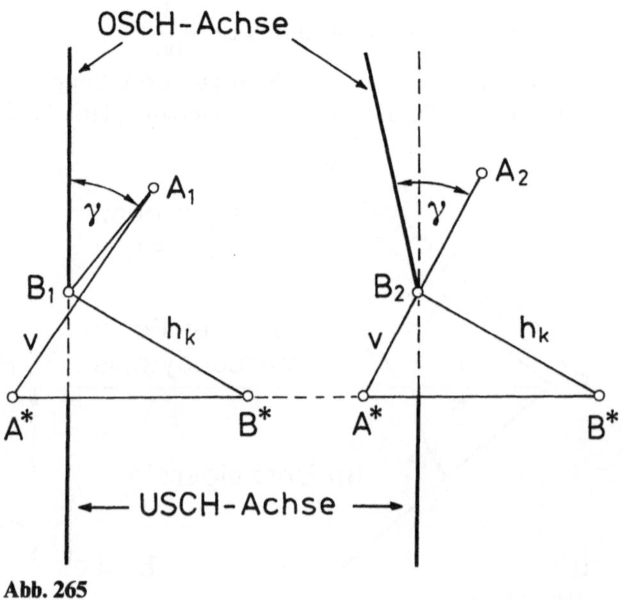

Abb. 265

21.4 Das hinfällige „Nußknackerprinzip" des Kniegelenks

Namhafte Autoren haben versucht, den Kompressionsdruck der Gelenkflächen des Kniegelenks an ihren Berührungsstellen zu berechnen. Je nach spekulativer Wahl des augenblicklichen „Kniegelenkdrehpunkts" wurden Kompressionsdrucke an den Gelenkberührungsstellen ermittelt, die das 10- bis 15fache des Körpergewichts betrugen. Es handelt sich hier um berechnete statische Drücke. Die dynamischen Kräfte, die etwa bei einem Sprung aus einer gewissen Höhe als Druck an den Gelenkflächen auftreten und sicher erheblich größer sind als die statischen Druckkräfte, wurden außer acht gelassen. Kennt man die Vulnerabilität des Gelenkknorpels, dann kann man die errechneten Druckkräfte an den Eingriffsstellen der Gelenkflächen damit nicht in Einklang bringen, auch dann nicht, wenn man die Synovia als Druckverteiler über die Gelenkflächen in der Gelenkskapsel berücksichtigt.

Die Erkenntnis, daß die Drehachsen der OSCH- und USCH-Bewegung die Eingriffspunkte (Berührungsstellen) der Gelenkflächen (Hüllflächen) sind, beseitigt die bisher angenommene Hebelwirkung, das „Nußknackerprinzip" des Kniegelenks an seinen Berührungsstellen. *An den Berührungsstellen der Gelenkflächen, den Drehachsen des Bewegungssystems OSCH-USCH, tritt in jedem Augenblick der Bewegung ein Drehmoment auf,* **jedoch keine Hebelkräfte**. *Das Drehmoment wird erzeugt oder aufgefangen durch das Streckensystem des Kniegelenks.*

21.5 Die Fußhöhe und die Bewegungssysteme des Beines

Die OSCH- und USCH-Längen sind die inversen Abbilder der Längenverhältnisse des vorderen und hinteren Kreuzbandes auf den Hauptpolstrahl bezogen. Die Inversion ist richtungsbezogen. Sind a und b inverse Abbilder voneinander auf einem Polstrahl, dann liegt das Zentrum der Inversion auf jener Seite des Polstrahls, der das kleinere Abbild a trägt, wenn $a < b$ ist. Aus Abb. 254 ist zu entnehmen, daß $PX^* < PX$ ist. Der OSCH ist das inverse Abbild von PX^* bezogen auf das Zentrum 0 und bildet sich deshalb nach „oben" auf dem Polstrahl ab. Ordnet man der Inversion das Phänomen der Bewegung zu, und zwar so, daß der OSCH und USCH auf verschiedenen Seiten des Momentanzentrums liegen, dann lautet die schon bekannte Relation:

$$\frac{1}{\text{OSCH}} + \frac{1}{\text{USCH}} = \frac{1}{\alpha_1}.$$

Der OSCH bildet sich durch die Transformation von PX^* vom Momentanzentrum P_1 aus gesehen nach „oben" ab, daher bildet sich der USCH zwangsweise nach „unten" auf dem Polstrahl ab (Abb. 254).

Trägt man die OSCH-Länge vom Momentanzentrum P_1 in Richtung des USCH auf, dann ergibt sich aus der Differenz der OSCH- und USCH-Länge die Höhe Fu des Fußes (Abb. 259). Die Fußhöhe Fu ist der Normalabstand der Gelenkberührungsstelle von Talus und Tibia zur horizontalen Auftrittsebene im aufrechten Stand.

Trägt man die USCH-Länge vom Momentanzentrum P_1 in Richtung des OSCH auf dem Polstrahl ab, dann entspricht die Differenz von OSCH und USCH-Länge dem Abstand des Eingriffspunktes von Hüftkopf und Pfanne zum Trochanter minor.

Das Bewegungssystem Hüftgelenk, OSCH, Kniegelenk, USCH und Sprunggelenk wurde um die Fußhöhe erweitert. Jeder einzelne Abschnitt dieser Gelenkkette muß mit den übrigen Abschnitten gesetzmäßig in Beziehung treten. Diese kinetostatischen Gesetzlichkeiten sind durch die Euler-Savary-Gleichung definiert.

Für das schon bekannte **Bewegungssystem OSCH-USCH** gilt:

$$\frac{1}{\text{OSCH}} + \frac{1}{\text{USCH}} = \frac{1}{\alpha_1}, \quad \alpha_1 = \text{Wendekreis.}$$

Weil der OSCH = λ USCH ist, folgt:

USCH = 395,67808 mm

OSCH = 476,99207 mm

$$\frac{\lambda+1}{\lambda \text{USCH}} = \frac{1}{\alpha_1} \Rightarrow \boxed{\alpha_1 = \frac{\lambda \text{USCH}}{\lambda+1}}$$

$\alpha_1 = 216{,}273361$ mm

Für das **Bewegungssystem Fuß-USCH** gilt (Abb. 266)

Fu = 81,31399 mm

$$\frac{1}{\text{Fu}} + \frac{1}{\text{USCH}} = \frac{1}{\alpha_2}$$

Weil OSCH-USCH = Fu folgt:

λUSCH-USCH = Fu, Fu = USCH(λ − 1)

$$\Rightarrow \frac{1}{\text{USCH}(\lambda-1)} + \frac{1}{\text{USCH}} = \frac{1}{\alpha_2}$$

$$\boxed{\alpha_2 = \frac{\text{USCH}(\lambda-1)}{\lambda}} \qquad \alpha_2 = 67{,}4521933 \text{ mm}$$

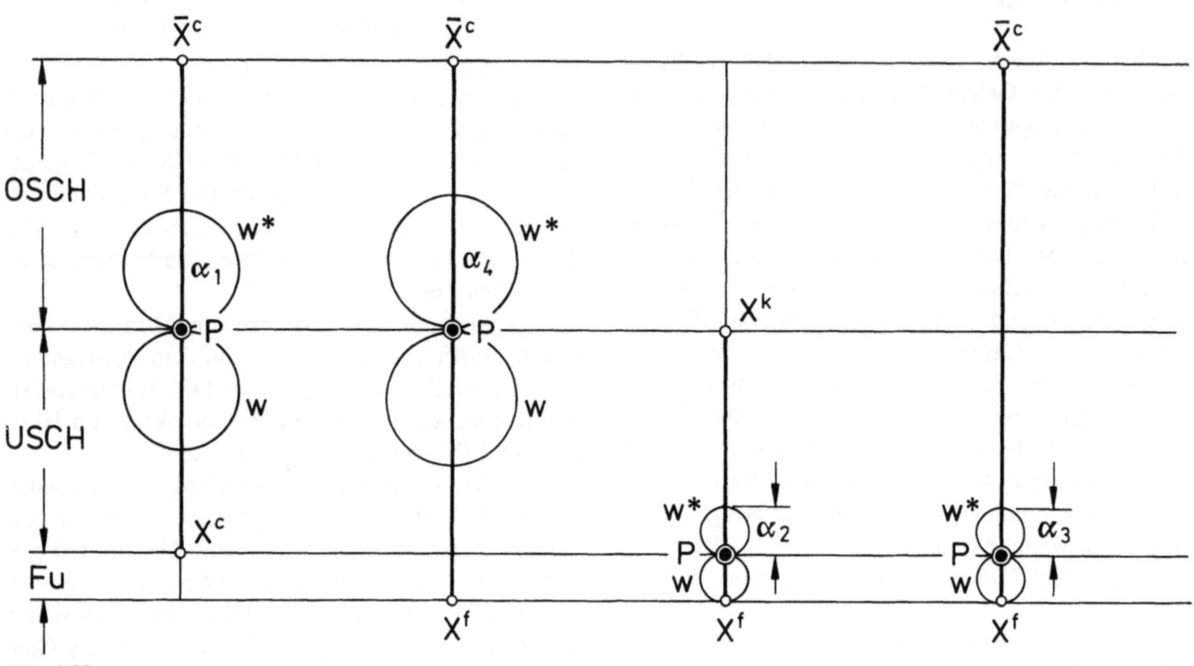

Abb. 266

Für das **Bewegungssystem Fuß-(OSCH und USCH)** gilt (Abb. 266):

$$\frac{1}{\mathrm{USCH}(\lambda-1)}+\frac{1}{\mathrm{USCH}+\lambda\mathrm{USCH}}=\frac{1}{\alpha_3}\Rightarrow$$

$$\frac{\lambda+1+\lambda-1}{\mathrm{USCH}(\lambda-1)(\lambda+1)}=\frac{1}{\alpha_3},$$

$$\boxed{\alpha_3=\frac{\mathrm{USCH}(\lambda^2-1)}{2\lambda}} \qquad \alpha_3=74{,}3830872$$

Für das **Bewegungssystem OSCH-(USCH und Fuß)** gilt (Abb. 266):

$$\frac{1}{\lambda\mathrm{USCH}}+\frac{1}{\lambda\mathrm{USCH}}=\frac{1}{\alpha_4}$$

$$\boxed{\alpha_4=\frac{\lambda\mathrm{USCH}}{2}} \qquad \alpha_4=238{,}496035\ \mathrm{mm}$$

Die Wendekreise $\alpha_1,\alpha_2,\alpha_3,\alpha_4$ sind konstruktive geometrische Elemente, aber *keine kinematischen Elemente*. Der Wendekreisdurchmesser α des Kniesteuersystems (Kreuzbänder) ist das kinematische Element – der Ort aller Wendestellen der Punktbahnen des Gangsystems in einem bestimmten Augenblick der Bewegung – des Bewegungssystems OSCH-USCH (Tabelle 7). Der Durchmesser α_1 des Wendekreises w_1 ist der Radius c des Inversionskreises i, der die Streckenabschnitte a und b (Abb. 259) invers abbildet

$$\frac{1}{a}-\frac{1}{b}=\frac{1}{c}.$$

Der Durchmesser α_1 des Wendekreises w_1 als konstruktives Element setzt die OSCH- und USCH-Länge nach der Relation

$$\frac{1}{\mathrm{OSCH}}+\frac{1}{\mathrm{USCH}}=\frac{1}{\alpha_1}$$

in gesetzliche Beziehung.

21.6 Körpergröße

Die Frage nach dem „Bauplan“ des menschlichen Körpers und seinen Proportionen ist schon sehr früh in der Geschichte der Medizin und Kunst gestellt worden. Der römische Baumeister Vitruvius gab an, daß die Kopfhöhe 8mal in der Körperhöhe enthalten ist und die „Fußlänge“ 6mal. Nach Schadow (aus Rauber-Kopsch 1955) sind die Maße vom Stamm und Glieder meist ein 3faches von 3 Zoll. Zeissig versuchte die Maßverhältnisse der menschlichen Gestalt nach den Regeln des „goldenen Schnitts“ zu erfassen (a:b = b:(a – b)). Carus nimmt als Maßeinheit die gesamte Rückgradlänge eines gesunden Neugeborenen und bezeichnet diese Länge als Modulus (18 cm).

Tabelle 7. Die Wendekreise des Beins durch das Längenverhältnis λ (Kreuzbandlängenverhältnis) und der Unterschenkellänge ausgedrückt

Wendekreise	Bewegungssysteme	
$\alpha_1 = \frac{\lambda USCH}{\lambda+1}$	OSCH/USCH	Bezogen auf das Kniegelenk
$\alpha_2 = \frac{USCH(\lambda-1)}{\lambda}$	Fu/USCH	Bezogen auf das Sprunggelenk
$\alpha_3 = \frac{USCH(\lambda^2-1)}{2\lambda}$	Fu/OSCH + USCH	Bezogen auf das Sprunggelenk
$\alpha_4 = \frac{\lambda USCH}{2}$	Fu + USCH/OSCH	Bezogen auf das Kniegelenk

Die Gesamtlänge der männlichen Gestalt beträgt $9\frac{1}{2}$ Moduli, der Längendurchmesser des Kopfes 1 Modulus, die Länge vom Brustbein zum Nabel 1 Modulus usw. Michelangelo, Leonardo da Vinci und Dürer beschäftigten sich mit der Körperproportion (zit. nach Rauber-Kopsch 1955).

Kretschmer (1936) schuf die bekannten Konstitutionstypen und hat auch lineare Vergleichsmessungen durchgeführt. Bei allen Konstitutionstypen ist die Rumpflänge kürzer als die Beinlänge. Es wäre noch eine Reihe von namhaften Autoren aufzuzählen, die sich mit dem Körperbau und seiner Vermessung beschäftigen.

Keiner der Autoren hat in seinen Arbeiten berücksichtigt, daß der Mensch und die Wirbeltiere in erster Linie Bewegungssysteme sind, die sich aus sich selbst entwickeln unter Gültigkeit der kinematischen Gesetzlichkeit und eines Transformationssystems, das die Beziehungen aller Parameter untereinander und in seiner Gesamtheit regelt. Die Proportionen des Erscheinungsbilds der biologischen Bewegungssysteme müssen sich aus den Bewegungsgesetzlichkeiten, dem Konstruktionsprinzip, der Bewegungssysteme ergeben.

Die dysplastischen Spezialtypen nach Kretschmer sollen vorerst aus der weiteren Betrachtung ausgeschlossen werden.

Der Stamm (Kopf, Hals und Rumpf) und das Bein bilden bei seitlicher Betrachtung ein Bewegungssystem mit dem Momentanzentrum P_g, dem augenblicklichen Eingriffspunkt von Hüftkopf und Pfanne. Dieses Bewegungssystem Stamm-Bein muß mit dem Bewegungssystem OSCH-USCH in Beziehung stehen, das durch die Gleichung der Krümmungsverwandtschaft auf dem Hauptpolstrahl

$$\frac{1}{USCH} + \frac{1}{\lambda USCH} = \frac{1}{\alpha_1}$$

definiert ist.

Der Inversionskreis i, der die Längenverhältnisse der Kreuzbänder auf dem Hauptpolstrahl (Wälznormale) in die OSCH- und USCH-Längen invertiert, hat den Durchmesser $2\alpha_1$. Erklärt man den i-Kreis als Wendekreis und läßt ihn durch den augenblicklichen Drehpunkt P_g des Hüftgelenks des Bewegungssystems Stamm-Bein gehen, dann ist die kinetostatische Relation durch

$$\frac{1}{Stamm} + \frac{1}{Bein} = \frac{1}{2\alpha_1}$$

definiert.

Der reziproke Wert der Stammlänge (Stamm) ist dann:

$$\frac{1}{Stamm} = \frac{1}{2\alpha_1} - \frac{1}{Bein}.$$

Weil die Beinlänge gleich $2\lambda USCH$ ist und $\alpha_1 = \frac{\lambda USCH}{\lambda+1}$, so folgt durch Einsetzen dieser Werte in die obige Gleichung:

$$\frac{1}{Stamm} = \frac{1}{\frac{2\lambda USCH}{\lambda+1}} - \frac{1}{2\lambda USCH}$$

$$\Rightarrow \frac{\lambda+1-1}{2\lambda USCH} = \frac{1}{Stamm}$$

$$\Rightarrow Stamm = 2USCH = 791{,}35616.$$

Die Körpergröße (Stammlänge + Beinlänge) ergibt sich aus:

$$2\lambda USCH + 2USCH = Körpergröße$$

$$\Rightarrow \boxed{2USCH(\lambda+1) = Körpergröße}$$

Die Umsetzung in ein konkretes Zahlenbeispiel:

Die OSCH-Länge (476,99207 mm) und die USCH-Länge (395,67808 mm), die sich durch Inversion der

Kreuzbandlängen a und b auf dem Hauptpolstrahl (Wälznormale) ergaben, bestimmen die Körpergröße (1745,3403 mm). Das Längenverhältnis λ der Kreuzbänder ist 1,2055054 mm:

$2 \cdot 395{,}67808 \cdot (2{,}2055054) = \mathbf{1745{,}3403\ mm}.$

Bei linearen Messungen der Länge des Körpers ist zu unterscheiden, ob diese in liegender Haltung oder im aufrechten Stand durchgeführt werden. Erfolgt die Messung in liegender Haltung, dann spricht man von der Körperlänge. Erfolgt die Messung im aufrechten Stand, dann handelt es sich um die Standhöhe. Der Begriff der Standhöhe wurde durch den allgemein gebräuchlichen Begriff der Körpergröße ersetzt, die üblicherweise im aufrechten Stand gemessen wird. Vom kinematischen Standpunkt ist die Messung im Stehen, in der alle belasteten Gelenke in Eingriffsstellung stehen, die sinnvollere Betrachtungsweise.

Nach den Konstitutionstypen im Sinne von Kretschmer überschreitet die Körpergröße nie die doppelte Beinlänge. Dieser Extremwert, daß die Körpergröße die doppelte Beinlänge nicht überschreitet, läßt sich kinematisch darstellen: Das Bewegungssystem (Fuß + USCH)-Osch hat den Wendekreis $\alpha_4 = \frac{\lambda \mathrm{USCH}}{2}$. Nimmt man, wie in dem vorausgegangenen Beispiel den doppelten Wendekreisdurchmesser (Durchmesser des Inversionskreises) als Wendekreis für das Bewegungssystem Stamm-Bein, dann folgt:

$$\frac{1}{\mathrm{Stamm}} = \frac{1}{2\alpha_4} - \frac{1}{\mathrm{Bein}}.$$

Weil $\alpha_4 = \frac{\lambda \mathrm{USCH}}{2}$ und die Beinlänge $= 2\lambda \mathrm{USCH}$ beträgt, so ergibt sich:

$$\frac{1}{\mathrm{Stamm}} = \frac{1}{\frac{2\lambda \mathrm{USCH}}{2}} - \frac{1}{2\lambda \mathrm{USCH}}$$

$$\Rightarrow \frac{1}{\mathrm{Stamm}} = \frac{1}{2\lambda \mathrm{USCH}}.$$

Körpergröße = (Stamm + Beinlänge).

Beinlänge = 953,98414

Stammlänge = 953,98414

Die extreme Körpergröße bei einer USCH-Länge von 395,67808 mm und dem Längenverhältnis λ der Kreuzbänder von 1,2055054 ist:

Körpergröße = 1907,968248 mm.

Diese Körpergröße (doppelte Beinlänge) entspricht einem sog. Sitzriesen.

Die Körpergröße von 1907,968248 mm ist ein Extremwert, weil

1. in der Gelenkkette des Beines kein größerer Wendekreis als α_4 (Wendekreis des Bewegungssystems [(Fuß + USCH)-OSCH] auftritt.
2. Die OSCH-Länge entspricht der Länge Fußhöhe + USCH-Länge. Die kinetostatische Gleichung, die dieses System definiert lautet:

$$\frac{1}{\mathrm{OSCH}} + \frac{1}{\mathrm{OSCH}} = \frac{1}{\alpha_4}, \quad \alpha_4 = \frac{\mathrm{OSCH}}{2} = \frac{\lambda \mathrm{USCH}}{2}.$$

Ersetzt man das positive Vorzeichen zur Ermittlung des entsprechenden Inversionskreisradius durch das negative Vorzeichen, so folgt:

$$\frac{1}{\mathrm{OSCH}} - \frac{1}{\mathrm{OSCH}} = \frac{1}{0}, \frac{1}{0} \quad \text{(ist nicht definiert)}.$$

Das heißt, die entsprechende Länge des Inversionskreisradius wäre unendlich. Dies schließt eine weitere Transformierbarkeit dieses Systems aus.

Die dysplastischen Spezialtypen, wie zum Beispiel die Gruppe des eunuchoiden Hochwuchses oder die Gruppe der Infantilen und Hypoplastischen, zeigen, daß das Konstruktionsprinzip der biologischen Bewegungssysteme und Teilsysteme durch innere Parameter eine Veränderung in seinen Proportionen erfährt, ohne Änderung des Konstruktionsprinzips an sich. Wie die Umsetzung der inneren Parameter in Längenverhältnisse vor sich geht, ist nicht bekannt. Für dieses unbekannte Phänomen der Umsetzung soll kein Begriff, wie etwa Weisheit der Natur oder Beeinflussung des genetischen Materials gewählt werden. Dies würde ein Wissen vortäuschen, das nicht vorhanden ist.

Nehmen wir als Beispiel an, daß der Wendekreis $2\alpha_1$ des Bewegungssystems Stamm-Bein durch innere Parameter so beeinflußt wird, daß der Wendekreis α des Kniegelenks bei Parallelstellung vom Tibiaplateau und Dach der Fossa intercondylaris abzuziehen ist:

$2\alpha_1 - \alpha$ (Kniegelenk) $= \alpha_5$.

$\alpha_5 = 412{,}39472$ mm

$2\alpha_1 = 432{,}54672$ mm

α (Kniegelenk) $= 20{,}152$ mm

$$\frac{1}{\mathrm{Stamm}} = \frac{1}{\alpha_5} - \frac{1}{\mathrm{Bein}} \Rightarrow \frac{1}{\mathrm{Stamm}} = \frac{1}{726{,}4137}$$

Beinlänge = 953,98414 mm

Stammlänge = 726,4137 mm

Körpergröße = Stamm + Beinlänge = 1680,3979 mm.

Die Körpergröße bei dem Wendekreisdurchmesser $2\alpha_1$ beträgt 1745,34 mm. Eine Verkürzung von $2\alpha_1$ um

20,152 mm (Wendekreis des Kniegelenks bei Parallelstellung von Dach der Fossa intercondylaris und Tibiaplateau) bewirkt durch die Reziprozität des Transformationssystems eine Verminderung der Körperlänge um 64,94 mm, das ist das 3,2fache der Verkürzung des Wendekreisduchmessers $2\alpha_1$.

Dieses Beispiel zeigt:

1. die Empfindlichkeit des Transformationssystems bei Längenänderung;
2. daß Längenänderungen möglich sind, ohne Änderung des Konstruktionsprinzips.

Teil V

Entwicklung des proximalen Femurendes aus den Parametern des Kniegelenks

22 Entwicklung des Hüftgelenks aus dem Steuersystem des Kniegelenks

Die Form des Hüftkopfes, der bei oberflächlicher Betrachtung einer Kugel entspricht, hat im vorigen Jahrhundert die Aufmerksamkeit der damaligen Fachwelt hervorgerufen.

Aeby (1863) hat vorgeschlagen, von einem Sphäroidgelenk statt von einem Kugelgelenk zu sprechen. Nach seiner Ansicht handelt es sich um eine Rotationsfläche, die durch Rotation eines Kreisbogens um eine Achse entsteht, deren größter Abstand vom Kreisbogen kleiner als der Krümmungsradius des Kreises ist.

Schmid (1874) hat unter Aeby diese Untersuchungen weitergeführt und gefunden, daß die Hüftpfanne analog dem Kopf von einer Kugelgestalt abweicht.

Helwig (1912) sah im Hüftkopf die Form eines Rotationsellipsoids. Die mittleren Maße der Halbachsen des Ellipsoids beim männlichen Gelenk sind 26,4:25,4:25,4 mm, beim weiblichen 25:24,1:24,1 mm.

König (1873) sowie Braune u. Fischer (1891) fanden an einem unter Druck gesetzten Gefrierschnitt des Hüftgelenks, daß der Hüftkopf und die Pfanne nur eine „kleine unscheinbare" Kontaktfläche miteinander besitzen. Die gefrorene Synovia konnten sie sichelförmig aus dem Gelenkspalt herausziehen. König und v.a. Braune u. Fischer zogen daraus den richtigen Schluß, daß das Hüftgelenk eben kein Kugelgelenk sein kann.

Braune und Fischer folgerten daraus:
Sollte aber wirklich beim Gebrauch der Gelenke immer nur ein teilweiser Kontakt stattfinden, so würde daraus folgen, daß man von einer bestimmten Gelenkbewegung gar nicht reden kann; denn die Kontaktstellen brauchen nicht jedes Mal dieselben zu sein, wenn man die Flexion von neuem ausführt. Es würde die Bewegung ebenso unvollkommen ausfallen wie bei einem abgenützten Maschinenteil, nämlich schlotternd.
Die Annahme einer so unvollkommenen und unregelmäßigen Bewegung widerspricht aber der täglichen Erfahrung, welche nichts von Bewegungslockerung oder Schlottergelenk zeigt.
Es muß demnach eine Einrichtung vorhanden sein, welche trotz der incongruenten Form der zugehörigen Gelenkflächen die Bewegung zu einer bestimmten macht.

Damit ist zum ersten Mal in der Geschichte der Medizin die Forderung nach einer Einrichtung ausgesprochen, die die Gelenke bei der Bewegung führt (steuert). Leider haben die Autoren in dieser Einrichtung den Knorpelüberzug der Gelenke gesehen, aber diese fundamentale Erkenntnis nicht weiter verfolgt.

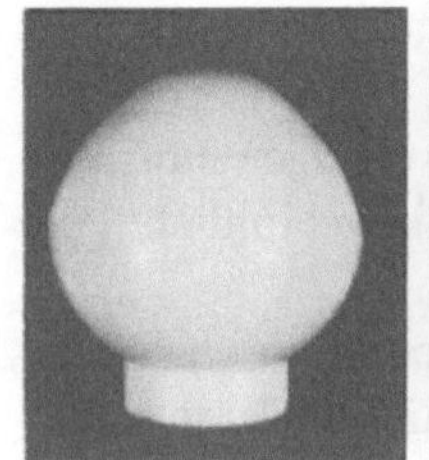
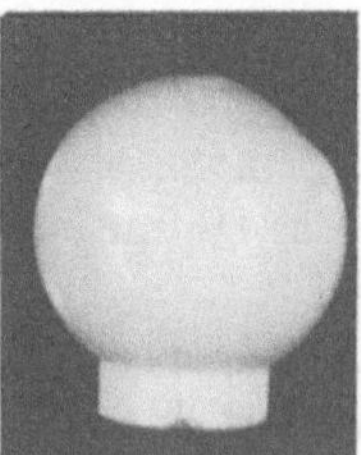
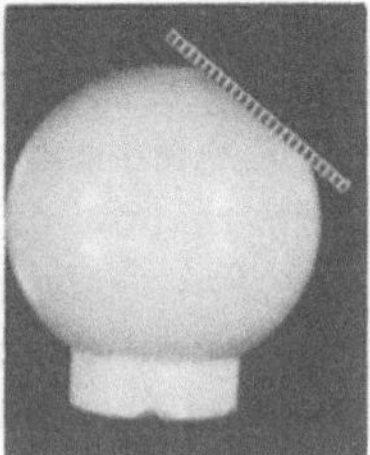

Abb. 267

Die heutige Fachwelt hat die Erkenntnis des vorigen Jahrhunderts vollkommen ignoriert und an der mechanistischen Denkweise der alten Physik festgehalten, die neue Phänomene durch bekannte Erscheinungsbilder zu erklären versucht. Weil der Hüftkopf in seinem Erscheinungsbild kugelähnlich ist, ersetzt man das unbekannte Phänomen Hüftkopf durch das bekannte Erscheinungsbild einer Kugel. Von diesem Trugschluß lebt heute eine ganze Industrie, die den Hüftgelenkersatz auf der Kugelform des Hüftkopfes aufbaut. Obwohl die Endoprothetik des Hüftgelenks der erfolgreichste Gelenkersatz ist, gibt es zahlreiche Fehlschläge, die durch Änderung des Materials und des Trägersystems des Hüftkopfes vermindert werden sollen.

Der kegelförmige Abrieb eines explantierten Hüftkopfes einer Weger-Hugler-Endoprothese (Abb. 267) beweist, daß das Hüftgelenk eben kein Kugelgelenk sein kann. Wäre das Hüftgelenk ein Kugelgelenk, bei dem der kugelförmige Hüftkopf durch eine industriell erzeugte Kugel ersetzt wurde, die in der Kugelschale der Hüftpfanne Rotationsbewegungen ausführt, dann wäre der Abrieb des künstlichen Hüftkopfes kugelförmig oder ellipsoidähnlich und nicht kegelförmig.

Setzt man voraus, daß der menschliche Hüftkopf ein Kugelausschnitt ist, so erhebt sich sofort die Frage, ob die Hüftköpfe der anderen Wirbeltiere ebenfalls Kugelausschnitte sind. Wird dies bejaht, so ist zu bedenken, warum für alle Wirbeltiere gerade das Hüftgelenk bei allen rassischen und individuellen Unterschieden ein identisches kinematisches System sein soll, ein Kugelgelenk läßt keine rassischen oder individuellen Unterschiede zu. Welche denkbaren Voraussetzungen hat ein Kugelgelenk, so daß es sich ganz individuell mit dem proximalen Femurende verbindet? Wie kann das Hüftgelenk als Kugelgelenk mit seinem Nachbargelenk, dem Kniegelenk, bei dem großen individuellen Formenreichtum in eine „konstruktive" bzw. kinematische Beziehung treten? Wenn das Hüftgelenk ein Kugelgelenk ist, warum ist dann das Lig. teres exzentrisch angesetzt? Es ließen sich noch mehr Fragen stellen, die das Hüftgelenk als Kugelgelenk in Frage stellen.

Kehren wir zur Erkenntnis des vorigen Jahrhunderts zurück, daß das Hüftgelenk kugelähnlich, *aber kein Kugelgelenk* ist.

In den vorausgegangenen Abschnitten wurde gezeigt, daß das Steuersystem des Kniegelenks in seinen Proportionen a priori aus dem Längenverhältnis λ des vorderen und hinteren Kreuzbandes entwickelt wurde. Die Längenverhältniszahl λ bedeutet gleichzeitig eine natürliche trigonometrische Zahl, die alle Winkel, Höhen und Breiten des Steuersystems bestimmt. Eine wesentliche Erkenntnis war, daß das Steuersystem zwingend immer mit seinem inversen Abbild auftritt, wobei die Wälznormale η und die Bahnnormale n ihre Rollen vertauschen (Abb. 278). Die Retroversion des Tibiaplateaus ließ sich damit erklären. Die kinetostatische Grundgleichung von Euler-Savary und die Inversion brachten an den Tag, daß die Ober- und Unterschenkellänge, die Fußhöhe und die gesamte Beinlänge zwingend von dem Konstruktionsprinzip des Kniesteuersystems abhängig sind. Eine weitere grundsätzliche Erkenntnis ist, daß die Hüllflächen (Gelenkflächen) des Kniegelenks, die durch das Steuersystem der Kreuzbänder in ihrem Bewegungsablauf geleitet werden, die Achsenflächen des großen räumlichen Bewegungssystems OSCH-USCH sind. Der kinetostatische Zusammenhang zwischen dem Konstruktionsprinzip des Kniegelenks und der Gelenke des Beines wirft natürlich sofort die Frage auf, wie sich das Hüftgelenk, das in seiner Funktion und seinem Erscheinungsbild so verschieden vom Kniegelenk ist, in diese Gelenkkette zwingend konstruktiv einordnet.

22.1 Das geometrische Grundkonzept des Hüftkopfes und der Hüftpfanne

Das mathematische Ordnungsprinzip der Wirbeltiere, das bisher erfolgreich angewendet wurde, ist die Inversion ($r \cdot \bar{r} = \pm c^2$). Dieses Tansformationssystem ist winkel- und kreistreu. Bei der Transformation werden Kurven 2. Ordnung in gesetzlicher Weise in Kurven 4. Ordnung übergeführt. Es ist daher zu erwarten, daß die bestimmenden Parameter des Kniegelenks unter Beibehaltung der Längenverhältniszahl λ, die gleichzeitig eine natürliche trigonometrische Zahl ist, auch am Hüftgelenk nachweisbar sind.

Ein bestimmender Parameter des Steuersystems des Kniegelenks (Kreuzbänder) in einem bestimmten Augenblick der Bewegung (Parallelstellung von Tibiaplateau und Dach der Fossa intercondylaris) ist der Wendekreis w (Abb. 268 u. 278).

Der Wendekreis w ist der Ort jener Punkte des Gangsystems, die im Augenblick Wendestellen ihrer

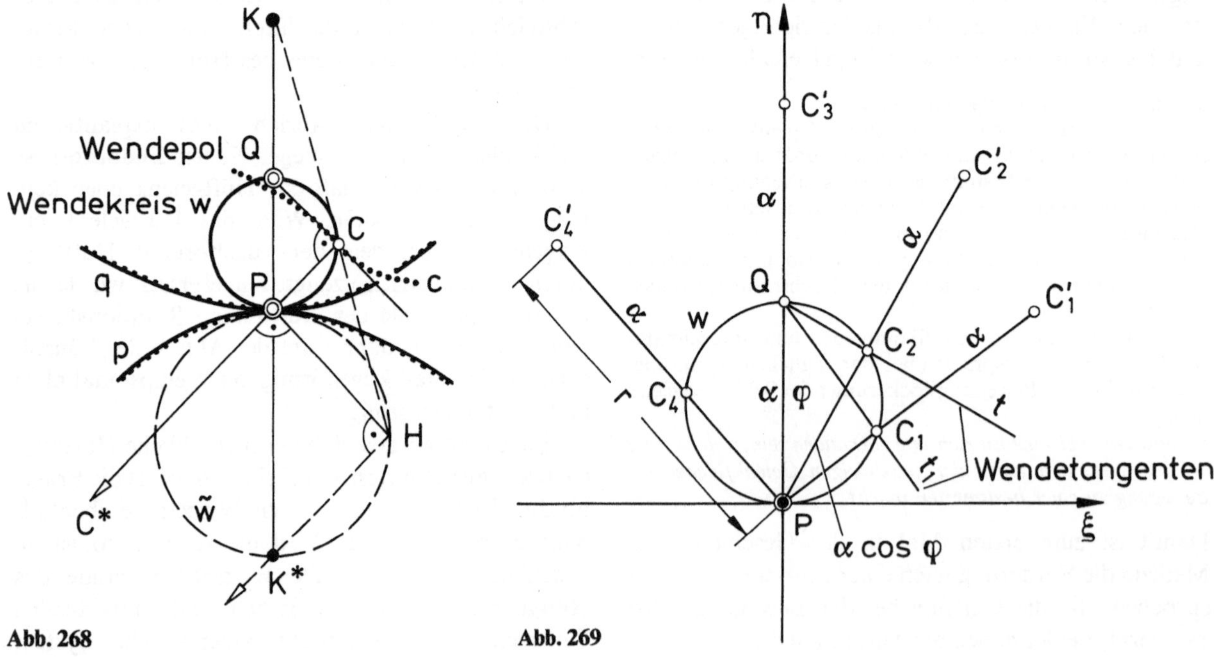

Abb. 268

Abb. 269

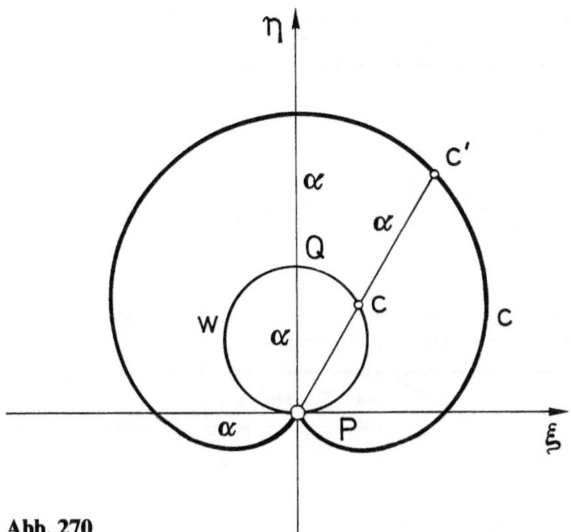

Abb. 270

Bahn durchlaufen. Die zugehörigen Tangenten gehen durch den Wendepol Q, der dem Momentanpol P auf dem Wendekreis w gegenüberliegt (Abb. 268, aus Wunderlich 1970).

Man zeichnet den Wendekreis w und läßt alle Wendetangenten t durch den Wendepol Q (Beschleunigungspol $P_2 = Q$; Abb. 268) laufen und errichtet in den Schnittstellen C_i mit dem Wendekreis w die Bahnnormalen n (Abb. 269). Trägt man auf den Bahnnormalen n den Wendekreisdurchmesser α auf, dann erhält man die Punkte C_i'. Die Abstandslänge PC_i ist durch $\alpha \cos \varphi$ bestimmt $PC_i = \alpha \cos \varphi$. Der Abstand $PC_i' = PC_i + \alpha$ ist durch die Relation $PC_i' = \alpha \cos \varphi + \alpha$ festgelegt. Bezeichnet man die Abstandslänge PC_i mit r, so folgt für alle Abstandslängen (Abb. 270):

$$PC_i' = r = \alpha + \alpha \cos \varphi \Rightarrow$$

$$\boxed{r = \alpha(1 + \cos \varphi)}$$

Die Kurve $r = \alpha(1 + \cos \varphi)$, auf der alle Punkte C_i' liegen, ist eine Kardioide (Abb. 270), die zur Wälznormalen η symmetrisch liegt und eine Spitze (Doppelpunkt) im Momentanpol P hat.

Wendet man die geschilderte Vorgangsweise statt auf den Kreis w auf eine beliebig ebene Kurve l an, dann erhält man eine abgeleitete Kurve c, welche als Konchoide von l bezeichnet wird. Ist $r = f(\varphi)$ die Polarengleichung der Grundkurve l, dann ist die entsprechende Konchoide c durch

$$r = f(\varphi) + a$$

dargestellt.

In Abb. 269 und 270 wurde zur Kreissekanten $\alpha \cos \varphi$ die Konstante α scheinbar willkürlich hinzugefügt, man hätte tatsächlich die Konstante α durch jeden beliebigen Wert ersetzen können. Um den Anschein der Willkürlichkeit zu widerlegen, wird diese wichtige Elementarkurve der biologischen Bewegungssysteme aus dem Steuersystem des Kniegelenks unmittelbar abgeleitet.

Betrachtet man die Krümmungsverwandtschaft (Abb. 271) auf dem Polstrahl, der das vordere Kreuzband $v = AA^x$ trägt, dann ist A^x (Ursprung des vorderen Kreuzbandes) der Krümmungsmittelpunkt des Bahnpunktes A (Ansatz des vorderen Kreuzbandes am Tibiaplateau), der auf einer Kreislinie läuft. Die Beziehung A und A^x ist in diesem Augenblick der Bewegung durch die Summe der reziproken Werte der Abstandslängen v_1 und v_2 vom Momentanzentrum P gegeben (Abb. 271):

$$\frac{1}{v_1} + \frac{1}{v_2} = \frac{1}{s}, \quad s = \alpha \sin \varphi .$$

$$\frac{1}{v_1} + \frac{1}{v_2} = \frac{1}{\alpha \sin \varphi} \quad \text{(Euler-Savary-Gleichung)}.$$

Die Gleichung $\frac{1}{v_1} + \frac{1}{v_2} = \frac{1}{s}$ entspricht der geometrischen optischen Relation (Abb. 272). Dies bedeutet, daß v_1 und v_2 auf derselben Seite von P liegen. Der Punkt F ist der Brennpunkt eines Hohlspiegels mit dem Radius 2f, der den Punkt A spiegelbildlich in Punkt $A^{x\prime}$ abbildet. Nähert sich der Punkt $A^{x\prime}$ dem Punkt F, dann rückt der Punkt A gegen unendlich.

Schlägt man um den Brennpunkt F einen Kreis mit dem Radius $f = s$, dann sind die Punkte A und $A^{x\prime}$ inverse Abbilder voneinander in bezug auf das Zentrum $0 = F$ mit der Potenz von $f^2 = s^2$. Bezeichnet man

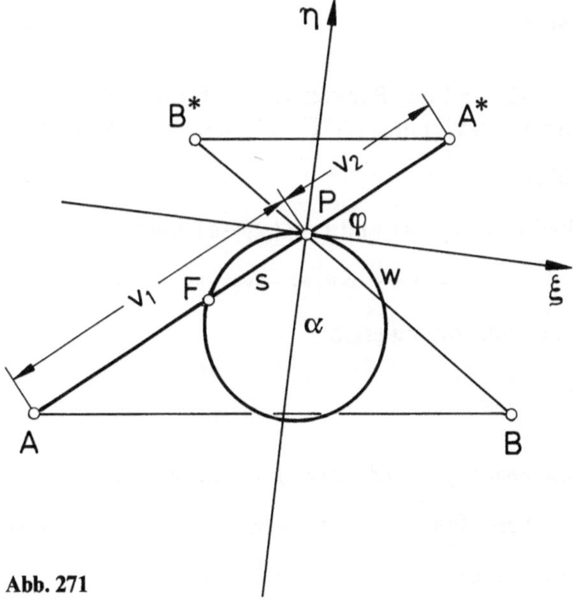

Abb. 271

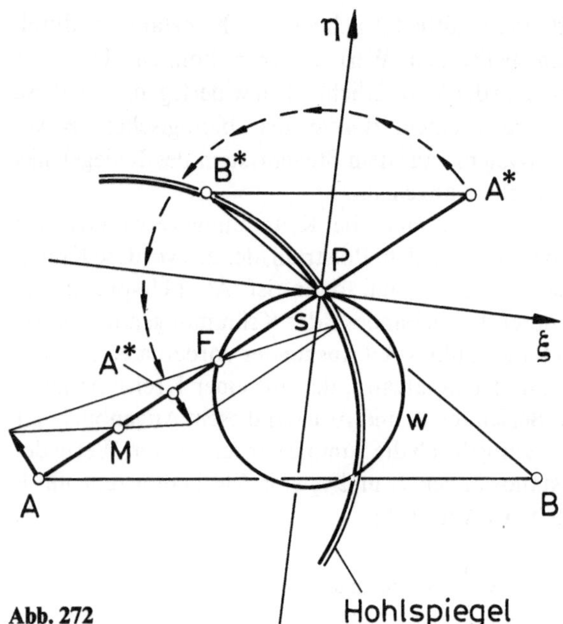

Abb. 272

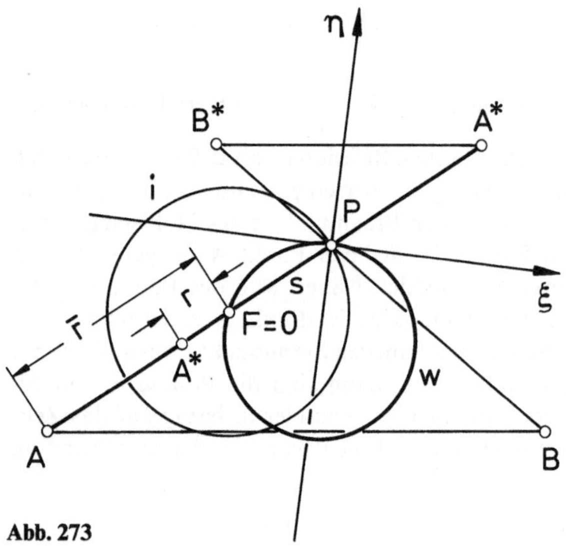

Abb. 273

den Abstand des Punktes A von F mit $\bar{r}_1$ ($AF=\bar{r}_1$) und $A^{x'}$ von F mit r_1 ($A^{x'}F=r$), dann gilt (Abb. 273):

$$AF \cdot A^{x'}F=\bar{r}_1 \cdot r_1=s^2.$$

Weil $\bar{r}_1=(v_1-s)$ und $r_1=(v_2-s)$ folgt:

$$(v_1-s)(v_2-s)=s^2 \Rightarrow v_1v_2-sv_2-sv_1+s^2=s^2.$$

Eine Umformung ergibt

$$\frac{1}{v_1}+\frac{1}{v_2}=\frac{1}{s}$$

(Inversionsgleichung bzw. Linsengleichung).

Diese Inversionsgleichung $\frac{1}{v_1}+\frac{1}{v_2}=\frac{1}{s}$ in einer Frage formuliert, bedeutet (Abb. 274):

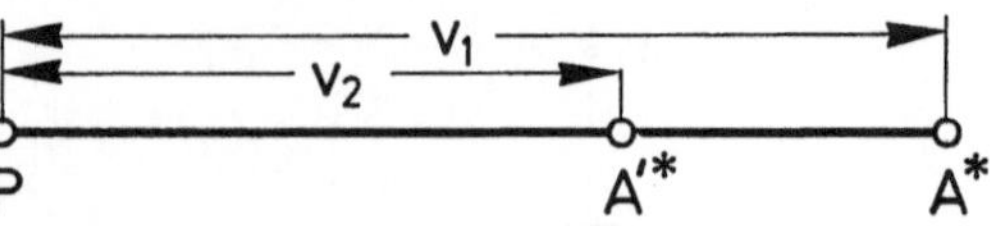

Abb. 274

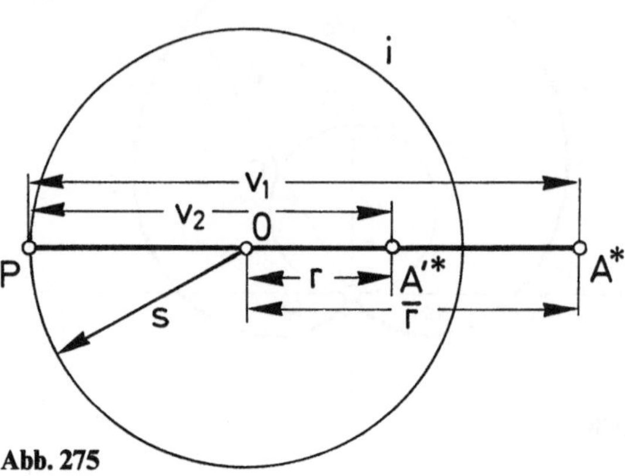

Abb. 275

Auf einem Hauptpolstrahl ist ein Punkt P gegeben und 2 Punkte A und $A^{x'}$, deren Abstandslänge von P v_2 und v_1 sind (Abb. 274). Gesucht ist jener Inversionskreis i, der auf dem Hauptpolstrahl zentriert ist, den Punkt P trägt und die Punkte A und $A^{x'}$ invers abbildet.

Antwort (Abb. 275): Die Summe der reziproken Werte der Abstandslängen v_1 und v_2 bestimmen den reziproken Wert des Radius s jenes Inversionskreises i, der den Punkt P trägt und die Punkte $A^{x'}$ und A invers abbildet.

$$\frac{1}{v_1}+\frac{1}{v_2}=\frac{1}{s}$$

Die Beziehung $\frac{1}{v_1}+\frac{1}{v_2}=\frac{1}{f}$, $|f|=|s|$, sagt auch aus, daß die Punkte $A^{x'}$ und A Spiegelbilder voneinander sind an einem Kugelhohlspiegel mit dem Radius 2f (Abb. 276):

Aus dem vorher Gesagten geht hervor, daß durch die Euler-Savary-Gleichung $\frac{1}{r}+\frac{1}{\bar{r}}=\frac{1}{\alpha \sin \varphi}$ jedem Polstrahl ein ganz bestimmter Inversionskreis i mit dem Radius $s=\alpha \sin \varphi$ zugeordnet ist. Diese bestimmten Inversionskreise aller Polstrahlen sind auf dem Wendekreis w zentriert und gehen durch den Momentanpol P. Sie hüllen eine Kurve mit einer Spitze im Punkt P ein (Abb. 277).

Es handelt sich um eine Kardioide einer ganz bestimmten Größe: $r=\alpha(1+\cos\varphi)$. Die numerische Exzentrizität $\varepsilon=1$ weist die Kardioide einer Kurve 4. Ordnung als das inverse Abbild einer Kurve 2. Ordnung mit der numerischen Exzentrizität 1 aus (Parabel). Daraus folgt, daß die Inversionskreise, die auf dem Wendekreis zentriert sind und durch den

Momentanpol P gehen, die inversen Abbilder von Parabeltangenten sind. Der Wendekreis w selbst ist das inverse Abbild der Leitlinie der Parabel (Abb. 277). Diese bestimmte Parabel $r_p = \frac{\alpha}{1+\cos\varphi}$ erhält man, wenn die Potenz K^2 den Wert α^2 annimmt:

$$r \cdot r_p = K^2 = \alpha^2.$$

Ersetzt man das r der Kardioidengleichung $r = \alpha(1+\cos\varphi)$ durch $r = \frac{K^2}{r_p}$, dann erhält man:

$$\frac{K^2}{r_p} = \alpha(1+\cos\varphi) \Rightarrow r_p = \frac{K^2}{\alpha(1+\cos\varphi)}.$$

Wenn $K^2 = \alpha^2$, so folgt:

$$r_p = \frac{\alpha^2}{\alpha(1+\cos\varphi)} \Rightarrow r_p = \frac{\alpha}{(1+\cos\varphi)}$$

(Parabelgleichung).

Eine Kardioide $r = \alpha(1+\cos\varphi)$ kann je nach Wahl der Potenz K^2 in unendlich viele Parabeln $r_p = \frac{K^2}{\alpha(1+\cos\varphi)}$ transformiert werden. Es gibt aber nur eine einzige Parabel $r_p = \frac{\alpha}{(1+\cos\varphi)}$, bei der das $|\alpha|$ der Kardioide gleich dem Halbparameter $|p|$ der Parabel ist. Umgekehrt kann eine Parabel $r_p = \frac{p}{(1+\cos\varphi)}$ je nach Wahl der Potenz K^2 in unendlich viele Kardioiden $r = \frac{K^2(1+\cos\varphi)}{p}$ transformiert werden $\left(\alpha = \frac{K^2}{p}\right)$.

Faßt man den Kreis mit dem Durchmesser α, auf dem alle Inversionskreismittelpunkte zentriert sind, als eine Kugel auf, dann entsteht ein räumliches Gebilde, dessen Schnittfigur auf der Ebene, die durch die Wälznormale η gelegt wird, Kardioiden sind.

Dieses grundsätzliche Bauelement des Hüftkopfes und der Hüftpfanne wurde einmal aus dem Bewegungssystem des Kniegelenks entwickelt, durch Abtragen einer konstanten Länge α auf den Bahnnormalen der Wendestellen, das andere Mal durch Inversion als Einhüllende aller Inversionskreise ($r_i = \alpha\cos\varphi$) die auf dem Kreis w mit dem Durchmesser α zentriert sind und durch den Punkt P gehen.

Diese konstruktive Vorgangsweise stützt sich auf die Beziehung vom ruhenden zum bewegten System selbst $(r-s)(r^*-s) = s^2$. Das heißt, daß die Abstandslängen $XW_n = (r-s)$ und $X^*R_n^* = (r^*-s)$ inverse Abbilder voneinander sind in bezug auf den Wendepunkt W_n bzw. R_n^* als Zentrum der Inversion

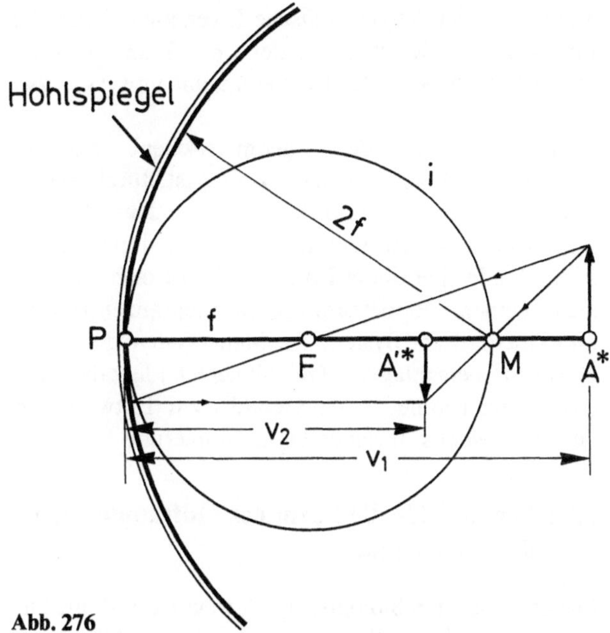

Abb. 276

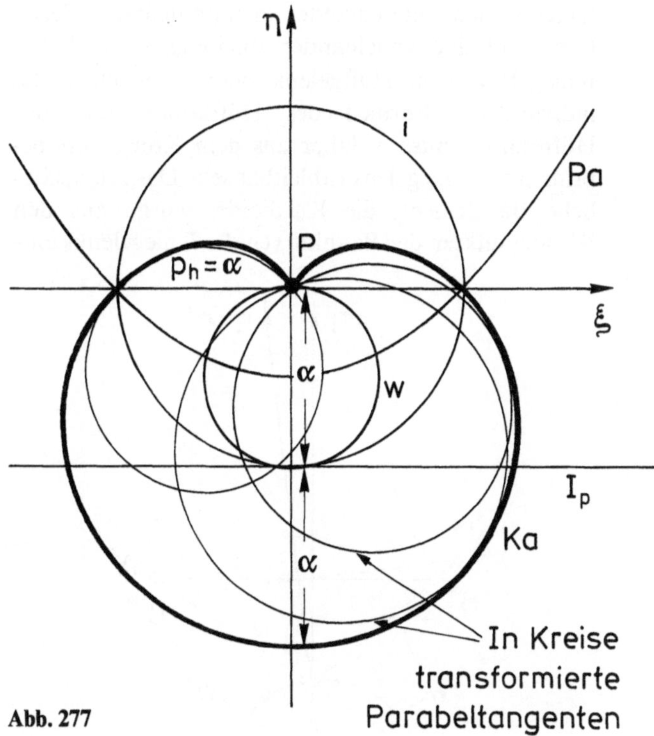

Abb. 277

mit der Potenz von s^2 ($s = PW_n = PR_n^* = \alpha\cos\varphi$) (s. Kap. 13.1.1). Die Abstandslänge s ist aber eine konstante Größe, die auf einem Polstrahl in einem bestimmten Augenblick der Bewegung nur ein einziges Mal existiert. Die konstante Größe s der Relation $(r-s)(r^*-s) = s^2$ bedeutet geometrisch den Radius des Inversionskreises, der hyperbolisch die Abstandslängen des Bahnpunktes X und seines entsprechenden Krümmungsmittelpunktes X^* von den Wendepunkten W_n bzw. R_n^* invers abbildet. Weil s^2 ein positives

Vorzeichen hat (hyperbolische Inversion) liegen die inversen Abbilder voneinander $(r-s)$ und (r^*-s) auf derselben Seite des Inversionszentrums W_n bzw. R_n^*.

Führt man den geometrischen Auftrag $(r-s)(r^*-s)=s^2$, wobei $s=\alpha\cos\varphi$ ist, durch – d.h. zentriere alle Inversionskreise mit dem Radius $s=\alpha\cos\varphi$ auf den Wendekreis w –, dann ist die Einhüllende aller dieser Inversionskreise eine Kardioide mit einem Doppelpunkt im Momentanzentrum P. Das kinematische System, das Steuersystem des Kniegelenks (überschlagenes Gelenkviereck) legt die Kardioide, ein geometrisches Gebilde, zur Entwicklung des Hüftgelenks in seiner Dimensionierung fest.

22.2 Die individuelle Form des Hüftkopfes und der Hüftpfanne

Die unbekannten biologischen Bewegungssysteme haben sich aus sich selbst heraus entwickelt. Alle Parameter stehen untereinander in unmittelbarer Beziehung und sind voneinander abhängig, so auch das Kniegelenk vom Hüftgelenk oder umgekehrt. Die individuellen Formen des Hüftkopfes und der Hüftpfanne müssen daher aus dem Konstruktionsprinzip des Kniegelenks ableitbar sein. Das grundsätzliche Bauelement, die Kardioide, wurde aus den Wendepunkten der Bahnkurven des Kniegelenks entwickelt. Es ist nur die Frage, wie der Hüftkopf zu seiner individuellen Form kommt.

In dem Abschnitt über das Konstruktionsprinzip des Kniegelenks (Teil III) wurde gezeigt, daß das Steuersystem, das „überschlagene Gelenkviereck", zwingend mit seinem inversen Abbild auftritt, wobei die Wälznormale η und Bahnnormale n ihre Rollen vertauschen (Abb. 278).

Auf beiden Wälznormalen η und η', die je nach Betrachtung auch die Bahnnormalen n und n' sind, sind die Wendekreise w und w' zentriert, die durch den Momentanpol P gehen. Die beiden Wendekreise sind in Punkt P um den Winkel ε_k verdreht (Abb. 279). Beide Wendekreise sind Ausgangspunkte je einer Kardioide $r=\alpha(1+\cos\varphi)$, die um den Winkel ε_k wie die Wendekreise verdreht sind. Die Form der einhüllenden Kurve der beiden Kardioiden ist dann von dem Winkel ε_k abhängig (Abb. 279). Der Winkel ε_k ist seinerseits von dem Längenverhältnis λ der Kreuzbänder bestimmt:

$$\cos\varepsilon_k=\frac{1+\lambda\sqrt{\lambda^4+\lambda^2-1}}{\lambda(\lambda^2+1)}=7{,}697176645°$$

Wie aus Abb. 279 zu entnehmen ist, ist die Einhüllende der beiden Kardioiden $r=\alpha(1+\cos\varphi)$ zu den neuen Koordinatenachsen x und y symmetrisch. Der algebraische Ausdruck für die nach links gedrehte Kardio-

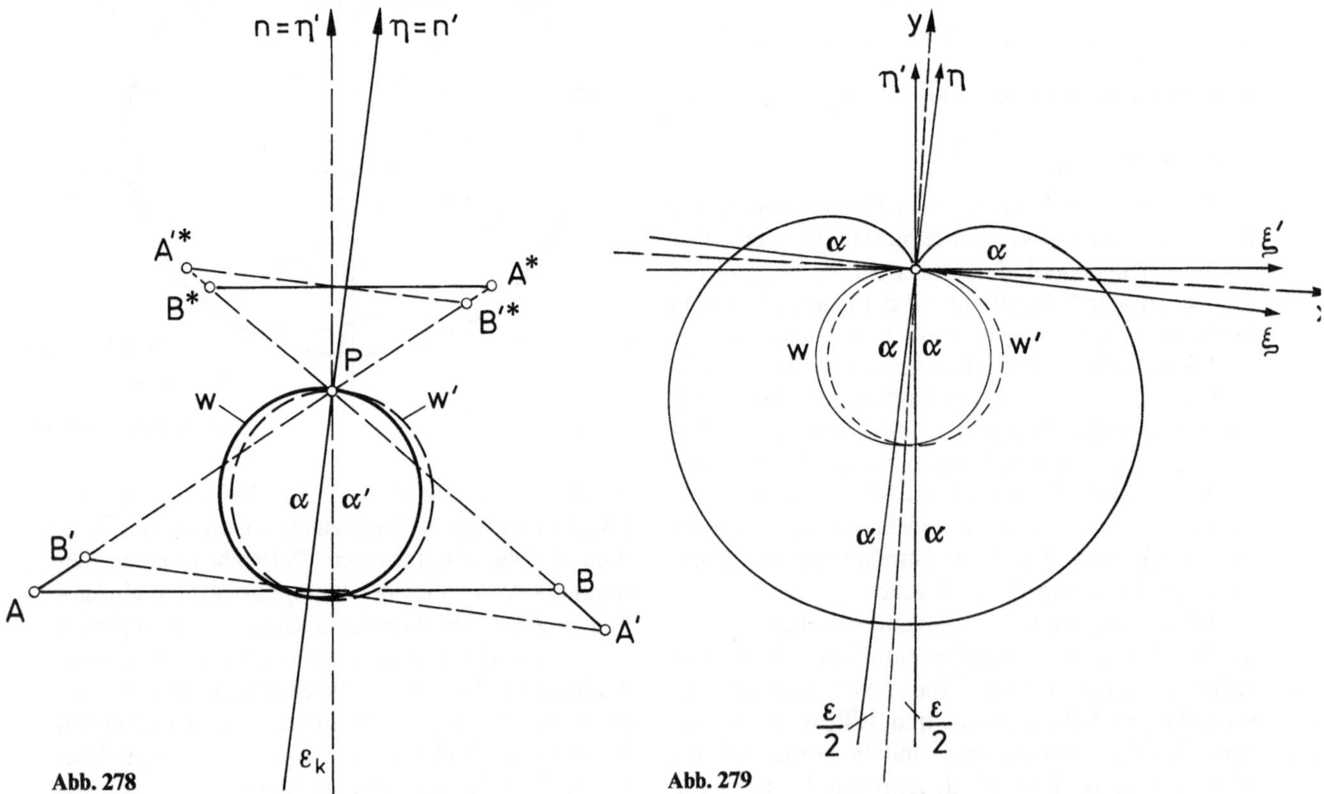

Abb. 278

Abb. 279

ide in bezug auf das x-y-Koordinatensystem lautet:

$$\bar{r}=\alpha\left[1+\cos\left(\varphi-\frac{\varepsilon_k}{2}\right)\right].$$

Berücksichtigt man die Drehung in der Plus- und Minusrichtung (rechts und links), so lautet die Einhüllende der beiden verdrehten Kardioiden $[\bar{r}=\alpha(1+\cos\varphi)]$:

$$\boxed{\bar{r}=\alpha\left[1+\cos\left\{\varphi-(\operatorname{sign}\sin\varphi)\frac{\varepsilon_k}{2}\right\}\right]}$$

Diese Gleichung sagt aus, daß die Hüftkopfform wohl von dem Winkel ε_k abhängig ist, die Krümmungsverhältnisse aller Hüftköpfe aber gleich wären, nämlich 1. Die numerische Exzentrizität der Kardioide $r=\alpha(1+\cos\varphi)$ ist 1, weil sie das inverse Abbild einer Parabel ist, deren Exzentrizität $\varepsilon_p=1$ ist.

Aus der gedrehten Kardioide $\bar{r}=\alpha\left[1+\cos\left(\varphi-\frac{\varepsilon_k}{2}\right)\right]$ lassen sich die Parameter a' und b' in bezug auf das x-y-Koordinatensystem einer Kurve berechnen mit einer für das Individuum spezifischen Krümmung (Abb. 280). Aus der gedrehten Kardioide $\bar{r}=\alpha\left[1+\cos\left(\varphi-\frac{\varepsilon_k}{2}\right)\right]$ folgt:

$$\bar{r}=\alpha\left[1+\cos\varphi\cos\frac{\varepsilon_k}{2}+\sin\varphi\sin\frac{\varepsilon_k}{2}\right].$$

Der Parameter a' liegt auf der x-Koordinate. Der veränderliche Winkel φ nimmt dann den Wert von 90° an. Der Kosinus von 90° ist Null und der sin 90° = 1. Unter dieser Voraussetzung ist $\bar{r}=a'$. Daraus folgt:

$$\bar{r}=a'=\alpha\left(1+\sin\frac{\varepsilon_k}{2}\right),$$

$$\boxed{a'=\alpha\left(1+\sin\frac{\varepsilon_k}{2}\right)}$$

Zur Bestimmung der Parameter (a' und b'), die auf der y-Achse liegen, wird der veränderliche Winkel φ Null, cos 0 = 1, sin 0 = 0. Dann ist $\bar{r}=a'+b'$:

$$a'+b'=\alpha\left(1+\cos\frac{\varepsilon_k}{2}\right)\Rightarrow b'=(a'+b')-a'\Rightarrow$$

$$b'=\alpha\left(1+\cos\frac{\varepsilon_k}{2}\right)-\alpha\left(1+\sin\frac{\varepsilon_k}{2}\right)\Rightarrow$$

$$\boxed{b'=\alpha\left(\cos\frac{\varepsilon_k}{2}-\sin\frac{\varepsilon_k}{2}\right)}$$

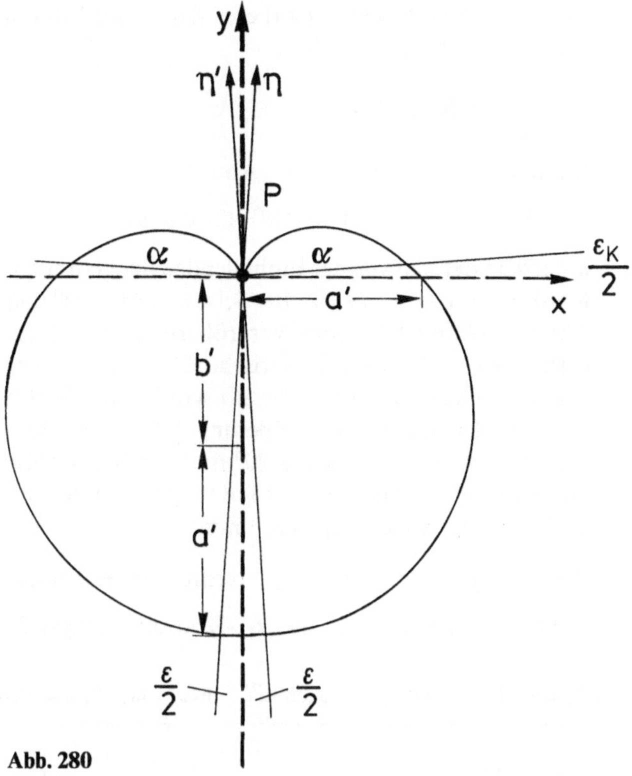

Abb. 280

Diese neue Kurve, deren Parameter a' und b' sind, ist eine Pascal-Schnecke $r'=a'+b'\cos\varphi$ mit der für das Individuum spezifischen Krümmung (numerische Exzentrizität)

$$\varepsilon_{P_k}=\frac{b'}{a'}$$

des Hüftkopfes. Setzt man die entsprechenden Ausdrücke für a' und b' in die Gleichung $r'=a'+b'\cos\varphi$ ein, so folgt:

$$\boxed{r'=\alpha\left[1+\sin\frac{\varepsilon_k}{2}+\left(\cos\frac{\varepsilon_k}{2}-\sin\frac{\varepsilon_k}{2}\right)\cdot\cos\varphi\right].}$$

Als konkretes Zahlenbeispiel sei der Wendekreisdurchmesser α und der Winkel ε_k (Bahnnormale und Wälznormale) des untersuchten Kniegelenks genommen:

$\alpha=20{,}152, \qquad \varepsilon_k=7{,}69717°.$

Die Hauptparameter a' und b' der Kardioide $r'=a'+b'\cos\varphi$:

$$a'=\alpha\left(1+\sin\frac{\varepsilon_k}{2}\right)=21{,}50460301\ \text{mm},$$

$$b'=\alpha\left(\cos\frac{\varepsilon_k}{2}-\sin\frac{\varepsilon_k}{2}\right)=18{,}7539523\ \text{mm}.$$

Die spezifische Krümmung dieser Kurve wird durch die numerische Exzentrizität

$$\varepsilon_{P_k} = \frac{b'}{a'} = 0{,}8720901423$$

bestimmt. Diese Konchoide (Abb. 280):

$$r' = 21{,}50460301 \; (1 + 0{,}8720901423 \cos \varphi)$$

unterscheidet sich von der Einhüllenden der gedrehten Kardioiden (Abb. 279) im Bereich von 0° bis 90° und 270° bis 360° auch bei einer Vergrößerung von 1:2 nur gering, so daß eine zeichnerische Darstellung ihre Anschaulichkeit verliert. Deshalb wurden die Werte $r'(\varphi)$ und $\bar{r}(\varphi)$ der Vergrößerung 1:2 in Tabelle 8 zusammengestellt. Zwischen 20° und 75° beträgt die Differenz von $r'(\varphi)$ zu $\bar{r}(\varphi)$ des gelenkbildenden Teils der Pascal-Schnecke ca. 1 mm.

Aus der um den Winkel $\frac{\varepsilon_k}{2}$ verdrehten Kardioide (Abb. 280) bezogen auf das x-y-Koordinatensystem ist eine Pascal-Schnecke $r' = a' + b' \cos \varphi$ mit einer Delle geworden (Abb. 281). Die numerische Exzentrizität $\varepsilon_e = \frac{b'}{a'} < 1$ zeigt, daß diese Pascal-Schnecke durch inverse Transformation einer Ellipse entstanden ist mit der numerischen Exzentrizität $\varepsilon_e < 1$.

Die numerische Exzentrizität ε_e der Ellipse ist die Verhältniszahl der linearen Exzentrizität e_e dividiert durch die große Halbachse a_e:

$$\varepsilon_e = \frac{e_e}{a_e} < 1 \, .$$

Weil die numerische Exzentrizität $\frac{b'}{a'} = \varepsilon_e$ der Pascal-Schnecke $r' = a' + b' \cos \varphi$ gleich der numerischen Exzentrizität $\frac{e_e}{a_e} = \varepsilon_e$ der Ellipse ist, folgt:

$$\frac{b'}{a'} = \varepsilon_e = \frac{e_e}{a_e} \, .$$

Tabelle 8. Dimensionsvergleich der individuellen Pascal-Schnecke mit der gedrehten Kardioide

$r' = a' + b' \cos\varphi$

$a' = 21{,}50460301 \cdot 2$
$b' = 18{,}75395237 \cdot 2$

$\bar{r} = \alpha \left[1 + \cos\left(\varphi - \frac{\varepsilon_k}{2}\right)\right]$

$d = 20{,}152 \cdot 2$
$\varepsilon_k = 7{,}697176645$

Einhüllende:

$\bar{r} = \alpha \left[1 + \cos\left\{\varphi - (\operatorname{sig} \sin\varphi)\frac{\varepsilon}{2}\right\}\right]$

φ	$r'(\varphi)$	$\bar{r}(\varphi)$	Δr
0	80,51	80,60	0,09
10	79,94	80,37	0,43
15	79,23	79,84	0,61
20	78,25	79,01	0,76
25	77,00	77,89	0,89
30	75,49	76,48	0,99
35	73,73	74,79	1,06
40	71,74	72,84	1,10
45	69,53	70,53	1,00
50	67,11	68,22	1,11
55	64,52	65,58	1,06
60	61,76	62,76	1,00
65	58,86	59,86	1,00
70	55,83	56,59	0,76
75	52,71	53,32	0,62
80	49,52	49,95	0,43
85	46,27	46,50	0,23
90	43,00	43,00	0,00
95	39,74	39,49	−0,25
100	36,49	35,98	−0,51
110	30,18	29,09	−1,09
120	24,25	22,54	−1,71
130	18,89	16,52	−2,37
140	14,27	11,23	−3,04
150	10,52	6,83	−3,69
160	7,76	3,44	−4,32
170	6,07	1,17	−4,90
180	5,50	0,09	−5,41

$r' = a' + b' \cos \varphi, \; \frac{b'}{a'} < 1 = \varepsilon_e$

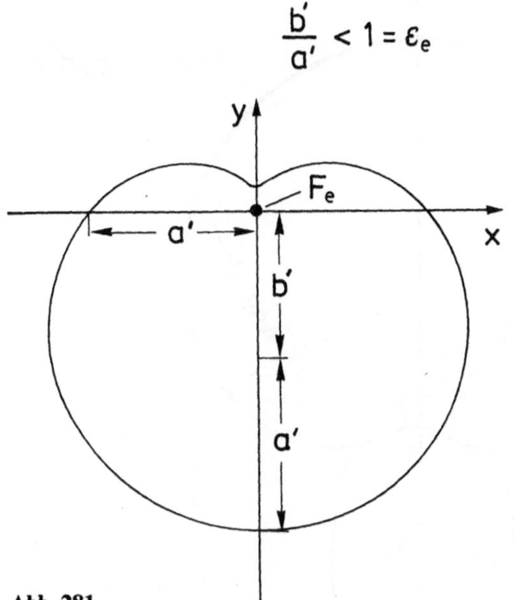

Abb. 281

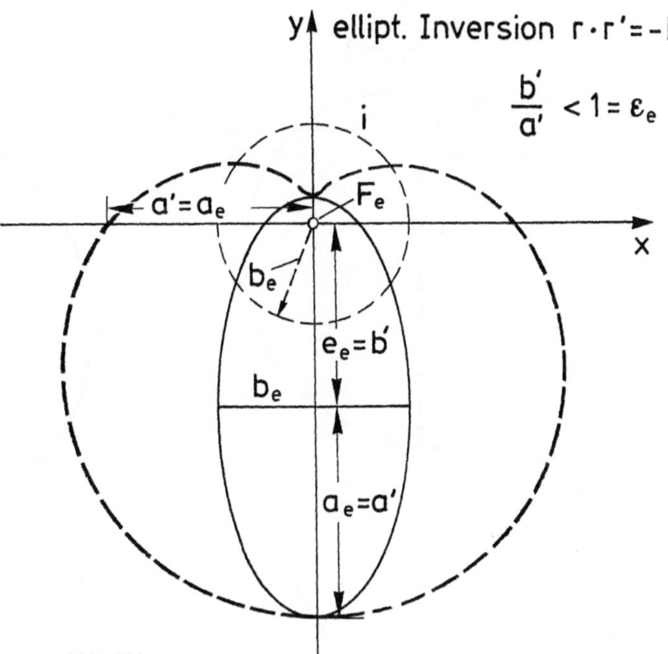

Abb. 282

Unter der Bedingung

$a' + b' = a_e + e_e$

folgt

$|b'| = |e_e|$ und $|a'| = |a_e|$.

Obwohl die Pascal-Schnecke $r' = a' + b' \cos \varphi$ in unendlich viele Ellipsen mit der numerischen Exzentrizität $\varepsilon_e = \frac{e_e}{a_e}$ transformiert werden kann, gibt es nur eine **„Stammellipse"** (Abb. 283) für die gilt:

$a' + b' = a_e + e_e$.

Drückt man die Pascal-Schnecke $r' = a' + b' \cos \varphi$ durch die Parameter a_e und e_e der „Stammellipse" aus ($r' = a_e + e_e \cos \varphi$), so erkennt man unmittelbar die algebraische Beziehung der beiden geometrischen Gebilde (Pascal-Schnecke und Stammellipse).

Die Pascal-Schnecke und ihre eingeschriebene „Stammellipse" sind inverse Abbilder voneinander, die durch eine elliptische Inversion $r \cdot r' = -K^2$ ineinander übergeführt werden. Die Größe der Potenz K^2 ist leicht zu bestimmen. Das Produkt der Konstanten a' der Schnecke und des Halbparameters p_e der Ellipse, die beide auf der x-Achse liegen (Abb. 282), bestimmen die Potenz K^2 der Inversion

$a' \cdot p_e = K^2$.

Weil $|a'| = |a_e|$ so folgt:

$a_e \cdot p_e = K^2$.

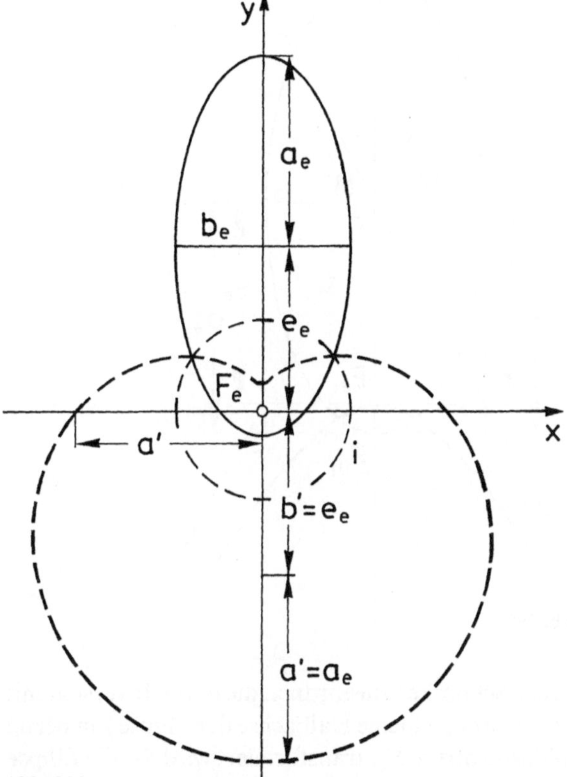

Abb. 283

Der Halbparameter p_e wird durch die bekannte Beziehung $\frac{b_e^2}{a_e} = p_e$ bestimmt. Daher muß die Größe der Potenz K^2 der Beziehung $a_e \cdot p_e = K^2$ gleich b_e^2 sein $\left(a_e \cdot \frac{b^2}{a_e} = b_e^2\right)$, d.h. jeder Ellipse ist eine „Stamm-

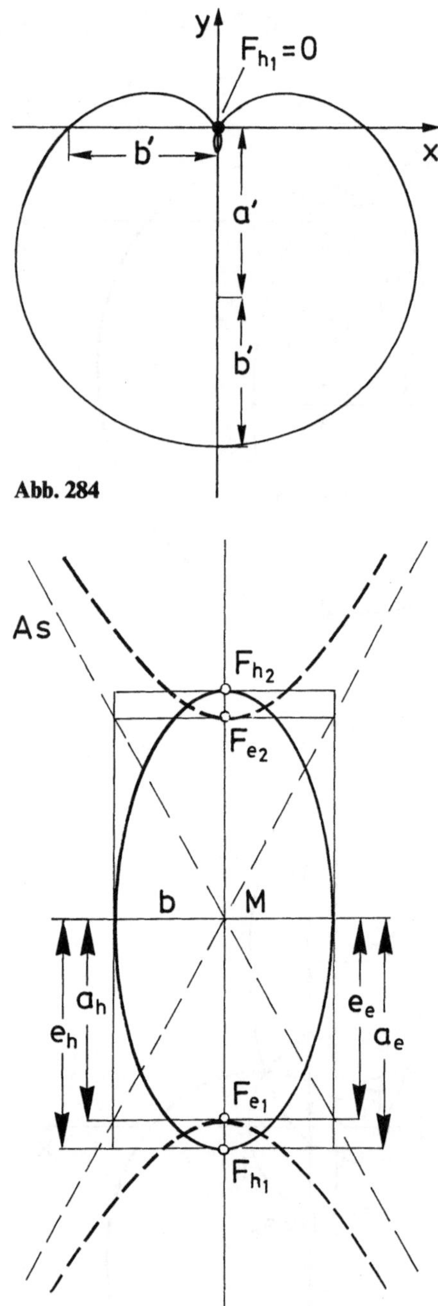

Abb. 284

Abb. 285

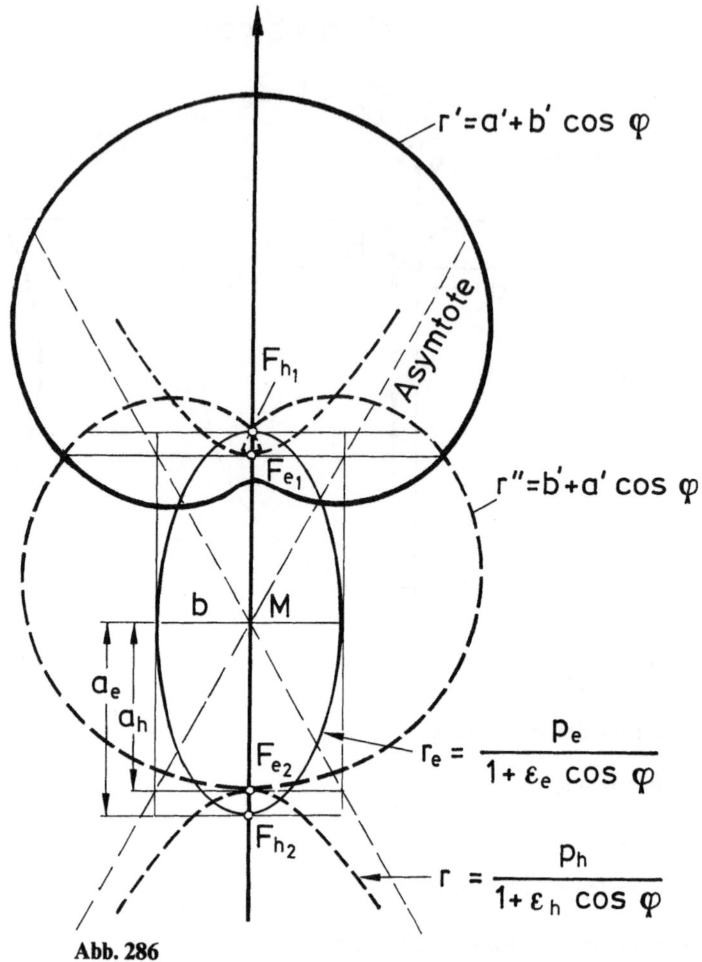

Abb. 286

Pascal-Schnecke" zugeordnet, die durch Inversion mit der Potenz b_e^2 (kleine Halbachse der Ellipse) in bezug auf das Zentrum F_{e1} transformiert wird. Ist die Ellipse der „Stamm-Pascal-Schnecke" eingeschrieben, dann erfolgt die inverse Abbildung der beiden geometrischen Gebilde durch eine elliptische Inversion $r \cdot r' = -b^2$ (Abb. 282). Erfolgt die inverse Abbildung durch eine hyperbolische Inversion $r \cdot r = +b^2$, dann liegen die Hauptscheitelpunkte der Ellipse und der Schnecke auf der y-Achse auf verschiedenen Seiten vom Brennpunkt $F_{e_1}=0$ (Abb. 283).

Ist die Pascal-Schnecke $r' = a' + b' \cos\varphi$ vorgegeben, dann ist der Inversionskreisradius b_e, der die Schnecke in die Stammellipse transformiert, durch $b_e = \sqrt{a'^2 - b'^2}$ bestimmt, weil $b_e = \sqrt{a_e^2 - e_2^2}$ ist.

Vertauscht man in der Gleichung der Pascal-Schnecke $r' = a' + b' \cos\varphi$ $\left(\frac{b'}{a'} < 1\right)$ die Parameter a' und b' so lautet die neue Relation:

$$r'' = b' + a' \cos\varphi.$$

Die numerische Exzentrizität $\varepsilon_h = \frac{a'}{b'} > 1$ der neu gewonnenen Kurve (Abb. 284), wieder eine Pascal-Schnecke, zeigt, daß das inverse Abbild dieser Kurve eine Hyperbel ist. Die numerische Exzentrizität ε_h der Hyperbel ist größer als 1 (Abb. 285).

Die Pascal-Schnecke $r'' = b' + a' \cos\varphi$ $\left(\frac{a'}{b'} > 1\right)$ als inverses Abbild einer Hyperbel weist einen Doppelpunkt im Brennpunkt $F_{h_1} = 0$ und eine Schlinge auf. Die Schlinge ist das inverse Abbild des 2. Hyperbelastes mit dem Brennpunkt F_{h_2} (Abb. 284).

Die numerische Exzentrizität $\frac{b'}{a'} = \varepsilon_e < 1$ der Pascal-Schnecke mit einer Delle $(r' = a' + b' \cos\varphi)$ und die numerische Exzentrizität $\frac{a'}{b'} = \varepsilon_h > 1$ der Pascal-Schnecke mit einer Schlinge $(r'' = b' + a' \cos\varphi)$ stehen in einer reziproken Beziehung zueinander:

$$\varepsilon_e \cdot \varepsilon_h = \frac{b'}{a'} \cdot \frac{a'}{b'} = 1.$$

Dies bedeutet, daß die beiden Pascal-Schnecken die inversen Abbilder eines Fokalkegelschnittes sind (Abb 285). Der Brennpunkt der Ellipse ist der Scheitelpunkt der Hyperbel, der Brennpunkt der Hyperbel ist der Scheitelpunkt der Ellipse.

Die Ellipse und die ihr fokal zugeordnete Hyperbel wurden hyperbolisch invertiert $(r \cdot r' = +b^2)$. Die Lage der Pascal-Schnecken ist aus Abb. 286 zu entnehmen.

Die Parameter des Kniegelenks, aus welchem der Fokalkegelschnitt und seine inversen Abbilder, die Pascal-Schnecken abgeleitet wurden, sind (aus Gründen der Übersichtlichkeit erfolgt eine Vergrößerung 1:2): Wendekreisdurchmesser $\alpha = 40{,}305026$ mm, Winkel $\varepsilon_k = 7{,}69717°$, Winkel den die Bahnnormale n mit der Wälznormalen η einschließt (Tabelle 9).

Tabelle 9. Ellipsen- und Hyperbelparameter des Fokalkegelschnittes

Ellipse	Hyperbel
$a_e = 43{,}0092062 = \alpha\left(1 + \sin\frac{\varepsilon_k}{2}\right)$	$a_h = 37{,}5079046$
$e_k = 37{,}5079046 = \alpha\left(\cos\frac{\varepsilon_k}{2} - \sin\frac{\varepsilon_k}{2}\right)$	$e_h = 43{,}0092062$
$\varepsilon_e = 0{,}8720901423$	$\varepsilon_h = 1{,}146670455$
$b_e = 21{,}04635258 = a_e\sqrt{1-\varepsilon^2}$	$b_h = 21{,}04635258$
$p_e = 10{,}29893288$	$p_h = 11{,}80948204$
$a_e + e_e = 80{,}51711662$	$a_h + e_h = 80{,}51711662$
$a_e - e_e = 5{,}50130442$	$e_h - a_h = 5{,}50130442$

$$\frac{1}{p_e} - \frac{1}{p_h} = \frac{1}{a_e + e_e}, \quad \frac{1}{p_e} + \frac{1}{p_h} = \frac{1}{a_e - e_e}.$$

Die inverse Transformation der Ellipse mit der Potenz b_e^2 ergibt eine Pascal-Schnecke mit einer Delle:

$r' = a' + b' \cos\varphi$

$|a'| = |a_e| = |e_h|$
$|b'| = |e_e| = |a_h|$

$$r' = \begin{cases} a' + b' \cos\varphi \\ b'' + a'' \cos\varphi \\ a_e + e_e \cos\varphi \\ e_h + a_h \cos\varphi \end{cases}$$

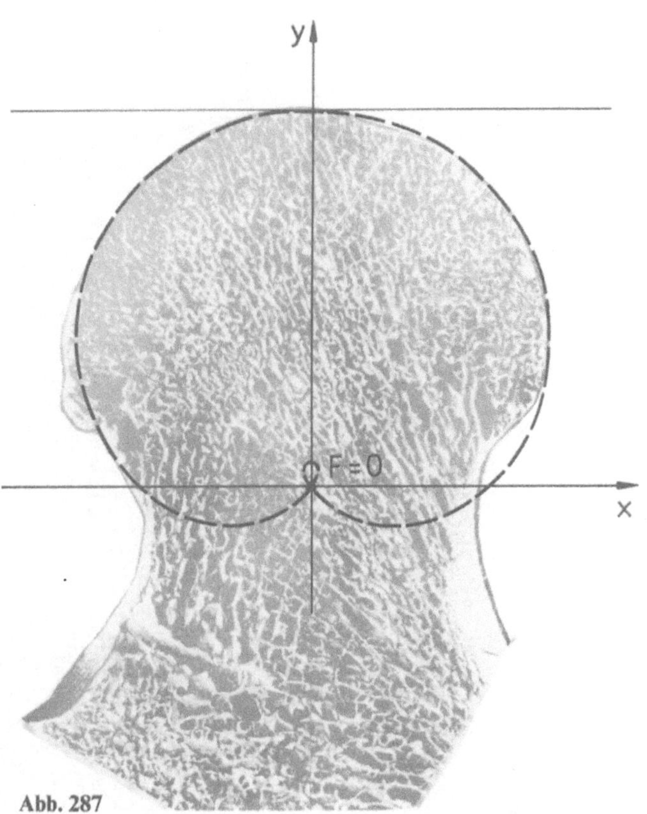

Abb. 287

Die inverse Transformation der Hyperbel mit der Potenz b_h^2 ergibt eine Pascal-Schnecke mit einem Doppelpunkt im Zentrum $0 = F_h$ und eine Schlinge:

$r'' = a'' + b'' \cos\varphi$

$|a''| = |b'| = |e_e| = |a_h|$
$|b''| = |a'| = |a_e| = |e_h|$

$$r'' = \begin{cases} a'' + b'' \cos\varphi \\ b' + a' \cos\varphi \\ e_e + a_e \cos\varphi \\ a_h + e_h \cos\varphi \end{cases}$$

Zur Kontrolle, ob die Wirklichkeit mit dem aus dem Kniesteuersystem entwickelten geometrischen Gebilde, der Pascal-Schnecke, übereinstimmt, wird ein Schnitt durch einen Hüftkopf so angelegt, daß der Hüftkopf durch den Mittelpunkt und durch die Fovea capitis femoris halbiert wird. Um gleichzeitig zu demonstrieren, daß die Abnützungserscheinungen des natürlichen Hüftkopfes in seiner Gelenkpfanne nicht kegelförmig vor sich gehen, wie bei einem künstlichen Kugelkopf in der natürlichen Pfanne, wurde ein Hüftkopf mit einer arthrotischen Abnützung genommen ohne knöcherne Destruktion. Die Schnittfigur des entknorpelten Hüftkopfes wurde auf die Größe der konstruierten Pascal-Schnecke gebracht (Abb. 287). Legt man die auf ein Transparentpapier mit einer Strichstärke von ca. 0,25 mm gezeichnete

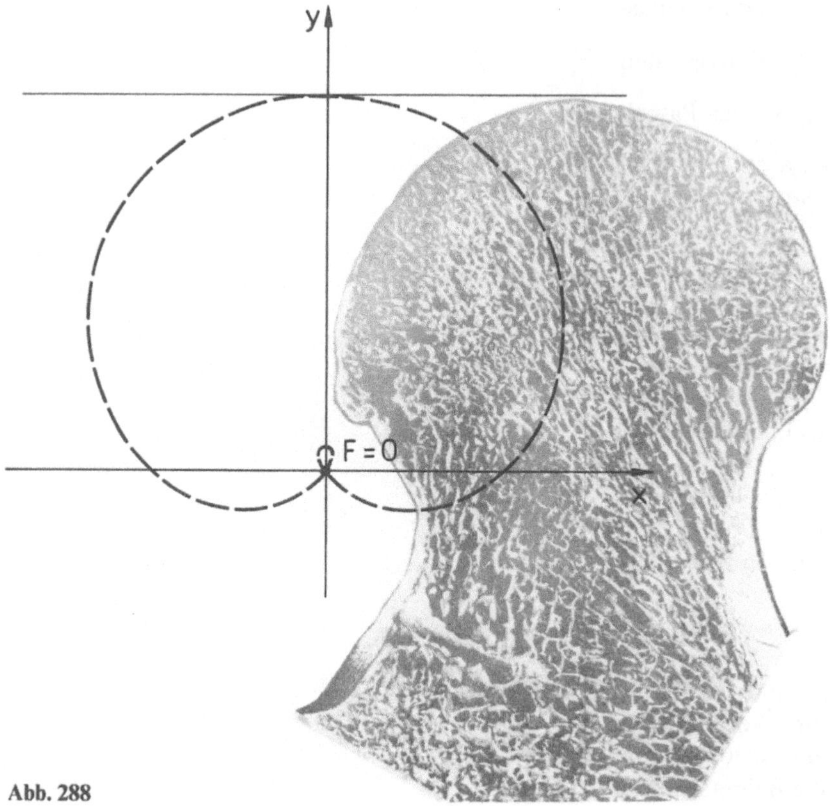

Abb. 288

Pascal-Schnecke mit einer Schlinge, dem inversen Abbild einer Hyperbel, auf die Schnittfigur des Hüftkopfes und bringt die Schnittfigur des natürlichen Hüftkopfes mit der konstruierten Pascal-Schnecke zur Deckung, dann ist die Identität der Schnittfigur des natürlichen Hüftkopfes und der konstruierten geometrischen Figur so vollkommen, daß man glauben könnte, die geometrische Figur sei eine Pauszeichnung der Schnittfigur des natürlichen Hüftkopfes (Abb. 288).

Der Hüftkopf *ist deshalb ein* **räumliches hyperbolisches Rotationskugel-Konchoid,** *dessen symmetrische Schnittfigur durch die y-Achse eine hyperbolische Kreiskonchoide, eine Pascal-Schnecke* $r''=a''+b''\cos\varphi$ *ergibt, wobei* $\frac{b''}{a''}>1$ *die Bedingung dafür ist.*

Die Beziehung zum Kniegelenk ist durch den Wendekreisdurchmesser α des Kniegelenks und den Winkel ε_k von der Bahnnormalen n und der Wälznormalen η gegeben. Es gilt die Relation:

$$b''=\alpha\left(1+\sin\frac{\varepsilon_k}{2}\right),$$

$$a''=\alpha\left(\cos\frac{\varepsilon_k}{2}-\sin\frac{\varepsilon_k}{2}\right).$$

Numerische Exzentrizität ε_h der Pascal-Schnecke $r''=a''+b''\cos\varphi$:

$$\varepsilon_h=\frac{b''}{a''}>1=\frac{\alpha\left(1+\sin\frac{\varepsilon_k}{2}\right)}{\alpha\left(\cos\frac{\varepsilon_k}{2}-\sin\frac{\varepsilon_k}{2}\right)}=1{,}146670312.$$

$r''=40{,}52787879+46{,}47212121\cos\varphi$
$\varepsilon_h=1{,}146670312$

22.3 Die Pascal-Schnecke als meridiane Schnittfigur der Kugelkonchoide und der Rotationskugelkonchoide

Eine Definition der Pascal-Schnecke lautet: Alle auf dem Umfang eines Kreises zentrierten Kreise, die durch einen festen Punkt gehen, hüllen eine Pascal-Schnecke ein (Abb. 289). Liegt der feste Punkt auf dem gegebenen Kreisumfang, dann entsteht eine Kardioide mit einer Spitze, dessen inverses Transformationsprodukt eine Parabel ist. Liegt der feste Punkt außerhalb des Kreises, so erhält man als Einhüllende eine Pascal-Schnecke mit einer Schlinge und einem

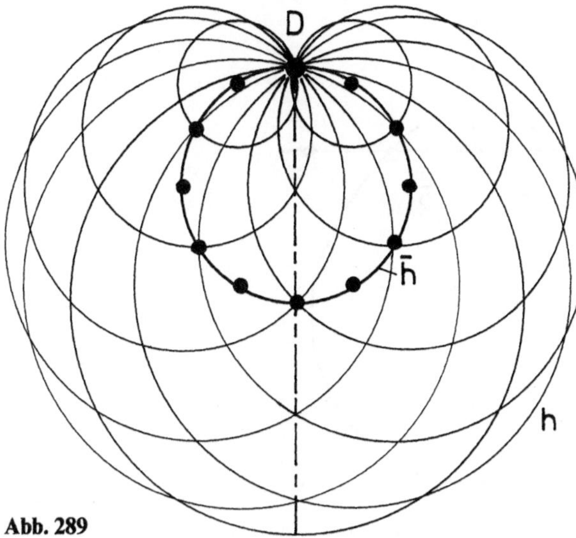

Abb. 289

Doppelpunkt. Das Inversionsprodukt ist eine Hyperbel, wobei der 2. Hyperbelast das inverse Abbild der Schlinge der Pascal-Schnecke ist. Liegt der feste Punkte innerhalb des gegebenen Kreises, dann entsteht eine gestreckte Pascal-Schnecke mit einer „Delle". Das inverse Abbild dieser Kurve ist eine Ellipse (Abb. 290).

22.4 Kugelkonchoide

Faßt man die einhüllenden Kreise der Pascal-Schnecke, die auf dem Kreisumfang zentriert sind, als Kugeln auf, die durch einen festen Punkt gehen, dann entstehen räumliche Gebilde, die als Kugelkonchoide zu bezeichnen sind. Um eine räumliche Vorstellung dieser geometrischen Gebilde zu gewinnen, betrachten wir die Kardioide, deren inverses Abbild eine Parabel ist (Abb. 289). Die Schnittfigur in der z-Ebene ist die schon bekannte Kardioide (Abb. 291a). Der Seitenriß, die seitliche Umrißfigur in der z-y-Ebene ist eine eiförmige Kurve (Abb. 291b).

Zur Konstruktion der Schnitt- und Umrißfiguren des räumlichen Kugelkonchoids, die selbst Einhüllende von Schnittkreisen der erzeugenden Kugeln sind, ist folgende Beziehung von Bedeutung:

Greift man aus der Schar der erzeugenden Kreise einen Kreis h heraus (Abb. 292), dann erkennt man, daß die Punkte $H \rightarrow \bar{H}$ einander zentrisch ähnlich sind. Legt man eine Tangente $\bar{g}$ in Punkt $\bar{H}$ an den Kreis $\bar{h}$, auf den alle erzeugenden Kreise zentriert sind, dann verläuft die Tangente g des Kreises h parallel zur Tangente $\bar{g}$ von $\bar{h}$. Spiegelt man an allen Tangenten g_i des gegebenen Kreises h den festen Punkt D, so erhält man alle Punkte C_i der einhüllenden Kurve c (Pascal-Schnecke). Die so konstruierte Kurve c ist demnach die Gegenpunktkurve c von $\bar{h}$ in bezug auf den festen Punkt D.

Ist umgekehrt ein bestimmter Punkt C_1 der Pascal-Schnecke c festgelegt, dann findet man den entsprechenden erzeugenden Kreis h_1 durch Parallelverschiebung der Verbindungslinie DC_1 in den Mittelpunkt des gegebenen Kreises $\bar{h}$. Der Schnittpunkt der Parallelen mit dem Kreis $\bar{h}$ ist der Mittelpunkt $\bar{H}_1$ des erzeugenden Kreises h_1 im Punkt C_1, der durch den festen Punkt D geführt wird (Abb. 293

Faßt man den festen Kreis $\bar{h}$ als inverses Abbild der Verbindungsgeraden C_1C_2 auf, dann ist diese Sekante s des Kreises $\bar{h}$ die Antiparallele der Geraden C_1C_2 (Abb. 293). Durch Normalprojektion der Mittelpunkte $\bar{H}_i$, die zwischen $\bar{H}_1$ und $\bar{H}_2$ auf dem Kreisbo-

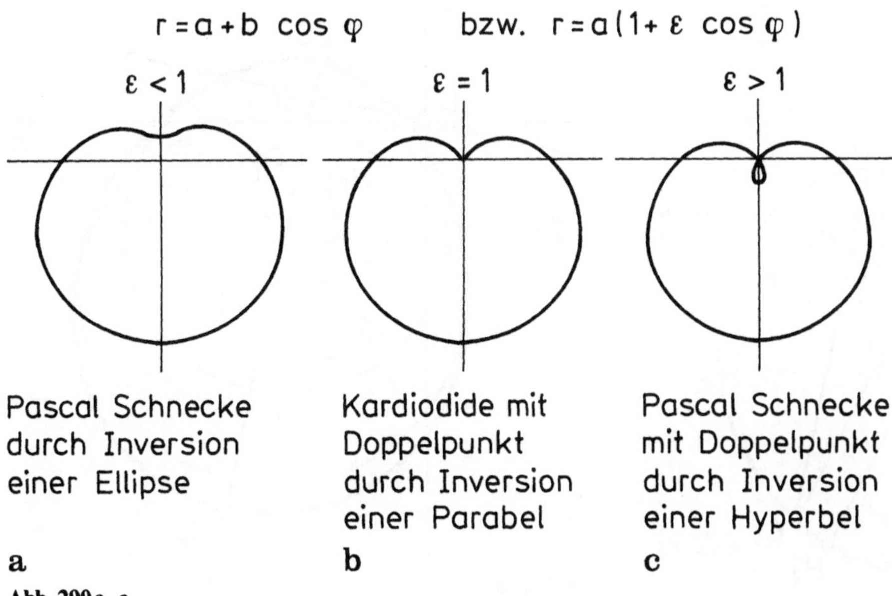

Abb. 290 a–c

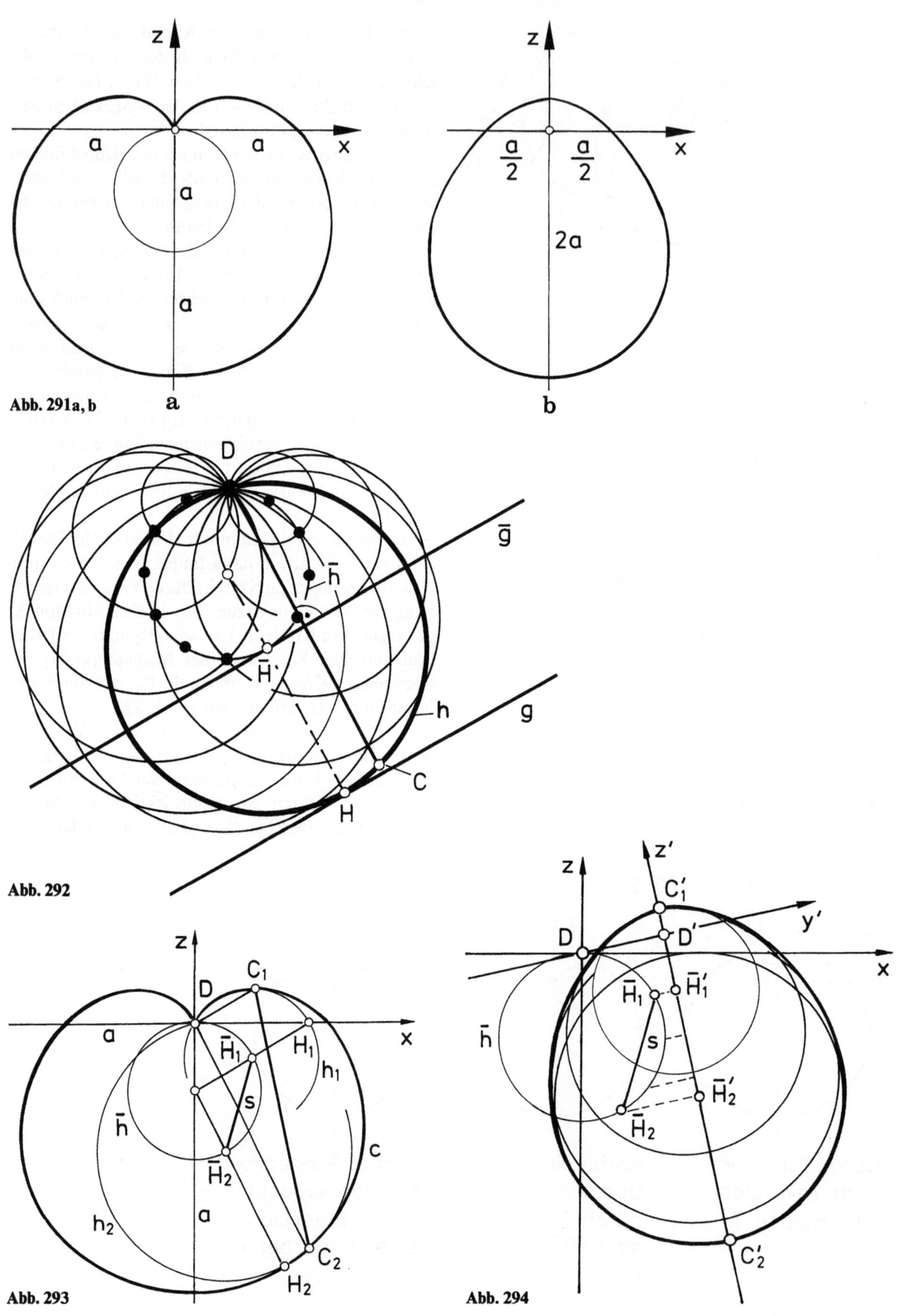

Abb. 291a, b

Abb. 292

Abb. 293

Abb. 294

gen von $\bar{h}$ liegen, auf die Gerade C_1C_2 ergeben sich die Mittelpunkte der Kreise, die die Umrißfigur der Kugelkonchoide bilden. Ihre entsprechenden Radien sind DH_i.

Schneidet man die Kugelkonchoide mit der Ebene C_1C_2, die normal auf der z-x-Ebene steht, so werden die erzeugenden Kugeln ebenfalls durch die Ebene C_1C_2 geschnitten. Die Schnittfiguren dieser Kugeln sind Kreise. Diese Schnittkreise hüllen die Schnittfigur ein, die die Ebene C_1C_2 erzeugt (Abb. 294).

Legt man einige Horizontalschnitte parallel zur x-y-Ebene durch den proximalen Anteil der Kugelkonchoide, (Abb. 295b) und legt diese Schnitte übereinander (Abb. 295a), dann ergibt sich ein Höhenschichtbild dieser geometrischen Figur. Je tiefer die Schnitte angelegt werden, d.h. je weiter man sich von der Spitze durch Parallelschnitte entfernt, desto kreisähnlicher werden die ovalen Schnittfiguren (Abb. 295c).

Legt man einige Schnitte parallel zur z-y-Achse, Vertikalschnitte (Abb. 296), dann ergeben sich Schnittfiguren, die von einem Oval in eine Eilinie und schließlich bei einem Schnitt durch die Spitze der Kugelkonchoide in einen Kreis mit dem Durchmesser von 2a übergehen.

22.5 Rotationskugelkonchoid

Das Kugelkonchoid ist die einhüllende Fläche aller Kugeln, die auf einem Kreis zentriert sind und durch einen festen Punkt gehen. Versetzt man die Pascal-Schnecke um ihre Hauptachse z in eine Drehung, so

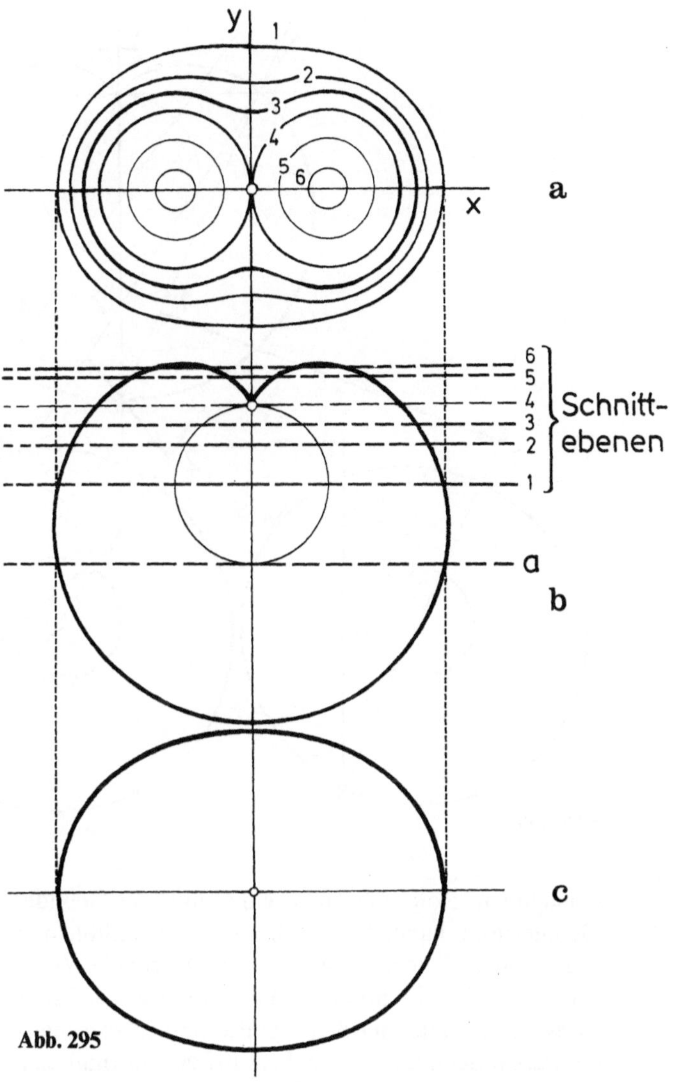

Abb. 295

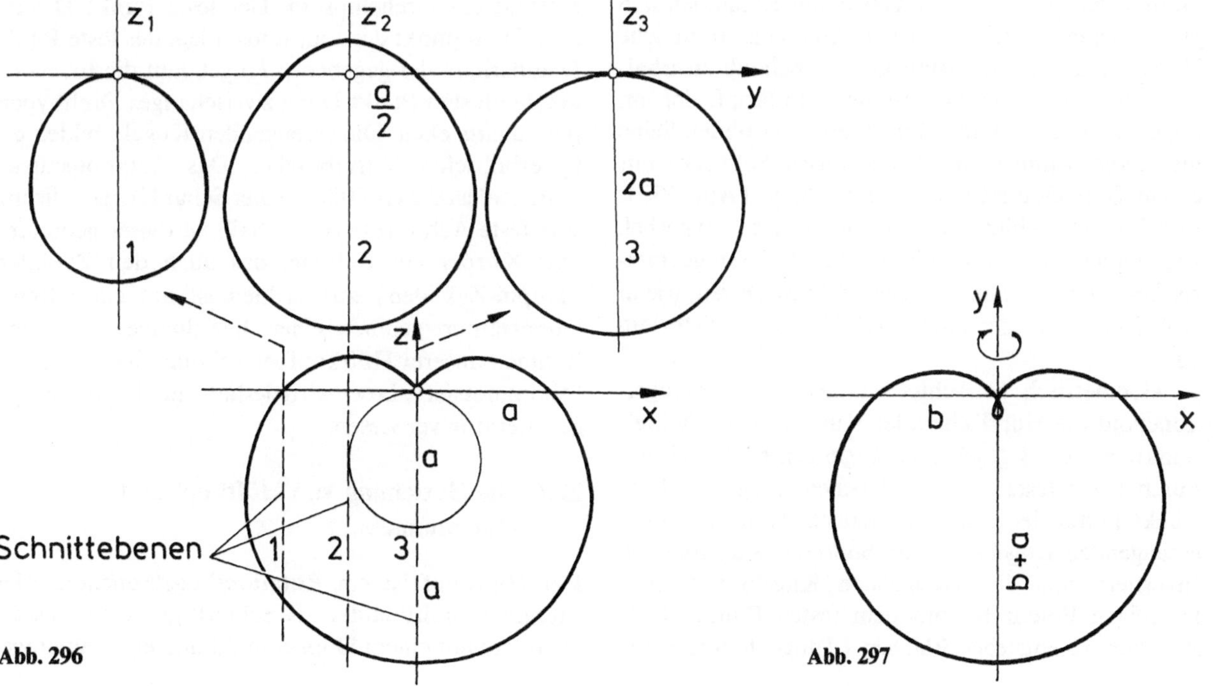

Abb. 296

Abb. 297

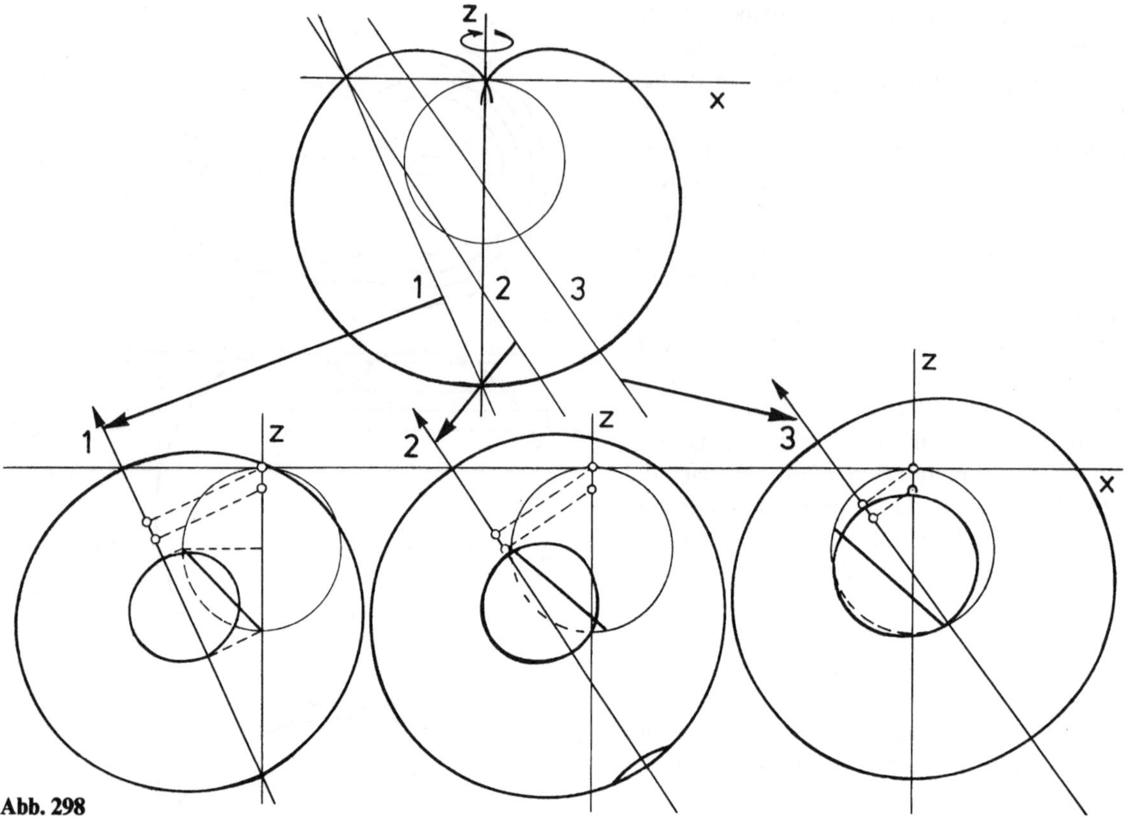

Abb. 298

entsteht eine Rotationsfläche, ein räumliches Gebilde. Geometrisch handelt es sich um eine einhüllende Fläche aller Kugeln, die auf der Oberfläche einer gegebenen Kugel zentriert sind und durch einen festen Punkt gehen. Die Meridianschnitte sind entsprechende Pascal-Schnecken. Die Schnittfigur normal zur Hauptachse, z-Achse, sind Kreislinien. Es handelt sich ja um einen Rotationskörper. Um eine räumliche Vorstellung dieses Rotationskugelkonchoids zu erhalten, nehmen wir als Beispiel den Hüftkopf, der ein hyperbolisches Rotationskugelkonchoid bildet. Seine meridiane Schnittfigur ist eine Pascal-Schnecke mit einem Doppelpunkt und einer Schlinge (Abb. 297). Das inverse Abbild dieser Kurve ist eine Hyperbel. Legt man einige Schrägschnitte durch diesen geometrischen Körper, dann entstehen Schnittfiguren, wie in Abb. 298, die in der unteren Hälfte fast kreisförmig sind.

Geometrisch betrachtet ist das Rotationskugelkonchoid die Hüllfläche aller Kugeln, deren Mittelpunkte auf einer gegebenen Kugel zentriert sind und durch einen festen Punkt D gehen. Liegt der feste Punkt D auf der gegebenen Kugel, dann bilden die erzeugenden Kugeln ein parabolisches Kugelbündel. Invertiert man die erzeugenden Kugeln mit einer beliebigen Potenz K^2 mit dem festen Punkt D als Zentrum, so entstehen Flächen (Tangentenflächen), die ein Rotationsparaboloid einhüllen. Die gegebene Kugel, an deren Oberfläche die erzeugenden Kugeln zentriert sind, wird zur Leitfläche des Paraboloids. Liegt der feste Punkt D innerhalb der gegebenen Kugel, dann spricht man von einem elliptischen Kugelbündel. Durch Inversion um den Punkt D entsteht ein Drehellipsoid. Der feste Punkt D wird zum Brennpunkt des Ellipsoids. Liegt der feste Punkt D außerhalb der gegebenen Kugel, läßt die Inversion um den festen Punkt D ein zweischaliges Drehhyperpoloid entstehen. Die erzeugenden Kugeln bilden ein hyperbolisches Kugelbüschel. Das Rotationskugelkonchoid ist die Hüllfläche einer Schar Kugeln, die um eine feste Achse rotiert. Deshalb ist dieser geometrische Körper ein Gebilde, das auch den Zykliden (Dupin-Zykliden) zuzuordnen ist mit einer Reihe interessanter geometrischer Beziehungen, die den Rahmen unserer Hüftkopfbetrachtung überschreiten. Der interessierte Leser wird deshalb auf die einschlägige Literatur verwiesen.

22.6 Die Beziehung von Hüftkopf und Hüftpfanne

Der Hüftkopf ist ein Rotationskugelkonchoid, der Meridianschnitt bildet als Schnittfigur eine Pascal-Schnecke mit einem Doppelpunkt und einer Schlinge.

Das inverse Abbild dieser Pascal-Schnecke ist eine Hyperbel. Das Zentrum der Inversion ist der Brennpunkt F_h der Hyperbel. Die Größe der Hyperbel ist abhängig von der Potenz K^2 der Inversion. Die meridiane Schnittfigur wird durch die Gleichung $r'' = a'' + b'' \cos\varphi$ ausgedrückt, wobei gilt $a'' < b''$. Die numerische Exzentrizität $\varepsilon'' = \frac{b''}{a''} > 1$. Daraus folgt: $b'' = \varepsilon'' a''$. Durch Einsetzen in die obige Gleichung bekommt man $r'' = a''(1 + \varepsilon'' \cos\varphi)$. Invertiert man diese Gleichung mit der Potenz $K^2 = r'' \cdot \bar{r}''$, so folgt:

$$\frac{K^2}{\bar{r}''} = a''(1 + \varepsilon'' \cos\varphi) \Rightarrow \bar{r}'' = \frac{K^2}{r''(1 + \varepsilon'' \cos\varphi)}.$$

Diese Relation zeigt, daß es sich um eine Hyperbel handelt ($\varepsilon'' > 1$), deren Größe von K^2 abhängig ist. $\frac{K^2}{a''} = p_h$ ist der Halbparameter einer Hyperbel. Nimmt der Radius des Inversionskreises die Größe der kleinen Halbachse b_h der Hyperbel an, so folgt:

$$\frac{K^2}{a''} = \frac{b_h^2}{a''} = p_h.$$

Weil $b_h = a_h\sqrt{\varepsilon_h^2 - 1}$ und $p_h = a_h(\varepsilon_h^2 - 1)$, so folgt weiter:

$$\frac{a_h^2(\varepsilon_h^2 - 1)}{a''} = a_h(\varepsilon_h^2 - 1) \Rightarrow \boxed{a_h = a''}$$

a_h ist die große Halbachse der Hyperbel.

Weil der Parameter b'' der Pascal-Schnecke $b'' = \varepsilon'' a''$ ist, so folgt: $b'' = \varepsilon'' a_h$. Aus der inversen Transformation der Pascal-Schnecke in die Hyperbel ist zu entnehmen, daß die numerische Exzentrizität der Pascal-Schnecke und der Hyperbel die gleiche Größe besitzen. Deshalb gilt auch die Beziehung $b'' = \varepsilon_h a_h$. Weil $\varepsilon_h \cdot a_h = e_h$ (e_h lineare Exzentrizität der Hyperbel), so folgt $b'' = e_h$, d.h. jeder Pascal-Schnecke ist ein ganz bestimmter Kegelschnitt als Stammhyperbel bzw. Stammellipse zugeordnet. (Für die Kardioide $r = a(1 + \cos\varphi)$, deren inverses Abbild die Parabel ist, gilt $a = p$ (p = Halbparameter der Parabel)). Aus der Gleichung der Pascal-Schnecke können unmittelbar die Parameter der Stammhyperbel a_h und e_h abgelesen werden:

$$\boxed{a'' + b'' \cos\varphi = r'' = a_h + e_h \cos\varphi}$$

Jeder Hyperbel ist fokal eine Ellipse zugeordnet. Ihre numerischen Exzentrizitäten verhalten sich reziprok $\varepsilon_h = \frac{1}{\varepsilon_e}$. Die kleine Halbachse der Hyperbel und Ellipse haben die gleiche Größe $b_h = b_e$. Die große Halbachse a_e der Ellipse ist die lineare Exzentrizität e_h der Hyperbel. Die große Halbachse der Hyperbel a_h entspricht der Linearexzentrizität der Ellipse e_e. *Jede Pascal-Schnecke $r = a + b\cos\varphi$ besitzt eine ihr fokal zugeordnete Pascal-Schnecke, bei der die Parameter a und b ihre Plätze vertauschen: $r' = b + a\cos\varphi$.*

Dem Hüftkopf, dessen meridiane Schnittfigur eine Pascal-Schnecke mit Schlinge $r'' = a'' + b'' \cos\varphi$ ($a = 37{,}5078$, $b = 43{,}0092$) ist, ist eine Pascal-Schnecke mit einer Delle fokal zugeordnet: $r' = b'' + a'' \cos\varphi$, $\frac{a''}{b''} < 1$, die Parameter a'' und b'' haben ihre Plätze vertauscht.

Setzt man $\cos\varphi = 1$, dann merkt man, daß die beiden einander fokal zugeordneten Pascal-Schnecken in den Längen ihrer Hauptachsen (Rotationsachsen) übereinstimmen:

$$r'' = a'' + b'' = r' = b'' + a''.$$

Legt man einen geeigneten meridianen Querschnitt durch die Hüftpfanne und bringt ihn auf die Größe der Pascal-Schnecke mit „Delle“, dann merkt man, daß die konstruktiv gewonnene Schnittfigur ($r' = 43{,}0092 + 37{,}5078 \cos\varphi$) mit der natürlichen Schnittfigur der Hüftpfanne übereinstimmt. Die natürliche Schnittfigur wurde eine Spur größer gewählt, um die Übereinstimmung mit der Pascal-Schnecke anschaulicher zu gestalten Abb. 299).

Die Hüftpfanne ist demnach der Hohlkörper eines elliptischen Rotationskugelkonchoides, dessen meridiane Schnittfigur eine elliptische Kreiskonchoide verkörpert, eine Pascal-Schnecke mit einer Delle $r' = a' + b'\cos\varphi$ mit der Bedingung $\frac{b'}{a'} < 1$ (Abb. 299).

Der Hüftkopf und die Hüftpfanne sind einander fokal zugeordnete Rotationskugelkonchoide, deren numerische Exzentrizitäten ε'' und ε' in reziproker Beziehung zueinander stehen. Das inverse Abbild der meridianen Schnittfigur des Hüftkopfes ist eine Hyperbel, das der Hüftpfanne eine Ellipse. Die Hyperbel und die Ellipse sind ein Fokalkegelschnitt (Abb. 286).

Um die fokale Beziehung von Hüftkopf und Hüftpfanne algebraisch anschaulich zu gestalten, werden beide Gleichungen durch die Parameter a_e und e_e bzw. a_h und e_h des Stammkegelschnittes ausgedrückt. **Hüftkopf** (meridiane Schnittfigur, Pascal-Schnecke mit Schlinge):

$$r'' = a'' + b'' \cos\varphi = \begin{matrix} r'' = a_h + e_h \cos\varphi, \\ r'' = e_e + a_e \cos\varphi, \end{matrix}$$

$$\varepsilon'' = \varepsilon_h = \frac{1}{\varepsilon_e} > 1.$$

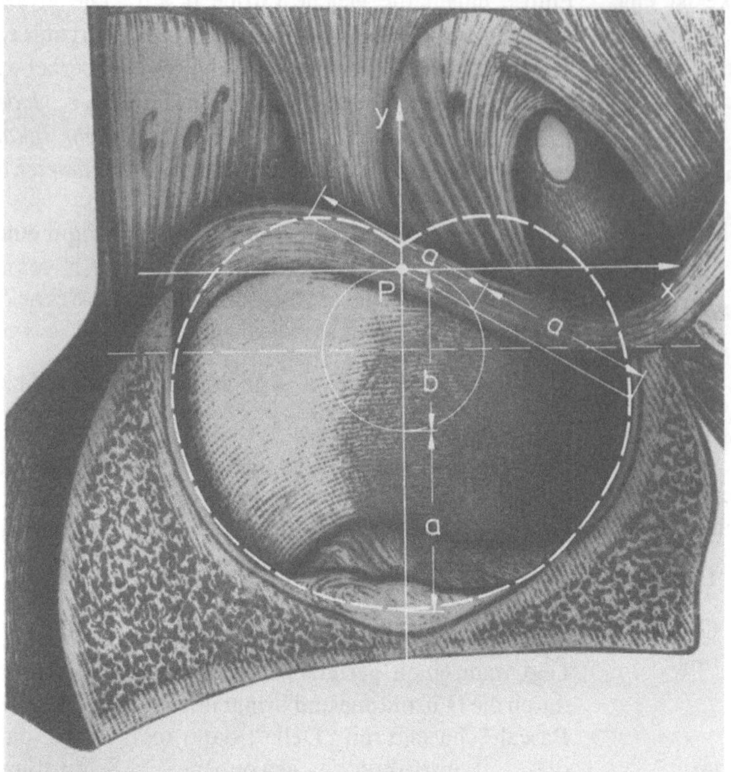

Abb. 299

Hüftpfanne (meridiane Schnittfigur, Pascal-Schnecke mit Delle):

$$r' = a' + b' \cos \varphi = \begin{matrix} r' = e_h + a_h \cos \varphi, \\ r' = a_e + e_e \cos \varphi, \end{matrix}$$

$$\varepsilon' = \varepsilon_e = \frac{1}{\varepsilon_h} < 1 .$$

22.7 Der Drehpunkt des Hüftgelenks bei Schwingbewegungen

Die Drehung des Hüftkopfes in der Hüftpfanne um seine Hauptachse, Rotationsachse, bedarf keiner besonderen kinematischen Begründung. Ganz anders ist das Verhalten des Hüftkopfes bei Schwingbewegungen des Schenkelhalses, die in alle Richtungen des Raumes möglich sind. Betrachtet man die Schwingbewegung, Außen- und Innendrehung, des Hüftkopfes bei rechtwinklig gebeugter Hüfte (S 90°) und rechtwinklig gebeugtem Kniegelenk in Rückenlage, dann ist der physiologische Bewegungsumfang der Außen- und Innendrehung R(S 90°), 45°–0°–45°. Die Schwingbewegung des Hüftkopfes überschreitet von der Nullstellung aus den Winkelausschlag von 45° in allen Richtungen als maximalen Extremwert kaum.

Es erhebt sich die Frage nach der konstruktiven Gewinnung des Drehpunktes für diese Bewegung unter Berücksichtigung, daß die Gelenkflächen von Pfanne und Hüftkopf nicht kongruent sind, sie sind wohl einander fokal zugeordnete Hüllflächen. Die Frage läuft dahin, den Mittelpunkt jenes Kreises zu finden, der sich der meridianen Schnittfigur der Hüftpfanne, eine elliptische Kreiskonchoide, im Scheitel am besten anschmiegt. Der gesuchte Schmiegekreis der Schnittfigur muß sich bei der Inversion, die kreistreu ist, dem inversen Abbild der Schnittfigur der Stammellipse ebenfalls im Scheitel anschmiegen. Der Schmiegekreis der Ellipse, der sich an den Scheitelstellen der Hauptachse von innen anschmiegt, hat den Durchmesser $\frac{2b^2}{a_e} = 2p_e$.

Das inverse Transformationssystem ist auch winkeltreu. Es ändert sich lediglich der Umlaufsinn des Winkels. Es muß sich deshalb der gesuchte Schmiegekreis der Pascal-Schnecke mit Delle der Schnittfigur von außen anschmiegen. Geometrisch handelt es sich bei der Ellipse um den Scheitelkrümmungskreis mit 4 zusammengerückten Punkten im Scheitel, deshalb muß der gesuchte Schmiegekreis ebenfalls ein Scheitelkrümmungskreis der Pascal-Schnecke sein (Abb. 300). Die Kreislinien dieser beiden Scheitelkreise sind inverse Abbilder voneinander in bezug auf das Zentrum $F_e = 0$. *Dies gilt aber nicht für ihre Mittelpunkte*. Man nennt die inverse Abbildung von

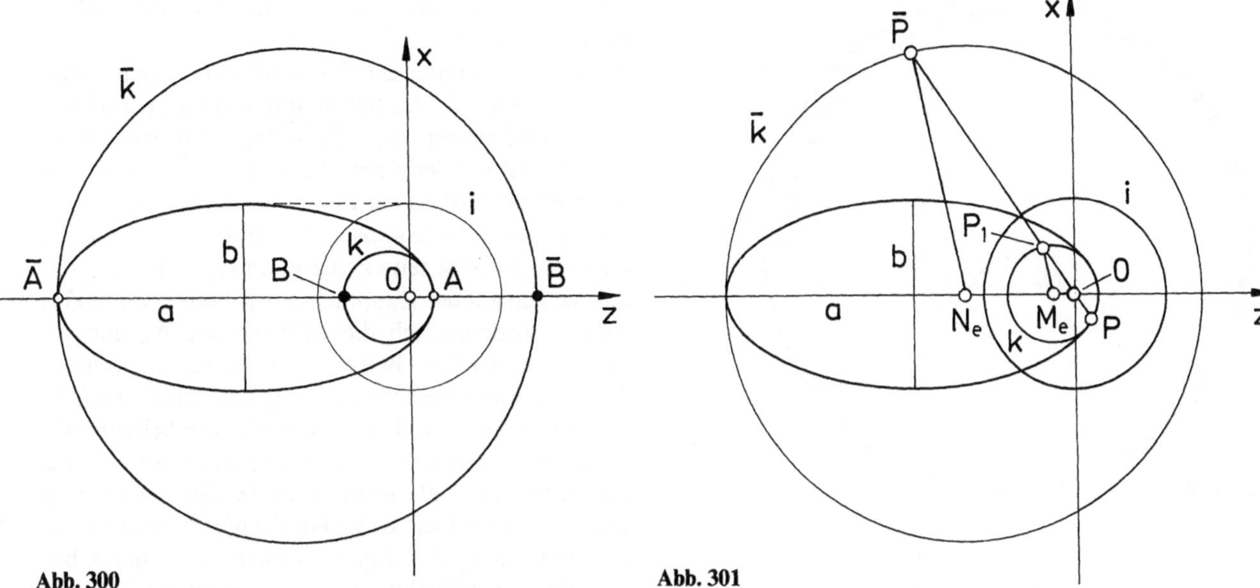

Abb. 300

Abb. 301

Kreisen eine Kreisverwandtschaft. Soll die Stammellipse innerhalb ihrer inversen Abbildung der Pascal-Schnecke mit „Delle“ liegen, dann muß die Transformation elliptisch erfolgen: $r \cdot \bar{r} = -b^2$ (Abb. 282). Die inversen Abbilder $\bar{B}$ und $\bar{A}$ der Punkte A und B des Scheitelkreises k liegen dann auf verschiedenen Seiten des Zentrums $0 = F_e$. Es hat dann folgende Beziehung Gültigkeit (Abb. 300):

$$0A \cdot (-0\bar{A}) = -b^2 ,$$

$$(-B0) \cdot \bar{B}0 = -b^2 .$$

Die Scheitelpunkte A und $\bar{A}$ der Ellipse sind elliptisch inverse Abbilder voneinander in bezug auf den Brennpunkt $F_e = 0$ und der Potenz $-b^2$. Das Zentrum 0 ist der innere Ähnlichkeitspunkt der Scheitelkreise k und $\bar{k}$.

Aufgrund dieser Ähnlichkeitsbeziehung zwischen den beiden Kreisen k und $\bar{k}$ läßt sich zu dem Kreis k mit dem Mittelpunkt M_e leicht der Mittelpunkt N_e des inversen Kreises $\bar{k}$ finden (Abb. 301). Man zieht durch das Zentrum 0 eine von der Zentralen $0M_e$ verschiedene Gerade, die den Scheitelkreis k in P und P_1 schneidet, invertiert P in $\bar{P}$, verbindet P_1 mit M_e und legt durch $\bar{P}$ eine Parallele zu M_eP_1, die die Hauptachse in Punkt N_e schneidet. Der Punkt N_e ist dann der Mittelpunkt des inversen Scheitelkreises $\bar{k}$ und $N_e\bar{P}$ sein Radius.

Unterwirft man das inverse Abbild, die Hyperbel, der medianen Schnittfigur des Hüftkopfes, Pascal-Schnecke mit Doppelpunkt und Schlinge, der gleichen Operation wie die Ellipse und ihren Scheitelkreis und stellt die Forderung, daß die Pascal-Schnecke zwischen den beiden Hyperbelästen liegt, dann muß der Hyperbelast, der die Schnecke bildet, mit seinem Scheitelkreis hyperbolisch $r \cdot \bar{r} = +b^2$ invertiert werden (Abb. 286). Auf allen Polstrahlen liegen die sich invers abbildenden Punkte P_i und $\bar{P}_i$ auf derselben Seite des Zentrums 0. Der Scheitelkreis k berührt die Hyperbel innen, der inverse Scheitelkreis $\bar{k}$ berührt die mediane Schnittfigur des Hüftkopfes von außen. Aufgrund der inneren Ähnlichkeitsbeziehung der Scheitelkreise k und $\bar{k}$ kann der Mittelpunkt N_h des Scheitelkreises des Hüftkopfes durch das gleiche Vorgehen wie bei der Ellipse leicht gefunden werden (Abb. 302).

Die Mittelpunkte M_h und N_h liegen auf verschiedenen Seiten des Zentrums 0 (Abb. 302). Die Mittelpunkte M_e und N_e der elliptisch transformierten

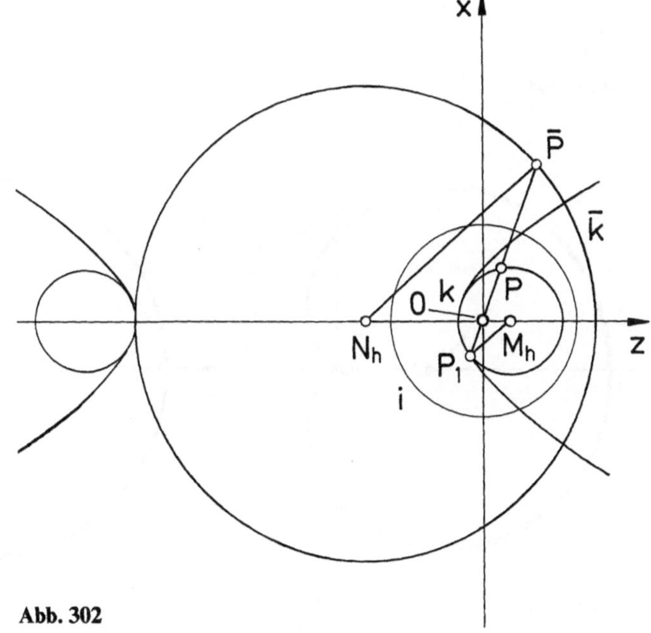

Abb. 302

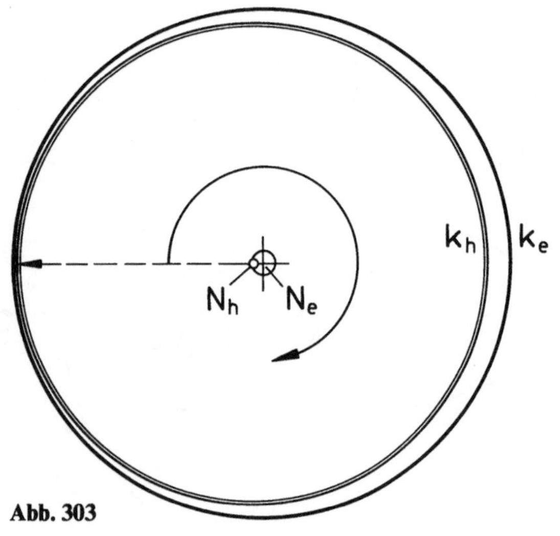

Abb. 303

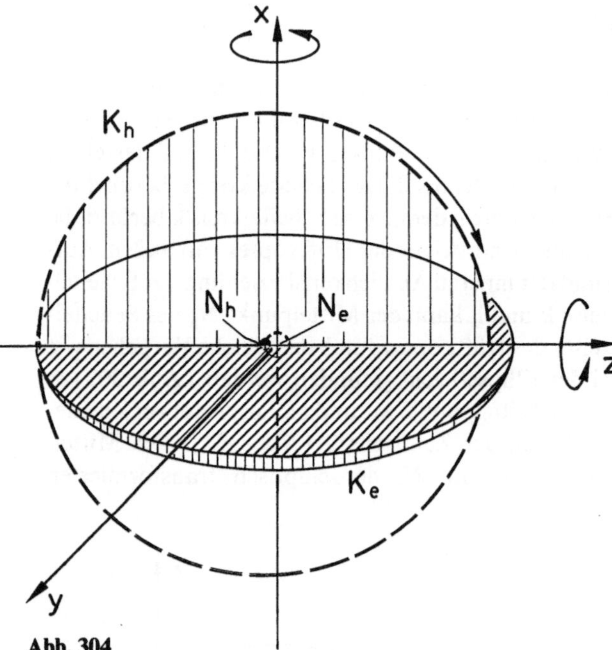

Abb. 304

Ellipse liegen auf derselben Seite des Zentrums auf der Hauptachse (Abb. 301).

Der Scheitelkreis der Ellipse mit dem Durchmesser $2p_e$ ist kleiner als der Scheitelkreis der Hyperbel mit dem Durchmesser $2p_h$ ($2p_e < 2p_h$). Invertiert man beide Kreise mit der gleichen Potenz $\pm b^2$, dann ist der inverse Scheitelkreis der Ellipse größer als das inverse Abbild des Scheitelkreises der Hyperbel. Projiziert man die beiden Scheitelkreise k_e und k_h so ineinander, daß sie sich auf der Hauptachse berühren (Abb. 303), dann projizieren sich die Mittelpunkte N_h und N_e nicht übereinander. Bewegt sich der Scheitelkreis k_h des Hüftkopfes, so daß er ständig den Scheitelkreis k_e der Pfanne berührt, dann beschreibt sein Mittelpunkt N_h einen kleinen Kreis mit dem Radius $r' = r_e - r_h$ um den Mittelpunkt N_e. Führt man die Gegenbewegung aus, der Scheitelkreis k_h des Hüftkopfes ist fest und der Scheitelkreis k_e der Pfanne bewegt sich, dann beschreibt der Mittelpunkt N_e (der Pfanne) einen kleinen Kreis mit dem Radius $r' = r_e - r_h$ um den Mittelpunkt N_h des Hüftkopfes. Das Abrollen eines kleinen beweglichen Kreises an der Innenseite eines größeren festen Kreises wird in der Kinematik als eine Planetenbewegung bezeichnet.

Bei einem Fokalkegelschnitt stehen Ellipse und Hyperbel als räumliches Gebilde aufeinander normal, das gleiche gilt für ihre Scheitelkrümmungskreise. Bei der inversen Transformation bleibt diese Beziehung erhalten. Es stehen die beiden Scheitelkreise k_e und k_h (Abb. 303) und die entsprechenden Pascal-Schnekken normal aufeinander in ihren Nebenachsen, die Hauptachse z ist für beide Gebilde gemeinsam. Der meridianen horizontalen Schnittfigur der Hüftpfanne entspricht geometrisch eine meridiane Schnittfigur des Hüftkopfes in der Vertikalen. Aus Gründen der Anschaulichkeit wurde in Abb. 304 der Scheitelkreis k_h und k_e durch Scheiben dargestellt und die Bewegungsmöglichkeiten mit Pfeilen angedeutet.

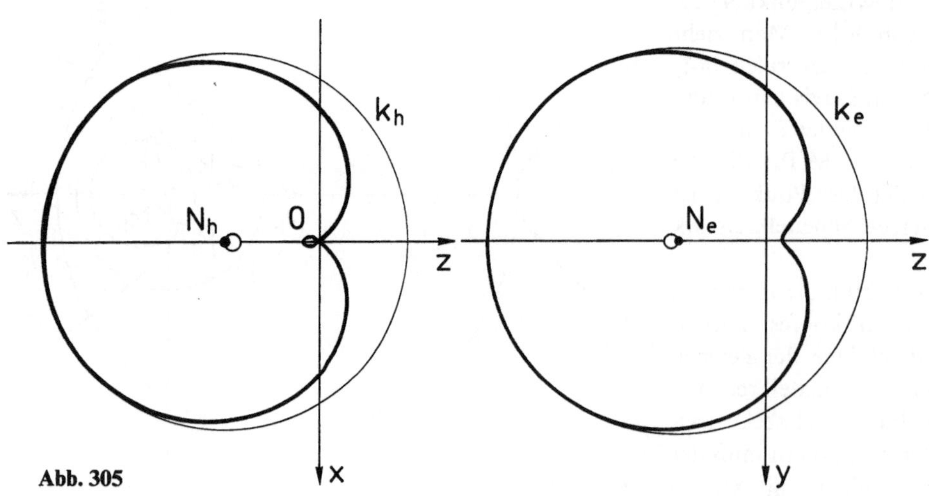

Abb. 305

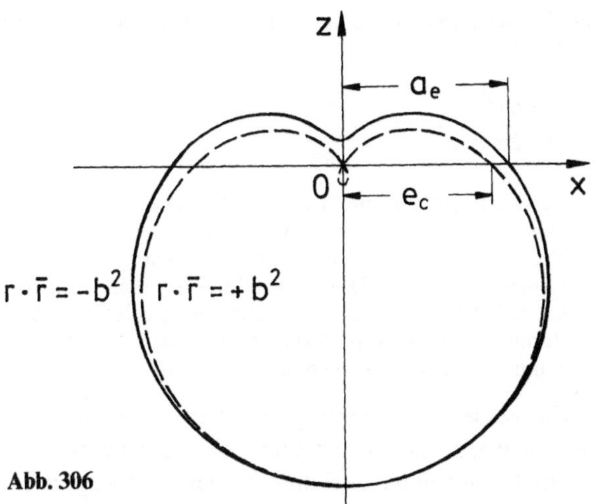

Abb. 306

In Abb. 305 sind die beiden Pascal-Schnecken mit ihren entsprechenden Scheitelkreisen dargestellt, die die Kurven in ihren Scheitelbereichen so approximieren, daß mit freiem Auge Kurve und Kreis nicht zu unterscheiden sind. Bewegt sich der Mittelpunkt N_h der Schnecke mit Schlinge auf dem kleinen Kreis des Mittelpunktes N_e, dann hüllt der durch den Scheitelkreis approximierte Kurventeil den Scheitelkreis k_e der Pascal-Schnecke mit Delle ein.

Die Bedingung, daß sich der Hüftkopf und die Hüftpfanne bewegen können war, daß die Hyperbel des Fokalkegelschnitts hyperbolisch ($r \cdot \bar{r} = +b^2$), die dazugehörige Ellipse aber elliptisch ($r \cdot \bar{r} = -b^2$) invertiert wurde (Abb. 306) um das gemeinsame Zentrum 0. Die beiden Pascal-Schnecken haben einen gemeinsamen Berührungspunkt im Scheitel der z-Achse und schmiegen sich gut aneinander. Daß sich die beiden Kurven tatsächlich nur im Scheitelpunkt berühren, zeigt Tabelle 10.

Tabelle 10. Dimensionsdifferenz der Hüftpfanne und des Hüftkopfes

	$r_e = a_e + e_e \cos\varphi$ (Hüftpfanne)	$r_h = e_e + a_e \cos\varphi$ (Hüftkopf)	
φ	r_e	$r_h(\varphi)$	$r_e - r_h = \Delta r$
0°	80,51711062	80,51711062	0,000...
1°	80,51139798	80,51056011	0,0008378749
3°	80,46570734	80,458168	0,007539342
6°	80,31163839	80,28150169	0,031367048
9°	80,05532607	79,9879592	0,0677301494
12°	79,69747291	79,57725628	0,1202166351
15°	79,23905976	79,05160746	0,1874523002
18°	78,6813431	78,41209025	0,2692528564
21°	78,02585159	77,6604575	0,365394094
24°	77,27438189	76,7987694	0,4756124966
30°	75,49200425	74,75496961	0,7370346364
35°	73,73388275	72,73898363	0,9948991156
45°	69,53129971	67,92000583	1,611293881
90°	43,00920602	37,5079046	5,50130142

22.8 Berechnung der Scheitelkreisradien der Hüftpfanne und des Hüftkopfes

Der Radius r_e des Scheitelkreises der Hüftpfanne ergibt sich durch Inversion mit der Potenz $-b^2$ von $(a_e - e_e)$ und $2p_e - (a_e - e_e)$. Inversion des Scheitelkreises der Ellipse (Abb. 301):

$$\frac{-b^2}{(a_e - e_e)} + \frac{-b^2}{2p_e - (a_e - e_e)} = -2r_e .$$

Weil $\quad e_e = a_e \varepsilon_e \quad$ und $\quad p_e = a_e(1 - \varepsilon_e^2)$

$$\Rightarrow \frac{b^2}{a_e(1-\varepsilon_e)} + \frac{b^2}{a_e(1+\varepsilon_e - 2\varepsilon_e^2)} = 2r_e .$$

Weil $\quad b = a_e\sqrt{1-\varepsilon_e^2} \Rightarrow \dfrac{2a_e^2(1-\varepsilon_e^2)(1-\varepsilon_e^2)}{a_e(1-\varepsilon_e)(1+\varepsilon_e-2\varepsilon_e^2)} = 2r^e$

$$\Rightarrow \boxed{\frac{a_e(1+\varepsilon_e)(1-\varepsilon_e^2)}{(1+\varepsilon_e-2\varepsilon_e^2)} = r_e} ,$$

$r_e = 54{,}92908317$ mm.

Durch Inversion mit der Potenz b^2 des Scheitelkreises der Hyperbel erhält man den Scheitelkreis des Hüftkopfes. Der Radius r_h des Hüftkopfes ergibt sich aus (Abb. 302):

$$\frac{b^2}{e_h - a_h} + \frac{b^2}{2p_h - (e_h - a_h)} = 2r_h .$$

Weil $e_h = a_h \varepsilon_h$, $p_h = a_h(\varepsilon_h^2 - 1)$ und $b = a_h\sqrt{\varepsilon_h^2 - 1}$

$$\Rightarrow \frac{b^2}{a_h(\varepsilon_h - 1)} + \frac{b^2}{2a_h(\varepsilon^2-1) - a_h(\varepsilon - 1)} = 2r_h$$

$$\Rightarrow \frac{b^2}{a_h(\varepsilon_h - 1)} + \frac{b^2}{a_h(2\varepsilon_h^2 - \varepsilon - 1)} = 2r_h$$

$$\Rightarrow \frac{2a_h^2(\varepsilon_h^2-1)(\varepsilon_h^2-1)}{a_h(\varepsilon_h-1)(2\varepsilon_h^2-\varepsilon-1)} = 2r_h$$

$$\Rightarrow \boxed{\frac{a_h(\varepsilon_h+1)(\varepsilon_h^2-1)}{(2\varepsilon_h^2-\varepsilon_h-1)} = r_h} ,$$

$r_h = 52{,}48278488$ mm.

Scheitelkrümmungsradius einer Pascalschnecke samt einer kurzen Herleitung (Wunderlich, persönliche Mitteilung).

Die Kurve sei definiert durch ihre Polargleichung

$$r = a + b\cos\varphi , \tag{1}$$

aus welcher ihre kinematische Erzeugung als Kreiskonchoide unmittelbar ersichtlich ist: Eine durch den festen Ursprung O gleitende Gerade g wird mit ihrem Punkt A längs des Kreises $r = b\cos\varphi$ geführt; der Punkt B von g, der sich im Abstand $AB = a$ befindet, beschreibt dann die Pascalschnecke (1). In der Nullstellung ($\varphi = 0$) fällt der Momen-

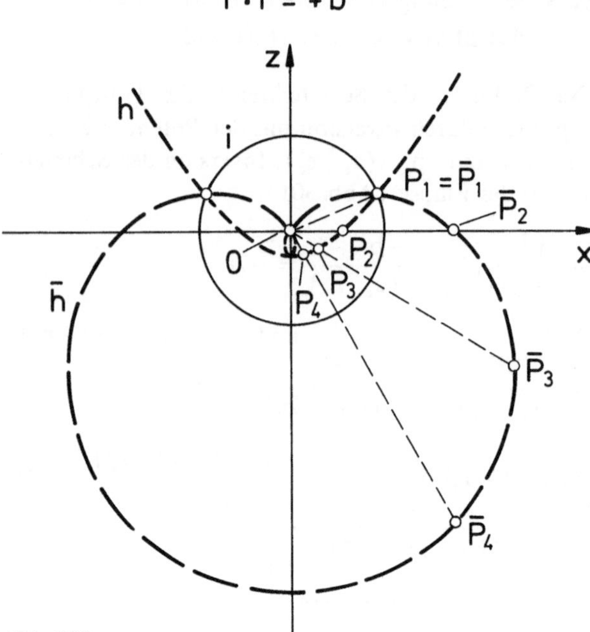

Abb. 307

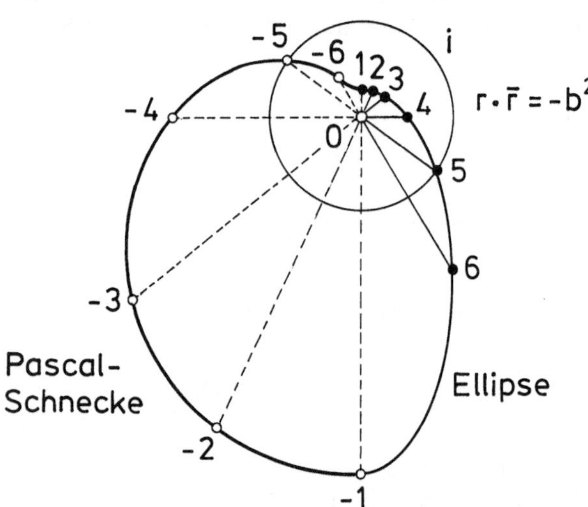

Abb. 308

tanpol P mit O zusammen. Zum Punkt A $(r=b)_x$ gehört hierbei als Bahnkrümmungsmittelpunkt das Kreiszentrum A $(r^x=b/2)$. Die Euler-Savary-Gleichung lautet daher:

$$\frac{1}{r^x}-\frac{1}{r}=\frac{1}{b}. \qquad (2)$$

Zum Scheitel B $(r=a+b)$ gehört demnach der Krümmungsmittelpunkt B^x mit

$$r^x=\frac{(a+b)b}{a+2b}. \qquad (3)$$

Für den Krümmungsradius $\varrho=r-r^x=rr^x/b$ findet man so den Wert

$$\varrho=\frac{(a+b)^2}{a+2b}. \qquad (4)$$

Mit $b>a>0$ gilt Formel (4) für den Hüftkopf; für die Hüftpfanne wären a und b bloß zu vertauschen.

Das Resultat steht durchaus in Einklang mit Ihren angegebenen Formeln. Die Feststellung nämlich, daß dort Zähler und Nenner für $\varepsilon-1$ verschwinden, zeigt Kürzbarkeit durch $1-\varepsilon$ an, und so gelangt man – nach entsprechenden Umbenennungen – ebenfalls zu Formel (4).

Zur besseren geometrisch-konstruktiven Handhabung wurden die Naturmaße 1:2 vergrößert. Der natürliche Scheitelkreisradius r_h des Hüftkopfes ist deshalb $\frac{52{,}482}{2}=26{,}241$ mm.

Der konstruktiv gewonnene Radius r_h des Scheitelkreises des Hüftkopfes von 26,24 mm als Durchschnittswert stimmt mit den anthropometrisch gemessenen Durchschnittswerten der Krümmungsradien der Hüftköpfe zwischen 26,4 mm (Helwig 1912) und 25 mm anderer Autoren gut überein. Dies ist nicht verwunderlich, weil die Ausgangswerte des Kniesteuersystems Durchschnittswerte darstellen, die aus 20 Leichenkniegelenken gewonnen wurden.

Wird eine gegebene Kurve vom Inversionskreis geschnitten, dann geht bei hyperbolischer Inversion $r\cdot\bar{r}=+b^2$ das inverse Abbild der gegebenen Kurve ebenfalls durch diesen Schnittpunkt. Der Schnittpunkt $P_1=\bar{P}_1$ der beiden Kurven auf dem Inversionskreis ist dann zu sich selbst invers (Abb. 307). Alle Punkte des Hyperbelastes rechts von der z-Achse haben ihre inversen Abbilder ebenfalls auf der rechten Seite der z-Achse.

Das Verhalten des inversen Abbilds einer gegebenen Kurve bei elliptischer Transformation $r\cdot\bar{r}=-b^2$ ist ein ganz anderes. Wird eine Ellipse um den Brennpunkt $F_e=0$ elliptisch transformiert (Abb. 282 u. 308), dann gehen alle Punkte der gegebenen Ellipse rechts von der z-Achse in ihre entsprechenden Punkte der Pascal-Schnecke links von der z-Achse über (Abb. 308). Der Inversionskreis i schneidet die Ellipsenhälften in Punkt 5, das zu sich selbst inverse Abbild ist der Punkt –5. Der liegt aber diametral auf dem i-Kreis zu seinem erzeugenden Punkt 5, d.h. die Ellipse und ihr inverses Abbild, die Pascal-Schnecke, haben keinen reellen Schnittpunkt. Ihr Schnittpunkt ist ein komplexer Punkt vom Typ $z=x+iy$, d.h. weiter, daß alle Punkte der Pascal-Schnecke durch komplexe Zahlen definiert sind. Die Pascal-Schnecke, die durch elliptische Transformation einer Ellipse gewonnen wurde, ist eine komplexe, aber reelle Kurve (Abb. 308).

Legt man die beiden Meridianschnittfiguren so übereinander, daß sich die Haupt- und Nebenachsen überdecken, dann verhalten sich der konstruierte Hüftkopf und die Gelenkpfanne bei der Schwingbewegung wie das natürliche Hüftgelenk. In Abb. 309 wurde eine extreme Schwingbewegung von 45° festgehalten. An der oberen Seite der z_e-Achse hebt die Gelenkfläche des Hüftkopfes von der Pfanne ab wie bei einem natürlichen Hüftgelenk, während an der unteren Seite von der z_e-Achse die beiden Gelenkkörper sich über einen weiten Kurvenabschnitt aneinander schmiegen. Bei der Bewegung exzentriert der Drehpunkt N_b des Hüftkopfes in einem geringen Ausmaß.

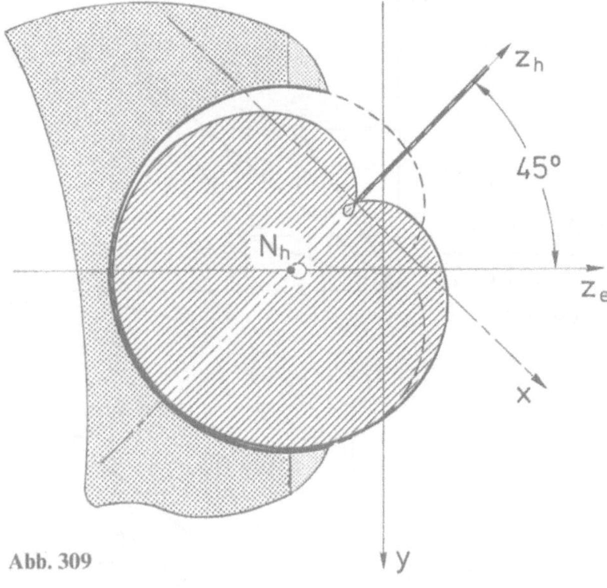

Abb. 309

22.9 Inversion in der Gauß-Zahlenebene

In den vorausgegangenen Betrachtungen wurde die inverse Transformation stillschweigend mit reellen Zahlen durchgeführt. Die reellen Zahlen sind aber nur ein Teilgebiet der komplexen Zahlen, die imaginären Zahlen wurden bisher nicht berücksichtigt:

Komplexe Zahlen

reelle Zahlen imaginäre Zahlen

Als komplexe Zahl z wird eine Größe der Bauart $z = x + iy$ bezeichnet, wobei x und y reelle Zahlen sind. Die imaginäre Einheit i ist eine Abkürzung für $+\sqrt{-1}$, die der Rechenregel $i^2 = -1$ folgt.

Aus Gründen der Anschaulichkeit wird allgemein ein kartesisches Koordinatensystem verwendet. Die komplexe Zahl $z = x + iy$ wird durch den reellen Bildpunkt z mit den Koordinaten x,y dargestellt (Abb. 310). Der Zeiger r ist der Absolutbetrag von z, $r = |z| = \sqrt{x^2 + y^2}$.

Der gerichtete Winkel φ, der den Zeiger r mit der positiven Richtung der x-Achse (reelle Achse) einschließt, wird als Argument oder Polarenwinkel der komplexen Zahl z bezeichnet.

Der Polarenwinkel φ der komplexen Zahl $z = x + iy$ ergibt sich durch

$$\frac{y}{x} = \tan\varphi .$$

Die Arbeit wendet sich an jene Biologen und Mediziner, die an den „konstruktiven" gesetzlichen Beziehungen der unbekannten biologischen Bewegungssysteme, die wir selber sind, Interesse finden. Deshalb werden kurz die wichtigsten Rechenregeln mit komplexen Zahlen angeführt:

Addition – Subtraktion.

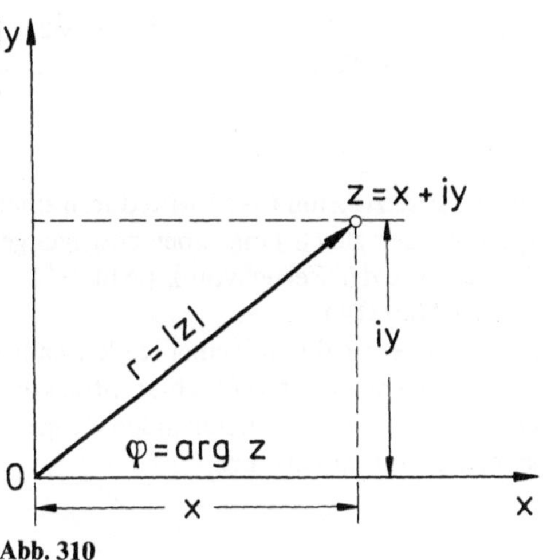

Abb. 310

Die Addition zweier komplexer Zahlen erfolgt nach der Vorschrift:

$$\left.\begin{matrix} z_1 = x_1 + iy_1 \\ z_2 = x_2 + iy_2 \end{matrix}\right\} z_1 + z_2 = (x_1 + x_2) + i(y_1 + y_2) .$$

Addition (Abb. 311):

$$\begin{aligned} z_1 &= 3 + i1 \\ z_2 &= 2 + i3 \\ \hline z_3 &= 5 + i4 \end{aligned}$$

Subtraktion (Abb. 312):

$$\begin{aligned} z_3 &= 5 + i4 \\ -(+z_2) &= 2 + i3 \\ \hline z_1 &= 3 + i1 \end{aligned}$$

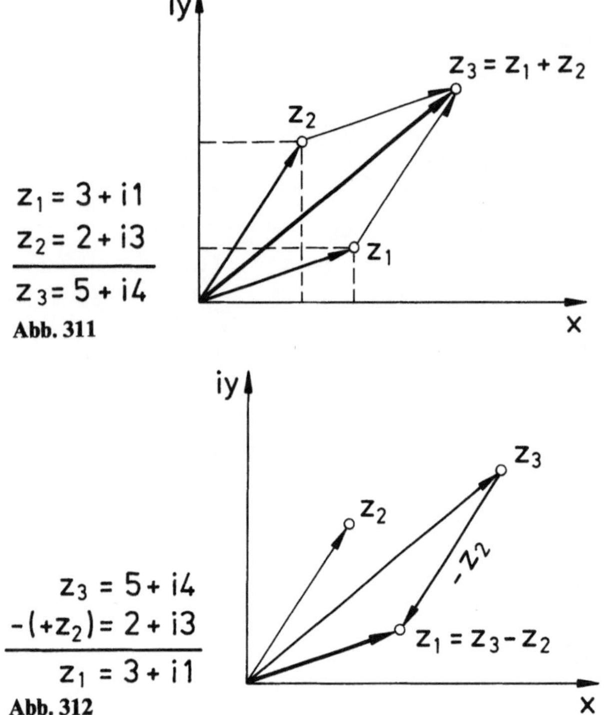

$z_1 = 3 + i1$
$z_2 = 2 + i3$
$z_3 = 5 + i4$

Abb. 311

$z_3 = 5 + i4$
$-(+z_2) = 2 + i3$
$z_1 = 3 + i1$

Abb. 312

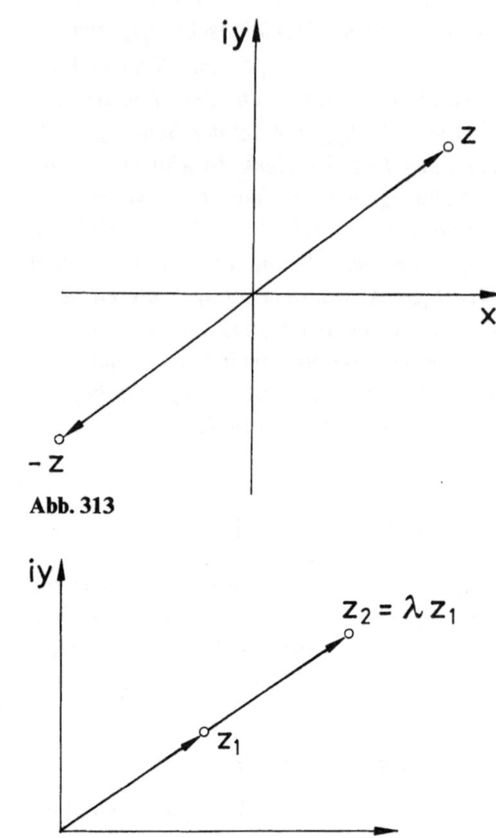

Abb. 313

Abb. 314

Die zu z entgegengesetzte Zahl $(-z)$ wird durch einen Zeiger dargestellt, der gleich lang, aber entgegengesetzt gerichtet ist, wie der Zeiger von z (Abb. 313).

Multiplikation (Abb. 314):

Wird eine komplexe Zahl z mit einer reellen Zahl λ multipliziert, dann entspricht dies einer Streckung bzw. Stauchung des die Zahl z darstellenden Zeigers r vom Ursprung aus auf das λfache:

$\lambda z_1 = z_2$.

Beispiel: $\lambda = 2$,

$2z_1 = z_2$.

Werden 2 komplexe Zahlen multipliziert $(z_1 \cdot z_2 = z_3)$, so entspricht dies einer Drehstreckung des zugeordneten Zeigers r (Abb. 315):

$$\left.\begin{matrix} z_1 = x_1 + iy_1 \\ z_2 = x_2 + iy_2 \end{matrix}\right\} z_1 \cdot z_2 = (x_1x_2 - y_1y_2) + i(x_1y_2 + x_2y_1).$$

Beispiel:

$$\left.\begin{matrix} z_1 = 3 + i1 \\ z_2 = 2 + i3 \end{matrix}\right\} z_1 \cdot z_2 = (3 \cdot 2 - 1 \cdot 3) + i(3 \cdot 3 + 2 \cdot 1)$$

$$z_1 \cdot z_2 = z_3,\ z_3 = 3 + i11.$$

Division:

Zwei komplexe Zahlen z und $\bar{z}$, die sich nur durch das Vorzeichen des Imaginärteils unterscheiden, $z = a + bi$, $\bar{z} = a - bi$, werden konjugiert komplexe Zahlen genannt. Das Produkt zweier konjugiert komplexer Zahlen ist eine reelle positive Zahl:

$$z \cdot \bar{z} = (a + bi)(a - bi) = a^2 + b^2.$$

Bei der Division einer komplexen Zahl mit komplexem Divisor wird zunächst der Nenner in eine reelle Zahl verwandelt. Man erweitert den Bruch mit der zum Nenner konjugiert komplexen Zahl:

$$\frac{z_1}{z_2} = \frac{a + b_i}{c + d_i} = \frac{(a + b_i)(c - d_i)}{(c + d_i)(c - d_i)} =$$

$$\frac{ac + bd}{c^2 + d^2} + \frac{(bc - ad)i}{c^2 + d^2}.$$

Beispiel:

$$\left.\begin{matrix} z_3 = 3 + i11 \\ z_2 = 2 + i3 \end{matrix}\right\} z_3 : z_2 = \frac{3 + i11}{2 + i3} =$$

$$\frac{(3 + i11)(2 - i3)}{(2 + i3)(2 - i3)} = \frac{(6 + 33) + (22 - 9)i}{4 + 9}$$

$$= \frac{39}{13} + \frac{13i}{13} = 3 + i = z_1,\ z_3 : z_2 = z_1,\ z_1 = 3 + i.$$

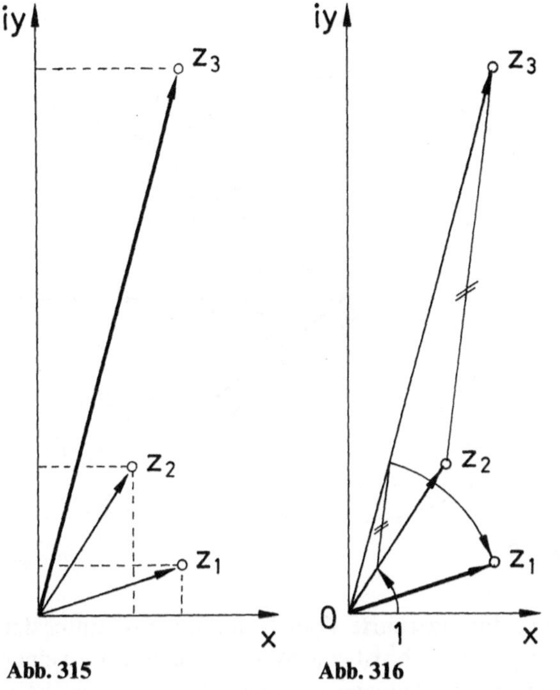

Abb. 315 Abb. 316

Zur graphischen Lösung gilt die Proportion (Abb. 316):

$z_3 : z_2 = z_1 : 1$.

Die Gleichung der Pascal-Schnecke wurde der Einfachheit halber in Polarkoordinaten $r = a + e \cos \varphi$ dargestellt. Geht man mittels Subtitution $x = r \cdot \cos \varphi$ und $y = r \cdot \sin \varphi$ in kartesische Koordinaten über, so erhält man die kompliziertere Relation der Pascal-Schnecke in x und y:

$$(x^2 + y^2 - ex)^2 = a^2 (x^2 + y^2) ,$$

aus der zu entnehmen ist, daß es sich um eine Kurve 4. Ordnung handelt.

Wir bleiben bei der einfachen Darstellung der Pascal-Schnecke in Polarkoordinaten und gehen in der Gauß-Zahlenebene ebenfalls auf Polarkoordinaten über (Abb. 317).

Die reellen Komponenten x,y der komplexen Zahl $z = x + iy$ werden durch r und den Winkel φ ausgedrückt. Dem Bildpunkt $z = x + iy$ entspricht dann die Relation in Polarkoordinaten (Abb. 317):

$$z = r(\cos \varphi + i \sin \varphi) .$$

Wählen wir auf der Pascal-Schnecke $r = a + e \cdot \cos \varphi$ einen bestimmten Punkt z_1, dann ist $r_1 = a + e \cdot \cos \varphi_1$ der Absolutbetrag von $|z_1|$. Ersetzt man in der komplexen Zahl $z_1 = x_1 + iy_1$ die Zahlen x_1 und y_1 durch die entsprechenden Ausdrücke in Polarkoordinaten, dann folgt (Abb. 318):

$$z_1 = (a + e \cos \varphi_1) \cos \varphi_1 + (a + e \cos \varphi_1) i \sin \varphi_1 \Rightarrow$$

$$z_1 = (a + e \cos \varphi_1)(\cos \varphi_1 + i \sin \varphi_1) .$$

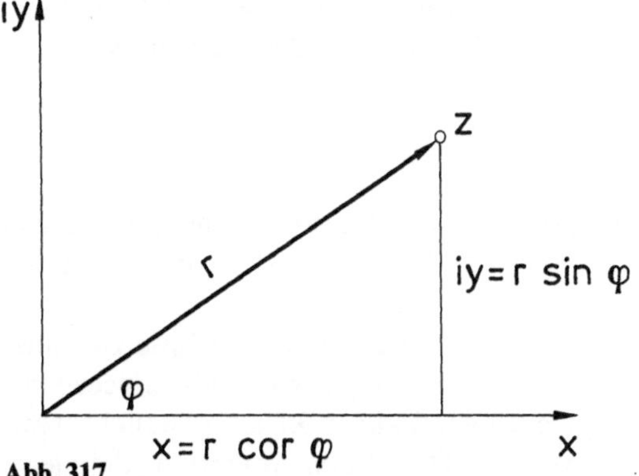

Abb. 317

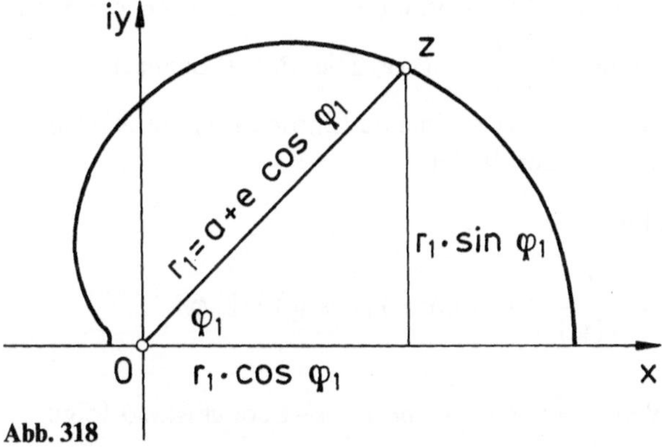

Abb. 318

Macht man $z(\varphi)$ variabel, dann lautet die Relation für alle z im komplexen System:

$\boxed{z = (a + e \cos \varphi)(\cos \varphi + i \sin \varphi)}$ Pascal-Schnecke.

Bei der Transformation $r \cdot \bar{r} = b^2$ ist das Längenverhältnis der Abstandswerte vom Zentrum $r : \bar{r} = \lambda$, wenn $r < \bar{r}$ ist, ist $\lambda < 1$; daraus folgt $r = \bar{r}\lambda$. Das heißt die Verhältniszahl λ ist der Stauchungsfaktor mit dem $\bar{r}$ multipliziert wird, um den inversen Wert r zu erhalten. Aus der Beziehung $r = \frac{b^2}{\bar{r}}$ folgt:

$$\frac{r}{\bar{r}} = \lambda \Rightarrow \frac{\frac{b^2}{\bar{r}}}{\bar{r}} = \lambda = \frac{b^2}{\bar{r}^2} \Rightarrow \frac{b}{\bar{r}} = \sqrt{\lambda} .$$

Die Abstandslängen r und $\bar{r}$ bilden mit dem Inversionskreisradius eine stetige Proportion:

$$r : b = b : \bar{r} .$$

Wird die Pascal-Schnecke $r = a + e \cos \varphi$ mit der Potenz b^2 um das Zentrum 0 invertiert, so geht die Schnecke in eine Ellipse über:

$r = a + e \cos \varphi$, Inversion mit der Potenz b^2

$$\Rightarrow \frac{b^2}{\bar{r}} = a + e \cos \varphi \Rightarrow \bar{r} = \frac{b^2}{a + e \cos \varphi} .$$

Bildet man aus den variablen Größen r und $\bar{r}$, die von dem Winkel φ abhängig sind, das Verhältnis

$$\frac{r(\varphi)}{\bar{r}(\varphi)}=\lambda(\varphi),$$

dann ist $\lambda(\varphi)$ eine variable Verhältniszahl, die von cos φ abhängig ist, denn a,e und b sind konstante Größen.

Um die Pascal-Schnecke in eine Ellipse zu transformieren, müssen alle $r(\varphi)$ der Pascal-Schnecke mit dem entsprechenden Faktor $\lambda(\varphi)$ gestaucht bzw. gestreckt werden. Die durch Inversion definierte Punkttransformation $z\to\bar{z}$ ist eine Streckung bzw. Stauchung der Absolutbeträge von $|z|$ mit der Stauchungszahl $\frac{|z|}{|\bar{z}|}=\lambda(\varphi)$. Die Pascal-Schnecke $z(\varphi)$ wird durch $\lambda(\varphi)$ in eine Ellipse $\bar{z}(\varphi)$ transformiert. Die Relation lautet:

Ellipse:

$$\bar{z}=\frac{1}{\lambda(\varphi)}\cdot(a+e\cos\varphi)(\cos\varphi+i\sin\varphi).$$

Weil $\frac{r}{\bar{r}}=\lambda$, $\bar{r}=\frac{b^2}{r}$ und $r=a+e\cos\varphi$ ist, so folgt:

$$\frac{r(\varphi)}{\bar{r}(\varphi)}=\lambda(\varphi)\Rightarrow\frac{a+e\cos\varphi}{\frac{b^2}{a+e\cos\varphi}}$$

$$\Rightarrow\frac{(a+e\cos\varphi)^2}{b^2}=\lambda(\varphi).$$

Daraus folgt:

$$\bar{z}(\varphi)=\frac{b^2}{(a+e\cos\varphi)^2}(a+e\cos\varphi)(\cos\varphi+i\sin\varphi)$$

$$\Rightarrow\bar{z}(\varphi)=\frac{b^2}{a+e\cos\varphi}(\cos\varphi+i\sin\varphi)\quad\text{oder}$$

$$\bar{z}(\varphi)=\frac{b^2}{a+e\cos\varphi}e^{i\varphi}.$$

$\boxed{z(\varphi)=(a+e\cos\varphi)e^{i\varphi}}$ Pascal-Schnecke.

Durch Inversion mit der Potenz b^2 wird die Pascal-Schnecke in eine Ellipse

$$\boxed{\bar{z}(\varphi)=\frac{b^2}{a+e\cos\varphi}\cdot e^{i\varphi}}$$

transformiert unter der Bedingung, daß $a>e$ ist.

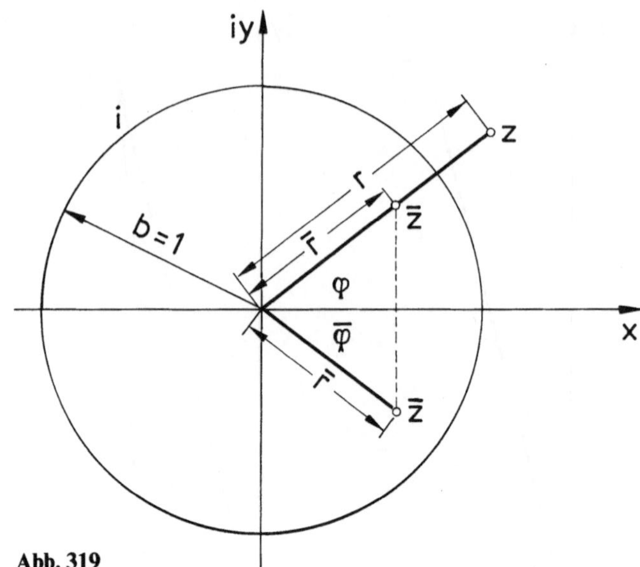

Abb. 319

Die durchgeführte Transformation $z\to\bar{z}$ unter der Bedingung $z\cdot\bar{z}=b^2$ ist eine hyperbolische. Um zu einer allgemeineren Aussage und einer besseren Anschaulichkeit zu kommen, fassen wir den Inversionskreisradius b als Einheit der Transformation auf.

Der Inversionskreis wird zum Einheitskreis (Abb. 319). Es gilt:

$b=1$.

Daraus folgt: $|z|\cdot|\bar{z}|=1^2$ bzw. $z=\frac{1}{\bar{z}}$. In trigonometrischer Form kann man schreiben:

$$r(\cos\varphi+i\sin\varphi)=\frac{1}{\bar{r}(\cos\bar{\varphi}+i\sin\bar{\varphi})}.$$

Zu einer 2. Form der Gleichung $z=\frac{1}{\bar{z}}$ kommt man, wenn wir den Zähler der rechten Seite, die Konstante 1, durch $1=1(\cos 0+i\sin 0)$ ersetzen. Daraus folgt:

$$r(\cos\varphi+i\sin\varphi)=\frac{1(\cos 0+i\sin 0)}{\bar{r}(\cos\bar{\varphi}+i\sin\bar{\varphi})}.$$

Nach dem Satz von Moivre gilt:

$$r(\cos\varphi+i\sin\varphi)=\frac{1}{\bar{r}}[\cos(0-\bar{\varphi})+i\sin(0-\bar{\varphi})]$$

$$\Rightarrow r(\cos\varphi+i\sin\varphi)=\frac{1}{\bar{r}}[\cos(-\bar{\varphi})+i\sin(-\bar{\varphi})]$$

d.h.: $r=\frac{1}{\bar{r}}$ und $\varphi=(-\bar{\varphi})$.

Die 1. Relation $r=\frac{1}{\bar{r}}$ bzw. $r\cdot\bar{r}=1^2$ bedeutet eine Inversion oder Spiegelung am Einheitskreis. Die 2.

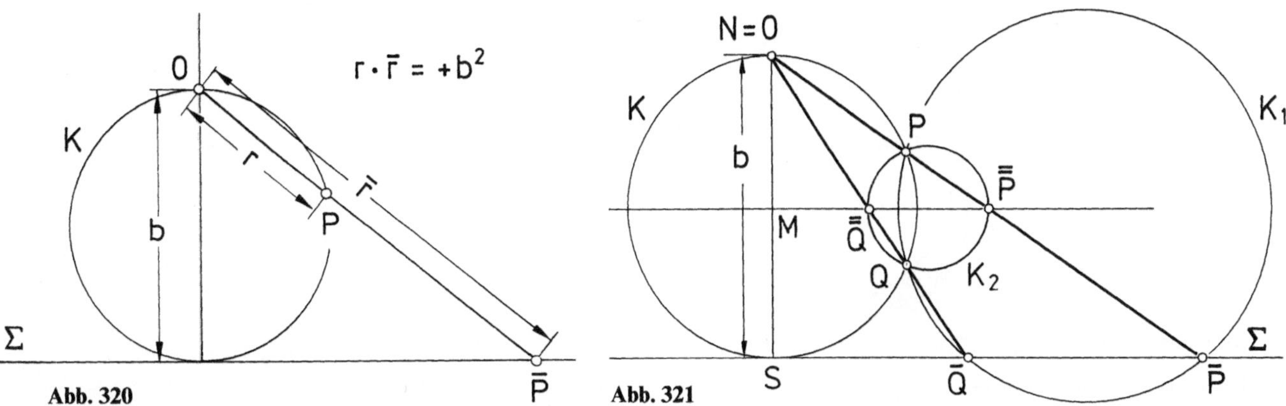

Abb. 320

Abb. 321

Gleichung $\varphi = (-\bar{\varphi})$ eine Spiegelung an der reellen x-Achse.

Die Transformation $z = \frac{1}{\bar{z}}$ hat 2 Bedeutungen, einmal handelt es sich um eine Spiegelung am Einheitskreis, eine Transformation mit Umlegung der Winkel, um Inversion, r und $\bar{r}$ liegen auf demselben Polstrahl, das andere Mal um eine Spiegelung an der reellen x-Achse, eine konforme Transformation ohne Umlegung der Winkel.

Verwendet man die „Euler-Identität", so folgt: (e ist die Basis des natürlichen Logarithmus $e = 2{,}7182818$, $\cos\varphi + i\sin\varphi = e^{i\varphi}$ Euler-Identität.)

$$z = r(\cos\varphi + i\sin\varphi) = re^{i\varphi},$$

Diese Vorbemerkung über die inverse Transformation komplexer Funktionen wirft bei der Betrachtung (Abb. 309) die zunächst utopisch erscheinende Frage auf: Wieso „wissen" die Zellen der Hüftpfanne, daß sie sich außen an die elliptisch invertierte Gelenkpfanne anlegen müssen, und wieso „wissen" die Zellen des durch hyperbolische Inversion gewonnenen Hüftkopfes, daß sie innerhalb der Pascal-Schnecke bleiben müssen und den Hüftkopf von innen ausfüllen. Diese Frage ist deshalb berechtigt, weil sich Tumorzellen bei ihrem Wachstum nicht an die Gelenkflächenbegrenzungen halten.

Mit anderen Worten: Welcher konstruktive Informationsgehalt liegt der hyperbolischen und elliptischen inversen Transformation prinzipiell zugrunde, der vom biologischen System, vom genetischen Material, informativ verarbeitet werden kann?

Dazu sind einige Vorbemerkungen erforderlich.

22.10 Hyperbolische Inversion

Legt man eine Kugel auf eine Tischplatte, dann scheinen Kugel und die Ebene (Tischplatte) im ersten Augenblick 2 beziehungslose geometrische Phänomene zu sein. Bei genauerer Betrachtung steht aber jeder Punkt der Kugeloberfläche mit einem entsprechenden Punkt der Tischplatte in einer wohldefinierten Beziehung (Abb. 320).

Das Produkt der Abstandslängen $0P \cdot 0\bar{P}$ hat für alle entsprechenden Punkte der Kugel und der Ebene den konstanten Wert $+b^2$. Die bekannte Relation $r \cdot \bar{r} = +b^2$ const ist die schon bekannte Inversionsgleichung, d.h. die Ebene Σ ist das spiegelbildlich inverse Abbild der Kugeloberfläche.

Dieses geometrische Abbildungsverfahren wird „stereographische Projektion" genannt bzw. Zentralprojektion aus einem Kugelpunkt 0.

Bezeichnet man den Aufliegepunkt der Kugel auf die Ebene Σ als Südpol (S) und den diametral gelegenen Punkt als Nordpol (N), dann teilt der Äquator die Kugel analog der Erdkugel in eine südliche und eine nördliche Hälfte. Wählt man auf der nördlichen Halbkugel einen Punkt P und spiegelt diesen Punkt auf die südliche Halbkugel, so erhält man den Punkt Q. Die Polstrahlen durch P und Q legen auf der Ebene Σ die inversen Abbilder $\bar{P}$ und $\bar{Q}$ fest. Es gelten dann die Beziehungen (Abb. 321):

$$NP \cdot N\bar{P} = b^2, \; NQ \cdot N\bar{Q} = +b^2.$$

Die inversen Bildpunkte $\bar{P}$ und $\bar{Q}$ auf der Ebene Σ sind wieder inverse Abbilder voneinander in bezug auf den Südpol (S). Es gilt die Beziehung:

$$S\bar{Q} \cdot S\bar{P} = +b^2.$$

Die 4 Punkte, P und Q und die inversen Abbilder $\bar{P}$ und $\bar{Q}$, liegen auf einem Kreis K_1. Es gilt daher das Doppelverhältnis (Abb. 321):

$$\frac{PQ}{Q\bar{Q}} : \frac{P\bar{P}}{\bar{Q}\bar{P}} = \frac{PQ \cdot \bar{Q}\bar{P}}{P\bar{P} \cdot Q\bar{Q}} = k.$$

Wird eine Ebene durch den Äquator der Kugel gelegt, dann bilden die Polstrahlen, die die Punkte P und Q tragen, diese beiden Punkte auf die Äquatorebene ab. Es entstehen 2 Bildpunkte $\bar{\bar{P}}$ und $\bar{\bar{Q}}$.

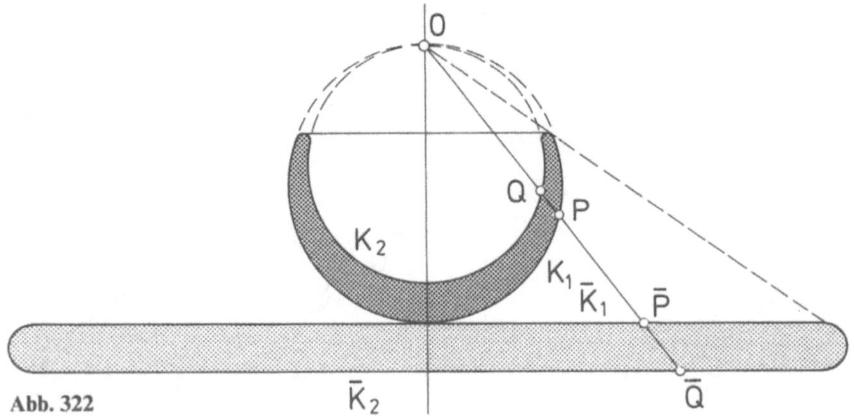

Abb. 322

Es gilt:

$$N P \cdot N \bar{P}=\frac{b^2}{2}, \quad N Q \cdot N \bar{Q}=\frac{b^2}{2}.$$

Beweis:

$\Delta(NPS)$ ist ähnlich $\Delta(NM\bar{P}) \Rightarrow$

$$\frac{NP}{b}=\frac{\frac{1}{2}b}{N\bar{P}} \Rightarrow NP \cdot N\bar{P}=\frac{1}{2}b^2$$

Analog folgt aus der Ähnlichkeit des $\Delta(NM\bar{Q})$ und $\Delta(NQS)$ auch $NQ \cdot N\bar{Q}=\frac{1}{2}b^2$.

Die Bildpunkte $\bar{P}$ und $\bar{Q}$ sind dann inverse Abbilder voneinander in bezug auf den Kugelmittelpunkt M der Kugel mit der Potenz $\frac{b^2}{4}$.

Beweis:
Die Dreiecke $\Delta(S\bar{Q}N)$ sind ähnlich $\Delta(M\bar{Q}N)$

$$\frac{S\bar{Q}}{b}=\frac{M\bar{Q}}{\frac{b}{2}}, \quad \frac{S\bar{P}}{b}=\frac{M\bar{P}}{\frac{b}{2}}$$

weil $b^2=S\bar{P} \cdot S\bar{Q}=2M\bar{P} \cdot 2M\bar{Q}$ so folgt:

$$M\bar{P} \cdot M\bar{Q}=\frac{b^2}{4}$$

Die 4 Punkte $P, Q, \bar{Q}, \bar{P}$ liegen dann wieder auf einem Kreis K_2, der den Meridiankreis der Kugel rechtwinklig schneidet. Alle Punkte des Kreises K_2 innerhalb des Meridiankreises bilden sich auf dem Kreisabschnitt außerhalb des Kreises K_2 ab. Daraus folgt, daß der Kreis K_2 durch Inversion in bezug auf das Zentrum M und der Potenz $\frac{b^2}{4}$ in sich selbst übergeht. Daraus folgt der wichtige Satz: *Alle Kreise, die einen gegebenen Kreis rechtwinklig schneiden, sind zu sich selbst invers und haben eine gemeinsame positive Potenz in bezug auf das Zentrum des gegebenen Kreises. Das Zentrum liegt immer außerhalb dieser Kreisschar, man spricht von einem Kreisbündel.* Weil die Potenz positiv ist, handelt es sich um ein hyperbolisches Kreisbündel.

Bei hyperbolischer Inversion liegt das Zentrum aller Orthogonalkreise immer außerhalb des Kreisbündels.

Betrachten wir nochmals die Kugel auf der Tischplatte. Alle Punkte der Kugeloberfläche gehen durch hyperbolisch inverse Transformation in die entsprechenden inversen Abbilder auf der Tischplatte über. Es erhebt sich natürlich sofort die Frage: Was geschieht mit allen übrigen Punkten innerhalb der Kugel, einer Vollkugel, die etwa aus Holz gedrechselt wurde. Alle Punkte innerhalb der Kugel gehen durch hyperbolische Transformation mit der Potenz b^2 in Punkte unterhalb der Tischplatte über. Begrenzen wir die Tischplatte durch einen Kreis, d.h. wir legen die Kugel in die Mitte eines kreisrunden Tisches mit einer Plattendicke von etwa 2 cm und fragen, wie sich die volle runde Tischplatte in der Kugel abbildet (Abb. 322). Alle Punkte der Tischplattenoberfläche $\bar{K}_1$ gehen in den Kugelabschnitt K_1 über. Die Tischplattenunterseite $\bar{K}_2$ geht in den Kugelabschnitt K_2 über, der innerhalb der gegebenen Kugel liegt.

Alle materiellen Punkte in der Tischplatte gehen in ihre inversen Abbilder innerhalb der Wand des schalenförmigen Gefäßes über (Abb. 322).

Nehmen wir an, daß die Tischplatte immer dünner wird, dann wird auch die Wand des schalenförmigen Gefäßes immer dünner. Wir können uns zwar die Tischplatte unendlich dünn vorstellen, die Tischplattenstärke kann aber nie den Wert Null annehmen. Dies beweist die Inversionsgleichung selbst. Bezeichnet man die Dicke des schalenförmigen Gefäßes am Aufliegepunkt mit a und die Dicke der Tischplatte mit d, dann gilt die schon bekannte Relation $\frac{1}{a}-\frac{1}{d}=\frac{1}{b}$ (b = Kugeldurchmesser). Tendiert d gegen Null, dann wird auch a immer kleiner, d kann aber nie Null werden. Würde man d mit dem Wert Null belegen, dann würde aus der wahren Aussage der Gleichung $\frac{1}{a}-\frac{1}{d}=\frac{1}{b}$ die falsche Aussage, die Ungleichung $\frac{1}{a}-\frac{1}{0}\neq\frac{1}{b}$ entstehen.

Das reale geometrische Modell der Kugel und Tischplatte beweist, daß jede Ebene streng genommen ein dreidimensionales Gebilde ist. Diese Feststellung, daß räumliche Gebilde zum Beispiel Ebenen gesetzmäßig in andere räumliche Gebilde übergeführt werden, ist für die Transformation in der Biologie von besonderer Wichtigkeit. In diesem Bewußtsein können wir geometrisch wie auch rechnerisch dennoch eine zweidimensionale Fläche in eine Kugeloberfläche transformieren, ohne in Widerspruch mit dem körperlich-biologischen Erscheinungsbild zu geraten, die alle dreidimensional sind.

22.11 Elliptische Inversion

Nehmen wir auf einer Geraden ein Zentrum 0 an und als Potenz die Größe $-b^2$, dann liegen die entsprechenden Punkte P und $\bar{P}$ auf verschiedenen Seiten des Zentrums 0 (Abb. 323).

Liegen die Punkte P und $\bar{P}$ auf einem Kreis K, der auf den Polstrahl zentriert ist, der das inverse Punktepaar P und $\bar{P}$ trägt, dann gilt für alle entsprechenden Punkte der Kreislinie

$$-0\bar{P}_i \cdot 0P_i = -b^2 ,$$

d.h. der Kreisbogen rechts vom Zentrum 0 geht bei der Inversion in die entsprechenden Bildpunkte der Kreislinie links des Zentrums 0 über (Abb. 324). Der Kreis K ist daher zu sich selbst invers, deshalb sind alle Kreise mit der Potenz $-b^2$ zu sich selbst invers.

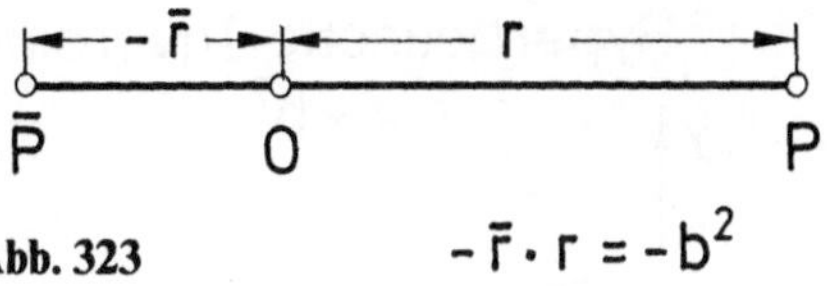

- r̄ - r
-P̄ 0 P

Abb. 323 $-\bar{r} \cdot r = -b^2$

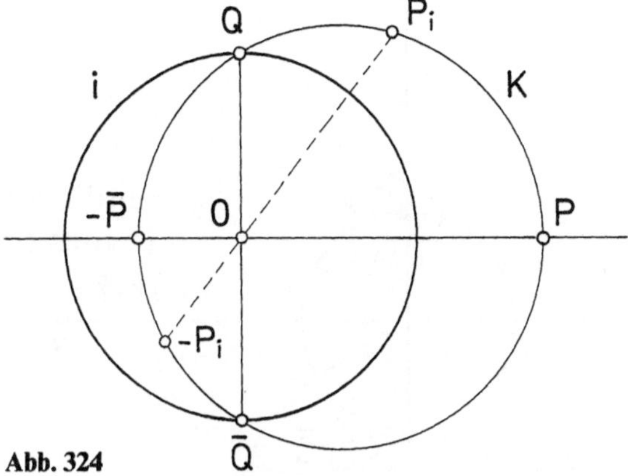

Abb. 324

Weil für alle Punkte des Polstrahls, der die Punkte P und $\bar{P}$ trägt, die Relation gilt

$$-0\bar{P}_2 \cdot 0P = -b^2 ,$$

müssen alle Kreise mit der Potenz $-b^2$, die auf dem Polstrahl zentriert sind, durch die fixen Punkte Q und $\bar{Q}$ gehen. Die Punkte Q und $\bar{Q}$ sind dann die Grundpunkte des elliptischen Kreisbündels mit der Potenz $-b^2$. Das Zentrum liegt dann immer innerhalb dieses Kreises K (Abb. 324).

Der größte Kreis mit dem Radius unendlich wird zu einer Geraden, die normal auf dem Polstrahl steht, der die Grundpunkte Q und $\bar{Q}$ trägt. Der kleinste mögliche Kreis hat dann den Radius b, sein Mittelpunkt liegt im Zentrum 0. Er entspricht dem Inversionskreis i, der die Potenz aller anderen Kreise bestimmt. Daraus folgt, daß alle Kreise, die durch 2

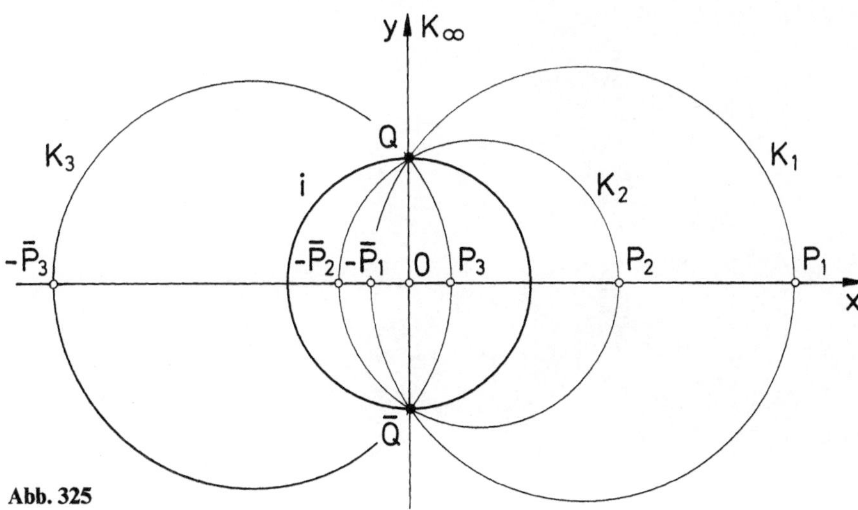

Abb. 325

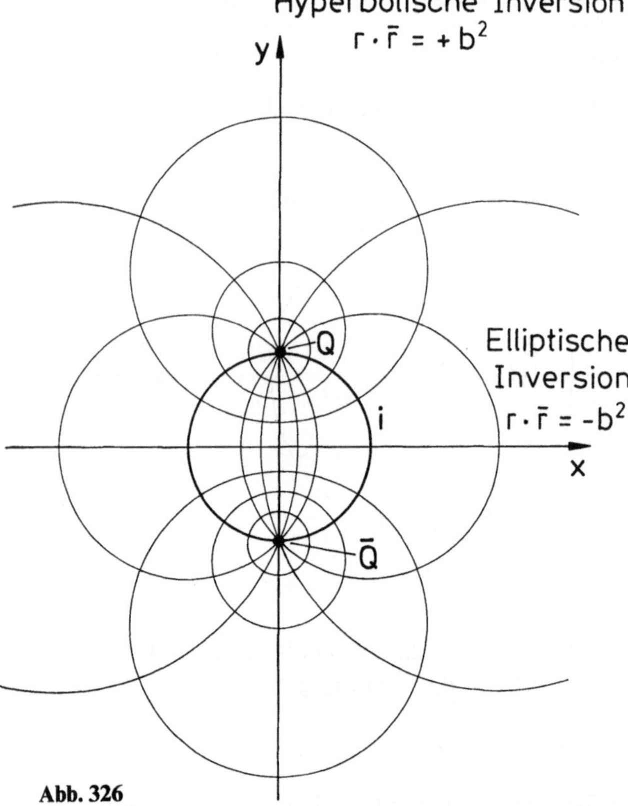

Abb. 326

feste Punkte Q und $\bar{Q}$ gehen, eine gemeinsame Potenz $\frac{(Q\bar{Q})^2}{4} = -b^2$ haben (Abb. 325).

Trägt man das elliptische Kreisbündel mit der Potenz $-b^2$ auf die x-Achse und das hyperbolische Bündel mit der Potenz $+b^2$ auf die y-Achse auf, so schneiden sich die beiden Kreisbündel rechtwinklig. Für das hyperbolische Kreisbündel sind Q und $\bar{Q}$ die Grenzpunkte des Bündels.

Der Inversionskreis i gehört nicht dem Kreisbündel an, er ist der kleinste Kreis des elliptischen Kreisbündels. Das Zentrum 0 liegt außerhalb des Kreisbündels. Der größte Kreis mit dem Radius unendlich des hyperbolischen Kreisbündels wird zur x-Achse, auf der alle Kreise des elliptischen Kreisbündels zentriert sind. Der kleinste Kreis schrumpft auf den Grenzpunkt Q bzw. auf den Punkt $\bar{Q}$ zusammen. Sein Radius tendiert gegen Null, kann aber selbst nie Null werden (Abb. 326).

Für das elliptische Kreisbündel sind Q und $\bar{Q}$ die Grundpunkte, durch die alle Kreise des Bündels laufen, das Zentrum 0 liegt immer innerhalb des Bündels. Der größte Kreis mit dem Radius unendlich wird zur y-Achse, auf der alle Kreise des hyperbolischen Kreisbündels zentriert sind. Der kleinste Kreis entspricht dem Inversionskreis, der dem elliptischen Kreisbündel angehört und die Potenz der beiden Bündel bestimmt, hyperbolisch $+b^2$, elliptisch $-b^2$.

Dieses Beispiel aus der Kreisinversion wurde angeführt, um zu zeigen, daß

1. das algebraische Signum Plus oder Minus in dem Transformationssystem eine ganz konkrete geometrisch-konstruktive Bedeutung hat, die informativ weiter verwertbar ist;
2. das komplexe elliptische Kreisbündel real vorhanden ist, d.h., daß jedes reale geometrische Gebilde, soweit es algebraisch beschreibbar ist, auch durch komplexe Zahlen definiert ist;
3. das Beispiel der Beziehung des elliptischen und hyperbolischen Kreisbündels deshalb gewählt wurde, um darzulegen, daß diese Beziehung vom

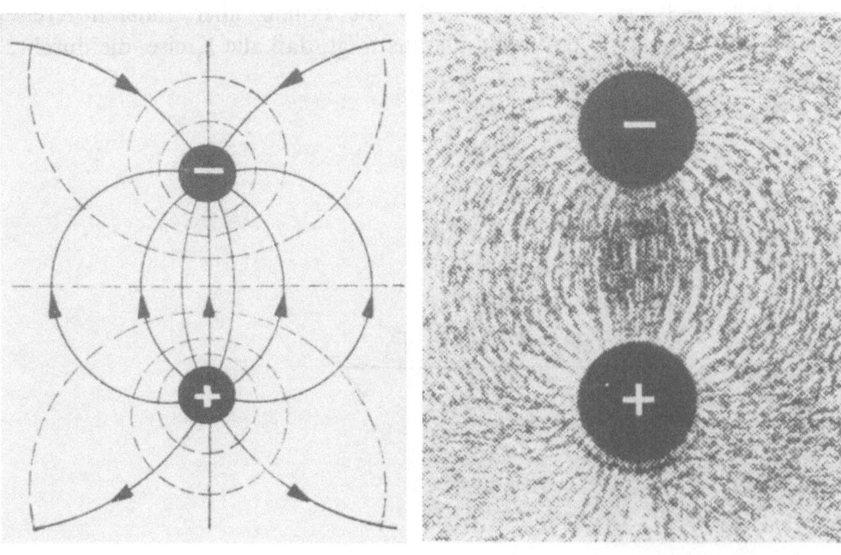

Abb. 327

menschlichen Geist zwar entdeckt wurde, aber in unserer Raum-Zeit-Welt real vor jeglicher menschlicher Existenz vorhanden war, welches der nachfolgende physikalische Befund beweist.

Bringen wir in den Grundpunkten Q und $\bar{Q}$ des elliptischen Kreisbündels 2 kleine Kugeln mit entgegengesetzter Ladung an, dann werden die Kreise des elliptischen Kreisbündels zu elektrostatischen Feldlinien (Flächen) und das hyperbolische Kreisbündel zu Niveaulinien bzw. Niveauflächen des elektrostatischen Feldes (Abb. 327). Dieses einfache Beispiel der Elektrostatik soll daran erinnern, daß jede lebende Zelle ein Oberflächenpotential besitzt und daß am Zentralnervensystem, an den peripheren Nerven, am Herzen, an der Muskulatur usw. elektrische Potentiale als Phänomen gewonnen werden. Über die Stellung dieses Phänomens, seine Integration zum Erscheinungsbild des Individuums, ist praktisch nichts bekannt. Es ist deshalb von außerordentlicher Wichtigkeit, daß der Algorithmus, die inverse Transformation der biologischen Bewegungssysteme dieses elektrische Phänomen in seinen Grundgesetzen von Ladung und Feld erklärt und verständlich macht und selbst die Inversion als Rechensystem verkörpert.

22.12 Warum ist der Hüftkopf von Masse (Zellmasse) erfüllt?

Pauwels (1965) konnte mit seinen Arbeiten über die funktionelle Anatomie, zum Beispiel, *über die Verteilung der Spongiosadichte im coxalen Femurende und ihre Bedeutung für die Lehre vom „funktionellen Bau des Knochens“* zeigen, daß die Massenverteilung der Spongiosa und die Anordnung der kleinen Spongiosabälkchen und die Kortikalisstärke abhängig sind von den auftretenden Druck- und Zugkräften, die bei Belastung entstehen.

Die organische Substanz, die Spongiosaelemente, die Knochenzellen, reagieren auf Kräfte (Druck und Zug), rein physikalische Elemente. Die durch die vorhandene Form des Knochens in ihm auftretenden Zug- und Druckkräfte allein bestimmen noch keine Form, weder in der Biologie noch in der Technik. Die Form der einzelnen Elemente ergibt sich aus dem zunächst kräftefreien Bauplan (Konstruktionsprinzip). Das Neugeborene hat bereits einen Hüftkopf, ohne ihn je belastet zu haben; seine knöcherne Feinstruktur entwickelt sich allmählich aus den bei der Belastung entstehenden Zug- und Druckkräften. Der embryonale Hüftkopf entsteht primär, ohne je eine Bewegung ausgeführt zu haben.
Die Bewegung des Hüftkopfes ist eine Konsequenz seiner Form und nicht die Ursache seiner Form. Trotz aller ontogenetischen Entwicklungs- und Umbauvorgänge bleibt der Hüftkopf in seinem „Konstruktionsprinzip“ bis zum voll ausgereiften Individuum und das ganze Leben hindurch erhalten. Deshalb können wir nach dem kräftefreien Konstruktionsprinzip zum Beispiel des Hüftgelenks forschen und die eingangs gestellte Frage, warum der Hüftkopf von Zellmasse erfüllt ist und nicht etwa einen Hohlraum darstellt, vom Konstruktionsprinzip und dem Transformationssystem ausgehend untersuchen.

In den vorausgehenden Abschnitten wurde gezeigt, daß die meridiane Schnittfigur des Hüftkopfes das hyperbolische inverse Abbild einer Hyperbel ist. Die Hyperbel ist der Ort aller Spitzen von Drehkegeln, die durch eine gegebene Ellipse gesteckt werden können. Die Hyperbel steht dann normal auf der Fläche, die die Ellipse trägt. Die Beziehung der beiden Linien nennt man Fokalkegelschnitt (Abb. 328). Die Achsen aller Drehkegel sind gleichzeitig Tangenten an die Hyperbel. Alle Tangenten sind die Einhüllenden der Hyperbel. Alle Tangenten durchlaufen den Raum zwischen den Scheitelstellen der beiden Hyperbeläste.

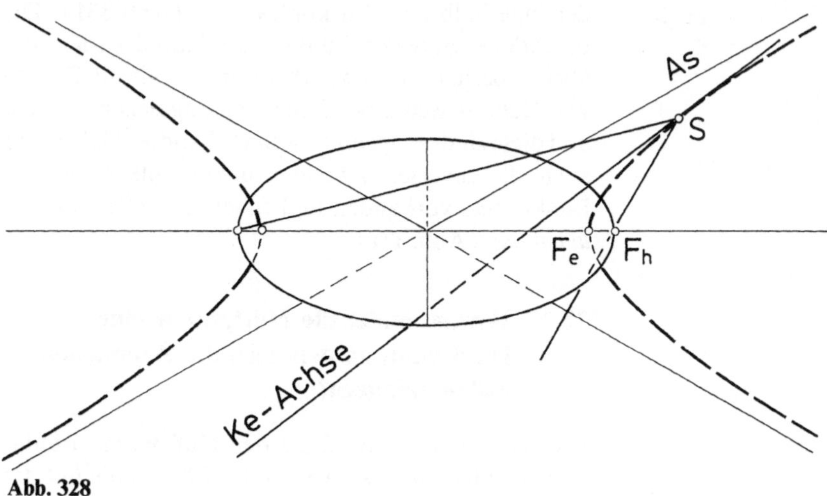

Abb. 328

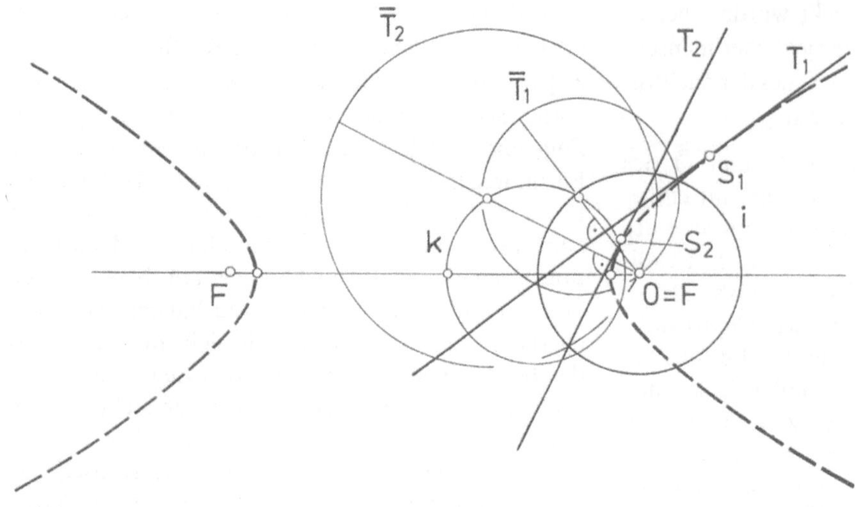

Abb. 329

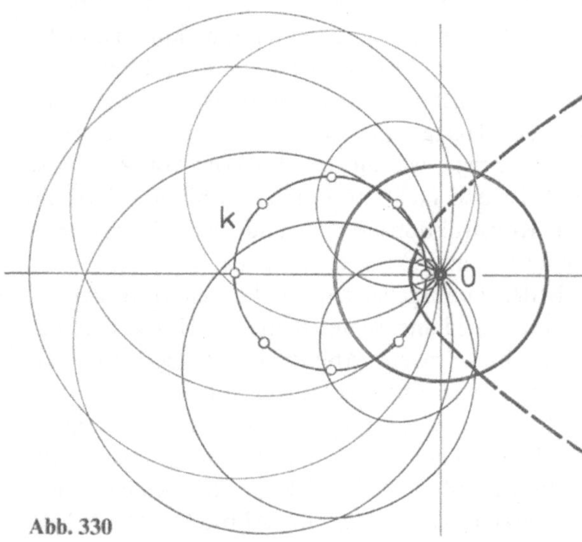

Abb. 330

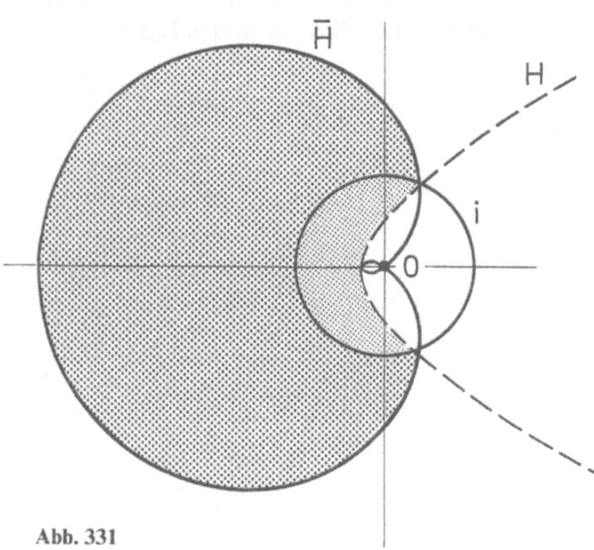

Abb. 331

Invertiert man die Hyperbeltangenten T_i mit der Potenz $+b^2$ (Längenwert der kleinen Halbachse der Hyperbel) um den Brennpunkt F_h als Zentrum, dann gehen die Tangenten in Kreise $\bar{T}_i$ über, deren Mittelpunkt wieder auf einem Kreis k liegen mit dem Durchmesser a_h (a_h = große Halbachse), der auf der Hauptachse zentriert ist und den Abstand zwischen dem Scheitel der Hyperbel und dem Zentrum $F_h = 0$ halbiert. Die in Kreise $\bar{T}_i$ invertierten Tangenten gehen durch das Zentrum 0, das außerhalb des Kreises k liegt, der die Kreismittelpunkte von $\bar{T}_i$ trägt (Abb. 329).

Die in die Kreise $\bar{T}_i$ invertierten Hyperbeltangenten T_i berühren den Hüftkopf (Pascal-Schnecke) von innen. Der Hüftkopf ist deshalb die Einhüllende aller in Kreise transformierter Hyperbeltangenten (Abb. 330).

Alle realen Punkte, die innerhalb des Inversionskreises liegen, aber „außerhalb" der Hyperbel, d.h. auf der linken Seite der Hyperbel (Abb. 331) gehen durch inverse Transformation in ihre entsprechenden Abbilder innerhalb des Hüftkopfes über (Abb. 331). Die beschriebenen realen Punkte innerhalb des i-Kreises, aber außerhalb der Hyperbel können alle als Punkte von Kegelachsen bzw. Tangenten angesehen werden, und diese sind real geometrisch vorhanden. Daher sind auch die inversen Abbilder dieser entsprechenden Punkte real vorhanden und füllen den *Hüftkopf von innen aus* (Abb. 331).

22.13 Warum bildet die Hüftpfanne einen Hohlraum, an dem sich die Zellmassen außen anlagern?

Die meridiane Schnittfigur der Hüftpfanne ist das spiegelbildlich inverse Abbild der Ellipse, die mit der

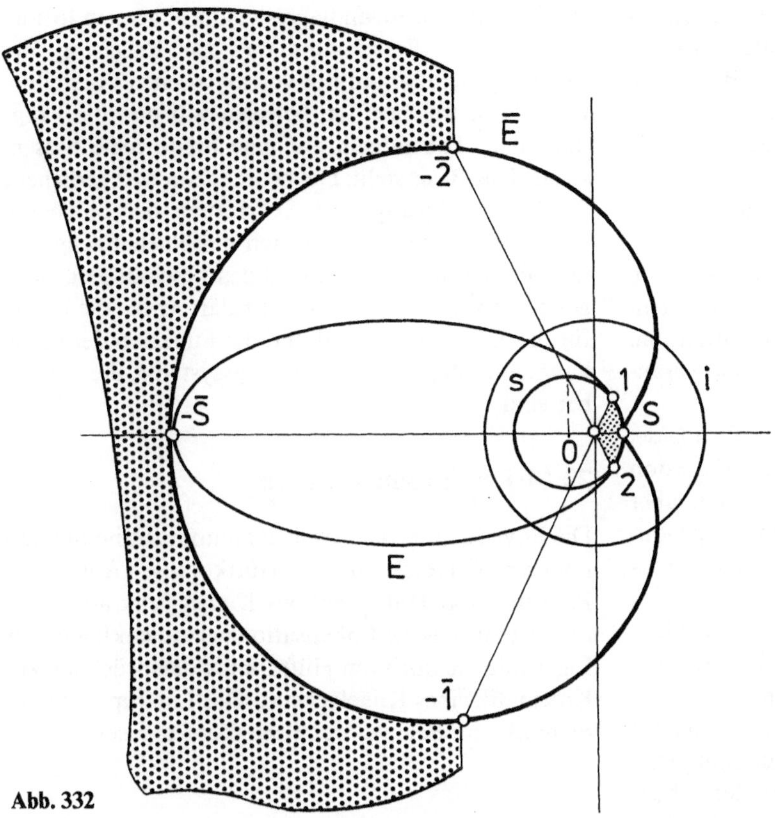

Abb. 332

Potenz $-b^2$ um den Brennpunkt $F_e=0$ als Zentrum invertiert wurde. Durch die Ellipse wurden alle Kreiskegel gesteckt, deren Spitzen die Hyperbel erzeugen. Der Ellipseninnenraum ist durch die Masse der Kreiskegel ausgefüllt. Bei der inversen Transformation gehen alle Punkte innerhalb der Ellipse, die innerhalb des Inversionskreises i liegen, in ihre entsprechenden Punkte außerhalb der Pascal-Schnecke über und bilden einen Hohlkörper, die Hüftpfanne. Der Scheitelkreis k_e der Ellipse (Abb. 332) approximiert die Ellipse im Scheitel zwischen den Punkten 1 und 2. Errichtet man eine Normale auf dem Hauptpolstrahl im Mittelpunkt des Scheitelkreises und legt durch die Schnittpunkte der Normalen mit dem Scheitelkreis k_e einen Polstrahl, dann erhält man die Punkte 1 und 2 auf der Ellipse. Die Inversion der Punkte 1 und 2 in ihre entsprechenden Abbilder $-\bar{1}$ und $-\bar{2}$ bestimmen den gelenkbildenden Teil der Pascal-Schnecke, die Hüftpfanne. Alle Punkte innerhalb der Fläche, die durch die Punkte 1,S,2 und 0 bestimmt ist, gehen bei der Transformation in ihre entsprechenden Punkte *außerhalb* der Pascal-Schnecke in den gelenkbildenden Hüftpfannenteil über (Abb. 332).

Zusammenfassung

Das Erscheinungsbild des Hüftkopfes, der von Zellmasse erfüllt ist, und der Hüftpfanne, die sich als Hohlraum präsentiert, hat eine konkrete geometrische Begründung im Transformationssystem und im Konstruktionsprinzip. Das Transformationssystem erhielt eine gewisse „Richtung", durch das man durch eine gegebene Ellipse alle Kreiskegel legt, deren Spitze die Hyperbel bilden, die wir in den Hüftkopf transformieren. Die Massenpunkte lagen deshalb innerhalb der Ellipse und sozusagen „außerhalb" der Hyperbel. Bei der Transformation liegen die entsprechenden Abbilder der Massenpunkte der Ellipse außerhalb der Pascal-Schnecke, (Hüftpfanne), die der Hyperbel aber innerhalb der Pascal-Schnecke, Hüftkopf.

Nimmt man dagegen die Hyperbel als gegeben und legt alle Drehkegel durch die Hyperbel, deren kleinster den halben Spitzenwinkel $\tan\beta = \frac{b}{a_e}$ hat, dann bilden die Spitzen dieser Drehkegel die Ellipse. Die Achsen dieser Drehkegel bilden die Tangenten an die Ellipse. Die Massenpunkte liegen jetzt „innerhalb" der Hyperbel, aber außerhalb der Ellipse. Invertiert man die Hyperbel, dann liegen die Massenpunkte außerhalb der Pascal-Schnecke, der „Hüftkopf" wäre dann ein Hohlkörper. Die invertierte Ellipse würde eine Pascal-Schnecke sein, die von Massenpunkten ausgefüllt ist. Die architektonische Anordnung der knöchernen Strukturen, die Dimensionierung, ergibt sich als Folge von Druck- und Zugkräften, wie dies meisterhaft von

Pauwles (1965) gezeigt wurde, welche die konstruktiv vorgegebene Form ausfüllt. Die bekannte Zytologie des Knochenbaus, der Chemismus, die Blut- und Nervenversorgung erklären jedoch nicht das Erscheinungsbild von Hüftkopf und Hüftpfanne.

Die Form und Funktion, wenn wir zunächst das Wirbeltierskelettsystem betrachten, ist nicht etwas willkürliches und zufälliges, etwa eine „Laune der Natur" oder eine „Weisheit des Lebendigen", sondern eine Frage des Konstruktionsprinzips von Längen- und Winkelbeziehungen und deren Transformation, die man als geometrisch-kinematisches Abbild veranschaulichen kann.

Es besteht heute kein Zweifel, daß die Erbmasse, das genetische Material, für die Form und Funktion des Individuums verantworlich ist. Es besteht aber auch kein Zweifel, daß jeder immer wieder reproduzierbare Bewegungsvorgang der biologischen Bewegungssysteme an ganz bestimmte kinematische Gesetzlichkeiten, an bewegungsgeometrische Gesetzlichkeiten gebunden ist, die a priori entwickelt werden können. Über den chemischen Aufbau und die Molekularstruktur des genetischen Materials ist einiges bekannt. Die experimentellen Arbeiten mit dem genetischen Material zeigen, daß die Erbmasse der Schüssel zur Erklärung der Entwicklung und des Erscheinungsbildes des lebenden Individuums ist. Über die Art der Informationsspeicherung, der Bitinformation im genetischen Material und deren Tradierung in das Erscheinungsbild des fertigen Individuums ist außer hypothetischen Erwägungen nichts bekannt.

In dem gesetzmäßigen Zusammenspiel des Bewegungssystems des Individuums, das geometrisch-kinematisch untersuchbar ist, offenbart sich sozusagen das genetische Informationssystem, das ja selbst für diese Bewegungsgesetzlichkeiten verantwortlich ist. Kennt man das a priori ausbaufähige kinematische Konstruktionsprinzip der unbekannten biologischen Bewegungssysteme, dann stellen diese kinematischen Gesetzlichkeiten informatorische Parameter dar, die deduktiv in bezug auf das genetische Material weiterentwickelt werden können, d.h. mit diesem informatorischen Rüstzeug der kinematischen Gesetzlichkeit können wir tiefer in das Mysterium des Lebendigen eindringen.

Die Aufklärung der kinematischen Gesetzlichkeiten, des Konstruktionsprinzips, ist deshalb kein narzißstischer Selbstzweck, sondern hat seine Bedeutung für die funktionelle Anatomie, für das Zentralnervensystem und seine Funktion und letzten Endes für alle Organfunktionen, die ja in ihren Funktionen auf die Bewegung des biologischen Individuums ausgelegt sind.

Die Kenntnis des Konstruktionsprinzips, der Kinematik der unbekannten biologischen Bewegungssysteme, bildet die Grundlage — ganz allgemein formuliert — zum Verständnis und zur Erklärung des Lebendigen, falls man sich von mystischen Vorstellungen, gleich welcher Art, befreien will und die Frage nach dem Lebendigen auf eine breite reale wissenschaftliche Basis stellt. Die heute schon weit gediehene Strukturaufklärung und Aufklärung der biochemischen Zusammenhänge in den einzelnen Fachgebieten, die sich mit dem Lebendigen beschäftigen, bringen noch keine begründende Erklärung für die Form, für das Erscheinungsbild und die Funktion der unbekannten biologischen Bewegungssysteme, die wir selber sind.

22.14 Fovea capitis femoris

Die Fovea capitis femoris liegt anatomisch im unteren hinteren Quadranten des Hüftkopfes (Abb. 333). Faßt man das Hüftgelenk als Kugelgelenk auf, dann ist die anatomische Lokalisation der Anlenkfläche des Lig. capitis femoris am Hüftkopf widersprüchlich zur Kinematik eines Kugelgelenks. Das Lig. capitis femoris müßte im Scheitel des Kugelkopfes ansetzen.

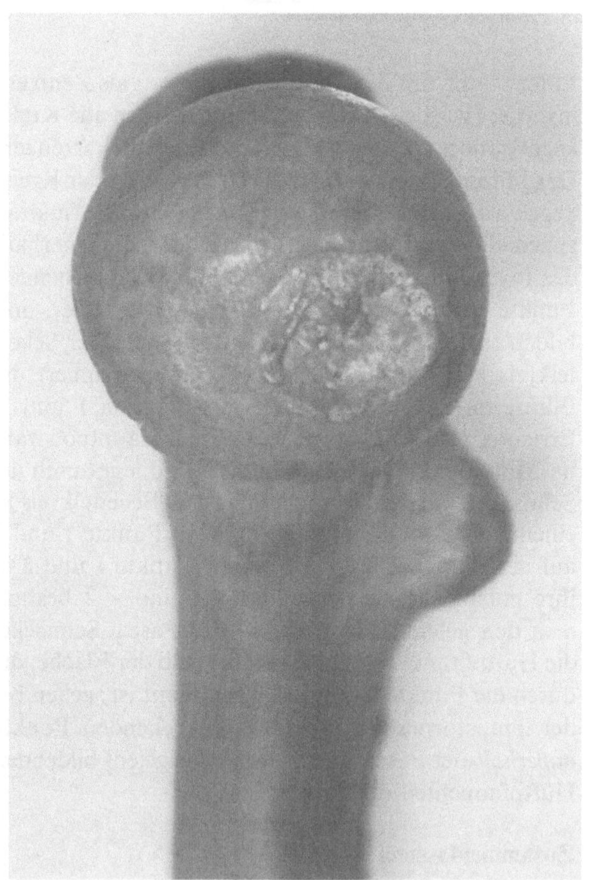

Abb. 333

Aus didaktischen Gründen betrachten wir nochmals das Steuersystem des rechten Kniegelenks, die Kreuzbänder und ihre Anlenkpunkte im Grund-, Auf- und Seitenriß (Abb. 334a). Das räumliche Steuersystem (windschiefes Gelenkviereck) des Kniegelenks bei Parallelstellung von Tibiaplateau und Dach der Fossa intercondylaris projiziert sich im Aufriß als „überschlagenes Gelenkviereck" (Beuge- und Streckbewegung), im Grundriß als ein „nichtdurchschlagendes Gelenkviereck" (Außen- und Innendrehung des Unterschenkels). Durch Hüllflächen (Gelenkflächen) werden der Steg (Dach der Fossa intercondylaris) und die Koppel (Tibiaplateau) des Steuersystems in einer ganz bestimmten Entfernung $f\left(f=\frac{h_k^2}{\sqrt{v^2+h_k^2}},\quad h_k = \text{hinteres Kreuzband},\ v = \text{vorderes Kreuzband im Aufriß}\right)$ voneinander gehalten. Bei der Außen- und Innendrehung des Unterschenkels laufen deshalb die Anlenkpunkte der Kreuzbänder auf Kreislinien. Bei der Bewegung und Gegenbewegung liegen diese Kreislinien auf 2 parallelen Ebenen, deren Abstand voneinander die Größe „f" ist. Es handelt sich demnach um ein ebenes Bewegungssystem, für welches die Gesetze der ebenen Kinematik gelten.

Im Grundriß hat das „nichtdurchschlagende Gelenkviereck" bei Parallelstellung der Kreuzbänder sein Momentanzentrum P″ im Unendlichen (Abb. 334b). Die dazugehörende Wälztangente t″(As) verläuft parallel zu den Kreuzbändern. Ihr Schnittpunkt mit der Koppel A″B″ ist durch die Streckenübertragung r'_{h_k} nach Bobillier leicht gefunden. Projiziert man die Schnittstelle der Wälztangente t″(As) mit der Koppel A″B″ und dem Steg A*″B*″ in den Aufriß, dann schneidet die Verbindungsgerade S′(As) die Momentanachse P′ „hinter" der Zeichenebene (Abb. 334b).

Für das „windschiefe Gelenkviereck", das räumliche Steuersystem, hat die Parallelstellung der Kreuzbänder eine besondere Bedeutung. Es handelt sich um die Mittelstellung des Kniegelenks zwischen der Supination und Pronation, zwischen Innen- und Außendrehung. Aus der Parallelstellung der Kreuzbänder, aus der Fernpolstellung (der Drehpunkt des Momentanzentrums P″ liegt im Unendlichen) wird die Außendrehung mit einer geringen Translationsbewegung eingeleitet, die erst dann in eine Drehbewegung des Tibiaplateaus (Außendrehung) übergeht. Die Achse (Steuerachse) für die Außen- und Innendrehung liegt immer hinter (dorsalseitig) der Rollachse für die Beuge- und Streckbewegung. Die Versetzung von Roll- und Steuerachse bedeutet im technischen Sinne einen „Nachlauf", wie man ihn etwa beim Vorderrad eines Fahrrads findet. Ab einer gewissen Geschwindigkeit stellt sich das Vorderrad von selbst in die Bewegungsrichtung ein. Ein Radfahrer kann deshalb freihändig auf seinem Fahrrad fahren, eine Richtungsänderung erzielt er durch eine geringe Gewichtsverlagerung.

Für das Kniegelenk gilt das gleiche. Bei einem flotten Wanderschritt oder beim Laufen, stellt sich das Kniegelenk von selbst – durch das Konstruktionsprinzip – in die Bewegungsrichtung ein. Die Muskelkräfte stehen dann vollkommen für die Bewegung zur Verfügung, es bedarf keiner Kräfte, um das Knie- oder Hüftgelenk in seiner Bewegungsrichtung zu stabilisieren. Beim langsamen Wanderschritt hingegen wird ein erheblicher Teil der Muskelkräfte für die Stabilisierung der Gelenke in der Bewegungsrichtung gebraucht, darin liegt der Grund, warum ein langsames Spazierengehen stärker ermüdet als ein Gehen mit einem flotten Wanderschritt.

Es ist naheliegend, daß dieses so wichtige konstruktive Element, die Asymptotenfläche des „windschiefen Gelenkvierecks", für die Bewegung auch im Hüftgelenk als konstruktives Element auftritt. Alle Geraden, die in Abb. 334b im Grundriß parallel zur Asymptote t″(As) (Wälztangente bei Parallelstellung der Kreuzbänder) verlaufen, werden im Aufriß als Geraden abgebildet, die die Momentanachse P′ kreuzen.

Die windschiefen Geraden des Grund- und Aufrisses bilden sich im Seitenriß fächerförmig um die sich als Punkt A‴ bzw. B‴ abbildende Gerade $\overline{A'''B'''}$ ab.

Die Bahnnormale n′ im Aufriß entspricht im Grundriß der Geraden, die den Punkt P″, das Momentanzentrum, im Unendlichen trägt und durch den Hilfspunkt H geht.

Im Auf- und Seitenriß stehen die Abbilder der entsprechenden Bahnnormalen n′ und n‴ normal auf dem Dach der Fossa intercondylaris und dem Tibiaplateau. Die Wälztangente t″(As) trifft das Momentanzentrum P″ im Unendlichen, der Grundriß ist aber nur ein Abbild des Gesamtsystems, deshalb geht das Abbild der Wälztangente im Aufriß auch durch das Momentanzentrum P′. Fordert man, daß die beiden Geraden, Bahnnormale n′ und die Gerade S′(As) tatsächlich durch das Momentanzentrum P′ gehen (Abb. 334a), dann müssen sich die beiden Geraden auch im Seitenriß im Punkt P‴ schneiden. Läßt man alle Geraden im Aufriß, die zwischen S′(As) und n′ liegen, unter der gleichen Bedingung durch den Punkt P′ gehen, dann schneiden sich diese Geraden auch im Seitenriß im Punkt P‴, d.h. S′(As) und n′ bzw. S‴(As) und n‴ sind die Fallinien eines Kegels im Auf-

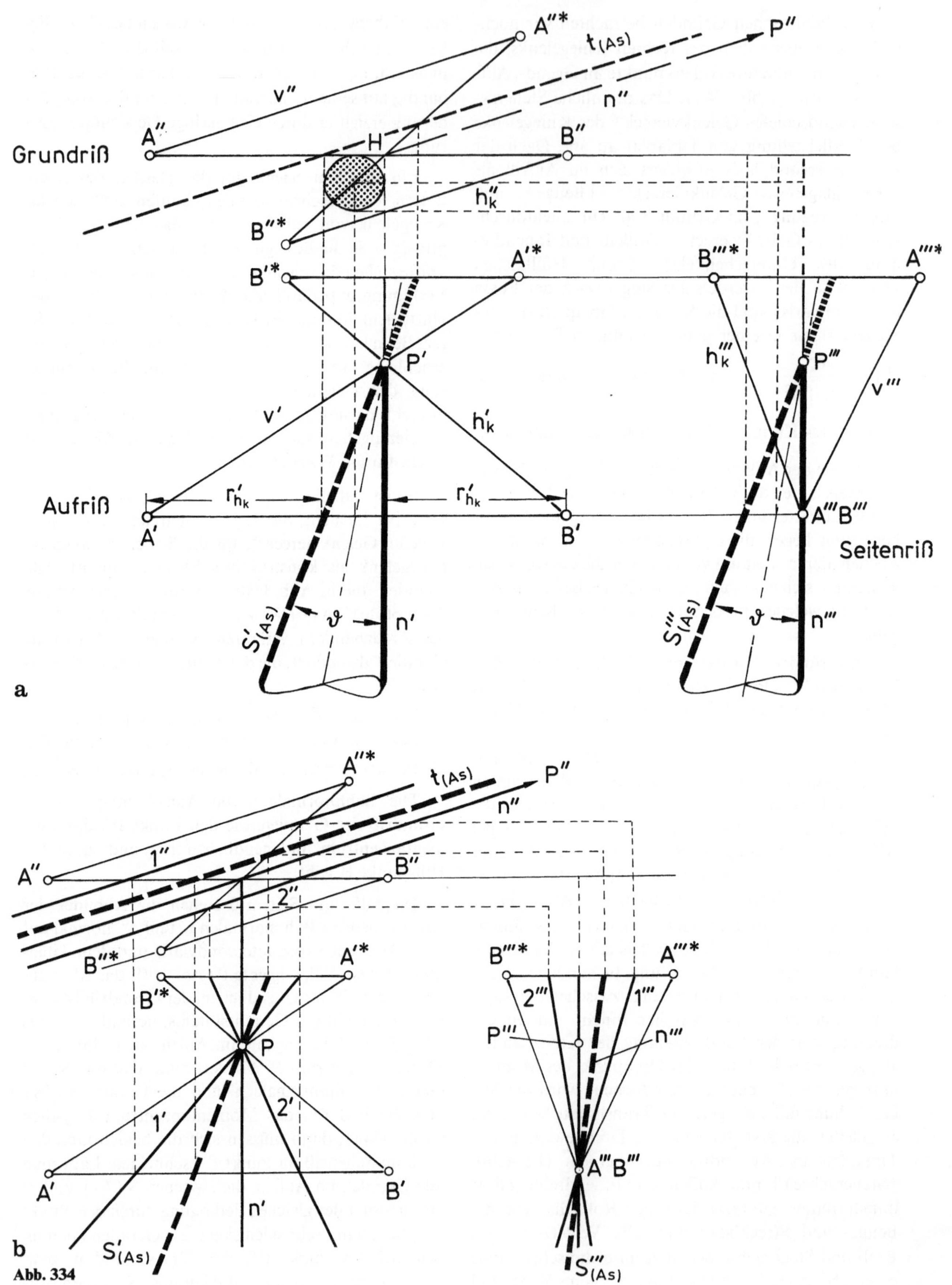

Abb. 334

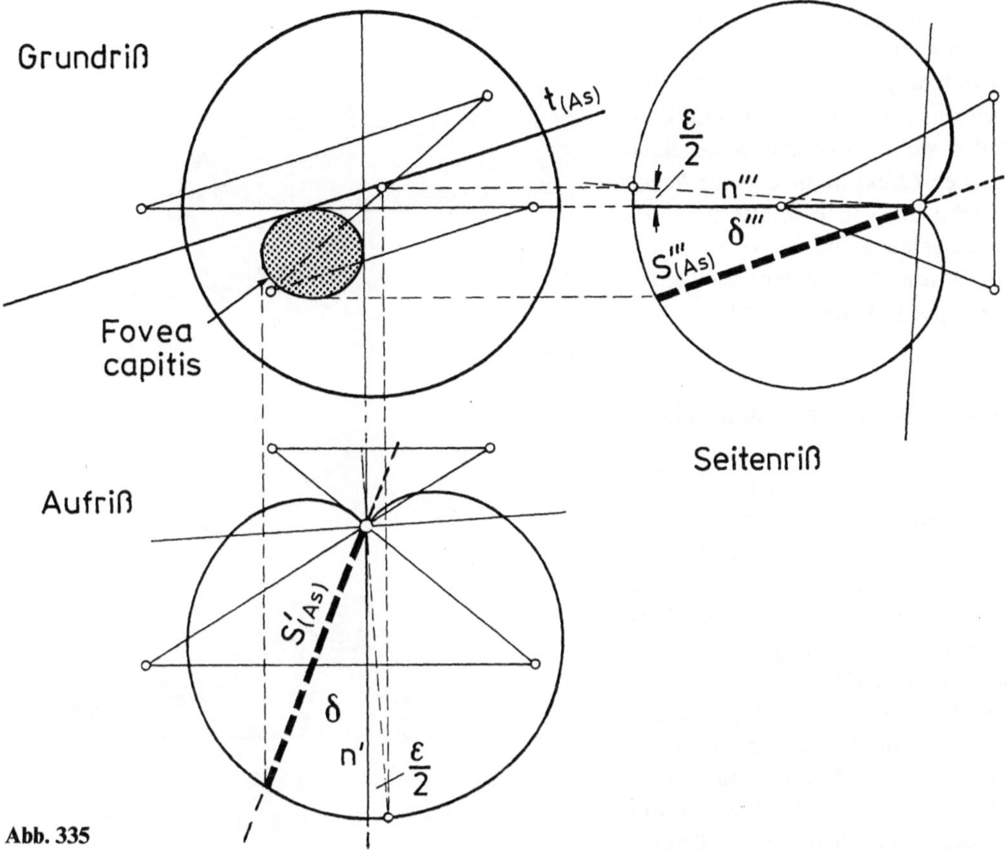

Abb. 335

und Seitenriß. Zeichnet man den Hüftkopf, die Pascal-Schnecke, die aus dem Steuersystem (Kreuzbänder) entwickelt wurde, entsprechend in den Auf- und Seitenriß ein, die meridianen Schnittfiguren der beiden Risse sind ident, dann bildet sich die Basis des Kegels als Schnittfigur mit dem Hüftkopf im Grundriß als Ellipse ab, die fast ein Kreis ist. Die Kegelbasis im Grundriß liegt im hinteren unteren Quadranten des Hüftkopfes und stimmt mit der Fovea des natürlichen Hüftkopfes überein (Abb. 335).

Kinematisch handelt es sich um den Achsenkegel eines räumlichen Bewegungssystems. Für die Hüftpfanne gilt das gleiche, nur liegt der Achsenkegel (die Hüftpfanne ist ein elliptisches Inversionsprodukt) spiegelbildlich auf der rechten Seite der Bahnnormalen n′ im Aufriß. Die beiden Achsenkegel haben eine gemeinsame Berührungslinie n′ und eine gemeinsame Spitze im Momentanzentrum P′ bzw. P‴. *Haben bei einem räumlichen zwangläufigen Bewegungsvorgang die Achsenflächen Kegelform und einen gemeinsamen Scheitel, dann handelt es sich um einen reinen zwangläufigen Drehvorgang dieses Bewegungssystems.* Die beiden Achsenkegel rollen bei der Bewegung gleitlos aufeinander ab. Die gemeinsame Berührungslinie der Achsenkegel ist die augenblickliche Drehachse für die reine Drehbewegung eines räumlichen Bewegungssystems, das das Hüftgelenk tatsächlich darstellt. Damit ist die Frage geklärt, warum in Mittelstellung des Hüftgelenks der Ursprung des Lig. teres nicht mit seinem Ansatz am Hüftkopf zur Deckung kommt, sondern beide gegeneinander versetzt sind.

Bei der Schwingbewegung des Hüftkopfes kreuzen sich die Fallinien der Achsenkegel im Drehpunkt des Hüftkopfes, dann kommt es zu einer geringen Roll-tig eine Drehbewegung um die Rotationsachse des Hüftkofes, dann kommt es zu einer geringen Roll-Gleitbewegung der Achsenflächen im Drehpunkt N_h des Hüftkopfes für die Schwingbewegung.

Ist die Schwingbewegung bzw. die Schwing-Dreh-Bewegung des Hüftkopfes beendet, dann pendelt er von selbst in seine Mittelstellung zurück. Die Achsenkegel haben dann wieder eine gemeinsame Spitze und eine gemeinsame Berührungslinie, eine gemeinsame Drehachse.

Das Hüftgelenk weist alle Freiheitsgrade der Bewegung eines Kugelgelenks auf, deshalb können sich die nichtmaterialisierten Achsenkegel bei der Schwing-Dreh-Bewegung durchdringen. Die Achsen von Hüftkopf und Pfanne gehen aber immer durch den augenblicklichen Drehpunkt N_h bzw. N_e des Hüftgelenks. Obwohl das Hüftgelenk alle Bewegungsqualitäten eines Kugelgelenks hat, erlaubt das Konstruktionsprinzip bevorzugte Schwing-Dreh-Bewegungen, die über die Funktion eines Kugelgelenks hinausgehen; dies ist besonders wichtig für die Koordination der Knie- und Hüftgelenkbewegung beim Laufen und Gehen. Ab einer gewissen Geschwindigkeit beim Laufen und Gehen stellen sich Hüft- und Kniegelenk durch einen dynamischen Effekt in die entsprechende Funktionsstellung, so daß alle Muskelkräfte zur Fortbewegung zur Verfügung stehen und fast keine Kräfte zur Erhaltung der Funktionsstellung der Gelenke für die Lauf- und Gehbewegung benötigt werden.

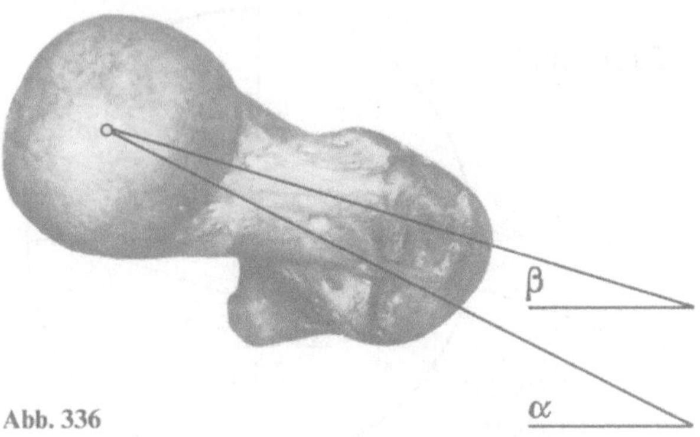

Abb. 336

22.15 Antetorsion des proximalen Femurendes

Die anthropometrische Referenzmessung der Torsion des proximalen Femurendes zeigt gegenüber dem distalen Ende eine Auswärtsdrehung um einen Winkel von etwa 14° mit einer mittleren Schwankungsbreite von ca. ±8° (Lang u. Wachsmuth 1972). Der Ausdruck Torsion weckt die Vorstellung, als ob im Verlauf der onto- oder phylogenetischen Entwicklung von einem primären Zustand aus, bei welcher der Schenkelhals und das distale Femurende in einer Ebene liegen, eine wirkliche Verdrehung stattgefunden hat. Daß Änderungen in der Stellung beider Ebenen zueinander sich vollziehen und vollzogen haben, steht außer Zweifel. Doch geht weder die onto- noch die phylogenetische Entwicklung von einer Extremität aus, bei welcher die beiden Ebenen ineinanderfallen. Deshalb ist das anatomische Phänomen der Verdrehung eine scheinbare oder fiktive Torsion.

Die Anatomen und Biomechaniker vertreten die richtige Ansicht, daß die Schaftverdrehung eine wichtige Rolle für den gemeinsamen Bewegungsablauf der Gelenkkette der unteren Extremität darstellt.

Es erhebt sich natürlich sofort die Frage nach der kinematischen und konstruktiven Ursache des anatomischen Erscheinungsbildes.

Der Antetorsionswinkel (AT-Winkel) ist nach der geläufigen Definition der Winkel zwischen der queren hinteren Femurkondylenachse und der Projektion des Schenkelhalses in der Längsrichtung des Femurschaftes (Abb. 336; Winkel β). Eine 2. weniger gebräuchliche Definition des AT-Winkels ist jener Winkel α, der durch die Verbindungsgerade der Kopfmitte und der Achse des Oberschenkelschaftes und der hinteren Femurkondylenachse gebildet wird (Abb. 336).

Neben der anthropometrischen Messung des AT-Winkels am isolierten Femur gibt es noch 4 grundsätzliche Wege, diesen Winkel zu bestimmen:

1. Die röntgenologische Methode, etwa die nach Rippstein (1955) mit Korrekturtabelle.

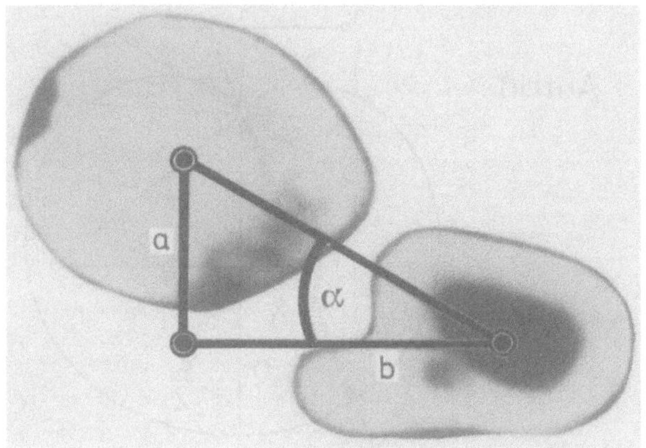

Abb. 337

2. Die computertomographische Methode nach der Technik von Hernandez et al. (1981). Es wird ein Schnitt in Höhe des Femurkopfes so angelegt, daß der Schenkelhals mit zur Darstellung kommt. Die Verbindungslinie des Kopfmittelpunktes und der Schenkelhalsmitte ergibt mit der queren Femurkondylenachse den AT-Winkel.
3. Die computertomographische Methode zur Ermittlung des projizierten AT-Winkels. Durch den Femurkopf am Übergang zum Schenkelhals wird ein Horizontalschnitt gelegt, ein 2. distal davon in Höhe des Trochanter minor. In beiden Schnitthöhen werden die Mittelpunktkoordinaten bestimmt. Der Winkel α der Verbindungsgeraden dieser Punkte mit der Femurkondylenachse kann über die Tangensfunktion bestimmt werden (Abb. 337, aus Menke et al. 1983).
4. Das „Subtraktionsverfahren". Zwei horizontale Schnitte in unterschiedlicher Höhe von Femurkopf und Schenkelhals werden durch das „Subtraktionsverfahren" als gemeinsames Bild ermittelt. Der Kopfmittelpunkt und der Schenkelhalsmittelpunkt werden durch eine Gerade verbunden und der Winkel zur hinteren Femurkondylenachse bestimmt (AT-Winkel).

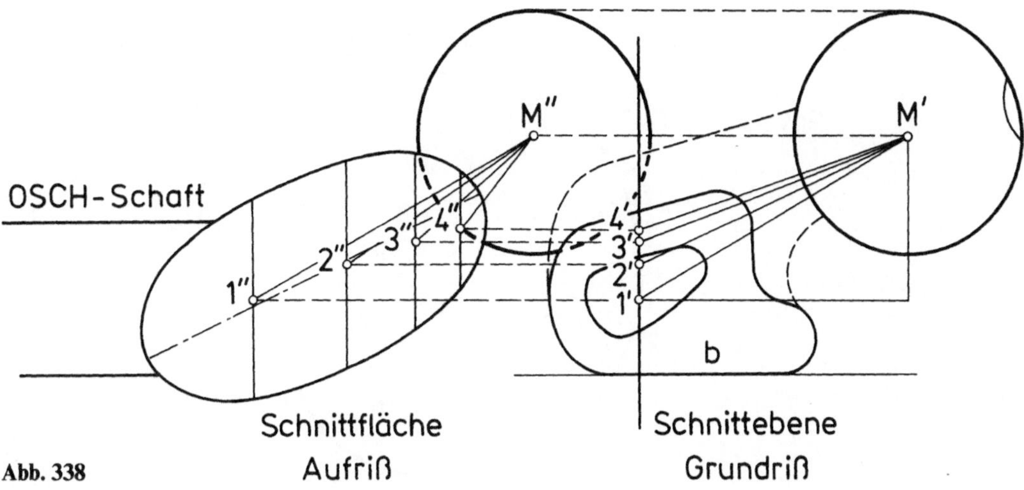

Abb. 338

Die AT-Winkel, die computertomographisch bestimmt wurden, zeigen untereinander erhebliche Abweichungen (Tabelle 11). Die computertomographischen Schnitte der angeführten Methoden, d.h. die Vermessungsbedingungen waren für alle Bestimmungsmethoden die gleichen. Die starke Abweichung der vermessenen bzw. berechneten AT-Winkel voneinander legt nahe, daß die AT-Winkel von der computertomographischen Schnitthöhe abhängig sind. Der Kopfmittelpunkt bleibt bei allen Schnitten derselbe, die Begrenzung des Schenkelhalsschnitts ändert sich je nach der Schnitthöhe aufgrund seiner räumlichen individuellen Form und Lage. Jeder computertomographische Schnitt hat deshalb eine ganz bestimmte Achse, die mit der hinteren Femurkondylenachse einen ganz bestimmten Winkel bildet.

Tabelle 11. CCD-Winkel, projizierter AT-Winkel und reeller AT-Winkel (nach König) an 23 mazerierten Femora anthropometrisch gemessen, CCD-Winkel und AT-Winkel röntgenologisch (nach Rippstein 1955) bestimmt und AT-Winkel nach verschiedenen CT-Verfahren bestimmt (u = 23). (Aus Menke et al. 1983)

CCD	x̄	maximal	minimal	s	(Winkelgrad)
	124,39	146	114	7,05	
$AT_{proj.}$	17,78	40	6	8,04	
AT_{reell}	12,00	22	0	5,52	
CCD_{ront}	125,17	145	115	7,46	
AT_{ront}	21,56	45	7	8,71	
$AT_{c11}{}^{a}$	12,00	33	1	7,16	
$AT_{c12}{}^{b}$	15,69	28	4	5,82	
$AT_{c13}{}^{b}$	24,39	50	9	9,15	
$AT_{c14}{}^{b}$	23,78	45	8	8,76	
$AT_{c15}{}^{c}$	16,95	34	3	8,04	

a) AT-Winkel computertomographisch mit einer Schnittebene im Schenkelhalsbereich bestimmt.

b) AT-Winkel trigonometrisch errechnet nach computertomographischer Mittelpunktkoordinatenbestimmung in unterschiedlicher Schnitthöhe.

c) AT-Winkel computertomographisch im „Subtraktionsverfahren" mit 2 Schnittebenen im Schenkelhalsbereich bestimmt.

Nimmt man hypothetisch an, die Schnittfläche des Schenkelhalses am Übergang zum Schaft in Richtung der Schaftachse sei eine gegen die Schaftachse schräg gestellte Ellipse (Abb. 338).

Legt man Schnitte im Aufriß durch diese Ellipse normal zur Schaftachse, bestimmt die Mittelpunkte 1''–4'', projiziert diese Punkte in den Grundriß und verbindet die neuen gewonnenen Punkte 1'–4' mit dem Kopfmittelpunkt M', dann hat jeder Schnitt eine projizierte Achse, die mit der hinteren Femurkondylenachse – die parallel zur Geraden b verläuft – einen ganz bestimmten Winkel bildet (Abb. 338).

Das Beispiel zeigt, je weiter proximal der computertomographische Schnitt durch den Schenkelhals gelegt wird, desto spitzer wird der AT-Winkel. Die Achsen der computertomographischen Schnittfiguren, die normal zur proximalen Hälfte der Oberschenkelschaftachse gelegt wurden, steigen spiralflächenförmig von distal dorsal nach proximal ventral an. Die AT-Winkelwerte der Schnittachsen mit der queren Femurkondylenachse nehmen dann von distal nach proximal ab. Alle Achsen der computertomographischen Schnitte des Schenkelhalses normal zur Schaftachse bilden eine Spiralfläche, die von distal dorsal nach ventral kranial ansteigt.

22.16 Die konstruktive Lösung der Anlenkung des Hüftkopfes an den Schenkelhals und seine Beziehung zur Oberschenkelschaftachse

Betrachtet man den Hüftkopf in Richtung der Oberschenkelschaftachse kopf-fuß-wärts (Abb. 339) so

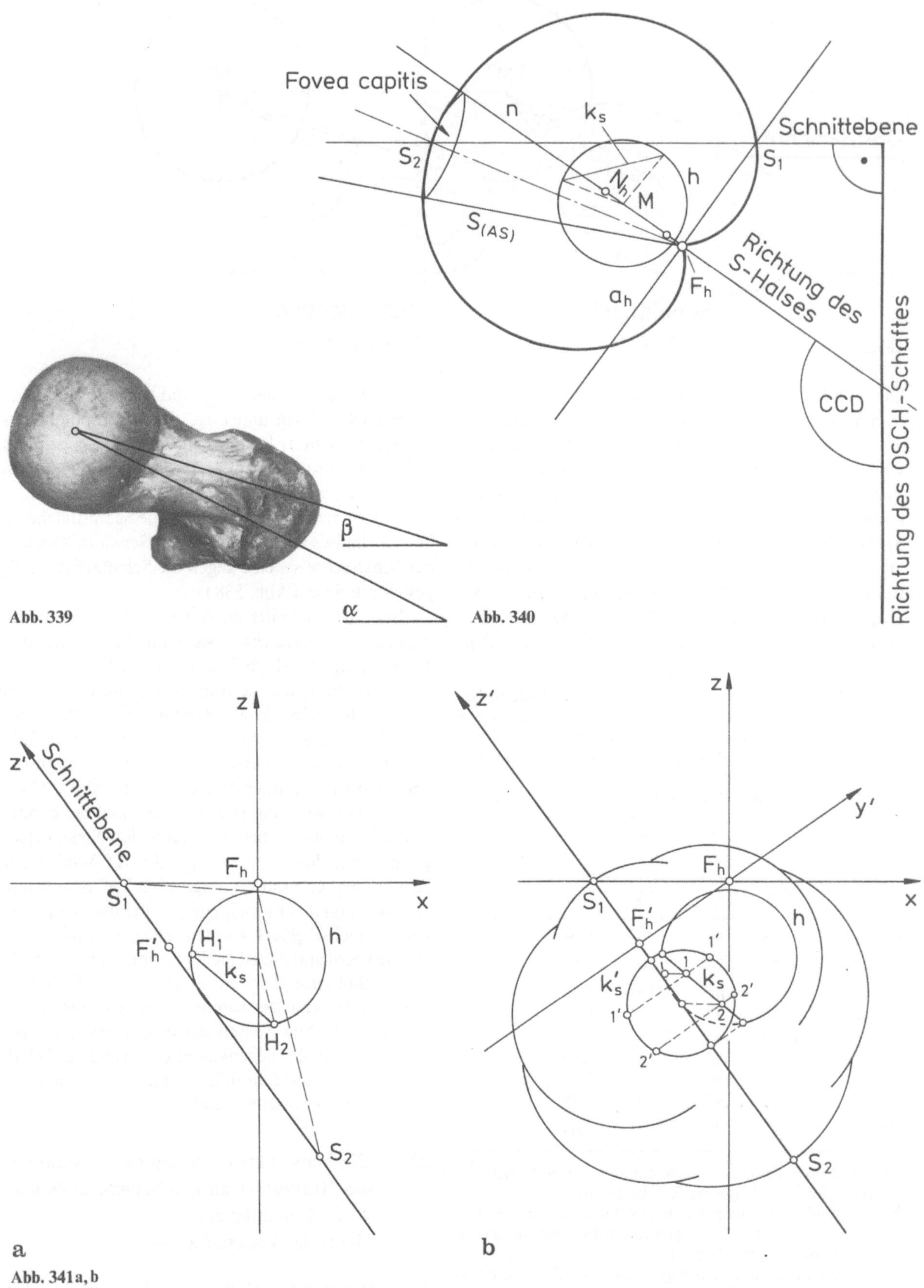

Abb. 339

Abb. 340

Abb. 341 a, b

gewinnt man den Eindruck, daß der Hüftkopf in einer geringen Knickstellung zum Schenkelhals steht und die Randerzeugenden des Schenkelhalses nicht parallel verlaufen, sondern einen Winkel bilden, der gegen den Hüftkopf zu offen ist. Hüftkopf und Schenkelhals sind noch zusätzlich gegen die hintere quere Kondylenachse des Kniegelenks antetorquiert.

Falls die konstruktiven Überlegungen in bezug auf den Hüftkopf, die Fovea capitis femoris, die Hüftpfanne und die Kinematik des Hüftgelenks den natürlichen Gegebenheiten entsprechen, dann muß sich die Anlenkung des Hüftkopfes an den Schenkelhals, der Umriß des Schenkelhalses und seine Beziehung zur Oberschenkelschaftachse a priori konstruktiv entwickeln lassen.

Wir wählen eine Projektionsebene bzw. Schnittebene, auf der die Oberschenkelschaftachse normal steht und durch die Mitte der Fovea capitis femoris verläuft. Dies entspricht der Abbildungsebene von Abb. 339.

Die Schnittebene verläuft im Aufriß des konstruierten Hüftkopfes von der Mitte der Fovea capitis femoris zum Schnittpunkt der kleinen Achse mit der Pascal-Schnecke (Umrißfigur des Aufrisses, Abb. 340).

Der Hüftkopf ist die Einhüllende aller Kugeln, die auf die gegebene Kugel h zentriert sind und durch den festen Punkt F_h gehen. Aus Gründen der Übersichtlichkeit wurde die Einhüllende des Aufrisses (Abb. 341a) weggelassen (sie wird zur Gewinnung der Umrißfigur mit der z'-y'-Achse nicht benötigt). Die Schnittebene z'y', die die Schnittpunkte S_1 und S_2 der Einhüllenden trägt, steht normal auf der Zeichenebene. Die Mittelpunkte der Randkugeln, die im Aufriß im Punkt S_1 und S_2 die Einhüllende berühren, sind leicht gefunden. Man verbindet den Schnittpunkt von der Kugel h mit der z-Achse (Abb. 341a) mit den Schnittpunkten S_1 und S_2 der Pascal-Schnecke und verschiebt die beiden Geraden parallel in den Mittelpunkt der Kugel h. Die Schnittpunkte H_1 und H_2 mit der Kugel h sind die Mittelpunkte der randbildenden Kugel in S_1 und S_2 (Abb. 341a). Die Verbindungsgerade k_s der Punkte H_1 und H_2 ist ein Kreis, der normal auf der Zeichenebene steht. Auf diesem Kreis k_s liegen die Mittelpunkte jener Kugeln, deren Einhüllende die gesuchte Umrißkurve bildet. Die Schnittebene z'y' und der Kreis k_s stehen zwar normal auf der Zeichenebene, laufen aber nicht parallel zueinander. Der Kreis k_s bildet sich deshalb auf die Schnittebene z'y' als eine Ellipse k_s' ab. In Abb. 341b wird die Schnittebene x'y' um die z'-Achse um 90° in die Zeichenebene gedreht. Auf der nun sichtbaren Ellipse k_s' sind die Mittelpunkte aller umrißbildenden Kreise bzw. Kugeln zentriert, ihre entsprechenden Radien können unmittelbar aus dem Aufriß der Kugel h und dem festen Punkt F_h mit dem Zirkel abgenommen werden. Die Einhüllende aller Kreise der Schnittebene z'x' bildet die gesuchte Umrißkurve (Abb. 341b und 342).

Die Fasern aller Bandsysteme, die das Trochantermassiv mit den entsprechenden Beckenteilen verbinden, führen bei der Drehung des Hüftkopfes um seine Achse eine Schraubbewegung aus. Bei dieser Schraubbewegung hüllen sie gleichzeitig den Schenkelhals ein und geben ihm seine eigenartige Form. Das heißt, die Fasern der Bandsysteme sind die Erzeugenden der Schenkelhalsfläche. Der Schenkelhals ist deshalb eine „windschiefe Schraubenstrahlfläche" die nicht abwickelbar ist. Abwickelbare Strahlflächen sind zum Beispiel Zylinder, Kegel, Torsen, Hyperboloide. Der Schenkelhals ist eine in sich geschlossene Fläche mit einer mittleren Achse. Die geringsten Abstände der windschiefen Erzeugenden von der Achse bilden die Kehllinie, die Zona orbicularis – ein Faserring, der sich dem Hüftkopf am Übergang zum Schenkelhals anschmiegt und deshalb kreisringförmig ist (Abb. 342).

In die Umrißfigur des Hüftkopfes (Abb. 343) projiziert sich auch der Achsenkegel des Hüftkopfes. Bei der Drehbewegung des Hüftkopfes um seine Hauptachse führen die Fasern der Bandsysteme eine Schraubbewegung aus, der Achsenkegel wird zum Richtkegel (Abb. 343) für diese Schraubung. Die Randerzeugenden des Schenkelhalses, der eine „windschiefe Schraubstrahlfläche" ist, gehen durch den Kegelkreis, die Zona orbicularis, und verlaufen parallel zu den Randerzeugenden des Richtkegels. Man verschiebt die Randerzeugende $S_{(As)}$ des Richtkegels parallel in den projizierten Rand des Kehlkreises, der sich als Ellipse abbildet. Die Halbachse a_h der Ellipse stellt sich in wahrer Größe im Meridianschnitt des Hüftkopfes $r = e_h + a_h \cos \varphi$ dar. Die Parallele zu $S_{(As)}$ ist die dorsalseitige Randerzeugende e_1 der „windschiefen Schraubstrahlfläche" des Schenkelhalses. Verschiebt man die 2. Randerzeugende n des Richtkegels, die gleichzeitig die Drehachse des Hüftkopfes ist, wieder parallel in den projizierenden Rand des Kehlkreises, dann ist die Parallele die ventrale Randerzeugende e_2 des Schenkelhalses (Abb. 343).

Die Drehachse n des Hüftkopfes schneidet die dorsalseitige Randerzeugende e_1 des Schenkelhalses, die Parallele zu $S_{(As)}$ im Punkt S. Dieser Punkt S ist die projizierende Achse des Oberschenkelschaftes, der senkrecht zur Zeichenebene steht.

Die Abstandslänge F_eS ergibt sich aus:

$$F_eS = \frac{a_h}{\mathrm{tg}\,\vartheta} \qquad \begin{aligned} a_h &= 37{,}5079046, \\ \vartheta &= 21{,}42757353° \end{aligned}$$

$\mathbf{F_eS = 95{,}57347681}$. (1:2 vergr.)

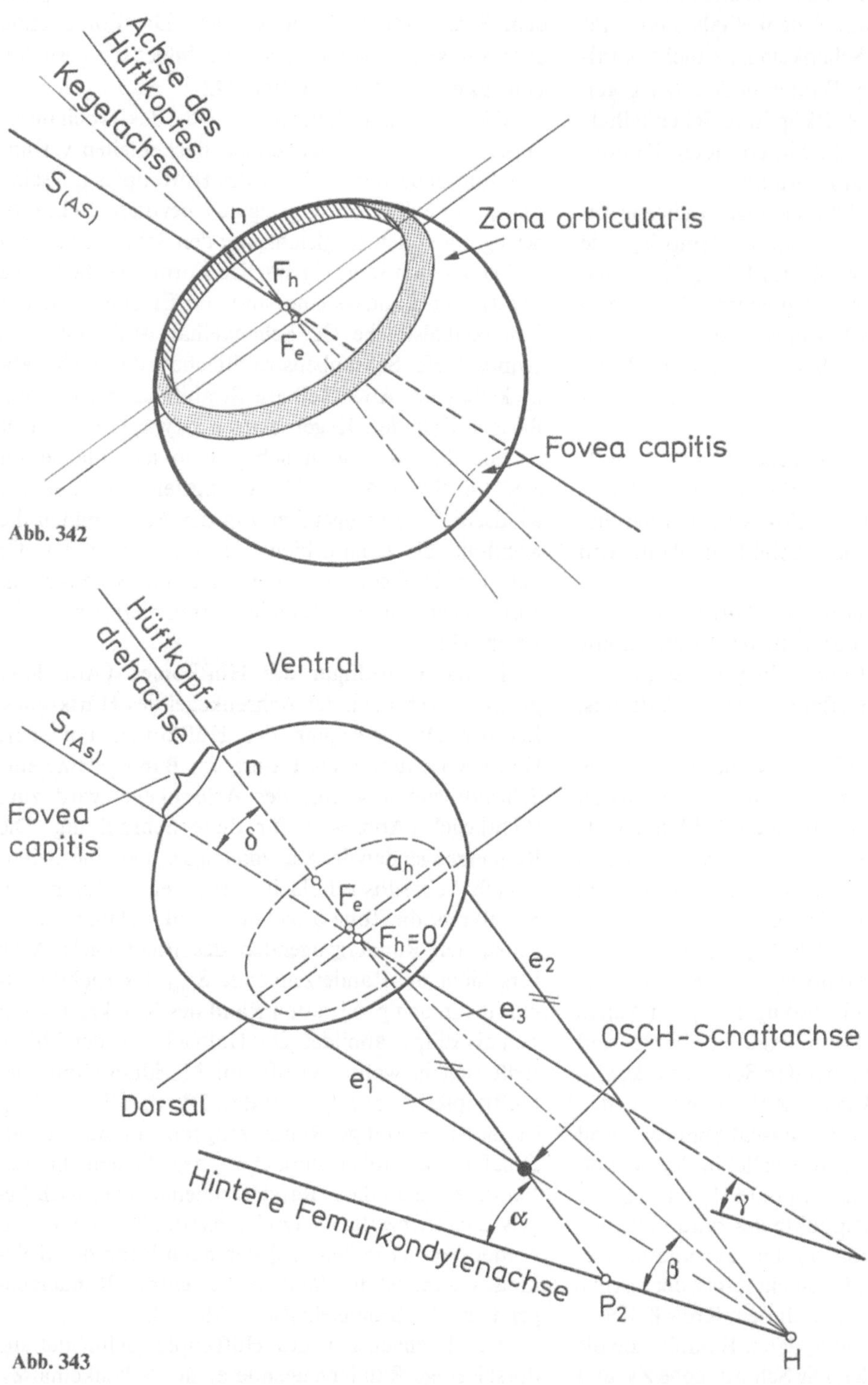

Abb. 342

Abb. 343

Die ventrale Randerzeugende e_2 und die dorsalseitige Randerzeugende e_1 treffen sich auf einer Geraden, die normal auf der Zeichenebene steht und sich deshalb als Punkt abbildet. Dieser Punkt wird mit H bezeichnet.

Die Gerade $S_{(As)}$ bildet in ihrer Verlängerung die 3. projizierte Erzeugende e_3. Sie legt die Richtung der proximalen Begrenzung des Schenkelhalses in der Aufsicht fest.

Trägt man auf der verlängerten Hüftkopfachse von Punkt S den Parameter e_h des Hüftkopfes $(r = e_h + a_h \cos \varphi)$ auf (Abb. 343), so gewinnt man den Punkt P_2. (Der Parameter e_h erscheint zunächst als willkürliche Annahme, der später analytisch darge-

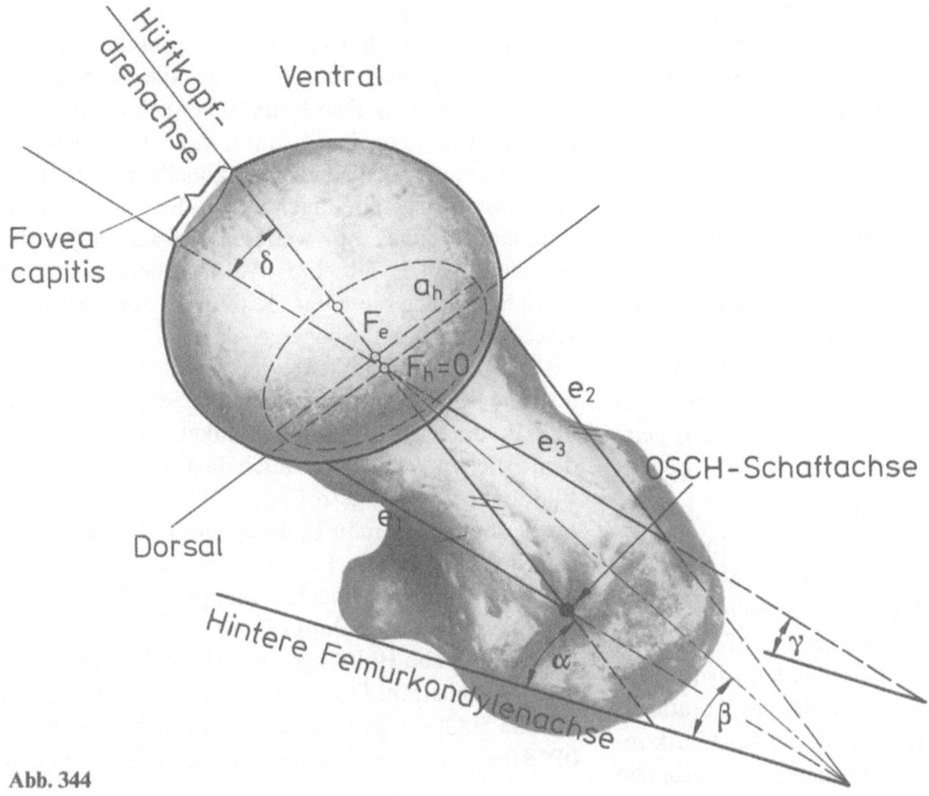

Abb. 344

stellt wird.) Die Verbindungsgerade $\overline{P_2H}$ legt die hintere Femurkondylenachse in ihrer Richtung fest. Bei einem Schnitt in Höhe des Trochanter minor normal zur OSCH-Schaftachse verläuft die dorsalseitige Schnittbegrenzung des OSCH-Schaftes parallel zur hinteren Femurkondylenachse (Abb. 337). Der AT-Winkel α (eingeschlossener Winkel zwischen Hüftkopfdrehachse und hinterer Fermurkondylenachse) hat den Winkelwert von 36°.

Legt man die Konstruktionszeichnung (Abb. 343) auf das entsprechend vergrößerte photographische Abbild des proximalen Femurendes (die OSCH-Schaftachse steht normal auf der Bildebene, die konstruktive Entwicklung wurde unter der gleichen Bedingung durchgeführt), dann kommen die konstruktiv gewonnenen Parameter der Hüftkopfform mit dem photographischen Abbild so zur Dekkung, daß man an eine Pauszeichnung denken könnte (Abb. 344). Die konstruktiv gewonnene Form des Hüftkopfes, die Fovea capitis femoris, die Erzeugenden e_1,e_2 und e_3 decken sich mit dem photographischen Abbild. Die konstruktiv gewonnene projizierende OSCH-Schaftachse S, die projizierte Lage und Richtung der hinteren Femurkondylenachse sind deckungsgleich mit dem photographischen Abbild (Abb. 344).

Die Konstruktionszeichnung, die mit dem photographischen Abbild übereinstimmt, zeigt, daß die Antetorsion des proximalen Femurendes in bezug auf die hintere Femurkondylenachse aus 2 Komponenten besteht:

1. Die Antetorsion der Achse des Hüftkopfes, die durch die OSCH-Schaftachse verläuft um den Winkel α in bezug auf die hintere Femurkondylenachse. Diese Betrachtung stimmt mit der computertomographischen Methode der trigonometrischen Berechnung des AT-Winkels in verschiedenen Schichthöhen überein. Der OSCH-Kopf wird senkrecht zur OSCH-Schaftachse am Übergang zum Schenkelhals geschnitten. Die 2. Schnitthöhe erfolgt unter den gleichen Bedingungen durch die Mitte des Trochanter minor (Abb. 337). Der Mittelpunkt des Hüftkopfes N_h für die Schwingbewegung, der auf der Drehachse n des Hüftkopfes liegt, wird mit der projizierenden Schaftachse verbunden und nach Bestimmung der hinteren Femurkondylenachse über die Tangensfunktion der AT-Winkel bestimmt (Abb. 344).
2. Die Torsion des Schenkelhalses gegenüber der hinteren Femurkondylenachse um den Winkel β entspricht jenem Winkel, den die verlängerte Achse des Richtkegels bzw. Achsenkegels mit der hinteren Femurkondylenachse einschließt. Aus der Konstruktionszeichnung (Abb. 343) entnimmt man, daß die Schenkelhalsachse ventral an der OSCH-

Schaftachse vorbeiläuft. Auf diesen Umstand hat Grotte et al. (1980) in seiner Arbeit hingewiesen. *Die exzentrische Anlenkung des Schenkelhalses an die OSCH-Schaftachse bewirkt, daß sowohl bei der Schwingbewegung als auch bei der Drehbewegung des Hüftkopfes um seine Rotationsachse zusätzliche Drehmomente auftreten, die eine „Totlage" des Hüftkopfes in der Gelenkpfanne verhindert.* Würden die Drehachse des Hüftkopfes und die Achse des Schenkelhalses gemeinsam durch die OSCH-Schaftachse verlaufen, dann wäre dieses Bewegungssystem in einer ständigen „Totlage".
Dies wäre der Fall bei einem Kugelgelenk. Es gäbe dann keinen bevorzugten Bewegungsablauf des Hüftgelenks beim flotten Wanderschritt und beim Laufen.

Faßt man das Hüftgelenk als Kugelgelenk auf, dann könnte man die eigenartige Anlenkung des Hüftkopfes an den Schenkelhals und seine exzentrische Anbindung an den OSCH-Schaft zur Vermeidung von „Totlagen" nur mit dem inhaltslosen Begriff „Weisheit der Natur" erklären. Kennt man das Konstruktionsprinzip des Hüftkopfes, ein hyperbolisches Rotationskugelkonchoid, dann ist die Anlenkung des Hüftkopfes an den Schenkelhals, die eigenartige Umrißform des Schenkelhalses und seine exzentrische Anbindung an den OSCH-Schaft eine kinematisch-geometrische Konsequenz, aber keine „Weisheit der Natur".

22.17 Die analytische Lösung der Anlenkung des Hüftkopfes an den Schenkelhals und seine Beziehung zum Oberschenkelschaft (Die Beziehung von CCD-Winkel und AT-Winkel)

Wenn die Überlegungen bisher richtig waren, dann müssen der Grund- und Aufriß des proximalen Femurendes, der CCD-und der AT-Winkel aufgrund der Winkeltreue des Transformationssystems $r \cdot \bar{r} = \pm c^2$ sich aus dem Parameter a_h des Hüftkopfes und dem Öffnungswinkel ϑ des Richtkegels des Hüftkopfes entwickeln lassen.

22.17.1 Zentralprojektion

Zunächst einige Vorbemerkungen zur Zentralprojektion aus einem Kugelpunkt 0 auf eine zur Tangentialebene ω in 0 parallelen Ebene π. Dieses Abbildungsverfahren geht auf Hipparch von Nicäa (um 150 v.Chr.) zurück (Abb. 345).

Man legt eine Kugel auf eine Ebene π (zum Beispiel auf eine „Tischplatte", wie dies bei der hyperbolischen Inversion besprochen wurde). Den Aufliegepunkt bezeichnen wir in Anlehnung an die Riemann-Zahlenkugel mit S (Südpol). Die zur Ebene π parallele Fläche ω hat als Berührungspunkt den Punkt 0, den Augpunkt, von dem aus alle Kugelpunkte betrachtet werden. Den Punkt 0 bezeichnet man auch als Punkt N (Nordpol), dann kann man von einer südlichen und nördlichen Halbkugel sprechen. Diese Bezeichnung ist eindeutiger als zum Beispiel obere und untere Halbkugel. Zur weiteren Betrachtung drehen wir die Kugel K mit ihrer Aufliegeebene π um 90°, dann bildet sich die Kugel K in der Zeichenebene als Kreis K und die Ebene π als eine Gerade π ab (Abb. 345). Ein Punkt P_1 der nördlichen Halbkugel auf dem Meridiankreis K wird vom Sehstrahl $0P_1$ in 0 und P_1 unter dem gleichen Winkel getroffen. Unter dem gleichen Winkel wird auch die Ebene π in P_1^c, dem Bildpunkt von P_1, getroffen.

Deshalb kann man P_1^c auch dadurch erhalten, daß man den Kugelpunkt P_1 mit seiner Tangentialebene τ um deren Bildspur t nach π klappt (Abb. 345).

Spiegelt man den Punkt P_1 an der Äquatorebene m auf die südliche Halbkugel, so erhält man den Punkt Q_1. Der Sehstrahl $0Q_1$ trifft die Ebene π in Q_1^c. Der Winkel $S0Q_1^c$ ($=\varphi 1$) ist demnach gleich dem Winkel $0P_1^cS$ ($=\varphi_1$). Es gelten dann folgende Beziehungen:

$$0P_1 \cdot 0P_1^c = (2R)^2,$$

$$SQ_1^c \cdot SP_1^c = (2R)^2,$$

$$0Q_1 \cdot 0Q_1^c = (2R)^2.$$

Zur weiteren Untersuchung drücken wir alle Parameter durch die gegebene Größe, den Kugelradius R und $0P_1$ und der Längenverhältniszahl $\frac{0P_1^c}{0P_1} = k$ aus.

Es gilt dann:

$$0P_1 \cdot 0P_1 k = 4R^2.$$

Berechnung der Abstandslänge SP_1^c:

$$0P_1^2 \cdot k^2 - 4R^2 = SP_1^{c2}$$

$$\Rightarrow 0P_1^2 \cdot k^2 - 0P_1^2 \cdot k = SP_1^{c2} \Rightarrow SP_1^c = 0P_1 \cdot \sqrt{k^2 - k}.$$

Die Abstandslänge SQ_1^c:

$$\frac{0P_1^2 \cdot k}{0P_1\sqrt{k^2-k}} = SQ_1^c, \quad SQ_1^c = \frac{0P_1 k}{\sqrt{k^2-k}}.$$

Das Längenverhältnis $SP_1^c : SQ_1^c$:

$$\frac{SP_1^c}{SQ_1^c} = \frac{0P_1\sqrt{k^2-k}}{\frac{0P_1 k}{\sqrt{k^2-k}}} = \frac{k^2-k}{k} = k - 1 = \frac{SP_1^c}{SQ_1^c}.$$

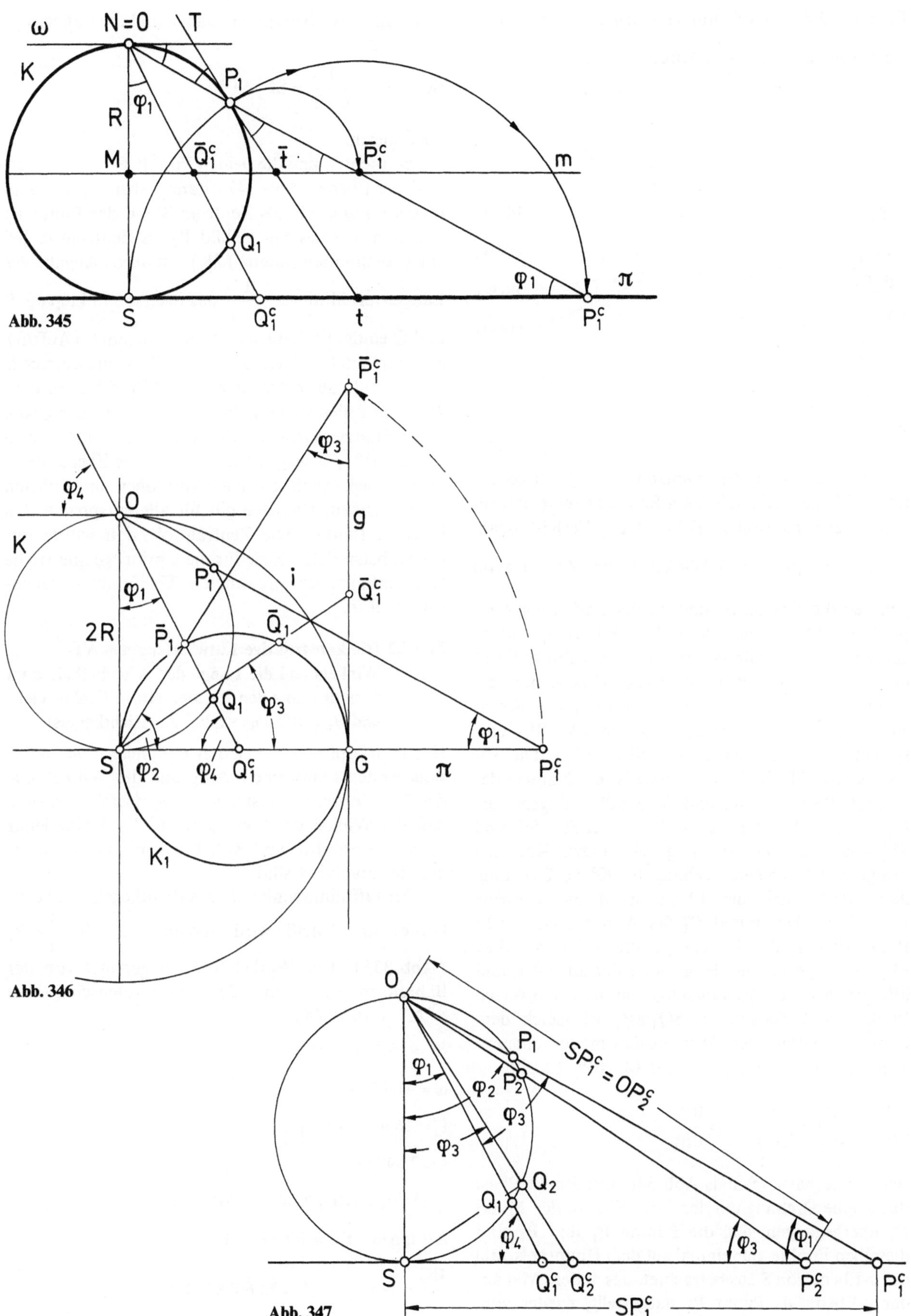

Abb. 345

Abb. 346

Abb. 347

Folgende Längenverhältnisse haben eine gemeinsame Verhältniszahl $\frac{1}{\sqrt{k-1}}$ (Abb. 346,347):

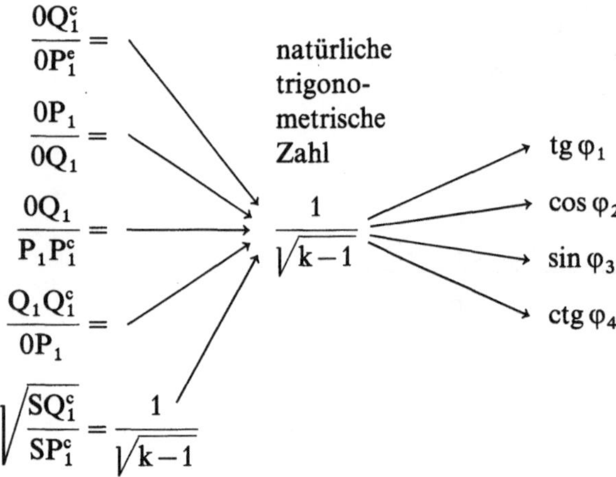

Im Algorithmus der Inversion ($r \cdot \bar{r} = \pm c^2$) bedeutet ein Längenverhältnis, zum Beispiel k, eine natürliche trigonometrische Zahl. Der Verhältniszahl $\frac{1}{\sqrt{k-1}}$ entsprechen 4 Winkel (Abb. 346). Davon gehören die Winkel φ_1 und φ_4 der Beziehung Augpunkt 0 und der Ebene π an. Die Winkel φ_2 und φ_3 gehören der Zentralprojektion aus dem Punkt S mit dem Kugelradius 2R auf eine zur π-Ebene normale Ebene g an, welche den Inversionskreis i in der π-Ebene als Tangente berührt. Die Strecke SP_1^c entspricht der Abstandslänge $S\bar{P}_1^c$ ($SP_1^c = S\bar{P}_1^c$). Die Abstandslänge SP_1^c auf der π-Ebene ist die Kathete des Dreiecks $0SP_1^c$. Die Abstandslänge $S\bar{P}_1^c$ ist dagegen die Hypotenuse des Dreiecks $SG\bar{P}_1^c$, wobei $S0 = SG$ und $SP_1^c = S\bar{P}_1^c$ ist. Die beiden gleich langen Katheten bringt man durch eine Drehung um 90° zur Deckung, dann dreht sich die Ebene g in die π-Ebene (Abb. 346). Der Punkt $\bar{P}_1^c$ der Abb. 346 ist in den Punkt P_2^c der Abb. 347 übergegangen. Die Strecken SP_1^c und $0P_2^c$ sind gleich lang, daher sind auch $0Q_1^c$ und $0P_2$ gleich lang. Das Längenverhältnis der inversen Punkte vom Zentrum S $SQ_1^c{:}SP_1^c$ ist gleich dem Längenverhältnis der Abstandslängen der entsprechenden inversen Punkte von 0, $0P_2{:}0P_2^c$. Es gilt:

$$\frac{SQ_1^c}{SP_1^c} = \frac{0P_2}{0P_2^c} = \frac{1}{k-1}, \quad k = \frac{0P_1}{0P_1^c}.$$

Betrachten wir nochmals Abb. 346. Der Punkt P_1^c ist durch eine Drehung um den Winkel φ_2 in den Punkt $\bar{P}_1^c$ übergegangen, d.h. die Punkte P_1^c und $\bar{P}_1^c$ sind dieselben Punkte, nur einmal auf dem Hauptpolstrahl der π-Ebene von S aus betrachtet, das andere Mal auf der g-Ebene als Punkt $\bar{P}_1^c$ dargestellt, wieder vom Zentrum S aus betrachtet. Daher sind die Längenverhältnisse

$$SQ_1^c{:}SP_1^c = \frac{1}{k-1} = S\bar{P}_1{:}S\bar{P}_1^c$$

auch gleich.

Betrachtet man die beiden Punkte P_1^c und $\bar{P}_1^c = P_2^c$ in der π-Ebene (Abb. 347) dann haben P_1^c und sein inverser Punkt Q_1^c als Zentrum S und der Punkt P_2^c und sein inverses Spiegelbild P_2 als Zentrum 0. Bei einer bestimmten Potenz $(2R)^2$ ist durch Angabe des Längenverhältnisses $\frac{1}{k-1}$ das inverse Punktepaar P und Q eindeutig festgelegt. Vom Zentrum 0 (Aufriß) aus betrachtet, erhält man P_2 und P_2^c, vom Zentrum S (Grundriß) aus betrachtet Q_1^c und P_1^c, d.h. *der Punkt P tritt in 2 Phänomenen P_1^c und P_2^c auf, abhängig vom Betrachtungsstandpunkt*, Zentrum 0 (Aufriß) oder S (Grundriß). Bewegt man P_1^c auf der π-Ebene, dann bewegt sich auch P_2^c nach der oben angeführten Gesetzlichkeit. Dasselbe gilt für alle entsprechenden inversen Punkte. Die Zentralprojektion wurde nur soweit behandelt, als sie für die a priori geometrische Entwicklung des proximalen Femurendes bedeutungsvoll ist.

22.17.2 Die konstruktive Entwicklung des AT-Winkels und die Länge des Schenkelhalses im Grundriß aus den Parametern a_h (Kehlkreis) und ϑ_1 (Öffnungswinkel des Richtkegels)

Der Hüftkopf wurde aus den Parametern des Kniesteuersystems entwickelt. Aufgrund der Winkeltreue des Transformationssystems $r \cdot \bar{r} = \pm c^2$ ist zu erwarten, daß die Winkel des Steuersystems des Kniegelenks auch im Grundriß und Aufriß des proximalen Femurendes involviert sind.

Der Öffnungswinkel ϑ_1 des Richtkegels des Hüftkopfes im Aufriß wird gebildet aus: $\vartheta + \frac{\varepsilon}{2} = \vartheta_1$ (Abb. 335). Der Winkel ϑ_1 wird gebildet von der Bahnnormalen n und der Asymptotenschnittlinie $S(A_s)$ (Abb. 348).

$\vartheta_1 = 25{,}4574375°$

$\omega = 41{,}176692°$

$f_2 = 16{,}47750401$ mm

$\varepsilon = 7{,}697233°$

$f_2 \cdot \tan \vartheta_1 = AB = 7{,}844346401$ mm,

$AB \cdot \tan \omega = BC = 6{,}869571472$ mm.

$\frac{BC}{f_2} = \tan \vartheta_1', \quad \vartheta_1' = 22{,}60784903°.$

Der Winkel ϑ_1' ist der Öffnungswinkel des Richtkegels des Hüftkopfes im Seitenriß. Der Seitenriß entspricht bei der gegenständlichen Betrachtung dem Grundriß.

Aus den gegebenen Parametern des Hüftkopfes a_h (Radius des Kehlkreises) und dem Öffnungswinkel des Richtkegels ϑ_1' (Seitenriß) soll konstruktiv der AT-Winkel entwickelt werden (Grundriß).

Gegebene Parameter: $\boxed{a_h, \vartheta_1'}$

$a_h = 37{,}5079046$ mm, (1:2 vergr.),

$\vartheta_1' = 22{,}60784903°$.

Die Spitze des Richtkegels liegt im Zentrum des Hüftkopfes F_h. Die natürliche trigonometrische Zahl des Tangenswertes des Öffnungswinkels des Richtkegels ϑ_1' drückt ein Längenverhältnis (Abb. 349) aus:

$$\frac{a_h}{F_hS^c} = \tan \vartheta_1' \Rightarrow F_hS^c = 90{,}07217239\,.$$

Der Punkt S^c ist die Abbildung der auf der Zeichenebene (Grundriß) senkrecht stehenden OSCH-Schaftachse (Abb. 350).

Zur weiteren konstruktiven Entwicklung des CCD- und AT-Winkels und ihre Abhängigkeit voneinander müssen wir berücksichtigen, daß diese Beziehung nicht nur von den Parametern des Hüftkopfes, sondern auch von den Parametern der Hüftpfanne bestimmt werden. Der Kehlkreis, die Zona orbicularis (Abb. 342) hat sein Zentrum im F_e. Der Abstand

$$F_hF_e = e_h - a_h = a_e - e_e = 5{,}50130442 \text{ mm},$$

Hüftpfanne $\quad r' = a_e + e_e \cos \varphi$,

Hüftkopf $\quad r'' = a_h + e_h \cos \varphi$,

$a_h = e_e = 37{,}5079046$ mm, $\quad a_e = e_h = 43{,}00920602$ mm.

Der Abstand des Punktes F_e von der OSCH-Schaftachse S^c ergibt sich aus (Abb. 350):

$$F_hS^c + (e_h - a_h) = F_eS^c = 95{,}57347681 \text{ mm}$$

$$\frac{a_h}{F_eS^c} = \tan \vartheta_2, \qquad \boxed{\vartheta_2 = 21{,}42757353°}$$

Der Winkel ϑ_2, $\frac{a_h}{F_eS^c} = \tan \vartheta_2 = 21{,}42757353°$, legt die Randerzeugenden e_1, e_2 und e_3 des Schenkelhalses im Grundriß fest (Abb. 351). Der Punkt S^c auf der π-Ebene ist das Abbild des Punkts S auf der Kugel K_{a_h}. Daraus folgt:

$$NS \cdot NS^c = 2a_h^2$$

$$NS^c = F_eS^c \cos \vartheta_2$$

$$NS^c = 102{,}6700169 \text{ mm}$$

$$NS = 27{,}40513637 \text{ mm}$$

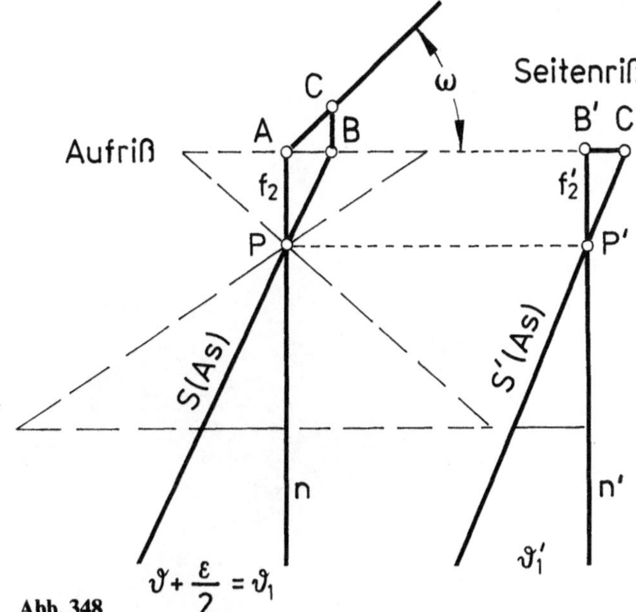

Abb. 348

Eine Verlängerung der Randerzeugenden e_1 und e_2 legt den Hilfspunkt H fest, durch den die projizierte hintere Femurkondylenachse verläuft, die aber in ihrer Lage noch nicht bestimmt ist. Zur eindeutigen Bestimmung der hinteren Femurkondylenachse muß noch ein Punkt auf der Hüftkopfdrehachse bestimmt werden, der mit den Punkten S und S^c in einer konstruktiven Beziehung steht (Abb. 351 und 352).

Der Kreis K_{a_h} stellt den Umriß der Kugel K_1, die auf der π-Ebene im Punkt F_e aufliegt, dar. Klappt man die Kugel K_1 in die π-Ebene (aus didaktischen Gründen nach „oben"), dann stellen sich alle Sehstrahlen bei der Zentralprojektion in ihrer wahren Länge dar (Abb. 353).

Vom Augpunkt 0 projiziert man den Punkt S auf die Kugel K_1 und erhält den Punkt Q_1, dessen Abbild Q_1^c auf der π-Ebene liegt.

Zur Bestimmung des Winkels ϑ_3 benötigt man die Strecke ES und 0E:

$$ES = NS \cdot \cos \vartheta_2$$

$$NE = NS \cdot \sin \vartheta_2$$

$$\frac{ES}{0E} = \tan \vartheta_3$$

$$0E = a_h + NS \cdot \sin \vartheta_2$$

$$\vartheta_3 = 28{,}22908587°\,.$$

Um sich die Berechnung von ES, NE, NS und QE zu ersparen (Abb. 353), wird der Winkel ϑ_3 durch den bekannten Winkel ϑ_2 ausgedrückt:

$$NS^c = \frac{a_h}{\sin \vartheta_2}\,, \quad NS = \frac{2a_h^2}{NS^c} \Rightarrow NS = 2a_h \sin \vartheta_2\,.$$

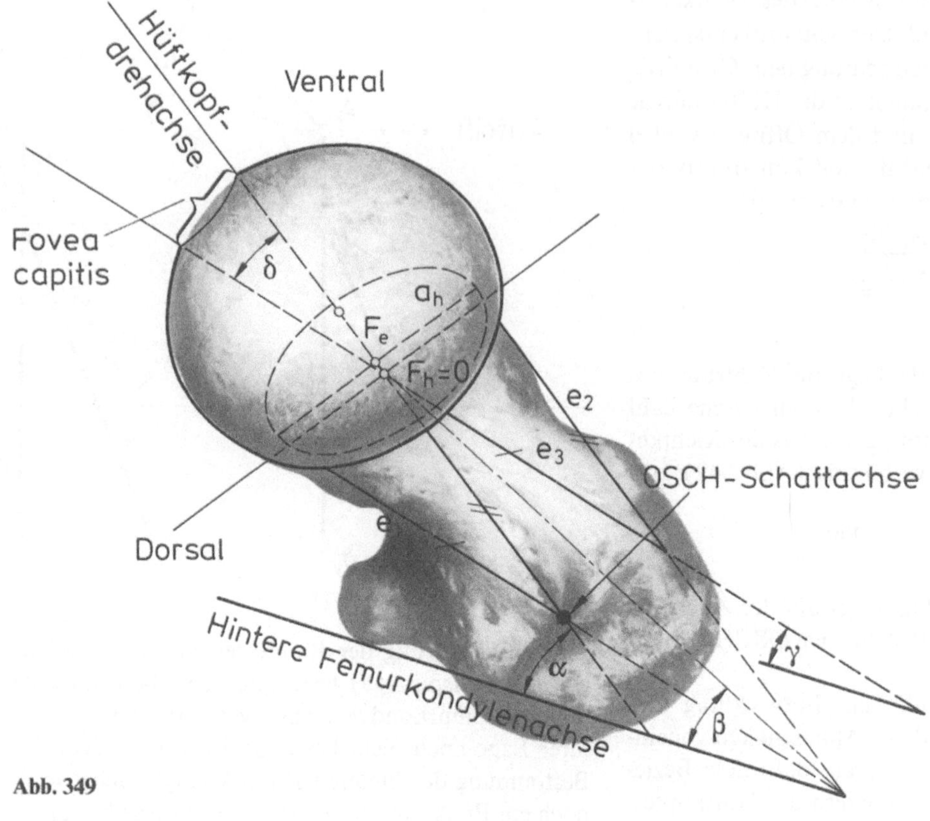

Abb. 349

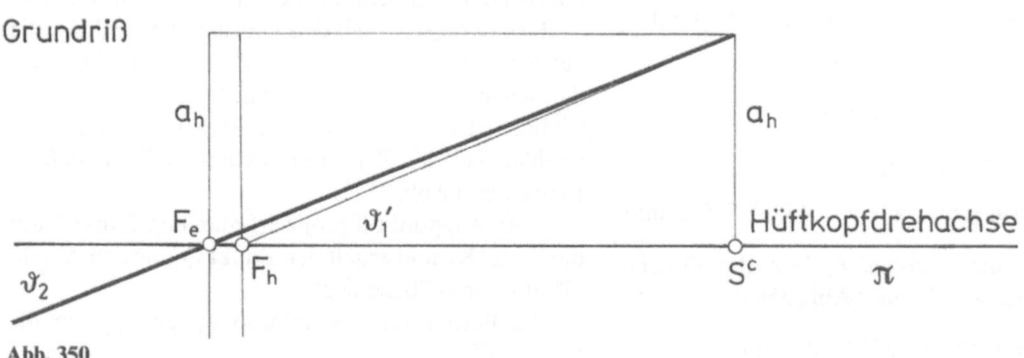

Abb. 350

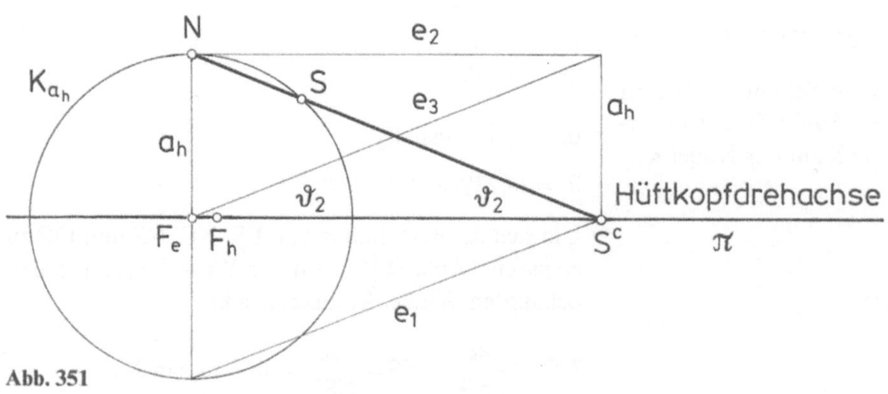

Abb. 351

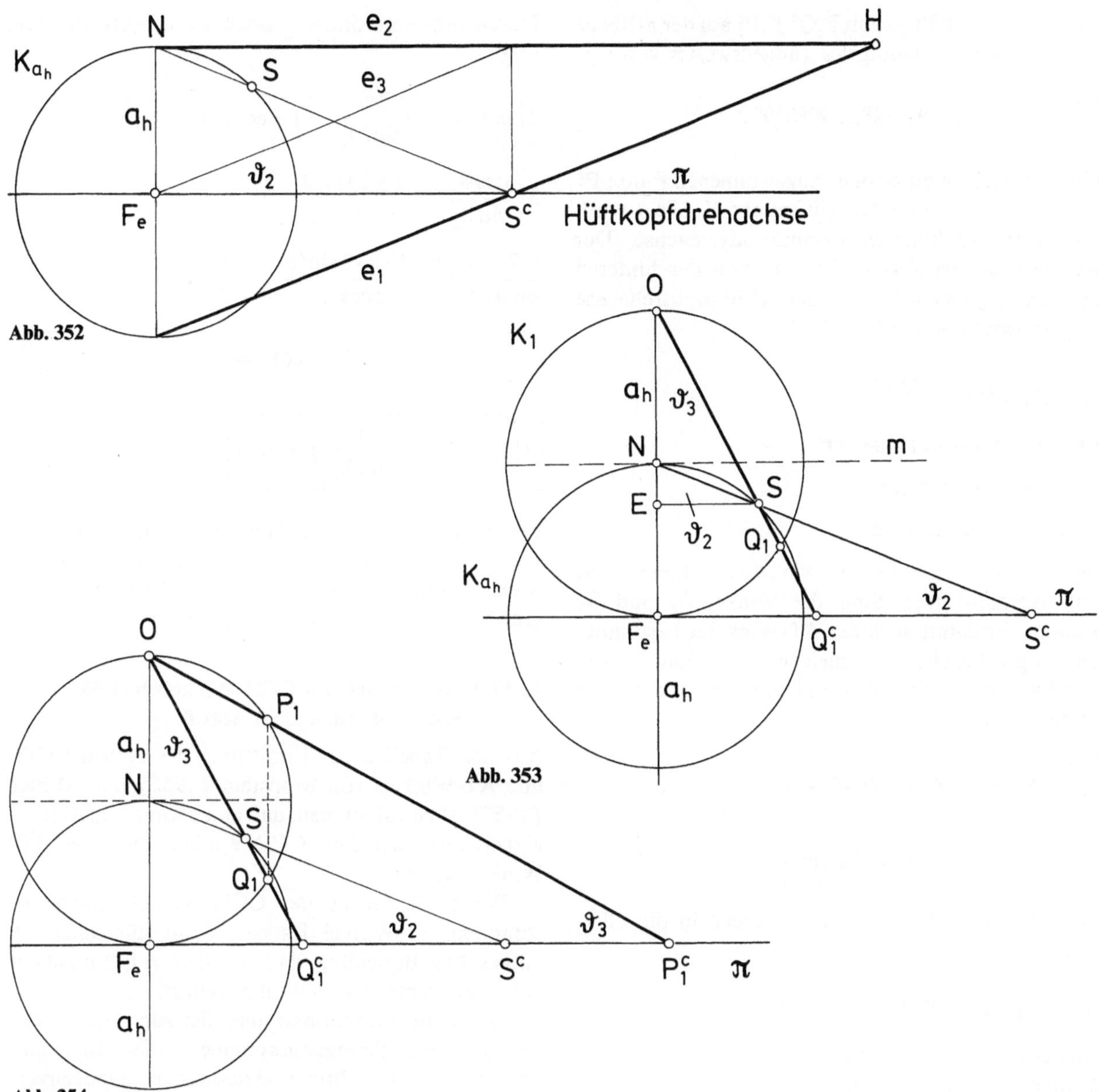

Abb. 352

Abb. 353

Abb. 354

Einsetzen des Ausdrucks in die Gleichung:

$$\frac{ES}{0E}=\frac{NS\cos\vartheta_2}{a_h+NS\sin\vartheta_2}=\tan\vartheta_3$$

$$\Rightarrow\frac{2a_h\sin\vartheta_2\cos\vartheta_2}{a_h+2a_h\sin\vartheta_2\sin\vartheta_2}=\tan\vartheta_3$$

$$\vartheta_2=21{,}42757353°$$

$$\Rightarrow\quad\boxed{\frac{\sin 2\vartheta_2}{1+2\sin^2\vartheta_2}=\tan\vartheta_3}\qquad\vartheta_3=28{,}22908587°$$

Der Punkt Q_1 auf der südlichen Halbkugel wird an der Äquatorebene m auf die nördliche Halbkugel gespiegelt und damit in den Punkt P_1 übergeführt. Q_1 und P_1 sind symmetrisch spiegelbildliche Abbilder voneinander auf der Kugel K_1. Durch den Sehstrahl $0P_1$ wird der Punkt P_1 auf der π-Ebene in den Punkt P_1^c abgebildet.

Der Punkt P_1^c ist jener gesuchte Punkt auf der π-Ebene durch den die hintere Femurkondylenachse läuft (Abb. 354).

Die Abbilder der symmetrischen Kugelpunkte P_1 und Q_1 auf der π-Ebene Q_1^c und P_1^c sind spiegelbildlich invers zueinander mit der Potenz $4a_h^2$:

$$F_eQ_1^c{:}F_eP_1^c=4_{a_h}^2$$

$$F_eQ_1^c=2a_h\tan\vartheta_3,\quad F_eP_1^c=\frac{2a_h}{\tan\vartheta_3}\,.$$

$$F_eQ_1^c=40{,}27216726\text{ mm}$$

$$F_eP_1^c=139{,}7335185\text{ mm}$$

Das Längenverhältnis von $F_eQ_1^c:F_eP_1^c$ auf der π-Ebene entspricht dem Quadrat des Tangenswertes von ϑ_3:

$$\frac{F_eQ_1^c}{F_eP_1^c}=\tan^2\vartheta_3, \quad \vartheta_3=28{,}22908059°.$$

Eine Gerade, die durch den neugewonnenen Punkt P_1^c auf der π-Ebene und den Hilfspunkt H gelegt wird, entspricht der hinteren Femurkondylenachse. Der Winkel α ist der AT-Winkel, der von der hinteren Femurkondylenachse und der Hüftkopfdrehachse eingeschlossen wird (Abb. 355):

$$\frac{a_h}{2(F_eS^c)-F_eP_1^c}=\tan\alpha$$

AT-Winkel $\alpha=36{,}11206289°$.

$F_eS^c=95{,}57347681$ mm

$F_eP_1^c=139{,}7335185$ mm

Die Inversion $r\cdot\bar{r}=\pm c^2$ ist winkeltreu, daher auch längenverhältnistreu. Sind die Winkel ϑ_2 und ϑ_3 bekannt, ist damit auch der AT-Winkel α bestimmt. Um Doppelbrüche zu vermeiden, wählt man für die Beziehung von F_eS^c und a_h und von $F_eP_1^c$ und $2a_h$ die Kotangensform:

$$\frac{F_eS^c}{a_h}=\cot\vartheta_2, \quad F_eS^c=a_h\cdot\cot\vartheta_2,$$

$$\frac{F_eP_1^c}{2a_h}=\cot\vartheta_3, \quad F_eP_1^c=2a_h\cot\vartheta_3.$$

Die entsprechenden Ausdrücke werden in die Gleichung

$$\frac{a_h}{2F_eS^c-F_eP_1^c}=\tan\alpha$$

eingesetzt.
Es folgt:

$$\frac{a_h}{2a_h\cot\vartheta_2-2a_h\cot\vartheta_3}=\tan\alpha\Rightarrow$$

$$\frac{1}{2(\cot\vartheta_2-\cot\vartheta_3)}=\tan\alpha\Rightarrow$$

$$\boxed{2(\cot\vartheta_2-\cot\vartheta_3)=\cot\alpha}$$

$\vartheta_2=21{,}42757353°$

$\vartheta_3=28{,}22908059°$

$\alpha=36{,}11207929°$

Drückt man in der Relation $2(\cot\vartheta_2-\cot\vartheta_3)=\cot\alpha$ den Winkel ϑ_3 durch ϑ_2 aus, so folgt:

$$\frac{1+2\sin^2\vartheta_2}{\sin 2\vartheta_2}=\cot\vartheta_3.$$

Durch Einsetzen dieses Ausdrucks in obige Relation folgt:

$$2\left(\cot\vartheta_2-\frac{1+2\sin^2\vartheta_2}{\sin 2\vartheta_2}\right)=\cot\alpha\Rightarrow$$

$$2\left(\frac{\cos\vartheta_2}{\sin\vartheta_2}-\frac{1+2\sin^2\vartheta_2}{2\sin\vartheta_2\cos\vartheta_2}\right)=\cot\alpha\Rightarrow$$

$$\frac{2}{\sin\vartheta_2}\left(\frac{2\cos^2\vartheta_2-2\sin^2\vartheta_2-1}{2\cos\vartheta_2}\right)=\cot\alpha\Rightarrow$$

$$\frac{2}{\sin 2\vartheta_2}(2\cos 2\vartheta_2-1)=\cot\alpha\Rightarrow$$

$$\boxed{2\left(2\cot 2\vartheta_2-\frac{1}{\sin 2\vartheta_2}\right)=\cot\alpha}$$

Der konstruktiv, aus 2 Angaben a_h und dem Öffnungswinkel ϑ_1' des Richtkegels im Grundriß entwickelte Antetorsionswinkel α stimmt mit dem photographischen Abbild (Abb. 349) überein.

22.17.3 Entwicklung des CCD-Winkels und die Schenkelhalslänge im Aufriß

Aus den Tabellen zur Ermittlung des reellen CCD- und AT-Winkels von Rippstein (1955) und Müller (1957) ist zu entnehmen, daß eine zwingende Abhängigkeit zwischen dem CCD-Winkel und dem AT-Winkel besteht.

Wenn die Größe des CCD-Winkels einen bestimmten AT-Winkel festlegt, dann gilt auch die umgekehrte Beziehung, daß zu jedem AT-Winkel ein ganz bestimmter CCD-Winkel gehört.

Das Transformationssystem, der Algorithmus der biologischen Bewegungssysteme, die Inversion $r\cdot\bar{r}=\pm c^2$, die winkeltreu und deshalb auch längenverhältnistreu ist, läßt a priori den Schluß zu, daß für den CCD-Winkel und den AT-Winkel eine Gemeinsamkeit besteht, die je nach Betrachtungsweise einmal vom Standpunkt des Aufrisses, das andere Mal vom Standpunkt des Grundrisses in 2 Phänomenen als CCD-Winkel oder AT-Winkel in Erscheinung tritt. Daß eine Identität in 2 Phänomenen auftritt, ist in der Biologie und Physik nicht außergewöhnlich. Als Beispiel seien die Polkurven zweier inverser Zwangläufe angeführt. Die Polkurven sind dieselben Kurven, nur vertauschen sie ihre Rollen. Je nach Standpunkt tritt einmal als Phänomen die Rastpolkurve, das andere Mal die Gangpolkurve in Erscheinung.

Der Punkt P_1^c legt mit dem Hilfspunkt H die Lage der hinteren Femurkondylenachse im Grundriß vom Standpunkt F_e fest mit dem Längenverhältnis $2a_h:F_eP_1^c=0{,}5368490681=k_1$ (Abb. 355). Betrachtet

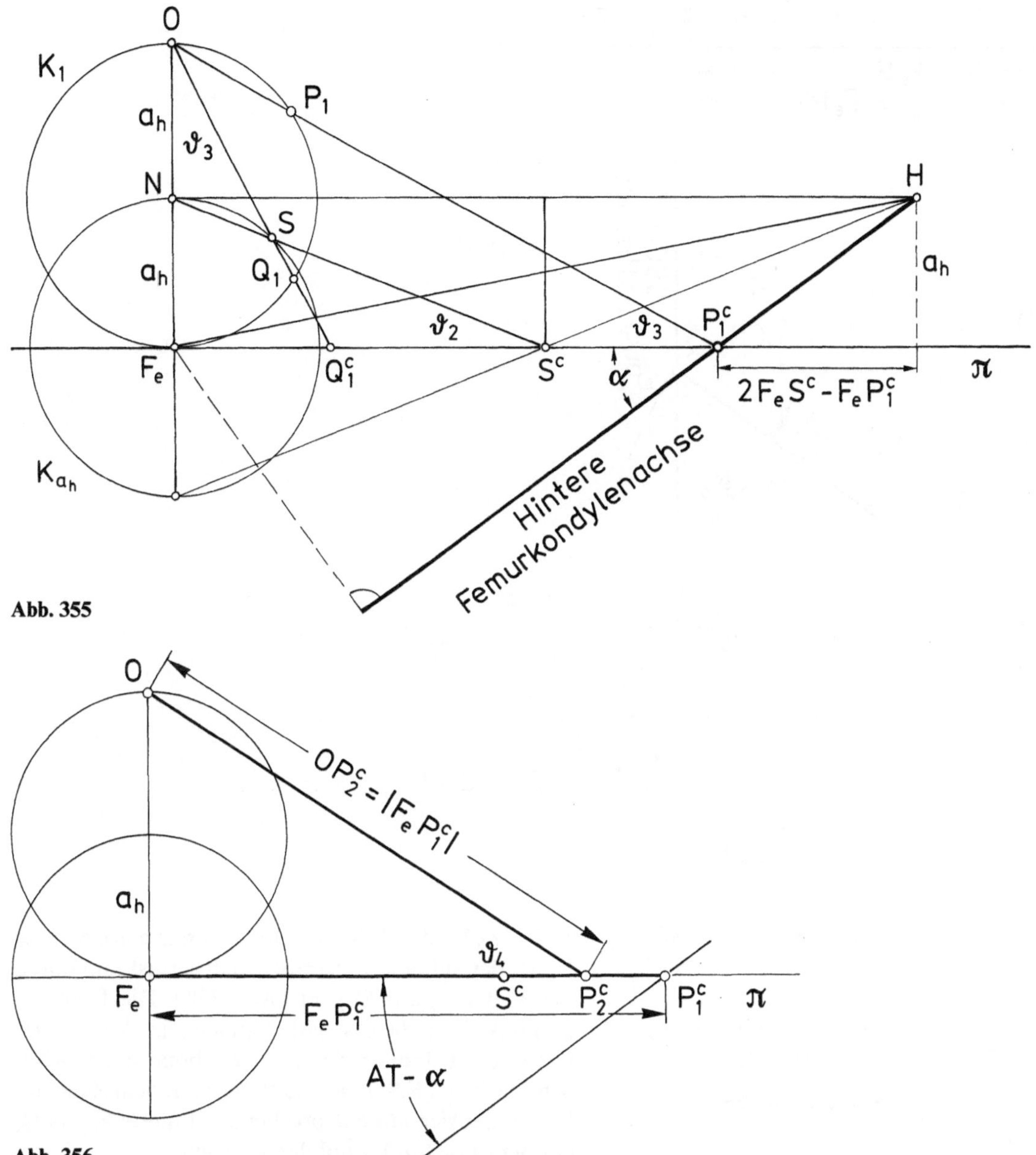

Abb. 355

Abb. 356

man dieses Längenverhältnis k_1 als Gemeinsamkeit von Grund- und Aufriß, dann gilt vom Standpunkt 0 (Aufriß) aus gesehen das gleiche Längenverhältnis $2a_h:x = k_1$. Wenn dies der Fall ist, muß die Größe x zwangsläufig den Wert von $F_eP_1^c$ annehmen.

Geometrisch-konstruktiv bedeutet dies: Man nehme die Länge $F_eP_1^c$ in den Zirkel und trage diese Länge vom Zentrum 0 auf die π-Ebene ab, man gewinnt damit den Punkt P_2^c. Die Abstandslängen $F_eP_1^c$ und $0P_2^c$ sind dann gleich lang (Abb. 356) (s. S. 266):

$$|F_eP_1^c| = |0P_2^c|.$$

Mit anderen Worten ausgedrückt: Die Kathete $F_eP_1^c$ des Dreiecks $0F_eP_1^c$ wird zur Hypotenuse $0P_2^c$ des Dreiecks $0F_eP_2^c$.

Wählt man für die gleich langen Abstände $F_eP_1^c$ und $0P_2^c$ eine gemeinsame Signatur P $|F_eP_1^c| = |0P_2| = P$, dann gilt:

$$\frac{2a_h}{P} = k_1 .$$

Das heißt wir haben im Grund- und Aufriß einen gemeinsamen, aber nicht reellen Punkt P, der vom Standpunkt F_e des Grundrisses als Bildpunkt P_1^c, vom Standpunkt 0 des Aufrisses als Bildpunkt P_2^c in Erscheinung tritt.

Das Längenverhältnis vom Standpunkt F_e der Größen $2a_h:F_eP_1^c = k_1$ bedeutet eine natürliche trigonometrische Zahl, den Tangenswert des Winkels ϑ_3. Das gleiche Längenverhältnis k_1 vom Standpunkt 0,

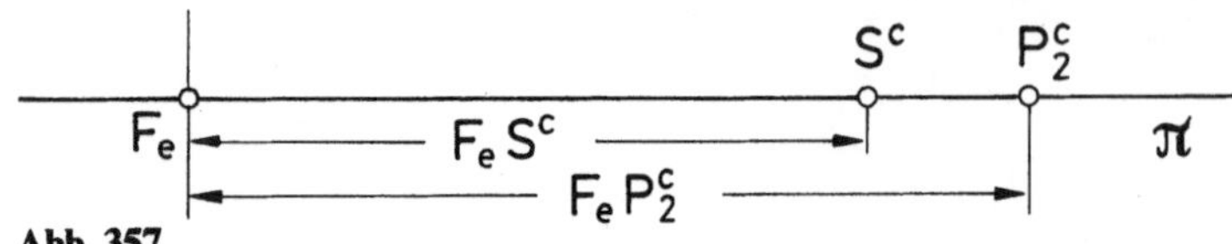

Abb. 357

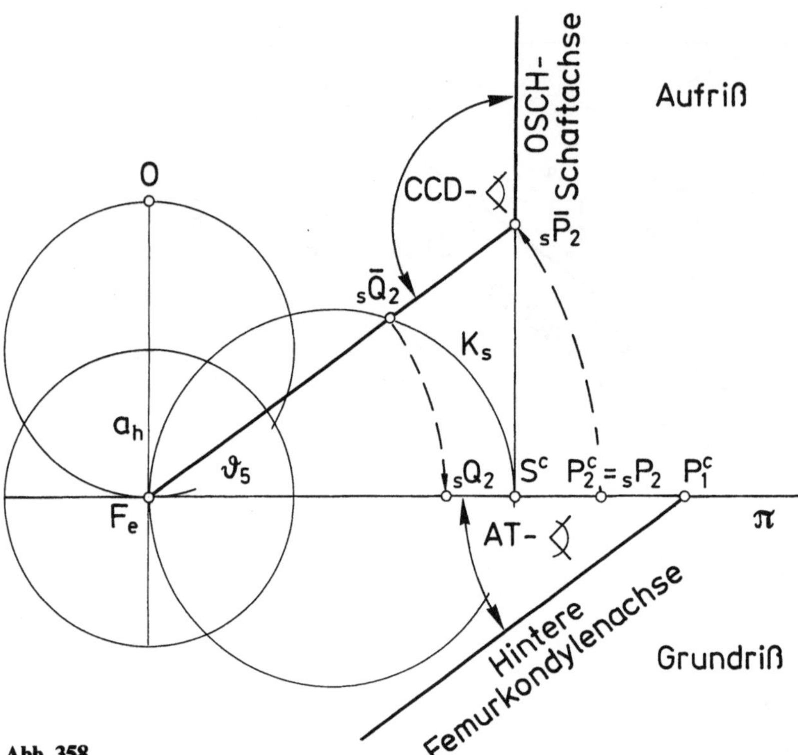

Abb. 358

$2a_h : 0P_1^c = k_1$, bedeutet den Sinuswert des Winkels ϑ_4 (Abb. 356):

$$\frac{2a_h}{FeP_1^c} = k_1 \Rightarrow \text{vom Standpunkt } F_e \text{ (Grundriß)}$$

$$k_1 = \operatorname{tg} \vartheta_3,\ \vartheta_3 = 28{,}22908587°$$

$$\frac{2a_h}{P} = k_1$$

$$\frac{2a_h}{0P_2^c} = k_1 \Rightarrow \text{vom Standpunkt } 0 \text{ (Aufriß)}$$

$$k_1 = \sin \vartheta_4,\ \vartheta_4 = 32{,}46939776°$$

$$\boxed{\operatorname{tg} \vartheta_3 = \sin \vartheta_4 = k_1}$$

Die Abstandslänge des Punktes P_2^c vom Zentrum F_e auf der π-Ebene ergibt sich aus der Relation:

$$\frac{2a_h}{\tan \vartheta_4} = F_eP_2^c,\quad F_eP_2^c = 117{,}8901377.$$

Betrachtet man das Längenverhältnis von F_eS^c und $F_eP_2^c$ in der π-Ebene $\frac{F_eS^c}{F_eP_2^c} = k_2$ (Abb 357), so bedeutet dies im Rechensystem der Inversion analog $\frac{c}{\bar{r}} = k_2$ $(r \cdot \bar{r} = \pm c^2)$, daß F_eS^c der Durchmesser eines Kreises K_s ist, der auf dem Polstrahl π zentriert ist und durch die Punkte F_e und S^c geht (Abb. 358). Die Tangente im Punkt S^c ist die OSCH-Schaftachse im Aufriß. Der Kreis K_s ist deshalb das inverse Abbild der OSCH-Schaftachse. $(F_eS^c)^2$ ist die Potenz mit dem Zentrum F_e, mit der sich alle entsprechenden Punkte P_i und Q_i auf dem Polstrahl π abbilden. Es gilt:

$$(F_eS^c)^2 = F_eP_i \cdot F_eQ_i.$$

Alle Punkte P_i des Polstrahles π haben ihre entsprechenden Abbilder $\bar{P}_i$ auf der OSCH-Schaftachse, die normal auf der π-Ebene im Punkt S^c steht.

Die inversen Punkte $\bar{Q}_i$ liegen dann auf dem Kreis K_s, es herrscht dann wieder die Beziehung:

$$(F_eS^c)^2 = F_e\bar{P}_i \cdot F_e\bar{Q}_i.$$

Der Punkt P_2^c wurde mit der Potenz $(F_eS^c)^2$ in Beziehung gesetzt. Um diese neue Beziehung von Punkt P_2^c auf der π-Ebene darzustellen, ändern wir die Signatur, $P_2^c = {}_sP_2$, das inverse Abbild davon ist ${}_sQ_2$.

Der Punkt ${}_s\bar{P}_2$ auf der OSCH-Schaftachse wird von jenem Polstrahl vom Zentrum F_e getroffen, der mit der π-Ebene den Winkel ϑ_5 einschließt. Die natürliche trigonometrische Zahl des Kosinus des Winkels ϑ_5 ist die Längenverhältniszahl k_2 des Längenverhältnisses:

$$\frac{F_eS^c}{F_{es}P_2}=k_2 \text{ (Grundriß)}, \quad \frac{F_eS^c}{F_{es}\bar{P}_2}=k_2 \text{ (Aufriß)},$$

$$k_2=0{,}8106995095=\cos\vartheta_5, \quad \vartheta_5=35{,}83566821°.$$

Wenn die Längenverhältnisse in bezug auf F_eS^c im Grund- und Aufriß gleich sind, müssen auch die Abschnittslängen $F_{es}P_2=F_{es}\bar{P}_2$ gleich lang sein.

$F_{es}\bar{P}_2$ *entspricht der Länge des Schenkelhalses im Aufriß,* F_eS^c *ist seine Normalprojektion im Grundriß* (Abb. 358):

$F_{es}\bar{P}_2=117{,}8901377$ mm (Aufriß)

$F_eS^c=95{,}57347681$ mm (Grundriß)

$\vartheta_5+90°=$ CCD-Winkel

$$\boxed{\text{CCD-Winkel}=125{,}8356682°}$$

Drückt man die Beziehung $F_eS^c:F_{es}P_2$ durch a_h und die entsprechenden Winkel ϑ_2 und ϑ_4 aus, so folgt:

$$F_eS^c=\frac{a_h}{\tan\vartheta_2}, \quad F_{es}P_2=\frac{2a_h}{\tan\vartheta_4}.$$

$$\frac{F_eS^c}{F_{es}P_2}=\frac{\dfrac{a_h}{\tan\vartheta_2}}{\dfrac{2a_h}{\text{ta}\,\vartheta_4}}=\cos\vartheta_s \Rightarrow$$

$$\boxed{\frac{\tan\vartheta_4}{2\tan\vartheta_2}=\sin\text{CCD}}$$

Die Beziehung von AT-Winkel α und CCD-Winkel

CCD-Winkel: AT-Winkel:

$$\frac{\tan\vartheta_4}{2\tan\vartheta_2}=\cos\vartheta_5 \qquad \frac{1}{2(\cot\vartheta_2-\cot\vartheta_3)}=\tan\alpha$$

$$\cos\vartheta_5=\cos(\text{CCD}-90°)$$

bzw. $\cos\vartheta_5=\sin\text{CCD}$

CCD-Winkel $=125{,}8356682°$ $\quad \alpha=36{,}11206289°$

$$\frac{\cos\delta_5}{\tan\alpha}=\frac{\tan\vartheta_4(\cot\vartheta_2-\cot\vartheta_3)}{\tan\vartheta_2}\Rightarrow$$

$$\boxed{\frac{\tan\vartheta_4(\cot\vartheta_2-\cot\vartheta_3)}{\tan\vartheta_2}=\frac{\sin\text{CCD}-\measuredangle}{\tan\text{AT}-\measuredangle\alpha}}$$

Die Winkel ϑ_3 und ϑ_4 sind voneinander abhängig, wie vorher gezeigt wurde. Die natürliche trigonometrische Zahl des $\sin\vartheta_4$ ist gleich der natürlichen trigonometrischen Zahl des Tangenswertes von ϑ_3:

$$\sin\vartheta_4=\tan\vartheta_3.$$

Die Schenkelhalslänge $F_{es}\bar{P}_2$ im Aufriß und ihr Abbild F_eS^c im Grundriß schließen den Winkel ϑ_5 ein (Abb. 358):

$$\frac{F_eS^c}{F_{es}\bar{P}_2}=\cos\vartheta_5$$

Die natürliche trigonometrische Zahl des $\cos\vartheta_5$ ($\cos 35{,}83566821°$) ist 0,8106995095.

Der Sinus des CCD-Winkels ($\sin 125{,}8356682°$) hat die gleiche natürliche trigonometrische Zahl wie der $\cos\vartheta_5$:

$$\cos\vartheta_5=0{,}8106995095=\sin\text{CCD}-\measuredangle.$$

Die Sinusfunktion hat im 1. und 2. Quadranten ein positives Vorzeichen ($\sin 125{,}8356682 =0{,}8106995095$). Bei der Rückwandlung erhält man den Winkel im 1. Quadranten ($\sin 54{,}1643318°$). Daraus folgt $180°-54{,}1643318°=125{,}8356682°$.

22.17.4 Konstruktive Entwicklung des CCD- und AT-Winkels und die Schenkelhalslänge aus dem Längenverhältnis der Kreuzbänder λ und dem Hüftkopfparameter a_h

In dem vorangegangenen Kapitel wurde der CCD- und der AT-Winkel aus den Parametern des Hüftkopfes a_h und dem Öffnungswinkel seines Richtkegels ϑ'_1 (Grundriß) entwickelt.

Der Hüftkopf selbst wurde aus den Parametern des Kniesteuersystems entwickelt. Aufgrund der Winkeltreue des Transformationssystems $r\cdot\bar{r}=\pm c^2$ ist zu erwarten, daß Winkel und Längenbeziehungen des Steuersystems auch im Auf- und Grundriß des proximalen Femurendes involviert sind.

Die Grunddaten zur konstruktiven Entwicklung der Schenkelhalslänge des CCD- und AT-Winkels sind der Radius a_h des Kehlkreises des Hüftkopfes ($r''=a_h+e_h\cos\varphi$, die Gleichung eines Meridianschnittes) und die Längenbeziehung des vorderen und hinteren Kreuzbandes λ:

$$a_h=37{,}5079046 \text{ mm}$$

Gegebene Parameter: $\boxed{a_h,\lambda}$ $\quad \lambda=1{,}2055054$

$$\frac{v}{h_k}=\lambda$$

Man legt wie in dem vorigen Abschnitt eine Kugel K_1 mit dem Durchmesser $2a_h$ in den Punkt F_e auf die π-Ebene (Grundrißebene). Die Kugel K_1 wird nach

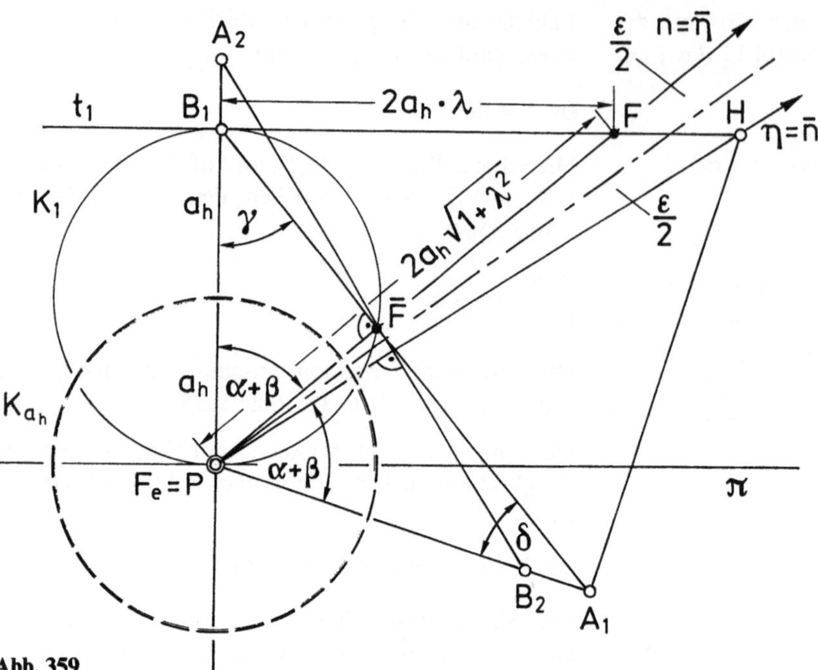

Abb. 359

„oben" um 90° in die π-Ebene geklappt, dann erscheinen alle Längen des Aufrisses in ihrer wahren Größe, d.h. man kann den Grund- und Aufriß und ihre Beziehungen zueinander in einer Ebene (Zeichenebene) a priori entwickeln.

An den Kreis K_1 (Abb. 359) wird in Punkt B_1 eine Tangente t_1 gelegt, sie ist das inverse Abbild des Kreises K_1. Multipliziert man $2a_h$ mit λ und trägt diese Strecke $2a_h \cdot \lambda$ von B_1 („Anlegpunkt des hinteren Kreuzbandes") auf der Tangente t_1 ab, so gewinnt man den Punkt F. Der Punkt $\bar{F}$ auf dem Polstrahl F_eF ist das inverse Abbild von F, es gilt: $F_eF \cdot F_e\bar{F} = 4a_h^2$ (Abb. 359). Die Verbindungsgerade $B_1\bar{F}$ entspricht jener Geraden, die das Tibiaplateau trägt. Durch einen Zirkelschlag trägt man $2a_h \cdot \lambda$ von F_e auf die Gerade $B_1\bar{F}$ ab und gewinnt den Punkt A_1 („Anlenkpunkt des vorderen Kreuzbandes"). F_eB_1 entspricht dem hinteren Kreuzband h_k, F_eA_1 dem vorderen Kreuzband v.

Errichtet man in A_1 eine Normale auf F_eA_1, so erhält man im Schnittpunkt mit der Tangente t_1 den Hilfspunkt H. Die Verbindungsgerade F_eH entspricht der Wälznormalen η. F_eF ist die Bahnnormale n. Transformiert man die Gerade, die die Punkte A und H trägt mit der Potenz $(F_eA)^2$, so erhält man einen Kreis K_2, der auf F_eA zentriert ist und durch F_e und A geht. Der Schnittpunkt des Kreises K_2 mit dem Kehlkreis Ka_h legt den Punkt S fest. Der Punkt S hat in bezug auf den Kreis K_2 und Ka_h die Potenz Null (Kreisverwandtschaft; Abb. 360).

Durch den Punkt S verläuft die Wälznormale η_3 des Spiegelbildes A_3B_3 des reellen Steuersystems B_1A_1. Die Spiegelachse ist die gemeinsame Bahnnormale ${}_3n_1$ (Abb. 361).

Diesen besonderen Punkt S auf der Kugel Ka_h projiziert man mit dem Sehstrahl NS auf die π-Ebene. Dies ergibt den Bildpunkt S^c von S. S^c ist die sich punktförmig projizierende OSCH-Schaftachse. Die OSCH-Schaftachse steht normal auf dem Grundriß, der Zeichenebene.

Das vordere und hintere Kreuzband schließen den Winkel $[2(\alpha+\beta)+\varepsilon] = \psi_2 + \psi_1$ ein (s. konstruktive Entwicklung des Kniegelenks (Teil III; Abb. 362)).

Es gilt zunächst, den Winkel ϑ_2 zu bestimmen, der den Abstand F_eS^c festlegt. Man berechnet die Winkel $\psi_1\psi_2$ und ψ_3 (Abb. 362):

$$\frac{a_h}{2a_h \cdot \lambda} = \cos\psi_1 = \frac{1}{2\lambda} \Rightarrow \psi_1 = 65{,}49555731°,$$

$$[2(\alpha+\beta)+\varepsilon] - \psi_1 = \psi_2 \Rightarrow \psi_2 = 42{,}84826269°,$$

$$\frac{180° - [2(\alpha+\beta)+\varepsilon - \psi_1]}{2} = \psi_3 \Rightarrow$$

$$\psi_3 = 68{,}57586866°,$$

$$\tan\psi_3 = \cot\vartheta_2 .$$

Wie aus der Gleichungsfolge ersichtlich, benötigt man zur Bestimmung von ϑ_2 lediglich den Winkel ψ_1.

Es gilt

$$\boxed{\tan\frac{180° - [2(\alpha+\beta)+\varepsilon - \psi_1]}{2} = \cot\vartheta_2}$$

$$\boldsymbol{\vartheta_2 = 21{,}42413135°}.$$

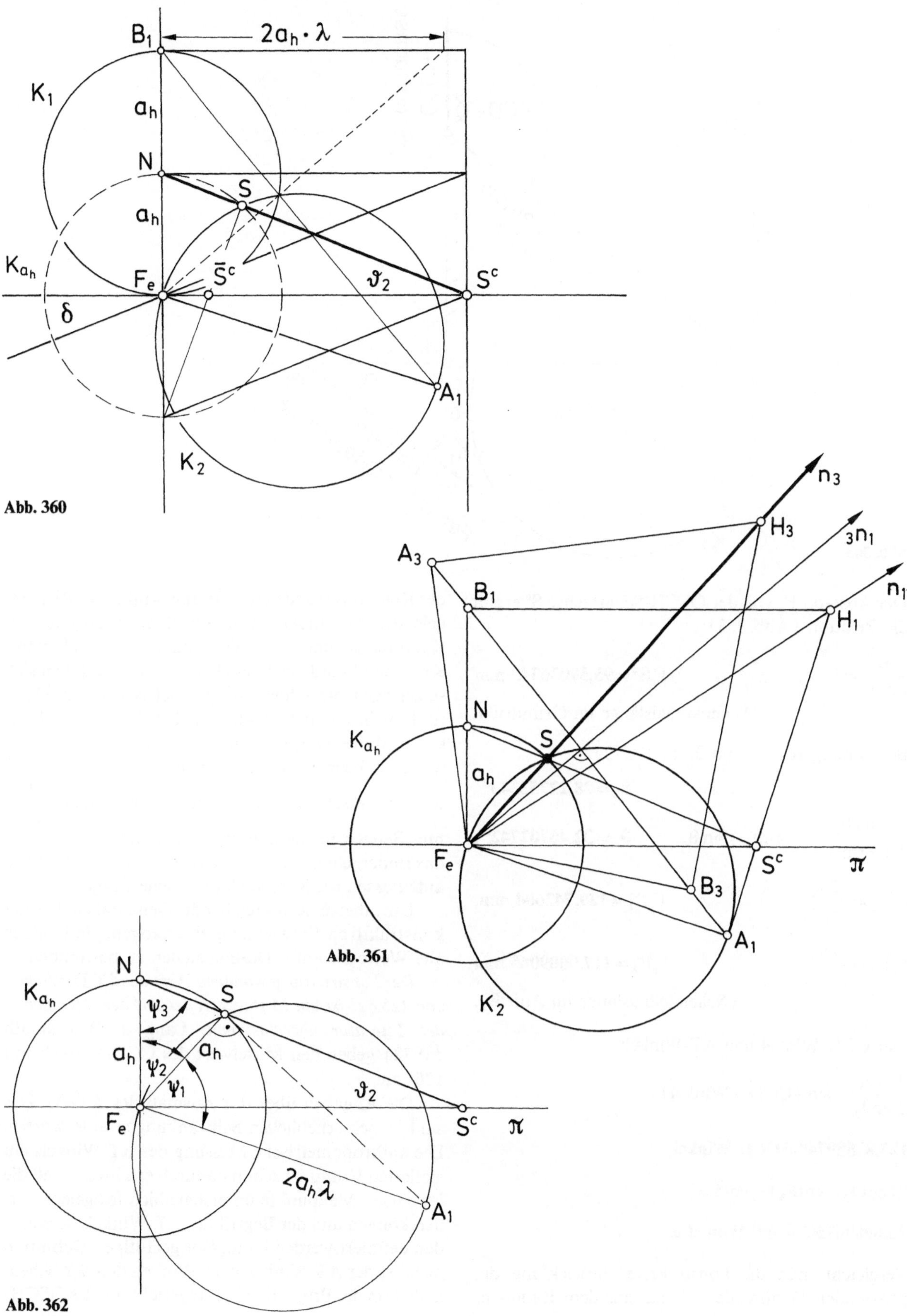

Abb. 360

Abb. 361

Abb. 362

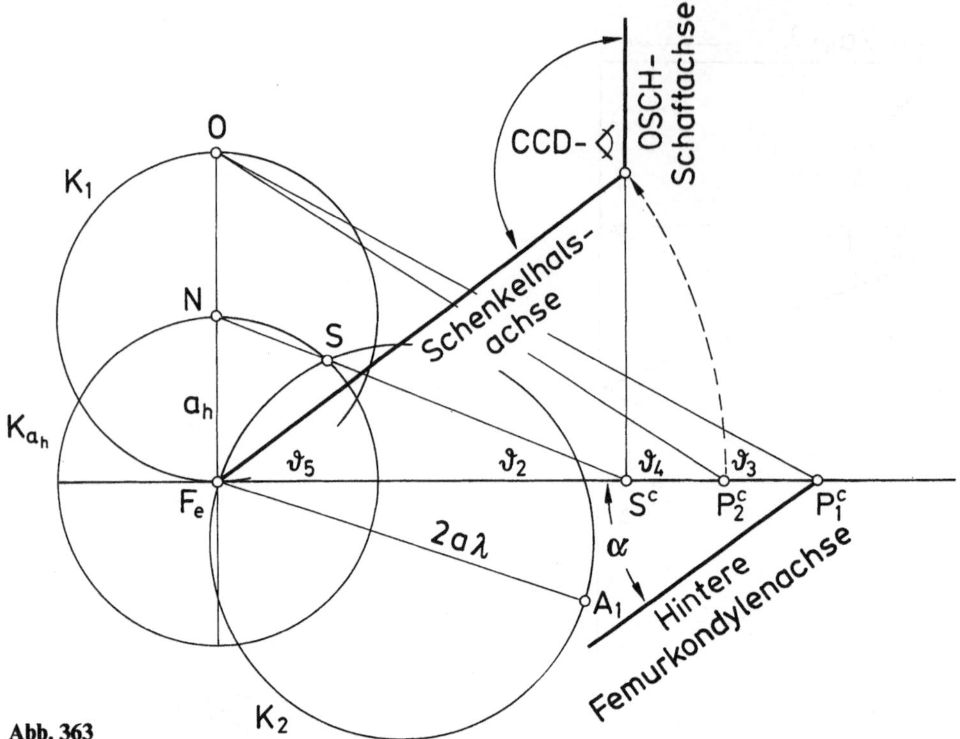

Abb. 363

Der Abstand F_e von der OSCH-Schaftachse S^c ergibt die Relation (Abb. 363):

$$\frac{a_h}{\tan\vartheta_2} = F_eS^c, \qquad \mathbf{F_eS^c = 95{,}59036343\ mm}$$

(Schenkelhalslänge im Grundriß).

Berechnung von ϑ_3 und ϑ_4 (s. S. 272).

$$\mathbf{\vartheta_3 = 28{,}22753343°},$$

$$\frac{\sin 2\vartheta_2}{1+2\sin^2\vartheta_2} = \tan\vartheta_3 = \sin\vartheta_4, \qquad \mathbf{\vartheta_4 = 32{,}46702742°},$$

$$F_eP_1^c = \frac{2a_h}{\tan\vartheta_3}, \qquad \mathbf{F_eP_1^c = 139{,}742604\ mm},$$

$$F_eP_2^c = \frac{2a_h}{\tan\vartheta_4}, \qquad \mathbf{F_eP_2^c = 117{,}9009065\ mm}$$

(Schenkelhalslänge im Aufriß).

Der CCD-Winkel und AT-Winkel:

$$\frac{\tan\vartheta_4}{2\tan\vartheta_2} = \sin(\text{CCD}-\text{Winkel}) =$$

125,8288974° = CCD-Winkel,

$$2(\cot\vartheta_2 - \cot\vartheta_3) = \cot\alpha =$$

36,09896756° = AT-Winkel α.

Vergleicht man die konstruktive Entwicklung des proximalen Femurendes, einmal aus dem Radius a_h des Kehlkreises und dem Öffnungswinkel des Richtkegels ϑ_1, das andere Mal aus dem Radius a_h des Kehlkreises und der Verhältniszahl λ (hinteres Kreuzband:vorderes Kreuzband = λ), so ergeben sich so geringe Unterschiede, die geometrisch, d.h. zeichnerisch nicht darstellbar sind (s. Tabelle 12). Welcher konstruktive Weg vom biologischen System benützt wird, ist beim augenblicklichen Stand des Wissens nicht zu entscheiden. Ob Längendifferenzen im $\frac{1}{1000}$-mm-Bereich im biologischen Maßstab in bezug auf das Endergebnis als Identität oder als Verschiedenheit aufzufassen ist, ist eine akademische Frage.

Um aber eine hinreichende Genauigkeit bei der konstruktiven Entwicklung zu erlangen, sind jedoch alle Werte bis auf 6 Dezimalstellen zu bestimmen.

Der konstruktiv gewonnene Wert des CCD-Winkels von 125,82° ist ein Mittelwert, der mit den Angaben in der Literatur übereinstimmt. Lang u. Wachsmuth (1972) geben den Mittelwert des CCD-Winkels mit 126° an.

Die Angaben über das Ausmaß des AT-Winkels sind jedoch erheblichen Schwankungen unterworfen. Die anthropometrische Messung des AT-Winkels am isolierten Femur ist schon dadurch erschwert, daß die jeweiligen Meßpunkte unterschiedlich festgelegt werden können und der Begriff des AT-Winkels verschieden definiert werden kann. Der geläufigen Definition nach ist der AT-Winkel jener Winkel, den der Schenkelhals in der Projektion in Längsrichtung des OSCH-

Tabelle 12. Parametervergleich der beiden konstruktiven Methoden. (Alle Parameter, die Längen ausdrücken ($F_eS^cF_eP_1^cF_eP_2^c$), sind in bezug auf die Wirklichkeit zu halbieren. Aus zeichnerischen Gründen wurde zur konstruktiven Entwicklung ein Maßstab 1:2 gewählt)

		Gegeben: $a_h = 37{,}5079046$, $\vartheta_1' = 22{,}60784903°$	Gegeben: $a_h = 37{,}5079046$, $\lambda = 1{,}2055054$	Δ
	ϑ_2	21,42757353°	21,42413135°	0,00343218°
$\frac{a_h}{\operatorname{tg}\vartheta_2}$	$=F_eS^c$	95,57347681 mm	95,59036343 mm	0,01688662 mm
$\frac{\sin^2\vartheta_2}{1+2\sin^2\vartheta_2}\operatorname{tg}\vartheta_3$	ϑ_3	28,22908587°	28,22753343°	0,00155244°
$\operatorname{tg}\vartheta_3 = \sin\vartheta_4$	ϑ_4	32,46939776°	32,46702742°	0,00237034°
$\frac{2a_h}{\operatorname{tg}\vartheta_3}$	$=F_eP_1^c$	139,7335185 mm	139,742604 mm	0,0090855 mm
$\frac{2a_h}{\operatorname{tg}\vartheta_4}$	$=F_eP_2^c$	117,8901377	117,9009065 mm	0,0107688 mm
$\frac{\operatorname{tg}\vartheta_4}{2\operatorname{tg}\vartheta_2} = \sin \mathrm{CCD}$	CCD	125,8356682°	125,8288974°	0,0067708°
$2(\operatorname{ctg}\vartheta_2 - \operatorname{ctg}\vartheta_3) = \operatorname{ctg}\alpha$	AT	36,11206289°	36,09846756°	0,01309533°

Schaftes mit der hinteren Femurkondylenachse einschließt. Diese Definition berücksichtigt nicht, daß der Hüftkopf mit einem dorsalen Knick von etwa 10° im Durchschnitt, wie schon mit freiem Auge erkennbar ist, an den Schenkelhals anlenkt und daß die Schenkelhalsachse die OSCH-Schaftachse nicht trifft, sondern ventral davon vorbeiläuft. Auf diesen Umstand hat Grote et al. (1980) bereits hingewiesen. Diese Angabe von Grote et al. konnte durch die konstruktive Entwicklung des AT-Winkels begründet und bewiesen werden.

22.17.5 Der AT-Winkel und die Ursache der verschiedenen Meßwerte

Das proximale Femurende ist keine geometrische Einheit, wie dies bei den verschiedenen Vermessungsmethoden des AT-Winkels zum Ausdruck kommt, sondern besteht geometrisch aus 3 Teilen:

1. dem Hüftkopf mit seiner Drehachse und dem Achsenkegel bzw. Richtkegel,
2. dem Schenkelhals, der mit einem „dorsalen Knick" am Hüftkopf anlenkt und exzentrisch zur Oberschenkelschaftachse verläuft,
3. dem Oberschenkelschaft, dessen Achse von der Hüftkopfdrehachse betroffen wird, die Schenkelhalsachse dagegen verläuft ventral an der OSCH-Schaftachse vorbei.

Der Hüftkopf ist geometrisch keine Kugel, sondern ein Rotationskugelkonchoid, dessen meridiane Schnittfigur eine Pascal-Schnecke ist

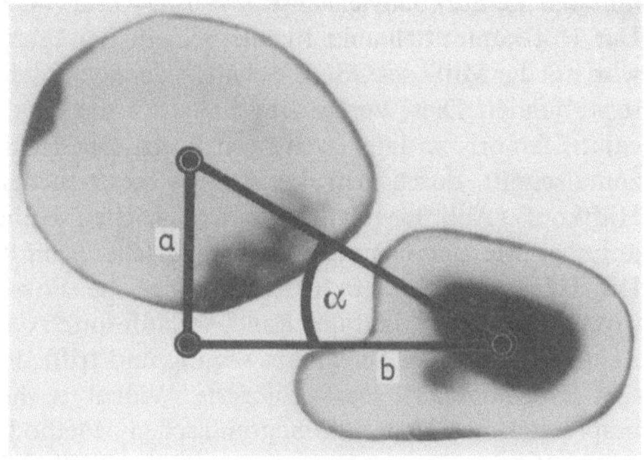

Abb. 364

($r'' = a_h + e_h \cos\varphi$). Das Zentrum der Pascal-Schnecke ist der Punkt F_e und nicht der Punkt N_h, der das Zentrum für die Schwingbewegung des Hüftkopfes ist (Abb. 364). Das Zentrum für die Schwingbewegung N_h und das Zentrum der Pascal-Schnecke F_e liegen auf der Hauptachse n, der Hüftkopfdrehachse. Bei allen Meßmethoden wird das Zentrum N_h für die Schwingbewegung als Ausgangspunkt genommen. Es wird daher zunächst jene Meßmethode untersucht, bei welcher das Zentrum N_h für die Schwingbewegung mit der Hüftkopfdrehachse zusammenfällt. Computertomographisch handelt es sich um jene Methode mit unterschiedlichen Schnitthöhen (Abb. 364). Der Femurkopf wird am Übergang zum Schenkelhals geschnitten, ein weiterer Schnitt erfolgt in Höhe des Trochanter minor, normal auf die OSCH-Schaftach-

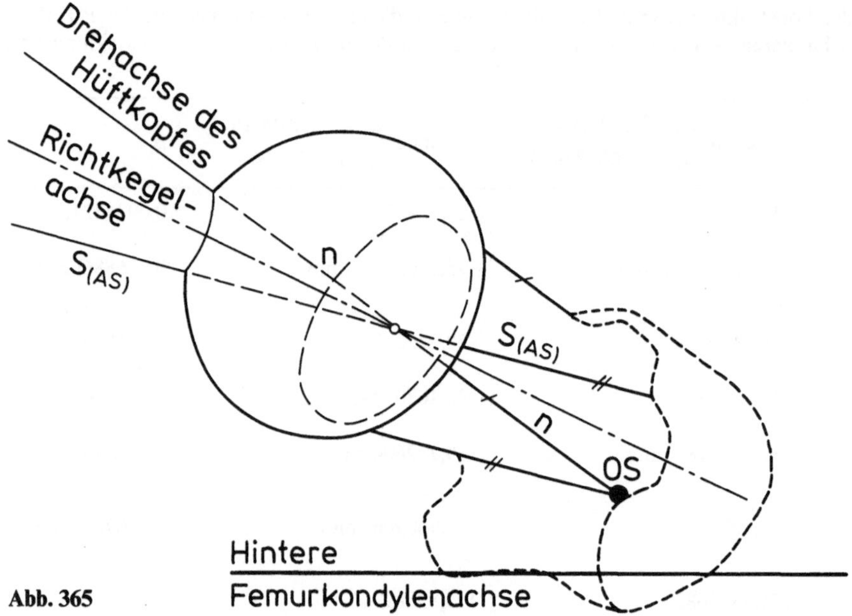

Abb. 365

se. Die dorsalseitige Schnittberandung in Höhe des Trochanter minor ist fast plan und verläuft parallel zur hinteren Femurkondylenachse (Abb. 364 und 365). Der Hüftkopfmittelpunkt für die Schwingbewegung wird mit der Mitte des OSCH-Schaftes, der Schaftachse verbunden. Diese Verbindungslinie trifft die Fovea capitis femoris an ihrem ventralen Rand. Der Horizontalschnitt durch den konstruktiv gewonnenen Hüftkopf (Abb. 365) wurde in der gleichen Höhe angelegt wie der computertomographische Schnitt. Die Hüftkopfdrehachse trifft auch hier die Fovea capitis femoris am ventralen Rand, verläuft durch das Zentrum N_h für die Schwingbewegung und trifft die OSCH-Schaftachse. Der projizierte Winkel α der besprochenen computertomographischen Methode (Abb. 364), bestimmt die Antitorsion der Hüftkopfdrehachse zur hinteren Femurkondylenachse. Der konstruktiv gewonnene Torsionswinkel α stimmt methodisch mit der computertomographischen Bestimmung des AT-Winkels α überein. Aufgrund der individuellen Unterschiede ist natürlich nicht zu erwarten, daß die beiden Winkel α auch exakt wertmäßig übereinstimmen.

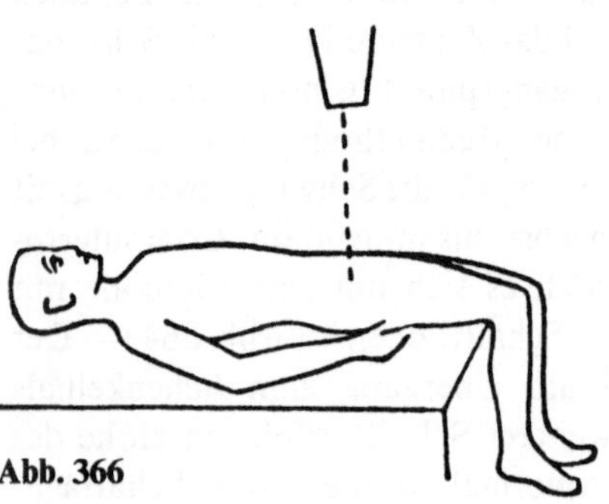

Abb. 366

Der konstruktiv gewonnene CCD-Winkel hat einen Winkelwert von 125,8356°. Dies ist ein Mittelwert der CCD-Winkel, wie ihn etwa Lang und Wachsmuth (1972) mit 126° angeben. In den Korrekturtabellen von Rippstein (1955) und Müller (1971) wird einem reellen CCD-Winkel von 126° ein reeller AT-Winkel von 24° zugeordnet. Bei der Standardröntgenaufnahme, Rückenlage und über die Tischkante herabhängende Unterschenkel (Abb. 366), verläuft die hintere Femurkondylenachse parallel zur Röntgentischplatte. Der projizierte CCD-Winkel beträgt dann 130°.

Aus dem reellen CCD-Winkel und dem projizierten CCD-Winkel muß sich unter der Voraussetzung, daß die hintere Femurkondylenachse parallel zur Tischebene verläuft, der reelle AT-Winkel, die Torsion, trigonometrisch bestimmen lassen (Abb. 367).

$$\vartheta_5 = \text{CCD reell-}90°$$

$$\vartheta_6 = \text{CCD proj.-}90°$$

$$\vartheta_5 = 36°$$

$$\vartheta_6 = 40°$$

$$S^cP_2 = F_eS^c \cdot \tan\vartheta_5$$

$$S^cP_2 = 69{,}43819\ \text{mm}$$

$$\bar{F}_eS^c = \frac{S^cP_2}{\tan\vartheta_6}$$

$$\bar{F}_eS^c = 82{,}7532\ \text{mm}$$

$$\frac{\bar{F}_eS^c}{\bar{\bar{F}}_eS^c} = \cos\alpha$$

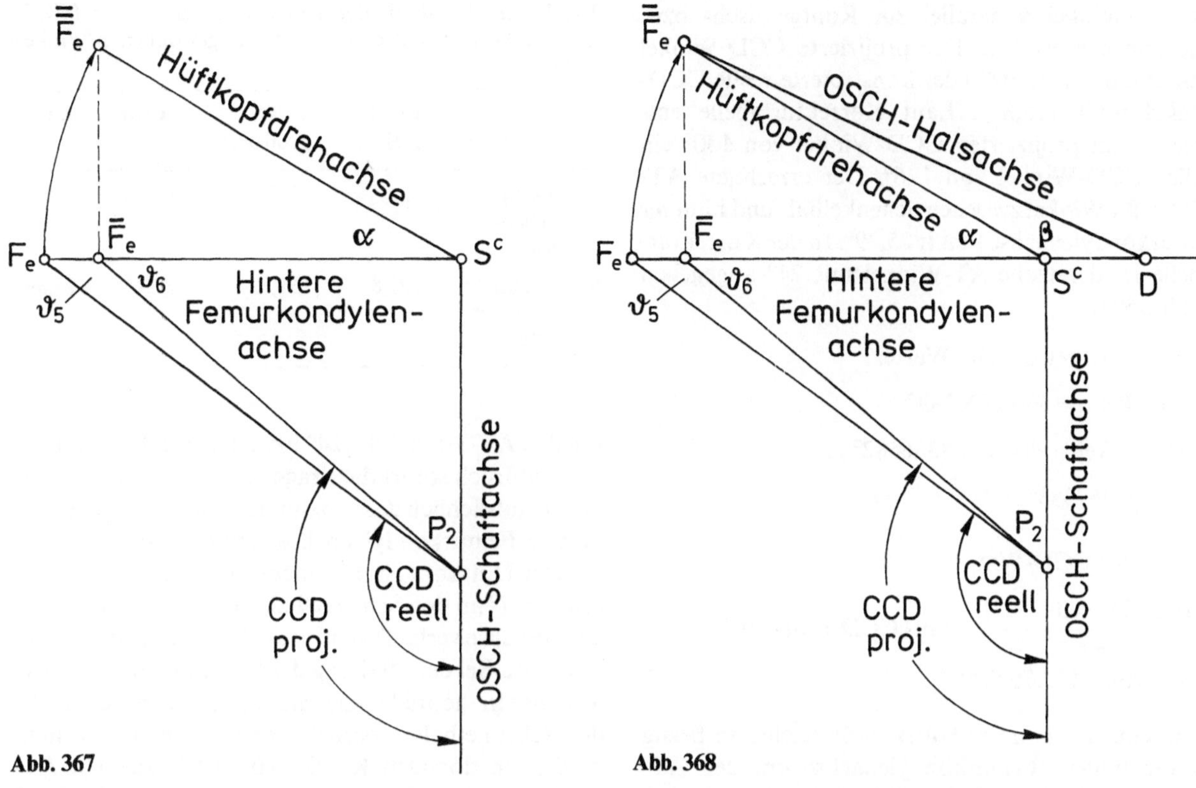

Abb. 367

Abb. 368

Der AT-Winkel α durch den reellen und projizierten CCD-Winkel ausgedrückt:

$$F_eS^c = \bar{\bar{\bar{F}}}_eS^c$$

$$\frac{S^cP_2}{\tan\vartheta_5} = F_eS^c, \quad \frac{S^cP_2}{\tan\vartheta_6} = \bar{\bar{F}}_eS^c, \quad \frac{\bar{\bar{F}}_eS^c}{F_eS^c} = \cos\alpha \Rightarrow$$

$$\frac{\frac{S^cP_2}{\tan\vartheta_6}}{\frac{S^cP_2}{\tan\vartheta_5}} = \frac{\tan\vartheta_5}{\tan\vartheta_6} = \cos\alpha \Rightarrow$$

$$\boxed{\frac{\tan(\text{CCD reell} - 90°)}{\tan(\text{CCD proj.} - 90°)} = \cos\alpha}$$

Wenn der reelle CCD-Winkel 126° beträgt und der projizierte CCD-Winkel 130°, dann muß eine Torsion, ein AT-Winkel (reell) *von 30° vorliegen.* In den Koorekturtabellen (Rippstein 1955; Müller 1957) wird aber ein reeller AT-Winkel von 24° angegeben. Wie ist diese Diskrepanz zwischen dem trigonometrischen reellen AT-Winkel von 30° und dem in der Korrekturtabelle angegebenen reellen AT-Winkel von 24° zu erklären (ABB. 367)?

AT-Winkel α = 30° Torsion der Hüftkopfdrehachse

AT-Winkel β = 24° Torsion der Schenkelhalsachse

Wenn der reelle CCD-Winkel im Aufriß 126° und der projizierte CCD-Winkel 130° beträgt und wir die Messung auf die OSCH-Schaftachse beziehen, dann hat eine Torsion um den Winkel α von 30° stattgefunden. Das Zentrum des Hüftkopfes F_e im Grundriß ist nach $\bar{\bar{\bar{F}}}_e$ gedreht worden. Wenn nun die Korrekturtabelle behauptet, die Verdrehung des Hüftkopfzentrums F_e nach $\bar{\bar{\bar{F}}}_e$ im Grundriß sei durch eine Torsion von 24° (Winkel β) hervorgerufen worden, dann muß die Schenkelhalsachse $\bar{\bar{\bar{F}}}_eD$ durch das Kopfzentrum $\bar{\bar{\bar{F}}}_e$ verlaufen. Sie trifft jedoch nicht die OSCH-Schaftachse S^c im Grundriß. Die Schenkelhalsachse verläuft dann ventral an der OSCH-Schaftachse vorbei. Auf diesen Umstand haben, wie schon erwähnt, Grote et al. (1980) hingewiesen (Abb. 368).

Im Grunde genommen sind beide Winkelwerte α und β richtig, nur handelt es sich bei dem reellen AT-Winkel α um die Torsion der *Hüftkopfdrehachse* und bei dem reellen AT-Winkel β um die Torsion der *Schenkelhalsachse* in bezug auf die hintere Femurkondylenachse. Die berechneten reellen AT-Winkel α und β beruhen auf empirischen Messungen und unterliegen daher einer subjektiven Schwankung.

Der gleiche Rechenvorgang wird auf das konstruktiv entwickelte proximale Femurende angewendet und die rechnerischen und empirischen Werte mit den rein rechnerischen-konstruktiven Werten verglichen (Tabelle 13; Abb. 370).

Entsprechend der Standardaufnahme, Rückenlage und über den Röntgentisch herabhängende Unterschenkel, wird die hintere Femurkondylenachse um den AT-Winkel α parallel zur Röntgentisch- bzw. Zeichenebene gedreht. Der projizierte CCD-Winkel beträgt dann 131,794° (der konstruierte reelle CCD-Winkel mißt 125,8°). Laut Korrekturtabelle entspricht dem projizierten CCD-Winkel von 130° ein reeller CCD-Winkel von 126°. Der errechnete AT-Winkel β (Winkel zwischen Schenkelhals und hinterer Femurkondylenachse) mißt 25,39°. In der Korrekturtabelle ist der reelle AT-Winkel mit 24° angegeben (Abb. 369):

Konstruktiv gewonnene Werte:

AT-Winkel $\alpha = 36{,}11206289°$,

CCD-Winkel reell $= 125{,}8356682°$,

$\vartheta_2 = 21{,}42757353°$.

Projizierter CCD-Winkel:

$$\frac{\tan(\text{CCD reell} - 90°)}{\cos\alpha} = \tan(\text{CCD proj.} - 90°),$$

CCD proj. $= 131{,}7942493°$.

Wenn eine Torsion der Hüftkopfdrehachse in bezug auf die hintere Femurkondylenachse um den AT-Winkel $\alpha = 30°$ bzw. 36,1° und der Schenkelhalsachse

Tabelle 13. Vergleich der Korrekturtabellenwerte (CCD- und AT-Winkel) mit den konstruktiv gewonnenen Winkelwerten

	CCD reell	CCD projiziert	AT-α	AT-β
Korrektur-tabellen-werte	126°	130°	(30°)	24°
Konstruktiv gewonnene Werte	125,8°	131,79°	36,1°	25,39°

um den AT-Winkel $\beta = 24°$ bzw. 25,39° erfolgt, erhebt sich natürlich sofort die Frage, um welche Winkelgröße nun tatsächlich das proximale Femurende gegen die hintere Femurkondylenachse torquiert ist.

Der Hüftkopf ist mit einem „dorsalen Knick" von etwa 10,7° an den Schenkelhals angelenkt. Die Schenkelhalsachse verläuft ventral an der OSCH-Schaftachse vorbei. Bei der Drehung der hinteren Femurkondylenachse in die Bildebene muß dieser „dorsale Knick" des Schenkelhalses berücksichtigt werden, d.h. man muß „den dorsalen Knick" von 10,7° zu dem AT-Winkel β dazuzählen: $10{,}7° + 25{,}39° = 36{,}1°$

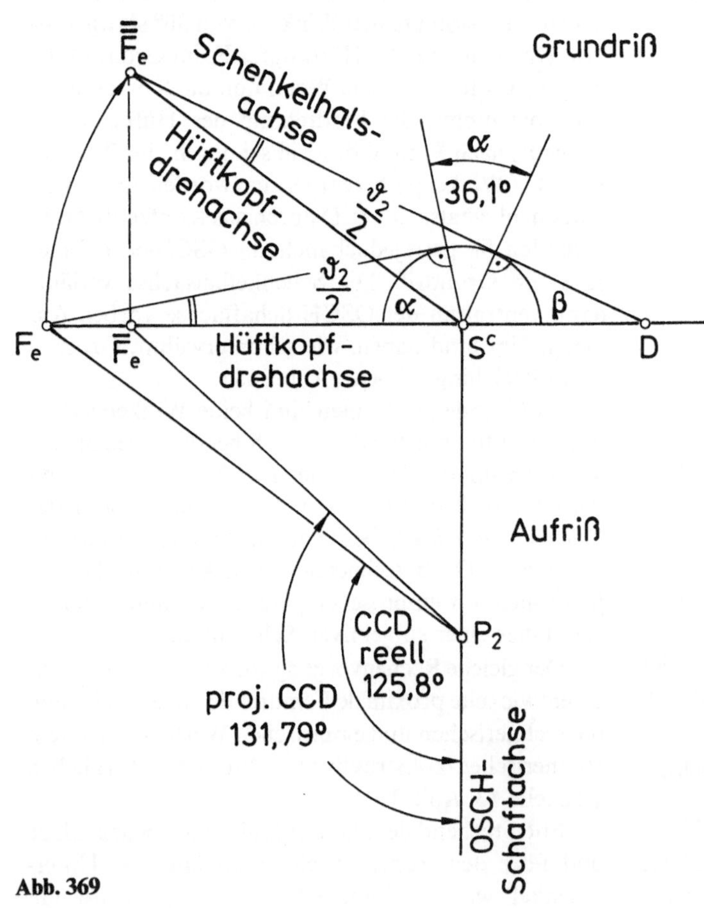

CCD-Winkel reell $= 125{,}8°$

AT-Winkel $\alpha = 36{,}1°$

AT-Winkel $\beta = 25{,}39°$

$$\alpha - \frac{\vartheta_2}{2} = \beta$$

$\vartheta_2 = 21{,}427$

CCD-Winkel proj. $- 131{,}79°$

proj CCD (131,79°)

Abb. 369

$\left(\frac{\vartheta_2}{2}+\beta=\alpha\right)$. Das heißt weiter, bei einer gemessenen Torsion des Schenkelhalses von 25,39° erfolgt eine effektive Verdrehung um den AT-Winkel α von 36,1°.

Die Hüftkopfdrehachse und die Schenkelhalsachse sind um den gleichen Winkel α 36,1° in bezug auf die hintere Femurkondylenachse im Grundriß torquiert (Abb. 369).

Der AT-Winkel α ist der in den Grundriß projizierte AT-Winkel α_1, der wahren Torsion der Hüftkopfdrehachse im Raum. Das Zentrum des Hüftkopfes $\bar{\bar{F}}_e$ nach der Torsion um den AT-Winkel α im Grundriß liegt über dem Punkt $\bar{F}_e$ im Abstand a senkrecht über der Zeichenebene. Der Punkt $\bar{\bar{F}}_e$ wird einmal zur Darstellung des Winkels α in die Zeichenebene aus Gründen der Anschaulichkeit nach „oben" in den Grundriß geklappt (Abb. 370). Das andere Mal wird der Punkt $\bar{\bar{F}}_e$ mit seinem Normalabstand a von der Zeichenebene in den Aufriß (Zeichenebene) um die Achse $\bar{F}_eP_2$ gedreht. Der Winkel α_1 kommt dann in seiner wahren Größe zur Darstellung (Abb. 370).

$$a=\bar{F}_eS^c \sin\alpha, \quad \frac{a}{F_eP_2}=\sin\alpha_1$$

$a = 56{,}32780133$ mm

$F_eS^c=\bar{F}_eS^c=$ 95,57347681 mm (Projizierte Länge der Hüftkopfdrehachse im Grundriß)

$F_eP_2=F_eP_2=$ 117,8901377 mm (Wahre Länge der Hüftkopfdrehachse im Aufriß)

AT-Winkel $\alpha=$ 36,11206289° (Projizierte AT-Winkel α im Grundriß)

AT-Winkel $\alpha_1=$ 28,5417559° (Wahrer Torsionswinkel α_1 der wahren Länge der Hüftkopfdrehachse, Hüftkopfzentrum F_e zur OSCH-Schaftachse)

Darstellung des AT-Winkels α_1 aus dem reellen CCD-Winkel und dem AT-Winkel α:

$$a=F_eS^c\sin\alpha, \quad \frac{a}{\bar{\bar{F}}_eP_2}=\sin\alpha_1 \Rightarrow$$

$$F_eS^c\sin\alpha=\bar{\bar{F}}_eP_2\sin\alpha_1 \Rightarrow \frac{F_eS^c\sin\alpha}{\bar{\bar{F}}_eP_2}=\sin\alpha_1.$$

$$\text{Weil } \bar{\bar{F}}_eP_2=F_eP_2 \text{ und } F_eP_2=\frac{F_eS^c}{\cos\vartheta_5}\Rightarrow$$

$$\frac{F_eS^c\sin\alpha}{\frac{F_eS^c}{\cos\vartheta_5}}=\sin\alpha_1 \Rightarrow \mathbf{\cos\vartheta_5\cdot\sin\alpha=\sin\alpha_1}.$$

Weil $\cos\vartheta_5=\cos(\text{CCD reell}-90°)\Rightarrow$

$$\boxed{\cos(\text{CCD reell}-90°)\ \sin\alpha=\sin\alpha_1}$$

$$\boxed{\frac{\tan(\text{CCD reell}-90°)}{\tan(\text{CCD proj}-90°)}=\cos\alpha}$$

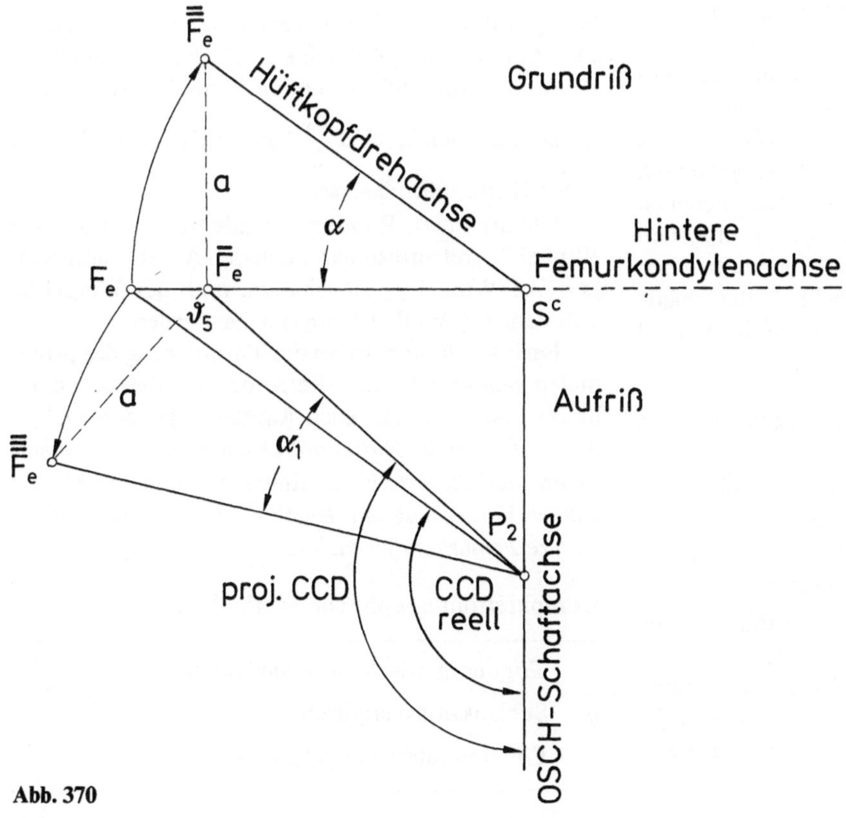

Abb. 370

Die wahre Torsion der Hüftkopfdrehachse im Raum in bezug zur hinteren Femurkondylenachse erfolgt um den AT-Winkel α_1 (28,541°), und seine Projektion in den Grundriß ergibt den AT-Winkel α (36,112°), der durch die Projektion natürlich größer erscheint als der wahre AT-Winkel α_1.

Der projizierte AT-Winkel α kann computertomographisch durch unterschiedliche Schnitthöhen bestimmt werden, und zwar vom Femurkopf am Schenkelhalsübergang sowie in Höhe des Trochanter minor, wie dies in der Arbeit von Menke et al. (1983) gezeigt wurde. Den projizierten CCD-Winkel gewinnt man durch eine Röntgenaufnahme in Normalstellung (Rückenlage und über den Tisch herabhängende Unterschenkel). Aus dem projizierten AT-Winkel α und dem projizierten CCD-Winkel läßt sich der reelle CCD-Winkel und die wahre Torsion der Hüftkopfdrehachse um den AT-Winkel α_1 leicht bestimmen (s. oben).

Obwohl bei den Standardaufnahmen, die den Korrekturtabellen von Rippstein, Müller, Elsasser u. Walker (zit. nach Menke et al. 1983) zugrunde gelegt sind, verschiedene Achsen, im Aufriß die Hüftkopfdrehachse (projizierter CCD-Winkel) und im Grundriß (Rückenlage, Oberschenkel senkrecht zum Röntgentisch und Abspreizung der Oberschenkel von 20°) die Schenkelhalsachse, in bezug auf die hintere Femurkondylenachse winkelmäßig vermessen werden, stimmen die errechneten reellen CCD-Winkelwerte und die reellen AT-Winkelwerte (Schenkelhalsachse- hintere Femurkondylenachse) mit der Wirklichkeit mit einer Schwankung von 3° bis 5° (Rippstein) recht gut überein. *Dies rührt daher, daß die Schenkelhalsachse, die ventral an der Oberschenkelachse vorbeiläuft, im Aufriß mit der Hüftkopfdrehachse zur Deckung kommt.*

Die computertomographisch nach verschiedenen Methoden bestimmten AT-Winkel, die nach Rippstein errechneten AT-Winkel und die anthropometrischen Referenzmessungen weisen erhebliche Unterschiede auf. Trotz dieser Unterschiede lassen sich die Winkel in 3 Gruppen einteilen:

1. Gruppe: Die größten AT-Winkelwerte wurden computertomographisch in verschiedenen Schnitthöhen trigonometrisch errechnet. Sie bestimmen den AT-Winkel α **der Hüftkopfdrehachse** in bezug auf die hintere Femurkondylenachse.
2. Gruppe: Die Mittelwerte der AT-Winkel β, die computertomographisch durch das „Subtraktionsverfahren" gewonnen werden, bestimmen die Torsion (AT-Winkel β) **der Schenkelhalsachse** zur hinteren Femurkondylenachse.
3. Gruppe: Die niedrigsten AT-Winkelwerte (AT-Winkel γ), die computertomographisch durch einen Schnitt (Kopf und Schenkelhals) ermittelt werden, stimmen weitgehend mit den anthropometrisch gemessenen AT-Winkeln überein. Mit dieser Methode bestimmt man die Torsion (AT-Winkel γ) **der proximalen Randerzeugenden $S(A_s)$** in bezug auf die hintere Femurkondylenachse (Abb. 344).

Lang u. Wachsmuth (1972) geben den Winkelwert des CCD-Winkels mit 126° an, den dazugehörenden AT-Winkel mit 14° (nach Rippstein wird ein AT-Winkel von 24° angegeben). Nimmt man den rein konstruktiv ermittelten Parameter ϑ_2 (21,42757353°), der seinerseits aus dem Kniegelenk ermittelt wurde, als Ausgangsbasis zur Berechnung der Torsion des proximalen Femurendes bei dem gegebenen reellen CCD-Winkel von 126°, so folgt:

$$2\tan\vartheta_2\cdot\cos(126°-90°)=\tan\vartheta_4.$$

Weil $\sin\vartheta_4=\tan\vartheta_3$

$$\Rightarrow \frac{1}{2(\cot\vartheta_2-\cot\vartheta_3)}=\tan\alpha\cdot \qquad \boxed{\beta=\alpha-\frac{\vartheta_2}{2} \quad \gamma=\alpha-\vartheta_2}$$

Die Schenkelhalsachse, die ventral an der OSCH-Schaftachse vorbeiläuft, ist um den Winkel $\frac{\vartheta_2}{2}$ in bezug auf die Hüftkopfdrehachse „retrotorquiert". Die Antetorsion (AT-Winkel β) der Schenkelhalsachse in bezug auf die hintere Femurkondylenachse ist dann um den Winkel $\frac{\vartheta_2}{2}$ kleiner als der AT-Winkel α der Hüftkopfdrehachse.

Die proximale Randerzeugende $S(A_s)$ ist um den Winkel ϑ_2 „retrotorquiert". Um den Antetorsionswinkel (AT-Winkel γ) zu erhalten, muß der Winkel ϑ_2 von dem AT-Winkel α abgezogen werden.

Berücksichtigt man bei der Torquierung des proximalen Femurendes die „Retrotorsion" des Schenkelhalses und der proximalen Randerzeugenden $S(A_s)$, dann erfahren die *Hüftkopfdrehachse, die Schenkelhalsachse und die proximale Randerzeugende $S(A_s)$ die gleiche Verdrehung um den Winkel α in bezug auf die hintere Femurkondylenachse.*

Computertomographische Methoden:

α	Trigonometrisch, verschiedene Schnitthöhe
β	Subtraktionsverfahren
γ	Ein computertomographischer Schnitt

Tabelle 14. Der AT-Winkel und die verschiedenen Meßwerte bei einem CCD-Winkel von 126°

α	36,22214023°	Torsionswinkel der Hüftkopfdrehachse trigonometrisches CT-Verfahren in unterschiedlicher Schnitthöhe (Abb. 337)
β	25,50761554°	Nach Rippstein 24°, Torsion der Schenkelhalsachse
γ	14,79382877°	Nach Lang u. Wachsmuth 14°, anthropometrische Messung. Achse der proximalen Randerzeugenden des Schenkelhalses $S(A_s)$

Nimmt man den anthropometrisch gemessenen Winkelwert des CCD-Winkels von 126° (Lang u. Wachsmuth 1972) und berechnet nach dem konstruktiven Verfahren, das selbst auf dem Mittelwert der Kreuzbandlängenverhältnisse von 20 Leichenkniegelenken beruht, die Torsionswinkel α,β und γ, dann stimmten die Torsionswinkel β und γ, die aus dem konstruierten AT-Winkel α berechnet wurden, mit dem in der Literatur am proximalen Fermurende ermittelten Torsionswinkel β und γ (bei einem Meßfehler von ±1° bis 2°) sehr gut überein (Tabelle 14).

22.18 Schwankungsbreite der Winkelwerte der reellen CCD-Winkel

Die Mittelwerte der reellen CCD-Winkel, anthropometrisch bestimmt, betragen nach Lang u. Wachsmuth 126°. Die mittlere Schwankungsbreite der CCD-Winkel liegen zwischen 133° und 120°, die Extremwerte sind mit 140° und 115° angegeben (Abb. 371, aus Lang u. Wachsmuth 1972).

Es erhebt sich natürlich sofort die Frage: Ist der Schwankungswert der CCD-Winkel etwas Willkürliches oder etwas Naturgewolltes im Sinne von „Weisheit der Natur“ oder ist der Schwankungsbereich mit seinem Mittelwert der CCD-Winkel und seinen Extremwerten a priori konstruktiv erklärbar?

22.18.1 Mittelwert des CCD-Winkels

Der Hüftkopf, seine Anlenkung an den Schenkelhals und die OSCH-Schaftachse, seine Torsion in bezug auf die hintere Femurkondylenachse konnten aus den Parametern des Kniegelenks a priori konstruktiv entwickelt werden in Übereinstimmung mit der Wirklichkeit.

Wenn die bisherigen Überlegungen richtig waren, muß sich auch die Schwankungsbreite der CCD-Winkel konstruktiv begründen lassen.

Winkelgrößen in ihren Funktionswerten sind Längenverhältniswerte unabhängig von der Größe des Systems. Wir können deshalb die Ausgangswerte a_h und λ zur Darstellung des proximalen Femurendes und zur Entwicklung der Schwankungsbreite der CCD-Winkel benutzen $\left(a_h = 37{,}5079046 \text{ mm}, \lambda = 1{,}2055054 = \frac{h_k}{v}\right)$.

In Kap. 22.17.3 wurde die Größe des CCD-Winkels 125,8356682° (Mittelwert) und die Abstandslänge des Hüftkopfzentrums F_e von der OSCH-Schaftachse S^c (95,59036343 mm) konstruktiv bestimmt. Die Basis für diese Entwicklung war die geometrische Figur $B_1F_eA_1$ (Abb. 359), wobei die Strecke B_1F_e dem hinteren Kreuzband h_k und die Strecke F_eA_1 vom vorderen Kreuzband v entsprach. Das Hüftkopfzen-

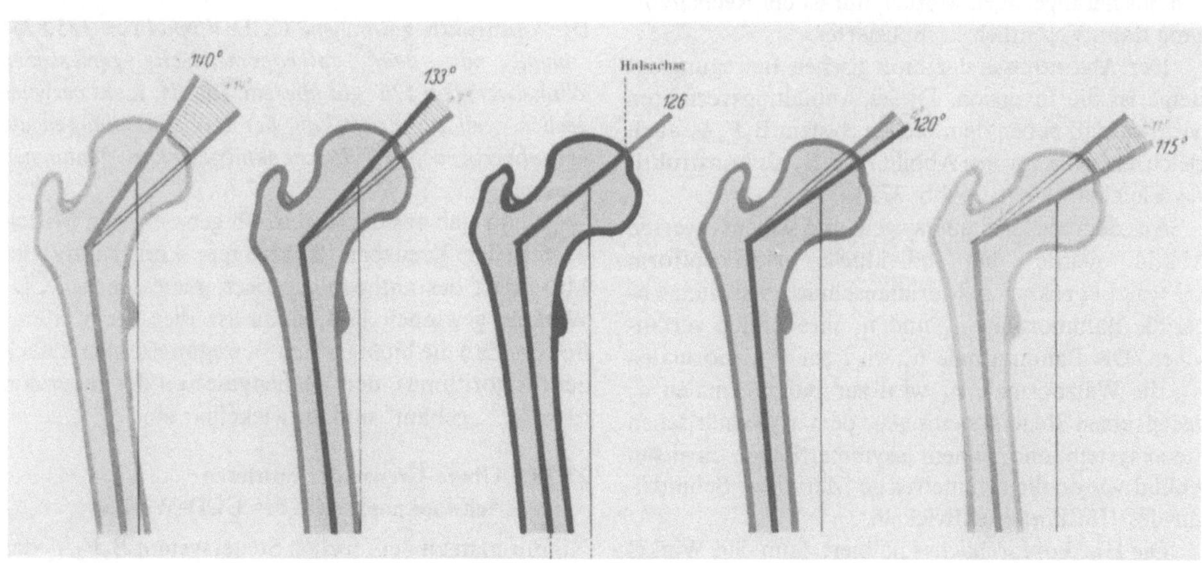

Abb. 371

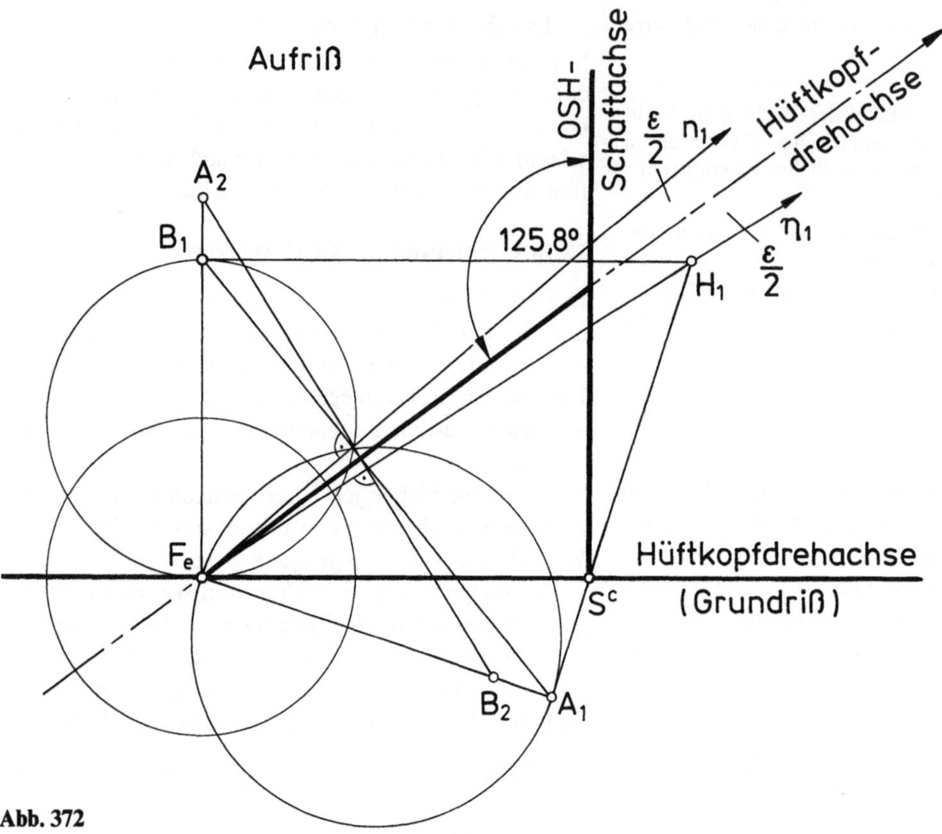

Abb. 372

trum F_e entspricht dem Momentanzentrum P des Kniesteuersystems bei Parallelstellung des Daches der Fossa intercondylaris und des Tibiaplateaus. In dieser Stellung zerfallen die Kubiken (Anlenkpunkte der Kollateralbänder) in 2 Kreise und in die Wälznormale η_1. Diese besondere Stellung des Steuersystems erleichtert natürlich wesentlich die konstruktive Entwicklung, prinzipiell könnte jede Stellung des Steuersystems herangezogen werden, nur ist der Rechenvorgang dann wesentlich komplizierter.

Der Algorithmus der biologischen Bewegungssysteme ist die Inversion. Dieses Abbildungsverfahren bewirkt, daß neben dem reellen System $B_1F_eA_1$ auch gleichzeitig das inverse Abbild $A_2F_eB_2$ als konstruktives Element auftritt (Abb. 372).

Aus dem reellen Steuersystem und seinem inversen Abbild wurde die individuelle Hüftkopfform ($r'' = a_h + e_h \cos \varphi$) im Meridianschnitt abgeleitet, wobei die Bahnnormale n_1 und η_1 ihre Rollen vertauschen. Die Bahnnormale n_1 wird zur Wälznormalen η_2, die Wälznormale η_1 wird zur Bahnnormalen n_2 des inversen Steuersystems. Aus dem asymmetrischen Steuersystem und seinem asymmetrischen inversen Abbild wurde die symmetrische Meridiane Schnittfigur des Hüftkopfes entwickelt.

Die Hüftkopfdrehachse halbiert dann den Winkel ε, den die Bahnnormale n_1 und die Wälznormale η_1 einschließen. Wird der Winkel halbiert, dann wird auch der Winkel $2(\alpha+\beta)+\varepsilon$ durch die Hüftkopfdrehachse halbiert $\frac{2(\alpha+\beta)+\varepsilon}{2} = 54{,}17191°$. (Das vordere und hintere Kreuzband schließen den Winkel $2(\alpha+\beta)+\varepsilon$ ein.) Der reelle CCD-Winkel ist dann (Abb. 372):

$180° - 54{,}17191° = 125{,}82809°.$

Der konstruktiv gewonnene CCD-*Winkel von 125,828° stimmt mit dem anthropometrisch gemessenen Winkelwert von 126° gut überein. Dies ist nicht verwunderlich, weil zur Ermittlung der Kreuzbandlängen die Mittelwerte von 20 Leichenkniegelenken genommen wurden.*

Wenn sich aus den empirisch gewonnenen Mittelwerten der Kreuzbandlängen rein konstruktiv der Mittelwert des anthropometrisch gemessenen CCD-Winkels gewinnen läßt, dann ist dies ein weiterer Beweis, daß die biologischen Bewegungssysteme nach dem Algorithmus, den Rechengesetzen der Inversion $r \cdot \bar{r} = \pm c^2$ „gebaut" und entwickelbar sind.

22.18.2 Obere Grenze der mittleren Schwankungsbreite des CCD-Winkels

Nimmt man zu dem reellen Steuersystem $B_1F_eA_1$ das symmetrische Spiegelbild $A_3F_eB_3$, dann ist die ge-

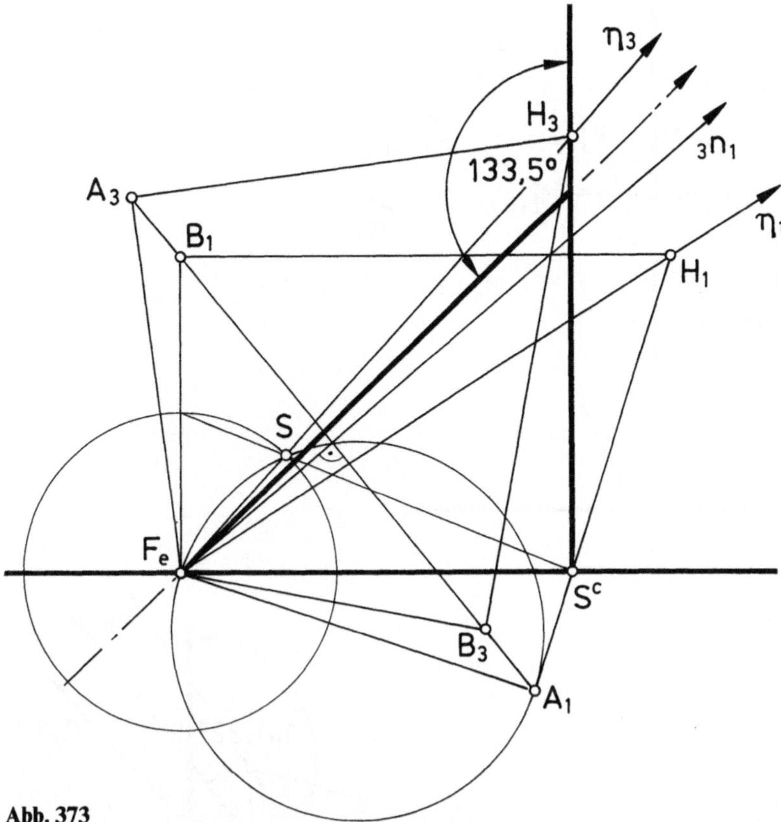

Abb. 373

meinsame Bahnnormale der beiden Systeme $_3n_1$ gleichzeitig die symmetrische Spiegelachse (Abb. 373). Der Winkel ε, den die Wälznormale η_3 und die Bahnnormale $_3n_1$ einschließt, wird durch die Hüftkopfdrehachse halbiert. Die Hüftkopfdrehachse des spiegelbildlichen Systems $A_3F_eB_3$ ist das symmetrische Spiegelbild der Hüftkopfdrehachse des reellen Systems $B_1F_eA_1$. Man muß deshalb zu dem Mittelwert des CCD-Winkels von 125,828° den Winkel ε hinzuzählen und erhält dann den CCD-Winkel von 133,525° des Systems $A_3F_eB_3$:

$$125{,}828° + 7{,}697° = 133{,}525°$$

(oberer Mittelwert des CCD-Winkels).

Dieser CCD-Winkel von 133,525° stimmt mit dem anthropometrisch gefundenen oberen Schwankungswert von 133° überein. Die Differenz zwischen dem anthropometrischen Mittelwert des CCD-Winkels von 126° und der obere Schwankungsmittelwert beträgt 7°. Die Differenz des konstruktiv gewonnenen CCD-Winkels 125,828° und 133,525° beträgt 7,697°. Berücksichtigt man, daß eine anthropometrische Vermessung in $\frac{1}{10}$-Graden technisch kaum möglich ist, so verblüfft diese exakte Übereinstimmung der anthropometrisch und der konstruktiv gewonnenen Winkelwerte.

22.18.3 Untere Grenze der mittleren Schwankungsbreite des CCD-Winkels

Das reelle System $B_1F_eA_1$ hat sein inverses Abbild in dem System $A_2F_eB_2$. Das Spiegelbild davon ist $B_4F_eA_4$ (Abb. 374). Die Wälznormale η_2 und η_4 haben als gemeinsame Bahnnormale $_2n_4$. Diese gemeinsame Bahnnormale $_2n_4$ ist aber die Wälznormale η_1 des reellen Systems $B_1F_eA_1$. Deshalb ist die Hüftkopfdrehachse des inversen Systems $A_2F_eB_2$ und seines Spiegelbildes $B_4F_eA_4$ die gemeinsame Bahnnormale $_2n_4$, die gleichzeitig die Wälznormale des reellen Systems $B_1F_eA_1$ ist. Subtrahiert man von dem Mittelwert des CCD-Winkels 125,828° $\frac{\varepsilon}{2}$, so gewinnt man den unteren Schwankungswert des CCD-Winkels von 121,9795°:

$$125{,}828° - 3{,}8485° = 121{,}9795°.$$

Der anthropometrisch gemessene untere Schwankungsmittelwert des CCD-Winkels beträgt 120°.

Die Differenz zwischen dem konstruktiv gewonnenen CCD-Winkel von 121,9795° und der anthropometrischen Messung von 120° beträgt 1,9795°.

Würde man vom konstruktiv gewonnenen Mittelwert des CCD-Winkels von 125,828° den Wert $\frac{3\varepsilon}{4} = 5{,}77275°$ abziehen, dann erhielte man einen

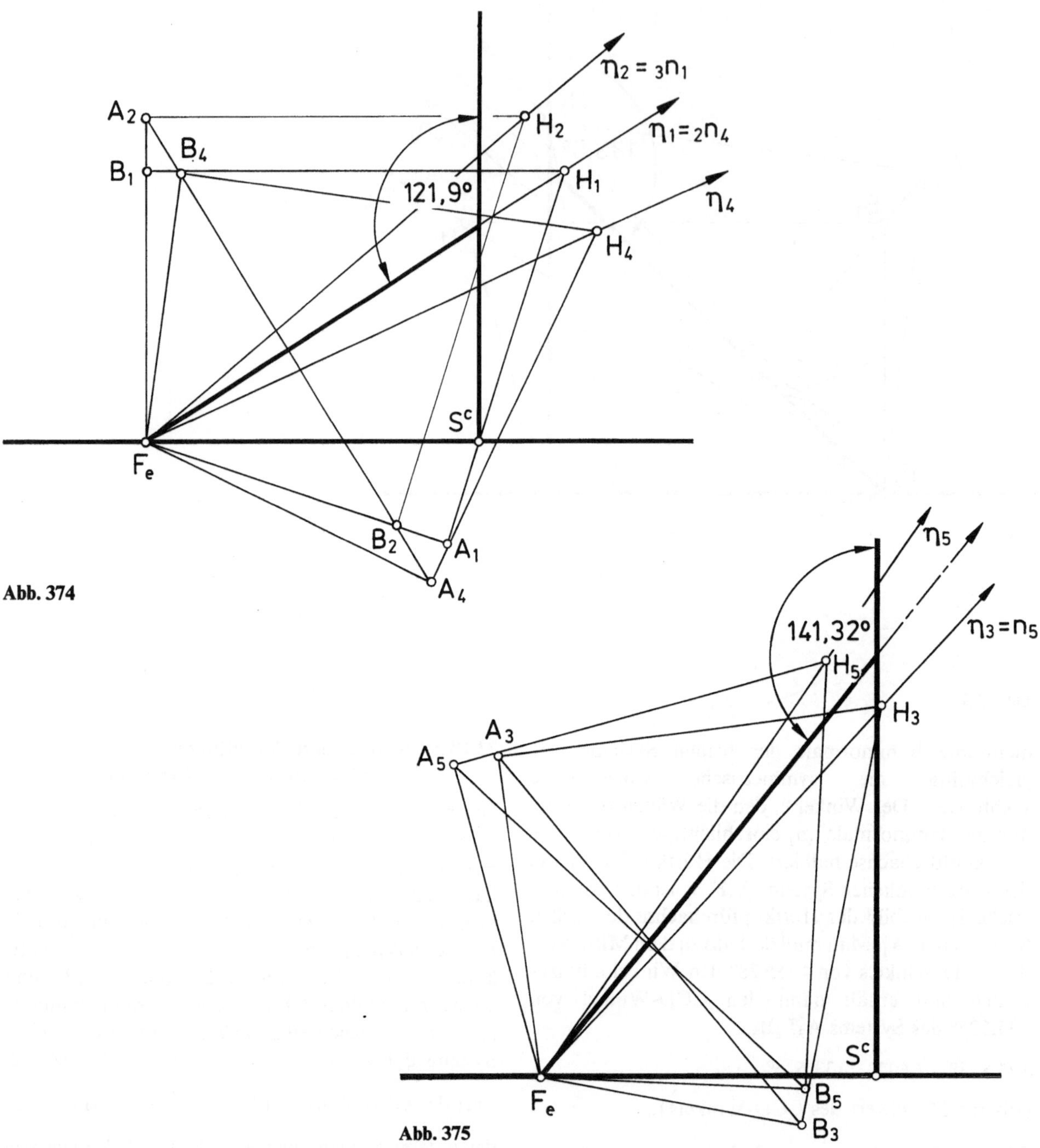

Abb. 374

Abb. 375

unteren Schwankungswert des CCD-Winkels von 120,05525°. Dies ließe sich durch Teilung des Winkels ε ohne weiteres erreichen. Eine exakte konstruktive Begründung dafür wäre schwierig zu führen, vorausgesetzt der anthropometrische Meßwert von 120° wäre wirklich verbindlich.

22.18.4 Oberer Extremwert des CCD-Winkels

Nimmt man das symmetrische Spiegelbild $A_3F_eB_3$ des reellen Systems $B_1F_eA_1$ und das symmetrische Spiegelbild $A_5F_eB_5$ des inversen Systems von $A_3F_eB_3$ (Abb. 375) – die Punkte A_5 und A_3 liegen dann „oben" auf der Projektionsebene – und konstruiert die Hilfspunkte H_5 und H_3, dann laufen die Wälznormalen η_5 und η_3 durch ihre ihnen zugehörenden Hilfspunkte H_5 und H_3. Die Wälznormale η_3 entspricht der Bahnnormalen n_5 des Systems $A_5F_eB_5$. Die Wälznormale η_5 und die Bahnnormale n_5 des Systems $A_5F_eB_5$ entsprechen spiegelbildlich dem reellen System $B_1F_eA_1$, gespiegelt an der Hüftkopfdrehachse des oberen Schwankungsmittelwertes des CCD-Winkels von 133,52°. Die Hüftkopfdrehachse des oberen

Extremwertes des CCD-Winkels ist demnach die Winkelhalbierende von η_5 und $\eta_3 (\eta_3 = n_5)$. Der obere Extremwert des CCD-Winkels ist (Abb. 375):

CCD-Mittelwert $+\varepsilon =$ Oberer Extremwert des CCD-Winkels

133,52° $+7{,}697° = 141{,}32°$.

Der anthropometrisch ermittelte obere Extremwert des CCD-Winkels beträgt 140°, der konstruktiv gewonnene Extremwert 141,22°. Die Übereinstimmung des empirisch gefundenen CCD-Winkels mit dem konstruktiv gewonnenen CCD-Winkel ist auch hier recht gut. Wenn alle anthropometrisch durch bestimmte Markierungspunkte vermessenen CCD-Winkel durch die Wahl der Markierungspunkte einem geringen Meßfehler unterliegen, dann ist von besonderer Bedeutung die Differenz (7°) vom Mittelwert (126°) zum oberen Schwankungsmittelwert (133°) und dem Extremwert (140°):

$140° - 7° = 133°$,

$133° - 7° = 126°$.

Die Differenz der konstruktiv gewonnenen Winkelwerte beträgt 7,697°.

Die empirisch anthropometrische Differenz von 7° der CCD-Winkel unterscheidet sich von der Differenz von 7,697° der konstruktiv gewonnenen CCD-Winkel durch einen Winkelwert von 0,697°.

Bedenkt man, daß einerseits die anthropometrisch gemessene Differenz von 7° einen Mittelwert zwischen dem Mittelwert der CCD-Winkel von 126°, dem oberen Schwankungsmittelwert von 133° und dem Extremwert von 140° darstellt und andererseits die konstruktiv ermittelte Winkeldifferenz von 7,697° der durchschnittlichen CCD-Winkelwerte ein Mittelwert ist, der durch Vermessung von 20 Leichenkniegelenken konstruktiv gewonnen wurde, so kann man wohl mit Recht behaupten, daß die anthropometrische Messung von 7° mit dem konstruktiv ermittelten Ergebnis von 7,697° exakt übereinstimmt.

Der Winkel ε von 7,697° wird von der Bahnnormalen n_1 und der Wälznormalen η_1 eingeschlossen.

Dieses Ergebnis zeigt neuerlich, daß

1. der Algorithmus der biologischen Bewegungssysteme, das Transformationssystem, die Inversion $r \cdot \bar{r} = \pm c^2$ mit seiner Winkel- und Längenverhältnistreue ist;
2. die konstruktive Entwicklung des Steuersystems des Kniegelenks ausgehend von der Parallelstellung von Steg (Dach der Fossa intercondylaris) und der Koppel (Tibiaplateau) den richtigen konstruktiven Weg darstellt.

22.18.5 Unterer Extremwert des CCD-Winkels

Man nimmt als Ausgangsbasis das reelle System $B_1F_eA_1$ und das Spiegelbild $B_4F_eA_4$ des inversen Systems $A_2F_eB_2$ von $B_1F_eA_1$ und konstruiert die Hilfspunkte H_1 und H_4 (Abb. 237). Die Wälznormale η_1 ist gleichzeitig die Bahnnormale n_4. Die Wälznormale n_1 ist die Hüftkopfdrehachse des unteren

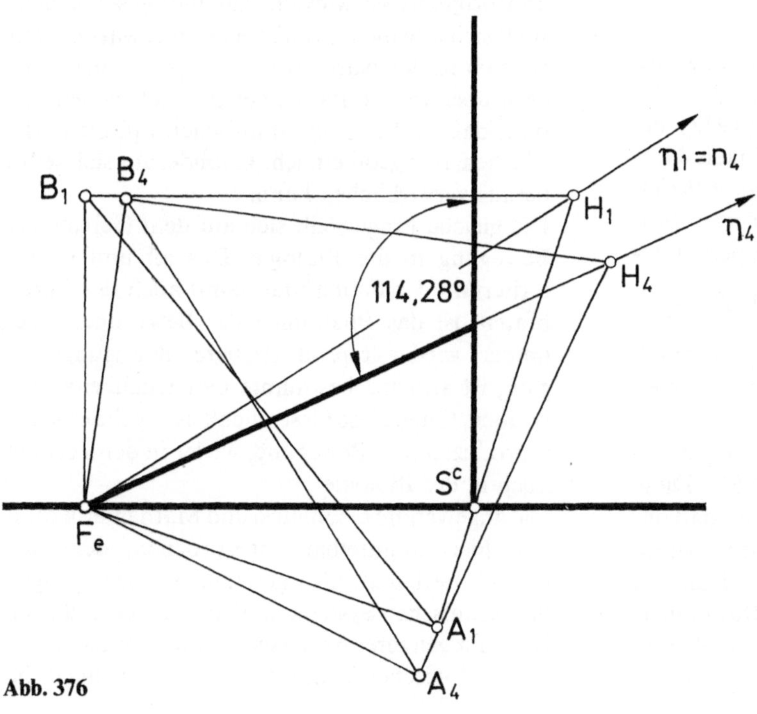

Abb. 376

Tabelle 15. Schwankungsbreite und und Mittelwerte der CCD-Winkel geschlechtsspizifisch nach Langer (1958)

	Männlich	Weiblich
Oberer Extremwert	135°	125°
Mittelwerte	130°	120°
Unterer Extremwert	120°	112°

Tabelle 16. CCD-Winkelvergleich von Lang und Wachsmuth (1972) und Langer (1958)

Lang und Wachsmuth CCD-Winkel		Langer geschlechtsspezifischer CCD-Winkel	
Konstruierter CCD-Winkel		Männlich	Weiblich
141,32°	140°		
133,52°	133°	135°	
129,67°		130°	
125,82°	126°		125°
121,97°	120°	120°	120°
114,28°	115°		
			112°

Schwankungsmittelwertes des CCD-Wertes von 121,97°. Die Hüftkopfdrehachse des unteren Extremwertes des CCD-Winkels von 114,28° ist die Wälznormale η_4 (Abb. 376):

$$121{,}97° - 7{,}697° = 114{,}28°.$$

Die beiden Punkte A_1 und A_4 liegen „unten" auf der Projektionsebene.

Die Differenz zwischen unterem Schwankungsmittelwert und dem unteren Extremwert beträgt 7,697° ($7{,}697° = \varepsilon$). Nach Lang u. Wachsmuth (1972) beträgt der untere Extremwert des CCD-Winkels 115°, nach anderen Autoren, etwa Menke et al. (1983), 114°. Die Differenz zwischen dem konstruierten Mittelwert des CCD-Winkels 125,828° und seinem unteren Extremwert von 114,28° beträgt $11{,}5455° = \frac{3\varepsilon}{2}$.

Die Differenz zwischen dem anthropometrisch gemessenen Mittelwert von 126° und seinem unteren Extremwert von 115° beträgt 11°.

Die konstruktiv und die anthropometrisch gewonnene Differenz unterscheidet sich durch 0,54°. Diese gute Übereinstimmung der Differenzen zeigt, daß der geringe Unterschied in den anthropometrisch vermessenen CCD-Winkeln bezüglich der konstruierten CCD-Winkel doch an der Auswahl der anthropometrischen Vermessungspunkte liegt bzw. das Kollektiv der vermessenen Kreuzbänder doch zu klein war.

Die ersten geschlechtsspezifischen Referenzmessungen der CCD-Winkel wurden nach Strasser (1917) von Langer durchgeführt. Aus medizinisch-historischen Gründen wird an diesen Autor erinnert. Die Ergebnisse seiner Messungen der CCD-Winkel fügen sich recht gut in den Schwankungsbereich der CCD-Winkel nach Lang u. Wachsmuth und das konstruktiv gewonnene Ergebns ein (Tabelle 15 und 16).

Schlußwort und Zusammenfassung

1. Das Erscheinungsbild des Lebendigen und seine Selbstreproduktion fasziniert den Mediziner und Biologen. Daß aus einem System immer wieder ein gleichartiges System aus sich selbst heraus reproduziert wird, setzt Gesetzlichkeiten voraus, nach welchen dieser Vorgang ablaufen muß, ohne diese Gesetzlichkeiten gebe es keine Selbstreproduktion. Die Biologie sieht in diesen Gesetzlichkeiten ein Naturgesetz ohne sagen zu können, was dieses Naturgesetz wirklich darstellt. Durch die Frage nach Gesetzlichkeiten fühlen sich Geometer und Mathematiker am ehesten angesprochen, weil ihre Fachgebiete aus gesetzlichen Beziehungen, Beweisführungen und Weiterentwicklungen dieser Beziehungen bestehen.
   Durch Messungen hat man z.B. festgestellt, daß in der Natur häufig logarithmische Spiralen vorkommen, Nautilusgehäuse, Schneckenhäuser, Stoßzähne usw.
   Die Geometrie hat diese Kurven genau untersucht und projektiv entwickelt. Aus biologischer Sicht stellt sich nun nicht primär die Frage, warum diese Kurven in der Natur wirklich vorkommen, sondern über welche Parameter das Lebewesen verfügt, daß es diese logarithmischen Spiralen oder Flächen, rein geometrische Gebilde, aus sich selbst heraus verwirklichen kann.
   Die gleiche Frage stellt sich auf dem Gebiete der Bewegung in der Biologie. Das all umfassende Kriterium der Fauna und damit auch der Vertebraten, ist das Phänomen der Bewegung. Jeder immer wieder reproduzierbare Bewegungsvorgang ist an ganz bestimmte Gesetzlichkeiten gebunden. Ohne diese Gesetzlichkeiten gebe es keine reproduzierbare Bewegung, weder in der Technik noch in der Biologie.
   Die angewandte Geometrie und Mathematik fühlt sich hier unmittelbar angesprochen, denn die reproduzierbaren, also gesetzlichen Bewegungen der technischen Systeme sind aus den gesetzlichen Beziehungen ihrer Arbeitsgebiete hervorgegangen. Aus biologischer Sicht stellt sich primär nicht die

Frage, warum diese Bewegungsgesetze in der Natur wirklich vorkommen, bzw. unter welchen Bedingungen sie in der Evolution entstehen konnten, sondern über welche Parameter das biologische Bewegungssystem bzw. Kniegelenk verfügt, daß immer wieder reproduzierbare, also gesetzliche Bewegungsabläufe der Beuge- und Streckbewegung aus sich selbst heraus entstehen können.

2. Das Phänomen der Bewegung in der Biologie, das „Wie“ ist hinlänglich bekannt und ist Ausgangspunkt von zahlreichen Arbeiten und mathematischen Modellen ohne nach der Ursache, dem „Was“ der Bewegung zu fragen. Das „Was“ der Bewegung, seine Ursache (Gelenk), wird der „Weisheit der Natur“ oder ähnlichen mystischen Begriffen zugeordnet. Diese dualistische Denkweise ist die Philosophie der Physik des Mittelalters, die vor rund 300 Jahren durch Newton beendet wurde. Daß diese Denkweise noch in voller Blüte steht, kann man daran erkennen, daß sich alle Biologen, Biomechaniker, Mediziner, Physiker, Techniker, Geometer, Mathematiker und Biochemiker darüber einig sind, daß jeder immer wieder reproduzierbare Bewegungsablauf der biologischen Systeme an geometrisch-kinematische Gesetzlichkeiten gebunden ist. Es stellt sich, unverständlicherweise, nicht die Frage „Wer oder Was“ dafür verantwortlich ist. Für das „Was“ wird die „allumfassende Weisheit der Natur“ herangezogen, wie noch zu Keplers Zeiten. Die Lehre von der Ursache der Bewegung in der Biologie befindet sich ungefähr dort, wo die Chemie 1828 stand, als F. Wöhler die Synthese eines organisches Moleküls des Harnstoffes gelang, was nach dem damaligen Weltbild der Chemie für unmöglich gehalten wurde. Alle Stoffe, die von Zellen gebildet werden sind der „Weisheit der Natur“ vorbehalten. Das Weltbild der Chemie hat sich in der Zwischenzeit um 180 Grad gewandelt. Heute gilt: Alles Leben ist Chemie (Mark). Es haben sich ganze Industrien entwickelt, die organische Stoffe synthetisieren. Jeder chemische Prozeß, das „Wie“ hat seine Ursache in einem „Was“. Begriffe wie „Weisheit der Natur“, „Schöpferische Wille“, „Anpassungsfähigkeit“ und ähnliche Begriffe finden in der Chemie keinen Platz.

3. Wenn jeder immer wieder reproduzierbare Bewegungsablauf, das „Wie“ an geometrisch-kinematische Gesetzlichkeiten gebunden ist, dann müssen jene Strukturen (die Gelenke) das „Was“, das diese kinematischen Gesetzlichkeiten hervorruft, selbst nach diesen geometrisch-kinematischen Gesetzlichkeiten „gebaut“ sein, um eben diese Gesetzlichkeiten der reproduzierbaren Bewegung, das „Wie“ zu verwirklichen. Weil jedes Bewegungssystem, wenn es funktionieren soll, auch an bestimmte optimierte Formen gebunden ist, wie schon Burmester festgestellt hat, erhebt sich zwangsweise die Frage nach Art und Weise der Optimierung der vorhandenen Formen der Gelenksysteme. Diese Frage kann aber erst dann in Angriff genommen werden, wenn das elementare Konstruktionsprinzip, die Analytik der Bewegungssysteme z.B. des Kniegelenks bekannt ist.

4. Die Bewegungslehre in der Biologie ist deshalb ein interdisziplinäres Problem von Biologie und Geometrie. Durch die diametralen Standpunkte von Geometrie und Biologie – die Geometrie synthetisiert Bewegungssysteme und baut diese von „außen“ nach Optimierung zusammen, die Biologie hat dagegen unbekannte optimierte Bewegungssysteme zu analysieren, die sich aus sich selbst heraus ohne Zutun von „außen“ entwickeln – ergeben sich Fragen, die sich in der Geometrie nicht stellen, z.B. nach welchen Richtlinien und Gesetzlichkeiten soll ein unbekanntes vom menschlichen Geist nicht erfundenes Bewegungssystem untersucht werden, zumal für die Synthese von Bewegungssystemen ausgefeilte Vorschriften gegeben sind. Oder wie können sich geometrisch-kinematische Gesetzlichkeiten der Bewegung und deren Struktur, die diese Gesetzlichkeiten hervorrufen, aus sich selbst unabhängig von Kräften rein konstruktiv aus sich selbst heraus verwirklichen, welche geometrischen Bedingungen sind dafür erforderlich?

5. Die Geometrie aus heutiger Sicht sieht in den biologischen Bewegungssystemen einerseits eine „Feinheit der Natur“, aber kein grundsätzliches geometrisches Problem, andererseits ist aber jedem Geometer klar bewußt, daß jeder reproduzierbarer Bewegungsablauf (Zwanglauf) an geometrisch-kinematische Gesetzlichkeiten gebunden sein muß, gleichgültig ob es sich um ein technisches oder biologisches Bewegungssystem handelt. Wenn die Geometrie in den biologischen Bewegungssystemen dem „Was“ (Gelenk) eine „Feinheit der Natur“ sieht, und das „Wie“ der reproduzierbaren Bewegung als geometrisch-kinematische Gesetzlichkeiten anerkennt, dann merkt man, daß die Geometrie wie die Biologie bei dieser Betrachtungsweise noch in der Denkweise des Mittelalters in bezug auf die biologischen Bewegungssysteme befangen ist.

6. Die Philosophie der Medizin und Biologie wird sich dahin ändern, daß jeder reproduzierbare Bewegungsvorgang und seine Ursachen (Gelenk) an geometrisch-kinematische Gesetzlichkeiten ge-

bunden ist. Für Begriffe wie „Weisheit der Natur" oder andere mystische Begriffsbildungen darf in der Bewegungslehre der Biologie kein Platz sein.

7. Die neue Betrachtungsweise des Phänomens der Bewegung und seiner Ursachen brachten neue Erkenntnisse, die bisher unbekannt waren.

7.1 Die Gelenkflächen des Kniegelenks – die bisher als inkongruent, als nichtübereinstimmend bezeichnet wurden und nicht definiert werden konnten – sind *Hüllflächen*. Die Hüllflächen sind kein Modell der Gelenkflächen, so als ob die Gelenkflächen mittels der Geometrie mehr oder weniger gut approximierbar, aber in Wirklichkeit ein Gebilde der „Weisheit der Natur" sind, sondern die Gelenkflächen sind selbstverwirklichte Geometrie.

7.2 Hüllflächen benötigen für ihren reproduzierbaren Bewegungsablauf eines Steuersystems, das sind die Kreuzbänder, die mit ihren Anlenkpunkten am Oberschenkel und Unterschenkel ein „windschiefes Gelenkviereck" bilden.
Die Untersuchung dieses Systems ergab, daß neben dem realen System konstruktiv immer ein inverses Spiegelbild des realen Systems existiert, das z.B. für die individuelle Entwicklung des Hüftgelenks von besonderer Bedeutung ist.

7.3 Die Roll-Gleitbewegung und die orthogonale Kraftübertragung an den Eingriffstellen der Gelenkflächen (Hüllflächen) die bisher nicht sinnvoll erklärt werden konnten, sind geometrisch-kinematische Konsequenzen der Hüllflächenbewegung und keine biologischen.

7.4 Die eigenartige Geschwindigkeitsverteilung des Spielbeines eines Läufers ist kein neuro-muskuläres Problem, sondern ein kinematisches Phänomen, das durch das Steuersystem (Kreuzbänder) hervorgerufen wird.

7.5 Das Kniegelenk stellt in seiner Gesamtheit ein stufenloses Getriebe im technischen Sinne dar.

7.6 Die Retroversion des Tibiaplateaus konnte durch das duale Auftreten des Steuersystems in seinem Durchschnittswert festgelegt und begründet werden.

7.7 Die Kollateralbänder sind an der Scheitel- und Angelkubik des Steuersystems (Kreuzbänder) bei einer Beugestellung des Kniegelenks bei 43 Grad angelenkt. Die Scheitel- und Angelkubik sind geometrische Gebilde und keine biologischen.

8. Zur Selbstverwirklichung des Steuersystems und des Gesamtsystems – ohne Zutun von außen – ist ein Transformationssystem erforderlich, das alle Parameter untereinander in Beziehung setzt. Dieses bisher in der Biologie unbekannte Transformationssystem ist die *Inversion* mit der Elementarrelation $r \cdot \bar{r} = \pm c^2$, das in der Beziehung vom ruhenden zum bewegten System (z.B. Ober- und Unterschenkel) selbst gegeben ist. Ohne diese Beziehung gebe es keine geordnete reproduzierbare Bewegung weder in der Technik noch in der Biologie (ausgenommen die Schiebung und reine Rotationsbewegung).

8.1 Die Inversion macht es möglich, aus einer einzigen Angabe, dem Längenverhältnis λ der Kreuzbänder (Durchschnittswert von 20 Leichenkniegelenken) das Kniesteuersystem in seiner räumlichen Dimension a priori zu entwickeln – um das System auf eine bestimmte Größe zu fixieren, ist noch eine konkrete Längenangabe, z.B. hintere Kreuzbandlänge erforderlich – bei welchem alle Parameter untereinander in gesetzlicher Beziehung stehen.

8.2 Aus dem Längenverhältnis λ der Kreuzbänder und der konkreten Längenangabe des hinteren Kreuzbandes ließen sich die Oberschenkel- und Unterschenkellängen bestimmen und die entsprechende Körpergröße als Durchschnittswerte festlegen.

8.3 Die Hüllflächen (Gelenkflächen) des Kniegelenks sind die Achsenflächen des Bewegungssystems Oberschenkel/Unterschenkel.
Die Berührungslinie dieser Achsenflächen in jedem Augenblick der Bewegung stellt die Momentanachse des Bewegungssystems Oberschenkel/Unterschenkel dar (F. Reuleaux). Sie vollführen bei der Bewegung eine Roll-Gleitbewegung. Das Steuersystem dieser Achsenflächen (Hüllflächen) sind die Kreuzbänder. Der Ort aller Achsenlagen (Kreuzungspunkt der Kreuzbänder) des Steuersystems sind die Polkurven, die echt aufeinander abrollen. Die Bahnnormalen aller Punkte des bewegten Systems z.B. des Unterschenkels gehen durch die Berührungslinie (Momentanachse) der Achsenflächen (Hüllflächen) und durch das Momentanzentrum des Steuersystems (Kreuzbänder).
Damit ist das leidliche „Nußknackerprinzip" des Kniegelenks beseitigt. An der Momentanachse (Berührungslinie der Hüllflächen, Gelenkflächen) tritt ein Drehmoment auf, aber keine zusätzliche Hebelwirkung.

9. Das Hüftgelenk, von dem seit 100 Jahren bekannt ist, daß es sich um kein Kugelgelenk handelt, – die heutige Medizin hat diese richtige Ansicht verworfen und bezeichnet das Hüftgelenk noch immer als Kugelgelenk; eine ganze Industrie des Gelenkersatzes lebt von diesem Trugschluß – konnte aus den Parametern des Kniegelenks entwickelt werden und der CCD-Winkel und AT-

Winkel als Durchschnittswert bestimmt werden, die mit dem anthropometrischen Meßwerten nahezu exakt übereinstimmen.

9.1 Das Hüftgelenk ist ein *Rotationskugelkonchoidengelenk*, dessen mediane Schnittfiguren Pascalschnecken darstellen, die einander fokal zugeordnet sind. Für die Pascalschnecken gilt die algebraische Relation $r = a + b \cos \varphi$. Ist $a < b$, dann handelt es sich um einen Meridianschnitt des Hüftkopfes.

Werden a und b vertauscht, $r' = b + a \cos \varphi$, dann ist damit die meridiane Schnittfigur der Hüftpfanne festgelegt.

10. Die Anwendung der Inversionsgeometrie, der Kinematik und Kinostatik stellt eine neue Arbeitsmethode dar, um tiefer in das Wesen der Bewegung und seiner Ursachen in der Biologie einzudringen. Diese Arbeitsmethode wird Biometrie genannt.

11. Es löst Überraschung und teilweise Befremdung aus, gerade bei Medizinern und Biologen, daß die Zellsubstanz selbst rein geometrische Gebilde verwirklicht, wie die Hüllflächen des Kniegelenkes und des Hüftgelenkes, wobei die Hüllflächen des Hüftgelenkes Rotationskugelkonchoide darstellen, die sich bei Bewegung gegenseitig einhüllen. Diese Überraschung und Befremdung kommt daher, weil wir durch das Studium der Morphologie und der Alltagsarbeit auf die Wahrnehmung von Phänomenen hin erzogen und geübt sind. Wir vergessen dabei vollkommen, daß sozusagen, hinter den wahrgenommenen Phänomenen des biologischen Erscheinungsbildes (z.B. Gelenk) eine Wirklichkeit steht. Diese Wirklichkeit bedeutet Gesetzlichkeit, in Bezug auf die Gelenke ist diese Wirklichkeit Geometrie und das inverse Transformationssystem mit der Elementarrelation $r \cdot \bar{r} = \pm c^2$, das in der Beziehung von ruhenden zum bewegten System selbst gegeben ist. Ohne diese Beziehung gäbe es keine reproduzierbare Bewegung, weder in der Technik noch in der Biologie.

Literaturverzeichnis

Adler A (1890) Theorie d. Mascheronischen Konstruktionen. Wien Akad 99/2a

Aeby C (1863) Die Sphäroidgelenke der Extremitätengürtel. Z Rat Med III XVII

Albert E (1878) Zur Mechanik des Kniegelenkes. Berichte Naturwiss Med Verein 9:41–53

Ampere AM (1834) Essai sur la philosophie des sciences. Paris

Artmann H, Wirth CJ (1974) Untersuchungen über den funktionsgerechten Verlauf des vorderen Kreuzbandes. Z Orthop 112:160–165

Ball RS (1876) Theory of screws; a study in dynamics of a rigid body.

Baumann JU (1979) Ganganalyse. In: Morscher E (Hrsg) Funktionelle Diagnostik in der Orthopädie. Enke, Stuttgart, S 53–55

Baumgartl F (1964) Das Kniegelenk. Springer, Berlin Göttingen Heidelberg New York

Benninghoff A (1925) Der funktionelle Bau des Hyalinknorpels. Z Gesamte Anat Abt 3 Bd 26

Benninghoff A (1925) Form und Bau der Gelenkknorpel in ihrer Beziehung zur Funktion. Z Gesamte Anat Abt 1 Bd 76

Benninghoff A, Goerttler K (1975) Lehrbuch der Anatomie des Menschen. Urban & Schwarzenberg, München

Beyer R (1963) Technische Raumkinetik. Springer, Berlin Göttingen Heidelberg

Blauth W (1974) Über eine Kniegelenkstotalprothese. Z Med Orthop Techn 94:65–67

Borelli JA (1679) De motu animalium. Lugduni Batavorum

Bosworth DM (1952) Transplantation of the semitendineus for repair of laceration of medial collateral ligament of the knee. J Bone Joint Surg [AM] 34:196–202

Brantigan OC, Voshell AF (1941) The mechanics of the ligaments and menisci of the knee joint. J Bone Joint Surg [AM] 23:44–66

Brantigan OC, Voshell AF (1943) The tibial collateral ligament: Its function, its bursae and its relation to the medial meniscus. J Bone Joint Surg [AM] 25:121–131

Braune W, Fischer O (1891) Die Bewegung des Kniegelenkes nach einer neuen Methode am lebenden Menschen gemessen. Abhand Math Phys Classe Königl Sächs Ges Wissensch 17/2

Braus H (1940) Anatomie des Menschen. Springer, Berlin

Bugnion E (1892) Le mécanisme du genou. Recueil inaug. Univ. Lausanne

Burmester L (1888) Lehrbuch der Kinematik. Felix, Leipzig

Burri C, Pässler HH, Radde J (1973) Experimentelle Grundlagen zur funktionellen Behandlung nach Bandnaht u.-plastik am Kniegelenk. Z Orthop 111:378–379

Chapchal G (ed) (1977) Injuries of the ligaments and their repair. Thieme, Stuttgart

Cotta H, Puhl W (1976) Pathophysiologie des Knorpelschadens. Unfallheilkunde 127:1–22

Debrunner A, Seewald K (1964) Die Belastung des Kniegelenkes in der Frontalebene. Z Orthop 98:508–523

Duschek A (1953) Vorlesungen über höhere Mathematik, Bd 3. Springer, Wien

Endler F (1972) Traitement biomecanique chirurgical de la necrose avasculaire de la tete formale. Acta Orthop Belg 38:537

Engelbrecht E (1971) Die Schlittenprothese, eine Teilprothese bei Zerstörungen im Kniegelenk. Chirurg 42:510–514

Eriksson E (1976) Reconstruction of the anterior cruciate ligament. Orthop Clin North Am 7:167–179

Eriksson E (1979) Comparison of isometric muscle training and electrical stimulation supplementing isometric training in the recovery after major knee ligament surgery. Am J Sports Med 7:169–171

Erkmann HJ, Walkter PS (1974) A study of knee geometry applied to design of condylar prosthesis. Biomed Engineer 9:14–17

Euler L (1765) Theoria motus corporum solidarum seu rigidorum.

Faraday M (1844–55) Experimental researches in electricity. 3 Bde

Fehr AM, Gonzenbach R (1959) Über die primäre, operative Versorgung von Bandzerreißungen des Kniegelenks. Helv Chir Acta 26:247–259

Fick R (1904) Anatomie der Gelenke. In: Bardeleben K von (Hrsg) Handbuch der Anatomie des Menschen, Bd 2. Fischer, Jena, S 367

Fick R (1910) Handbuch der Anatomie und Mechanik der Gelenke. Fischer, Jena

Fick R (1922) Tätigkeitsanpassung der Gelenke und Muskeln nach Versuchen am Hund. Sitzungsbericht d preuss Akademie d Wiss Band XXIV

Fick R (1929) Übersicht über die Fragen der Gelenk- und Muskelmechanik. Z Orthop Chir 51:320–337

Fischer O (1903) Der Gang des Menschen. 5. Teil. Die Kinematik des Beinschwingens. Abhandl Math + Phys Classe Königl Sächs Ges Wissensch 28:321–428

Fischer O (1907) Kinematik organischer Gelenke. Vieweg, Braunschweig

Frankel VH (1971) Biomechanics of the knee. Orthop Clin North Am 2:175–190

Frankel VH, Burstein AH, Brooks DB (1971) Biomechanics of internal derangement of the knee. J Bone Joint Surg [Am] 53:945–962

Freemann MAR, Wyke B (1967) The innervation of the knee joint. An anatomical and histological study in the cat. J Anat 101:505–532

Freundenstein F, Woo LS (1969) Kinematics of the human joint. Bull Math Biophys 31:215–232

Fulford PC (1967) Rotational movements of the knee joint. J Bone Joint Surg [Br] 49:584
Funke T (1960) Radiography of the knee joint. Med Radiogr Photogr 36:1–37
Galway R (1972) Pivot-shift syndrom. J Bone Joint Surg [Br] 54:558
Gardner E (1950) Physiology of movable joints. Physiol Rev 30:127–176
Gassendi P (1658) De vi motrice et motionibus animalium. Florenz
Gerdy R (1829) Memoire sur le mécanisme de la marche de l'homme. Paris
Gocht H (1918) Das Kniegelenk. Bericht in: Generalversammlung des K. K. Vereins „Die Technik für Kriegsinvaliden". Z Orthop Chir 38:435–446
Groh H (1961) Über die im Kniegelenk auftretenden Kräfte. Z Orthop 96:527–530
Groh W (1954) Kinematische und dynamische Untersuchung der menschlichen Gehwerkzeuge. Bericht Bk 030 des Forschungsinstitutes mit Prüfstelle für künstliche Glieder. Technische Universität, Berlin
Groh W (1955) Kinematische Untersuchungen des menschlichen Kniegelenkes und einiger Prothesen-Kniekonstruktionen, die als „physiologische" Kniegelenke bezeichnet werden. Arch Orthop Unfallchir 47:637–645
Grote R, Elgeli H, Saure D (1980) Bestimmung des Antetorsionswinkels am Femur mit der axialen Computertomographie. Röntgenblätter 33:31–42
Gruson JP (1825) L. Mascheroni's Gebrauch des Zirkels. Schlesingersche Buch- u. Musikhandlung, Berlin
Gschwend N, Bischofsberger RJ (1971) die Chondropathia patellae. Schweiz Rundschau med Praxis 60:562–571
Gunston FH (1917) Polycentric knee arthoplasty: Prosthetic simulation. J Bone Joint Surg [Br] 53:272–277
Hallen LG, Lindahl O (1965) Rotation on the knee-joint in experimental injuries to the ligaments. Arch Orthop Scand 36:400
Hallen LG, Lindahl O (1966) The „srew home" movement in the knee joint. Acta Orthop Scand 37:97–106
Haller A (1777) Elementa physiologiae
Hanausch J (1914) Beitrag zum statischen Problem des Skeletts der unteren Extremität. Z Orthop Chir 34:73–86
Hare R (1914) The knee joint anatomy and physiology. Lancet 34:153
Helfet A (1948) Function of the cruciate ligaments of the knee joint. Lancet 68:665
Heller L, Langman L (1964) The menisco-femoral ligaments of the human knee. J Bone Joint Surg [Br] 46:307
Helwig R (1912) Über die Form des Hüftkopfes des Menschen. Aus dem anat. Kabinett des med. Inst. f. Frauen Kiew (Russisch)
Hernandez RJ, Tachdjian MO, Ponanski AK, Dias LS (1981) CT determination of femoral torsion. AJR 137:97–101
Hertel P (1980) Verletzung und Spannung von Kniebändern. Hefte Unfallheilkd 142:1–94
Hertel P, Schweiberer L (1975) Biomechanik und Pathophysiologie des Kniebandapparates. Heft Unfallheilkd 125:1–16
Hoschek J (1985) Kniegelenkskinematik – neue Erkenntnisse und ihre Approximation in der Kniegelenksendoprothetik. In: Weber-Hackenbroch (Hrsg) Endoprothetik am Kniegelenk. Thieme, Stuttgart
Hoschek J, Weber U (1980) Zur optimalen Implantation von Hüftgelenkprothesen. Mathematikunterricht (MU) 26/4:18–39
Hughston JC (1973) Surgical approach to the medial and posterior ligaments of the knee. Clin Orthop 91:29–33
Hughston JC, Eilers AF (1973) The role of the posterior oblique ligament in repairs of acute medial (collateral) ligament tears of the knee. J Bone Joint Surg [Am] 55:923–940
Huson A (1974) Biomechanische Probleme des Kniegelenkes. Orthopaede 3:119–126
Jäger M, Wirth CJ (1978) Kapselbandläsionen, Biomechanik, Diagnostik, Therapie. Thieme, Stuttgart
Jakob RP, Härtel M, Stussi E (1979) Die Anwendung der computerisierten axialen Tomographie (CAT) zur Torsionsmessung von Tibia und Femur, Funktionelle Diagnostik in der Orthopädie. 66. Tagung der DGOT. Enke, Stuttgart
Jani L, Morscher E (1973) Erfahrung mit der Knie-Arthroplastik nach McIntosh. Arch Orthop Unfallchir 75:81
Jank W (1974) Das menschliche Knie als Gelenkviereck. Anzeiger Math Naturwiss Klasse Österr Akad Wissensch 10:157–162
Jelinek R, Gruber P, Siepen H (1962) Der plastische Ersatz der Kniegelenkseitenbänder mit Kunststoffarterien. Zentralbl Chir 87:1037–1040
Johnston RC, Smidt GL (1964) Measurement of hip-joint motion during walking. J Bone Joint Surg [Am] 51:1083–1094
Jonasch E (1958) Zerreissung des äußeren und inneren Knieseitenbandes. Hefte Unfallheilkd 59:1–88
Jonasch E (1964) Das Kniegelenk. de Gruyter, Berlin
Kant E (1786) Metaphysische Anfangsgründe der Naturwissenschaft.
Kapandji IA (1970) The physiology of the joints, Vol 2. Livingstone, Edinburgh
Kapandji IA (1985) Funktionelle Anatomie der Gelenke Bd II (Untere Extremität). Enke, Stuttgart
Kaplan EB (1955) Iliotibial band. Morphology, function. Anat Rec 121:319
Kaplan EB (1958) The iliotibial tract. J Bone Joint Surg [Am] 40:817–832
Kaplan EB (1961) The fabello-fibular and short lateral ligaments of the knee joint. J Bone Joint Surg [Am] 43:169–179
Kaplan EB (1962) Some aspects of functional anatomy of the human knee joint. Clin Orthop 23:18–29
Karpovich PU (1960) Electro goniometric study of joints. U.S. Armed Med J 11:424–450
Kepler I (1596) Mysterium cosmographicum.
Kettelkamp DB, Jacobs AW (1972) Tibiofemoral contact area. Determination and implications. J Bone Joint Surg [Am] 54:349–356
Knese KH (1950) Kinematik des Kniegelenkes. Z Anat Entwickl Gesch 115:287–322
Knese KH (1950) Kinematik der Gliedbewegung. Z Anat Entwickl Gesch 115:115
Knese KH (1955) Statik des Kniegelenkes. Z Anat Entwickl Gesch 118:471–512
König G, Schult W (1973) Der Antetorsions- und Schenkelhalswinkel des Femur. Enke, Stuttgart
König R (1873) Zur Pathologie der Knochen und Gelenke. Dtsch Z Chir III:256
Kretschmer E (1936) Körperbau und Konstitution. In: Bumke O, Foerster O (Hrsg) Handbuch der Neurologie, Bd 6. Springer, Berlin, S 1079
Kummer B (1956) Eine vereinfachte Methode zur Darstellung von Spannungstrajektorien, gleichzeitig ein Modell-

versuch für die Ausrichtung und Dichteverteilung der Spongiosa in den Gelenkenden der Röhrenknochen. Z Anat Entwickl Gesch 119:223–234

Kummer B (1959) Bauprinzipien des Säugeskelettes. Thieme, Stuttgart

Kummer B (1965) Die Biomechanik der aufrechten Haltung. In: Mitteilungen der Naturforschenden Gesellschaft in Bern, N.F. Bd 22. Haupt, Bern

Kummer B (1968) Die Beanspruchung des menschlichen Hüftgelenkes. I. Allgemeine Problematik. Z Anat Entwickl Gesch 127:277–285

Kummer B (1969) Die Beanspruchung der Gelenke, dargestellt am Beispiel des menschlichen Hüftgelenkes. Verhandlungen der Deutschen Gesellschaft für Orthopädie und Traumatologie, 55. Kongreß, Kassel, 1968. Enke, Stuttgart

Kummer B (1972) Biomechanics of bone: Mechanical properties, functional structure, functional adaptation. In: Fung YC, Perrone N, Anliker M (eds) Biomechanics: Its foundations and objectives. Prentice Hall, Englewood Cliffs, pp 237–271

Lamoreux LW (1970) Experimental kinematics of human walking. Dissertation, University Calif. Berkeley

Lang I, Wachsmuth W (1972) Praktische Anatomie. Bein u. Statik. Springer, Berlin Heidelberg New York

Langer C (1858) Das Kniegelenk des Menschen. Sitzungsbericht k.k. Akad. Wien XXXII

Lanz T von, Henning A (1953) Die Gelenkkörper des menschlichen Hüftgelenkes in der progredienten Phase ihrer umwegigen Ausformung. Z Anat Entwickl Gesch 117:317–345

Lichtenheldt W (1965) Konstruktionslehre der Getriebe. Akademie Verlag, Berlin

Lindahl O, Morvin A (1967) The mechanics of extension of the knee-joint. Arch Orthop Scand 38:226

Liouville I (1847) Transformation par rayons vecteurs réciproques (Das Prinzip der reziproken Radien). J Math I/XII:265–304

Lord G (1957) Physiologie et pathomecanisme du genou sans muscels extenseurs. Rec Orthop 43:64

Lorenz K (1973) Die Rückseite des Spiegels. Versuch einer Naturgeschichte menschlichen Erkennens. Pier, München Zürich

Magendi F (1825) Précis élémentaire de physiologie. Paris

Maquet P (1966) Biomecanique des membres inferieurs. Acta Orthop Belg 32:705–725

Maquet P (1976) Advancement of the tibial tuberosity. Clin Orthop 115:225–230

Mascheroni L (1797) Geometria del compasso. Schlesingersche Buch-u. Musikalienhandlung, Berlin [Ins Deutsche übersetzt von Gruson JP (1825) Theorie vom Gebrauch des Proportionalzirkels]

Menke W, Hatz O, Schild H, Müller HA (1983) Femurtorisionsbestimmung anthropometrisch, röntgenologisch und computertomographische Bestimmungsmethoden. MOT 3:76–68

Menschik A (1974) Mechanik des Kniegelenkes, 1. Teil. Z Orthop 112:481–495

Menschik A (1974) Mechanik des Kniegelenkes, 2. Teil. Sailer, Wien

Menschik A (1975) Mechanik des Kniegelenkes, 3. Teil. Z Orthop 113:388–400

Menschik A (1976) Injuries of the ligaments and their repair. In: Chapchal G (ed) Seventh International Symposium on topical. Problems in orthopedic surgery, Lucerne (Switzerland). Thieme, Stuttgart

Menschik A (1977) Die Synoviapumpe des Kniegelenkes. Z Orthop 114:89–94

Menschik A (1979) Kinematik und Endoprothetik des Kniegelenkes. Orthop Techn 5:61–64

Menschik A (1981) Einführung in die Kinematik des Kniegelenkes unter Berücksichtigung allgemeiner Gesichtspunkte. Allg Probl Chir Orthop 15:9–18

Meyer H (1853) Die Mechanik des Kniegelenkes. Arch Anat Physiol Wiss Med 497–547

Meyer H (1869) Über die Kniebeugung im abstoßenden Beine und über die Pendelung des schwingenden Beines im gewöhnlichen Gange. Reichert's du Bois-Reymond's Arch 1868, 1–29 Arch Anat

Meyer H (1873) Die Statik und Mechanik des menschlichen Knochengerüstes. Engelmann, Leipzig

Meyer H (1881/82) Die Mechanik des menschlichen Ganges. Biol Zentralbl 1

Morris H (1879) The anatomy of the joints of man. Churchill, London

Morrison JB (1970) The mechanics of the knee joint in relation to normal walking. J Biomech 3:51–61

Morscher E (1974) Mikrotrauma und traumatische Knorpelschäden als Arthroseursache. Z Unfallmed Berufskr 4:220–231

Morscher E (1976) Traumatische Knorpelimpression an den Femurcondylen. Hefte Unfallheilkd 127:71–78

Morscher E (Hrsg) (1977) Funktionelle Diagnostik in der Orthopädie. Enke, Stuttgart

Morscher E (1979) Traumatische Knorpelläsionen am Kniegelenk. Chirurg 50:599–604

Morscher E, Müller W (1974) Verletzungen des Kniegelenkes. Ther Umsch 31:227–235

Müller HR (1963) Kinematik. de Gruyter, Berlin New York, S 584/584a

Müller J, Willenegger D, Terbrüggen D (1975) Freie, autologe Transplantate in der Behandlung des instabilen Knies. Hefte Unfallheilkd 125:109–116

Müller ME (1957) Die hüftnahe Femurosteotomie. Thieme, Stuttgart

Müller W (1974) Das Kniegelenk des Fußballers. Orthopaede 3:193–200

Müller W (1974) Beitrag zur Frage der Entstehung der Meniscuszysten. Z Unfallmed Berufskr 3/4:115–120

Müller W (1975) Die Rotationsinstabilität am Kniegelenk. Unfallheilkunde 125:51–68

Müller W (1976) Die verschiedenen Typen von Meniscusläsionen und ihre Entstehungsmechanismen. Unfallheilkunde 128:39–50

Müller W (1977) Neuere Aspekte der funktionellen Anatomie des Kniegelenkes. Unfallheilkunde 192:131–138

Müller W (1977) Functional anatomy related to rotatory stability of the knee joint. In: Chapchal G (ed) Injuries of the ligaments and their repair. Thieme, Stuttgart, pp 39–46

Müller W (1982) Das Knie. Springer, Berlin Heidelberg New York

Müller HR (1963) Kinematik. de Gruyter, Berlin New York, S 584/584a

Nauck ET (1931) Über „umwegige“ Entwicklungsvorgänge am Skelett der unteren Gliedmaßen des Menschen. Z Orthop Chir 55:33–62

Newton J (1686) Philosophiae naturalis principia mathematica.

Nietert M (1975) Untersuchungen zur Kinematik des menschlichen Kniegelenkes im Hinblick auf ihre Approximation in der Prothetik. Dissertation, Technische Universität Berlin

Noyes FR, Sonstegard DA, Arbor A (1973) Biomechanical function of the pes anserinus of the knee and the effect of its transplantation. J Bone Joint Surg [Am] 55:1225–1241

O'Donoghue DM, Frank GR, Jeter GL, Johnson W, Zeiders JW, Kenyon R (1971) Repair and reconstruction of the anterior cruciate ligament in dogs. J Bone Joint Surg [Am] 53:710–718

Palmer I (1958) Pathophysiology of the medial ligament of the knee joint. Acta Chir Scand 115:312–318

Parkus H (1966) Mechanik der festen Körper. Springer, Berlin Göttingen Heidelberg New York

Paschold K (1948) Die Verkürzung des physiologischen Kniegelenkes bei der Beugung. Z Med Techn 2:14

Pauwels E (1965) Gesammelte Abhandlungen zur funktionellen Anatomie des Bewegungsapparates. Springer, Berlin Göttingen Heidelberg New York

Pernkopf E (1941) Topografische Anatomie des Menschen, Bd 2/2. Urban & Schwarzenberg, München

Pfab B (1928) Weitere experimentelle Studien zur Pathologie der Binnenverletzungen des Kniegelenkes. Dtsch Z Chir 211:339

Pfeifer R (1933) Untersuchungen über die Schrittlänge des Menschen. Z Orthop Chir 60:310–327

Planck M (1900) Am 14. Dezember 1900 Vortrag vor der Deutschen Physikalischen Gesellschaft über die Hypothese der diskontinuierlichen Energieabgabe des Lichtes (Quant)

Plücker I (1834) Gesammelte mathematische Abhandlungen. Teubner, Leipzig

Poisson G (1833) Traité de mécanique. Paris

Potthof RF (1969) An analysis of biomechanics of the human knee. Engineer's Thesis Stanford University Stanford

Puhl W (1971) Rasterelektronenmikroskopische Untersuchungen zur Frage früher Knorpelschädigungen durch leukocytäre Enzyme. Arch Orthop Unfallchir 70:87–97

Puhl W, Dustmann HO, Schulitz KP (1971) Knorpelveränderungen bei experimentellen Hämarthros. Z Orthop 109:475–486

Rammerstorfer FG (1976) Mechanik des Kniegelenkes. Reaktionskräfte bei der Beindrehung (ein Beitrag zur Biomechanik). Mitteilung aus dem Institut für allgemeine Mechanik, Nr 4. Fakultät für Bauingenieurwesen, Technische Universität Wien

Rauber-Kopsch (1955) Anatomie des Menschen, Bd I. Thieme, Stuttgart

Reuleaux F (1875/1900) Theoretische Kinematik: Grundzüge einer Theorie des Maschinenwesens, 1. und 2. Teil. Vieweg, Braunschweig

Riedl R (1980) Biologie der Erkenntnis. Die stammesgeschichtlichen Grundlagen der Vernunft. Parey, Berlin Hamburg

Rippstein F (1956) Zur Bestimmung der Antetorsion des Schenkelhalses mittels zweier Röntgenaufnahmen. Z Orthop 86:345–360

Rehn J (1973) Bandverletzungen des Kniegelenkes. Z Orthop 111:359–363

Roux W (1897) Programm und Forschungsmethode der Entwicklungsmechanik der Organismen. Engelmann

Ruetsch H, Morscher E (1977) Measurement of the rotatory stability of the knee joint. In: Chapchal G (ed) Injuries of the ligaments and their repair. Thieme, Stuttgart, pp 116–122

Schede F (1900) Die Nachahmung des natürlichen Kniegelenkes. München Med Wochenschr 47:200

Schinz HR et al. (1952) Lehrbuch der Röntgendiagnostik, Bd 1/1. Thieme, Stuttgart

Schmid F (1874) Über die Form und Mechanik des Hüftgelenkes. Inaug.-Diss. Bern. Dtsch Z Chir

Schmidt H (1950) Die Inversion und ihre Anwendung. Oldenbourg, München

Schmitt O, Biehl G (1979) Quantitative Elektromyographie zur Beurteilung der Kniegelenksstabilität bei veralteter vorderer Kreuzbandruptur vor und nach Wiederherstellungsoperation. In: Morscher E (Hrsg) Funktionelle Diagnostik in der Orthopädie. Enke, Stuttgart, S 34–37

Schubje H (1947) Die ellipsenähnliche Form der Oberschenkelrollen. Z Med Techn 1:4–7

Schubje H (1947) Anatomische und technische Achse. Z Med Techn 1:136–137

Shinno N (1961) Statico dynamic analysis of movement of knee. Tokushima J Exp Med 8:101–141

Shinno N (1962) Statico dynamic analysis of movement of knee. Tokushima J Exp Med 8:189–202

Shinno N (1968) Statico dynamic analysis of movement of knee. Tokushima J Exp Med 15:53–57

Shute CCD (1956) The geometry and kinematics of the knee joint. J Anat 90:586

Sieglbauer F (1944) Normale Anatomie des Menschen, 6. Aufl. Urban & Schwarzenberg, München

Smith GL (1973) Biomechanical analysis of knee flexion and extension. J Biomech 6:79–92

Sonnenschein A (1951) Die Evolution des Kniegelenkes innerhalb der Wirbeltierreihe. Acta Anat (Basel) 13:288

Sonnenschein A (1952) Biologie, Pathologie und Therapie der Gelenke dargestellt am Kniegelenk. Schwabe, Basel

Steindler A (1936) Mechanics of normal and pathological locomotion in man. Bailliere, Tindall & Cox, London

Steindler A (1970) Kinesology of the human body. Thomas, Springfield

Strasser H (1917) Lehrbuch der Muskel- und Gelenkmechanik, Bd 3. Die untere Extremität. Springer, Berlin

Toldt-Hochstetter (1928) Anatomischer Atlas, 14. Aufl. Urban & Schwarzenberg, München

Toldt-Hochstetter (1945) Anatomischer Atlas, 19. Aufl. Urban & Schwarzenberg, München

Tretter H (1928) Beiträge zur Mechanik des Kniegelenkes. Dtsch Z Chir 212:93–100

Trillat A (1971) La rupture ligamentaire recente. Rev Chir Orthop 57:318

Trillat A (1974) Acute injuries of the knee ligaments. In: Ingwersen OS, van Linge B, van Reus T, Rosingh G, Veraart B, Levay D (eds) The knee joint. Excerpta Medica, Amsterdam New York, pp 159–162

Trillat A, Dejour H, Bousquet G (1969) Laxite ancienne isolee du ligament croise anterieure. Etudes des resultats de differentes methodes reconstructives ou palliatives. Rev Chir Orthop 55:163

Trincher K (1981) Die Gesetze der biologischen Thermodynamik. Urban & Schwarzenberg, Wien München Baltimore

Vermes E (1932) Ein Fall von hochgradiger Anomalie im inneren Bandapparat eines Kniegelenkes. Anat Anz 56:427

Vidal J, Buscayret C, Fassio B, Escare P (1977) Traitement chirurgical des entorses graves recentes du genou. Rev Chir Orthop 63:271–283

Villicus F (1891) Die Geschichte der Rechenkunst. Gerold's, Wien

Vollmer G (1981) Evolutionäre Erkenntnistheorie. Hirzel, Stuttgart

Volmer J (1968) Getriebetechnik. VEB Verlag Technik, Berlin

Wagner M, Schabus R (1980) Anatomie des Kniegelenkes. Hollinek, Wien

Wagner M, Schabus R (im Druck) Das laterale pivot shift Phänomen. Untersuchungen am Leichenknie nach artifiziellen Kapselbandläsionen. 3. Münchner Symposium für experimentelle Orthopädie. Springer, Berlin Heidelberg New York

Walker PS, Erkamann MJ (1975) The role of the menisci in force transmission across the knee. Clin Orthop 109:184–192

Walker PS, Hajek J (1972) The load bearing area in the knee joint. J Biomech 5:581–589

Walker PS et al. (1972) The rotational axis of the knee and its significance to prosthesis design. Clin Orthop 89:160–170

Wang CJ, Walker PS, Wolf B (1973) The effects of flexion and rotation on the length pattern of the ligaments of the knee. J Biomech 6:587–596

Watson-Jones R (1976) Fractures and joint injuries, vols 1 and 2. Livingstone, Edinburgh London New York

Weber W, Weber E (1836) Mechanik der menschlichen Gehwerkzeuge. Dieterich'sche Buchhandlung, Göttingen

Weil S, Weil UH (1876) Mechanik des Gehens. Thieme, Stuttgart

Werther H (1968) Die mittlere anatomische Knieachse in der Orthopädie-Technik. Z Orthop Techn 88:15–16

Werther H (1969) Die Unterschenkelstumpflage bei Verschiebung der mechanischen Kniegelenksachse zur anatomischen Kompromißachse. Z Orthop Techn 89:192–194

Wirth CJ, Artmann A (1974) Verhalten der Roll-Gleit-Bewegung des belasteten Kniegelenkes bei Verlust und Ersatz des vorderen Kreuzbandes. Arch Orthop Unfallchir 78:356–361

Wirth CJ, Artmann M, Jäger M, Refior HJ (1974) Der plastische Ersatz veralteter vorderer Kreuzbandrupturen nach Brückner und seine Ergebnisse. Arch Orthop Unfallchir 78:362–373

Witt AN, Jäger M, Refior HJ, Wirth CJ (1977) Das instabile Kniegelenk – aktuelle Gesichtspunkte in Grundlagenforschung, Diagnostik und Therapie. Arch Orthop Unfallchir 88:49–63

Wolff J (1872) Beitrag zur Lehre von der Heilung der Frakturen. Langenbecks Arch. 14

Wolff J (1892) Das Gesetz der Transformation der Knochen. Berlin

Wunderlich W (1966) Darstellende Geometrie 1, Bd 1. Hochschultaschenbücher 96/96a Bibliographisches Institut, Mannheim Wien Zürich

Wunderlich W (1967) Darstellende Geometrie 2, Bd 1. Hochschultaschenbücher 133/133a Bibliographisches Institut, Mannheim Wien Zürich

Wunderlich W (1970) Ebene Kinematik, Bd 1. Hochschultaschenbücher 447/447a Bibliographisches Institut, Mannheim Wien Zürich

Zeitler H (1980) Radlinien in Schule, Technik und Wissenschaft. Der Mathematikunterricht (MU) 26/4:81–104

Zeitler H (1983) Kreisgeometrie in Schule und Wissenschaft. Didaktik der Mathematik (DdM) 11:169–201

Zepernick H (1948/49) Die Nachahmung des organischen Kniegelenkes. Z Med Techn 2:15–19, 149–152; 3:208–213

Zuppinger H (1904) Die aktive Flexion im unbelasteten Kniegelenk. Habilitationsschrift, Wiesbaden. Anat Hefte 703–763

Glossar

Angelkubik: s. Kubiken.

Ball-Punkt ist ein Flachpunkt, er befindet sich im gegebenen Augenblick im Scheitel seiner Bahn und gleichzeitig im Wendepunkt seiner Bahn. Geometrisch handelt es sich um den Schnittpunkt des Wendekreises w mit der Kubik. Der Koordinaten ξ_0 und η_0 des Ball-Punktes:

$$\xi_0 = \frac{\alpha\beta\gamma}{\beta^2+\gamma^2}, \quad \eta_0 = \frac{\alpha\gamma^2}{\beta^2+\gamma^2}.$$

Bewegung. Ein reproduzierbarer zwangläufiger Bewegungsvorgang ist eine stetige Folge gleichsinnig-kongruenter Punktsysteme des dreidimensionalen euklidischen Raumes. Die Lagefolge, die ein einzelner Systempunkt durchführt, wird seine Bahn genannt.

Bewegungsumkehr, Gegenbewegung, Umkehrbewegung oder inverse Bewegung.

Das Rastsystem wurde bisher als ruhendes System aufgefaßt und das Gangsystem als bewegtes System (daher auch die Bezeichnung Rast- und Gangsystem). Diese Auffassung ist aber durchaus eine subjektive. Dies wird sofort klar, wenn man bedenkt, daß ein im Boden festverankertes Gebilde keineswegs absolut stillsteht, sondern mit der Erde an deren Rotation teilnimmt und mit dem Sonnensystem durch das Weltall rast.

Als ruhend wird ein System deshalb angesehen, weil sich der Beobachter mit diesem System verbunden fühlt (zum Beispiel Rastsystem). Wechselt der Beobachter seinen Standpunkt und begibt sich auf das Gangsystem, dann erscheint dem Beobachter das Gangsystem als ruhendes System und das Rastsystem als das bewegte System (das ehemalige Rastsystem wird zum Gangsystem). Bei der Umkehrbewegung vertauschen nicht nur Gang- und Rastebene, sondern auch die Gang- und Rastpolkurve ihre Rollen. Bewegt sich das Gangsystem im Uhrzeigersinn, dann bewegt sich für einen Beobachter, der sich mit dem Gangsystem – dem nunmehr ruhenden System – verbunden fühlt, das ehemalige Rastsystem aber entgegen dem Uhrzeigersinn. Daraus folgt, daß die Winkelgeschwindigkeit inverser Bewegungsvorgänge entgegengesetzt gleich ist.

Die *Euler-Savary-Gleichung* in der Form

$$\frac{1}{r} - \frac{1}{r^x} = \frac{1}{s}$$

besagt, daß auf jedem einzelnen Polstrahl – mit Ausnahme der Wälztangente – in jedem Augenblick die reziproken Werte der vom Momentanpol P gemessenen Abstandslängen entsprechender Punkte $X \rightarrow X^x$ eine konstante Differenz s haben. Die Konstante s auf der rechten Seite der Gleichung bedeutet die reziproke Länge der durch den Polstrahl ausgeschnittenen Sehne s des Wendekreises w. Für alle Polstrahlen gilt:

$$\frac{1}{r} - \frac{1}{r^x} = \frac{1}{\alpha \sin \varphi} \qquad s = \alpha \sin \varphi$$

α bedeutet den Durchmesser des Wendekreises w

Liegen die entsprechenden Punkte $X \rightarrow X^x$ auf verschiedenen Seiten des Momentanzentrums P, dann ändert sich das Vorzeichen, es folgt

$$\frac{1}{r} + \frac{1}{r^x} = \frac{1}{\alpha \sin \varphi}.$$

Evolute. Die Evolute ist der Ort aller Krümmungsmittelpunkte einer ebenen Kurve und gleichzeitig die Einhüllende aller Kurvennormalen.

Gangpolkurve: s. Polkurven.

Gangsystem, Rastsystem.

Ein starres System Σ', das gegenüber einem ruhenden System Σ eine ebene Bewegung ausführt, wird Gangsystem Σ' bezeichnet. Das ruhende System Σ wird als Rastsystem bezeichnet. Dieser Bewegungsvorgang wird durch das Symbol Σ'/Σ ausgedrückt.

Hüllbahnen, Koppelhüllkurven, Gleitkurvenpaar.

Eine in der Gangebene befestigte Gerade oder glatte Kurve hüllt bei der Bewegung eine Kurve im Rastsystem ein, die als Hüllbahn der erzeugenden Kurve bezeichnet wird. Bei der Gegenbewegung wird die Hüllbahn zum mitgenommenen Profil und erzeugt die ursprünglich gerade oder glatte Kurve. Die erzeugende Kurve und die eingehüllte Kurve können materiell ausgebildet werden. Man spricht dann von einem Gleitkurvenpaar.

Die Erzeugende und die eingehüllte Kurve haben ganz bestimmte Eingriffspunkte. An den Eingriffspunkten haben beide Kurven eine gemeinsame Tangente. Die Bahnnormalen der Erzeugenden und der eingehüllten Kurve fallen dann ineinander und gehen durch das augenblickliche Momentanzentrum P.

Ein Punkt X (solange X vom Momentanzentrum verschieden ist) durchläuft die beiden Kurven mit verschiedenen skalaren Geschwindigkeiten und legt in einem bestimmten Zeitabschnitt auf ihnen verschiedenen Bogenlängen zurück. Die gegenseitige Lageänderung der Erzeugenden und der Hüllkurve ist somit aus Rollen und Gleiten zusammengesetzt.

Hüllflächen. Wird bei einem räumlichen reproduzierbaren Bewegungsvorgang im bewegten System eine glatte Fläche mitgenommen, so erzeugt diese Fläche eine Hüllfläche. Bei der Gegenbewegung wird die Hüllfläche zur Erzeugenden und hüllt die ursprünglich bewegte Fläche, jetzt aber ruhende, ein. Hüllflächen bedingen einander bei ihrem Entstehen.

Im Eingriffspunkt bzw. in der Eingriffslinie – Charakteristik – haben Hüllflächen eine gemeinsame Tangentenfläche. Die Normale darauf im Eingriffspunkt geht durch die augenblickliche Achse des Steuersystems der Hüllfläche. *Hüllflächen bedürfen für ihren immer wieder reproduzierbaren Bewegungsablauf eines Steuersystems.* Ein Beispiel solcher Hüllflächenbewegung ist das Kniegelenk. Die Gelenkkörper sind Hüllflächen, die durch die Kreuzbänder gesteuert werden. Die bekannte Roll-Gleit-Bewegung und die orthogonale Kraftübertragung an den Berührungsstellen der Gelenkflächen ist nur durch die Hüllflächenkinematik sinnvoll erklärbar.

Ident, identisch:

Zwei geometrische Gebilde besitzen denselben (einen) Punkt gemeinsam. Er wird als identer Punkt dieser beiden Gebilde bezeichnet. Zwei deckungsgleiche Punkte zweier geometrischer Gebilde sind identisch.

Kinematik oder Bewegungslehre ist jene technisch-mathematische Wissenschaft, die sich mit den Gesetzmäßigkeiten der Lageänderungen körperlicher Objekte befaßt, unabhängig von Kräften.

Kinetostatik. Darunter versteht man die gesetzlichen Beziehungen des ruhenden zum bewegten System in einem bestimmten Augenblick der Bewegung unabhängig von Kräften, die in diesem System auftreten.

Koordinaten sind zahlenmäßige Größen (Strecken, Winkel) durch die die Lage eines Punktes (Gerade oder geometrisches Gebilde) in einem Koordinatensystem festgelegt wird. Im vorliegenden Buch wird ein rechtwinkliges oder kartesisches Koordinatensystem verwendet, das für die Ebene und den Raum gilt. Das Bezugssystem in der Ebene ist ein rechtwinkliges Achsenkreuz, dessen Schnittpunkt Nullpunkt oder Ursprung heißt. Die meist horizontal angenommene x-Achse wird als Abszissenachse, die senkrecht daraufstehende y-Achse wird als Ordinatenachse bezeichnet, $P(x,y)$.

Bei Polarkoordinaten wird die Lage eines Punktes durch den Abstand vom Nullpunkt (Radiusvektor) und dem Winkel φ (Polarenwinkel) festgelegt, den der Radiusvektor mit der festen x-Achse einschließt, $P(r,\varphi)$.

Der Übergang von kartesischen Koordinaten $P(x,y)$ in Polarkoordinaten $P(r,\varphi)$ erfolgt durch die Substitution

$$x = r\cos\varphi,\ y = r\sin\varphi.$$

Kommutativgesetz der Addition

$$a + b = b + a.$$

Krümmungsverwandtschaft. Bei einem ebenen zwangläufigen Bewegungsvorgang hat jeder Bahnpunkt X des bewegten Systems in dem gegebenen Augenblick einen bestimmten Krümmungsmittelpunkt X^x im ruhenden System oder umgekehrt. Dieser wechselseitige Zusammenhang zwischen den Punkten $X \rightarrow X^x$ wird durch die Gleichung von Euler-Savary definiert:

$$\frac{1}{r} + \frac{1}{r^x} = \frac{1}{\alpha \sin\varphi}.$$

Krümmungsradien der Polkurven: s. Polkurven.

Kubiken. Die *Angelkubik* und *Scheitelkubik* wurden von dem deutschen Mathematiker Burmester 1888 entdeckt. Die *Scheitelkubik* ist der Ort jener Punkte, die bei einem Zwanglauf im gegebenen Augenblick im Scheitel ihrer Bahn sind. Es handelt sich um eine zirkulare Kurve 3. Ordnung, die den Strophoiden angehört, im Momentanpol P einen Doppelpunkt besitzt und die Polkurventangente ξ und die Polkurvennormale η berührt. Die entsprechenden Krümmungszentren der Scheitelstellen liegen auf einer gleichartigen Kurve, *der Angelkubik*, die dem Rastsystem angehört. Bei der Gegenbewegung vertauschen sie ihre Rollen. In jeder Stellung des Systems bei vorhandenem Momentanzentrum P existiert eine Scheitel- und Angelkubik. Am Kniegelenk werden jene Kubiken biologisch „verwendet", die bei einer Beugestellung von ca. 43° auftreten. Bei exakter Parallelstellung des Tibiaplateaus und des Daches der Fossa intercondylaris zerfallen die Kubiken in Kreise, die auf die Wälznormale η zentriert sind und durch die Anlenkpunkte der Kreuzbänder und den Momentanpol P gehen. Die Wälznormale η ist dann ein Bestandteil der zerfallenen Kubik. Auf ihr liegen die Scheitelstellen und auf den Kreislinien die Nebenscheitel der Bahnkurven in diesem Augenblick der Bewegung.

Eine weitere wichtige Definition der Scheitel- und Angelkubik:

Die Scheitelkubik ist das symmetrische Spiegelbild des Momentanzentrums P, das an allen Tangenten einer Parabel im Gangsystem gespiegelt wird. Die Parabel selbst berührt die Wälztangente ξ und die Wälznormale η. Beide sind sich rechtwinklig schneidende Parabeltangenten. Ihr Schnittpunkt (das Momentanzentrum P) liegt auf der Leitlinie der Parabel.

Für die Angelkubik gilt das gleiche. Die Angelkubik ist das symmetrische Spiegelbild des Momentanzentrums P, das an allen Tangenten einer Parabel im Rastsystem symmetrisch gespiegelt wurde.

Wichtig für die „Zirkelschlaggeometrie", dem einzigen kräftefreien konstruktiven Element zur Selbstverwirklichung der biologischen Bewegungssysteme ist: Zentriert man alle Kreise so auf die Parabel, daß sie durch das Momentanzentrum P gehen, dann ist die Einhüllende aller Kreise die Scheitel- bzw. Angelkubik. Daraus folgt weiter, wenn man alle Kreise auf die Parabel zentriert und sie durch den Brennpunkt F der Parabel gehen läßt, hüllen sie die Leitlinie der Parabel ein.

Als *lineare Exzentrizität* „e" eines Kegelschnittes bezeichnet man die Abstandslänge des Brennpunktes F von seinem Mittelpunkt M:

$$a^2 \pm b^2 = e^2.$$

Die lineare Exzentrizität e geteilt durch die halbe Hauptachse a heißt numerische Exzentrizität ε (Epsilon):

$$\frac{e}{a} = \varepsilon$$

a = große Halbachse
b = kleine Halbachse

Leitlinie „l" (Direktrix). Die Leitlinie bei Kegelschnitten ist eine Senkrechte auf die Hauptachse, die so liegt, daß für alle Kurvenpunkte das Verhältnis ihres Abstandes von der Leitlinie und ihre Entfernung von dem Brennpunkt F der Kurve konstant ist. Dieses konstante Verhältnis wird als numerische Exzentrizität ε (Epsilon) bezeichnet:

Ellipse: $\varepsilon < 1$
Parabel: $\varepsilon = 1$
Hyperbel: $\varepsilon > 1$

Mechanik, der älteste und grundlegende Zweig der Physik zur Untersuchung der Bewegung unter dem Einfluß von Kräften.
Axiome der Mechanik (Newton-Axiome): *Trägheitsprinzip* (Beharrungsgesetz), *Aktionsprinzip* (Bewegungsgleichung) und *Reaktionsprinzip* (Gegenwirkung; die Krafteinwirkung eines Körpers auf einen anderen bewirkt eine gleich große entgegengesetzt gerichtete Gegenkraft.)

Momentanpol $P = P_1$: s. Normalpole.

Normalpole P_1, P_2, P_3.
Momentanpol $P = P_1$. Bei einem ebenen zwangläufigen Bewegungsvorgang gibt es zu jedem Zeitpunkt einen Punkt – Momentanpol, Drehpol, Momentanzentrum, Drehachse oder einfach Pol genannt –, dessen Führungsgeschwindigkeit verschwindet, der also im Gang- und Rastsystem augenblicklich in Ruhe ist und eine infinitesimale Drehung ausführt.
In jedem Augenblick eines zwangläufig ebenen Systems gehen die Bahnnormalen aller Systempunkte durch das Momentanzentrum P (Satz von M. Chasles, 1828).
Der Momentanpol $P_1 = P$ erfaßt alle Bahntangenten, denn ihre Normalen gehen durch das Momentanzentrum.
Wendepol $P_2 = Q$, liegt auf dem Wendekreis w – dem Ort aller Wendestellen – dem Momentanzentrum P diametral gegenüber und erfaßt mit P_1 sämtliche Bahnkrümmungen. In Punkt Q verschwindet im betrachteten Augenblick die Führungsbeschleunigung und damit auch die Coriolis-Beschleunigung, die normal vektoriell auf dem Vektor der Führungsbeschleunigung steht. Der Wendepol $P_2 = Q$ wird deshalb auch als Beschleunigungspol bezeichnet.
Normalpol $P_3(\beta, \gamma)$. Die Koordinaten β und γ von P_3 – in einem bestimmten Augenblick der Bewegung – werden durch Einsetzen der Koordinaten des Anwachsungspunktes der Kreuzbänder am Tibiaplateau in die Gleichung der Scheitelkubik gewonnen. Der Anwachsungspunkt $A(r_A, \varphi_A)$ des

vorderen Kreuzbandes und $B(r_B, \varphi_B)$ des hinteren Kreuzbandes, die auf Kreislinien laufen und deshalb ständig sich im Scheitel ihrer Bahn befinden, werden in die Scheitelkubikgleichung eingesetzt. Man erhält 2 Gleichungen, aus welchen sich β und γ berechnen lassen:

$$\frac{3\alpha^2}{r_A} = \frac{\beta}{\cos \varphi_A} + \frac{3\alpha - \gamma}{\sin \varphi_A},$$

$$\frac{3\alpha^2}{r_B} = \frac{\beta}{\cos \varphi_B} + \frac{3\alpha - \gamma}{\sin \varphi_B}.$$

Mit dem Pol P_1,P_2 und P_3 werden alle Scheitelstellen der Bahnkurven erfaßt.

Numerische Exzentrizität: s. Leitlinie.

Parameter p der Kegelschnitte ist eine konstante Hilfsgröße zur Beschreibung von gleichartigen Kegelschnitten. Die halbe Sehne eines Kegelschnittes, die senkrecht zur Hauptachse steht und durch den Brennpunkt F geht, wird als Parameter p bezeichnet:

$$\frac{b^2}{a} = p$$

b = kleine Halbachse
a = große Halbachse

Polkurven. Die Rastpolkurve ist der Ort aller Momentanpole P im Rastsystem, die Gangpolkurve hingegen ist der Ort aller Momentanpole im Gangsystem. Die Gang- und Rastpolkurve haben in jedem Augenblick der Bewegung – Bewegung und Gegenbewegung – einen identen Punkt (Momentanpol).

Gang- und Rastpolkurve bestehen demnach aus einer identen Punktfolge, die als 2 verschiedene Phänomene auftreten: im Gangsystem als Gangpolkurve und im Rastsystem als Rastpolkurve. Die Polkurven zweier inverser Zwangläufe sind *dieselben* (nicht diegleichen), nur vertauschen sie ihre Rollen (nach Wunderlich).

Bei jedem ebenen zwangläufigen Bewegungsvorgang – mit Ausnahme der Schiebung – rollt die Gangpolkurve gleitlos auf der Rastpolkurve ab, der Wälzpunkt stellt jeweils das Momentanzentrum P dar.

Krümmungsradien ϱ und ϱ' der Polkurven:

Rastpolkurve $\varrho = \frac{\alpha^2}{\alpha - \gamma}$,

Gangpolkurve $\varrho' = \frac{\alpha^2}{2\alpha - \gamma}$.

Die beiden Krümmungsradien sind durch die Linsengleichung miteinander verknüpft $(\varrho^{-1} - \varrho'^{-1} = \alpha^{-1})$.

Scheitel einer Kurve. Der Scheitelpunkt einer Kurve ist jener Punkt, wo der Krümmungsradius beim Fortschreiten längs der Kurve keinen Zuwachs oder keine Abnahme erfährt; er ist durch eine Spitze der Evolute der gegebenen Kurve gekennzeichnet. Während der Krümmungskreis eine Kurve berührend durchsetzt und 3 zusammengerückte Punkte gemeinsam hat, besitzt der Scheitelkreis 4 zusammengerückte Punkte auf der Kurve und berührt die Kurve von „innen" oder „außen" (s. Abb. 68).

Vektor ist eine gerichtete Strecke $\mathbf{v} = \overrightarrow{AB}$, dargestellt durch einen Pfeil vom Anfangspunkt A zum Endpunkt B. Ein Vektor ist eine gerichtete Größe, die durch ihren Betrag

$$v = |\mathbf{v}| = |\overrightarrow{AB}| = \overline{AB}$$

und ihre Richtung zum Beispiel durch die Richtungswinkel α, β und γ mit den Achsen eines Rechtskoordinatensystems (zum Beispiel x-y-z-Systems) und durch ihren Richtungssinn (von A nach B) bestimmt ist. Als Argument eines Vektors bezeichnet man den gerichteten Winkel φ, den der Vektor mit der positiven Richtung der reellen x-Achse einschließt:

$$\varphi = \arg \mathbf{v}.$$

Wende- und Rückkehrkreis. Jene Punkte des Gangsystems, die im gegebenen Augenblick Wendestellen W_n ihrer Bahn durchlaufen, liegen auf einem Kreis w, der die Gangpolkurve im Momentanpol P berührt. Die zugehörigen Wendetangenten gehen durch den Wendepol Q, der den Momentanpol P auf dem Wendekreis w gegenüberliegt. Wende- und Rückkehrkreis sind auf die Wälznormale η zentriert und haben den gleichen Durchmesser α.

Sachverzeichnis

Abroll- und Gleitbewegung 40, 41, 43
Achsenkegel 257
Algorithmus 115, 119
Angelkubik 68, 71, 81, 88, 170
Angelkubikradius 174
Antetorsionswinkel (AT-Winkel) 258
Antiparallele 122, 124, 178–180
Antiparallelogramm 56
Apex capitis fibulae 70
Approximation 76
Aristoteles 7
Articulatio meniscofemoralis 94
- fibular 93
- tibial 93
Articulatio meniscotibialis 93, 94
Asymptote 103, 105–107, 185
Asymptotenfläche t(As) 192
AT-Winkel 270
- konstruktive Entwicklung 266
Auflaufbremse 63
Aufriß 185
Ausnahmefachwerk, wackelig 77
Außenrotation 96
Außenverdrehung 99
Autokatalyse 44
Axiome der Mechanik 13

Bahnkrümmungsmittelpunkt 68, 118
Bahnkrümmungsmittelpunkt X^x 205
Bahnkrümmungsmittelpunkte 68
Bahnkurve 68
Bahnnormale 46
Bahnpunkt X 205
Ball-Punkt 80, 81
Beschleunigungspol 223
Bewegung 1, 148
- reproduzierbar 76
Bewegungsbehinderung 93
Bewegungsgeometrie 3, 16
Bewegungsgleichung, kinetostatisch 146
Bewegungslehre 11
Bewegungsmodell 79
Bewegungsprinzip 33
Bewegungssystem 15
- Groß 206
- Klein 206
Beziehung zwischen λ und ϕ 189
Biomechanik 1, 20
Biometrie 4
- allgemeine 3
Bit 3
Blutkreislauf 19
Brennpunkt 84
Burmester 22
Bursa suprapatellaris 93

CCD-Winkel 270, 273
- Mittelwert 283
- Obere Grenze der mittleren Schwankungsbreite 284
- Oberer Extremwert 286
- projiziert 279
- reell 279
- Untere Grenze der mittleren Schwankungsbreite 285
- Unterer Extremwert 287
Condylus lateralis femoris 59
Condylus medialis femoris 61
Corpus adiposum genus 93

Denkweise, dualistisch 103, 289
- dualistische 18
- relativistisch 117
Doppelkurbel 33
Doppelpunkt P 71
Doppelverhältnis 118
Dr. Buchner 3
Drehmoment 63
Drehpfeiler, zentral 103
Drehpol 36
Drehung, infinitesimale 79

Eingriffspunkt 46
Einheitskreis 125, 127, 246
Einhüllende 133
Einstein 14
Ellenbogengelenk 76
Ellipse 137, 141, 142, 145, 149, 150, 229–231, 233, 239, 240, 246
- Hauptscheitelkrümmungskreis 144
- Leitkreis l 138
- lineare Exzentrizität 228
- numerische Exzentrizität 228
- Parameter 143
Ellipsenform 138
Eminentia intercondylaris 103
Energie 14
Epicondylus medialis femoris 64
Epitrochoide 26
Epizykloide 10
Euler-Identität 247
Euler-Savary, Gleichung 81
- kinetostatische Bewegungsgleichung 88
Euler-Savary-Gleichung 119, 202, 205, 207
Evolute 22, 37, 61, 74
Exzentrizität, numerisch 230
- numerische 143

Fabricius ab Aquapendente 7
Femurende, Antetorsion 258
- proximal 258
Femurkondylenachse, hinten 258, 263
Fernpolstellung 103, 106, 184, 192
Fernpunkt 118
Flachpunkt 81
Fokalgegelschnitt, Parameter 143
Fokalkegelschnitt 141–143, 148, 231, 237, 240
Form und Funktion 254
Fossa intercondylaris 38, 58, 74, 164, 174
- Abstand f des Tibiaplateaus vom Dach 164
- Dach 97, 171, 186, 210, 222
Fovea capitis femoris 231, 254
Fuß-USCH, Bewegungssystem 213
Fuß-(OSCH und USCH), Bewegungssystem 214

Galen 7
Gangebene 68
Gangparabel p 88
Gangpolkurve 36, 105, 107
Gangsystem 32, 36
Gebilde, zu sich selbst invers 123
Gegenpunktkurve 85
Gelenkentwicklung, embryonale 79
Gelenkersatz 4
Gelenkfläche 1, 115
Gelenkflüssigkeit 93
Gelenkkapsel 93
Gelenkkette 47, 222
Gelenkspalt 76
Gelenkviereck 2, 30, 33, 37, 119, 120, 210
- durchschlagend 98
- Grundriß des Steuersystems 187
- Krümmungsverwandtschaft $X \rightarrow X^*$ 192
- nicht durchschlagend 97, 98
- nichtdurchschlagend 99, 100, 103, 106–108, 183, 187, 192, 255
- überschlagen 68, 96, 108, 160, 169, 183, 226, 255
- windschief 2, 96–98, 100, 184, 255, 290

Geometrie 2, 14, 16, 116, 117
Geradführung, angenähert 81
Geschwindigkeitsvektor, gedreht 49
Geschwindigkeitsverhalten 49
Geschwindigkeitsverteilung 47, 290
Getriebe, stufenlos 52, 290
Gleit-Roll-Bewegung 63
Gleitkurvenpaar 30, 36, 43
Goldene Schnitt 155, 214

Halbparameter p_h und p_e 145
Heisenberg-Unschärferelation 14
Hohlspiegel 145, 147, 148, 223
Hpyerbel 145
Hüftgelenk 17, 222, 226, 257, 290
- Drehpunkt 238
Hüftkopf 221, 226, 227, 231, 232, 236, 237, 239, 247
- Antetorsion der Achse 263
Hüftkopfdrehachse, Torsion 279, 281, 282
Hüftpfanne 226, 237, 238, 247
Hüllfläche 1, 17, 31, 48, 96, 116, 183, 208, 222, 290
Hüllflächenpaar 30, 31
Hüpftkopf, analytische Lösung der Anlenkung 264
- Totlage 264
Hyperbel 137, 141, 142, 149, 150, 230, 231, 233, 236, 239, 240
- Scheitelkrümmungskreis 144
Hyperbelasymptote 144
Hyperbelparameter 143
Hypothenusenabschnitt 137

Influenz 153
Innenband, bei Beugung 74
- Einrollung 74
Innendrehung 99
Innenrotation 96
Inversion 2, 89, 108, 115, 117–119, 121, 122, 127, 129, 148, 203, 206, 245, 290
- elliptisch 230, 249
- elliptische 122
- hyperbolisch 230, 247
- hyperbolische 122
- quadratische Punkttransformation 126
- Winkeltreue 124
- ($r \cdot \bar{r} = \pm c^2$) 222
Inversionsgleichung 119, 187
Inversionskreis 122, 162
Inversionskreis „i" 122, 123

Kardioide 130, 133, 135, 150, 223–226
- mit einer Spitze 232
- numerische Exzentrizität 227
Kardioidengleichung 225
Kegelschnitt 141
- Inversion 149
Kinematik 11, 13, 15, 65, 116, 117
Kippbewegung 63
Kniegelenk, Lockerung 74, 81
- Nachlauf 107, 193
- Steuersystem 222
Knievalgus 111
Knorpelfunktionstheorie 2, 45
Konchoide 223, 228
- allgemeine 151
Kondylenform 56
Konstitutionstyp 215
Konstruktionsprinzip 17, 18
Kontinuitätsprinzip 14
Koordinate, kartesisch 245
Koppel 33
Koppelbewegung 61
Koppelhüllbahn 56, 68
Koppelhüllfläche 160
Koppelhüllkurve 33, 61, 62, 74, 159
Koppelkurve 68
Körpergröße 214–216, 290
Kraftübertragung, orthogonale 1
Kreisbündel, elliptisch 249, 250
- hyperbolisch 248, 250
Kreiskonchoide 151
- elliptisch 238
Kreuzband 30, 39, 48, 58, 64, 66, 175, 222
- hinten 207
- hintere 32
- vordere 32
Krümmungskreis 76
Krümmungsmittelpunkt 79
Krümmungstheorie der ebenen Bewegung 68
Krümmungsverwandtschaft 118, 119, 121, 146, 147, 172, 202, 203, 206, 207, 223
Krümmungszentrum 68
Kubik, Zerfall 74
Kubiken, zerfallen 80
Kugelgelenk 17, 76, 221, 222
Kugelkonchoide 235
Kurventransformation, Potenz 130

Lagerpunkt 98
Längenverhältnis 209
Längenverhältnis λ 162, 211, 222
Längenverhältniszahl λ 178
Leitkreise 105
Lig. arcuatum 70
Lig. capitis femoris 254
Lig. collaterale laterale 70, 71
Lig. collaterale mediale 64, 65
Lig. teres 222
Ligg. collateralia 64
Ligg. cruciata 93
Linearexzentrizität 143, 145
Linsengleichung 126

M. quadriceps 93
M. semimembranosus 93
- Sehne 64
Margo medialis tibialis 64, 65
Masse 14
Material, genetisch 254
Materie, Kinetik 116
Mathematik 18, 117
Meniskus, medial 64, 69
- Tibiaplateau 80
Moivre 246
Momentanachse 208
Momentanachse P 119
Momentangeschwindigkeit 49
Momentanpol 48
Momentanpol P 79, 223
Momentanzentrum 36, 69, 118
Momentanzentrum P 65, 66, 85, 118, 120

Nachlauf 107
Naturwissenschaft 18
Nußknackerprinzip 213, 290

Ober- und Unterschenkellänge 208
Oberschenkel, Valgusstellung 192
Oberschenkel- und Unterschenkellänge 290
Oberschenkelkondyl 37
Oberschenkel/Unterschenkel, Achsenflächen des Bewegungssystems 290
Ohm-Widerstand 154
Ordnungsprinzip 115
Organfunktion 76
Orthogonale Kraftübertragung 290
OSCH-Länge 201
OSCH-Schaftachse 210
OSCH-USCH, Achsenfläche 208
- Bewegungssystem 201–203, 206, 208, 209, 212, 213, 222
- Wendekreis 209
OSCH-(USCH und Fuß), Bewegungssystem 214

Parabel 83, 85, 130, 137, 141, 149, 225, 227, 232
- Brennpunkt F 84
- Halbparameter 135
- Hauptachse 87
- Leitlinie 135
- Leitlinie g 84
- Schwerlinie 87
Parabelgleichung 135
Parameter h 169
Pasal-Schnecke, mit einem Doppelpunkt und einer Schlinge 236
Pascal-Schnecke 133, 149–151, 227–229, 231, 241, 245, 246, 291
- Doppelpunkt 231
- mit „Delle" 239
- mit Doppelpunkt und Schlinge 239
- mit einer „Delle" 233
- mit einer Schlinge 232
Planetengetriebe 25
Plica synovialis infrapatellaris 93
Plücker-Grundgleichung $r \cdot \bar{r} = \pm c^2$ 201
Polarität 123
Polarkoordinate 129, 130, 245
Polkurve 36, 52, 105, 210
- Symmetrieachse 105
Polkurven 103
Potenz 122, 124

Preßsitz 63
Pro- und Supination 64, 193
Projektion, stereographisch 247
Proportionalitätsfaktor 173, 189
Proximale Randerzeugende 282
Punkt, zusammengerückt 76
Punkte, konjugiert 122
Punkttransformation 246

Quantenmechanik 14

Rastparabel p 88
Rastpolkurve 36, 105, 107
Rastsystem 32, 36
Raum-Zeit-Welt 117
Reaktion, paradoxe 44
Relativbewegung 81
Relativitätstheorie 14, 116
Retinaculum patellae longitudinale 66, 93
Retinaculum patellae longitudinale laterale 70
Retinaculum patellae longitudinale mediale 73
Retropositio femoris 39
Retropositio tibiae 40
Retroversion 210
Reziproker Radius, Prinzip 122
Richtkegel 261
Richtungskosinus 195, 197
Roll-Gleit-Bewegung 1, 30, 31, 208, 290
Rollachse 107
Rollenkappe 64
– laterale 93
– mediale 93
Rotationskugel-Konchoid, hyperbolisch 232
– räumlich 232
Rotationskugelkonchoid 235, 236
– elliptisch 237
Rotationskugelkonchoidengelenk 291
Rückkehrpunkt 118, 120
Rückkehrpunkt R 121

Sammellinse 147, 148
Satz von Moivre 246
Scharniergelenk 76
Scheitel 68, 74, 79
Scheitel- und Angelkubik 130, 160, 164, 290
– Durchmesser 176
– Konstruktion 83
– Radien 171
Scheitel- und Angelkubik, zerfallen, Radien 169
Scheitelkreis 61, 74, 76, 79, 239
Scheitelkreisradius 241
Scheitelkrümmungskreis 238, 240
Scheitelkrümmungsradius 241
Scheitelkubik 68, 69, 71, 81, 85, 88, 136, 167, 170
– zerfallen 166, 167
Scheitelkubikradius 174
Scheitelpunkt 76
Schenkelhals, Randerzeugende 261
– Torsion 263
Schenkelhalsachse 282
– Torsion 279
Schenkelhalsfläche 261
Schlußrotation 11, 53, 56, 59
Schraubbewegung 208
Schraubenstrahlfläche, windschief 261
Schwingbewegung 47
Septum intercondylicum 93
Spannungstrajektoren 12
Spielbein 47, 48
Stabwerk, starr 77
Stamm-Pascal-Schnecke 230
Stammellipse 229, 230, 237–239
Stammhyperbel 237
Standbein 47
Stereospezifität 44
Steuerachse 107
Steuersystem 17, 48
– invers 166
Strophoide 136
– Exzentrizität 88
Strophoiden, Kurven 3. Ordnung 85
Supination 73
Supinationstendenz 73
Synovia 221
Synoviapumpe 93

Tauchschmierung 93
Thermodynamik, 2. Hauptsatz 16
Tibiaplateau 37, 58, 97, 164, 171, 174, 222
– Bahnnormale 185
– Retroversion 89, 178, 182, 290
Torsionswinkel, wahrer 281
Tractus iliotibialis 93
Transformation, inverse 119
Transformationssystem 2, 3
Translationsbewegung 106
Transversalbewegung 99, 106, 107, 183

überschlagen Gelenkviereck 184
Umlaufschmierung 93
Unterschenkel, Drehmoment 77
– Längsachse 77
– Scherkräfte 77
USCH, Außendrehung 103
– Innendrehung 103
USCH-Länge 201
USCH-OSCH, Bewegungssystem 207

Vertebraten 76
Vierstabgetriebe 81, 90
– spezielles 91

Wälznormale 83, 168
Wälztangente 83, 168, 184, 187
– Konstruktion 168
– nach Bobillier 168, 183
– $t(A_s)$ 188
Wendekreisdurchmesser 176
Wendekreis 81, 120, 121, 184, 202, 207, 222
Wendekreis w 172
Wendekreisdurchmesser 88, 174, 209, 223
Wendekreisdurchmesser α 173
Wendepol 223
Wendepunkt 118–120
Wendepunkt W 119, 121
Wendestelle 81
Wendetangente 223
Winkel o 188
Winkel ε 171
Winkel ω 187
Winkelhebel 47
Winkelschleife 88
– symmetrische 85
Wippkranbau 81
Wirbeltier 76
Wirbeltiergelenk 13, 76

$X \rightarrow X^x$ 172, 203

Zahl, natürlich 126, 128
– trigonometrisch 126, 128
Zahlen, komplex 243
Zentralprojektion 247, 264
Zirkelinversion 118
Zirkelschlaggeometrie 119, 121, 160
Zona orbicularis 261

Springer